谨以此书
献给我的奶奶——马井平女士

第2版

# OpenCV
## 轻松入门
### 面向 Python

李立宗 著

电子工业出版社

Publishing House of Electronics Industry

北京·BEIJING

## 内 容 简 介

本书基于面向 Python 的 OpenCV（OpenCV for Python），介绍了图像处理的方方面面。本书以 OpenCV 官方文档的知识脉络为主线，并对细节进行补充和说明。书中不仅介绍了 OpenCV 函数的使用方法，还介绍了函数实现的算法原理。在介绍 OpenCV 函数的使用方法时，提供了大量的程序示例，并以循序渐进的方式展开，直观地展示函数在易于观察的小数组上的使用方法、处理过程和运行结果，方便读者更深入地理解函数的原理、使用方法、运行机制和处理结果。在此基础上，进一步介绍如何更好地使用函数处理图像。在介绍具体的算法原理时，本书尽量使用通俗易懂的语言和贴近生活的示例来说明问题，避免使用过多复杂抽象的公式。

本书适合计算机视觉领域的初学者阅读，包括在校学生、教师、专业技术人员、图像处理爱好者。

**图书在版编目（CIP）数据**

OpenCV 轻松入门：面向 Python / 李立宗著. —2 版. —北京：电子工业出版社，2023.6
ISBN 978-7-121-45599-5

Ⅰ. ①O… Ⅱ. ①李… Ⅲ. ①图象处理软件－程序设计 Ⅳ. ①TP391.413

中国国家版本馆 CIP 数据核字（2023）第 091423 号

责任编辑：符隆美
印　　刷：三河市君旺印务有限公司
装　　订：三河市君旺印务有限公司
出版发行：电子工业出版社
　　　　　北京市海淀区万寿路 173 信箱　　　邮编：100036
开　　本：787×980　1/16　印张：36.5　字数：881.8 千字
版　　次：2019 年 5 月第 1 版
　　　　　2023 年 6 月第 2 版
印　　次：2023 年 6 月第 1 次印刷
定　　价：139.99 元

凡所购买电子工业出版社图书有缺损问题，请向购买书店调换。若书店售缺，请与本社发行部联系，联系及邮购电话：（010）88254888，88258888。
质量投诉请发邮件至 zlts@phei.com.cn，盗版侵权举报请发邮件至 dbqq@phei.com.cn。
本书咨询联系方式：faq@phei.com.cn。

# 第 2 版前言

本书第 1 版出版后，深受广大读者朋友的喜爱，被很多高校选为教材，目前累计重印 18 次。为了更好地方便大家学习，我对本书进行了修订。本次修订主要完成了以下几个方面的工作：

## 1. 内容完善、重点针对人工智能部分

本书第 2 版在保持知识结构不变的前提下，对部分重点、难点知识进行了重新梳理与说明。重点对 $K$ 近邻算法、支持向量机、$K$ 均值聚类、人脸识别部分进行了较大篇幅的修改，这部分对相关的知识点进行了更细致、深入的介绍，并增加了部分例题。在例题的介绍上，增加了更详尽的分析过程，并对其中的一些难点问题进行了图解说明。在代码实现上，给出了更加细致的说明与介绍。

## 2. 饱和展示

在介绍一个知识点时，针对要使用的基础知识点，以"如第 N 章所述、如前所述"等形式导入，大部分情况下是较为合理的。但是，如果要介绍的知识点和要导入的知识点难度都较大，那么采用上述方式导入，会造成理解上的困难。针对上述问题，我对导入部分进行了重新设计，以期帮助大家更好地快速过渡到核心关键知识点的学习。针对一些关键图表等，也采用重复展示的方式，避免大家反复地回翻到前面的页面查看该图表而分散注意力，使大家能够更好地将注意力集中在当前知识点上。

针对一些难度较大、不好理解、容易使用错误的知识点（如掩膜等），分别在不同的章节，从不同的角度，对这部分知识点进行了讲解，以期能够帮助大家更好地理解相关知识点。

针对用到的一些难度较大、比较典型的 Python 知识点进行了介绍，以期帮助大家在 Python 基础比较薄弱，甚至不太了解 Python 的情况下能够阅读本书，完成程序的设计与编写。

## 3. 一图胜千言

一些知识点相对比较抽象，如果单纯使用文字描述，此时的说明可能会显得苍白无力，造成理解上的困难。图表能够形象地说明问题的核心本质，帮助我们更深入、系统地理解问题的内在逻辑。针对一些相对抽象的知识点，绘制了示意图，来帮助大家更直观、更深入地理解其原理。针对一些流程比较复杂的案例，绘制了流程图，帮助大家厘清问题的具体逻辑与思路。

## 4. 例题解析与代码注释

本书第 2 版对一些相对较难例题的解答进行了重新设计。其中，增加了例题的分析过程，在分析过程中，对例题的相关知识点、实现思路等进行了更详细的介绍。在总体说明上，进行了模块或步骤划分，让解决问题的思路更具条理性。在全局的展示与理解上，增加了流程图，对解题的具体思路和流程进行更清晰的介绍与展示。在代码实现上，对函数的选取、使用等进行了更细致的介绍。

## 5. 调整 OpenCV 的版本

在第 2 版中，我们使用的版本是 OpenCV 4.5。OpenCV 的版本升级对应着功能的增加与改进。一般来说，OpenCV 的版本更新具有较好的兼容性，新版本是适配旧版本的，不涉及对原有函数的改变。但是，也有极个别的函数存在例外。例如，函数 cv2.findContours()在 OpenCV3 中有 3 个返回值，在 OpenCV4 中只有 2 个返回值。在 OpenCV4 发布后，很多读者反馈在使用该函数时遇到错误提示。实际上，这是由于 OpenCV 版本更新后，仍旧使用 3 个返回值造成的。在第 2 版中，我们调整了该函数的使用说明，并保留了对该函数早前版本的相关介绍。当然，总体来说，除该函数外，新、旧版本的差别主要体现在功能的增加上。我们在学习基础函数时，不要将关注力过度集中在版本调整上。

## 6. 增加了配套 PPT、练习题

本书第 1 版出版后，被很多高校选为教材。为了给广大教师、同学提供更好的学习体验，我在第 2 版中提供了配套 PPT 和练习题。配套 PPT 涵盖了本书的全部核心知识点，超过 1000 页。希望配套 PPT 能够为大家的学习提供方便。

## 7. 修订了一些错误

在本书第 1 版出版后，收到了很多热心读者的反馈，大家提出了很多宝贵的意见和建议。同时，大家也帮忙指出了书中存在的一些书写错误。在认真听取大家意见的基础上，我对书中的问题进行了认真细致的修订。请广大读者朋友们继续支持本书，提出意见和建议，让本书能够更好地改进。

### 诚挚感谢

感谢各位热心读者对本书的支持，感谢你们提出的热心建议与意见。

感谢高铁杠老师、于仕琪老师、董付国老师、毕磊老师对本书的大力支持。

感谢符隆美老师积极促成本书第 2 版的出版，感谢她对本书的细心修订，同时也感谢为本书出版辛苦付出的各位同人。

感谢家人们帮我分担了很多家务，让本书得以顺利出版。

本书出版受天津职业技术师范大学教材支持项目（项目编号 XJJW1970）支持。

## 扩展服务

作者与天津拨云咨询服务有限公司合作开发了本书配套的资料——"数字图像处理虚拟实验室 V0.1"，欢迎大家与作者（lilizong@gmail.com）联系索取相关资料。

本书根据作者的视频课程《Python+OpenCV 图像处理》整理扩充而成，欢迎大家扫描本书封底的二维码输入"视频"获取相关视频课的内容。

欢迎大家继续学习本书的进阶教程《计算机视觉 40 例：从入门到深度学习（OpenCV-Python）》（2022 年电子工业出版社出版）。

## 读者服务

本书提供全部内容的配套视频课、源代码、测试图片、课件包和参考文献，欢迎大家扫描本书封底的二维码输入"45599"获取相应内容。

另外，大家也可以关注我的微信公众号：计算机视觉之光（微信号 cvlight）获取本书的配套资源等更多资料。

## 希冀共勉

近年来，我们加快推进科技自立自强，全社会研发经费支出从一万亿元增加到二万八千亿元，居世界第二位，研发人员总量居世界首位，科技自立自强能力显著提升。希望本书的出版能够为科技的发展，建设教育强国、科技强国贡献一份微薄的力量。

李立宗

2023 年 3 月

# 前言

目前，计算机视觉技术的应用越来越广泛。伴随着硬件设备的不断升级，构造复杂的计算机视觉应用变得越来越容易了。有非常多的软件工具和库可以用来构造计算机视觉应用，而面向 Python 的 OpenCV（OpenCV for Python）就是一个很好的选择，本书正是基于面向 Python 的 OpenCV 来讲解的。

## 本书的主要内容和特点

OpenCV 本身是一个"黑盒"，它为我们提供了接口（参数、返回值）。我们只需要掌握接口的正确使用方法，就可以在完全不了解其内部工作原理（算法）的情况下，方便地进行各种复杂的图像处理。在这一点上，它和 Photoshop 等工具是相似的，只要掌握了正确的使用方法，就能够得到正确的处理结果。它们都尝试让我们专注于图像处理本身，而不用去考虑算法实现的细节。

在学习 Photoshop 时，我们学习的是如何使用它的功能，而不需要系统地学习每个功能所采用的算法原理。但是很明显，我们在使用 OpenCV 进行图像处理时，是不能完全忽略算法实现的，否则是不可能用好 OpenCV 的，更不能设计出好的计算机视觉应用系统。

从上述角度讲，我们可以从两个角度学习 OpenCV：

- 将 OpenCV 作为"白盒"学习：深入学习 OpenCV 每个函数所使用算法的基本原理、每个函数的具体实现细节，进一步加深对图像处理的理解。
- 将 OpenCV 作为"黑盒"学习：仅仅将 OpenCV 作为一个工具来使用，学习的是每个函数内参数的含义和使用方式，学习的目的是更好地使用 OpenCV 函数。

本书尽量帮助读者在"黑盒"学习和"白盒"学习之间取得平衡。在介绍具体的算法原理时，尽量使用通俗易懂的语言和贴近生活的示例来说明问题，避免使用过多复杂抽象的公式。希望这样的安排能够帮助读者更好地掌握计算机视觉的相关知识，更透彻地理解计算机视觉的相关算法。在介绍 OpenCV 函数的使用方法时，我们为读者提供了大量的程序示例。而且在介绍函数对图像的处理前，往往先展示函数对数值、数组的处理，方便读者从数值的角度观察和理解函数的处理过程和结果。希望这些例题能够帮助读者更好地理解 OpenCV 处理图像的方式，快速地掌握 OpenCV 的使用方法，更好地使用 OpenCV 进行图像处理。需要说明的一点是，本书为黑白印刷，无法很好地呈现某些程序的运行效果，请读者自行运行程序并观察结果。

在内容的设置上，本书以 OpenCV 官方文档的知识脉络为主线，在此基础上对细节进行补充和说明。

为了方便读者学习，本书力求将每一个知识点作为一个独立的点来介绍和说明。在介绍知识点时，尽量采用从零开始的方式，以避免读者在学习过程中需要不断地离开当前知识点，去查阅相关背景资料。但是由于篇幅有限，如果某一函数已经在前面介绍过，在后面用到该函数时，就没有对其进行重复介绍，而是给出介绍该函数语法的章节位置，方便读者参考阅读。

本书适合计算机视觉领域的初学者阅读，包括在校学生、教师、专业技术人员、图像处理爱好者。

## 感谢

首先，我要感谢我的老师高铁杠教授，感谢高老师带我走进了计算机视觉这一领域，让我对计算机视觉产生了浓厚的兴趣，更要感谢高老师一直以来对我的关心和帮助。

感谢本书的策划编辑符隆美老师，符老师的专业精神给我留下了非常深刻的印象。感谢本书的责任编辑许艳老师，她对本书内容做出了细致修改，不仅修改了很多不通顺的语句和错别字，还对书中存在的技术问题进行了确认和修正。还要感谢为本书出版而付出辛苦工作的电子工业出版社的其他老师们。

感谢 OpenCV 开源库的所有贡献者。

感谢合作单位天津拨云咨询服务有限公司为本书提供的支持。

感谢我的家人，感谢你们一直以来对我的理解、支持和付出。

## 互动方式

限于本人水平，书中肯定存在不足之处，欢迎大家提出问题和建议，也非常欢迎大家和我交流关于 OpenCV 的各种问题，我的邮箱是 lilizong@gmail.com。

李立宗

2019 年 3 月

# 目录

# 第1章

# OpenCV 入门

OpenCV 是一个开源的计算机视觉库，在 1999 年由英特尔的 Gary Bradski 启动。Bradski 在大学访学过程中注意到，在很多优秀大学的实验室中，都有非常完备的内部公开的计算机视觉接口。这些接口从一届学生传到另一届学生，对于刚入门的新人来说，使用这些接口比重复造轮子方便多了。这些接口可以让他们在之前的基础上更有效地开展工作。OpenCV 正是基于为计算机视觉提供通用接口这一目标而被策划的。

由于要使用计算机视觉库，用户对处理器（CPU）的要求提升了，他们希望购买更快的处理器，这无疑会增加英特尔的产品销量和收入。这也许就解释了为什么 OpenCV 是由硬件厂商而非软件厂商开发的。当然，随着 OpenCV 项目的开源，目前其已经得到了基金会的支持，很大一部分研究主力也转移到了英特尔之外，越来越多的用户为 OpenCV 做出了贡献。

OpenCV 库由 C 和 C++语言编写，涵盖计算机视觉各个领域内的 500 多个函数，可以在多种操作系统上运行。它旨在提供一个简洁而又高效的接口，从而帮助开发人员快速地构建视觉应用。

OpenCV 更像一个黑盒，让我们专注于视觉应用的开发，而不必过多关注基础图像处理的具体细节。就像 Photoshop 一样，可以方便地使用它进行图像处理，我们只需要专注于图像处理本身，而不需要掌握复杂的图像处理算法的具体实现细节。

本章将介绍 OpenCV 的具体配置过程及基础使用方法。

## 1.1 如何使用

Python 的开发环境有很多种，在实际开发时我们可以根据需要选择一种适合自己的。在本书中，我们选择使用 Anaconda 作为开发环境。本节简单介绍如何配置环境，来实现在 Anaconda 下使用基于 Python 语言的 OpenCV 库。

### 1. Python 的配置

在本书中，我们使用的是 Python 3 版本。虽然 Python 2 和 Python 3 有很多相同之处，以至于 Python 2 的读者也可以使用本书，但还是要说明一下，本书直接面向的版本是 Python 3。

可以在 Python 的官网下载 Python 3 的解释器。在下载页顶部已经指出了最新的版本，例如 "Download Python 3.11.2" 就表示当前（2023 年 3 月 3 日）的最新版本是 Python 3.11.2，单击 "Download Python 3.11.2" 按钮，就可以开始下载 Python 解释器软件。

如果想安装其他版本，可以向下拖动光标，将会看到一个滚动页面，其中显示了一个列表集，列出了不同的安装包，具体选择哪种安装包依赖于两个因素：

- 操作系统，例如 Windows、macOS、Linux 等。
- 处理器位数，例如 32 位或者 64 位。

根据自己的计算机配置，在列表集中选择对应的安装包下载。

下载完成后，按照步骤提示完成安装即可。

### 2. Anaconda 的配置

可以在 Anaconda 的官网下载 Anaconda。在下载页顶部指出了当前的最新版本。

如果想安装其他版本，可以在下载页内根据实际情况选择。具体选择哪种安装包依赖于三个因素：

- Python 的版本，例如 Python 2.7 或者 Python 3.8 等。需要额外注意的是，Anaconda 不一定支持最新的 Python 版本，当然，它很快就会支持。
- 操作系统，例如 Windows、macOS、Linux 等。
- 处理器位数，例如 32 位或者 64 位。

根据自己的环境配置，在下载页中选择对应的安装包下载。

下载完成后，按照步骤提示完成安装即可。

### 3. OpenCV 的配置

可以从官网下载 OpenCV 的安装包，编译后使用；也可以直接使用第三方提供的预编译包安装。

通常情况下，在 Anaconda Prompt 内使用 pip install 安装 opencv-python 即可，如图 1-1 所示，使用的语句为

```
pip install opencv-python
```

图 1-1　包列表

运行该语句后，opencv-python 自动完成安装。安装完成后，会显示安装成功语句 "Successfully installed opencv-python-4.5.1.48"，如图 1-2 所示。

图 1-2　安装成功提示

可以在 Anaconda Prompt 内使用 conda list 语句查看安装是否成功。如果安装成功,就会显示安装成功的 OpenCV 库及对应的版本等信息。需要注意,不同安装包的名称及版本号可能略有差异。例如,图 1-3 中的包列表显示了系统内 OpenCV 的配置情况,该图说明在当前系统内配置的是 OpenCV 4.5 版本。

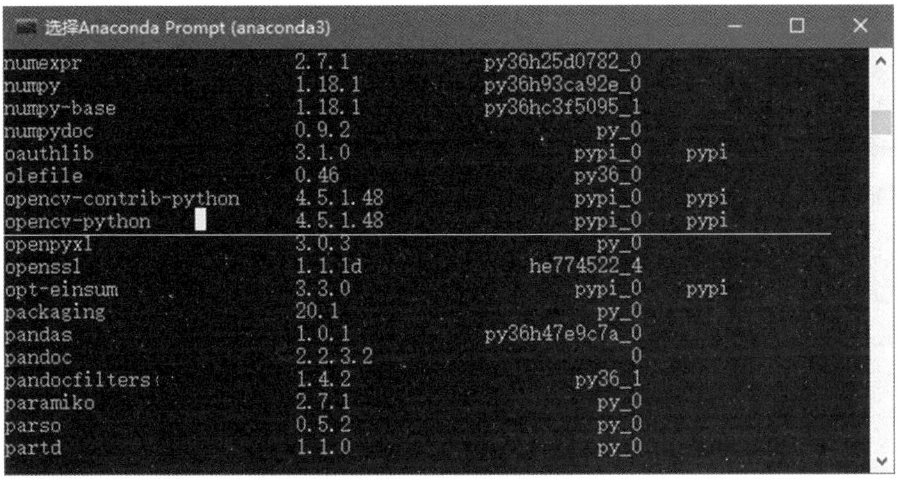

图 1-3　包列表

如果因为网络等问题,无法完成安装,那么可以下载安装包后完成安装。Python 官方专门架设了一个 PyPi 网站,用于查找、安装、发布包。PyPi 是 Python Package Index 的首字母缩写,表示该网站索引了 Python 的各种资源。如果因为网络等问题,无法直接完成在线安装,那么可以在 PyPi 网站下载安装包后完成安装。例如,可以选择由 PyPi 提供的 OpenCV 安装包。一般情况下,PyPi 在“面向 Python 的 OpenCV 库”栏目的推荐位置会提供当前最新版本的下载链接。

如果想安装其他版本,可以在 Download files 栏目内根据实际情况选择。具体选择哪种安装包依赖于三个因素:

- Python 的版本,例如 Python 2.7 或者 Python 3.8 等。
- 操作系统,例如 Windows、macOS、Linux 等。
- 处理器位数,例如 32 位或者 64 位。

完成下载后,在 Anaconda Prompt 内使用“pip install 完整路径文件名”完成安装。例如,假设文件存储在 D:\anaconda\Lib 目录下面,则要使用的语句为

```
>>pip install D:\anaconda\Lib\opencv_python-3.4.3.18-cp37-cp37m-win_amd64.whl
```

这里主要介绍了如何在 Windows 系统下对环境进行配置,如果需要配置其他操作系统下的环境,请参考官网的具体介绍。

## 1.2　图像处理基本操作

在图像处理过程中,读取图像、显示图像、保存图像是最基本的操作。本节将简单介绍这几项基本操作。

## 1.2.1　读取图像

OpenCV 提供了函数 cv2.imread()来读取图像，该函数支持多种静态图像格式。该函数的语法格式为

```
retval = cv2.imread( filename[, flags] )
```

其中：

- retval 是返回值，其值是读取到的图像。如果未读取到图像，则返回"None"。
- filename 表示要读取的图像的完整文件名。
- flags 是读取标记。该标记用来控制读取文件的类型，具体如表 1-1 所示。表 1-1 中的第一列参数值与第三列数值是等价的。例如 cv2.IMREAD_UNCHANGED=–1，在设置参数时，既可以使用第一列的参数值，也可以采用第三列的数值。

表 1-1　flags 标记值

| 值 | 含义 | 数值 |
| --- | --- | --- |
| cv2.IMREAD_UNCHANGED | 保持原格式不变 | –1 |
| cv2.IMREAD_GRAYSCALE | 将图像调整为单通道的灰度图像 | 0 |
| cv2.IMREAD_COLOR | 将图像调整为 3 通道的 BGR 图像。该值是默认值 | 1 |
| cv2.IMREAD_ANYDEPTH | 当载入的图像深度为 16 位或者 32 位时，就返回其对应的深度图像；否则，将其转换为 8 位图像 | 2 |
| cv2.IMREAD_ANYCOLOR | 以任何可能的颜色格式读取图像 | 4 |
| cv2.IMREAD_LOAD_GDAL | 使用 gdal 驱动程序加载图像 | 8 |
| cv2.IMREAD_REDUCED_GRAYSCALE_2 | 将图像转换为单通道灰度图像，并将图像尺寸减小 1/2 | |
| cv2.IMREAD_REDUCED_COLOR_2 | 将图像转换为 3 通道 BGR 彩色图像，并将图像尺寸减小 1/2 | |
| cv2.IMREAD_REDUCED_GRAYSCALE_4 | 始终将图像转换为单通道灰度图像，并将图像尺寸减小为原来的 1/4 | |
| cv2.IMREAD_REDUCED_COLOR_4 | 将图像转换为 3 通道 BGR 彩色图像，并将图像尺寸减小为原来的 1/4 | |
| cv2.IMREAD_REDUCED_GRAYSCALE_8 | 将图像转换为单通道灰度图像，并将图像尺寸减小为原来的 1/8 | |
| cv2.IMREAD_REDUCED_COLOR_8 | 将图像转换为 3 通道 BGR 彩色图像，并将图像尺寸减小为原来的 1/8 | |
| cv2.IMREAD_IGNORE_ORIENTATION | 不以 EXIF 的方向为标记旋转图像 | |

函数 cv2.imread()能够读取多种不同类型的图像，具体如表 1-2 所示。

表 1-2　cv2.imread()函数支持的图像格式

| 图像 | 扩展名 |
| --- | --- |
| Windows 位图 | *.bmp、*.dib |
| JPEG 文件 | *.jpeg、*.jpg、*.jpe |
| JPEG 2000 文件 | *.jp2 |
| 便携式网络图形（Portable Network Graphics，PNG）文件 | *.png |
| WebP 文件 | *.webp |
| 便携式图像格式（Portable Image Format） | *.pbm、*.pgm、*.ppm、*.pxm、*.pnm |
| Sun（Sun rasters）格式 | *.sr、*.ras |

续表

| 图像 | 扩展名 |
|------|--------|
| TIFF 文件 | *.tiff、*.tif |
| OpenEXR 图像文件 | *.exr |
| Radiance 格式高动态范围（High-Dynamic Range，HDR）成像图像 | *.hdr、*.pic |
| GDAL 支持的栅格和矢量地理空间数据 | Raster、Vector 两大类 |

例如，想要读取当前目录下文件名为 lena.bmp 的图像，并保持按照原有格式读入，则使用的语句为

```
lena=cv2.imread("lena.bmp",-1)
```

需要注意，上述程序要想正确运行，首先需要导入 cv2 模块，大多数常用的 OpenCV 函数都在 cv2 模块内。与 cv2 模块所对应的 cv 模块代表传统版本的模块。这里的 cv2 模块并不代表该模块是专门针对 OpenCV 2 版本的，而是指该模块引入了一个改善的 API 接口。在 cv2 模块内部采用了面向对象的编程方式，而在 cv 模块内更多采用的是面向过程的编程方式。

本书中所使用的模块函数都是 cv2 模块函数，为了方便理解，在函数名前面加了"cv2."。但是如果函数名出现在标题中，那么希望突出的是该函数本身，所以未加"cv2."。

【例 1.1】使用 cv2.imread()函数读取一幅图像。

根据题目要求，编写代码如下：

```
import cv2
lena=cv2.imread("lenacolor.png")
print(lena)
```

上述程序首先会读取当前目录下的图像 lena.bmp，然后使用 print 语句打印读取的图像数据。运行上述程序后，会输出图像的部分像素值，如图 1-4 所示。

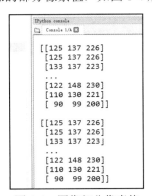

图 1-4　图像部分像素值

## 1.2.2　显示图像

OpenCV 提供了多个与显示有关的函数，下面对几个常用的函数进行简单的介绍。

### 1．namedWindow 函数

函数 cv2.namedWindow()用来创建指定名称的窗口，其语法格式为

```
None = cv2.namedWindow( winname )
```

其中，winname 是要创建的窗口的名称。

例如，下列语句会创建一个名为 lesson 的窗口：

```
cv2.namedWindow("lesson")
```

### 2. imshow 函数

函数 cv2.imshow()用来显示图像，其语法格式为

```
None = cv2.imshow( winname, mat )
```

其中：

- winname 是窗口名称。
- mat 是要显示的图像。

【例 1.2】在一个窗口内显示读取的图像。

根据题目要求，编写代码如下：

```
import cv2
lena=cv2.imread("lena.bmp")
cv2.namedWindow("lesson")
cv2.imshow("lesson", lena )
```

在本程序中，首先通过 cv2.imread()函数读取图像 lena.bmp，接下来通过 cv2.namedWindow() 函数创建一个名为 lesson 的窗口，最后通过 cv2.imshow()函数在窗口 lesson 内显示图像 lena.bmp。

运行上述程序，得到的运行结果如图 1-5 所示。

图 1-5　【例 1.2】程序的运行结果

在实际使用中，可以先通过函数 cv2.namedWindow()来创建一个窗口，再让函数 cv2.imshow()引用该窗口来显示图像。也可以不创建窗口，直接使用函数 cv2.imshow()引用一个 并不存在的窗口，并在其中显示指定图像，这样函数 cv2.imshow()实际上会完成如下两步操作。

第 1 步：函数 cv2.imshow()创建一个指定名称的新窗口。

第 2 步：函数 cv2.imshow()将图像显示在刚创建的窗口内。

例如，在下面的语句中，函数 cv2.imshow()完成了创建 demo 窗口和显示 image 图像的操作，该语句的功能与例 1.2 相同。

```
import cv2
lena=cv2.imread("lena.bmp")
cv2.imshow("demo", lena )
```

在显示图像时，初学者最经常遇到的一个错误是"error: (-215:Assertion failed) size.width>0 && size.height>0 in function 'cv::imshow'"，说明当前要显示的图像是空的（None），这通常是由于在读取文件时没有找到图像文件造成的。一般来说，没有找到要读取的图像文件，可能是因为文件名错误；如果确认要读取的图像的完整文件名（路径名和文件名）没有错，那么往往是工作路径配置错误造成的。

例如，当前程序所在路径为 e:\lesson，要读取当前路径下存在的图像 lena.bmp。那么：

- 如果设置的当前工作路径是 e:\lesson，程序就会读取当前工作路径下的文件 lena.bmp，该文件的完整文件名就是 e:\lesson\lena.bmp。正是我们想要读取的指定文件。
- 如果设置的当前工作路径不是 e:\lesson，例如，当前的工作路径是 e:\python，程序仍然会读取当前工作路径下的文件 lena.bmp（而不是读取当前程序所在路径下的 lena.bmp），该文件的完整文件名就是 e:\python\lena.bmp。显然，这样是无法读取到指定图像的。

为了避免上述错误，可以在读取图像前判断图像文件是否存在，并在显示图像前判断图像是否存在。

### 3. waitKey 函数

函数 cv2.waitKey()用来等待按键，当用户按下键盘按键后，该语句会被执行，并获取返回值。其语法格式为

```
retval = cv2.waitKey( [delay] )
```

其中：

- retval 表示返回值。如果在指定的等待时间（参数 delay 指定）内，有按键被按下，则返回该按键的 ASCII 码。在等待时间（参数 delay 指定）结束后，如果没有按键被按下，则返回−1。
- dclay 表示等待键盘触发的时间，单位是 ms。当该值是负数或者零时，表示无限等待。该值默认为 0。

在实际使用中，可以通过函数 cv2.waitKey()获取按下的按键，并针对不同的键做出不同的反应，从而实现交互功能。例如，如果按下 A 键，则关闭窗口；如果按下 B 键，则生成一个窗口副本。

下面通过一个示例演示如何通过函数 cv2.waitKey()实现交互功能。

【例 1.3】在一个窗口内显示图像，并针对按下的不同按键做出不同的响应。

函数 cv2.waitKey()能够获取按键的 ASCII 码。例如，如果该函数的返回值为 97，表示按下了键盘上的字母 a 键。通过将返回值与 ASCII 码值进行比较，就可以确定是否按下了某个特定的键。例如，通过语句"返回值==97"就可以判断是否按下了字母 a 键。

Python 提供了函数 ord()，用来获取字符的 ASCII 码值。因此，在判断是否按下了某个特定的按键时，可以先使用 ord()函数获取该特定字符的 ASCII 码值，再将该值与 cv2.waitKey() 函数的返回值进行比较，从而确定是否按下了某个特定的键。这样，在程序设计中就不需要 ASCII 码值的直接参与了，从而避免了使用 ASCII 码值进行比较可能带来的不便。例如，要判断是否按下了字母 A 键，可以直接使用"返回值==ord('A')"语句来完成。

根据题目要求及以上分析，编写代码如下：

```
import cv2
lena=cv2.imread("lena.bmp")
cv2.imshow("demo", lena )
key=cv2.waitKey()
if key==ord('A'):
    cv2.imshow("PressA",lena)
elif key==ord('B'):
    cv2.imshow("PressB",lena)
```

运行上述程序，按下键盘上的 A 键或者 B 键，会在一个新的窗口内显示图像 lena.bmp，它们的不同之处在于：

- 如果按下的是键盘上的 A 键，则新出现的窗口名称为 PressA，如图 1-6(a)所示。
- 如果按下的是键盘上的 B 键，则新出现的窗口名称为 PressB，如图 1-6(b)所示。

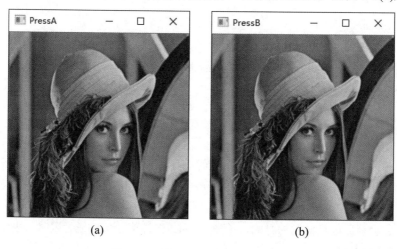

(a)                                        (b)

图 1-6　【例 1.3】程序的运行结果

从另外一个角度理解，该函数还能够让程序实现暂停功能。当程序运行到该语句时，会按照参数 delay 的设定等待特定时长。根据该值的不同，可能有不同的情况：

- 如果参数 delay 的值为 0，则程序会一直等待。直到有按下键盘按键的事件发生时，才返回按键的 ASCII 码，执行后续程序。
- 如果参数 delay 的值为一个正数，则在这段时间内，程序等待按下键盘按键。当有按下键盘按键的事件发生时，返回该按键的 ASCII 码，继续执行后续程序语句；如果在 delay 参数所指定的时间内一直没有这样的事件发生，则在超过等待时间后，返回值-1，继续执行后续的程序语句。

【例 1.4】在一个窗口内显示图像，用函数 cv2.waitKey()实现程序暂停，在按下键盘的按键后让程序继续运行。

根据题目要求，编写代码如下：

```
import cv2
lena=cv2.imread("lena.bmp")
cv2.imshow("demo", lena )
key=cv2.waitKey()
if key!=-1:
    print("触发了按键")
```

运行上述程序，首先会在一个名为 demo 的窗口内显示 lena.bmp 图像。在未按下键盘上的按键时，程序处于暂停状态，没有新的状态出现；当按下键盘上的任意一个按键后，会在控制台打印"触发了按键"。

在本例中，函数 cv2.waitKey()没有参数，也就是说它使用的是默认参数 0，表示无限等待。因此，存在两种情况：

- 当未按下键盘上的按键时，函数 cv2.waitKey()一直处于等待状态，等待着接收键盘事件（单击键盘），所以程序会一直处于暂停状态。
- 当按下键盘上的任意一个按键时，函数 cv2.waitKey()的返回值为按键 ASCII 码。此时，key 的值一定不是-1，条件"key!=-1"成立，程序输出"触发了按键"。

### 4. destroyWindow 函数

函数 cv2.destroyWindow()用来释放（销毁）指定窗口，其语法格式为

```
None = cv2.destroyWindow( winname )
```

其中，winname 是窗口的名称。

在实际使用中，该函数通常与函数 cv2.waitKey()组合实现窗口的释放。

【例 1.5】编写一个程序，演示如何使用函数 cv2.destroyWindow()释放窗口。

根据题目要求，编写代码如下：

```
import cv2
lena=cv2.imread("lena.bmp")
cv2.imshow("demo", lena )
cv2.waitKey()
cv2.destroyWindow("demo")
```

运行上述程序，首先会在一个名为 demo 的窗口内显示 lena.bmp 图像。在程序运行的过程中，当未按下键盘上的按键时，程序没有新的状态出现；当按下键盘上的任意一个按键后，窗口 demo 会被释放。

### 5. destroyAllWindows 函数

函数 cv2.destroyAllWindows()用来释放（销毁）所有窗口，其语法格式为

```
None = cv2.destroyAllWindows( )
```

【例 1.6】编写一个程序，演示如何使用函数 cv2.destroyAllWindows()释放所有窗口。

根据题目要求，编写代码如下：

```
import cv2
lena=cv2.imread("lena.bmp")
cv2.imshow("demo1", lena )
cv2.imshow("demo2", lena )
cv2.waitKey()
cv2.destroyAllWindows()
```

运行上述程序，会分别出现名称为 demo1 和 demo2 的窗口，在两个窗口中显示的都是 lena.bmp 图像。在未按下键盘上的按键时，程序没有新的状态出现；当按下键盘上的任意一个按键后，两个窗口都会被释放。

### 1.2.3 保存图像

OpenCV 提供了函数 cv2.imwrite()，用来保存图像，该函数的语法格式为

```
retval = cv2.imwrite( filename, img[, params] )
```

其中：

- retval 是返回值。如果保存成功，则返回逻辑值真（True）；如果保存不成功，则返回逻辑值假（False）。
- filename 是要保存的目标文件的完整路径名，包含文件扩展名。
- img 是被保存图像的名称。
- params 是保存类型参数，是可选的。

【例 1.7】编写一个程序，将读取的图像保存到当前目录下。

根据题目要求，编写代码如下：

```
import cv2
lena=cv2.imread("lena.bmp")
r=cv2.imwrite("result.bmp",lena)
```

上述程序会先读取当前目录下的图像 lena.bmp，生成它的一个副本图像，然后将该图像以名称 result.bmp 存储到当前目录下。

## 1.3 OpenCV 贡献库

目前，OpenCV 库包含如下两部分。

- OpenCV 主库：即通常安装的 OpenCV 库，该库是成熟稳定的，由核心的 OpenCV 团队维护。
- OpenCV 贡献库：该扩展库的名称为 opencv_contrib，主要由社区开发和维护，其包含的视觉应用比 OpenCV 主库更全面。需要注意的是，OpenCV 贡献库中包含非 OpenCV 许可的部分，并且包含受专利保护的算法。因此，在使用该模块前需要特别注意。

OpenCV 贡献库中包含了非常多的扩展模块，举例如下。

- bioinspired：生物视觉模块。
- datasets：数据集读取模块。
- dnn：深度神经网络模块。
- face：人脸识别模块。
- matlab：MATLAB 接口模块。
- stereo：双目立体匹配模块。
- text：视觉文本匹配模块。
- tracking：基于视觉的目标跟踪模块。
- ximgpro：图像处理扩展模块。
- xobjdetect：增强 2D 目标检测模块。
- xphoto：计算摄影扩展模块。

可以通过以下两种方式使用贡献库：

- 通过语句 pip install opencv-contrib-python 直接安装编译好的 OpenCV 贡献库。PyPi（pypi.org）上提供了该方案的常见问题列表 FAQ（Frequently Asked Questions），而且该 FAQ 是不断更新的。
- 下载 OpenCV 贡献库，使用 cmake 手动编译。

# 第2章

# 图像处理基础

本章主要介绍图像的基本表示方法、像素的访问和操作、感兴趣区域处理、通道处理等知识点。需要强调的是，使用面向 Python 的 OpenCV（OpenCV for Python），需要借助 Numpy 库，尤其是 Numpy.array 库，Numpy.array 库是 Python 处理图像的基础。

## 2.1 图像的基本表示方法

本节主要讨论二值图像、灰度图像、彩色图像的基本表示方法。

### 1. 二值图像

二值图像是指仅仅包含黑色和白色两种颜色的图像。

在计算机中，通过一个栅格状排列的数据集（矩阵）来表示和处理图像。例如，图 2-1 是一个字母 A 的图像，计算机在处理该图像时，会首先将其划分为一个个的小方块，每一个小方块就是一个独立的处理单位，称为像素点。接下来，计算机会将其中的白色像素点（白色小方块区域）处理为"1"，将黑色像素点（黑色小方块区域）处理为"0"，以方便进行后续的存储和处理等操作。

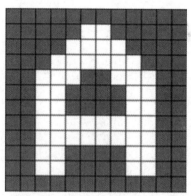

图 2-1　字母 A 的图像

按照上述处理方式，图 2-1 中的字母 A 在计算机内的存储形式如图 2-2 所示。

| 0 | 0 | 0 | 0 | 0 | 0 | 0 | 0 | 0 | 0 | 0 | 0 |
|---|---|---|---|---|---|---|---|---|---|---|---|
| 0 | 0 | 0 | 0 | 0 | 1 | 1 | 0 | 0 | 0 | 0 | 0 |
| 0 | 0 | 0 | 0 | 1 | 1 | 1 | 1 | 0 | 0 | 0 | 0 |
| 0 | 0 | 0 | 1 | 1 | 1 | 1 | 1 | 0 | 0 | 0 | 0 |
| 0 | 0 | 1 | 1 | 1 | 0 | 0 | 1 | 1 | 0 | 0 | 0 |
| 0 | 0 | 1 | 1 | 0 | 0 | 0 | 1 | 1 | 0 | 0 | 0 |
| 0 | 0 | 1 | 1 | 0 | 0 | 0 | 0 | 1 | 0 | 0 | 0 |
| 0 | 0 | 1 | 1 | 1 | 1 | 1 | 1 | 1 | 0 | 0 | 0 |
| 0 | 0 | 1 | 1 | 1 | 1 | 1 | 1 | 1 | 0 | 0 | 0 |
| 0 | 0 | 1 | 1 | 0 | 0 | 0 | 0 | 1 | 1 | 0 | 0 |
| 0 | 0 | 1 | 1 | 0 | 0 | 0 | 0 | 1 | 1 | 0 | 0 |
| 0 | 0 | 0 | 1 | 0 | 0 | 0 | 0 | 0 | 0 | 0 | 0 |

图 2-2　计算机内字母 A 的存储形式

显示图像的过程就是存储图像过程的逆过程，也可以理解为解码过程。将存储在计算机内数值表（图 2-2）中的 1 显示为一个白色的像素点，将数值表中的 0 显示为一个黑色的像素点，得到如图 2-1 所示的字母 A 的图像。

上述图像比较简单，图像内只有黑色和白色两种不同的颜色，因此只使用一个比特位（0或者 1）就能表示。

### 2. 灰度图像

二值图像表示起来简单方便，但是因为其仅有黑白两种颜色，所表示的图像不够细腻。如果想要表现更多的细节，就需要使用更多的颜色。例如，图 2-3 中的 lena 图像是一幅灰度图像，它采用了更多的数值以体现不同的颜色，因此该图像的细节信息更丰富。

图 2-3　lena 图像

通常，计算机会将灰度处理为 256 个灰度级，用数值区间[0, 255]来表示。其中，数值"255"表示纯白色，数值"0"表示纯黑色，其余的数值表示从纯白到纯黑之间不同级别的灰度。

用于表示 256 个灰度级的数值 0~255，正好可以用一字节（8 位二进制值）来表示。表 2-1所示的是部分二进制值所对应的十进制值及灰度颜色。

表 2-1　部分灰度级及所对应的值

| 二进制值 | 十进制值 | 颜色 | 备注 |
|---|---|---|---|
| 0000 0000 | 0 |  | 纯黑色 |
| 0001 0000 | 16 |  | 深灰色 |

续表

| 二进制值 | 十进制值 | 颜色 | 备注 |
| --- | --- | --- | --- |
| 0010 0000 | 32 | | 深灰色 |
| 0100 0000 | 64 | | 深灰色 |
| 1000 0000 | 128 | | 浅灰色 |
| 1010 0110 | 166 | | 浅灰色 |
| 1011 1100 | 188 | | 浅灰色 |
| 1100 1000 | 200 | | 浅灰色 |
| 1110 0001 | 225 | | 浅灰色 |
| 1111 1111 | 255 | | 纯白色 |

按照上述方法，图 2-3 中的图像需要使用一个各行各列的数值都在[0, 255]之间的矩阵来表示。例如，图 2-4 就是图 2-3 的 lena 图像中部分区域的数值表示形式。

| 134 | 224 | 185 | 46 | 152 | 105 | 235 | 95 | 56 | 51 |
| --- | --- | --- | --- | --- | --- | --- | --- | --- | --- |
| 192 | 206 | 137 | 52 | 58 | 254 | 246 | 101 | 42 | 182 |
| 3 | 247 | 38 | 246 | 0 | 212 | 138 | 85 | 53 | 217 |
| 74 | 11 | 134 | 41 | 185 | 169 | 5 | 26 | 121 | 86 |
| 202 | 2 | 219 | 22 | 106 | 225 | 121 | 139 | 123 | 198 |
| 232 | 235 | 131 | 165 | 77 | 189 | 23 | 56 | 42 | 16 |
| 133 | 37 | 67 | 125 | 58 | 232 | 251 | 125 | 243 | 149 |
| 165 | 149 | 170 | 139 | 8 | 188 | 21 | 130 | 58 | 223 |
| 237 | 14 | 171 | 91 | 131 | 156 | 28 | 87 | 126 | 106 |
| 10 | 142 | 250 | 150 | 10 | 73 | 159 | 117 | 238 | 196 |
| 85 | 2 | 196 | 247 | 72 | 2 | 252 | 121 | 179 | 202 |
| 200 | 84 | 255 | 170 | 212 | 13 | 88 | 82 | 125 | 108 |
| 15 | 184 | 4 | 9 | 205 | 180 | 3 | 242 | 89 | 51 |

图 2-4　部分 lena 图像的数值表示

有些情况下，也会使用 8 位二进制值来表示一幅二值图像。这种情况下，使用灰度值 255 表示白色、灰度值 0 表示黑色。此时，该二值图像内仅有数值 0 和数值 255 两种类型的灰度值（灰度级），不存在其他灰度值的像素点。

与二值图像一样，灰度图像的存储过程是将获取的像素点表示为数值，即将图 2-3 以图 2-4 的形式存储在计算机中。图像的显示过程是将计算机中的数值表示为一个特定颜色的点，即将计算机中的图 2-4 解析为对应的不同颜色得到图 2-3。

### 3. 彩色图像

相比二值图像和灰度图像，彩色图像是更常见的一类图像，它能表现更丰富的细节信息。

神经生理学实验发现，在视网膜上存在三种不同的颜色感受器，能够感受三种不同的颜色：红色、绿色和蓝色，即三基色。自然界中常见的各种色光都可以通过将三基色按照一定的比例混合构成。除此以外，从光学角度出发，可以将颜色解析为主波长、纯度、明度等。从心理学和视觉角度出发，可以将颜色解析为色调、饱和度、亮度等。通常，我们将上述采用不同的方式表述颜色的模式称为色彩空间，或者颜色空间、颜色模式等。

虽然不同的色彩空间具有不同的表示方式，但是各种色彩空间之间可以根据需要按照公式进行转换。这里仅仅介绍较为常用的 RGB 色彩空间。

在 RGB 色彩空间中，存在 R（red，红色）通道、G（green，绿色）通道和 B（blue，蓝色）通道，共三个通道。每个色彩通道值的范围都在[0, 255]之间，我们用这三个色彩通道的组合表示颜色。

以比较通俗的方式来解释就是，有三个油漆桶，分别装了红色、绿色、蓝色的油漆，我们分别从每个油漆桶中取容量为 0~255 个单位的不等量的油漆，将三种油漆混合就可以调配出一种新的颜色。三种油漆经过不同的组合，共可以调配出所有常见的 256×256×256=16 777 216 种颜色。

表 2-2 展示了不同的 RGB 值所对应的颜色。

表 2-2　RGB 值及颜色示例

| R 值 | G 值 | B 值 | RGB 值 | 颜色 |
| --- | --- | --- | --- | --- |
| 0 | 0 | 0 | (0,0,0) | 纯黑色 |
| 255 | 255 | 255 | (255,255,255) | 纯白色 |
| 255 | 0 | 0 | (255,0,0) | 红色 |
| 0 | 255 | 0 | (0,255,0) | 绿色 |
| 0 | 0 | 255 | (0,0,255) | 蓝色 |
| 114 | 141 | 216 | (114,141,216) | 天蓝色 |
| 139 | 69 | 19 | (139,69,19) | 棕色 |

例如，对于图 2-5 左侧的彩色图像，可以理解为由右侧的 R 通道、G 通道、B 通道三个通道构成。其中，每一个通道都可以理解为一个独立的灰度图像。左侧彩色图像中的白色方块内的区域对应右侧三个通道的三个矩阵，白色方块左上角顶点的 RGB 值为(205,89,68)。

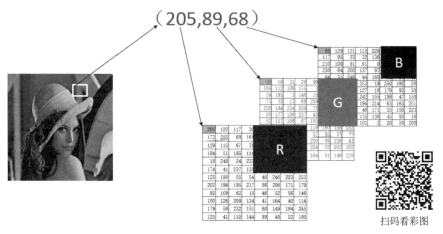

图 2-5　图像数据展示

因此，通常用一个三维数组来表示一幅 RGB 色彩空间的彩色图像。

一般情况下，在 RGB 色彩空间中，图像通道的顺序是 R→G→B，即第 1 个通道是 R 通道，第 2 个通道是 G 通道，第 3 个通道是 B 通道。需要特别注意的是，在 OpenCV 中，通道的顺序是 B→G→R，即：

- 第 1 个通道保存 B 通道的信息。
- 第 2 个通道保存 G 通道的信息。
- 第 3 个通道保存 R 通道的信息。

在图像处理过程中，可以根据需要对图像的通道顺序进行转换。除此以外，还可以根据需要对不同色彩空间的图像进行类型转换，例如，将灰度图像处理为二值图像，将彩色图像处理为灰度图像等。

彩色图像的编码原理是将图像中的一个像素点用三个值表示。存储彩色图像时，将图像中的任意一个像素点存储为三个值；显示彩色图像时，根据计算机内存储的三个值来决定一个像素点的颜色。

## 2.2　像素处理

像素是图像构成的基本单位，像素处理是图像处理的基本操作，可以通过位置索引的形式对图像内的元素进行访问、处理。

### 1.　二值图像及灰度图像

需要说明的是，在 OpenCV 中，最小的数据类型是无符号的 8 位二进制数。因此，在 OpenCV 中，实际上并没有仅用一位二进制来表示一个像素值（0 或 1）的二值图像的数据类型。二值图像经常是通过处理得到的，一般使用 0 表示黑色，使用 255 表示白色。

可以将二值图像理解为特殊的灰度图像，这里仅以灰度图像为例讨论像素的读取和修改。通过 2.1 节的分析可知，可以将图像理解为一个矩阵，在面向 Python 的 OpenCV（OpenCV for Python）中，图像就是 Numpy 库中的数组。一个 OpenCV 灰度图像是一个二维数组，可以使用表达式访问其中的像素值。例如，可以使用 image[0,0] 访问图像 image 第 0 行第 0 列位置上的像素点。第 0 行第 0 列位于图像的左上角，其中第 1 个索引值"0"表示第 0 行，第 2 个索引值"0"表示第 0 列。

为了方便理解，我们首先使用 Numpy 库来生成一个 8×8 大小的数组，用来模拟一个黑色图像，并对其进行简单的处理。

【例 2.1】使用 Numpy 库生成一个元素值都是 0 的二维数组，用来模拟一幅黑色图像，并对其进行访问、修改。

分析：使用 Numpy 库中的函数 zeros() 可以生成一个元素值都是 0 的数组，并可以直接使用数组的索引对其进行访问、修改。

根据题目要求及分析，编写代码如下：

```
import cv2
import numpy as np
img=np.zeros((8,8),dtype=np.uint8)
print("img=\n",img)
cv2.imshow("one",img)
print("读取像素点 img[0,3]=",img[0,3])
img[0,3]=255
```

```
print("修改后 img=\n",img)
print("读取修改后像素点 img[0,3]=",img[0,3])
cv2.imshow("two",img)
cv2.waitKey()
cv2.destroyAllWindows()
```

代码分析如下：

- 使用函数 zeros()生成了一个 8×8 大小的二维数组，其中所有的值都是 0，数值类型是 np.uint8。根据该数组的属性，可以将其看成一个黑色的图像。
- 语句 img[0,3]访问的是 img 第 0 行第 3 列的像素点，需要注意的是，行序号、列序号都是从 0 开始的。
- 语句 img[0,3]=255 将 img 中第 0 行第 3 列的像素点的像素值设置为"255"。

运行上述程序，会出现名为 one 和 two 的两个非常小的窗口，其中：

- 名为 one 的窗口是一个纯黑色的图像。
- 名为 two 的窗口在顶部靠近中间位置有一个白点（对应修改后的值 255），其他地方也都是纯黑的图像。

同时，在控制台会输出如下内容：

```
img=
 [[0 0 0 0 0 0 0 0]
 [0 0 0 0 0 0 0 0]
 [0 0 0 0 0 0 0 0]
 [0 0 0 0 0 0 0 0]
 [0 0 0 0 0 0 0 0]
 [0 0 0 0 0 0 0 0]
 [0 0 0 0 0 0 0 0]
 [0 0 0 0 0 0 0 0]]
读取像素点 img[0,3]= 0
修改后 img=
 [[  0   0   0 255   0   0   0   0]
 [  0   0   0   0   0   0   0   0]
 [  0   0   0   0   0   0   0   0]
 [  0   0   0   0   0   0   0   0]
 [  0   0   0   0   0   0   0   0]
 [  0   0   0   0   0   0   0   0]
 [  0   0   0   0   0   0   0   0]
 [  0   0   0   0   0   0   0   0]]
读取修改后像素点 img[0,3]= 255
```

通过本例中两个窗口显示的图像可知，二维数组与图像之间存在对应关系。因为窗口太小，在此处展示并不能直接观察到效果，所以没有把窗口在此展示。请大家在计算机上运行上述程序，观察效果。

【例 2.2】读取一个灰度图像，并对其像素进行访问、修改。

根据题目要求，编写代码如下：

```
import cv2
img=cv2.imread("lena.bmp",0)
cv2.imshow("before",img)
for i in range(10,100):
    for j in range(80,100):
        img[i,j]=255
cv2.imshow("after",img)
cv2.waitKey()
cv2.destroyAllWindows()
```

在本例中，使用了一个嵌套循环语句，将图像 img 中"第 10 行到 99 行"与"第 80 列到 99 列"交叉区域内的像素值设置为 255。从图像 img 上来看，该交叉区域被设置为白色。

运行程序，结果如图 2-6 所示，其中：

- 图 2-6(a)是读取的原始图像。
- 图 2-6(b)是经过修改后的图像。

图 2-6　像素修改示例

### 2. 彩色图像

RGB 模式的彩色图像在读入 OpenCV 内进行处理时，会按照行方向依次读取该 RGB 图像的 B 通道、G 通道、R 通道的像素点，并将像素点以行为单位存储在 ndarray 的列中。例如，有一幅大小为 $R$ 行×$C$ 列的原始 RGB 图像，其在 OpenCV 内以 BGR 模式的三维数组形式存储，如图 2-7 所示。

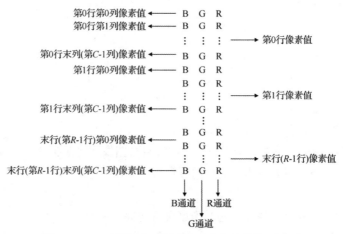

图 2-7　RGB 图像以三维数组形式存储的情况说明

可以使用表达式访问数组内的值。例如，可以使用 image[0,0,0]访问图像 image 的 B 通道内的第 0 行第 0 列上的像素点，式中：

- 第 1 个索引表示第 0 行。
- 第 2 个索引表示第 0 列。
- 第 3 个索引表示第 0 个颜色通道。

根据上述分析可知，假设有一幅红色图像（其 B 通道值为 0，G 通道值为 0，R 通道值为 255），不同的访问方式得到的值如下。

- img[0,0]：访问图像 img 第 0 行第 0 列像素点的 BGR 值。图像是 BGR 模式的，得到的数值为[0,0,255]。
- img[0,0,0]：访问图像 img 第 0 行第 0 列第 0 个通道的像素值。图像是 BGR 模式的，所以第 0 个通道是 B 通道，会得到 B 通道内第 0 行第 0 列的位置所对应的值 0。
- img[0,0,1]：访问图像 img 第 0 行第 0 列第 1 个通道的像素值。图像是 BGR 模式的，所以第 1 个通道是 G 通道，会得到 G 通道内第 0 行第 0 列的位置所对应的值 0。
- img[0,0,2]：访问图像 img 第 0 行第 0 列第 2 个通道的像素值。图像是 BGR 模式的，所以第 2 个通道是 R 通道，会得到 R 通道内第 0 行第 0 列的位置所对应的值 255。

为了方便理解，我们首先使用 Numpy 库来生成一个 2×4×3 大小的数组，用它模拟一幅黑色图像，并对其进行简单的处理。

【例 2.3】使用 Numpy 生成三维数组，用来观察三个通道值的变化情况。

根据题目要求，编写代码如下：

```
import numpy as np
import cv2
#-----------蓝色通道值--------------
blue=np.zeros((300,300,3),dtype=np.uint8)
blue[:,:,0]=255
print("blue=\n",blue)
cv2.imshow("blue",blue)
#-----------绿色通道值--------------
green=np.zeros((300,300,3),dtype=np.uint8)
green[:,:,1]=255
print("green=\n",green)
cv2.imshow("green",green)
#-----------红色通道值--------------
red=np.zeros((300,300,3),dtype=np.uint8)
red[:,:,2]=255
print("red=\n",red)
cv2.imshow("red",red)
#-----------释放窗口--------------
cv2.waitKey()
cv2.destroyAllWindows()
```

在本例中，分别生成了 blue、green、red 三个数组，其初始值都是 0。接下来，分别改变它们不同通道的值。

- 针对数组 blue，将其第 0 个通道的值设置为 255。从图像角度来看，图像 blue 的 B 通道值为 255，其余两个通道值为 0，因此图像 blue 为蓝色图像。

- 针对数组 green，将其第 1 个通道的值设置为 255。从图像角度来看，图像 green 的 G 通道值为 255，其余两个通道值为 0，因此图像 green 为绿色图像。
- 针对数组 red，将其第 2 个通道的值设置为 255。从图像角度来看，图像 red 的 R 通道值为 255，其余两个通道值为 0，因此图像 red 为红色图像。

运行上述程序，会显示颜色为蓝色、绿色、红色的三幅图像，分别对应数组 blue、数组 green、数组 red。[1]

除了显示图像，还会显示每个数组的输出值，部分输出结果如图 2-8 所示。

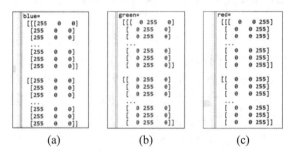

图 2-8　【例 2.3】程序的部分输出结果

**【例 2.4】** 使用 Numpy 生成一个三维数组，用来观察三个通道值的变化情况。

根据题目要求，编写代码如下：

```
import numpy as np
import cv2
img=np.zeros((300,300,3),dtype=np.uint8)
img[:,0:100,0]=255
img[:,100:200,1]=255
img[:,200:300,2]=255
print("img=\n",img)
cv2.imshow("img",img)
cv2.waitKey()
cv2.destroyAllWindows()
```

运行上述程序，会显示如图 2-9 所示的图像。[1]

图 2-9　【例 2.4】程序的运行结果

---

1　因为黑白印刷无法显示彩色图像，所以请大家自行上机运行程序后观察结果。

除了显示图像，还会显示 img 值的情况，部分输出结果如图 2-10 所示。

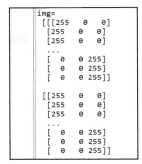

图 2-10 【例 2.4】程序的部分输出结果

【例 2.5】使用 Numpy 生成一个三维数组，用来模拟一幅 BGR 模式的彩色图像，并对其进行访问、修改。

分析：使用 Numpy 中的 zeros()函数可以生成一个元素值都是 0 的数组。可以直接使用数组的索引形式对其进行访问、修改。

根据题目要求及分析，编写代码如下：

```
1. import numpy as np
2. img=np.zeros((2,4,3),dtype=np.uint8)
3. print("img=\n",img)
4. print("读取像素点 img[0,3]=",img[0,3])
5. print("读取像素点 img[1,2,2]=",img[1,2,2])
6. img[0,3]=255
7. img[0,0]=[66,77,88]
8. img[1,1,1]=3
9. img[1,2,2]=4
10. img[0,2,0]=5
11. print("修改后 img\n",img)
12. print("读取修改后像素点 img[1,2,2]=",img[1,2,2])
```

本程序进行了如下操作。

- 第 2 行使用 zeros()生成一个 2×4×3 大小的数组，其对应一个 "2 行 4 列 3 个通道" 的 BGR 图像。
- 第 3 行使用 print 语句显示（打印）当前图像（数组）的值。
- 第 4 行中的 img[0,3]语句会访问第 0 行第 3 列位置上的 B 通道、G 通道、R 通道三个像素点。
- 第 5 行的 img[1,2,2]语句会访问第 1 行第 2 列第 2 个通道位置上的像素点。
- 第 6 行的 img[0,3]=255 语句会修改 img 中第 0 行第 3 列位置上的像素值，该位置上的 B 通道、G 通道、R 通道三个像素点的值都会被修改为 255。
- 第 7 行的 img[0,0]=[66,77,88]语句会修改 img 中第 0 行第 0 列位置上的 B 通道、G 通道、R 通道上三个像素点的值，将它们分别修改为[66,77,88]。
- 第 8 行的 img[1,1,1]=3 语句会修改 img 中第 1 行第 1 列第 1 个通道（G 通道）位置上的像素值，将其修改为 3。

- 第 9 行的 img[1,2,2]=4 语句会修改 img 中第 1 行第 2 列第 2 个通道（R 通道）位置上的像素值，将其修改为 4。

- 第 10 行的 img[0,2,0]=5 语句会修改 img 中第 0 行第 2 列第 0 个通道（B 通道）位置上的像素值，将其修改为 5。

- 最后两行使用 print 语句观察 img 和 img[1,2,2]的值。

运行上述程序，会在控制台输出如下结果：

```
img=
 [[[0 0 0]
  [0 0 0]
  [0 0 0]
  [0 0 0]]

 [[0 0 0]
  [0 0 0]
  [0 0 0]
  [0 0 0]]]
读取像素点 img[0,3]= [0 0 0]
读取像素点 img[1,2,2]= 0
修改后 img
 [[[ 66  77  88]
  [  0   0   0]
  [  5   0   0]
  [255 255 255]]

 [[  0   0   0]
  [  0   3   0]
  [  0   0   4]
  [  0   0   0]]]
读取修改后像素点 img[1,2,2]= 4
```

在本例中，为了方便说明问题，设置的数组比较小。在实际中可以定义稍大的数组，并使用 cv2.imshow()将其显示出来，进一步观察处理结果，加深理解。

【例 2.6】读取一幅彩色图像，并对其像素进行访问、修改。

根据题目要求，编写代码如下：

```
1.  import cv2
2.  img=cv2.imread("lenacolor.png")
3.  cv2.imshow("before",img)
4.  print("访问 img[0,0]=",img[0,0])
5.  print("访问 img[0,0,0]=",img[0,0,0])
6.  print("访问 img[0,0,1]=",img[0,0,1])
7.  print("访问 img[0,0,2]=",img[0,0,2])
8.  print("访问 img[50,0]=",img[50,0])
9.  print("访问 img[100,0]=",img[100,0])
10. #区域 1
11. for i in range(0,50):
```

```
12.    for j in range(0,100):
13.        for k in range(0,3):
14.            img[i,j,k]=255  #白色
15. #区域2
16. for i in range(50,100):
17.    for j in range(0,100):
18.        img[i,j]=[128,128,128]  #灰色
19. #区域3
20. for i in range(100,150):
21.    for j in range(0,100):
22.        img[i,j]=0           #黑色
23. cv2.imshow("after",img)
24. print("修改后img[0,0]=",img[0,0])
25. print("修改后img[0,0,0]=",img[0,0,0])
26. print("修改后img[0,0,1]=",img[0,0,1])
27. print("修改后img[0,0,2]=",img[0,0,2])
28. print("修改后img[50,0]=",img[50,0])
29. print("修改后img[100,0]=",img[100,0])
30. cv2.waitKey()
31. cv2.destroyAllWindows()
```

上述程序进行了如下操作。

- 第 2 行使用 imread()函数读取当前目录下的一幅彩色 RGB 图像。

- 第 4 行的 img[0,0]语句会访问 img 中第 0 行第 0 列位置上的 B 通道、G 通道、R 通道三个像素点。

- 第 5~7 行分别会访问 img 中第 0 行第 0 列位置上的 B 通道、G 通道、R 通道三个像素点。

- 第 8 行的 img[50,0]语句会访问第 50 行第 0 列位置上的 B 通道、G 通道、R 通道三个像素点。

- 第 9 行的 img[100,0]语句会访问第 100 行第 0 列位置上的 B 通道、G 通道、R 通道三个像素点。

- 第 10~14 行使用三个 for 语句的嵌套循环，对图像左上角区域（即"第 0 行到第 49 行"与"第 0 列到第 99 列"的行列交叉区域，我们称之为区域 1）内的像素值进行设定。借助 img[i, j, k]=255 语句将该区域内的三个通道的像素值都设置为 255，让该区域变为白色。

- 第 15~18 行使用两个 for 语句的嵌套循环，对图像左上角位于区域 1 正下方的区域（即"第 50 行到第 99 行"与"第 0 列到第 99 列"的行列交叉区域，我们称之为区域 2）内的像素值进行设定。借助 img[i, j]=[128,128,128]语句将该区域内的三个通道的像素值都设置为 128，让该区域变为灰色。

- 第 19~21 行使用两个 for 语句的嵌套循环，对图像左上角位于区域 2 正下方的区域（即"第 100 行到第 149 行"与"第 0 列到第 99 列"的行列交叉区域，我们称之为区域 3）内的像素值进行设定。借助 img[i, j]=0 语句将该区域内的三个通道的像素值都设置为 0，让该区域变为黑色。

运行程序，结果如图 2-11 所示，其中图 2-11(a)是读取的原始图像，图 2-11(b)是经过修改后的图像。

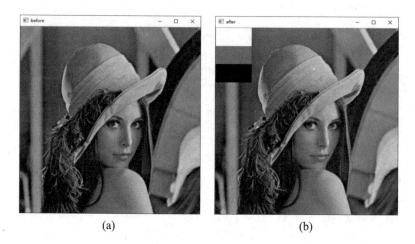

(a)　　　　　　　　　　　　　(b)

图 2-11　【例 2.6】程序的运行结果

同时，在控制台会输出如下内容：

访问 img[0,0]= [125 137 226]
访问 img[0,0,0]= 125
访问 img[0,0,1]= 137
访问 img[0,0,2]= 226
访问 img[50,0]= [114 136 230]
访问 img[100,0]= [ 75  55 155]
修改后 img[0,0]= [255 255 255]
修改后 img[0,0,0]= 255
修改后 img[0,0,1]= 255
修改后 img[0,0,2]= 255
修改后 img[50,0]= [128 128 128]
修改后 img[100,0]= [0 0 0]

## 2.3　使用 numpy.array 访问像素

numpy.array 提供了 item()和 itemset()函数来访问和修改像素值，而且这两个函数都是经过优化处理的，能够更大幅度地提高处理效率。在访问及修改像素点的值时，利用 numpy.array 提供的函数比直接使用索引要快得多，同时，这两个函数的可读性也更好。

### 1. 二值图像及灰度图像

可以将二值图像理解为特殊的灰度图像，所以这里仅以灰度图像为例讨论像素点值的读取和修改。

函数 item()能够更加高效地访问图像的像素点，该函数的语法格式为

item(行,列)

函数 itemset()可以用来修改像素值，其语法格式为

```
itemset (索引值, 新值)
```

为了便于理解，我们首先使用 Numpy 库生成一个 5×5 大小的随机数组，用来模拟一幅灰度图像，并对其进行简单的处理。

【例 2.7】使用 Numpy 生成一个二维随机数组，用来模拟一幅灰度图像，并对其像素进行访问、修改。

分析：使用 Numpy 中的 random.randint 可以生成一个随机数组，该随机数组对应一幅灰度图像。然后分别使用函数 item() 及函数 itemset() 对其像素进行访问、修改。

根据题目要求及分析，编写代码如下：

```python
import numpy as np
img=np.random.randint(10,99,size=[5,5],dtype=np.uint8)
print("img=\n",img)
print("读取像素点 img.item(3,2)=",img.item(3,2))
img.itemset((3,2),255)
print("修改后 img=\n",img)
print("修改后像素点 img.item(3,2)=",img.item(3,2))
```

式中，语句 "img=np.random.randint(10,99,size=[5,5],dtype=np.uint8)" 表示生成一个大小为 5×5，类型为 "np.uint8"（数值范围[0,255]），值在[10,99]范围内的数组 img。函数 np.random.randint 的语法为

```
返回值= np.random.randint(最小值, 最大值, 尺寸大小, 数据类型)
```

使用时在对应的参数位置填入相应的值即可。

运行程序，控制台输出结果如下：

```
img=
 [[69 11 79 35 84]
 [87 10 63 12 20]
 [31 67 68 16 45]
 [81 26 61 51 28]
 [33 94 18 71 53]]
读取像素点 img.item(3,2)= 61
修改后 img=
 [[ 69  11  79  35  84]
 [ 87  10  63  12  20]
 [ 31  67  68  16  45]
 [ 81  26 255  51  28]
 [ 33  94  18  71  53]]
修改后像素点 img.item(3,2)= 255
```

通过观察输出结果可以发现，语句 img.itemset((3,2),255) 将图像第 3 行第 2 列位置上的像素值修改为 255 了。

在例 2.7 中，为方便大家能够清晰地观察数组内的每一个值，生成的数组规模（尺寸）较小。在实际使用中，可以利用随机函数生成更大尺寸的随机数组，并使用函数 imshow() 观察随机数组对应的灰度图像。

【例 2.8】生成一个灰度图像，让其中的像素值均为随机数。

根据题目要求，编写代码如下：

```
import numpy as np
import cv2
img=np.random.randint(0,256,size=[256,256],dtype=np.uint8)
cv2.imshow("demo",img)
cv2.waitKey()
cv2.destroyAllWindows()
```

运行上述程序，可以生成一幅 256 像素×256 像素大小的灰度图像，如图 2-12 所示。

图 2-12　随机灰度图像

【例 2.9】读取一幅灰度图像，并对其像素值进行访问、修改。

根据题目要求，编写代码如下：

```
import cv2
img=cv2.imread("lena.bmp",0)
#测试读取、修改单个像素值
print("读取像素点 img.item(3,2)=",img.item(3,2))
img.itemset((3,2),255)
print("修改后像素点 img.item(3,2)=",img.item(3,2))
#测试修改一个区域的像素值
cv2.imshow("before",img)
for i in range(10,100):
    for j in range(80,100):
        img.itemset((i,j),255)
cv2.imshow("after",img)
cv2.waitKey()
cv2.destroyAllWindows()
```

本程序首先修改了一个像素点的像素值：使用 item()函数读取了第 3 行第 2 列位置上的像素值；接下来使用 itemset()函数对该像素值进行了修改。

接下来使用嵌套循环语句修改了一个区域的像素值，将位于"第 10 行到第 99 行"和"第 80 列到第 99 列"的行列交叉区域的像素值设置（修改）为 255，即让该区域显示为白色。

运行上述程序，显示如图 2-13 所示图像，其中，图 2-13(a)是读取的原始图像，图 2-13(b)是修改部分像素后得到的图像。

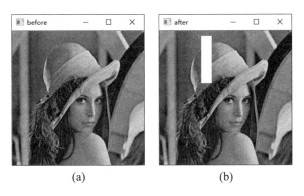

(a) (b)

图 2-13 【例 2.9】程序的运行结果

同时，在控制台得到如下结果：

读取像素点 img.item(3,2)= 159
修改后像素点 img.item(3,2)= 255

### 2. 彩色图像

我们也可以使用函数 item()和函数 itemset()来访问和修改彩色图像的像素值，过程与操作灰度图像相似，不同之处在于需要补充通道信息。

函数 item()访问 RGB 模式图像的像素值时，其语法格式为

item(行,列,通道)

函数 itemset()修改（设置）RGB 模式图像的像素值时，其语法格式为

itemset(三元组索引值,新值)

需要注意，针对 RGB 图像的访问，必须同时指定行、列及行列索引（通道），例如 img.item(a,b,c)。仅仅指定行和列是不可以的。

【例 2.10】使用 Numpy 生成一个由随机数构成的三维数组，用来模拟一幅 RGB 色彩空间的彩色图像，并使用函数 item()和 itemset()来访问和修改它。

根据题目要求，编写代码如下：

```
import numpy as np
img=np.random.randint(10,99,size=[2,4,3],dtype=np.uint8)
print("img=\n",img)
print("读取像素点 img[1,2,0]=",img.item(1,2,0))
print("读取像素点 img[0,2,1]=",img.item(0,2,1))
print("读取像素点 img[1,0,2]=",img.item(1,0,2))
img.itemset((1,2,0),255)
img.itemset((0,2,1),255)
img.itemset((1,0,2),255)
print("修改后 img=\n",img)
print("修改后像素点 img[1,2,0]=",img.item(1,2,0))
print("修改后像素点 img[0,2,1]=",img.item(0,2,1))
print("修改后像素点 img[1,0,2]=",img.item(1,0,2))
```

运行上述程序，在控制台得到如下输出结果：

```
img=
 [[[71 32 69]
  [43 73 67]
  [30 48 93]
  [79 52 69]]
[[66 60 48]
  [68 17 10]
  [92 79 20]
  [70 14 85]]]
读取像素点 img[1,2,0]= 92
读取像素点 img[0,2,1]= 48
读取像素点 img[1,0,2]= 48
修改后 img=
 [[[ 71  32  69]
  [ 43  73  67]
  [ 30 255  93]
  [ 79  52  69]]
[[ 66  60 255]
  [ 68  17  10]
  [255  79  20]
  [ 70  14  85]]]
修改后像素点 img[1,2,0]= 255
修改后像素点 img[0,2,1]= 255
修改后像素点 img[1,0,2]= 255
```

在本例中，为了方便大家细致地观察数组内的值，生成的数组尺寸较小。在实际使用中，大家可以利用随机函数生成更大尺寸的随机数组，并使用函数 cv2.imshow() 观察随机数组对应的彩色图像。

【例 2.11】生成一幅彩色图像，让其中的像素值均为随机数。

根据题目要求，编写代码如下：

```
import cv2
import numpy as np
img=np.random.randint(0,256,size=[256,256,3],dtype=np.uint8)
cv2.imshow("demo",img)
cv2.waitKey()
cv2.destroyAllWindows()
```

上述程序可以生成一幅 256 像素×256 像素×3 像素的彩色图像，显示的图像如图 2-14 所示。

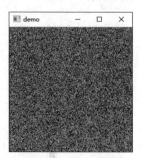

图 2-14  随机图像

【例 2.12】读取一幅彩色图像，并对其像素进行访问、修改。

根据题目要求，编写代码如下：

```
import cv2
import numpy as np
img=cv2.imread("lenacolor.png")
cv2.imshow("before",img)
print("访问 img.item(0,0,0)=",img.item(0,0,0))
print("访问 img.item(0,0,1)=",img.item(0,0,1))
print("访问 img.item(0,0,2)=",img.item(0,0,2))
for i in range(0,50):
    for j in range(0,100):
        for k in range(0,3):
            img.itemset((i,j,k),255)        #白色
cv2.imshow("after",img)
print("修改后 img.item(0,0,0)=",img.item(0,0,0))
print("修改后 img.item(0,0,1)=",img.item(0,0,1))
print("修改后 img.item(0,0,2)=",img.item(0,0,2))
```

在本程序中，首先，使用 item()函数读取了第 0 行第 0 列位置上的 B 通道、G 通道、R 通道三个通道上的像素值。

接下来，借助 itemset()函数将左上角设置为白色。在嵌套循环语句中，使用 itemset()函数，将位于"第 0 行到第 49 行"和"第 0 列到第 99 列"的交叉区域内的像素值设置为 255。

运行上述程序，得到如图 2-15 所示结果，其中图 2-15(a)是读取的原始图像，图 2-15(b)是修改后的图像。

(a)　　　　　　　　　　　　　　(b)

图 2-15　【例 2.12】程序的运行结果

同时，会在控制台显示如下结果：

```
访问 img.item(0,0,0)= 125
访问 img.item(0,0,1)= 137
访问 img.item(0,0,2)= 226
修改后 img.item(0,0,0)= 255
```

```
修改后 img.item(0,0,1)= 255
修改后 img.item(0,0,2)= 255
```

## 2.4 感兴趣区域（ROI）

在图像处理过程中，我们可能会对图像的某一个特定区域感兴趣，该区域被称为感兴趣区域（Region of Interest，ROI）。在设定感兴趣区域后，就可以对该区域进行整体操作。例如，将一个感兴趣区域 A 赋值给变量 B 后，可以将该变量 B 赋值给另外一个区域 C，从而达到在区域 C 内复制区域 A 的目的。

例如，在图 2-16 中，假设当前图像的名称为 img，图中的数字分别表示行号和列号。那么，图像中的黑色 ROI 可以表示为 img[200:400, 200:400]。

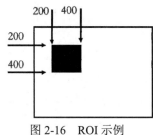

图 2-16　ROI 示例

通过以下语句，能够将图 2-16 中的黑色 ROI 复制到该区域右侧：

```
a=img[200:400,200:400]
img[200:400,600:800]=a
```

上述语句对图 2-16 的处理结果如图 2-17 所示，在该区域右侧得到了复制的 ROI。

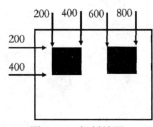

图 2-17　复制结果

【例 2.13】获取图像 lena 的脸部信息，并将其显示出来。

根据题目要求，编写代码如下：

```
import cv2
a=cv2.imread("lenacolor.png",cv2.IMREAD_UNCHANGED)
face=a[220:400,250:350]
cv2.imshow("original",a)
cv2.imshow("face",face)
cv2.waitKey()
cv2.destroyAllWindows()
```

在本例中，通过 face=a[220:400,250:350]获取了一个 ROI，并使用函数 cv2.imshow()将其显

示了出来。

　　运行上述程序，会得到如图 2-18 所示的结果，其中图 2-18(a)是 lena 的原始图像，图 2-18(b)
是从 lena 图像中获取的脸部图像。

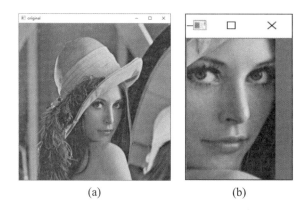

(a)　　　　　　　　　　(b)

图 2-18　【例 2.13】程序的运行结果

**【例 2.14】** 对 lena 图像的脸部进行打码。

　　根据题目要求，编写代码如下：

```
import cv2
import numpy as np
a=cv2.imread("lenacolor.png",cv2.IMREAD_UNCHANGED)
cv2.imshow("original",a)
face=np.random.randint(0,256,(180,100,3))
a[220:400,250:350]=face
cv2.imshow("result",a)
cv2.waitKey()
cv2.destroyAllWindows()
```

在本例中，使用随机数生成的三维数组模拟了一幅随机图像，实现了对脸部图像的打码。

　　运行上述程序，得到如图 2-19 所示结果，其中图 2-19(a)是 lena 的原始图像，图 2-19(b)是
脸部打码图像。

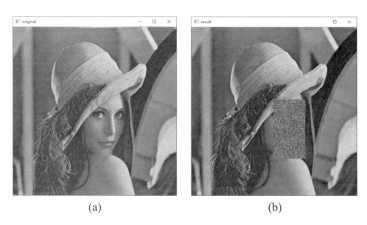

(a)　　　　　　　　　　(b)

图 2-19　【例 2.14】程序的运行结果

【例 2.15】将一幅图像内的 ROI 复制到另一幅图像内。

根据题目要求，编写代码如下：

```python
import cv2
lena=cv2.imread("lena512.bmp",cv2.IMREAD_UNCHANGED)
dollar=cv2.imread("dollar.bmp",cv2.IMREAD_UNCHANGED)
cv2.imshow("lena",lena)
cv2.imshow("dollar",dollar)
face=lena[220:400,250:350]
dollar[160:340,200:300]=face
cv2.imshow("result",dollar)
cv2.waitKey()
cv2.destroyAllWindows()
```

运行上述程序，得到如图 2-20 所示的结果。其中，图 2-20(a)是 lena 的原始图像，图 2-20(b)是 dollar 图像，图 2-20(c)是将 lena 图像内的 ROI 复制到 dollar 图像的效果。

(a)          (b)          (c)

图 2-20    【例 2.15】程序的运行结果

【提示】表达式"a=img[200:400,200:400]"，一般表述为从"第 200 行到第 400 行"，与"第 200 列到第 400 列"的交叉区域。上述表达式包含的实际范围是"第 200 行（包含）到第 400 行（不包含）"与"第 200 列（包含）到第 400 列（不包含）"的交叉区域。也就是说，上述表达式都是包含起始值，不包含终止值的情况。

不同的文献资料，在表述上可能存在差异。也可能将表达式"a=img[200:400,200:400]"表述为其范围是"第 200 行到第 399 行"与"第 200 列到第 399 列"的交叉区域。

## 2.5 通道操作

在 RGB 图像中，图像是由 R 通道、G 通道、B 通道三个通道构成的。需要注意的是，在 OpenCV 中，通道是按照 B 通道→G 通道→R 通道的顺序存储的。

在图像处理过程中，可以根据需要对通道进行拆分和合并。本节具体介绍如何对通道进行拆分和合并。

## 2.5.1　通道拆分

在 OpenCV 中，既可以通过索引的方式拆分通道，也可以通过函数的方式拆分通道。

### 1.　通过索引拆分

通过索引的方式，可以直接将各个通道从图像内提取出来。例如，针对 OpenCV 内的 BGR 图像 img，如下语句分别从中提取了 B 通道、G 通道、R 通道。

```
b = img[ : , : , 0 ]
g = img[ : , : , 1 ]
r = img[ : , : , 2 ]
```

【例 2.16】编写程序，演示图像通道拆分及通道值改变对彩色图像的影响。

根据题目要求，编写代码如下：

```
import cv2
lena=cv2.imread("lenacolor.png")
cv2.imshow("lena1",lena)
b=lena[:,:,0]
g=lena[:,:,1]
r=lena[:,:,2]
cv2.imshow("b",b)
cv2.imshow("g",g)
cv2.imshow("r",r)
lena[:,:,0]=0
cv2.imshow("lenab0",lena)
lena[:,:,1]=0
cv2.imshow("lenab0g0",lena)
cv2.waitKey()
cv2.destroyAllWindows()
```

本例实现了通道拆分和通道值改变：

- 语句 b=lena[:,:,0]获取了图像 img 的 B 通道。
- 语句 g=lena[:,:,1]获取了图像 img 的 G 通道。
- 语句 r=lena[:,:,2]获取了图像 img 的 R 通道。
- 语句 lena[:,:,0]=0 将图像 img 的 B 通道值设置为 0。
- 语句 lena[:,:,1]=0 将图像 img 的 G 通道值设置为 0。

运行上述程序，得到如图 2-21 所示的结果，其中：

- 图 2-21(a)是原始图像 lena。
- 图 2-21(b)是原始图像 lena 的 B 通道图像 b。
- 图 2-21(c)是原始图像 lena 的 G 通道图像 g。
- 图 2-21(d)是原始图像 lena 的 R 通道图像 r。
- 图 2-21(e)是将图像 lena 中 B 通道值置为 0 后得到的图像。

- 图 2-21(f)是将图像 lena 中 B 通道值、G 通道值均置为 0 后得到的图像。

由于本书为黑白印刷，所以为了更好地观察运行效果，请大家亲自上机验证程序。

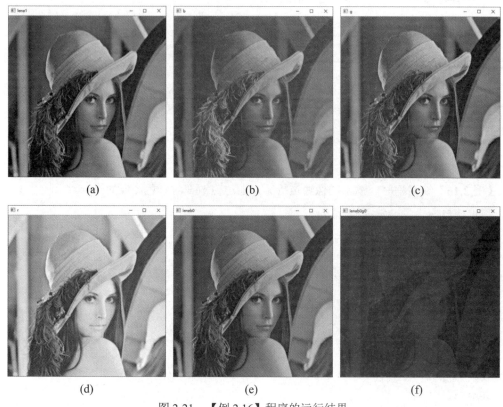

图 2-21　【例 2.16】程序的运行结果

## 2. 通过函数拆分

函数 cv2.split()能够拆分图像的通道。例如，可以使用如下语句拆分彩色 BGR 图像 img，得到 B 通道图像 b、G 通道图像 g 和 R 通道图像 r。

```
b,g,r=cv2.split(img)
```

上述语句与如下语句是等价的：

```
b=cv2.split(img)[0]
g=cv2.split(img)[1]
r=cv2.split(img)[2]
```

【例 2.17】编写程序，使用函数 cv2.split()拆分图像通道。

根据题目要求，编写代码如下：

```
import cv2
lena=cv2.imread("lenacolor.png")
b,g,r=cv2.split(lena)
cv2.imshow("B",b)
cv2.imshow("G",g)
cv2.imshow("R",r)
```

```
cv2.waitKey()
cv2.destroyAllWindows()
```

运行上述程序，得到如图 2-22 所示的三个通道图像，其中：

- 图 2-22(a)是 B 通道图像 b。
- 图 2-22(b)是 G 通道图像 g。
- 图 2-22(c)是 R 通道图像 r。

|(a)|(b)|(c)|

图 2-22　三个通道的图像

## 2.5.2　通道合并

通道合并是通道拆分的逆过程，通过合并通道可以将三个通道的灰度图像构成一幅彩色图像。函数 cv2.merge()可以实现图像通道的合并，例如有 B 通道图像 b、G 通道图像 g 和 R 通道图像 r，使用函数 cv2.merge()可以将这三个通道合并为一幅 BGR 的三通道彩色图像。其实现的语句为

```
bgr=cv2.merge([b,g,r])
```

【例 2.18】编写程序，演示使用函数 cv2.merge()合并通道。

根据题目要求，编写代码如下：

```
import cv2
lena=cv2.imread("lenacolor.png")
b,g,r=cv2.split(lena)
bgr=cv2.merge([b,g,r])
rgb=cv2.merge([r,g,b])
cv2.imshow("lena",lena)
cv2.imshow("bgr",bgr)
cv2.imshow("rgb",rgb)
cv2.waitKey()
cv2.destroyAllWindows()
```

在本例中，首先对 BGR 图像进行了拆分，接下来又对其进行了两种不同形式的合并。

- 语句 b,g,r=cv2.split(lena)对图像 lena 进行拆分，得到 b、g、r 这三个通道。
- 语句 bgr=cv2.merge([b,g,r])对通道 b、g、r 进行合并，合并顺序为 B 通道→G 通道→R

通道，得到图像 bgr。

- 语句 rgb=cv2.merge([r,g,b])对通道 r、g、b 进行合并，合并顺序为 R 通道→G 通道→B 通道，得到图像 rgb。

运行上述程序，得到如图 2-23 所示的图像，其中：

- 图 2-23(a)是原始图像 lena。
- 图 2-23(b)是 lena 图像经过通道拆分、合并后得到的 BGR 通道顺序的彩色图像 bgr。
- 图 2-23(c)是 lena 图像经过通道拆分、合并后得到的 RGB 通道顺序的彩色图像 rgb。

图 2-23　【例 2.18】程序的运行结果

通过本例可以看出，改变通道顺序后，图像显示效果会发生变化。

## 2.6　获取图像属性

在图像处理过程中，经常需要获取图像的属性，例如图像的大小、类型等。这里介绍几个常用的属性。

- shape：如果是彩色图像，则返回包含行数、列数、通道数的数组；如果是二值图像或者灰度图像，则仅返回行数和列数。通过该属性的返回值是否包含通道数，可以判断一幅图像是灰度图像（或二值图像）还是彩色图像。
- size：返回图像的像素数目。其值为"行×列×通道数"，灰度图像或者二值图像的通道数为 1。
- dtype：返回图像的数据类型。

【例 2.19】编写程序，观察图像的常用属性值。

根据题目要求，编写代码如下：

```
import cv2
gray=cv2.imread("lena.bmp",0)
color=cv2.imread("lenacolor.png")
print("图像gray属性：")
print("gray.shape=",gray.shape)
print("gray.size=",gray.size)
```

```
print("gray.dtype=",gray.dtype)
print("图像 color 属性：")
print("color.shape=",color.shape)
print("color.size=",color.size)
print("color.dtype=",color.dtype)
```

在本例中，分别读取了灰度图像 gray 和彩色图像 color，并分别观察了它们的 shape、size、dtype 属性。

运行程序，控制台会输出如下结果：

```
图像 gray 属性：
gray.shape= (256, 256)
gray.size= 65536
gray.dtype= uint8
图像 color 属性：
color.shape= (512, 512, 3)
color.size= 786432
color.dtype= uint8
```

# 第 3 章

# 图像运算

针对图像的加法运算、位运算都是比较基础的运算。很多复杂的图像处理功能正是借助这些基础的运算来完成的。所以，牢固掌握基础操作，对于更好地实现图像处理是非常有帮助的。本章简单介绍加法运算、位运算，并使用它们实现位平面分解、图像异或加密、数字水印、脸部打码/解码等实例。

## 3.1 图像加法运算

在图像处理过程中，经常需要对图像进行加法运算。可以通过加号运算符"+"对图像进行加法运算，也可以通过 cv2.add()函数对图像进行加法运算。

通常情况下，在灰度图像中，一个像素值用 8 个比特位（一字节）来表示，其表示的范围是"0000 0000"（8 个比特位都是 0，对应十进制 0，是 8 位二进制所能够表示的最小值）到"1111 1111"（8 个比特位都是 1，对应十进制 255，是 8 位二进制所能够表示的最大值），对应像素值的范围是[0,255]。两个像素值在进行加法运算时，求得的和很可能超过 255。上述两种不同的加法运算方式，对超过 255 的数值的处理方式是不一样的。

### 3.1.1 加号运算符

使用加号运算符"+"对图像 a（像素值为 $a$）和图像 b（像素值为 $b$）进行求和运算时，遵循以下规则：

$$a+b = \begin{cases} a+b, & a+b \leqslant 255 \\ \mathrm{mod}(a+b, 256), & a+b > 255 \end{cases}$$

式中，mod()是取模运算，"mod($a+b$, 256)"表示计算"($a+b$)的和除以 256 取余数"。

根据上述规则，两个像素值进行加法运算时：

- 如果两个图像对应像素值的和小于或等于 255，则直接相加得到运算结果。例如，像素值 28 和像素值 36 相加，得到计算结果 64。
- 如果两个图像对应像素值的和大于 255，则将运算结果对 256 取模。例如 255+58=313，大于 255，则计算(255+58)% 256 = 57，得到计算结果 57。式中，%表示取余运算。

当然，上述公式也可以简化为 $(a+b) = \mathrm{mod}(a+b, 256)$，在运算时无论相加的和是否大于 255，都对数值 256 取模。

【例 3.1】使用随机数数组模拟灰度图像，观察使用"+"对像素值求和的结果。

分析：数据类型 np.uint8 所表示的数据范围是[0,255]。通过将数组的数值类型定义为 dtype=np.uint8，可以保证数组值的范围在[0,255]之间。

根据题目要求及分析，编写程序如下：

```
import numpy as np
img1=np.random.randint(0,256,size=[3,3],dtype=np.uint8)
img2=np.random.randint(0,256,size=[3,3],dtype=np.uint8)
print("img1=\n",img1)
print("img2=\n",img2)
print("img1+img2=\n",img1+img2)
```

运行程序，得到如下计算结果：

```
img1=
 [[178  83  29]
 [202 200 158]
 [ 27 177 162]]
img2=
 [[ 26  48  57]
 [ 52 153   8]
 [ 10 232   7]]
img1+img2=
 [[204 131  86]
 [254  97 166]
 [ 37 153 169]]
```

从上述程序可以看到，当使用"+"计算两个 256 级灰度图像内像素值的和时，运算结果会对 256 取模。

需要注意，本例题中的加法要进行取模，这是由数组的类型 dtype=np.uint8 所规定的。np.uint8 的数值范围是[0,255]。

## 3.1.2 cv2.add()函数

函数 cv2.add()可以用来计算图像像素值相加的和，其语法格式为

计算结果=cv2.add(像素值 a,像素值 b)

使用函数 cv2.add()对像素值 $a$ 和像素值 $b$ 进行求和运算时，如果求得的和超过了当前图像像素值所能够表示的范围，则使用所能表示范围的最大值作为计算结果。该最大值，一般被称为图像的像素饱和值，所以函数 cv2.add()的求和一般被称为饱和值求和（也被称为饱和求和、饱和运算、饱和求和运算等）。

例如，8 位灰度图像的饱和值为 255，因此，在对 8 位灰度图的像素值求和时，遵循以下规则：

$$a+b=\begin{cases} a+b, & a+b \leqslant 255 \\ 255, & a+b > 255 \end{cases}$$

根据上述规则，在对 256 级的灰度图像（8 位灰度图）中的两个像素点进行加法运算时：

- 如果两个像素值的和小于或等于 255，则直接相加得到运算结果。例如，像素值 28 和像素值 36 相加，得到计算结果 64。
- 如果两个像素值的和大于 255，则将运算结果处理为饱和值 255。例如 255+58=313，大于 255，则得到计算结果 255。

需要注意，函数 cv2.add() 中的参数可能有如下三种形式。

- 形式 1：计算结果=cv2.add(图像 1,图像 2)，两个参数都是图像，此时参与运算的图像大小和类型必须保持一致。
- 形式 2：计算结果=cv2.add(数值,图像)，第 1 个参数是数值，第 2 个参数是图像，此时将超过图像饱和值的数值处理为饱和值（最大值）。
- 形式 3：计算结果=cv2.add(图像,数值)，第 1 个参数是图像，第 2 个参数是数值，此时将超过图像饱和值的数值处理为饱和值（最大值）。

上述三种形式将在本章的后续小节中进一步介绍。

【例 3.2】使用随机数组模拟灰度图像，观察函数 cv2.add() 对像素值求和的结果。

根据题目要求，编写程序如下：

```
import numpy as np
import cv2
img1=np.random.randint(0,256,size=[3,3],dtype=np.uint8)
img2=np.random.randint(0,256,size=[3,3],dtype=np.uint8)
print("img1=\n",img1)
print("img2=\n",img2)
img3=cv2.add(img1,img2)
print("cv2.add(img1,img2)=\n",img3)
```

运行程序，得到如下计算结果：

```
img1=
[[136 212   1]
 [ 47 234  85]
 [197 107 169]]
img2=
[[109 212  62]
 [ 19 218 245]
 [ 19 103 137]]
cv2.add(img1,img2)=
[[245 255  63]
 [ 66 255 255]
 [216 210 255]]
```

从上述运行结果可知，当使用函数 add 求和时，如果两个像素值的和大于 255，则将运算结果处理为饱和值 255。

【例 3.3】分别使用加号运算符和函数 cv2.add() 计算两幅灰度图像的像素值之和，观察处理结果。

根据题目要求，编写程序如下：

```
import cv2
a=cv2.imread("lena.bmp",0)
b=a
result1=a+b
result2=cv2.add(a,b)
cv2.imshow("original",a)
cv2.imshow("result1",result1)
cv2.imshow("result2",result2)
cv2.waitKey()
cv2.destroyAllWindows()
```

在本例中，首先读取了图像 lena 并将其标记为变量 a；接下来，使用语句"b=a"将图像 lena 复制到变量 b 内；最后，分别使用"+"和函数 cv2.add()计算 a 和 b 之和。

运行程序，得到如图 3-1 所示的运行结果，其中：

- 图 3-1(a)是原始图像 lena。
- 图 3-1(b)是使用加号运算符将图像 lena 自身相加的结果。
- 图 3-1(c)是使用函数 cv2.add()将图像 lena 自身相加的结果。

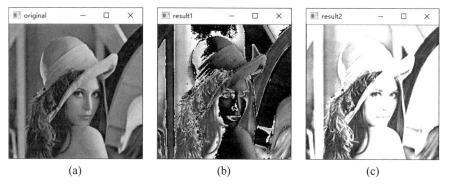

图 3-1 【例 3.3】程序的运行结果

从上述运算结果可以看出：

- 使用加号运算符"+"计算图像像素值的和时，将和大于 255 的值进行了取模处理，取模后大于 255 的这部分值变得更小了，导致本来应该更亮的像素点变得更暗了，相加所得的图像看起来并不自然。
- 使用函数 cv2.add()计算图像像素值的和时，将和大于 255 的值处理为饱和值 255。图像像素值相加后让图像的像素值增大了，图像整体变亮。

上述两种计算方式在生活中也存在着大量的使用场景，例如：

- 电表、水表及手表，使用的都是取模的方式。它们的终点和起点是重叠的，到达终点后，就是一个新的起点。例如，电表走到"9999"后，继续从"0000"开始计数；手表走到 12 点后，重新从 0 点开始计数。
- 汽车速度显示盘等场景使用的是饱和值方式。当汽车速度超过表盘能显示的最大值时，表盘显示的就是最大值，不会从 0 开始重新计数。

在图像处理过程中，可以根据实际需求场景的不同，选择上述两种计算方式中的一种来完成运算。

## 3.2 图像加权和

所谓图像加权和，就是在计算两幅图像的像素值之和时，将每幅图像的权重考虑进来，可以用公式表示为

$$dst = saturate\left(src1 \times \alpha + src2 \times \beta + \gamma\right)$$

式中，saturate(·)表示取饱和值（所能表示范围的最大值）。图像进行加权和计算时，要求 src1 和 src2 必须大小、类型相同，但是对具体是什么类型和通道没有特殊限制。它们可以是任意数据类型，也可以有任意数量的通道（灰度图像或者彩色图像），只要二者相同即可。

OpenCV 中提供了函数 cv2.addWeighted()，用来实现图像的加权和（混合、融合），该函数的语法格式为

```
dst=cv2.addWeighted(src1, alpha, src2, beta, gamma)
```

其中，参数 alpha 和 beta 是 src1 和 src2 所对应的系数，它们的和可以等于 1，也可以不等于 1。该函数实现的功能是 dst = saturate(src1×alpha + src2×beta + gamma)。需要注意，式中参数 gamma 的值可以是 0，但是该参数是必选参数，不能省略。可以将上式理解为"结果图像=计算饱和值（图像 1×系数 1+图像 2×系数 2+亮度调节量）"。

【例 3.4】使用数组演示函数 cv2.addWeighted()的使用。

根据题目要求，编写程序如下：

```
1. import cv2
2. import numpy as np
3. img1=np.random.randint(0,256,(3,4),dtype=np.uint8)
4. img2=np.random.randint(0,256,(3,4),dtype=np.uint8)
5. img3=np.zeros((3,4),dtype=np.uint8)
6. gamma=3
7. img3=cv2.addWeighted(img1,2,img2,1,gamma)
8. print(img3)
```

本例中的各行代码功能如下：

- 第 3 行生成一个 3×4 大小的二维数组，元素数值在[0,255]内，对应一个灰度图像 img1。
- 第 4 行生成一个 3×4 大小的二维数组，元素数值在[0,255]内，对应一个灰度图像 img2。
- 第 5 行生成一个 3×4 大小的二维数组，元素值都为 0，数据类型为 np.uint8。也就是说，该数组中元素可能的最大值是 255。
- 第 6 行将调节亮度参数 gamma 的值设置为 3。
- 第 7 行计算"img1×2+img2×1+3"的饱和值。也就是说，如果上述表达式的和小于 255，则保留；如果表达式的和等于或者大于 255，则处理为 255。

运行程序，得到如下运行结果：

```
[[234 255 169 255]
 [255 255  90 255]
 [255 255 255 255]]
```

【例 3.5】使用函数 cv2.addWeighted()对两幅图像进行加权混合，观察处理结果。

根据题目要求，编写程序如下：

```
import cv2
a=cv2.imread("boat.bmp")
b=cv2.imread("lena.bmp")
result=cv2.addWeighted(a,0.6,b,0.4,0)
cv2.imshow("boat",a)
cv2.imshow("lena",b)
cv2.imshow("result",result)
cv2.waitKey()
cv2.destroyAllWindows()
```

本程序使用 cv2.addWeighted()函数，对图像 boat 和图像 lena 分别按照 0.6 和 0.4 的权重进行混合。

运行程序，得到如图 3-2 所示的结果，其中：

- 图 3-2(a)是原始图像 boat。
- 图 3-2(b)是原始图像 lena。
- 图 3-2(c)是图像 boat 和图像 lena 加权混合后的结果图像。

| (a) | (h) | (c) |

图 3-2 【例 3.5】程序的运行结果

【例 3.6】使用函数 cv2.addWeighted()将一幅图像的 ROI 混合在另外一幅图像内。

根据题目要求，编写程序如下：

```
import cv2
lena=cv2.imread("lena512.bmp",cv2.IMREAD_UNCHANGED)
dollar=cv2.imread("dollar.bmp",cv2.IMREAD_UNCHANGED)
cv2.imshow("lena",lena)
cv2.imshow("dollar",dollar)
face1=lena[220:400,250:350]
face2=dollar[160:340,200:300]
```

```
add=cv2.addWeighted(face1,0.6,face2,0.4,0)
dollar[160:340,200:300]=add
cv2.imshow("result",dollar)
cv2.waitKey()
cv2.destroyAllWindows()
```

在本例中，face1 是图像 lena 中的面部部分，face2 是图像 dollar 中的面部部分。通过函数 cv2.addWeighted() 将 lena 图像内的面部 face1 与 dollar 图像内的面部 face2 进行了混合计算。

运行程序，会得到如图 3-3 所示的结果，其中：

- 图 3-3(a)是原始图像 lena。
- 图 3-3(b)是原始图像 dollar。
- 图 3-3(c)是图像 lena 的面部与图像 dollar 的面部加权混合得到的图像。

(a)                    (b)                    (c)

图 3-3　图像加权混合结果

## 3.3　按位逻辑运算

逻辑运算是一种非常重要的运算方式，图像处理过程中经常要按照位进行逻辑运算，本节介绍 OpenCV 中的按位逻辑运算，简称位运算。

在 OpenCV 内，常见的位运算函数如表 3-1 所示。

表 3-1　常见的位运算函数

| 函数名 | 基本含义 |
| --- | --- |
| cv2.bitwise_and() | 按位与 |
| cv2.bitwise_or() | 按位或 |
| cv2.bitwise_xor() | 按位异或 |
| cv2.bitwise_not() | 按位取反 |

### 3.3.1　按位与运算

在与运算中，当参加与运算的两个逻辑值都是真时，结果才为真。其逻辑关系可以类比图 3-4 所示的串联电路，只有当两个开关都闭合时，灯才会亮。

图 3-4　与运算类比电路

表 3-2 对与运算算子的不同情况进行了说明，表中使用"and"表示与运算。

表 3-2　与运算

| 算子 1 | 算子 2 | 结果 | 规则 |
|---|---|---|---|
| 0 | 0 | 0 | and(0,0)=0 |
| 0 | 1 | 0 | and(0,1)=0 |
| 1 | 0 | 0 | and(1,0)=0 |
| 1 | 1 | 1 | and(1,1)=1 |

按位与运算是指将数值转换为二进制值后，在对应的位上逐位进行与运算。表 3-3 展示了两个数值进行按位与运算的示例。表中最后一列，展示了将十进制值转换为二进制后，数值 1 与数值 2 在对应位上，逐位进行按位与运算的结果。例如，在最低位上（最右边一位），数值 1 对应的值为"0"，数值 2 对应的值为"1"，与运算的结果为"0"。

表 3-3　按位与运算

| 数值 | 十进制值 | 二进制值 |
|---|---|---|
| 数值 1 | 198 | 1100 0110 |
| 数值 2 | 219 | 1101 1011 |
| 按位与运算结果 | 194 | 1100 0010 |

在 OpenCV 中，可以使用 cv2.bitwise_and() 函数来实现按位与运算，其语法格式为

```
dst = cv2.bitwise_and( src1, src2[, mask]] )
```

其中：

- dst 表示与输入值具有同样大小的 array 输出值。
- src1 表示第一个 array 或 scalar 类型的输入值。
- src2 表示第二个 array 或 scalar 类型的输入值。
- mask 表示可选操作掩码，8 位单通道 array。

按位与操作有如下特点：

- 将任何数值 $N$ 与数值 0 进行按位与操作，都会得到数值 0。
- 将任何数值 $N$（这里仅考虑 8 位值）与数值 255（8 位二进制数是 1111 1111）进行按位与操作，都会得到数值 $N$ 本身。

可以通过表 3-4 观察数值 $N$（表中是 219）与特殊值 0 和 255 进行按位与运算的结果。

表 3-4　与特殊值 0 和 255 进行按位与运算

| 按位与运算 | 二进制值 | 十进制值 | 二进制值 | 十进制值 |
|---|---|---|---|---|
| 数值 $N$ | 1101 1011 | 219 | 1101 1011 | 219 |
| 特殊值（0 及 255） | 0000 0000 | 0 | 1111 1111 | 255 |
| 运算结果 | 0000 0000 | 0 | 1101 1011 | 219 |
| 说明 | 数值 219 与数值 0 按位与得到 0 | | 数值 219 与数值 255 按位与，结果保持自身值 219 不变 | |

　　根据上述特点，可以构造一幅掩膜图像 M，掩膜图像 M 中只有两种值：一种是数值 0，另外一种是数值 255。将该掩膜图像 M 与一幅灰度图像 G 进行按位与操作，在得到的结果图像 R 中：

- 与掩膜图像 M 中的数值 255 对应位置上的值，来源于灰度图像 G。
- 与掩膜图像 M 中的数值 0 对应位置上的值为零（黑色）。

　　通过掩膜图像，可以非常方便地提取出一幅图像中的 ROI。

　　第 13 章将从另外一个角度对上述情况进行说明，以帮助大家更好地理解掩膜及处理方式。

　　【例 3.7】使用数组演示与掩膜图像的按位与运算。

　　根据题目要求，编写代码如下：

```
import cv2
import numpy  as np
a=np.random.randint(0,255,(5,5),dtype=np.uint8)
b=np.zeros((5,5),dtype=np.uint8)
b[0:3,0:3]=255
b[4,4]=255
c=cv2.bitwise_and(a,b)
print("a=\n",a)
print("b=\n",b)
print("c=\n",c)
```

　　运行上述程序，输出结果如下：

```
a=
 [[ 39 177 191  66 179]
 [109  28   7  17 118]
 [241 191  32  72 202]
 [229  62   9  65 187]
 [103  65 207  45 121]]
b=
 [[255 255 255   0   0]
 [255 255 255   0   0]
 [255 255 255   0   0]
 [  0   0   0   0   0]
 [  0   0   0   0 255]]
c=
 [[ 39 177 191   0   0]
 [109  28   7   0   0]
 [241 191  32   0   0]
 [  0   0   0   0   0]
 [  0   0   0   0 121]]
```

　　从程序可以看出，数组 c 来源于数组 a 与数组 b 的按位与操作。运算结果显示，对于数组 c 内的值，与数组 b 中数值 255 对应位置上的值来源于数组 a；与数组 b 中数值 0 对应位置上的值为 0。

　　【例 3.8】构造一个掩膜图像，使用按位与运算保留图像中被掩膜指定的部分。

在本例中，我们构造一个掩膜图像，保留图像 lena 的头部。

根据题目要求，编写代码如下：

```
import cv2
import numpy  as np
a=cv2.imread("lenacolor.png",0)
b=np.zeros(a.shape,dtype=np.uint8)
b[100:400,200:400]=255
b[100:500,100:200]=255
c=cv2.bitwise_and(a,b)
cv2.imshow("a",a)
cv2.imshow("b",b)
cv2.imshow("c",c)
cv2.waitKey()
cv2.destroyAllWindows()
```

运行上述程序，输出结果如图 3-5 所示，图 3-5(a)是原始图像 lena，图 3-5(b)是掩膜图像，图 3-5(c)是按位与结果图像，可以看到，被掩膜指定的头部图像被保留在了运算结果中。

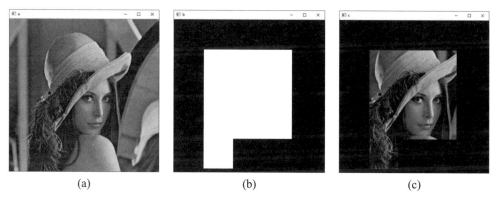

|       (a)       |       (b)       |       (c)       |

图 3-5    【例 3.8】程序的运行结果

除了需要对灰度图像进行掩膜处理，还经常需要针对 BGR 模式的彩色图像使用掩膜提取指定部分。由于按位与操作要求参与运算的数据有相同的通道，所以无法直接将彩色图像与单通道的掩膜图像进行按位与操作。一般情况下，可以通过将掩膜图像转换为 BGR 模式的彩色图像，让彩色图像与掩膜图像进行按位与操作，实现掩膜运算。

【例 3.9】构造一个掩膜图像，使用按位与操作保留彩色图像内被掩膜所指定的部分。

根据题目要求，编写代码如下：

```
import cv2
import numpy  as np
a=cv2.imread("lenacolor.png",1)
b=np.zeros(a.shape,dtype=np.uint8)
b[100:400,200:400]=255
b[100:500,100:200]=255
c=cv2.bitwise_and(a,b)
print("a.shape=",a.shape)
```

```
print("b.shape=",b.shape)
cv2.imshow("a",a)
cv2.imshow("b",b)
cv2.imshow("c",c)
cv2.waitKey()
cv2.destroyAllWindows()
```

运行上述程序，输出结果如图 3-6 所示，其中图 3-6(a)是原始图像，图 3-6(b)是掩膜图像，图 3-6(c)是原始图像和掩膜图像按位与后提取的图像。由于本书为黑白印刷，所以为了更好地观察运行效果，请大家亲自上机验证程序。

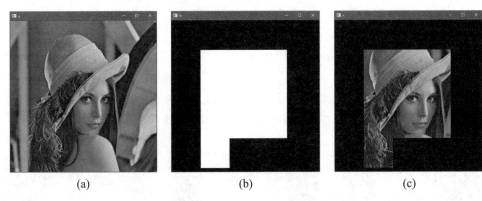

图 3-6　【例 3.9】程序的运行结果

同时，程序还会显示如下结果：

```
a.shape= (512, 512, 3)
b.shape= (512, 512, 3)
```

例 3.8 和例 3.9，唯一的不同在于要处理的图像 a 不同。它们读取的是同一幅彩色图像 "lenacolor.png"。但是，在例 3.8 中，采用 "a=cv2.imread("lenacolor.png ",0)"，读取到的 a 是一幅灰度图像；在例 3.9 中，采用 "a=cv2.imread("lenacolor.png ",1)"，读取到的 a 是一幅彩色图像。

需要注意的是，在上述两个例题中，都采用 "b=np.zeros(a.shape,dtype=np.uint8)"，让 b 的尺度大小（长度、宽度、通道数）为 "a.shape"（等于 a 的尺度大小）。所以，彩色图像和单通道的灰度图像的处理，看起来是没有差别的。但是，需要额外注意的是，如果直接使用数值的方式指定 b 的尺度大小，那么在处理灰度图像和彩色图像时，就需要注意二者的区别，要将 b 指定为不同的尺度大小以适应参与运算的图像 a（灰度图像或彩色图像）的尺度大小。例如，在处理灰度图像时，需要将 b 指定为与灰度图像尺度大小一致，使用语句为 "b=np.zeros((512,512),dtype=np.uint8)"；在处理彩色图像时，需要将 b 指定为与彩色图像尺度大小一致，使用语句为 "b=np.zeros((512,512,3),dtype=np.uint8)"。

## 3.3.2　按位或运算

或运算的规则是，当参与或运算的两个逻辑值中有一个为真时，结果就为真。其逻辑关系可以类比为如图 3-7 所示的并联电路，两个开关中只要有任意一个闭合时，灯就会亮。

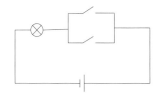

图 3-7　或运算类比电路图

表 3-5 对参与或运算的算子的不同情况进行了说明，表中使用"or"表示或运算。

表 3-5　或运算

| 算子 1 | 算子 2 | 结果 | 规则 |
|---|---|---|---|
| 0 | 0 | 0 | or(0,0)=0 |
| 0 | 1 | 1 | or(0,1)=1 |
| 1 | 0 | 1 | or(1,0)=1 |
| 1 | 1 | 1 | or(1,1)=1 |

按位或运算是指将数值转换为二进制值后，在对应的位置上逐位进行或运算。例如，表 3-6 展示了两个数值进行按位或运算的示例。

表 3-6　按位或运算

| 数值 | 十进制值 | 二进制值 |
|---|---|---|
| 数值 1 | 198 | 1100 0110 |
| 数值 2 | 219 | 1101 1011 |
| 按位或运算结果 | 223 | 1101 1111 |

在 OpenCV 中，可以使用 cv2.bitwise_or()函数来实现按位或运算，其语法格式为

```
dst = cv2.bitwise_or( src1, src2[, mask]] )
```

其中：

- dst 表示与输入值具有同样大小的 array 输出值。
- src1 表示第一个 array 或 scalar 类型的输入值。
- src2 表示第二个 array 或 scalar 类型的输入值。
- mask 表示可选操作掩码，8 位单通道 array 值。

### 3.3.3　按位非运算

非运算是取反操作，满足如下逻辑：

- 当运算数为真时，结果为假。
- 当运算数为假时，结果为真。

表 3-7 对参与运算的算子的不同情况进行了说明，表中使用"not"表示非运算。

表 3-7　非运算

| 算子 | 结果 | 规则 |
|---|---|---|
| 0 | 1 | not(0)=1 |
| 1 | 0 | not(1)=0 |

按位非运算是指将数值转换为二进制值后，在对应的位置上逐位进行非运算。例如，表 3-8 展示了按位非运算的示例。

表 3-8　按位非运算

| 说明 | 十进制值 | 二进制值 |
|---|---|---|
| 原始数值 | 198 | 1100 0110 |
| 按位非运算结果 | 57 | 0011 1001 |

在 OpenCV 中，可以使用函数 cv2.bitwise_not() 来实现按位取反操作，其语法格式为

```
dst = cv2.bitwise_not( src[, mask]] )
```

其中：

- dst 表示与输入值具有同样大小的 array 输出值。
- src 表示 array 类型的输入值。
- mask 表示可选操作掩码，8 位单通道 array 值。

### 3.3.4　按位异或运算

异或运算也叫半加运算，其运算法则与不带进位的二进制加法类似，其英文为 "exclusive OR"，因此其函数通常表示为 xor。

表 3-9 对参与异或运算的算子的不同情况进行了说明，其中 "xor" 表示异或运算。

表 3-9　异或运算

| 算子 1 | 算子 2 | 结果 | 规则 |
|---|---|---|---|
| 0 | 0 | 0 | xor(0,0)=0 |
| 0 | 1 | 1 | xor(0,1)=1 |
| 1 | 0 | 1 | xor(1,0)=1 |
| 1 | 1 | 0 | xor(1,1)=0 |

按位异或运算是指将数值转换为二进制值后，在对应的位置上逐位进行异或运算。例如，表 3-10 展示了两个数值进行按位异或运算的示例。

表 3-10　按位异或运算

| 数值 | 十进制值 | 二进制值 |
|---|---|---|
| 数值 1 | 198 | 1100 0110 |
| 数值 2 | 219 | 1101 1011 |
| 按位异或运算结果 | 29 | 0001 1101 |

在 OpenCV 中，可以使用函数 cv2.bitwise_xor() 来实现按位异或运算，其语法格式为

```
dst = cv2.bitwise_xor( src1, src2[, mask]] )
```

其中：

- dst 表示与输入值具有同样大小的 array 输出值。
- src1 表示第一个 array 或 scalar 类型的输入值。
- src2 表示第二个 array 或 scalar 类型的输入值。
- mask 表示可选操作掩码，8 位单通道 array 值。

## 3.4　掩膜

OpenCV 中的很多函数都会指定一个掩膜，也被称为掩码、掩模，例如：

`计算结果=cv2.add(参数 1 ，参数 2 ，掩膜)`

当使用掩膜参数时，操作只会在掩膜值为非空的像素点上执行，并将其他像素点的值置为 0。

需要注意，掩膜值为非空（不是 0），即可实现掩膜效果。也就是说，这个非空值，可以是除了 0 以外的任意符合要求的值。

例如，img1、img2、mask 和 img3 的原始值分别为

$$img1 = \begin{vmatrix} 3 & 3 & 3 & 3 \\ 3 & 3 & 3 & 3 \\ 3 & 3 & 3 & 3 \\ 3 & 3 & 3 & 3 \end{vmatrix}$$

$$img2 = \begin{vmatrix} 5 & 5 & 5 & 5 \\ 5 & 5 & 5 & 5 \\ 5 & 5 & 5 & 5 \\ 5 & 5 & 5 & 5 \end{vmatrix}$$

$$mask = \begin{vmatrix} 0 & 0 & 0 & 0 \\ 0 & 0 & 0 & 0 \\ 0 & 0 & 1 & 1 \\ 0 & 0 & 1 & 1 \end{vmatrix}$$

$$img3 = \begin{vmatrix} 66 & 66 & 66 & 66 \\ 66 & 66 & 66 & 66 \\ 66 & 66 & 66 & 66 \\ 66 & 66 & 66 & 66 \end{vmatrix}$$

经过 img3=cv2.add(img1,img2,mask=mask)运算后，得到 img3 为

$$img3 = \begin{vmatrix} 0 & 0 & 0 & 0 \\ 0 & 0 & 0 & 0 \\ 0 & 0 & 8 & 8 \\ 0 & 0 & 8 & 8 \end{vmatrix}$$

在运算过程中，img3 计算的是在掩膜 mask 控制下的"img1+img2"结果。在计算时，掩码为 1 的部分对应"img1+img2"，其他部分的像素值均为"0"。

需要说明的是，在运算前，数组 img3 内就存在值，这仅仅是为了说明问题用的，实际上 img3 是根据函数 cv2.add()所生成的新数组，与原来的值并没有关系。

【例 3.10】演示掩膜的使用。

根据题目要求，编写程序如下：

```
import cv2
import numpy as np
img1=np.ones((4,4),dtype=np.uint8)*3
img2=np.ones((4,4),dtype=np.uint8)*5
m=np.zeros((4,4),dtype=np.uint8)
m[2:4,2:4]=1
img3=np.ones((4,4),dtype=np.uint8)*66
print("img1=\n",img1)
print("img2=\n",img2)
print("mask=\n",m)
print("初始值 img3=\n",img3)
img3=cv2.add(img1,img2,mask=m)
print("求和后 img3=\n",img3)
```

运行上述程序，得到如下输出结果：

```
img1=
 [[3 3 3 3]
 [3 3 3 3]
 [3 3 3 3]
 [3 3 3 3]]
img2=
 [[5 5 5 5]
 [5 5 5 5]
 [5 5 5 5]
 [5 5 5 5]]
mask=
 [[0 0 0 0]
 [0 0 0 0]
 [0 0 1 1]
 [0 0 1 1]]
初始值 img3=
 [[66 66 66 66]
 [66 66 66 66]
 [66 66 66 66]
 [66 66 66 66]]
求和后 img3=
 [[0 0 0 0]
 [0 0 0 0]
 [0 0 8 8]
 [0 0 8 8]]
```

上述例题介绍的是在 cv2.add() 函数中使用掩膜的情况，在位运算中也都含有掩膜参数。在 3.3.1 节中，我们介绍了直接使用按位与运算对原始图像与掩膜图像进行计算的方式。需要注意，在将彩色图像与掩膜进行计算时，由于按位与操作要求参与运算的数据应该有相同的通道，所以无法直接将彩色图像与单通道的掩膜图像进行按位与操作。我们通过将掩膜图像转换为 BGR 模式的彩色图像,让彩色图像与(彩色)掩膜图像(三通道图像)进行按位与操作,从而实现掩膜运算。

实际上,在函数中所使用的掩膜参数是 8 位单通道图像。例如,可以将 8 位单通道的掩膜图像作为按位与函数 cv2.bitwise_and( src1, src2[, mask]] )中参数 mask 的值,完成掩膜运算。此时,让待处理的彩色图像同时作为函数 cv2.bitwise_and( src1, src2[, mask]] )的参数 src1 和参数 src2,使用掩膜图像(8 位单通道)作为掩膜参数,完成按位与运算,即可得到由掩膜控制的彩色图像。

需要注意的是,任何数值与自身进行按位与计算的结果,得到的仍旧是自身的值。例如,在表 3-11 中,数值 198 与自身进行按位与运算,得到的结果仍旧是 198。

表 3-11　数值与自身按位与运算示例

| 说明 | 十进制值 | 二进制值 |
| --- | --- | --- |
| 数值 | 198 | 1100 0110 |
| | 198 | 1100 0110 |
| 按位与运算结果 | 198 | 1100 0110 |

所以,在上述操作中,让待处理的彩色图像与自身进行按位与操作,得到的仍是彩色图像本身。而使用的掩膜参数控制的是,在目标图像中,哪些区域的值是彩色图像的值,哪些区域的值是 0。

【例 3.11】构造一个掩膜图像,将该掩膜图像作为按位与函数的掩膜参数,实现保留图像的指定部分。

```
import cv2
import numpy  as np
a=cv2.imread("lenacolor.png",1)
h,w,c=a.shape
m=np.zeros((h,w),dtype=np.uint8)
m[100:400,200:400]=255
m[100:500,100:200]=255
c=cv2.bitwise_and(a,a,mask=m)
print("a.shape=",a.shape)
print("mask.shape=",m.shape)
cv2.imshow("a",a)
cv2.imshow("mask",m)
cv2.imshow("c",c)
cv2.waitKey()
cv2.destroyAllWindows()
```

运行上述程序,输出结果如图 3-8 所示,其中图 3-8(a)为原始图像,图 3-8(b)为掩膜图像,图 3-8(c)为原始图像与掩膜图像进行按位与后的图像。

(a)                    (b)                    (c)

图 3-8　彩色图像按位与提取

除此以外，程序还将显示如下结果：

```
a.shape= (512, 512, 3)
mask.shape= (512, 512)
```

需要注意，例 3.8、3.9、3.10、3.11 都是在进行掩膜相关操作，看起来好像在简单重复。但是，我们需要关注其中的侧重点。

- 例 3.8、例 3.9 展示了在处理不同通道数（灰度图像、彩色图像）时，如何更好地解决掩膜图像的通道数。
- 例 3.8 与例 3.9 直接将原始图像与掩膜图像进行按位异或运算；例 3.11 是原始图像作为按位异或运算的两个图像源，将掩膜图像作为按位逻辑运算的掩膜参数完成运算。
- 例 3.10、例 3.11 都使用掩膜完成运算，但是掩膜的值是不一样的。在例 3.10 中掩膜的值是 1，在例 3.11 中掩膜的值是 255。不同的掩膜值，都能够得到正确的运算结果。需要注意，使用除了 1 和 255 以外的其他非零值，也能够得到正确的效果。不过，在例 3.11 中，当将掩膜值设置为 1 时，虽然能够取得同样的效果，但是，由于像素值 1 对应的是黑色，如果将该掩膜图像显示，则会得到一幅全黑的图像，无法直观地观察掩膜图像。

本书设计了大量的相似案例，旨在帮助大家更好地理解算法原理和参数使用，希望大家认真观察、体会其中的差别，以更好地掌握对应的知识点。

## 3.5　图像与数值的运算

在上述加法运算和按位运算中，参与运算的两个算子（参数）既可以是两幅图像，也可以是一幅图像与一个数值。

例如，如果想增加图像的整体亮度，可以将每一个像素值都加上一个特定值。在具体实现时，可以给图像加上一个统一像素值的图像，也可以给图像加上一个固定值。

例如，img1 和 img2 的原始值分别为

$$\text{img1} = \begin{vmatrix} 3 & 3 & 3 & 3 \\ 3 & 3 & 3 & 3 \\ 3 & 3 & 3 & 3 \\ 3 & 3 & 3 & 3 \end{vmatrix}$$

$$\text{img2} = \begin{vmatrix} 5 & 5 & 5 & 5 \\ 5 & 5 & 5 & 5 \\ 5 & 5 & 5 & 5 \\ 5 & 5 & 5 & 5 \end{vmatrix}$$

经过 img3=cv2.add(img1,img2)运算后，得到 img3 为

$$\text{img3} = \begin{vmatrix} 8 & 8 & 8 & 8 \\ 8 & 8 & 8 & 8 \\ 8 & 8 & 8 & 8 \\ 8 & 8 & 8 & 8 \end{vmatrix}$$

经过 img4=cv2.add(img1,6)运算后，得到 img4 为

$$\text{img4} = \begin{vmatrix} 9 & 9 & 9 & 9 \\ 9 & 9 & 9 & 9 \\ 9 & 9 & 9 & 9 \\ 9 & 9 & 9 & 9 \end{vmatrix}$$

经过 img5=cv2.add(6,img2)运算后，得到 img5 为

$$\text{img5} = \begin{vmatrix} 11 & 11 & 11 & 11 \\ 11 & 11 & 11 & 11 \\ 11 & 11 & 11 & 11 \\ 11 & 11 & 11 & 11 \end{vmatrix}$$

【例 3.12】演示图像与数值的运算结果。

为了方便理解，本例中采用数组模拟图像演示运算结果。

根据题目要求，编写程序如下：

```
import cv2
import numpy as np
img1=np.ones((4,4),dtype=np.uint8)*3
img2=np.ones((4,4),dtype=np.uint8)*5
print("img1=\n",img1)
print("img2=\n",img2)
img3=cv2.add(img1,img2)
print("cv2.add(img1,img2)=\n",img3)
img4=cv2.add(img1,6)
print("cv2.add(img1,6)=\n",img4)
img5=cv2.add(6,img2)
print("cv2.add(6,img2)=\n",img5)
```

运行上述程序，得到如下输出结果：

```
img1=
 [[3 3 3 3]
 [3 3 3 3]
 [3 3 3 3]
 [3 3 3 3]]
img2=
 [[5 5 5 5]
 [5 5 5 5]
 [5 5 5 5]
 [5 5 5 5]]
cv2.add(img1,img2)=
 [[8 8 8 8]
 [8 8 8 8]
 [8 8 8 8]
 [8 8 8 8]]
cv2.add(img1,6)=
 [[9 9 9 9]
 [9 9 9 9]
 [9 9 9 9]
 [9 9 9 9]]
cv2.add(6,img2)=
 [[11 11 11 11]
 [11 11 11 11]
 [11 11 11 11]
 [11 11 11 11]]
```

# 3.6 位平面分解

将灰度图像中所有像素点的二进制值中处于同一比特位上的值提取出来，得到一幅二值图像，该图像被称为灰度图像的一个位平面，这个过程被称为位平面分解。例如，将一幅灰度图像内所有像素点上处于二进制位内最低位上的值进行组合，可以构成"最低有效位"位平面。

在 8 位灰度图中，每一个像素使用 8 位二进制值来表示，其值的范围在[0,255]之间。可以将其中的值表示为

$$\text{value} = a_7 \times 2^7 + a_6 \times 2^6 + a_5 \times 2^5 + a_4 \times 2^4 + a_3 \times 2^3 + a_2 \times 2^2 + a_1 \times 2^1 + a_0 \times 2^0$$

其中，$a_i$ 的可能值为 0 或 1。可以看出，各个 $a_i$ 的权重是不一样的，$a_7$ 的权重最高，$a_0$ 的权重最低。这代表 $a_7$ 的值对图像的影响最大，而 $a_0$ 的值对图像的影响最小。换一个角度来说，图像与 $a_7$ 具有较大的相似性，而 $a_0$ 通常与图像的相似性不高。

通过提取灰度图像像素点二进制像素值的每一比特位的组合，可以得到多个位平面图像。图像中全部像素值的 $a_i$ 值所构成的位平面，称为第 $i$ 个位平面（第 $i$ 层）。在 8 位灰度图中，可以组成 8 个二进制值图像，即可以将原图分解为 8 个位平面。

根据上述分析，像素值中各个 $a_i$ 的权重是不一样的：

- $a_7$ 的权重最高，对像素值的影响最大，所构成的位平面与原图像相关性最高，该位平面看起来通常与原图像最类似。
- $a_0$ 的权重最低，对像素值的影响最小，所构成的位平面与原图像相关性最低，该平面看起来通常是杂乱无章的。

下面，我们通过一个简单案例来看一下位平面分解的具体情况。例如，有灰度图像 O 的像素值为

| | | | |
|---|---|---|---|
| 209 | 197 | 163 | 193 |
| 125 | 247 | 160 | 112 |
| 161 | 137 | 243 | 203 |
| 39 | 82 | 154 | 127 |

其对应的二进制值为

| | | | |
|---|---|---|---|
| 1101 0001 | 1100 0101 | 1010 0011 | 1100 0001 |
| 0111 1101 | 1111 0111 | 1010 0000 | 0111 0000 |
| 1010 0001 | 1000 1001 | 1111 0011 | 1100 1011 |
| 0010 0111 | 0101 0010 | 1001 1010 | 0111 1111 |

将所有像素的 $a_i$ 值进行组合，便会得到图像的 8 个位平面，如图 3-9 所示。

| | | | |
|---|---|---|---|
| 1 | 1 | 1 | 1 |
| 1 | 1 | 0 | 0 |
| 1 | 1 | 1 | 1 |
| 1 | 0 | 0 | 1 |

(a)

| | | | |
|---|---|---|---|
| 0 | 0 | 1 | 0 |
| 0 | 1 | 0 | 0 |
| 0 | 0 | 1 | 1 |
| 1 | 1 | 1 | 1 |

(b)

| | | | |
|---|---|---|---|
| 0 | 1 | 0 | 0 |
| 1 | 1 | 0 | 0 |
| 0 | 0 | 0 | 0 |
| 1 | 0 | 0 | 1 |

(c)

| | | | |
|---|---|---|---|
| 0 | 0 | 0 | 0 |
| 1 | 0 | 0 | 0 |
| 0 | 1 | 0 | 1 |
| 0 | 0 | 1 | 1 |

(d)

| | | | |
|---|---|---|---|
| 1 | 0 | 0 | 0 |
| 1 | 1 | 0 | 1 |
| 0 | 0 | 1 | 0 |
| 0 | 1 | 1 | 1 |

(e)

| | | | |
|---|---|---|---|
| 0 | 0 | 1 | 0 |
| 1 | 1 | 1 | 1 |
| 1 | 0 | 1 | 0 |
| 1 | 0 | 0 | 1 |

(f)

| | | | |
|---|---|---|---|
| 1 | 1 | 0 | 1 |
| 1 | 1 | 0 | 1 |
| 0 | 0 | 1 | 1 |
| 0 | 1 | 0 | 1 |

(g)

| | | | |
|---|---|---|---|
| 1 | 1 | 1 | 1 |
| 0 | 1 | 1 | 0 |
| 1 | 1 | 1 | 1 |
| 0 | 0 | 1 | 0 |

(h)

图 3-9 位平面分解

图 3-9 中的各个位平面的构成如下：

- 图 3-9(a)是由图像 O 中每个像素的 $a_0$ 值（即从右边数第 0 个二进制位，第 0 个比特位）组成的，我们称之为第 0 个位平面，也可以称为第 0 层，即是由二进制位的第 0 位构成的。为了叙述和理解上的方便，其序号从 0 开始，也可以称为“最低有效位”位平面。
- 图 3-9(b)是由图像 O 中每个像素的 $a_1$ 值（即从右数第 1 个比特位）组成的，我们称之为第 1 个位平面（或第 1 层）。
- 图 3-9(c)是由图像 O 中每个像素的 $a_2$ 值（即从右数第 2 个比特位）组成的，我们称之为第 2 个位平面（或第 2 层）。
- 图 3-9(d)是由图像 O 中每个像素的 $a_3$ 值（即从右数第 3 个比特位）组成的，我们称之为第 3 个位平面（或第 3 层）。

- 图 3-9(e)是由图像 O 中每个像素的 $a_4$ 值（即从右数第 4 个比特位）组成的，我们称之为第 4 个位平面（或第 4 层）。
- 图 3-9(f)是由图像 O 中每个像素的 $a_5$ 值（即从右数第 5 个比特位）组成的，我们称之为第 5 个位平面（或第 5 层）。
- 图 3-9(g)是由图像 O 中每个像素的 $a_6$ 值（即从右数第 6 个比特位）组成的，我们称之为第 6 个位平面（或第 6 层）。
- 图 3-9(h)是由图像 O 中每个像素的 $a_7$ 值（即从右数第 7 个比特位）组成的，我们称之为第 7 个位平面（或第 7 层），也可以称为"最高有效位"位平面。

针对 RGB 图像，如果将 R 通道、G 通道、B 通道中的每一个通道对应的位平面进行合并，即可组成新的 RGB 彩色图像。例如，针对一幅 RGB 图像，将其 R 通道的第 3 个位平面、G 通道的第 3 个位平面、B 通道的第 3 个位平面进行合并，则可以构成一幅新的 RGB 彩色图像，我们称之为原始图像的第 3 个位平面。通过上述方式，可以完成彩色图像的位平面分解。

借助按位与运算可以实现位平面分解。下面以灰度图像为例，介绍位平面分解的具体步骤。

### 1. 图像预处理

读取原始图像 O，获取原始图像 O 的宽度 $M$ 和高度 $N$。

### 2. 构造提取矩阵

使用按位与操作能够很方便地将一个数值指定位上的数字提取出来。例如，在表 3-12 中，分别使用不同的提取因子 $F$ 来提取数值 $N$ 中的特定位。可以发现，提取因子 $F$ 中哪位上的值为 1，就可以提取数值 $N$ 中哪位上的数字。

表 3-12　按位与运算位值提取示例

| 说明 | 第 0 位 | 第 3 位 | 第 4 位 | 第 7 位 |
|---|---|---|---|---|
| 数值 $N$（其中 x 值为 0 或 1） | xxxx xxxx | xxxx xxxx | xxxx xxxx | xxxx xxxx |
| 提取因子 $F$ | 0000 0001 | 0000 1000 | 0001 0000 | 1000 0000 |
| 按位与运算提取结果 | 0000 000x | 0000 x000 | 000x 0000 | x000 0000 |

根据上述分析结果，建立一个值均为 $2^n$ 的 Mat 作为提取矩阵（数组），用来与原始图像进行按位与运算，以提取第 $n$ 个位平面。

提取矩阵 Mat 内可能的值如表 3-13 所示。

表 3-13　Mat 内可能的值

| 要提取的位平面序号 | Mat 值计算方法 | Mat 内部值 | Mat 值的二进制表示 |
|---|---|---|---|
| 0 | $2^0$ | 1 | 0000 0001 |
| 1 | $2^1$ | 2 | 0000 0010 |
| 2 | $2^2$ | 4 | 0000 0100 |
| 3 | $2^3$ | 8 | 0000 1000 |
| 4 | $2^4$ | 16 | 0001 0000 |
| 5 | $2^5$ | 32 | 0010 0000 |
| 6 | $2^6$ | 64 | 0100 0000 |

| 7 | $2^7$ | 128 | 1000 0000 |

### 3. 提取位平面

将灰度图像与提取矩阵进行按位与运算，得到各个位平面。

将像素值与一个值为 $2^n$ 的数值进行按位与运算，能够使像素值的第 $n$ 位保持不变，而将其余各位均置零。因此，通过像素值与特定值的按位与运算，能够提取像素值的指定二进制位的值。据此，将图像内的每一个像素值都与一个特定的二进制值进行按位与运算，能够提取图像的特定位平面。

例如，有一个像素点的像素值为 219，要提取其第 4 个二进制位的值，即提取该像素值的第 4 位信息（序号从 0 开始）。此时，需要借助的提取值是 "$2^4$=16"，具体的运算如表 3-14 所示。

表 3-14　提取像素值示例

| 运算 | 类别 | 十进制值 | 二进制值 |
|---|---|---|---|
| 按位与 | 像素值 | 219 | 1101 1011 |
| | 借助的提取值 | $2^4$=16 | 0001 0000 |
| 结果 | | 16 | 0001 0000 |

从表 3-14 可以看到，通过将像素值 219 与借助的提取值 $2^4$ 的二进制值进行按位与运算，提取到了像素值 219 第 4 位上的二进制数字 "1"。这是因为在 $2^4$ 的二进制表示中，只有第 4 位上的数字为 1，其余各位的数字都是 0。在像素值 219 与提取值 $2^4$ 的二进制值进行按位与运算时：

- 像素值 219 第 4 位上的数字 "1" 与提取值 $2^4$ 第 4 位上的数字 "1" 进行与操作，数字 "1" 被保留。
- 像素值 219 其他位上的数字与提取值 $2^4$ 其他位上的数字 "0" 进行与操作，都会变为 0。

在针对图像的位平面提取中，例如有图像 O，其像素值为

| 209 | 196 | 163 | 193 |
| 125 | 247 | 160 | 114 |
| 161 | 9 | 227 | 201 |
| 39 | 86 | 154 | 127 |

其对应的二进制形式标记为 RB，具体为

| 1101 0001 | 1100 0100 | 1010 0011 | 1100 0001 |
| 0111 1101 | 1111 0111 | 1010 0000 | 0111 0010 |
| 1010 0001 | 0000 1001 | 1110 0011 | 1100 1001 |
| 0010 0111 | 0101 0110 | 1001 1010 | 0111 1111 |

如果想提取其中的第 3 个位平面，则需要建立元素值均为 $2^3$ 的数组 BD，其中的值全部为 8（即 $2^3$），具体为

| 8 | 8 | 8 | 8 |
| 8 | 8 | 8 | 8 |
| 8 | 8 | 8 | 8 |
| 8 | 8 | 8 | 8 |

将数组 BD 所对应的二进制形式标记为 BT，具体为

| | | | |
|---|---|---|---|
| 0000 1000 | 0000 1000 | 0000 1000 | 0000 1000 |
| 0000 1000 | 0000 1000 | 0000 1000 | 0000 1000 |
| 0000 1000 | 0000 1000 | 0000 1000 | 0000 1000 |
| 0000 1000 | 0000 1000 | 0000 1000 | 0000 1000 |

将 RB 与 BT 进行按位与运算，得到 RE，具体为

| | | | |
|---|---|---|---|
| 0000 0000 | 0000 0000 | 0000 0000 | 0000 0000 |
| 0000 1000 | 0000 0000 | 0000 0000 | 0000 0000 |
| 0000 0000 | 0000 1000 | 0000 0000 | 0000 0000 |
| 0000 0000 | 0000 0000 | 0000 1000 | 0000 1000 |

将 RE 所对应的十进制形式标记为 RD，具体为

| | | | |
|---|---|---|---|
| 0 | 0 | 0 | 0 |
| 8 | 0 | 0 | 0 |
| 0 | 8 | 0 | 8 |
| 0 | 0 | 8 | 8 |

【提示】提取位平面也可以通过将二进制像素值右移指定位，然后对 2 取模得到。例如，要提取第 $n$ 个位平面，则可以将像素向右侧移动 $n$ 位，然后对 2 取模。

### 4. 阈值处理

通过计算得到的位平面是一个二值图像，如果直接将上述得到的位平面显示出来，则会得到一张近似黑色的图像。这是因为当前默认显示的图像是 8 位灰度图，而当其中的像素值较小时，显示的图像就会是近似黑色的。例如，在图像 RD 中，最大的像素值是 8，在灰度级 256 中，处于较小值的位置，因此几乎为纯黑色。要想让 8 显示为白色，必须将 8 处理为 255。

也就是说，每次提取位平面后，要想让二值位平面能够以黑白颜色显示出来，就要将得到的二值位平面进行阈值处理，将其中大于零的值处理为 255。

例如，将得到的位平面 RD 进行阈值处理，将其中的 8 调整为 255，具体语句为

```
mask=RD[:,:,i]>0
RD[mask]=255
```

首先，使用 mask=RD[:,:,i]>0 对 RD 进行处理：

- 将 RD 中大于 0 的值处理为逻辑值真（True）。
- 将 RD 中小于或等于 0 的值处理为逻辑值假（False）。

按照上述处理，得到的 mask 为

| | | | |
|---|---|---|---|
| False | False | False | False |
| True | False | False | False |
| False | True | False | True |
| False | False | True | True |

接下来，使用 RD[mask]=255，将 RD 中对应"mask 中逻辑值为真"位置上的值替换为 255。在阈值调整后的位平面 RD 中，原来为 8 的值被替换为 255，具体为

| 0 | 0 | 0 | 0 |
|---|---|---|---|
| 255 | 0 | 0 | 0 |
| 0 | 255 | 0 | 255 |
| 0 | 0 | 255 | 255 |

需要说明的是，这里为了帮助大家更好地理解算法原理，我们采用了逐步实现的方式对阈值进行处理。实际上，在 OpenCV 中提供了专门的函数用来实现阈值处理，调用阈值函数就可以直接实现上述过程。关于阈值处理的内容会在第 6 章进行详细的介绍。

### 5. 显示图像

完成上述处理后，可以将位平面显示出来，直观地观察各个位平面的具体情况。

【例 3.13】编写程序，观察灰度图像的各个位平面。

根据题目要求，编写代码如下：

```
import cv2
import numpy as np
lena=cv2.imread("lena.bmp",0)
cv2.imshow("lena",lena)
r,c=lena.shape
x=np.zeros((r,c,8),dtype=np.uint8)
for i in range(8):
    x[:,:,i]=2**i
ri=np.zeros((r,c,8),dtype=np.uint8)        #result image 缩写
for i in range(8):
    ri[:,:,i]=cv2.bitwise_and(lena,x[:,:,i])
    mask=ri[:,:,i]>0
    ri[mask]=255
    cv2.imshow(str(i),ri[:,:,i])
cv2.waitKey()
cv2.destroyAllWindows()
```

在本例中，通过两个循环提取了灰度图像的各个位平面，具体说明如下。

- 使用 x=np.zeros((r,c,8),dtype=np.uint8)语句设置一个用于提取各个位平面的提取矩阵。该矩阵是"r×c×8"大小的，其中 r 是行高，c 是列宽，8 表示共有 8 个通道。r、c 的值来源于要提取的图像的行高、列宽。矩阵 x 的 8 个通道分别用来提取灰度图像的 8 个位平面。例如，x[:,:,0]用来提取灰度图像的第 0 个位平面。
- 在第 1 个 for 循环中，使用 x[:,:,i]=2**i 语句设置用于提取各个位平面的提取矩阵的值。
- 在第 2 个 for 循环中，实现了各个位平面的提取、阈值处理和显示。

运行上述程序，得到如图 3-10 所示的图像，其中：

- 图 3-10(a)是原始 lena 图像。
- 图 3-10(b)是第 0 个位平面，第 0 个位平面位于 8 位二进制值的最低位，其权重最低，对像素值的影响最小，与 lena 图像的相关度也最低，所以显示出来的是一幅杂乱无章的

图像。但是，正是这个相关度最低的特点可以帮助我们实现很多实用的功能，例如信息的隐藏等，3.8 节介绍了通过最低有效位来实现信息隐藏的功能。

- 图 3-10(c)是第 1 个位平面。
- 图 3-10(d)是第 2 个位平面。
- 图 3-10(e)是第 3 个位平面。
- 图 3-10(f)是第 4 个位平面。
- 图 3-10(g)是第 5 个位平面。
- 图 3-10(h)是第 6 个位平面。
- 图 3-10(i)是第 7 个位平面，第 7 个位平面位于 8 位二进制值的最高位，其对像素值的影响最大。第 7 位二进制值在 8 位二进制数中权重最高，与 lena 图像的相关度最高。所以，第 7 个位平面是与原始图像最接近的二值图像。

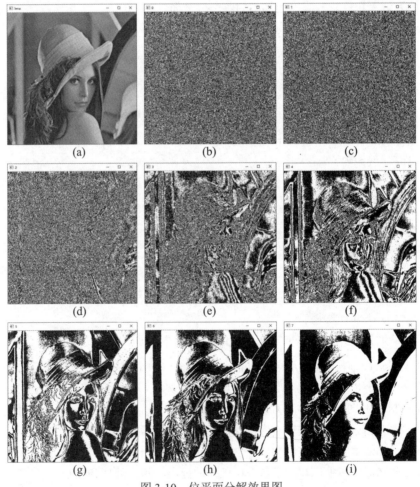

图 3-10　位平面分解效果图

## 3.7　图像加密和解密

通过按位异或运算可以实现图像的加密和解密。

通过对原始图像与密钥图像进行按位异或，可以实现加密；将加密后的图像与密钥图像再次进行按位异或，可以实现解密。

按位异或运算的基本规则如表 3-15 所示（该表与表 3-9 相同）。

表 3-15　按位异或运算的基本规则

| 算子 1 | 算子 2 | 结果 | 规则 |
| --- | --- | --- | --- |
| 0 | 0 | 0 | xor(0,0)=0 |
| 0 | 1 | 1 | xor(0,1)=1 |
| 1 | 0 | 1 | xor(1,0)=1 |
| 1 | 1 | 0 | xor(1,1)=0 |

根据上述按位异或运算的规则，假设：

```
xor(a,b)=c
```

则可以得到：

```
xor(c,b)=a
xor(c,a)=b
```

上述运算的过程如表 3-16 所示。

表 3-16　按位异或运算的过程示例

| a | b | c<br>(xor(a,b)) | xor(c,b)<br>(=a) | xor(c,a)<br>(=b) |
| --- | --- | --- | --- | --- |
| 0 | 0 | 0 | 0 | 0 |
| 0 | 1 | 1 | 0 | 1 |
| 1 | 0 | 1 | 1 | 0 |
| 1 | 1 | 0 | 1 | 1 |

从上述结果可以看出，如果上述 a、b、c 具有如下关系：

- a：明文，原始数据。
- b：密钥。
- c：密文，通过 xor(a,b)实现。

根据上述关系，可以对上述数据进行如下操作和理解：

- 加密过程：将明义 a 与密钥 b 进行按位异或，完成加密，得到密文 c。
- 解密过程：将密文 c 与密钥 b 进行按位异或，完成解密，得到明文 a。

位运算是指针对二进制位进行的运算，利用位运算即可实现对像素点的加密。在图像处理中，需要处理的像素点的值通常为灰度值，其范围通常为[0,255]。例如，某个像素点的值为 216（明文），则可以使用 178（该数值由加密者自由选定）作为密钥对其进行加密，让这两个数的二进制值进行按位异或运算，即完成加密，得到 个密文 106。当需要解密时，将密文 106 与密钥 178 进行按位异或运算，即可得到原始像素点值 216（明文）。使用 bit_xor()表示按位异或，具体过程为

```
bit_xor(216,178)=106
bit_xor(106,178)=216
```

以二进制形式表示的具体细节如下：

- 加密过程

| 运算 | 说明 | 二进制值 | 十进制值 |
|---|---|---|---|
| bit_xor | 明文 | 1101 1000 | 216 |
| | 密钥 | 1011 0010 | 178 |
| 运算结果 | 密文 | 0110 1010 | 106 |

- 解密过程

| 运算 | 说明 | 二进制值 | 十进制值 |
|---|---|---|---|
| bit_xor | 密文 | 0110 1010 | 106 |
| | 密钥 | 1011 0010 | 178 |
| 运算结果 | 明文 | 1101 1000 | 216 |

对图像内的每一个像素点重复上述操作，即可完成对图像的加密、解密操作。这里以一个原始图像 O 为例，具体说明图像的加密、解密过程。

## 1. 加密过程

假设有需要加密的原始图像 O，其中的像素值为

| 202 | 120 | 30 | 156 |
|---|---|---|---|
| 249 | 25 | 23 | 190 |
| 238 | 1 | 198 | 150 |
| 6 | 21 | 65 | 24 |

选定的加密密钥图像为 K，其中的像素值为

| 15 | 212 | 223 | 71 |
|---|---|---|---|
| 183 | 6 | 30 | 235 |
| 218 | 18 | 157 | 172 |
| 4 | 178 | 95 | 154 |

图像 O 所对应的二进制表示 OB 为

| 1100 1010 | 0111 1000 | 0001 1110 | 1001 1100 |
|---|---|---|---|
| 1111 1001 | 0001 1001 | 0001 0111 | 1011 1110 |
| 1110 1110 | 0000 0001 | 1100 0110 | 1001 0110 |
| 0000 0110 | 0001 0101 | 0100 0001 | 0001 1000 |

密钥图像 K 所对应的二进制表示 KB 为

| 0000 1111 | 1101 0100 | 1101 1111 | 0100 0111 |
|---|---|---|---|
| 1011 0111 | 0000 0110 | 0001 1110 | 1110 1011 |
| 1101 1010 | 0001 0010 | 1001 1101 | 1010 1100 |
| 0000 0100 | 1011 0010 | 0101 1111 | 1001 1010 |

将 OB 与 KB 进行按位异或运算，即得到图像 O 的加密图像 OSB：

| 1100 0101 | 1010 1100 | 1100 0001 | 1101 1011 |
|---|---|---|---|
| 0100 1110 | 0001 1111 | 0000 1001 | 0101 0101 |
| 0011 0100 | 0001 0011 | 0101 1011 | 0011 1010 |
| 0000 0010 | 1010 0111 | 0001 1110 | 1000 0010 |

将 OSB 转换为十进制形式 OS，如下：

| 197 | 172 | 193 | 219 |
| --- | --- | --- | --- |
| 78 | 31 | 9 | 85 |
| 52 | 19 | 91 | 58 |
| 2 | 167 | 30 | 130 |

至此，图像 O 的加密过程完成，得到原始图像 O 的加密图像 OS。

### 2. 解密过程

解密过程需要将加密图像 OS 与密钥图像 K 进行按位异或运算，得到原图像 OR。

将加密图像 OS 的二进制形式 OSB 与密钥图像 K 的二进制形式 KB 进行按位异或运算，即得到原始图像 OR 的二进制形式 ORB。按照上述运算，得到的 ORB 为

| 1100 1010 | 0111 1000 | 0001 1110 | 1001 1100 |
| --- | --- | --- | --- |
| 1111 1001 | 0001 1001 | 0001 0111 | 1011 1110 |
| 1110 1110 | 0000 0001 | 1100 0110 | 1001 0110 |
| 0000 0110 | 0001 0101 | 0100 0001 | 0001 1000 |

将 ORB 转换为十进制形式，得到解密图像 OR，如下：

| 202 | 120 | 30 | 156 |
| --- | --- | --- | --- |
| 249 | 25 | 23 | 190 |
| 238 | 1 | 198 | 150 |
| 6 | 21 | 65 | 24 |

至此，图像的解密过程结束，得到加密图像 OS 的解密图像 OR。

从上述过程可以看到，解密过程所得到的解密图像 OR 与原始图像 O 是一致的。这说明上述加密、解密过程是正确的。

上述说明过程中，为了方便理解和观察数据的运算，在进行按位运算时，我们都是将十进制数转换为二进制数后，再进行位运算处理的。实际上，在使用 OpenCV 编写程序时，不需要这样转换，OpenCV 中位运算函数的参数是十进制数，位运算函数会直接对十进制参数进行按位运算。

【例 3.14】编写程序，通过按位异或运算，实现图像加密和解密。

在具体实现中，甲乙双方可以通过协商，预先确定一幅密钥图像 K，并且双方各保存一份备用。在此基础上，甲乙双方就可以利用该密钥图像 K 进行图像的加密和解密处理了。例如，甲通过密钥图像 K 对原始图像 O 加密后，得到的加密图像 S 是杂乱无章的，其他人无法解读加密图像 S 内容。而乙可以通过预先保存的密钥图像 K，将加密图像 S 解密，获取原始图像 O。

在加密过程中，可以选择一幅有意义的图像作为密钥，也可以选择一幅没有意义的图像作为密钥。在本例中，将随机生成一幅图像作为密钥。

根据题目要求，编写代码如下：

```
import cv2
import numpy as np
lena=cv2.imread("lena.bmp",0)
r,c=lena.shape
```

```
key=np.random.randint(0,256,size=[r,c],dtype=np.uint8)
encryption=cv2.bitwise_xor(lena,key)
decryption=cv2.bitwise_xor(encryption,key)
cv2.imshow("lena",lena)
cv2.imshow("key",key)
cv2.imshow("encryption",encryption)
cv2.imshow("decryption",decryption)
cv2.waitKey()
cv2.destroyAllWindows()
```

本例的各个图像关系如下。

- 图像 lena 是明文（原始）图像，是需要加密的图像，从当前目录下读入。
- 图像 key 是密钥图像，是加密和解密过程中所使用的密钥，该图像是由随机数生成的。
- 图像 encryption 是加密图像，是明文图像 lena 和密钥图像 key 通过按位异或运算得到的。
- 图像 decryption 是解密图像，是加密图像 encryption 和密钥图像 key 通过按位异或运算得到的。

运行上述程序，结果如图 3-11 所示，其中：

- 图 3-11(a)是原始图像 lena。
- 图 3-11(b)是密钥图像 key。
- 图 3-11(c)是原始图像 lena（图(a)）借助密钥 key（图(b)）加密得到的加密图像 encryption。
- 图 3-11(d)是对加密图像 encryption（图(c)）使用密钥图像 key（图(b)）解密得到的解密图像 decryption。

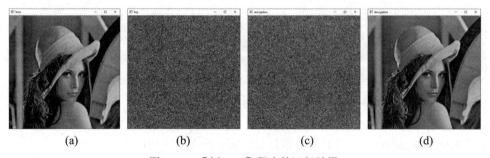

(a)         (b)         (c)         (d)

图 3-11　【例 3.14】程序的运行结果

# 3.8　数字水印

最低有效位（Least Significant Bit，LSB）指的是一个二进制数中的第 0 位（即最低位）。最低有效位信息隐藏指的是，将一个需要隐藏的二值图像信息嵌入载体图像（能够隐藏其他图像的图像）的最低有效位，即将载体图像的最低有效位层替换为当前需要隐藏的二值图像，从而实现将二值图像隐藏的目的。由于二值图像处于载体图像的最低有效位上，所以嵌入二值图像对于载体图像的影响非常小，其具有较高的隐蔽性。

在必要时直接将载体图像的最低有效位层提取出来，即可得到嵌入在该位上的二值图像，达到提取秘密信息的目的。

这种信息隐藏也被称为数字水印，通过该方式可以实现信息隐藏、版权认证、身份认证等功能。例如，如果嵌入载体图像内的信息是秘密信息，就实现了信息隐藏；如果嵌入载体图像内的信息是版权信息，就能够实现版权认证；如果嵌入载体图像内的信息是身份信息，就可以实现数字签名，等等。所以，被嵌入载体图像内的信息也被称为数字水印信息。

数字水印信息可以是文本、视频、音频等任意形式。为了更直观地观察效果，这里我们讨论数字水印信息是二值图像的情况。

## 3.8.1　原理

从位平面的角度考虑，数字水印的处理过程分为以下两步：

- 嵌入过程：将载体图像的第 0 个位平面替换为数字水印信息（一幅二值图像）。
- 提取过程：将含数字水印信息的载体图像的最低有效位所构成的第 0 个位平面提取出来，得到数字水印信息。

### 1.　嵌入过程

嵌入过程是将数字水印嵌入载体图像的过程。该过程实现的是，将载体图像的最低有效位用数字水印信息替换，得到包含水印信息的载体图像。

为了处理和说明起来方便，这里以原始图像为灰度图像、水印图像为二值图像为例。在实际处理中，原始图像、水印图像均可以为彩色图像，这时需要先对它们进行通道分解、图层分解，后续的处理方法与在灰度图像内嵌入二值水印图像的处理方法相同。

（1）原始载体图像预处理

为了便于理解，我们将载体图像处理为二进制形式，并标记出最低有效位。

例如，由灰度图像 O 作为载体图像，图像 O 中各个像素点的像素值为

| 209 | 197 | 163 | 193 |
| 125 | 247 | 160 | 112 |
| 161 | 137 | 243 | 203 |
| 39 | 82 | 154 | 127 |

其对应的二进制表示 OB 为

| 1101 0001 | 1100 0101 | 1010 0011 | 1100 0001 |
| 0111 1101 | 1111 0111 | 1010 0000 | 0111 0000 |
| 1010 0001 | 1000 1001 | 1111 0011 | 1100 1011 |
| 0010 0111 | 0101 0010 | 1001 1010 | 0111 1111 |

为了更直观，我们用下画线将图像的二进制表示 OB 的最低有效位做了标记。被标记的值构成了载体图像 O 的第 0 个位平面，即"最低有效位"位平面 OBLSB，其具体值为

| 1 | 1 | 1 | 1 |
| 1 | 1 | 0 | 0 |
| 1 | 1 | 1 | 1 |
| 1 | 0 | 0 | 1 |

（2）水印图像处理

为了方便处理，在嵌入水印前，需要将水印信息处理为二值图像。比较典型的情况是将灰度二值水印信息进行阈值处理，将其处理为二进制二值水印信息。

在灰度二值图像中，像素值只有 0 和 255 两种类型值，分别用来表示黑色和白色。可以将其中的 255 转换为 1，这样就得到了一幅二进制二值图像。在二进制二值图像中，仅仅用一个比特位表示一个像素值，像素值只有 0 和 1 两种可能值。经过上述处理，能够更方便地实现水印嵌入。

例如，有灰度二值水印图像 W，其像素值为

| 255 | 0 | 255 | 0 |
|-----|-----|-----|-----|
| 255 | 255 | 0 | 255 |
| 0 | 0 | 0 | 0 |
| 255 | 255 | 0 | 255 |

不能直接将上述水印图像嵌入载体图像内，需要将其转换为二进制二值水印图像，以方便嵌入。通过阈值处理，得到二进制二值水印图像 WB，其具体值为

| 1 | 0 | 1 | 0 |
|-----|-----|-----|-----|
| 1 | 1 | 0 | 1 |
| 0 | 0 | 0 | 0 |
| 1 | 1 | 0 | 1 |

经过处理后，二进制二值水印信息只占一个 bit 位，正好可以嵌入载体图像的最低有效位上。

（3）嵌入水印

将载体图像的最低有效位替换为二进制水印图像，完成水印的嵌入。

例如，将载体图像 OB 的最低有效位用水印信息 WB 替换，得到含水印载体图像的二进制形式 WOB。替换完成后，得到的 WOB 值为

| 1101 0001 | 1100 0100 | 1010 0011 | 1100 0000 |
|-----------|-----------|-----------|-----------|
| 0111 1101 | 1111 0111 | 1010 0000 | 0111 0001 |
| 1010 0000 | 1000 1000 | 1111 0010 | 1100 1010 |
| 0010 0111 | 0101 0011 | 1001 1010 | 0111 1111 |

将 WOB 转为十进制形式，即得到含水印载体图像的十进制值形式 WO，其值为

| 209 | 196 | 163 | 192 |
|-----|-----|-----|-----|
| 125 | 247 | 160 | 113 |
| 160 | 136 | 242 | 202 |
| 39 | 83 | 154 | 127 |

将载体图像最低有效位的值用水印信息替换后，载体图像的像素值变化可能为

- 最低位值为 0，水印为 0，最低位保持不变。
- 最低位值为 0，水印为 1，最低位替换为 1。
- 最低位值为 1，水印为 0，最低位替换为 0。
- 最低位值为 1，水印为 1，最低位保持不变。

又由于上述变化发生在载体图像的最低有效位上，也就是说，上述变化对载体图像像素值的影响最大可能是 1。载体图像的灰度级为 256，其值发生 1 个单位的变化，相对像素级 256 较小，人眼不足以观察出区别。因此，水印具有较高的隐蔽性。

### 2. 提取过程

提取过程是指将水印信息从包含水印信息的载体图像内提取出来的过程。提取水印时，先将含水印载体图像的像素值转换为二进制形式，然后从其最低有效位提取出水印信息即可。因此，可以通过提取含水印载体图像的"最低有效位"位平面的方式来得到水印信息。

例如，有包含水印信息的载体图像 WOE，其具体值为

| 209 | 196 | 163 | 192 |
|-----|-----|-----|-----|
| 125 | 247 | 160 | 113 |
| 160 | 136 | 242 | 202 |
| 39  | 83  | 154 | 127 |

将含水印信息的载体图像 WOE 转换为二进制形式 WOEB，得到：

| 1101 0001 | 1100 0100 | 1010 0011 | 1100 0000 |
|-----------|-----------|-----------|-----------|
| 0111 1101 | 1111 0111 | 1010 0000 | 0111 0001 |
| 1010 0000 | 1000 1000 | 1111 0010 | 1100 1010 |
| 0010 0111 | 0101 0011 | 1001 1010 | 0111 1111 |

提取 WOEB 的最低有效位信息（"最低有效位"位平面，即第 0 个位平面），即可得到水印信息 WE，其值为

| 1 | 0 | 1 | 0 |
|---|---|---|---|
| 1 | 1 | 0 | 1 |
| 0 | 0 | 0 | 0 |
| 1 | 1 | 0 | 1 |

根据需要，决定是否进行阈值处理。如有必要，则通过阈值处理将其中值为 1 的像素点转换为 255，得到含有 0 和 255 两个值的二值水印图像 WET，具体值为

| 255 | 0   | 255 | 0   |
|-----|-----|-----|-----|
| 255 | 255 | 0   | 255 |
| 0   | 0   | 0   | 0   |
| 255 | 255 | 0   | 255 |

通过上述例题可以发现，经过上述处理后，得到的水印图像 WET 与嵌入的水印图像 W 是一致的。

上述整体过程如图 3-12 所示。

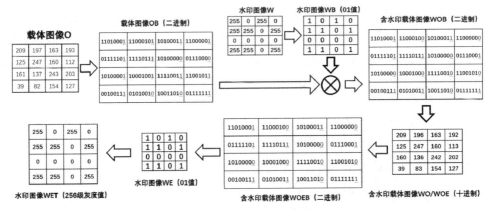

图 3-12　水印嵌入过程流程图

为了便于理解，这里仅介绍了原始载体图像为灰度图像的情况，在实际中可以根据需要在多个通道内嵌入相同的水印（提高鲁棒性，即使部分水印丢失，也能提取出完整水印信息），或在各个不同的通道内嵌入不同的水印（提高嵌入容量）。在彩色图像的多个通道内嵌入水印的方法，与在灰度图像内嵌入水印的方法相同。

我们可以对上述过程进行多种形式的改进，例如：

- 将其他形式信息（音频、视频等）的二进制嵌入到载体图像内。
- 将要隐藏的信息置乱后，再嵌入到载体图像中，以提高安全性。
- 选取载体图像的一部分，或者让最低有效位以外的其他位参与到信息隐藏中，提高安全性。

### 3.8.2　实现方法

最低有效位水印的实现包含嵌入过程和提取过程，下面对具体的实现方法进行简单的介绍。

#### 1．嵌入过程

嵌入过程完成的操作是，将数字水印信息嵌入载体图像内，其主要步骤如下。

（1）载体图像预处理

读取原始载体图像，并获取载体图像的行数 $M$ 和列数 $N$。

例如，有原始载体图像 O，其像素值为

| 179 | 177 | 136 | 83 |
|---|---|---|---|
| 207 | 87 | 226 | 227 |
| 222 | 117 | 11 | 84 |
| 85 | 231 | 52 | 189 |

将其对应的二进制形式记为 OB，其具体值为

| 1011 0011 | 1011 0001 | 1000 1000 | 0101 0011 |
|---|---|---|---|
| 1100 1111 | 0101 0111 | 1110 0010 | 1110 0011 |
| 1101 1110 | 0111 0101 | 0000 1011 | 0101 0100 |
| 0101 0101 | 1110 0111 | 0011 0100 | 1011 1101 |

（2）建立提取矩阵

建立一个 $M \times N$ 大小、元素值均为 254 的提取矩阵（数组），用来提取载体图像的高七位。

例如，按照原始图像 O 的大小建立一个 4×4 大小、元素值均为 254 的数组 T，其具体为

| | | | |
|---|---|---|---|
| 254 | 254 | 254 | 254 |
| 254 | 254 | 254 | 254 |
| 254 | 254 | 254 | 254 |
| 254 | 254 | 254 | 254 |

T 所对应的二进制形式记为 TB，其具体值为

| | | | |
|---|---|---|---|
| 1111 1110 | 1111 1110 | 1111 1110 | 1111 1110 |
| 1111 1110 | 1111 1110 | 1111 1110 | 1111 1110 |
| 1111 1110 | 1111 1110 | 1111 1110 | 1111 1110 |
| 1111 1110 | 1111 1110 | 1111 1110 | 1111 1110 |

（3）保留载体图像的高七位，将最低位置零

为了实现该操作，需要将载体图像与元素值均为 254 的提取矩阵进行按位与运算。

将一个值在[0,255]之间的像素值 P 与数值 254 进行按位与运算，则会将像素值 P 的最低有效位置零，只保留其高七位。例如：

- 某个像素 Pa 的像素值为 217，将像素 Pa 与 254 进行按位与运算，则像素 Pa 的二进制像素值高七位保持不变，最低有效位被清零。像素 Pa 的最低有效位上原来的值是 1，因此，经过运算后像素 Pa 的像素值 217 减少 1，变为 216。
- 某个像素 Pb 的像素值为 216，将像素 Pb 与 254 进行按位与运算，则像素 Pb 的二进制像素值高七位保持不变，最低有效位被清零。像素 Pb 的最低有效位上原来的值就是 0，因此在运算后像素 Pb 的像素值仍然是 216。

该运算示例具体如表 3-17 所示。

表 3-17　按位与运算示例

| 运算 | 运算数 | 像素 P 的 LSB 为 1（运算后像素值减 1） | | 像素 P 的 LSB 为 0（运算后结果保持不变） | |
|---|---|---|---|---|---|
| | | 二进制值 | 十进制值 | 二进制值 | 十进制值 |
| bit_and | 像素 P 的值 | 1101 1001 | 217 | 1101 1000 | 216 |
| | 数值 254 | 1111 1110 | 254 | 1111 1110 | 254 |
| 运算结果 | | 1101 1000 | 216 | 1101 1000 | 216 |

表中的 LSB 表示 Least Significant Bit，即最低有效位。

根据以上分析，将载体图像与元素值均为 254 的提取矩阵进行按位与运算，相当于将载体图像内的每个像素值均与值 254 进行按位与运算。这样就实现了将整个图像内所有像素二进制值的高七位保留、最低位置零。

例如，将原始载体图像 OB 与元素值均为 254 的提取矩阵 TB 进行按位与运算，则 OB 的高七位保持不变，而最低有效位被置零。即实现了只保留 OB 的高七位，得到 OBH，其具体值为

| | | | |
|---|---|---|---|
| 1011 0010 | 1011 0000 | 1000 1000 | 0101 0010 |
| 1100 1110 | 0101 0110 | 1110 0010 | 1110 0010 |
| 1101 1110 | 0111 0100 | 0000 1010 | 0101 0100 |
| 0101 0100 | 1110 0110 | 0011 0100 | 1011 1100 |

**【提示】**这里，为了让大家更好地了解位运算，我们用了相对比较复杂的方式来保留图像的高七位。实践中，可以采用更简单的方法实现最低有效位置零。例如：

1. 先对像素值右移一位，再左移一位，即可将最低有效位置零。例如"1110 1101"右移一位得到"0111 0110"（最高位补零），再左移一位得到"1110 1100"。

2. 判断像素值的奇偶性，奇数减去 1，偶数保持不变，可以实现最低有效位置零。

3. 用像素值减去"像素值对 2 取余数（取模）"的结果，实现最低有效位置零。

（4）水印图像处理

有些情况下需要对水印进行简单的处理。例如，当水印图像为 8 位灰度图的二值图像时，就需要将其转换为二进制二值图像，以方便将其嵌入载体图像的最低位。

例如，有一幅灰度二值水印图像 W，具体值为

| 255 | 255 | 255 | 255 |
|-----|-----|-----|-----|
| 255 | 255 | 255 | 255 |
| 255 | 0 | 255 | 0 |
| 0 | 0 | 255 | 255 |

我们将其中的像素值 255 转换为像素值 1，以方便嵌入载体图像。该灰度二值图像对应的二进制图像为 WT，其值具体为

| 1 | 1 | 1 | 1 |
|---|---|---|---|
| 1 | 1 | 1 | 1 |
| 1 | 0 | 1 | 0 |
| 0 | 0 | 1 | 1 |

其对应的 8 位二进制形式 WTB 为

| 0000 0001 | 0000 0001 | 0000 0001 | 0000 0001 |
|-----------|-----------|-----------|-----------|
| 0000 0001 | 0000 0001 | 0000 0001 | 0000 0001 |
| 0000 0001 | 0000 0000 | 0000 0001 | 0000 0000 |
| 0000 0000 | 0000 0000 | 0000 0001 | 0000 0001 |

（5）嵌入水印

将原始载体图像进行"保留高七位、最低位置零"的操作后，我们得到一幅新的图像 OBH，将新图像 OBH 与水印图像进行按位或运算，就能实现将水印信息嵌入原始载体图像内的效果。

将一个最低有效位（LSB）为 0 的数值 A 与一个只有一位的二进制值 B（单位二进制值）进行按位或运算时：

- 当该二进制值 B 为 0 时，按位或运算的结果是 0，数值 A 的值保持不变。由于 B 的值为 0，因此，如果从最低有效位的角度理解，可以理解为数值 A 的最低有效位被替换为单位二进制值 B 的值，也可以理解为将单位二进制值 B 嵌入数值 A 内的最低有效位上。

- 当该二进制值 B 为 1 时，按位或运算的结果是 1，数值 A 的高七位保持不变，而最低有效位变为 1。因此，如果从最低有效位的角度理解，可以理解为数值 A 的最低有效位被替换为单位二进制值 B 的值，也可以理解为将单位二进制值 B 嵌入数值 A 内的最低有效位上。

总结来看，将一个最低有效位（LSB）为 0 的数值 A 与一个单位二进制值 B 进行按位或运算，相当于用该单位二进制值 B 替换原始数值 A 的最低有效位，即可实现将单位二进制值 B 嵌入数值 A 的最低有效位上。

例如，将最低有效位是 0 的数字 216 分别与单位二进制值 0 和单位二进制值 1 进行按位或运算，如表 3-18 所示。

表 3-18　按位或运算示例

| 运算值 | 二进制值 B 为 1 即数值 A 与数值 1 进行按位或运算 | | 二进制值 B 为 0 即数值 A 与数值 0 进行按位或运算 | |
| --- | --- | --- | --- | --- |
| | 二进制值 | 十进制值 | 二进制值 | 十进制值 |
| 数值 A | 1101 1000 | 216 | 1101 1000 | 216 |
| 单位二进制值 B | 0000 0001 | 1 | 0000 0000 | 0 |
| 运算结果 | 1101 1001 | 217 | 1101 1000 | 216 |

可以推断，如果将二进制二值水印图像（单位二进制值的水印图像），与原始载体图像最低有效位被置零后得到的图像，进行按位或运算，就可以实现将水印信息嵌入原始载体图像内。

因此，将水印信息 WTB 与原始载体图像 O 的高七位图像 OBH 进行按位或运算，即完成将水印信息 WTB 嵌入到原始载体图像 O 的 OBH 内，就可以得到含水印载体图像 WO。WO 的具体值为

| | | | |
| --- | --- | --- | --- |
| 1011 0011 | 1011 0001 | 1000 1001 | 0101 0011 |
| 1100 1111 | 0101 0111 | 1110 0011 | 1110 0011 |
| 1101 1111 | 0111 0100 | 0000 1011 | 0101 0100 |
| 0101 0100 | 1110 0110 | 0011 0101 | 1011 1101 |

【提示】这里，为了帮助大家更好地了解位运算，我们用了位运算的方式来水印的嵌入。实践中，可以直接让水印信息 WT 与原始载体图像 O 的高七位图像 OBH 进行加法运算，即可实现将水印信息 WT 嵌入到原始载体图像 O 的 OBH 内。

（6）显示图像

完成上述处理后，分别显示原始载体图像、水印图像、含水印图像。

水印嵌入过程的流程图如图 3-13 所示。

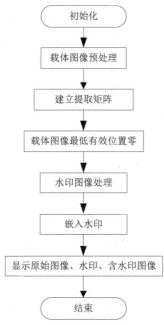

图 3-13　水印嵌入过程流程图

## 2．提取过程

提取过程将完成数字水印的提取，具体步骤如下。

（1）含水印载体图像处理

读取包含水印的载体图像，获取含水印载体图像的大小 $M×N$。

例如，读取含水印载体图像 WO，其大小为 4×4。WO 的具体值为

| 1011 0011 | 1011 0001 | 1000 1001 | 0101 0011 |
| 1100 1111 | 0101 0111 | 1110 0011 | 1110 0011 |
| 1101 1111 | 0111 0100 | 0000 1011 | 0101 0100 |
| 0101 0100 | 1110 0110 | 0011 0101 | 1011 1101 |

（2）建立提取矩阵

构造一个与含水印载体图像等大小的值为 1 的矩阵（数组）作为提取矩阵。

例如，创建一个大小为 4×4 的矩阵作为提取矩阵，使其中的值均为 1，将该矩阵标记为 T1：

| 1 | 1 | 1 | 1 |
| 1 | 1 | 1 | 1 |
| 1 | 1 | 1 | 1 |
| 1 | 1 | 1 | 1 |

其对应的 8 位二进制形式 Te 为

| 0000 0001 | 0000 0001 | 0000 0001 | 0000 0001 |
| 0000 0001 | 0000 0001 | 0000 0001 | 0000 0001 |
| 0000 0001 | 0000 0001 | 0000 0001 | 0000 0001 |
| 0000 0001 | 0000 0001 | 0000 0001 | 0000 0001 |

（3）提取水印信息

将含水印载体图像与提取矩阵进行按位与运算，提取水印信息。

将一个值在[0, 255]之间的像素 P 与数值 1 进行按位与运算，则会将像素 P 的像素值的高七位置零，只保留像素 P 的最低有效位（LSB）。

下面分别以像素 P 的最低有效位为 0 和 1 为例进行说明。

- 如果像素 P 的最低有效位为 1，则会得到值 1。

  例如，某像素 Pa 的值为 217，将其与数值 1 进行按位与运算，则 Pa 的高七位被置零，只有其最低有效位被保留，得到值 1。

- 如果像素 P 的最低有效位为 0，则会得到值 0。

  例如，某像素 Pb 的值为 216，将其与数值 1 进行按位与运算，则 Pb 的高七位被置零，只有其最低有效位被保留，得到值 0。

该实例的具体计算如表 3-19 所示。

表 3-19　与数值 1 进行按位与运算示例

| 运算 | 说明 | 像素 P 的 LSB 为 1（提取得到 1） | | 像素 P 的 LSB 为 0（提取得到 0） | |
| --- | --- | --- | --- | --- | --- |
| | | 二进制值 | 十进制值 | 二进制值 | 十进制值 |
| bit_and | 像素 P 的值 | 1101 1001 | 217 | 1101 1000 | 216 |
| | 数值 1 | 0000 0001 | 1 | 0000 0001 | 1 |
| 运算结果 | | 0000 0001 | 1 | 0000 0000 | 0 |

基于上述规则，针对图像内的每个像素，将其与数值 1 进行按位与操作，即可将图像的最低有效位提取出来。

因此，可以将含水印载体图像与元素值均为 1 的提取矩阵进行按位与运算，来提取水印信息。

例如，含水印载体图像 WO 为

| 1011 0011 | 1011 0001 | 1000 1001 | 0101 0011 |
| --- | --- | --- | --- |
| 1100 1111 | 0101 0111 | 1110 0011 | 1110 0011 |
| 1101 1111 | 0111 0100 | 0000 1011 | 0101 0100 |
| 0101 0100 | 1110 0110 | 0011 0101 | 1011 1101 |

将含水印图像 WO 与提取矩阵 Te 进行按位与运算，即可得到二进制值水印信息 We，其值为

| 1 | 1 | 1 | 1 |
| --- | --- | --- | --- |
| 1 | 1 | 1 | 1 |
| 1 | 0 | 1 | 0 |
| 0 | 0 | 1 | 1 |

将提取出来的二进制水印信息 We 进行阈值处理，将其中值为 1 的像素值调整为 255，以便显示。阈值处理后，得到二值水印图像 WG，具体值为

| 255 | 255 | 255 | 255 |
| --- | --- | --- | --- |
| 255 | 255 | 255 | 255 |
| 255 | 0 | 255 | 0 |
| 0 | 0 | 255 | 255 |

【提示】也可以通过判断像素值奇偶性的方式提取最低有效位。像素值为奇数，则提取 1；像素值为偶数，则提取 0。具体操作时，可以直接将"像素值对 2 取余数（取模%）"的结果作为最低有效位。

因此，可以通过让含水印载体图像对 2 取模的方式，获取图像的"最低有效位"位平面。此时，提取到的位平面即为水印信息。也就是说，还可以通过将含水印载体图像像素值对 2 取模的方式，来获取最低有效位水印。

（4）计算去除水印后的载体图像

有时需要删除包含在水印载体图像内的水印信息。通过将含水印载体图像的最低有效位进行置零操作，即可实现删除水印信息。

建立一个大小为 4×4、元素值均为 254 的矩阵，将该矩阵标记为 T2，其具体值为

| 254 | 254 | 254 | 254 |
| --- | --- | --- | --- |
| 254 | 254 | 254 | 254 |
| 254 | 254 | 254 | 254 |
| 254 | 254 | 254 | 254 |

将上述 T2 所对应的二进制形式记为 TB，其具体值为

| 1111 1110 | 1111 1110 | 1111 1110 | 1111 1110 |
| --- | --- | --- | --- |
| 1111 1110 | 1111 1110 | 1111 1110 | 1111 1110 |
| 1111 1110 | 1111 1110 | 1111 1110 | 1111 1110 |
| 1111 1110 | 1111 1110 | 1111 1110 | 1111 1110 |

通过将含水印载体图像 WO 与 TB 进行按位与运算，即可将载体图像 WO 的最低有效位置零，得到删除水印信息的载体图像 ODW。该操作的具体实现原理及过程，与水印嵌入时对原始图像的最低有效位置零操作是类似的。

（5）显示图像

根据需要，分别显示提取出来的水印图像 WG、删除水印信息的载体图像 ODW。

水印提取过程的流程图如图 3-14 所示。

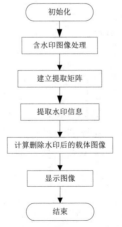

图 3-14　水印提取过程流程图

## 3.8.3 例题

【例 3.15】编写程序，模拟数字水印的嵌入和提取过程。

根据题目要求，编写代码如下：

```
import cv2
import numpy as np
#读取原始载体图像
lena=cv2.imread("lena.bmp",0)
#读取水印图像
watermark=cv2.imread("watermark.bmp",0)
#将水印图像内的值 255 处理为 1，以方便嵌入
#后续章节会介绍使用 threshold 处理
w=watermark[:,:]>0
watermark[w]=1
#读取原始载体图像的 shape 值
r,c=lena.shape
#============嵌入过程============
#生成元素值都是 254 的数组
t254=np.ones((r,c),dtype=np.uint8)*254
#获取 lena 图像的高七位
lenaH7=cv2.bitwise_and(lena,t254)
#将 watermark 嵌入 lenaH7 内
e=cv2.bitwise_or(lenaH7,watermark)
#============提取过程============
#生成元素值都是 1 的数组
t1=np.ones((r,c),dtype=np.uint8)
#从载体图像内提取水印图像
wm=cv2.bitwise_and(e,t1)
print(wm)
#将水印图像内的值 1 处理为 255，以方便显示
#后续章节会介绍使用 threshold 实现
w=wm[:,:]>0
wm[w]=255
#============显示============
cv2.imshow("lena",lena)
cv2.imshow("watermark",watermark*255)    #当前 watermark 内最大值为 1
cv2.imshow("e",e)
cv2.imshow("wm",wm)
cv2.waitKey()
cv2.destroyAllWindows()
```

运行上述程序，结果如图 3-15 所示，其中：

- 图 3-15(a)是原始图像 lena。
- 图 3-15(b)是水印图像 watermark。在程序中，该图像首先会被处理为二值图像，在显示时将其元素值乘以 255，以方便显示。

- 图 3-15(c)是在图像 lena 内嵌入水印图像 watermark 后得到的含水印载体图像 e。
- 图 3-15(d)是从含水印载体图像 e 内提取到的水印图像 wm。

(a)       (b)       (c)       (d)

图 3-15 　【例 3.15】程序的运行结果

从图 3-15 可以发现，通过肉眼无法观察出含水印载体图像和原始图像的不同，水印的隐蔽性较高。但是，由于该方法过于简单，其安全性并不高，在实践中会通过更复杂的方式实现水印的嵌入。

## 3.9　脸部打码及解码

本节分别通过按位与方式和 ROI 方式实现对脸部打码。

### 3.9.1　按位与方式

本节介绍一个使用掩膜和按位运算方式实现的对脸部打码、解码实例。

图 3-16 展示了针对图像 lena 脸部的打码过程。图中，输入对象主要包含三个：

- lena 是要进行脸部打码的原始图像。
- key 是使用的密钥图像。
- mask 是掩膜图像，用于提取脸部区域。

脸部打码过程具体实现如下：

- 图像 lena 和密钥 key，进行按位异或运算（F1），得到图像 lena 的加密结果 lenaXorKey。
- 图像 lenaXorKey 和掩膜图像 mask 进行按位与运算（F2），提取得到脸部打码结果 encryptFace。其中，脸部区域是加密结果，其余区域的值均为 0。
- 图像 1-mask 是图像 mask 的反色图像（反码图像），用于提取图像 lena 中脸部以外的区域。
- 图像 lena 和图像 1-mask，进行按位与运算（F3），得到 lena 图像中脸部像素值为 0 的图像 noFace1。
- 图像 encryptFace 和图像 noFace1，进行加法运算（F4），得到脸部打码结果图像 maskFace。

最后，将上述脸部打码结果图像 maskFace，作为最终的输出结果。

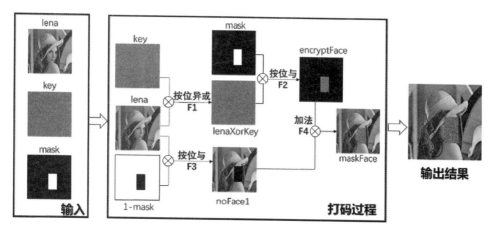

图 3-16 脸部打码过程

图 3-17 展示了针对图像 lena 脸部打码图像的解码过程。图中，输入对象主要包含三个：

- maskFace 是要进行脸部解码的原始图像。
- key 是使用的密钥图像。
- mask 是掩膜图像，用于提取脸部区域。

脸部解码过程具体实现如下：

- 脸部打码图像 maskFace 和密钥图像 key，进行按位异或运算（F5），得到脸部为解码、其余区域为乱码的图像 extractOriginal。
- 图像 extractOriginal 与掩膜图像 mask，进行按位与运算（F6），得到图像 extractFace，其中脸部是正常的，其余区域值都是 0。
- 图像 1-mask 是掩膜图像 mask 的反色图，用来提取图像中除去脸部以外的其他区域。
- 脸部打码图像 maskFace 和图像 1-mask，进行按位与操作（F7），提取得到图像 noFace2。该图像中，脸部的值都是 0，除脸部以外的其他区域都是正常值。
- 图像 extractFace 与图像 noFace2，进行加法运算（F8），得到解码结果图像 extractLena。

最后，将上述脸部解码结果图像 extractLena，作为最终的输出结果。

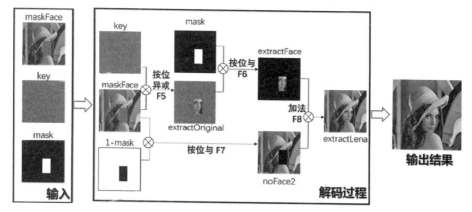

图 3-17 脸部解码过程

【例 3.16】编写程序，使用掩码对 lena 图像的脸部进行打码、解码。

根据题目要求及上述分析，编写代码如下：

```
import cv2
import numpy as np
#读取原始载体图像
lena=cv2.imread("lena.bmp",0)
#读取原始载体图像的 shape 值
r,c=lena.shape
mask=np.zeros((r,c),dtype=np.uint8)
mask[220:400,250:350]=1
#获取一个 key,打码、解码所使用的密钥
key=np.random.randint(0,256,size=[r,c],dtype=np.uint8)
#============获取打码脸===========
#使用密钥 key 对原始图像 lena 加密
lenaXorKey=cv2.bitwise_xor(lena,key)
#获取加密图像的脸部信息 encryptFace
encryptFace=cv2.bitwise_and(lenaXorKey,mask*255)
#将图像 lena 内的脸部值设置为 0，得到 noFace1
noFace1=cv2.bitwise_and(lena,(1-mask)*255)
#得到打码的 lena 图像
maskFace=encryptFace+noFace1
#============将打码脸解码===========
#将脸部打码的 lena 与密钥 key 进行异或运算，得到脸部的原始信息
extractOriginal=cv2.bitwise_xor(maskFace,key)
#将解码的脸部信息 extractOriginal 提取出来，得到 extractFace
extractFace=cv2.bitwise_and(extractOriginal,mask*255)
#从脸部打码的 lena 内提取没有脸部信息的 lena 图像，得到 noFace2
noFace2=cv2.bitwise_and(maskFace,(1-mask)*255)
#得到解码的 lena 图像
extractLena=noFace2+extractFace
#============显示图像===========
cv2.imshow("lena",lena)
cv2.imshow("mask",mask*255)
cv2.imshow("1-mask",(1-mask)*255)
cv2.imshow("key",key)
cv2.imshow("lenaXorKey",lenaXorKey)
cv2.imshow("encryptFace",encryptFace)
cv2.imshow("noFace1",noFace1)
cv2.imshow("maskFace",maskFace)
cv2.imshow("extractOriginal",extractOriginal)
cv2.imshow("extractFace",extractFace)
cv2.imshow("noFace2",noFace2)
cv2.imshow("extractLena",extractLena)
cv2.waitKey()
cv2.destroyAllWindows()
```

运行上述程序，会出现如图 3-18 所示的图像，其中：

- 图 3-18(a)是原始图像 lena，本程序要对其脸部进行打码。
- 图 3-18(b)是掩膜图像 mask，其中白色区域的像素值为 1，黑色区域的像素值为 0。为了方便显示，在使用函数 cv2.imshow()显示该图像时，将其中的值 1 调整为 255。
- 图 3-18(c)是掩膜图像 mask（图 3-18(b)）的反色图。
- 图 3-18(d)是密钥图像 key，该图像使用随机数生成。
- 图 3-18(e)是整体打码图像 lenaXorKey，是将图像 lena（图 3-18(a)）和密钥图像 key（图 3-18(d)）进行异或运算得到的。
- 图 3-18(f)是从整体打码图像（图 3-18(e)）内提取的脸部打码图像 encryptFace。
- 图 3-18(g)是从图像 lena（图 3-18(a)）内提取的不包含脸部信息的图像 noFace1，在提取过程中，将模板图像 mask 的反色图（图 3-18(c)）作为模板。
- 图 3-18(h)是对图像 lena 的脸部进行打码的结果图像 maskFace，该图像是通过对脸部打码图像 encryptFace（图 3-18(f)）和不包含脸部信息的图像 noFace1（图 3-18(g)）进行按位或运算得到的。这里需要注意的是，该图中被打码的脸部图像，是可以通过运算来解码得到原始脸部图像的。
- 图 3-18(i)是提取的初步原始图像 extractOriginal，该图像是通过对打码脸部图像 maskFace（图 3-18(h)）和密钥图像 key（图 3-18(d)）进行异或运算得到的。
- 图 3-18(j)是从提取的初步原始图像 extractOriginal（图 3-18(i)）中提取的脸部图像 extractFace。
- 图 3-18(k)从脸部打码的结果图像 maskFace（图 3-18(h)）内提取的不包含脸部信息的图像 noFace2。
- 图 3-18(l)是最终的脸部解码结果图像 extractLena，该图像是通过对提取的脸部图像 extractFace（图 3-18(j)）和不包含脸部信息的图像 noFace2（图 3-18(k)）进行按位或运算得到的。

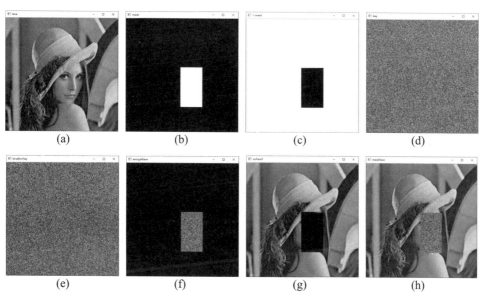

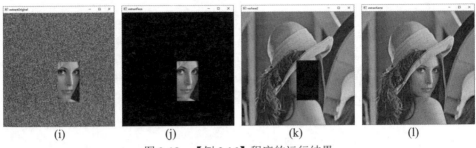

|  (i)  |  (j)  |  (k)  |  (l)  |

图 3-18　【例 3.16】程序的运行结果

## 3.9.2　ROI 方式

本节介绍一个使用 ROI 方式实现的对脸部打码、解码实例。

图 3-19 展示了针对图像 lena 脸部的打码过程。图中输入对象主要包含三个：

- lena 是要进行脸部打码的原始图像。
- key 是使用的密钥图像。
- roi 是包含人脸的 ROI 区域，用于提取脸部区域。为了方便观察，这里将其展示为一幅图像。

脸部打码过程具体实现如下：

- 图像 enFace 通过复制原始图像 lena 得到。
- 图像 enFace 和密钥图像 key，进行按位异或运算（F1），得到图像 lena 的加密结果 lenaXorKey。
- 在图像 lenaXorKey 内，根据 roi 区域值，将打码好的人脸区域提取出来，得到打码人脸区域 secretFace。上述操作对应图中"获取 ROI（F2）"。
- 在图像 enFace 内，根据 roi 区域值，将人脸区域标注出来，该操作对应"获取 ROI（F3）"。
- 将 enFace 中的人脸区域替换为 secretFace，该操作对应"ROI 替换（F4）"。

上述过程处理后的 enFace 即为脸部打码处理结果，将该结果作为人脸打码的输出结果。

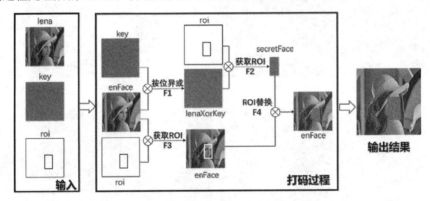

图 3-19　脸部打码处理过程

图 3-20 展示了针对图像 lena 脸部打码图像的解码过程。图中输入对象主要包含三个：

- enFace 是要进行脸部解码的图像。

- key 是使用的密钥图像。
- roi 是包含人脸的 ROI 区域，用于提取脸部区域。为了方便观察，这里将其展示为一幅图像。

脸部解码过程具体实现如下：

- 图像 deFace 通过复制脸部打码图像 enFace 得到。
- 脸部打码图像 deFace 和密钥图像 key，进行按位异或运算（F5），得到脸部为解码、其余区域为乱码的图像 extractOriginal。
- 在图像 extractOriginal 内，根据 roi 区域值，将解码好的人脸区域提取出来，得到解码人脸 face。上述操作对应图中"获取 ROI（F6）"。
- 在图像 deFace 内，根据 roi 区域值，将打码人脸区域标注出来，该操作对应"获取 ROI（F7）"。
- 将 deFace 中的打码人脸区域替换为 face，该操作对应"ROI 替换（F8）"。

上述过程处理后的 deFace 即为脸部解码处理结果，将该结果作为人脸解码的输出结果。

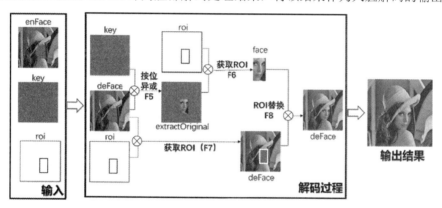

图 3-20　脸部解码处理过程

【例 3.17】编写程序，使用 ROI 方式对 lena 图像的脸部进行打码、解码。

根据题目要求及上述分析，编写代码如下：

```
import cv2
import numpy as np
#读取原始载体图像
lena=cv2.imread("lena.bmp",0)
#读取原始载体图像的 shape 值
r,c=lena.shape
#设置 ROI 区域
roi=lena[220:400,250:350]
#获取一个 key,打码、解码所使用的密钥
key=np.random.randint(0,256,size=[r,c],dtype=np.uint8)
#===========脸部打码过程===========
# 复制一份 lena,用于加密
# encrypt,加密,取前两个字符用于表示加密
enFace=lena.copy()
```

```
#使用密钥 key 加密原始图像 lena（按位异或 F1）
lenaXorKey=cv2.bitwise_xor(enFace,key)
#获取加密后图像的脸部区域（获取 ROI，F2）
secretFace=lenaXorKey[220:400,250:350]
#将 lena 的脸部区域，替换为加密后的脸部区域 secretFace（ROI 替换 F4）
enFace[220:400,250:350]=secretFace
#lena[220:400,250:350]，即为获取 lena 的 ROI 区域（获取 ROI，F3）
#============脸部解码过程============
#复制一份加密后的 lena(enFace)得到 deFace，方便后续解码、演示
#decrypt 解密，decode 解密，采用前两个字符表示
deFace=enFace.copy()
# #将脸部打码的 lena 与密钥 key 异或，得到脸部的原始信息（按位异或 F5）
extractOriginal=cv2.bitwise_xor(deFace,key)
#获取解密后图像的脸部区域（获取 ROI，F6）
face=extractOriginal[220:400,250:350]
#将 maskFace 的脸部区域，替换为解密的脸部区域 face（ROI 替换 F8）
deFace[220:400,250:350]=face
#============显示图像============
cv2.imshow("lena",lena)
cv2.imshow("secretFace",secretFace)
cv2.imshow("enFace",enFace)
cv2.imshow("face",face)
cv2.imshow("deFace",deFace)
cv2.waitKey()
cv2.destroyAllWindows()
```

运行上述程序，会出现如图 3-21 所示的图像。为了方便观看，将各个图像进行了不等比例的缩放。其中：

- 图 3-21(a)是原始图像 lena，本程序要对其脸部进行打码。
- 图 3-21(b)是打码人脸区域 secretFace。
- 图 3-21(c)是打码结果图像 enFace。
- 图 3-21(d)是解码人脸区域 face。
- 图 3-21(e)是解码结果图像 deFace。

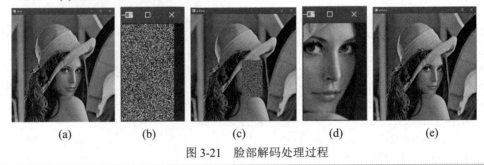

（a）　　　　（b）　　　　（c）　　　　（d）　　　　（e）

图 3-21　脸部解码处理过程

【提示】上述 ROI 实现相关知识点，可以参考 2.4 节的相关内容。

# 第 4 章

# 色彩空间类型转换

RGB 是一种比较常见的色彩空间类型，除此以外还有一些其他的色彩空间，比较常见的包括 GRAY 色彩空间（灰度图像）、XYZ 色彩空间、YCrCb 色彩空间、HSV 色彩空间、HLS 色彩空间、CIEL\*a\*b\*色彩空间、CIEL\*u\*v\*色彩空间、Bayer 色彩空间等。每个色彩空间都有自己擅长的处理问题的领域，因此，为了更方便地处理某个具体问题，就要用到色彩空间类型转换。

色彩空间类型转换是指，将图像从一个色彩空间转换到另外一个色彩空间。例如，在使用 OpenCV 处理图像时，可能会在 RGB 色彩空间和 HSV 色彩空间之间进行转换。在进行图像的特征提取、距离计算时，往往先将图像从 RGB 色彩空间处理为灰度色彩空间。在一些应用中，可能需要将彩色空间的图像转换为二值图像。

色彩空间也称为颜色空间、彩色空间、颜色模型、彩色系统、彩色模型、色彩模型等。

## 4.1 色彩空间基础

比较常见的色彩空间包括 GRAY 色彩空间、XYZ 色彩空间、YCrCb 色彩空间、HSV 色彩空间、HLS 色彩空间、CIEL\*a\*b\*色彩空间、CIEL\*u\*v\*色彩空间、Bayer 色彩空间等，下面将依次介绍。

### 4.1.1 GRAY 色彩空间

GRAY（灰度图像）通常指 8 位灰度图，其具有 256 个灰度级，像素值的范围是[0,255]。

当图像由 RGB 色彩空间转换为 GRAY 色彩空间时，其处理方式如下：

$$Gray = 0.299R + 0.587G + 0.114B$$

上述是标准的转换方式，也是 OpenCV 中使用的转换方式。有时，也可以采用简化形式完成转换：

$$Gray = \frac{R + G + B}{3}$$

当图像由 GRAY 色彩空间转换为 RGB 色彩空间时，最终所有通道的值都将是相同的，其处理方式如下：

$$R = Gray$$

$$G = \text{Gray}$$

$$B = \text{Gray}$$

## 4.1.2　XYZ 色彩空间

XYZ 色彩空间是由 CIE（International Commission on Illumination）定义的，是一种更便于计算的色彩空间，它可以与 RGB 色彩空间相互转换。

将 RGB 色彩空间转换为 XYZ 色彩空间，其转换形式为

$$\begin{bmatrix} X \\ Y \\ Z \end{bmatrix} = \begin{bmatrix} 0.412453 & 0.357580 & 0.180423 \\ 0.212671 & 0.715160 & 0.072169 \\ 0.019334 & 0.119193 & 0.950227 \end{bmatrix} \begin{bmatrix} R \\ G \\ B \end{bmatrix}$$

将 XYZ 色彩空间转换为 RGB 色彩空间，其转换形式为

$$\begin{bmatrix} R \\ G \\ B \end{bmatrix} = \begin{bmatrix} 3.240479 & -1.53715 & -0.498535 \\ -0.969256 & 1.875991 & 0.041556 \\ 0.055648 & -0.204043 & 1.057311 \end{bmatrix} \begin{bmatrix} X \\ Y \\ Z \end{bmatrix}$$

## 4.1.3　YCrCb 色彩空间

人眼视觉系统（HVS，Human Visual System）对颜色的敏感度要低于对亮度的敏感度。在传统的 RGB 色彩空间内，RGB 三原色具有相同的重要性，但是忽略了亮度信息。

在 YCrCb 色彩空间中，Y 代表光源的亮度，色度信息保存在 Cr 和 Cb 中，其中，Cr 表示红色分量信息，Cb 表示蓝色分量信息。

亮度给出了颜色亮或暗的程度信息，该信息可以通过照明中强度成分的加权和来计算。在 RGB 光源中，绿色分量的影响最大，蓝色分量的影响最小。

从 RGB 色彩空间到 YCrCb 色彩空间的转换公式为

$$Y = 0.299R + 0.587G + 0.114B$$

$$\text{Cr} = (R - Y) \times 0.713 + \text{delta}$$

$$\text{Cb} = (B - Y) \times 0.564 + \text{delta}$$

式中：

$$\text{delta} = \begin{cases} 128, & 8\text{位图像} \\ 32768, & 16\text{位图像} \\ 0.5, & \text{单精度图像} \end{cases}$$

从 YCrCb 色彩空间到 RGB 色彩空间的转换公式为

$$R = Y + 1.403(\text{Cr} - \text{delta})$$

$$G = Y - 0.714(\text{Cr} - \text{delta}) - 0.344(\text{Cb} - \text{delta})$$

$$B = Y + 1.773\left(\mathrm{Cb} - \mathrm{delta}\right)$$

式中，delta 的值与从 RGB 色彩空间到 YCrCb 色彩空间的转换公式中的 delta 的值相同。

## 4.1.4　HSV 色彩空间

RGB 是从硬件的角度提出的颜色模型，在与人眼匹配的过程中可能存在一定的差异，HSV 色彩空间是一种面向视觉感知的颜色模型。HSV 色彩空间从心理学和视觉的角度出发，指出人眼的色彩知觉主要包含三要素：色调（Hue，也称为色相）、饱和度（Saturation）、亮度（Value），色调指光的颜色，饱和度是指色彩的深浅程度，亮度指人眼感受到的光的明暗程度。

- 色调：色调与混合光谱中的主要光波长相关，例如"赤橙黄绿青蓝紫"分别表示不同的色调。如果从波长的角度考虑，不同波长的光表现为不同的颜色，实际上它们体现的是色调的差异。
- 饱和度：指相对纯净度，或一种颜色混合白光的数量。纯谱色是全饱和的，像深红色（红加白）和淡紫色（紫加白）这样的彩色是欠饱和的，饱和度与所加白光的数量成反比。
- 亮度：反映的是人眼感受到的光的明暗程度，该指标与物体的反射度有关。对于色彩来讲，如果在其中掺入的白色越多，则其亮度越高；如果在其中掺入的黑色越多，则其亮度越低。

在具体实现上，我们将物理空间的颜色分布在圆周上，不同的角度代表不同的颜色。因此，通过调整色调值就能选取不同的颜色，色调的取值区间为[0, 360]。色调取不同值时，所代表的颜色如表 4-1 所示，两个角度之间的角度值对应两个颜色之间的过渡色。

表 4-1　色调环

| 色调值（度） | 颜色 |
| --- | --- |
| 0 | 红色 |
| 60 | 黄色 |
| 120 | 绿色 |
| 180 | 青色 |
| 240 | 蓝色 |
| 300 | 品红色 |

饱和度为一比例值，范围是[0, 1]，具体为所选颜色的纯度值和该颜色最大纯度值之间的比值。饱和度的值为 0 时，只有灰度。

亮度表示色彩的明亮程度，取值范围也是[0, 1]。

在 HSV 色彩模型中，取色变得更加直观。例如，取值"色调=0，饱和度=1，亮度=1"，则当前色彩为深红色，而且颜色较亮；取值"色调=120，饱和度=0.3，亮度=0.4"，则当前色彩为浅绿色，而且颜色较暗。

在从 RGB 色彩空间转换到 HSV 色彩空间之前，需要先将 RGB 色彩空间的值转换到[0, 1]之间，然后再进行处理。具体处理方法为

$$V = \max\left(R, G, B\right)$$

$$S = \begin{cases} \dfrac{V - \min(R,G,B)}{V}, & V \neq 0 \\ 0, & \text{其他情况} \end{cases}$$

$$H = \begin{cases} \dfrac{60(G-B)}{V - \min(R,G,B)}, & V = R \\ 120 + \dfrac{60(B-R)}{V - \min(R,G,B)}, & V = G \\ 240 + \dfrac{60(R-G)}{V - \min(R,G,B)}, & V = B \end{cases}$$

计算结果可能存在 $H<0$ 的情况，如果出现这种情况，则需要对 $H$ 进行进一步计算，如下。

$$H = \begin{cases} H + 360, & H < 0 \\ H, & \text{其他情况} \end{cases}$$

由上述公式计算可知：

$$S \in [0,1]$$

$$V \in [0,1]$$

$$H \in [0,360]$$

当然，也可以通过公式完成从 HSV 色彩空间到 RGB 色彩空间的转换。在 OpenCV 的官方文档中有完整的转换公式，这里不再赘述。

当然，所有这些转换都被封装在 OpenCV 的 cv2.cvtColor()函数内。通常情况下，我们都是直接调用该函数来完成色彩空间转换的，而不用考虑函数的内部实现细节。

本章的后续小节还会更细致地讨论 HSV 色彩空间的使用情况。

## 4.1.5  HLS 色彩空间

HLS 色彩空间包含的三要素是色调 H（Hue）、光亮度/明度 L（Lightness）、饱和度 S（Saturation）。

与 HSV 色彩空间类似，只是 HLS 色彩空间用"光亮度/明度 L（lightness）"替换了"亮度（Value）"。

- 色调：表示人眼所能感知的颜色，在 HLS 模型中，所有的颜色分布在一个平面的色调环上，整个色调环为 360 度的圆心角，不同的角度代表不同的颜色，如表 4-1 所示。
- 光亮度/明度：用来控制色彩的明暗变化，它的取值范围也是[0, 1]。我们通过光亮度/明度的大小来衡量有多少光线从物体表面反射出来。光亮度/明度对于眼睛感知颜色很重要，因为当一个具有色彩的物体处于光线太强或者光线太暗的地方时，眼睛是无法准确感知物体颜色的。
- 饱和度：使用[0, 1]的值描述相同色调、相同光亮度/明度下的色彩纯度变化。饱和度的值越大，表示颜色的纯度越高，颜色越鲜艳；反之，饱和度的值越小，色彩的纯度越低，颜色越暗沉。通常用该属性表示颜色的深浅，比如深绿色、浅绿色。

## 4.1.6　CIEL*a*b*色彩空间

CIEL*a*b*色彩空间是均匀色彩空间模型，它是面向视觉感知的颜色模型。从视觉感知均匀的角度来讲，人所感知到的两种颜色的区别程度，应该与这两种颜色在色彩空间中的距离成正比。在某个色彩空间中，如果人所观察到的两种颜色的区别程度，与这两种颜色在该色彩空间中对应的点之间的欧氏距离成正比，则称该色彩空间为均匀色彩空间。

CIEL*a*b*色彩空间中的 L*分量用于表示像素的亮度，取值范围是[0,100]，表示从纯黑到纯白；a*分量表示从绿色到红色的范围，取值范围是[-127,127]；b*分量表示从蓝色到黄色的范围，取值范围是[-127,127]。

在从 RGB 色彩空间转换到 CIEL*a*b*色彩空间之前，需要先将 RGB 色彩空间的值转换到[0, 1]之间，然后再进行处理。

由于 CIEL*a*b*色彩空间是在 CIE 的 XYZ 色彩空间的基础上发展起来的，在具体处理时，需要先将 RGB 转换为 XYZ 色彩空间，再将其转换到 CIEL*a*b*色彩空间。具体实现方法为

$$\begin{bmatrix} X \\ Y \\ Z \end{bmatrix} = \begin{bmatrix} 0.412453 & 0.357580 & 0.180423 \\ 0.212671 & 0.715160 & 0.072169 \\ 0.019334 & 0.119193 & 0.950227 \end{bmatrix} \begin{bmatrix} R \\ G \\ B \end{bmatrix}$$

$$X = \frac{X}{X_n},\ X_n = 0.950456$$

$$Z = \frac{Z}{Z_n},\ Z_n = 1.088754$$

$$L = \begin{cases} 116 \cdot Y^{\frac{1}{3}} - 16, & Y > 0.008856 \\ 903.3Y, & \text{其他情况} \end{cases}$$

$$a = 500 \cdot \left( f(X) - f(Y) \right) + \text{delta}$$

$$b = 200 \cdot \left( f(Y) - f(Z) \right) + \text{delta}$$

式中：

$$f(t) = \begin{cases} t^{\frac{1}{3}}, & t > 0.008856 \\ 7.787t + \dfrac{16}{116}, & \text{其他情况} \end{cases}$$

$$\text{delta} - \begin{cases} 128, & \text{8位图像} \\ 0, & \text{单精度图像} \end{cases}$$

所得结果中各个值的取值范围为

$$L \in [0,100]$$

$$a \in [-127,127]$$

$$b \in [-127, 127]$$

### 4.1.7 CIEL*u*v*色彩空间

CIEL*u*v*色彩空间同 CIEL*a*b*色彩空间一样，都是均匀的颜色模型。CIEL*u*v*色彩空间与设备无关，适用于显示器显示和根据加色原理进行组合的场合，该模型中比较强调对红色的表示，即对红色的变化比较敏感，但对蓝色的变化不太敏感。

下面的公式给出了从 RGB 色彩空间到 CIEL*u*v*色彩空间的转换公式。

从 RGB 色彩空间到 XYZ 色彩空间的转换：

$$\begin{bmatrix} X \\ Y \\ Z \end{bmatrix} = \begin{bmatrix} 0.412453 & 0.357580 & 0.180423 \\ 0.212671 & 0.715160 & 0.072169 \\ 0.019334 & 0.119193 & 0.950227 \end{bmatrix} \begin{bmatrix} R \\ G \\ B \end{bmatrix}$$

从 XYZ 色彩空间到 CIEL*u*v*色彩空间的转换：

$$L = \begin{cases} 116 \cdot Y^{\frac{1}{3}} - 16, & Y > 0.008856 \\ 903.3 \cdot Y, & \text{其他情况} \end{cases}$$

$$u' = \frac{4X}{X + 15Y + 3Z}$$

$$v' = \frac{9Y}{X + 15Y + 3Z}$$

$$u = 13 \cdot L \cdot (u' - u_n), \quad u_n = 0.19793943$$

$$v = 13 \cdot L \cdot (v' - v_n), \quad v_n = 0.46831096$$

所得结果中各个值的取值范围分别为

$$L \in [0, 100]$$

$$u \in [-134, 220]$$

$$v \in [-140, 122]$$

### 4.1.8 Bayer 色彩空间

Bayer 色彩空间（也被称为 Bayer 模型、Bayer 格式、Bayer 阵列、Bayer 算法、Bayer 滤色器、Bayer 滤光法等）是柯达公司科学家 Bryce Bayer 发明的。该方法于 1976 年获得美国的发明专利认证，目前几乎所有的数码相机、摄像机和手机摄像头都采用了这一技术。

采集彩色图像时，需要采集多个色彩分量。例如，在 RGB 色彩空间中，需要采集 R 分量、G 分量、B 分量。采集多个分量，比较简单的方法是，在每个像素点分别采用 3 块不同的滤镜，分别采集不同的色彩分量。例如，在 RGB 色彩空间中，在每个像素点上，分别使用红色滤镜采集红色分量、使用绿色滤镜采集绿色分量、使用蓝色分量采集蓝色分量。这样的方法虽然简单，但是每个像素点都要使用 3 块滤镜，需要的滤镜数量较大，成本相对较高。而且，面临着要将不同颜色滤镜对齐等技术问题，在具体实现时，难度也较大。

Bayer 提出了一种新方法，在一个像素点仅使用一块滤镜采集某个特定的颜色分量（例如 R 分量），该像素点上的其他颜色分量（例如 G 分量、B 分量）由临近像素点的对应分量值计算得到。

具体来说，在采集图像时，为每个像素点仅分配一块某个特定颜色的滤镜。但是，总体上各种滤镜的数量（块数）并不相等。他利用 HVS（Human Visual System，人眼视觉系统）中人眼对绿色比较敏感的特性，整体上使用了更多块的绿色滤镜、相对较少块的蓝色滤镜和红色滤镜。在全部滤镜中，有 1/2 为绿色滤镜、1/4 为蓝色滤镜、1/4 为红色滤镜。例如，采集 100 个像素点，总计共使用 100 块滤镜，其中 50 块为绿色滤镜、25 块为蓝色滤镜、25 块为红色滤镜。

Bayer 算法使用了更少的滤镜来采集图像信息，通过对比发现：

- 在传统方法上，一个像素点需要使用 3 块滤镜。
- 在 Bayer 算法中，一个像素点仅仅使用一块滤镜。

也就是说，在 Bayer 算法中，使用的滤镜数量仅仅是传统算法的三分之一。

例如，在图 4-1 中，一共有 25 个像素点，使用了 25 块滤镜，其中 R 表示红色滤镜、G 表示绿色滤镜、B 表示蓝色滤镜，其中的数字表示他们所在的位置。

| R11 | G12 | R13 | G14 | R15 |
|-----|-----|-----|-----|-----|
| G21 | B22 | G23 | B24 | G25 |
| R31 | G32 | R33 | G34 | R35 |
| G41 | B42 | G43 | B44 | G45 |
| R51 | G52 | R53 | G54 | R55 |

图 4-1　Bayer 色彩空间交错表

【提示】从全局角度讲，滤镜数量是严格地按照上述比例（绿色:红色:蓝色=1/2:1/4:1/4）进行分配的。同时，在满足上述比例的前提下，各种不同颜色的滤镜是按照一定的规律进行布局的。但是，图 4-1 仅仅是整体的一部分区域，所以，其中滤镜的比例并不满足上述比例。例如，在集合 "(a,b,a,b)" 中，字符 "a" 和 "b" 各占 1/2。但是，在其子集 "(a,b,a)" 中，字符的占比不再是各占 1/2。

在图 4-1 中，每个像素点只使用了一块滤镜，只能获取该滤镜所获取的对应颜色，而另外两个色彩分量需要利用相邻像素之间的相关性，通过计算获得。例如，

- 在图中第 3 行，第 2 列上，即像素点(3,2)上，该处只有一块 G 滤镜（绿色滤镜 G32），它仅仅能够采集绿色分量值。
  - 该点的红色分量，可以通过临近点的 R 分量获取得到。此时，临近点中，存在的 R 分量是 R31 和 R33。因此，该点的 R 分量值为 R32=(R31+R33)/2。
  - 该点的蓝色分量，可以通过临近点的 B 分量获取得到。此时，临近点中，存在的 B 分量是 B22 和 B42。因此，该点的 B 分量值为 B32=(B22+B42)/2。
- 在图中第 3 行，第 3 列上，即像素点(3,3)上，该处只有一块 R 滤镜（红色滤镜 R33），它仅仅能够采集红色分量值。
  - 该点的绿色分量，可以通过临近点的 G 分量获取得到。此时，临近点中，存在的 G

分量是 G23、G32、G34 和 G43。因此，该点的 G 分量值为

G33 = (G23+G32+G34+G43) / 4。

- 该点的蓝色分量，可以通过临近点的 B 分量获取得到。此时，临近点中，存在的 B 分量是 B22、B24、B42 和 B44。因此，该点的 B 分量值为

B33 = (B22+B24+B42+B44) / 4。

综上，在 Bayer 色彩空间中，每个像素点仅仅采集三种颜色中的一种，因此每个像素点的数据自身并不能完全包含红色、绿色和蓝色三个分量的值。为了获得全部三个分量的值，可以通过计算临近像素值均值的方式，来获取当前像素点的未知色彩分量值（插值算法、去马赛克算法 Demosaicing）。在上述介绍中，我们采用了比较简单的方式来计算均值，具体实践中可以根据像素点特征，进行更有针对性的计算，让获得的均值更具代表性、更接近其本来值。总之，Bayer 算法采用如图 4-1 所示的单平面 R、G、B 交错表来获取彩色图像。

在函数 cv2.cvtColor() 的色彩空间转换参数中，通常使用两个特定的参数 x 和 y 来表示特定的 Bayer 模式。例如，CV_BayerBG2BGR、CV_BayerGB2RGB 中的 "BayerBG" 和 "BayerGB" 对应着 Bayer 色彩空间的不同图案类型。一般情况下，通过图 4-1 的第 2 行中第 2 列与第 3 列的值来指定具体类型。例如，图 4-1 就是典型的 "BG" 模式。通过在其中左移或者上移一个像素，可以获取不同的 Bayer 空间类型。

常见的 Bayer 模式还有很多，在 4.2 节即将展示的表 4-2 中介绍的函数用到了不同的 Bayer 模型。例如：cv2.COLOR_BayerBG2BGR、cv2.COLOR_BayerGB2BGR、cv2.COLOR_BayerRG2BGR、cv2.COLOR_BayerGR2BGR 、 cv2.COLOR_BayerBG2RGB 、 cv2.COLOR_BayerGB2RGB 、 cv2.COLOR_BayerRG2RGB、cv2.COLOR_BayerGR2RGB 等。

## 4.2　类型转换函数

在 OpenCV 内，我们使用 cv2.cvtColor() 函数实现色彩空间的变换。该函数能够实现多个色彩空间之间的转换。其语法格式为

```
dst = cv2.cvtColor( src, code [, dstCn] )
```

其中：

- dst 表示输出图像，与原始输入图像具有同样的数据类型和深度。
- src 表示原始输入图像。可以是 8 位无符号图像、16 位无符号图像，或者单精度浮点数等。
- code 是色彩空间转换码，表 4-2 展示了其枚举值。
- dstCn 是目标图像的通道数。如果参数为默认的 0，则通道数自动通过原始输入图像和 code 得到。

表 4-2　枚举值

| 值 | 备注 |
| --- | --- |
| cv2.COLOR_BGR2BGRA | 为 BGR 或 RGB 图像添加 alpha 通道（alpha 是透明属性） |
| cv2.COLOR_RGB2RGBA | |
| cv2.COLOR_BGRA2BGR | 从 BGR 或 RGB 通道内删除 alpha 通道 |
| cv2.COLOR_RGBA2RGB | |

续表

| 值 | 备注 |
|---|---|
| cv2.COLOR_BGR2RGBA | |
| cv2.COLOR_RGB2BGRA | |
| cv2.COLOR_RGBA2BGR | |
| cv2.COLOR_BGRA2RGB | 在 BGR 和 RGB 色彩空间之间转换（包含或者不包含 alpha 通道） |
| cv2.COLOR_BGR2RGB | |
| cv2.COLOR_RGB2BGR | |
| cv2.COLOR_BGRA2RGBA | |
| cv2.COLOR_RGBA2BGRA | |
| cv2.COLOR_BGR2GRAY | |
| cv2.COLOR_RGB2GRAY | |
| cv2.COLOR_GRAY2BGR | |
| cv2.COLOR_GRAY2RGB | |
| cv2.COLOR_GRAY2BGRA | 在 RGB/BGR 和灰度图像之间转换 |
| cv2.COLOR_GRAY2RGBA | |
| cv2.COLOR_BGRA2GRAY | |
| cv2.COLOR_RGBA2GRAY | |
| cv2.COLOR_BGR2BGR565 | |
| cv2.COLOR_RGB2BGR565 | |
| cv2.COLOR_BGR5652BGR | |
| cv2.COLOR_BGR5652RGB | |
| cv2.COLOR_BGRA2BGR565 | 在 RGB/BGR 和 BGR565（16 位图像）之间转换 |
| cv2.COLOR_RGBA2BGR565 | |
| cv2.COLOR_BGR5652BGRA | |
| cv2.COLOR_BGR5652RGBA | |
| cv2.COLOR_GRAY2BGR565 | 在灰度图像和 BGR565（16 位图像）之间转换 |
| cv2.COLOR_BGR5652GRAY | |
| cv2.COLOR_BGR2BGR555 | |
| cv2.COLOR_RGB2BGR555 | |
| cv2.COLOR_BGR5552BGR | |
| cv2.COLOR_BGR5552RGB | |
| cv2.COLOR_BGRA2BGR555 | 在 RGB/BGR 和 BGR555（16 位图像）之间转换 |
| cv2.COLOR_RGBA2BGR555 | |
| cv2.COLOR_BGR5552BGRA | |
| cv2.COLOR_BGR5552RGBA | |
| cv2.COLOR_GRAY2BGR555 | 在灰度图像和 BGR555（16 位图像）之间转换 |
| cv2.COLOR_BGR5552GRAY | |
| cv2.COLOR_BGR2XYZ | |
| cv2.COLOR_RGB2XYZ | 在 RGB/BGR 和 CIE XYZ 之间转换 |
| cv2.COLOR_XYZ2BGR | |
| cv2.COLOR_XYZ2RGB | |

| 值 | 备注 |
| --- | --- |
| cv2.COLOR_BGR2YCrCb | 在 RGB/BGR 和 luma-chroma (aka YCC) 之间转换 |
| cv2.COLOR_RGB2YCrCb | |
| cv2.COLOR_YCrCb2BGR | |
| cv2.COLOR_YCrCb2RGB | |
| cv2.COLOR_BGR2HSV | 将 RGB/BGR 转换为 HSV（Hue Saturation Value） |
| cv2.COLOR_RGB2HSV | |
| cv2.COLOR_BGR2Lab | 将 RGB/BGR 转换为 CIE Lab |
| cv2.COLOR_RGB2Lab | |
| cv2.COLOR_BGR2Luv | 将 RGB/BGR 转换为 CIE Luv |
| cv2.COLOR_RGB2Luv | |
| cv2.COLOR_BGR2HLS | 将 RGB/BGR 转换为 HLS（Hue Lightness Saturation） |
| cv2.COLOR_RGB2HLS | |
| cv2.COLOR_HSV2BGR | 转换回 RGB/BGR |
| cv2.COLOR_HSV2RGB | |
| cv2.COLOR_Lab2BGR | |
| cv2.COLOR_Lab2RGB | |
| cv2.COLOR_Luv2BGR | |
| cv2.COLOR_Luv2RGB | |
| cv2.COLOR_HLS2BGR | |
| cv2.COLOR_HLS2RGB | |
| cv2.COLOR_BGR2HSV_FULL | 将 RGB/BGR 转换到 HSV |
| cv2.COLOR_RGB2HSV_FULL | |
| cv2.COLOR_BGR2HLS_FULL | 将 RGB/BGR 转换到 HLS |
| cv2.COLOR_RGB2HLS_FULL | |
| cv2.COLOR_HSV2BGR_FULL | 将 HSV 转换为 RGB/BGR |
| cv2.COLOR_HSV2RGB_FULL | |
| cv2.COLOR_HLS2BGR_FULL | 将 HLS 转换到 RGB/BGR |
| cv2.COLOR_HLS2RGB_FULL | |
| cv2.COLOR_LBGR2Lab | LRGB/LBGR 相关 |
| cv2.COLOR_LRGB2Lab | |
| cv2.COLOR_LBGR2Luv | |
| cv2.COLOR_LRGB2Luv | |
| cv2.COLOR_Lab2LBGR | |
| cv2.COLOR_Lab2LRGB | |
| cv2.COLOR_Luv2LBGR | |
| cv2.COLOR_Luv2LRGB | |
| cv2.COLOR_BGR2YUV | 在 RGB/BGR 和 YUV 之间转换 |
| cv2.COLOR_RGB2YUV | |
| cv2.COLOR_YUV2BGR | |
| cv2.COLOR_YUV2RGB | |

| 值 | 备注 |
| --- | --- |
| cv2.COLOR_YUV2RGB_NV12 | |
| cv2.COLOR_YUV2BGR_NV12 | |
| cv2.COLOR_YUV2RGB_NV21 | |
| cv2.COLOR_YUV2BGR_NV21 | |
| cv2.COLOR_YUV420sp2RGB | |
| cv2.COLOR_YUV420sp2BGR | |
| cv2.COLOR_YUV2RGBA_NV12 | |
| cv2.COLOR_YUV2BGRA_NV12 | |
| cv2.COLOR_YUV2RGBA_NV21 | |
| cv2.COLOR_YUV2BGRA_NV21 | |
| cv2.COLOR_YUV420sp2RGBA | |
| cv2.COLOR_YUV420sp2BGRA | |
| cv2.COLOR_YUV2RGB_YV12 | |
| cv2.COLOR_YUV2BGR_YV12 | |
| cv2.COLOR_YUV2RGB_IYUV | |
| cv2.COLOR_YUV2BGR_IYUV | |
| cv2.COLOR_YUV2RGB_I420 | |
| cv2.COLOR_YUV2BGR_I420 | 将 YUV 4:2:0 族（family）转换为 RGB/BGR |
| cv2.COLOR_YUV420p2RGB | |
| cv2.COLOR_YUV420p2BGR | |
| cv2.COLOR_YUV2RGBA_YV12 | |
| cv2.COLOR_YUV2BGRA_YV12 | |
| cv2.COLOR_YUV2RGBA_IYUV | |
| cv2.COLOR_YUV2BGRA_IYUV | |
| cv2.COLOR_YUV2RGBA_I420 | |
| cv2.COLOR_YUV2BGRA_I420 | |
| cv2.COLOR_YUV420p2RGBA | |
| cv2.COLOR_YUV420p2BGRA | |
| cv2.COLOR_YUV2GRAY_420 | |
| cv2.COLOR_YUV2GRAY_NV21 | |
| cv2.COLOR_YUV2GRAY_NV12 | |
| cv2.COLOR_YUV2GRAY_YV12 | |
| cv2.COLOR_YUV2GRAY_IYUV | |
| cv2.COLOR_YUV2GRAY_I420 | |
| cv2.COLOR_YUV420sp2GRAY | |
| cv2.COLOR_YUV420p2GRAY | |
| cv2.COLOR_YUV2RGB_UYVY | |
| cv2.COLOR_YUV2BGR_UYVY | |
| cv2.COLOR_YUV2RGB_Y422 | |
| cv2.COLOR_YUV2BGR_Y422 | 将 YUV 4:2:2 族转换为 RGB/BGR |
| cv2.COLOR_YUV2RGB_UYNV | |
| cv2.COLOR_YUV2BGR_UYNV | |
| cv2.COLOR_YUV2RGBA_UYVY | |

| 值 | 备注 |
| --- | --- |
| cv2.COLOR_YUV2BGRA_UYVY | |
| cv2.COLOR_YUV2RGBA_Y422 | |
| cv2.COLOR_YUV2BGRA_Y422 | |
| cv2.COLOR_YUV2RGBA_UYNV | |
| cv2.COLOR_YUV2BGRA_UYNV | |
| cv2.COLOR_YUV2RGB_YUY2 | |
| cv2.COLOR_YUV2BGR_YUY2 | |
| cv2.COLOR_YUV2RGB_YVYU | |
| cv2.COLOR_YUV2BGR_YVYU | |
| cv2.COLOR_YUV2RGB_YUYV | |
| cv2.COLOR_YUV2BGR_YUYV | |
| cv2.COLOR_YUV2RGB_YUNV | |
| cv2.COLOR_YUV2BGR_YUNV | |
| cv2.COLOR_YUV2RGBA_YUY2 | |
| cv2.COLOR_YUV2BGRA_YUY2 | |
| cv2.COLOR_YUV2RGBA_YVYU | |
| cv2.COLOR_YUV2BGRA_YVYU | |
| cv2.COLOR_YUV2RGBA_YUYV | |
| cv2.COLOR_YUV2BGRA_YUYV | |
| cv2.COLOR_YUV2RGBA_YUNV | |
| cv2.COLOR_YUV2BGRA_YUNV | |
| cv2.COLOR_YUV2GRAY_UYVY | |
| cv2.COLOR_YUV2GRAY_YUY2 | |
| cv2.COLOR_YUV2GRAY_Y422 | |
| cv2.COLOR_YUV2GRAY_UYNV | |
| cv2.COLOR_YUV2GRAY_YVYU | |
| cv2.COLOR_YUV2GRAY_YUYV | |
| cv2.COLOR_YUV2GRAY_YUNV | |
| cv2.COLOR_RGBA2mRGBA | Alpha 预乘（Alpha premultiplication） |
| cv2.COLOR_mRGBA2RGBA | |
| cv2.COLOR_RGB2YUV_I420 | |
| cv2.COLOR_BGR2YUV_I420 | |
| cv2.COLOR_RGB2YUV_IYUV | |
| cv2.COLOR_BGR2YUV_IYUV | |
| cv2.COLOR_RGBA2YUV_I420 | |
| cv2.COLOR_BGRA2YUV_I420 | |
| cv2.COLOR_RGBA2YUV_IYUV | 将 RGB 族转换为 YUV 4:2:0 族 |
| cv2.COLOR_BGRA2YUV_IYUV | |
| cv2.COLOR_RGB2YUV_YV12 | |
| cv2.COLOR_BGR2YUV_YV12 | |
| cv2.COLOR_RGBA2YUV_YV12 | |
| cv2.COLOR_BGRA2YUV_YV12 | |

续表

| 值 | 备注 |
|---|---|
| cv2.COLOR_BayerBG2BGR | 逆马赛克（Demosaicing） |
| cv2.COLOR_BayerGB2BGR | |
| cv2.COLOR_BayerRG2BGR | |
| cv2.COLOR_BayerGR2BGR | |
| cv2.COLOR_BayerBG2RGB | |
| cv2.COLOR_BayerGB2RGB | |
| cv2.COLOR_BayerRG2RGB | |
| cv2.COLOR_BayerGR2RGB | |
| cv2.COLOR_BayerBG2GRAY | |
| cv2.COLOR_BayerGB2GRAY | |
| cv2.COLOR_BayerRG2GRAY | |
| cv2.COLOR_BayerGR2GRAY | |
| cv2.COLOR_BayerBG2BGR_VNG | 使用可变数量的梯度实现逆马赛克（Demosaicing using variable number of gradients） |
| cv2.COLOR_BayerGB2BGR_VNG | |
| cv2.COLOR_BayerRG2BGR_VNG | |
| cv2.COLOR_BayerGR2BGR_VNG | |
| cv2.COLOR_BayerBG2RGB_VNG | |
| cv2.COLOR_BayerGB2RGB_VNG | |
| cv2.COLOR_BayerRG2RGB_VNG | |
| cv2.COLOR_BayerGR2RGB_VNG | |
| cv2.COLOR_BayerBG2BGR_EA | 边缘感知逆马赛克（Edge-Aware Demosaicing） |
| cv2.COLOR_BayerGB2BGR_EA | |
| cv2.COLOR_BayerRG2BGR_EA | |
| cv2.COLOR_BayerGR2BGR_EA | |
| cv2.COLOR_BayerBG2RGB_EA | |
| cv2.COLOR_BayerGB2RGB_EA | |
| cv2.COLOR_BayerRG2RGB_EA | |
| cv2.COLOR_BayerGR2RGB_EA | |
| cv2.COLOR_BayerBG2BGRA | 用 alpha 通道实现逆马赛克（Demosaicing with alpha channel） |
| cv2.COLOR_BayerGB2BGRA | |
| cv2.COLOR_BayerRG2BGRA | |
| cv2.COLOR_BayerGR2BGRA | |
| cv2.COLOR_BayerBG2RGBA | |
| cv2.COLOR_BayerGB2RGBA | |
| cv2.COLOR_BayerRG2RGBA | |
| cv2.COLOR_BayerGR2RGBA | |
| cv2.COLOR_COLORCVT_MAX | |

　　这里需要注意，BGR 色彩空间与传统的 RGB 色彩空间不同。对于一个标准的 24 位位图，BGR 色彩空间中第 1 个 8 位（第 1 个字节）存储的是蓝色组成信息（Blue component），第 2 个 8 位（第 2 个字节）存储的是绿色组成信息（Green component），第 3 个 8 位（第 3 个字节）存储的是红色组成信息（Red component）。同样，其第 4 个、第 5 个、第 6 个字节分别存储蓝色、绿色、红色组成信息，以此类推。

颜色空间的转换都用到了如下约定：

- 8 位图像值的范围是[0,255]。
- 16 位图像值的范围是[0,65 535]。
- 浮点数图像值的范围是[0.0~1.0]。

对于线性转换来说，这些取值范围是无关紧要的。但是对于非线性转换来说，输入的 RGB 图像必须归一化到其对应的取值范围内，才能获取正确的转换结果。

例如，对于 8 位图，其能够表示的灰度级有 $2^8=256$ 个，也就是说，在 8 位图中，最多能表示 256 个状态，通常是[0,255]之间的值。但是，在很多色彩空间中，值的范围并不恰好在[0,255]范围内，这时，就需要将该值映射到[0,255]内。

例如，在 HSV 或 HLS 色彩空间中，色调值通常在[0,360)范围内，在 8 位图中转换到上述色彩空间后，色调值要除以 2，让其值范围变为[0,180)，以满足存储范围，即让值的分布位于 8 位图能够表示的范围[0,255]内。又例如，在 CIEL*a*b*色彩空间中，a 通道和 b 通道的值范围是[–127,127]，为了使其适应[0,255]的范围，每个值都要加上 127。不过需要注意，由于计算过程存在四舍五入，所以转换过程并不是精准可逆的。

## 4.3　类型转换实例

本节介绍几种常用的色彩空间转换实例，以帮助大家更好地理解应该如何使用函数 cv2.cvtColor()。

### 4.3.1　通过数组观察转换效果

下面，分别从不同的角度，观察函数 cv2.cvtColor()转换的功能。为了方便观察，本节通过一个小尺寸的数组来模拟图像，并将它作为要处理的图像对象。

【例 4.1】将 BGR 图像转换为灰度图像。

【分析】本例题中，分别通过公式计算、函数 cv2.cvtColor()转换的方式，将一幅图像从 BGR 色彩空间转换到灰度色彩空间，并对不同转换方式得到的像素值进行对比。

简单理解，"十字绣"上的一个点，就是一个像素点。如果"十字绣"比较简单，则可以将每个点用一个[0,255]之间的值表示不同的颜色；如果"十字绣"色彩比较丰富，则每一个点需要使用一组值(r,g,b)来表示，其中 r,g,b 的值的范围都是[0,255]之间的值。进一步说，使用更多的值表示一个像素点，该像素点能够表示的色彩就越丰富。在计算机中，灰度图像用一个像素值表示；彩色图像用 3 个像素值表示。

在 OpenCV 中，灰度图像中使用一个像素值来表示一个像素点。图像的像素值是按照行列布局，以二维数组的方式来进行存储的。简单来说，二维数组中的每一行，对应着灰度图像的每一行；二维数组的每一列，对应着灰度图像的每一列。二维数组中的每一个值，对应着灰度图像上的每一个像素点。例如，二维数组中第 3 行第 3 列上的值，对应着灰度图像上第 3 行第 3 列上的像素点的值。

而 BGR 模式的图像使用 3 个像素值来表示一个像素点。在 BGR 模式中，会依次将它的 B

通道、G 通道、R 通道中的像素点，以行为单位按照顺序存储在 ndarray 的列中。例如，有大小为 R 行×C 列的 BGR 图像，其存储方式如图 4-2 所示。

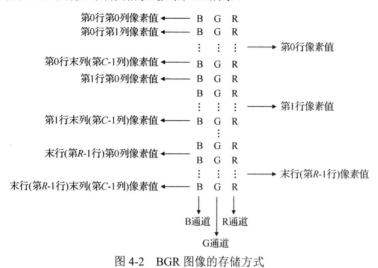

图 4-2　BGR 图像的存储方式

【说明】图 4-2 与图 2-7 完全相同，这里罗列出来是为了方便观察，关于彩色图像的相关知识点请参考 2.2 节中的知识点。

当图像由 RGB 色彩空间转换到 GRAY（灰度）色彩空间时，其处理方式如下：

$$Gray = 0.299R + 0.587G + 0.114B$$

例如，有一个图像 rst，其像素如下所示：

```
[[[166  97 102]
  [ 73  31  51]
  [221  94 158]
  [143 101 172]]


 [[ 96 140  92]
  [ 19 156  34]
  [ 16 113 202]
  [116 236 238]]]
```

这里以 rst[1,0]为例，看看它是如何通过计算得到的。像素 rst[1,0]表示目标灰度图像内的第 1 行第 0 列上的像素点。它需要通过对原始图像 BGR 图像内第 1 行第 0 列上的 B 通道像素点、G 通道像素点、R 通道像素点的计算得到。

在本例中，各个像素点的像素值如下：

- 原始图像 BGR 图像内第 1 行第 0 列上的 B 通道像素点的值为 img[1,0,0]=96。
- 原始图像 BGR 图像内第 1 行第 0 列上的 G 通道像素点的值为 img[1,0,1]=140。
- 原始图像 BGR 图像内第 1 行第 0 列上的 R 通道像素点的值为 img[1,0,2]=92。

转换为灰度像素点时，使用的公式为

$$img[1,0,0]×0.114+img[1,0,1]×0.587+img[1,0,2]×0.299$$

$$=96×0.114+140×0.587+92×0.299$$

$$=120.632$$

计算结果为 120.632。目标图像是灰度图像，是 8 位图像，值是位于[0,255]之间的无符号整数。所以，要将上述小数结果进行四舍五入，得到 121，并将它作为目标灰度图像内 rst[1,0]的像素值。

当然，在一般情况下，我们并不需要关心这么细节的问题，通过将函数"cv2.cvtColor(处理目标,转换类型)"的"转换类型"参数设置为"cv2.COLOR_BGR2GRAY"，直接就可以将"处理目标"处理为灰度图像。因此，通常情况下，我们只要能够熟练地使用函数 cv2.cvtColor()就可以了。

根据题目要求及分析，设计程序如下：

```
import cv2
import numpy as np
img=np.random.randint(0,256,size=[2,4,3],dtype=np.uint8)
rst=cv2.cvtColor(img,cv2.COLOR_BGR2GRAY)
print("img=\n",img)
print("rst=\n",rst)
print("像素点(1,0)直接计算得到的值=",
    img[1,0,0]*0.114+img[1,0,1]*0.587+img[1,0,2]*0.299)
print("像素点(1,0)使用公式 cv2.cvtColor()转换值=",rst[1,0])
```

在本例中，首先通过函数 cv2.cvtColor()对图像 img 进行色彩空间的转换，接下来使用公式"Gray= 0.114$B$+0.587$G$+0.299$R$"计算图像 img 进行色彩空间转换后特定像素点的灰度值。最后，分别打印上述两种不同转换方式得到的结果。

运行程序，结果如下所示：

```
img=
 [[[166  97 102]
  [ 73  31  51]
  [221  94 158]
  [143 101 172]]

 [[ 96 140  92]
  [ 19 156  34]
  [ 16 113 202]
  [116 236 238]]]
rst=
 [[106  42 128 127]
 [121 104 129 223]]
像素点(1,0)直接计算得到的值=120.63199999999999
像素点(1,0)使用公式 cv2.cvtColor()转换值=121
```

当然，本例题及后续例题中使用的都是随机数，所以在每次运行时，生成的数据会略有差异。但是，不论怎样的数据，数据处理的方式，都是符合运算规律的。

**【例 4.2】** 将灰度图像转换为 BGR 图像。

根据题目要求，设计程序如下：

```
import cv2
import numpy as np
img=np.random.randint(0,256,size=[2,4],dtype=np.uint8)
rst=cv2.cvtColor(img,cv2.COLOR_GRAY2BGR)
print("img=\n",img)
print("rst=\n",rst)
```

运行程序，结果如下所示：

```
img=
 [[ 58 254 137 123]
 [100 150   7  42]]
rst=
 [[[ 58  58  58]
  [254 254 254]
  [137 137 137]
  [123 123 123]]

 [[100 100 100]
  [150 150 150]
  [  7   7   7]
  [ 42  42  42]]]
```

上述程序进一步印证了，当图像由 GRAY 色彩空间转换到 RGB/BGR 色彩空间时，最终所有通道的值都是相同的。其处理方式如下：

$$R = \text{Gray}$$

$$G = \text{Gray}$$

$$B = \text{Gray}$$

同时，以上例题也进一步印证了 BGR 图像在 OpenCV 内的像素点的存储方式。

还需要注意一点，RGB 图像有时也可能被称为彩色图像。但是，这并不意味着，一幅 RGB 图像看起来一定是花花绿绿的。在数字图像处理领域中，通常我们说的 RGB 图像（彩色图像），是指该图像包含 R、G、B 三个通道。如果三个通道的值是一样的，那他看起来和灰度图像是没有差别的，里面并没有我们通常理解的"彩色"。

**【例 4.3】** 将图像在 BGR 和 RGB 模式之间相互转换。

根据题目要求，设计程序如下：

```
import cv2
import numpy as np
img=np.random.randint(0,256,size=[2,4,3],dtype=np.uint8)
rgb=cv2.cvtColor(img,cv2.COLOR_BGR2RGB)
bgr=cv2.cvtColor(rgb,cv2.COLOR_RGB2BGR)
```

```
print("img=\n",img)
print("rgb=\n",rgb)
print("bgr=\n",bgr)
```

运行程序，结果如下所示：

```
img=
 [[[ 12 173 157]
  [216   2 220]
  [ 49 145 157]
  [124 203  44]]

 [[140 196 171]
  [ 90 195 187]
  [158 199 113]
  [213  78 164]]]
rgb=
 [[[157 173  12]
  [220   2 216]
  [157 145  49]
  [ 44 203 124]]

 [[171 196 140]
  [187 195  90]
  [113 199 158]
  [164  78 213]]]
bgr=
 [[[ 12 173 157]
  [216   2 220]
  [ 49 145 157]
  [124 203  44]]

 [[140 196 171]
  [ 90 195 187]
  [158 199 113]
  [213  78 164]]]
```

从程序可以看到，在 RGB 和 BGR 模式之间相互转换时，R 通道和 B 通道的位置发生了交换。

### 4.3.2  图像处理实例

本节将通过具体实例介绍如何使用函数 cv2.cvtcolor() 来处理图像类型的转换。

【例 4.4】将图像在 BGR 模式和灰度图像之间相互转换。

根据题目要求，设计程序如下：

```
import cv2
lena=cv2.imread("lenacolor.png")
```

```
gray=cv2.cvtColor(lena,cv2.COLOR_BGR2GRAY)
rgb=cv2.cvtColor(gray,cv2.COLOR_GRAY2BGR)
#==========打印 shape============
print("lena.shape=",lena.shape)
print("gray.shape=",gray.shape)
print("rgb.shape=",rgb.shape)
#==========显示效果============
cv2.imshow("lena",lena)
cv2.imshow("gray",gray)
cv2.imshow("rgb",rgb)
cv2.waitKey()
cv2.destroyAllWindows()
```

运行程序，会显示各个图像的 shape 属性：

```
lena.shape= (512, 512, 3)
gray.shape= (512, 512)
rgb.shape= (512, 512, 3)
```

通过其 shape 属性，可以看到图像在转换前后的色彩空间变化情况。

同时，程序会分别显示原始彩色图像、灰度图像、RGB 图像。需要注意，在通过
"rgb=cv2.cvtColor(gray,cv2.COLOR_GRAY2BGR)" 得到的 RGB 图像中，B 通道、G 通道、R
通道的值都是一样的，所以其看起来仍是灰度图像。

【例 4.5】将图像从 BGR 模式转换为 RGB 模式。

根据题目要求，设计程序如下：

```
import cv2
lena=cv2.imread("lenacolor.png")
rgb = cv2.cvtColor(lena, cv2.COLOR_BGR2RGB)
cv2.imshow("lena",lena)
cv2.imshow("rgb",rgb)
cv2.waitKey()
cv2.destroyAllWindows()
```

运行程序，会显示如图 4-3 所示的运行结果。

(a)　　　　　　　　　　　　(b)

图 4-3　【例 4.5】程序的运行结果

图 4-3(a)是 BGR 通道顺序的图像，图 4-3(b)是 RGB 通道顺序的图像。

在计算机上运行时可以看到，读取的 lena 图像在 BGR 模式下正常显示（图 4-3(a)），将其调整为 RGB 通道顺序后，显示的图像呈现浅蓝色色调（图 4-3(b)）。

# 4.4 HSV 色彩空间讨论

RGB 色彩空间是一种被广泛接受的色彩空间，但是该色彩空间过于抽象，我们不能够直接通过其值感知具体的色彩。我们更习惯使用直观的方式来感知颜色，HSV 色彩空间提供了这样的方式。通过 HSV 色彩空间，我们能够更加方便地通过色调、饱和度和亮度来感知颜色。

其实，除了 HSV 色彩空间，我们讨论的其他大多数色彩空间都不方便人们对颜色进行理解和解释。例如，现实中我们根本不可能用每种颜料的百分比（RGB 色彩空间）来形容一件衣服的颜色。

## 4.4.1 基础知识

4.1.4 节已经对 HSV 色彩空间进行了简单的介绍，为了方便大家更好地理解后续例题，本节将从其值范围的角度对相关知识点进行分析说明。

HSV 色彩空间从心理学和视觉的角度出发，提出人眼的色彩知觉主要包含三要素（三个通道）：

- H：色调（Hue，也称为色相）。
- S：饱和度（Saturation）。
- V：亮度（Value）。

### 1. 色调 H

在 HSV 色彩空间中，色调 H 的取值范围是[0,360]。8 位图像内每个像素点所能表示的灰度级有 $2^8$=256 个，所以在 8 位图像内表示 HSV 图像时，要把色调的角度值映射到[0,255]范围内。在 OpenCV 中，可以直接把色调的角度值除以 2，得到[0,180]之间的值，以适应 8 位二进制（256 个灰度级）的存储和表示范围。

在 HSV 空间中，色调值为 0 表示红色，色调值为 300 表示品红色，具体如表 4-3 所示。

表 4-3　色调值及对应颜色

| 色调值（度） | 颜色 |
| --- | --- |
| 0 | 红色 |
| 60 | 黄色 |
| 120 | 绿色 |
| 180 | 青色 |
| 240 | 蓝色 |
| 300 | 品红色 |

根据上述分析可知，每个色调值对应一个指定的色彩，而与饱和度和亮度无关。在 OpenCV 中，将色调值除以 2 之后，会得到如表 4-4 所示的色调值与对应的颜色。

表 4-4　映射后色调值及对应颜色

| 色调值（度） | 颜色 |
| --- | --- |
| 0 | 红色 |
| 30 | 黄色 |
| 60 | 绿色 |
| 90 | 青色 |
| 120 | 蓝色 |
| 150 | 品红色 |

确定值范围后，就可以直接在图像的 H 通道内查找对应的值，从而找到特定的颜色。例如，在 HSV 图像中，H 通道内值为 120 的像素点对应蓝色。查找 H 通道内值为 120 的像素点，找到的就是蓝色像素点。

在上述基础上，通过分析各种不同对象对应的 HSV 值，便可以查找不同的对象。例如，通过分析得到肤色的 HSV 值，就可以直接在图像内根据肤色的 HSV 值来查找人脸（等皮肤）区域。

### 2. 饱和度 S

通过 4.1.4 节中的介绍可知，饱和度值的范围是[0,1]，所以针对饱和度，需要说明以下问题：

- 灰度颜色所包含的 R、G、B 的成分是相等的，相当于一种极不饱和的颜色。所以，灰度颜色的饱和度值是 0。
- 作为灰度图像显示时，较亮区域对应的颜色具有较高的饱和度。
- 如果颜色的饱和度很低，那么它计算所得色调就不可靠。

我们在 4.3 节介绍 cv2.cvtColor()函数时曾指出，进行色彩空间转换后，为了适应 8 位图的 256 个像素级，需要将新色彩空间内的数值映射到[0,255]范围内。所以，同样要将饱和度 S 的值从[0,1]范围映射到[0,255]范围内。

### 3. 亮度 V

通过 4.1.4 节的介绍可知，亮度的范围与饱和度的范围一致，都是[0,1]。同样，亮度值在 OpenCV 内也将值映射到[0,255]范围内。

亮度值越大，图像越亮；亮度值越低，图像越暗。当亮度值为 0 时，图像是纯黑色。

## 4.4.2　获取指定颜色

可以通过多种方式获取 RGB 色彩空间的颜色值在 HSV 色彩空间内所对应的值。例如，可以通过图像编辑软件或者提供色彩服务的在线网站，获取 RGB 值所对应的 HSV 值。

需要注意，在从 RGB/BGR 色彩空间转换到 HSV 色彩空间时，OpenCV 为了满足 8 位图的要求，对 HSV 空间的值进行了映射处理。所以，通过软件或者网站获取的 HSV 值还需要被进一步映射，才能与 OpenCV 中的 HSV 值一致。

在本节中，我们通过程序查看一幅图像在 OpenCV 内从 RGB 色彩空间变换到 HSV 色彩空间前后各个分量的值。

【例 4.6】在 OpenCV 中，测试 RGB 色彩空间中不同颜色的值转换到 HSV 色彩空间后的对应值。

【分析】为了方便理解，这里分别生成蓝色、绿色、红色三种颜色，每种颜色各一个像素点，并对该像素点进行色彩空间转换测试。接下来，通过对其中的通道分量赋值，将其设定为指定的颜色。具体如下：

### 1. 蓝色像素点演示

首先，使用 imgBlue=np.zeros([1,1,3],dtype=np.uint8) 来生成一幅仅有一个像素点的图像（数组）。

接下来，通过语句 imgBlue[0,0,0]=255，将像素点 imgBlue 的第 0 个通道（即 B 通道）的值设置为 255，即将该点的颜色指定为蓝色。

然后，通过语句 cv2.cvtColor(imgBlue,cv2.COLOR_BGR2HSV) 将图像 imgBlue 从 BGR 色彩空间转换到 HSV 色彩空间。

最后，通过打印 HSV 色彩空间内的像素值，观察转换情况。

### 2. 绿色像素点演示

首先，使用 imgGreen=np.zeros([1,1,3],dtype=np.uint8) 来生成一幅仅有一个像素点的图像（数组）。

接下来，通过语句 imgGreen[0,0,1]=255，将像素点 imgGreen 的第 1 个通道（即 G 通道）的值设置为 255，即将该点的颜色指定为绿色。

然后，通过语句 cv2.cvtColor(imgGreen,cv2.COLOR_BGR2HSV) 将图像 imgGreen 从 BGR 色彩空间转换到 HSV 色彩空间。

最后，通过打印 HSV 色彩空间内的像素值，观察转换情况。

### 3. 红色像素点演示

首先，使用 imgRed=np.zeros([1,1,3],dtype=np.uint8) 来生成一幅仅有一个像素点的图像（数组）。

接下来，通过语句 imgRed[0,0,2]=255，将像素点 imgRed 的第 2 个通道（即 R 通道）的值设置为 255，即将该点的颜色指定为红色。

然后，通过语句 cv2.cvtColor(imgRed,cv2.COLOR_BGR2HSV) 将图像 imgRed 从 BGR 色彩空间转换到 HSV 色彩空间。

最后，通过打印 HSV 色彩空间内的像素值，观察转换情况。

上述是各种不同颜色的色彩转换过程。在本例中，对蓝色、绿色、红色三种不同的颜色分别进行转换，将它们从 BGR 色彩空间转换到 HSV 色彩空间，并观察转换后所得到的 HSV 空间的对应值。根据题目要求及上述分析，设计程序如下：

```
import cv2
import numpy as np
#=========测试下 OpenCV 中蓝色的 HSV 模式值=============
```

```
imgBlue=np.zeros([1,1,3],dtype=np.uint8)
imgBlue[0,0,0]=255
BlueHSV=cv2.cvtColor(imgBlue,cv2.COLOR_BGR2HSV)
print("Blue=\n",imgBlue)
print("BlueHSV=\n",BlueHSV)
#=========测试下 OpenCV 中绿色的 HSV 模式值============
imgGreen=np.zeros([1,1,3],dtype=np.uint8)
imgGreen[0,0,1]=255
GreenHSV=cv2.cvtColor(imgGreen,cv2.COLOR_BGR2HSV)
print("Green=\n",imgGreen)
print("GreenHSV=\n",GreenHSV)
#=========测试下 OpenCV 中红色的 HSV 模式值============
imgRed=np.zeros([1,1,3],dtype=np.uint8)
imgRed[0,0,2]=255
RedHSV=cv2.cvtColor(imgRed,cv2.COLOR_BGR2HSV)
print("Red=\n",imgRed)
print("RedHSV=\n",RedHSV)
```

运行程序，会显示如下所示的运行结果：

```
Blue=
 [[[255   0   0]]]
BlueHSV=
 [[[120 255 255]]]
Green=
 [[[  0 255   0]]]
GreenHSV=
 [[[ 60 255 255]]]
Red=
 [[[  0   0 255]]]
RedHSV=
 [[[  0 255 255]]]
```

从运行结果可以看到，各种颜色的值与表 4-4 所列出的情况一致。

## 4.4.3　标记指定颜色

在 HSV 色彩空间中，H 通道（色相 Hue 通道）对应不同的颜色。或者换个角度理解，颜色的差异主要体现在 H 通道值的不同上。所以，通过对 H 通道值进行筛选，便能够筛选出特定的颜色。例如，在一幅 HSV 图像中，如果通过控制仅仅将 H 通道内值为 240（在 OpenCV 内被调整为 120）的像素显示出来，那么图像中就会仅仅显示蓝色部分。

本节将首先通过例题展示一些实现上的细节问题，然后通过具体例题展示如何将图像内的特定颜色标记出来，即将一幅图像内的其他颜色屏蔽，仅仅将特定颜色显示出来。

### 1.　通过 inRange 函数锁定特定值

OpenCV 中通过函数 cv2.inRange() 来判断图像内像素点的像素值是否在指定的范围内，其语法格式为

```
dst = cv2.inRange( src, lowerb, upperb )
```

其中：

- dst 表示输出结果，大小和 src 一致。
- src 表示要检查的数组或图像。
- lowerb 表示范围下界。
- upperb 表示范围上界。

返回值 dst 与 src 等大小，其值取决于 src 中对应位置上的值是否处于区间[lowerb,upperb]内：

- 如果 src 值处于该指定区间内，则 dst 中对应位置上的值为 255。
- 如果 src 值不处于该指定区间内，则 dst 中对应位置上的值为 0。

【例 4.7】使用函数 cv2.inRange()将某个图像在[100,200]内的值标注出来。

为了方便理解，这里采用一个二维数组模拟图像，完成操作。

根据题目要求，设计程序如下：

```
import cv2
import numpy as np
img=np.random.randint(0,256,size=[5,5],dtype=np.uint8)
min=100
max=200
mask = cv2.inRange(img, min, max)
print("img=\n",img)
print("mask=\n",mask)
```

运行程序，会显示如下所示的运行结果：

```
img=
 [[129 155  99  51 182]
 [ 57 130 235 135 110]
 [232 182 194  13  26]
 [111   7 136 190  55]
 [ 35 144   9 255 187]]
mask=
 [[255 255   0   0 255]
 [  0 255   0 255 255]
 [  0 255 255   0   0]
 [255   0 255 255   0]
 [  0 255   0   0 255]]
```

通过本例题可以看出，通过函数 cv2.inRange()可以将数组（图像）内指定范围的值标注出来，在返回的 mask 中，其值取决于 img 中对应位置上的值是否在 inRange 所指定的[100,200]内：

- 如果 img 值位于该指定区间内，则 mask 对应位置上的值为 255。
- 如果 img 值不在该指定区间内，则 mask 对应位置上的值为 0。

返回的结果 mask 可以理解为一个掩码数组，其大小与原始数组一致。

### 2. 通过基于掩码的按位与显示 ROI

【例 4.8】正常显示某个图像内的感兴趣区域（ROI），而将其余区域显示为黑色。

为了方便理解，这里采用一个二维数组模拟图像，完成操作。题目中要求将不感兴趣区域以黑色显示，可以通过设置掩膜的方式将该区域的值置为 0 来实现。

根据题目要求，设计程序如下：

```
import cv2
import numpy as np
img=np.ones([5,5],dtype=np.uint8)*9
mask =np.zeros([5,5],dtype=np.uint8)
mask[0:3,0]=1
mask[2:5,2:4]=1
roi=cv2.bitwise_and(img,img, mask= mask)
print("img=\n",img)
print("mask=\n",mask)
print("roi=\n",roi)
```

在本例中，通过 mask 设置了两个感兴趣区域（掩膜）。后续通过在按位与运算中设置掩膜的方式，将原始图像 img 内这两部分的值保留显示，而将其余部分的值置零。

运行程序，会显示如下所示的运行结果：

```
img=
 [[9 9 9 9 9]
 [9 9 9 9 9]
 [9 9 9 9 9]
 [9 9 9 9 9]
 [9 9 9 9 9]]
mask=
 [[1 0 0 0 0]
 [1 0 0 0 0]
 [1 0 1 1 0]
 [0 0 1 1 0]
 [0 0 1 1 0]]
roi=
 [[9 0 0 0 0]
 [9 0 0 0 0]
 [9 0 9 9 0]
 [0 0 9 9 0]
 [0 0 9 9 0]]
```

### 3. 显示特定颜色值

【例 4.9】分别提取 OpenCV 的 logo 图像内的红色、绿色、蓝色。

需要注意，在实际提取颜色时，往往不是提取一个特定的值，而是提取一个颜色区间。例如，在 OpenCV 中的 HSV 模式内，蓝色在 H 通道内的值是 120。在提取蓝色时，通常将"蓝色值 120"附近的一个区间的值作为提取范围。该区间的半径通常为 10 左右，例如通常提取

[120–10,120+10]范围内的值来指定蓝色。

相比之下，HSV 模式中 S 通道、V 通道的值的取值范围一般是[100,255]。这主要是因为，当饱和度和亮度太低时，计算出来的色调可能就不可靠了。

根据上述分析，各种颜色的 HSV 区间值分布在[H–10,100,100]和[H+10,255,255]之间。因此，各种颜色值的范围为

- 蓝色：值分布在[110,100,100]和[130,255,255]之间。
- 绿色：值分布在[50,100,100]和[70,255,255]之间。
- 红色：值分布在[0,100,100]和[10,255,255]之间。

根据前述例题的相关介绍，首先利用函数 cv2.inRange()查找指定颜色区域，然后利用基于掩膜的按位与运算将指定颜色提取出来。

根据题目要求，设计程序如下：

```python
import cv2
import numpy as np
opencv=cv2.imread("opencv.jpg")
hsv = cv2.cvtColor(opencv, cv2.COLOR_BGR2HSV)
cv2.imshow('opencv',opencv)
#=============指定蓝色值的范围=============
minBlue = np.array([110,50,50])
maxBlue = np.array([130,255,255])
#确定蓝色区域
mask = cv2.inRange(hsv, minBlue, maxBlue)
#通过掩码控制的按位与运算，锁定蓝色区域
blue = cv2.bitwise_and(opencv,opencv, mask= mask)
cv2.imshow('blue',blue)
#=============指定绿色值的范围=============
minGreen = np.array([50,50,50])
maxGreen = np.array([70,255,255])
#确定绿色区域
mask = cv2.inRange(hsv, minGreen, maxGreen)
#通过掩码控制的按位与运算，锁定绿色区域
green = cv2.bitwise_and(opencv,opencv, mask= mask)
cv2.imshow('green',green)
#=============指定红色值的范围=============
minRed = np.array([0,50,50])
maxRed = np.array([30,255,255])
#确定红色区域
mask = cv2.inRange(hsv, minRed, maxRed)
#通过掩码控制的按位与运算，锁定红色区域
red= cv2.bitwise_and(opencv,opencv, mask= mask)
cv2.imshow('red',red)
cv2.waitKey()
cv2.destroyAllWindows()
```

运行程序，结果如图 4-4 所示，其中：

- 图 4-4(a)是原始图像。
- 图 4-(b)是从图 4-4(a)中提取得到的蓝色部分。
- 图 4-4(c)是从图 4-4(a)中提取得到的绿色部分。
- 图 4-4(d)是从图 4-4(a)中提取得到的红色部分。

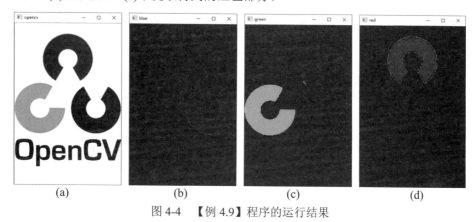

图 4-4　【例 4.9】程序的运行结果

### 4.4.4　标记肤色

在标记特定颜色的基础上，可以将标注范围进一步推广到特定的对象上。例如，通过分析可以估算出肤色在 HSV 色彩空间内的范围值。在 HSV 空间内筛选出肤色范围内的值，即可将图像内包含肤色的部分提取出来。

这里将肤色范围划定为

- 色调值在[5, 170]之间。
- 饱和度值在[25, 166]之间。

【例 4.10】提取一幅图像内的肤色部分。

根据题目要求，设计程序如下：

```
import cv2
img=cv2.imread("lesson2.jpg")
hsv = cv2.cvtColor(img, cv2.COLOR_BGR2HSV)
h,s,v=cv2.split(hsv)
minHue=5
maxHue=170
hueMask=cv2.inRange(h, minHue, maxHue)
minSat=25
maxSat=166
satMask = cv2.inRange(s, minSat, maxSat)
mask = hueMask & satMask
roi = cv2.bitwise_and(img,img, mask= mask)
cv2.imshow("img",img)
cv2.imshow("ROI",roi)
```

```
cv2.waitKey()
cv2.destroyAllWindows()
```

运行程序，结果如图 4-5 所示，程序实现了将人的图像从背景内分离出来。其中：

- 图 4-5(a)是原始图像，图像背景是白色的。
- 图 4-5(b)是提取结果，提取后的图像仅保留了人像肤色（包含衣服）部分，背景为黑色。

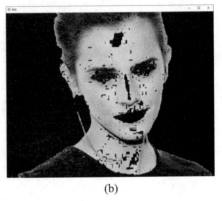

(a)  (b)

图 4-5  【例 4.10】程序的运行结果

## 4.4.5  实现艺术效果

在 HSV 色彩空间内进行分量值的调整能够生成一些有趣的效果。一些图像处理软件正是利用对 HSV 色彩空间内值的调整来实现各种艺术效果的。

在本节中，将一幅图像的 H 通道和 S 通道的值保持不变，而将其 V 通道的值都调整为 255，即设置为最亮，观察得到的艺术效果。

【例 4.11】调整 HSV 色彩空间内 V 通道的值，观察其处理结果。

可以任意改变图像内各个通道的值，观察其最终的显示效果。本例中，我们改变 V 通道的值，让其值均变为 255，观察图像处理结果。

根据题目要求，设计程序如下：

```
import cv2
img=cv2.imread("barbara.bmp")
hsv = cv2.cvtColor(img, cv2.COLOR_BGR2HSV)
h,s,v=cv2.split(hsv)
v[:,:]=255
newHSV=cv2.merge([h,s,v])
art = cv2.cvtColor(newHSV, cv2.COLOR_HSV2BGR)
cv2.imshow("img",img)
cv2.imshow("art",art)
cv2.waitKey()
cv2.destroyAllWindows()
```

运行程序，结果如图 4-6 所示。其中，图 4-6(a)是原始图像，图 4-6(b)是艺术效果。

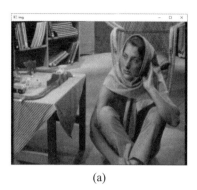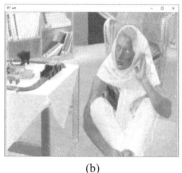

(a)　　　　　　　　　　　　　　(b)

图 4-6　艺术效果

## 4.5　alpha 通道

在 RGB 色彩空间三个通道的基础上，还可以加上一个 A 通道，也叫 alpha 通道，表示透明度。这种 4 个通道的色彩空间被称为 RGBA 色彩空间，PNG 图像是一种典型的 4 通道图像。alpha 通道的赋值范围是[0, 1]，或者[0, 255]，表示从透明到不透明。

**【例 4.12】** 编写一个程序，分析 alpha 通道的值。

为了方便观察，本例中使用一个随机数组来模拟图像，进行观察。

根据题目要求，设计程序如下：

```
import cv2
import numpy as np
img=np.random.randint(0,256,size=[2,3,3],dtype=np.uint8)
bgra = cv2.cvtColor(img, cv2.COLOR_BGR2BGRA)
print("img=\n",img)
print("bgra=\n",bgra)
b,g,r,a=cv2.split(bgra)
print("a=\n",a)
a[:,:]=125
bgra=cv2.merge([b,g,r,a])
print("bgra=\n",bgra)
```

在本例中，使用语句 bgra = cv2.cvtColor(img, cv2.COLOR_BGR2BGRA)将 img 从 BGR 色彩空间转换到 BGRA 色彩空间。在转换后的 BGRA 色彩空间中，A 是 alpha 通道，默认值为255。

接下来，分别使用打印语句打印原始图像 img 的值和转换后的图像 bgra 的值。

然后，使用语句 a[:,:]=125 将从 bgra 中提取的 alpha 通道的值设定为 125，并使用语句 bgra=cv2.merge([b,g,r,a])构建一个新的 bgra 图像。在本步骤中，使用 cv2.merge()函数将新的 alpha 通道与原有的 BGR 通道进行合并，得到一个新的图像。从另外一个角度理解就是，本步骤实现了将 bgra 图像中 alpha 通道的值更改为 125。

最后，使用 print 语句显示重构后的 bgra 图像。

运行程序，结果如下所示。

```
img=
 [[[141  62  75]
  [ 64  55 238]
  [ 10 167 220]]

 [[ 19  29  93]
  [234 219 238]
  [108  33  99]]]
bgra=
 [[[141  62  75 255]
  [ 64  55 238 255]
  [ 10 167 220 255]]

 [[ 19  29  93 255]
  [234 219 238 255]
  [108  33  99 255]]]
a=
 [[255 255 255]
 [255 255 255]]
bgra=
 [[[141  62  75 125]
  [ 64  55 238 125]
  [ 10 167 220 125]]

 [[ 19  29  93 125]
  [234 219 238 125]
  [108  33  99 125]]]
```

【例 4.13】编写一个程序，对图像的 alpha 通道进行处理。

根据题目要求，设计程序如下：

```
import cv2
img=cv2.imread("lenacolor.png")
bgra = cv2.cvtColor(img, cv2.COLOR_BGR2BGRA)
b,g,r,a=cv2.split(bgra)
a[:,:]=125
bgra125=cv2.merge([b,g,r,a])
a[:,:]=0
bgra0=cv2.merge([b,g,r,a])
cv2.imshow("img",img)
cv2.imshow("bgra",bgra)
cv2.imshow("bgra125",bgra125)
cv2.imshow("bgra0",bgra0)
cv2.waitKey()
cv2.destroyAllWindows()
cv2.imwrite("bgra.png", bgra)
cv2.imwrite("bgra125.png", bgra125)
cv2.imwrite("bgra0.png", bgra0)
```

在本例中，首先从当前目录下读取文件 lenacolor.png，然后将其进行色彩空间变换，将其由 BGR 色彩空间转换到 BGRA 色彩空间，得到 bgra，即为原始图像 lena 添加 alpha 通道。

接下来，分别将提取得到的 alpha 通道的值设置为 125、0，并将新的 alpha 通道与原有的 BGR 通道进行组合，得到新的 BGRA 图像 bgra125、bgra0。

接着，分别显示原始图像、原始 BGRA 图像 bgra、重构的 BGRA 图像 bgra125 和 bgra0。

最后，将 3 个不同的 BGRA 图像保存在当前目录下。

运行程序，显示的图像如图 4-7 所示。图中：

- 图 4-7(a)是原始图像 lena。
- 图 4-7(b)是由原始图像 lena 通过色彩空间转换得到的图像 bgra，该图像内 alpha 通道的值是默认值 255。
- 图 4-7(c)是将图像 bgra 中 alpha 通道值设置为 0 得到的。
- 图 4-7(d)是将图像 bgra 中 alpha 通道值设置为 125 得到的。

从图中可以看到，各个图像的 alpha 通道值虽然不同，但是在显示时是没有差别的。

图 4-7　【例 4.13】程序的运行结果

除此以外，程序还分别保存了不同 alpha 通道值的图像。打开当前文件夹，可以看到当前文件夹下保存了三幅图像，如图 4-8 所示，其中：

- 图 4-8(a)是保存的图像 bgra，该图像由原始图像 lena 通过色彩空间转换得到，该图像内 alpha 通道的值是默认值 255。
- 图 4-8(b)是保存的图像 bgra125，该图像是将图像 bgra 中 alpha 通道值设置为 125 得到的。
- 图 4-8(c)是保存的图像 bgra0，该图像是将图像 bgra 中 alpha 通道值设置为 0 得到的。需要注意，在图像 bgra0 处于预览模式时，看起来可能是一幅黑色的图像，将其打开后就会看到它实际上是纯色透明的。

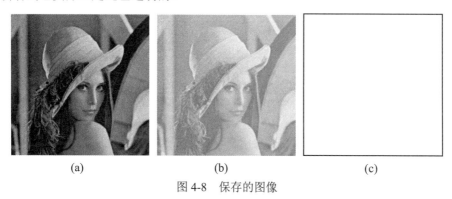

图 4-8　保存的图像

# 第5章

# 几何变换

几何变换是指将一幅图像映射到另外一幅图像内的操作。OpenCV 提供了多个与映射有关的函数，这些函数使用起来方便灵活，能够高效地完成图像的映射。

根据 OpenCV 函数的不同，本章将映射关系划分为缩放、翻转、仿射变换、透视、重映射等。

## 5.1 缩放

在 OpenCV 中，使用函数 cv2.resize()实现对图像的缩放，该函数的具体形式为

```
dst = cv2.resize( src, dsize[, fx[, fy[, interpolation]]] )
```

其中：

- dst 代表输出的目标图像，该图像的类型与 src 相同，其大小为 dsize（当该值非零时），或者可以通过 src.size()、fx、fy 计算得到。
- src 代表需要缩放的原始图像。
- dsize 代表输出图像大小。
- fx 代表水平方向的缩放比例。可以简单理解，这里使用的是直角坐标系，fx 中的 x，表示要对 $x$ 轴方向进行调整。
- fy 代表垂直方向的缩放比例。可以简单理解，这里使用的是直角坐标系，fy 中的 y，表示要对 $y$ 轴方向进行调整。
- interpolation 代表插值方式，具体如表 5-1 所示。

表 5-1　插值方式

| 类型 | 说明 |
| --- | --- |
| cv2.INTER_NEAREST | 最临近插值 |
| cv2.INTER_LINEAR | 双线性插值（默认方式） |
| cv2.INTER_CUBIC | 三次样条插值。首先对源图像附近的 4×4 近邻区域进行三次样条拟合，然后将目标像素对应的三次样条值作为目标图像对应像素点的值 |
| cv2.INTER_AREA | 区域插值，根据当前像素点周边区域的像素实现当前像素点的采样。该方法类似最临近插值方式 |
| cv2.INTER_LANCZOS4 | 一种使用 8×8 近邻的 Lanczos 插值方法 |
| cv2.INTER_LINEAR_EXACT | 位精确双线性插值 |
| cv2.INTER_MAX | 差值编码掩码 |

续表

| 类型 | 说明 |
|---|---|
| cv2.WARP_FILL_OUTLIERS | 标志，填补目标图像中的所有像素。如果它们中的一些对应源图像中的奇异点（离群值），则将它们设置为零 |
| cv2.WARP_INVERSE_MAP | 标志，逆变换。<br>例如，极坐标变换：<br>• 如果 flag 未被设置，则进行转换：$\mathrm{dst}(\varnothing,\rho)=\mathrm{src}(x,y)$<br>• 如果 flag 被设置，则进行转换：$\mathrm{dst}(x,y)=\mathrm{src}(\varnothing,\rho)$ |

在 cv2.resize()函数中，目标图像的大小可以通过"参数 dsize"或者"参数 fx 和 fy"二者之一来指定，具体介绍如下。

• 情况 1：通过参数 dsize 指定

如果指定参数 dsize 的值，则无论是否指定了参数 fx 和 fy 的值，都由参数 dsize 来决定目标图像的大小。

此时需要注意的是，dsize 内第 1 个参数对应缩放后图像的宽度（width，即列数 cols，与参数 fx 相关），第 2 个参数对应缩放后图像的高度（height，即行数 rows，与参数 fy 相关）。

指定参数 dsize 的值时，$x$ 轴方向的缩放大小（参数 fx）为

```
(double)dsize.width/src.cols
```

同时，$y$ 轴方向的缩放大小（参数 fy）为

```
(double)dsize.height/src.rows
```

• 情况 2：通过参数 fx 和 fy 指定

如果参数 dsize 的值是 None，那么目标图像的大小通过参数 fx 和 fy 来决定。此时，目标图像的大小为

```
dsize=Size(round(fx*src.cols),round(fy*src.rows))
```

插值是指在对图像进行几何处理时，给无法直接通过映射得到值的像素点赋值。例如，将图像放大为原来的 2 倍，必然会多出一些无法被直接映射值的像素点，对于这些像素点，插值方式决定了如何确定它们的值。除此以外，还会存在一些非整数的映射值，例如，反向映射可能会把目标图像中的像素点值映射到原始图像中的非整数值对应的位置上，当然原始图像内是不可能存在这样的非整数位置的，即目标图像上的该像素点不能对应到原始图像的某个具体位置上，此时也要对这些像素点进行插值处理，以完成映射。

函数 cv2.resize()能实现对原始图像的缩放功能，需要注意的是，开始运算前，操作前的目标图像 dst 自身的大小、类型与最终得到的目标图像 dst 是没有任何关系的。目标图像 dst 的最终大小和类型是通过 src、dsize、fx、fy 指定的。如果想让原始图像调整为和目标图像一样大，则必须通过上述属性指定。

当缩小图像时，使用区域插值方式（INTER_AREA）能够得到最好的效果；当放大图像时，使用三次样条插值（INTER_CUBIC）方式和双线性插值（INTER_LINEAR）方式都能够取得较好的效果。三次样条插值方式速度较慢，双线性插值方式速度相对较快且效果并不逊色。

【例 5.1】设计程序，使用函数 cv2.resize()对一个数组进行简单缩放。

为了方便观察，这里我们尝试直接通过函数 cv2.resize()来生成一个与原始数组大小相等的

数组。

根据题目要求，设计程序如下：

```
import cv2
import numpy as np
img=np.ones([2,4,3],dtype=np.uint8)
size=img.shape[:2]                    #此处获取 img 的行列值，得到(2,4)
rst=cv2.resize(img,size)
print("img.shape=\n",img.shape)
print("img=\n",img)
print("rst.shape=\n",rst.shape)
print("rst=\n",rst)
```

在本例中，我们期望通过函数 cv2.resize() 对原始图像进行缩放。为了方便观察，将目标图像设置为与原始图像相等大小。

运行程序，结果如下：

```
img.shape=
 (2, 4, 3)
img=
 [[[1 1 1]
  [1 1 1]
  [1 1 1]
  [1 1 1]]

 [[1 1 1]
  [1 1 1]
  [1 1 1]
  [1 1 1]]]
rst.shape=
 (4, 2, 3)
rst=
 [[[1 1 1]
  [1 1 1]]

 [[1 1 1]
  [1 1 1]]

 [[1 1 1]
  [1 1 1]]

 [[1 1 1]
  [1 1 1]]]
```

通过程序我们观察到，我们的目标没有达成，目标图像的大小与原始图像的大小并不一致。原始图像的大小是 2 行 4 列，目标图像的大小是 4 行 2 列：

- 目标图像的行数是原始图像的列数。

- 目标图像的列数是原始图像的行数。

通过以上例题我们进一步确认：函数 cv2.resize()内 dsize 参数与图像 shape 属性在行、列的顺序上是不一致的，或者说，

- 在 shape 属性中，第 1 个值对应的是行数，第 2 个值对应的是列数。
- 在 dsize 参数中，第 1 个值对应的是列数，第 2 个值对应的是行数。

我们通常使用等大小的图像进行测试，在这种情况下，可能无法发现 cv2.resize()函数内 dsize 参数的具体使用方式。

在使用 cv2.resize()函数时，要额外注意参数 dsize 的属性顺序问题。

【例 5.2】设计程序，使用函数 cv2.resize()完成一个简单的图像缩放。

根据题目要求，设计程序如下：

```
import cv2
img=cv2.imread("test.bmp")
rows,cols=img.shape[:2]
size=(int(cols*0.9),int(rows*0.5))
rst=cv2.resize(img,size)
print("img.shape=",img.shape)
print("rst.shape=",rst.shape)
```

运行程序，结果如下：

```
img.shape= (512, 51, 3)
rst.shape= (256, 45, 3)
```

从程序可以看出：

- 列数变为原来的 0.9 倍，计算得到 51×0.9=45.9，取整得到 45。
- 行数变为原来的 0.5 倍，计算得到 512×0.5=256。

【例 5.3】设计程序，控制函数 cv2.resize()的 fx 参数、fy 参数，完成图像缩放。

根据题目要求，设计程序如下：

```
import cv2
img=cv2.imread("test.bmp")
rst=cv2.resize(img,None,fx=2,fy=0.5)
print("img.shape=",img.shape)
print("rst.shape=",rst.shape)
```

运行程序，结果如下：

```
img.shape= (512, 51, 3)
rst.shape= (256, 102, 3)
```

从程序可以看出：

- fx 进行的是水平方向（$x$ 轴方向）的缩放，将列数变为原来的 2 倍，得到 51×2=102。
- fy 进行的是垂直方向（$y$ 轴方向）的缩放，将行数变为原来的 0.5 倍，得到 512×0.5=256。

## 5.2 翻转

在 OpenCV 中，图像的翻转采用函数 cv2.flip()实现，该函数能够实现图像绕着水平方向（$x$ 轴）翻转、绕着垂直方向（$y$ 轴）翻转，或者两个方向同时翻转，其语法结构为

```
dst = cv2.flip( src, flipCode )
```

其中：

- dst 代表和原始图像具有同样大小、类型的目标图像。
- src 代表要处理的原始图像。
- flipCode 代表旋转类型。该参数的意义如表 5-2 所示。

表 5-2　flipCode 参数的意义

| 参数值 | 说明 | 意义 |
| --- | --- | --- |
| 0 | 只能是 0 | 绕着 $x$ 轴翻转 |
| 正数 | 1、2、3 等任意正数 | 绕着 $y$ 轴翻转 |
| 负数 | −1、−2、−3 等任意负数 | 围绕 $x$ 轴、$y$ 轴同时翻转 |

该函数中，目标像素点与原始像素点的关系可表述为

$$\text{dst}_{ij} = \begin{cases} \text{src}_{\text{src.rows}-i-1,j}, & \text{flipCode} = 0 \\ \text{src}_{i,\text{src.cols}-j-1}, & \text{flipCode} > 0 \\ \text{src}_{\text{src.rows}-i-1,\text{src.cols}-j-1}, & \text{flipCode} < 0 \end{cases}$$

其中，dst 是目标像素点，src 是原始像素点。

【例 5.4】设计程序，使用函数 cv2.flip()完成图像的翻转。

根据题目要求，设计程序如下：

```
import cv2
img=cv2.imread("lena.bmp")
x=cv2.flip(img,0)
y=cv2.flip(img,1)
xy=cv2.flip(img,-1)
cv2.imshow("img",img)
cv2.imshow("x",x)
cv2.imshow("y",y)
cv2.imshow("xy",xy)
cv2.waitKey()
cv2.destroyAllWindows()
```

运行程序，出现如图 5-1 所示的运行结果，其中：

- 图 5-1(a)是原始图像 lena。
- 图 5-1(b)是语句 x=cv2.flip(img,0)生成的图像，该图像由图像 lena 围绕 $x$ 轴翻转得到。
- 图 5-1(c)是语句 y=cv2.flip(img,1)生成的图像，该图像由图像 lena 围绕 $y$ 轴翻转得到。
- 图 5-1(d)是语句 xy=cv2.flip(img,-1)生成的图像，该图像由图像 lena 围绕 $x$ 轴、$y$ 轴翻转得到。

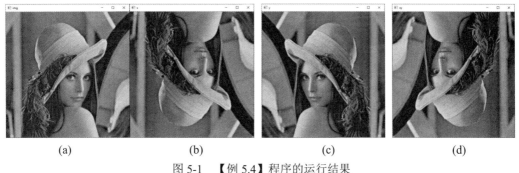

| (a) | (b) | (c) | (d) |

图 5-1　【例 5.4】程序的运行结果

## 5.3　仿射

仿射变换是指图像可以通过一系列的几何变换来实现平移、旋转等多种操作。该变换能够保持图像的平直性和平行性。平直性是指图像经过仿射变换后，直线仍然是直线；平行性是指图像在完成仿射变换后，平行线仍然是平行线。

OpenCV 中的仿射函数为 cv2.warpAffine()，其通过一个变换矩阵（映射矩阵）$M$ 实现变换，具体为

$$\mathrm{dst}(x, y) = \mathrm{src}\left(M_{11}x + M_{12}y + M_{13}, M_{21}x + M_{22}y + M_{23}\right)$$

如图 5-2 所示，可以通过一个变换矩阵 $M$，将原始图像 O 变换为仿射图像 R。

仿射图像R ＝ 变换矩阵$M$ × 原始图像O

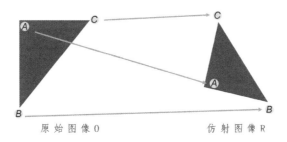

| 原始图像 O | 仿射图像 R |

图 5-2　仿射变换

因此，可以采用仿射函数 cv2.warpAffine()实现对图像的旋转，该函数的语法格式如下：

```
dst = cv2.warpAffine( src, M, dsize[, flags[, borderMode[, borderValue]]] )
```

其中：

- dst 代表仿射后的输出图像，该图像的类型和原始图像的类型相同。dsize 决定输出图像的实际大小。
- src 代表要仿射的原始图像。
- M 代表一个 2×3 的变换矩阵。使用不同的变换矩阵，就可以实现不同的仿射变换。
- dsize 代表输出图像的尺寸大小。
- flags 代表插值方法，默认为 INTER_LINEAR。当该值为 WARP_INVERSE_MAP 时，

意味着 M 是逆变换类型，实现从目标图像 dst 到原始图像 src 的逆变换。具体可选值参见表 5-1。

- borderMode 代表边类型，默认为 BORDER_CONSTANT。当该值为 BORDER_TRANSPARENT 时，意味着目标图像内的值不做改变，这些值对应原始图像内的异常值。
- borderValue 代表边界值，默认是 0。

通过以上分析可知，在 OpenCV 中使用函数 cv2.warpAffine() 实现仿射变换，忽略其可选参数后的语法格式为

```
dst = cv2.warpAffine( src , M , dsize )
```

其通过转换矩阵 $M$ 将原始图像 src 转换为目标图像 dst：

$$\text{dst}(x,y) = \text{src}(M_{11}x + M_{12}y + M_{13}, M_{21}x + M_{22}y + M_{23})$$

因此，进行何种形式的仿射变换完全取决于转换矩阵 $M$。下面分别介绍通过不同的转换矩阵 $M$ 实现的不同的仿射变换。

## 5.3.1 平移

通过转换矩阵 $M$ 实现将原始图像 src 转换为目标图像 dst：

$$\text{dst}(x,y) = \text{src}(M_{11}x + M_{12}y + M_{13}, M_{21}x + M_{22}y + M_{23})$$

将原始图像 src 向右侧移动 100 个像素、向下方移动 200 个像素，则其对应关系为

$$\text{dst}(x, y) = \text{src}(x + 100, y + 200)$$

将上述表达式补充完整，即

$$\text{dst}(x, y) = \text{src}(1 \cdot x + 0 \cdot y + 100, 0 \cdot x + 1 \cdot y + 200)$$

根据上述表达式，可以确定对应的转换矩阵 $M$ 中各个元素的值为

- $M_{11}=1$
- $M_{12}=0$
- $M_{13}=100$
- $M_{21}=0$
- $M_{22}=1$
- $M_{23}=200$

将上述值代入转换矩阵 $M$，得到：

$$M = \begin{bmatrix} 1 & 0 & 100 \\ 0 & 1 & 200 \end{bmatrix}$$

在已知转换矩阵 $M$ 的情况下，可以直接利用转换矩阵 $M$ 调用函数 cv2.warpAffine() 完成图像的平移。

【例 5.5】设计程序，利用自定义转换矩阵完成图像平移。

根据题目要求，设计程序如下：

```
import cv2
import numpy as np
img=cv2.imread("lena.bmp")
height,width=img.shape[:2]
x=100
y=200
M = np.float32([[1, 0, x], [0, 1, y]])
move=cv2.warpAffine(img,M,(width,height))
cv2.imshow("original",img)
cv2.imshow("move",move)
cv2.waitKey()
cv2.destroyAllWindows()
```

运行程序，出现如图 5-3 所示的运行结果，其中图 5-3(a)是原始图像，图 5-3(b)是移动结果图像。

(a)　　　　　　　　　(b)

图 5-3　【例 5.5】程序的运行结果

## 5.3.2　旋转

在使用函数 cv2.warpAffine()对图像进行旋转时，可以通过函数 cv2.getRotationMatrix2D()获取转换矩阵。该函数的语法格式为

```
retval=cv2.getRotationMatrix2D(center, angle, scale)
```

其中：

- retval 为返回的转换矩阵。
- center 为旋转的中心点。中心点可以根据需要进行自定义设置。通常情况下，以原有图像的中心点(width/2,height/2)作为旋转中心点。
- angle 为旋转角度，正数表示逆时针旋转，负数表示顺时针旋转。
- scalc 为变换尺度（缩放大小）。

利用函数 cv2.getRotationMatrix2D()可以直接生成要使用的转换矩阵 **M**。例如，想要以图像中心为圆点，逆时针旋转 45°，并将目标图像缩小为原始图像的 0.6 倍，则在调用函数 cv2.getRotationMatrix2D()生成转换矩阵 **M** 时所使用的语句为

```
M=cv2.getRotationMatrix2D((width/2,height/2),45,0.6)
```

【例 5.6】设计程序，完成图像旋转。

根据题目要求，设计程序如下：

```
import cv2
img=cv2.imread("lena.bmp")
height,width=img.shape[:2]
M=cv2.getRotationMatrix2D((width/2,height/2),45,0.6)
rotate=cv2.warpAffine(img,M,(width,height))
cv2.imshow("original",img)
cv2.imshow("rotation",rotate)
cv2.waitKey()
cv2.destroyAllWindows()
```

运行程序，出现如图 5-4 所示的运行结果，其中图 5-4(a)是原始图像，图 5-4(b)是旋转结果图像。

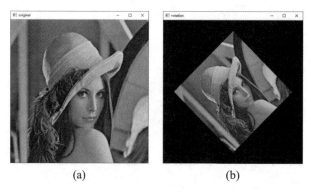

图 5-4 　【例 5.6】程序的运行结果

### 5.3.3　更复杂的仿射变换

5.3.1 节和 5.3.2 节讲的两种仿射变换都比较简单，对于更复杂仿射变换，OpenCV 提供了函数 cv2.getAffineTransform()来生成仿射函数 cv2.warpAffine()所使用的转换矩阵 $M$。该函数的语法格式为

```
retval=cv2.getAffineTransform(src, dst)
```

其中：

- retval 为返回的转换矩阵。
- src 代表输入图像的三个点坐标。
- dst 代表输出图像的三个点坐标。

在该函数中，其参数值 src 和 dst，均是包含三个二维数组$(x, y)$点的数组。上述参数通过函数 cv2.getAffineTransform()定义了两个平行四边形。src 和 dst 中的三个点分别对应平行四边形的左上角、右上角、左下角三个点。函数 cv2.warpAffine()以函数 cv2.getAffineTransform()获取的转换矩阵 $M$ 为参数，将 src 中的点仿射到 dst 中。函数 cv2.getAffineTransform()对所指定的点完成映射后，将所有其他点的映射关系按照指定点的关系计算确定。

这里需要注意的是，OpenCV 中的图像坐标原点在其左上角，该点坐标值为(0,0)。自原点向右侧，x 值不断增加；自原点向下方，y 值不断增加。其基本关系如图 5-5 所示。

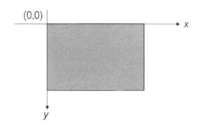

图 5-5　OpenCV 中的图像坐标

【例 5.7】设计程序，完成图像仿射。

根据题目要求，设计程序如下：

```
import cv2
import numpy as np
img=cv2.imread('lena.bmp')
rows,cols,ch=img.shape
p1=np.float32([[0,0],[cols-1,0],[0,rows-1]])
p2=np.float32([[0,rows*0.33],[cols*0.85,rows*0.25],[cols*0.15,rows*0.7]])
M=cv2.getAffineTransform(p1,p2)
dst=cv2.warpAffine(img,M,(cols,rows))
cv2.imshow("origianl",img)
cv2.imshow("result",dst)
cv2.waitKey()
cv2.destroyAllWindows()
```

在本例中，首先构造了两个三分量的点集合 p1 和 p2，分别用来指代原始图像和目标图像内平行四边形的三个顶点（左上角、右上角、左下角）。然后使用 M=cv2.getAffineTransform(p1,p2)获取转换矩阵 M。接下来，dst=cv2.warpAffine(img,M,(cols,rows))完成了从原始图像到目标图像的仿射。

运行程序，出现如图 5-6 所示的运行结果，其中图 5-6(a)是原始图像，图 5-6(b)是仿射结果图像。

(a)　　　　　　　　　　　　(b)

图 5-6　【例 5.7】程序的运行结果

## 5.4  透视

5.3 节所讲的仿射变换可以将矩形映射为任意平行四边形，透视变换则可以将矩形映射为任意四边形。

透视变换通过函数 cv2.warpPerspective()实现，该函数的语法为

```
dst = cv2.warpPerspective( src, M, dsize[, flags[, borderMode[, borderValue]]] )
```

其中：

- dst 代表透视处理后的输出图像，该图像和原始图像具有相同的类型。dsize 决定输出图像的实际大小。
- src 代表要透视的图像。
- M 代表一个 3×3 的变换矩阵。
- dsize 代表输出图像的尺寸大小。
- flags 代表插值方法，默认为 INTER_LINEAR。当该值为 WARP_INVERSE_MAP 时，意味着 M 是逆变换类型，能实现从目标图像 dst 到原始图像 src 的逆变换。具体可选值参见表 5-1。
- borderMode 代表边类型，默认为 BORDER_CONSTANT。当该值为 BORDER_TRANSPARENT 时，意味着目标图像内的值不做改变，这些值对应原始图像内的异常值。
- borderValue 代表边界值，默认是 0。

与仿射变换一样，同样可以使用一个函数来生成函数 cv2.warpPerspective()所使用的转换矩阵。该函数是 cv2.getPerspectiveTransform()，其语法格式为

```
retval = cv2.getPerspectiveTransform( src, dst )
```

其中：

- retval 为返回的转换矩阵。
- src 代表输入图像的四个顶点的坐标。
- dst 代表输出图像的四个顶点的坐标。

需要注意的是，src 参数和 dst 参数是包含四个点的数组，与仿射变换函数 cv2.getAffineTransform()中的三个点是不同的。实际使用中，我们可以根据需要控制 src 中的四个点映射到 dst 中的四个点。

【例 5.8】设计程序，完成图像透视。

根据题目要求，设计程序如下：

```
import cv2
import numpy as np
img=cv2.imread('opencv.bmp')
rows,cols=img.shape[:2]
print(rows,cols)
pts1 = np.float32([[230,60],[690,200],[80,580],[550,700]])
pts2 = np.float32([[50,50],[700,50],[50,700],[700,700]])
```

```
M=cv2.getPerspectiveTransform(pts1,pts2)
dst=cv2.warpPerspective(img,M,(cols,rows))
cv2.imshow("img",img)
cv2.imshow("dst",dst)
cv2.waitKey()
cv2.destroyAllWindows()
```

在本例中，指定原始图像中平行四边形的四个顶点 pts1，指定目标图像中矩形的四个顶点 pts2，使用 M=cv2.getPerspectiveTransform(pts1,pts2)生成转换矩阵 M。接下来，使用语句 dst=cv2.warpPerspective(img,M,(cols,rows))完成从平行四边形到矩形的转换。

运行程序，出现如图 5-7 所示的运行结果。其中，图 5-7(a)是原始图像（本书第 1 版封面），是一个平行四边形；图 5-7(b)是对图 5-7(a)进行透视所得到的结果图像，是一个矩形。

(a)　　　　　　　　　　　　(b)

图 5-7　【例 5.8】程序的运行结果

## 5.5　重映射

把一幅图像内的像素点放置到另外一幅图像内的指定位置，这个过程称为重映射。OpenCV 提供了多种重映射方式，但有时，我们会希望使用自定义的方式来完成重映射。

OpenCV 内的重映射函数 cv2.remap()提供了更方便、更自由的映射方式，其语法格式如下：

```
dst = cv2.remap( src, map1, map2, interpolation[, borderMode[, borderValue]] )
```

其中：

- dst 代表目标图像，它和 src 具有相同的大小和类型。
- src 代表原始图像。
- map1 参数有两种可能的值：
  - 表示(x,y)点的一个映射。
  - 表示 CV_16SC2 , CV_32FC1, CV_32FC2 类型(x,y)点的 x 值。
- map2 参数同样有两种可能的值：
  - 当 map1 表示(x,y)时，该值为空。

- 当 map1 表示(x,y)点的 x 值时，该值是 CV_16UC1, CV_32FC1 类型(x,y)点的 y 值。
- interpolation 代表插值方式，这里不支持 INTER_AREA 方法。具体值参见表 5-1。
- borderMode 代表边界模式。当该值为 BORDER_TRANSPARENT 时，表示目标图像内的对应源图像内奇异点（outliers）的像素不会被修改。
- borderValue 代表边界值，该值默认为 0。

## 5.5.1 映射参数的理解

重映射通过修改像素点的位置得到一幅新图像。在构建新图像时，需要确定新图像中每个像素点在原始图像中的位置。因此，映射函数的作用是查找新图像像素在原始图像内的位置。该过程是将新图像像素映射到原始图像的过程，因此被称为反向映射。在函数 cv2.remap()中，参数 map1 和参数 map2 用来说明反向映射。通常情况下，map1 针对的是坐标 $x$，map2 针对的是坐标 $y$。

需要说明的是，map1 和 map2 的值都是浮点数。因此，目标图像可以映射回一个非整数的值，这意味着目标图像可以"反向映射"到原始图像中两个像素点之间的位置（当然，该位置是不存在像素值的）。这时，可以采用不同的方法实现插值，函数中的 interpolation 参数可以控制插值方式。正是由于参数 map1 和参数 map2 的值是浮点数，所以通过函数 cv2.remap()所能实现的映射关系变得更加随意，可以通过自定义映射参数实现不同形式的映射。

需要注意的是，在函数 cv2.remap()中：

- 参数 map1 指代的是，在结果图像 dst 中，与当前位置对应的像素点，对应着原始图像 src 中的列号。
- 参数 map2 指代的是，在结果图像 dst 中，与当前位置对应的像素点，对应着原始图像 src 中的行号。

例如，我们想将目标图像 dst（映射结果图像）中某个点 A，映射为原始图像 src 内处于第 0 行第 3 列上的像素点 B。那么，需要将 A 点所对应的参数 map1 对应位置上的值设为 3，参数 map2 对应位置上的值设为 0。

同样，如果想将目标图像 dst（映射结果图像）中所有像素点都映射为原始图像 src 内处于第 0 行第 3 列上的像素点 B，那么需要将参数 map1 内的值均设为 3，将参数 map2 内的值均设为 0。

因为 map1 决定着列号（$x$ 轴方向），map2 决定着行号（$y$ 轴方向）。所以，通常情况下，我们将 map1 写为 mapx，将 map2 写成 mapy，以方便理解。

【例 5.9】设计程序，使用 cv2.remap()完成数组映射，将目标数组内的所有像素点都映射为原始图像内第 0 行第 3 列上的像素点，以此来了解函数 cv2.remap()内参数 map1 和 map2 的使用情况。

根据题目要求，可以确定：

- 用来指定列的参数 map1（mapx）内的值均为 3。
- 用来指定行的参数 map2（mapy）内的值均为 0。

根据题目要求及上述分析，设计程序如下：

```
import cv2
import numpy as np
img=np.random.randint(0,256,size=[4,5],dtype=np.uint8)
rows,cols=img.shape
mapx = np.ones(img.shape,np.float32)*3
mapy = np.ones(img.shape,np.float32)*0
rst=cv2.remap(img,mapx,mapy,cv2.INTER_LINEAR)
print("img=\n",img)
print("mapx=\n",mapx)
print("mapy=\n",mapy)
print("rst=\n",rst)
```

运行程序，出现如下结果：

```
img=
 [[120 183 101 252 219]
 [ 51 106 168 221 118]
 [147  16   3  14 159]
 [219  67 254  16  62]]
mapx=
 [[3. 3. 3. 3. 3.]
 [3. 3. 3. 3. 3.]
 [3. 3. 3. 3. 3.]
 [3. 3. 3. 3. 3.]]
mapy=
 [[0. 0. 0. 0. 0.]
 [0. 0. 0. 0. 0.]
 [0. 0. 0. 0. 0.]
 [0. 0. 0. 0. 0.]]
rst=
 [[252 252 252 252 252]
 [252 252 252 252 252]
 [252 252 252 252 252]
 [252 252 252 252 252]]
```

通过观察上述结果可知，目标图像（数组）dst 内的所有值都来源于原始图像中第 0 行第 3 列上的像素值 252。

## 5.5.2　复制

为了更好地了解重映射函数 cv2.remap() 的使用方法，本节介绍如何通过该函数实现图像的复制。在映射时，将参数进行如下处理：

- 将 map1 的值设定为对应位置上的 $x$ 轴坐标值。
- 将 map2 的值设定为对应位置上的 $y$ 轴坐标值。

通过上述处理后，可以让函数 cv2.remap() 实现图像复制。下面通过一个例题来观察实现复制时，如何设置函数 cv2.remap() 内的 map1 和 map2 参数的值。

【例 5.10】设计程序，使用函数 cv2.remap() 完成数组复制，了解函数 cv2.remap() 内参数 map1 和 map2 的使用情况。

这里为了方便理解，将参数 map1 定义为 mapx，将参数 map2 定义为 mapy。后续程序都采用了这种定义方式，不再重复说明。

根据题目要求，设计程序如下：

```
import cv2
import numpy as np
img=np.random.randint(0,256,size=[4,5],dtype=np.uint8)
rows,cols=img.shape
mapx = np.zeros(img.shape,np.float32)
mapy = np.zeros(img.shape,np.float32)
for i in range(rows):
    for j in range(cols):
        mapx.itemset((i,j),j)
        mapy.itemset((i,j),i)
rst=cv2.remap(img,mapx,mapy,cv2.INTER_LINEAR)
print("img=\n",img)
print("mapx=\n",mapx)
print("mapy=\n",mapy)
print("rst=\n",rst)
```

运行程序，出现如下结果：

```
img=
 [[203 192  82 156   8]
 [245 157 191 163   2]
 [148  68  46   3  91]
 [227  32  35 123 240]]
mapx=
 [[0. 1. 2. 3. 4.]
 [0. 1. 2. 3. 4.]
 [0. 1. 2. 3. 4.]
 [0. 1. 2. 3. 4.]]
mapy=
 [[0. 0. 0. 0. 0.]
 [1. 1. 1. 1. 1.]
 [2. 2. 2. 2. 2.]
 [3. 3. 3. 3. 3.]]
rst=
 [[203 192  82 156   8]
 [245 157 191 163   2]
 [148  68  46   3  91]
 [227  32  35 123 240]]
```

通过本例可以观察到，参数 mapx 和参数 mapy 分别设置了 $x$ 轴方向的坐标和 $y$ 轴方向的坐标。函数 cv2.remap()利用参数 mapx、mapy 所组成的数组构造的映射关系实现了图像的复制。

例如，rst 中的像素点[3,4]在 src 内的 *x*、*y* 轴坐标如下：

- *x* 轴坐标取决于 mapx 中 mapx[3,4]的值，为 4。
- *y* 轴坐标取决于 mapy 中 mapy[3,4]的值，为 3。

这说明 rst[3,4]来源于原始图像 src 的第 4 列（*x* 轴方向，由 mapx[3,4]的值 4 所决定）、第 3 行（*y* 轴方向，由 mapy[3,4]的值 3 所决定），即 rst[3,4]=src[3,4]。原始对象 src[3,4]的值为 240，所以目标对象 rst[3,4]的值为 240。

【例 5.11】设计程序，使用函数 cv2.remap()完成图像复制。

根据题目要求，设计程序如下：

```python
import cv2
import numpy as np
img=cv2.imread("lena.bmp")
rows,cols=img.shape[:2]
mapx = np.zeros(img.shape[:2],np.float32)
mapy = np.zeros(img.shape[:2],np.float32)
for i in range(rows):
    for j in range(cols):
        mapx.itemset((i,j),j)
        mapy.itemset((i,j),i)
rst=cv2.remap(img,mapx,mapy,cv2.INTER_LINEAR)
cv2.imshow("original",img)
cv2.imshow("result",rst)
cv2.waitKey()
cv2.destroyAllWindows()
```

运行程序，出现如图 5-8 所示的运行结果，其中，图 5-8(a)是原始图像，图 5-8(b)是复制结果图像。

(a)                         (b)

图 5-8  【例 5.11】程序的运行结果

### 5.5.3  绕 *x* 轴翻转

如果想让图像绕着 *x* 轴翻转，意味着：

- 图像上下翻转，左右不变。

- 翻转前后，每一个像素点的列号保持不变。
- 翻转前后，每一个像素点的行号，发生变化。具体为上下行号对称互换。

反映在 map1 和 map2 上：

- map1 的值保持不变。
- map2 的值调整为"总行数-1-当前行号"。

需要注意，OpenCV 中行号的下标是从 0 开始的，所以在对称关系中存在"当前行号+对称行号=总行数-1"的关系。据此，在绕着 $x$ 轴翻转时，map2 中当前行的行号调整为"总行数-1-当前行号"。

【例 5.12】设计程序，使用函数 cv2.remap()实现数组绕 $x$ 轴翻转。

根据题目要求，设计程序如下：

```
import cv2
import numpy as np
img=np.random.randint(0,256,size=[4,5],dtype=np.uint8)
rows,cols=img.shape
mapx = np.zeros(img.shape,np.float32)
mapy = np.zeros(img.shape,np.float32)
for i in range(rows):
    for j in range(cols):
        mapx.itemset((i,j),j)
        mapy.itemset((i,j),rows-1-i)
rst=cv2.remap(img,mapx,mapy,cv2.INTER_LINEAR)
print("img=\n",img)
print("mapx=\n",mapx)
print("mapy=\n",mapy)
print("rst=\n",rst)
```

运行程序，出现如下结果：

```
img=
 [[119 246 183  18 135]
 [ 58 156 139 182 254]
 [ 45  61 211 214   5]
 [124 208 230 165 224]]
mapx=
 [[0. 1. 2. 3. 4.]
 [0. 1. 2. 3. 4.]
 [0. 1. 2. 3. 4.]
 [0. 1. 2. 3. 4.]]
mapy=
 [[3. 3. 3. 3. 3.]
 [2. 2. 2. 2. 2.]
 [1. 1. 1. 1. 1.]
 [0. 0. 0. 0. 0.]]
rst=
```

```
[[124 208 230 165 224]
[ 45  61 211 214   5]
[ 58 156 139 182 254]
[119 246 183  18 135]]
```

【例 5.13】设计程序，使用函数 cv2.remap()实现图像绕 $x$ 轴的翻转。

根据题目要求，设计程序如下：

```
import cv2
import numpy as np
img=cv2.imread("lena.bmp")
rows,cols=img.shape[:2]
mapx = np.zeros(img.shape[:2],np.float32)
mapy = np.zeros(img.shape[:2],np.float32)
for i in range(rows):
    for j in range(cols):
        mapx.itemset((i,j),j)
        mapy.itemset((i,j),rows-1-i)
rst=cv2.remap(img,mapx,mapy,cv2.INTER_LINEAR)
cv2.imshow("original",img)
cv2.imshow("result",rst)
cv2.waitKey()
cv2.destroyAllWindows()
```

运行程序，出现如图 5-9 所示的运行结果，其中，图 5-9(a)是原始图像，图 5-9(b)是翻转结果图像。

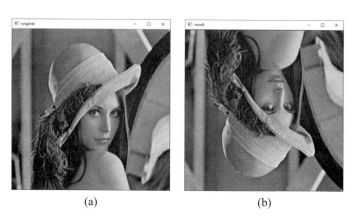

(a)　　　　　　　　　　　　(b)

图 5-9　【例 5.13】程序的运行结果

## 5.5.4　绕 $y$ 轴翻转

如果想让图像绕着 $y$ 轴翻转，意味着在映射过程中：

- 图像左右翻转，上下不变。
- 翻转前后，每一个像素点的行号保持不变。
- 翻转前后，每一个像素点的列号，发生变化。具体为左右列号对称互换。

反映在 map1 和 map2 上：

- map2 的值保持不变。

- map1 的值调整为"总列数-1-当前列号"。

需要注意，OpenCV 中列号的下标是从 0 开始的，所以在对称关系中存在"当前列号+对称列号=总列数-1"的关系。据此，在绕着 $y$ 轴翻转时，map1 中当前列的列号调整为"总列数-1-当前列号"。

【例 5.14】设计程序，使用函数 cv2.remap()实现数组绕 $y$ 轴翻转。

根据题目要求，设计程序如下：

```
import cv2
import numpy as np
img=np.random.randint(0,256,size=[4,5],dtype=np.uint8)
rows,cols=img.shape
mapx = np.zeros(img.shape,np.float32)
mapy = np.zeros(img.shape,np.float32)
for i in range(rows):
    for j in range(cols):
            mapx.itemset((i,j),cols-1-j)
            mapy.itemset((i,j),i)
rst=cv2.remap(img,mapx,mapy,cv2.INTER_LINEAR)
print("img=\n",img)
print("mapx=\n",mapx)
print("mapy=\n",mapy)
print("rst=\n",rst)
```

运行程序，出现如下结果：

```
img=
 [[210 103  93  51 237]
 [209  17 208 110 116]
 [136  77   4  65  14]
 [244  43  15 135 200]]
mapx=
 [[4. 3. 2. 1. 0.]
 [4. 3. 2. 1. 0.]
 [4. 3. 2. 1. 0.]
 [4. 3. 2. 1. 0.]]
mapy=
 [[0. 0. 0. 0. 0.]
 [1. 1. 1. 1. 1.]
 [2. 2. 2. 2. 2.]
 [3. 3. 3. 3. 3.]]
rst=
 [[237  51  93 103 210]
 [116 110 208  17 209]
 [ 14  65   4  77 136]
```

```
[200 135  15  43 244]]
```

【例 5.15】设计程序，使用函数 cv2.remap()实现图像绕 *y* 轴的翻转。

根据题目要求，设计程序如下：

```
import cv2
import numpy as np
img=cv2.imread("lena.bmp")
rows,cols=img.shape[:2]
mapx = np.zeros(img.shape[:2],np.float32)
mapy = np.zeros(img.shape[:2],np.float32)
for i in range(rows):
    for j in range(cols):
            mapx.itemset((i,j),cols-1-j)
            mapy.itemset((i,j),i)
rst=cv2.remap(img,mapx,mapy,cv2.INTER_LINEAR)
cv2.imshow("original",img)
cv2.imshow("result",rst)
cv2.waitKey()
cv2.destroyAllWindows()
```

运行程序，出现如图 5-10 所示的运行结果，其中，图 5-10(a)是原始图像，图 5-10(b)是翻转结果图像。

(a)　　　　　　　　　(b)

图 5-10　【例 5.15】程序的运行结果

## 5.5.5　绕 *x* 轴、*y* 轴翻转

如果想让图像绕着 *x* 轴、*y* 轴翻转，意味着在映射过程中：

- *x* 坐标轴的值以 *y* 轴为对称轴进行交换。
- *y* 坐标轴的值以 *x* 轴为对称轴进行交换。

反映在 map1 和 map2 上：

- map1 的值调整为"总列数-1-当前列号"。
- map2 的值调整为"总行数-1-当前行号"。

【例 5.16】设计程序，使用函数 cv2.remap()实现数组绕 *x* 轴、*y* 轴翻转。

根据题目要求，设计程序如下：

```
import cv2
import numpy as np
img=np.random.randint(0,256,size=[4,5],dtype=np.uint8)
rows,cols=img.shape
mapx = np.zeros(img.shape,np.float32)
mapy = np.zeros(img.shape,np.float32)
for i in range(rows):
    for j in range(cols):
            mapx.itemset((i,j),cols-1-j)
            mapy.itemset((i,j),rows-1-i)
rst=cv2.remap(img,mapx,mapy,cv2.INTER_LINEAR)
print("img=\n",img)
print("mapx=\n",mapx)
print("mapy=\n",mapy)
print("rst=\n",rst)
```

运行程序，出现如下结果：

```
img=
[[136  69 134 207 132]
 [149 182 170 132  39]
 [183  93 235 252 228]
 [ 34 163  68  69 183]]
mapx=
[[4. 3. 2. 1. 0.]
 [4. 3. 2. 1. 0.]
 [4. 3. 2. 1. 0.]
 [4. 3. 2. 1. 0.]]
mapy=
[[3. 3. 3. 3. 3.]
 [2. 2. 2. 2. 2.]
 [1. 1. 1. 1. 1.]
 [0. 0. 0. 0. 0.]]
rst=
[[183  69  68 163  34]
 [228 252 235  93 183]
 [ 39 132 170 182 149]
 [132 207 134  69 136]]
```

【例 5.17】设计程序，使用函数 cv2.remap()实现图像绕 *x* 轴、*y* 轴翻转。

根据题目要求，设计程序如下：

```
import cv2
import numpy as np
img=cv2.imread("lena.bmp")
rows,cols=img.shape[:2]
```

```
mapx = np.zeros(img.shape[:2],np.float32)
mapy = np.zeros(img.shape[:2],np.float32)
for i in range(rows):
    for j in range(cols):
            mapx.itemset((i,j),cols-1-j)
            mapy.itemset((i,j),rows-1-i)
rst=cv2.remap(img,mapx,mapy,cv2.INTER_LINEAR)
cv2.imshow("original",img)
cv2.imshow("result",rst)
cv2.waitKey()
cv2.destroyAllWindows()
```

运行程序,出现如图 5-11 所示的运行结果,其中,图 5-11(a)是原始图像,图 5-11(b)是翻转结果图像。

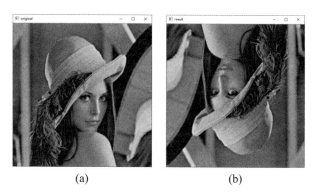

(a)                    (b)

图 5-11    【例 5.17】程序的运行结果

## 5.5.6   x 轴、y 轴互换

如果想让图像的 x 轴、y 轴互换,意味着在映射过程中,对于任意一点,都需要将其 x 轴、y 轴坐标互换。

反映在 mapx 和 mapy 上:

- mapx 的值调整为所在行的行号。
- mapy 的值调整为所在列的列号。

需要注意的是,如果行数和列数不一致,上述运算可能存在值无法映射的情况。在默认情况下,无法完成映射的值会被处理为 0。

【例 5.18】设计程序,使用函数 cv2.remap()实现数组的 x 轴、y 轴互换。

根据题目要求,设计程序如下:

```
import cv2
import numpy as np
img=np.random.randint(0,256,size=[4,6],dtype=np.uint8)
rows,cols=img.shape
mapx = np.zeros(img.shape,np.float32)
```

```
mapy = np.zeros(img.shape,np.float32)
for i in range(rows):
    for j in range(cols):
            mapx.itemset((i,j),i)
            mapy.itemset((i,j),j)
rst=cv2.remap(img,mapx,mapy,cv2.INTER_LINEAR)
print("img=\n",img)
print("mapx=\n",mapx)
print("mapy=\n",mapy)
print("rst=\n",rst)
```

运行程序，出现如下结果：

```
img=
 [[132 169  35  72 229 221]
 [ 35  19 116 178  12 143]
 [ 72 168  63  36 148 197]
 [ 34 229   3 170 105  64]]
mapx=
 [[0. 0. 0. 0. 0. 0.]
 [1. 1. 1. 1. 1. 1.]
 [2. 2. 2. 2. 2. 2.]
 [3. 3. 3. 3. 3. 3.]]
mapy=
 [[0. 1. 2. 3. 4. 5.]
 [0. 1. 2. 3. 4. 5.]
 [0. 1. 2. 3. 4. 5.]
 [0. 1. 2. 3. 4. 5.]]
rst=
 [[132  35  72  34   0   0]
 [169  19 168 229   0   0]
 [ 35 116  63   3   0   0]
 [ 72 178  36 170   0   0]]
```

在本例中，行数和列数不一致，运算中存在值无法映射的情况。通过程序运行结果可知，无法完成映射的值都被处理为 0 了。

**【例 5.19】** 设计程序，使用函数 cv2.remap() 实现图像的 $x$ 轴、$y$ 轴互换。

根据题目要求，设计程序如下：

```
import cv2
import numpy as np
img=cv2.imread("lena.bmp")
rows,cols=img.shape[:2]
mapx = np.zeros(img.shape[:2],np.float32)
mapy = np.zeros(img.shape[:2],np.float32)
for i in range(rows):
    for j in range(cols):
        mapx.itemset((i,j),i)
        mapy.itemset((i,j),j)
```

```
rst=cv2.remap(img,mapx,mapy,cv2.INTER_LINEAR)
cv2.imshow("original",img)
cv2.imshow("result",rst)
cv2.waitKey()
cv2.destroyAllWindows()
```

运行程序，出现如图 5-12 所示的运行结果，其中，图 5-12(a)是原始图像，图 5-12(b)是互换结果图像。

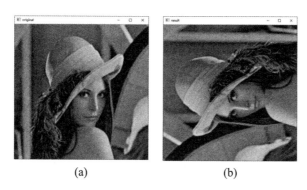

(a)　　　　　　　　　　　　(b)

图 5-12　互换结果

### 5.5.7　图像缩放

上述介绍的映射都是直接完成的整数映射，处理起来比较方便。在处理更复杂的问题时，就需要对行、列值进行比较复杂的运算来实现。

【例 5.20】设计程序，使用函数 cv2.remap()缩小图像。

缩小图像后，可以将图像固定在围绕其中心的某个区域。例如，将其 $x$ 轴、$y$ 轴设置为

- 在目标图像的 $x$ 轴($0.25 \cdot x$ 轴长度, $0.75 \cdot x$ 轴长度)区间内生成缩小图像；$x$ 轴其余区域的点取样自 $x$ 轴上任意一点的值。
- 在目标图像的 $y$ 轴($0.25 \cdot y$ 轴长度, $0.75 \cdot y$ 轴长度)区间内生成缩小图像；$y$ 轴其余区域的点取样自 $y$ 轴上任意一点的值。

为了处埋方便，我们让不在上述区域的点都取(0,0)坐标点的值。这样的设置，会让所有不在上述指定区域内的其他像素点，都取原始图像最左上角的像素值。

根据题目要求，设计程序如下：

```
import cv2
import numpy as np
img=cv2.imread("lena.bmp")
rows,cols=img.shape[:2]
mapx = np.zeros(img.shape[:2],np.float32)
mapy = np.zeros(img.shape[:2],np.float32)
for i in range(rows):
    for j in range(cols):
        if 0.25*rows< i <0.75*rows and 0.25*cols< j <0.75*cols:
            mapx.itemset((i,j),2*( j - cols*0.25 ) + 0.5)
```

```
                    mapy.itemset((i,j),2*( i - rows*0.25 ) + 0.5)
            else:
                    mapx.itemset((i,j),0)
                    mapy.itemset((i,j),0)
rst=cv2.remap(img,mapx,mapy,cv2.INTER_LINEAR)
cv2.imshow("original",img)
cv2.imshow("result",rst)
cv2.waitKey()
cv2.destroyAllWindows()
```

运行程序，出现如图 5-13 所示的运行结果，其中，图 5-13(a)是原始图像，图 5-13(b)是缩放结果图像。

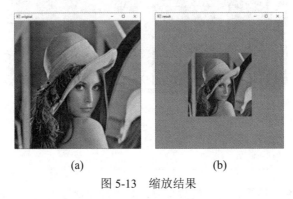

(a)                    (b)

图 5-13　缩放结果

# 第 6 章
# 阈值处理

阈值处理是指剔除图像内像素值高于一定值或者低于一定值的像素点。例如，设定阈值为 127，然后：

- 将图像内所有像素值大于 127 的像素点的值设为 255。
- 将图像内所有像素值小于或等于 127 的像素点的值设为 0。

通过上述方式能够得到一幅二值图像，如图 6-1 所示，按照上述阈值处理方式将一幅灰度图像处理为一幅二值图像，很好地将前景和背景区分开了。

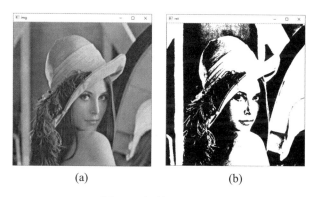

(a)　　　　　　　　　　　　　(b)

图 6-1　阈值处理示例

OpenCV 提供了函数 cv2.threshold() 和函数 cv2.adaptiveThreshold()，用于实现阈值处理。

## 6.1　threshold 函数

OpenCV 使用 cv2.threshold() 函数进行阈值化处理，该函数的语法格式为

```
retval, dst = cv2.threshold( src, thresh, maxval, type )
```

其中：

- retval 代表返回的阈值。
- dst 代表阈值分割结果图像，与原始图像具有相同的大小和类型。
- src 代表要进行阈值分割的图像，可以是多通道的，8 位或 32 位浮点型数值。
- thresh 代表要设定的阈值。
- maxval 代表当 type 参数为 THRESH_BINARY 或者 THRESH_BINARY_INV 类型时，需要设定的最大值。

- type 代表阈值分割的类型，具体类型值如表 6-1 所示。

表 6-1　阈值分割类型

| 类型 | 定义 |
| --- | --- |
| cv2.THRESH_BINARY | $\text{dst}(x,y)=\begin{cases}\text{maxval}, & \text{src}(x,y)>\text{thresh}\\0, & \text{其他情况}\end{cases}$ |
| cv2.THRESH_BINARY_INV | $\text{dst}(x,y)=\begin{cases}0, & \text{src}(x,y)>\text{thresh}\\\text{maxval}, & \text{其他情况}\end{cases}$ |
| cv2.THRESH_TRUNC | $\text{dst}(x,y)=\begin{cases}\text{thresh}, & \text{src}(x,y)>\text{thresh}\\\text{src}(x,y), & \text{其他情况}\end{cases}$ |
| cv2.THRESH_TOZERO_INV | $\text{dst}(x,y)=\begin{cases}0, & \text{src}(x,y)>\text{thresh}\\\text{src}(x,y), & \text{其他情况}\end{cases}$ |
| cv2.THRESH_TOZERO | $\text{dst}(x,y)=\begin{cases}\text{src}(x,y), & \text{src}(x,y)>\text{thresh}\\0, & \text{其他情况}\end{cases}$ |
| cv2.THRESH_MASK | 掩码 |
| cv2.THRESH_OTSU | 标记，使用 Otsu 算法时的可选阈值参数 |
| cv2.THRESH_TRIANGLE | 标记，使用 Triangle 算法时的可选阈值参数 |

上述公式相对抽象，可以将其可视化，具体如图 6-2 所示。

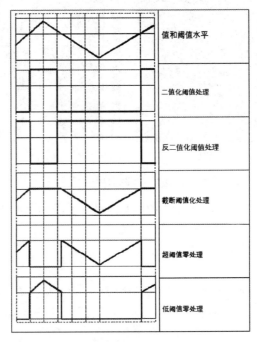

图 6-2　阈值分割类型可视化表示

## 6.1.1　二值化阈值处理（cv2.THRESH_BINARY）

二值化阈值处理会将原始图像处理为仅有两个值的二值图像，其示意图如图 6-3 所示。其针对像素点的处理方式为

- 对于灰度值大于阈值 thresh 的像素点，将其灰度值设定为最大值。

- 对于灰度值小于或等于阈值 thresh 的像素点，将其灰度值设定为 0。

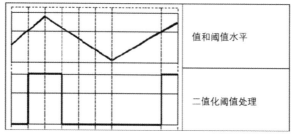

图 6-3　二值化阈值处理

如果使用表达式表示，其目标值的产生规则为

$$dst(x,y) = \begin{cases} maxval, & src(x,y) > thresh \\ 0, & 其他情况 \end{cases}$$

式中，thresh 是选定的特定阈值。

在 8 位图像中，最大值是 255。因此，在对 8 位灰度图像进行二值化时，如果将阈值设定为 127，那么：

- 所有大于 127 的像素点会被处理为 255。
- 其余值会被处理为 0。

为了方便，在后续说明中，我们都以 8 位图像为例，即像素值最大值为 255。

【例 6.1】使用函数 cv2.threshold() 对数组进行二值化阈值处理，观察处理结果。

根据题目要求，编写代码如下：

```
import cv2
import numpy as np
img=np.random.randint(0,256,size=[4,5],dtype=np.uint8)
t,rst=cv2.threshold(img,127,255,cv2.THRESH_BINARY)
print("img=\n",img)
print("t=",t)
print("rst=\n",rst)
```

运行程序，结果如下所示：

```
img=
 [[184 204  23 247 118]
 [173 107 120  69 209]
 [231 218  42 211 108]
 [133 125  29 191 198]]
t= 127.0
rst=
 [[255 255   0 255   0]
 [255   0   0   0 255]
 [255 255   0 255   0]
 [255   0   0 255 255]]
```

【例 6.2】使用函数 cv2.threshold() 对图像进行二值化阈值处理。

根据题目要求，编写代码如下：

```
import cv2
img=cv2.imread("lena.bmp")
t,rst=cv2.threshold(img,127,255,cv2.THRESH_BINARY)
cv2.imshow("img",img)
cv2.imshow("rst",rst)
cv2.waitKey()
cv2.destroyAllWindows()
```

运行程序，结果如图 6-4 所示，图 6-4(a) 是原始图像，图 6-4(b) 是二值化阈值处理结果。

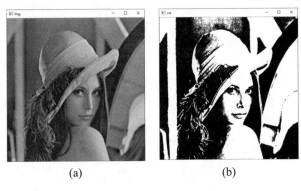

(a)　　　　　　　　　　(b)

图 6-4　二值化阈值处理结果

## 6.1.2　反二值化阈值处理（cv2.THRESH_BINARY_INV）

反二值化阈值处理的结果也是仅有两个值的二值图像，与二值化阈值处理的区别在于，二者对像素值的处理方式不同。反二值化阈值处理针对像素点的处理方式为

- 对于灰度值大于阈值的像素点，将其值设定为 0。
- 对于灰度值小于或等于阈值的像素点，将其值设定为 255。

反二值化阈值处理方式的示意图如图 6-5 所示。

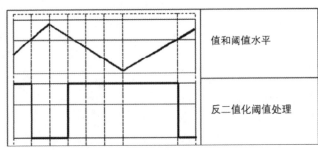

图 6-5　反二值化阈值处理

如果使用表达式来表示，其目标值的产生规则为

$$dst(x,y) = \begin{cases} 0, & src(x,y) > thresh \\ maxval, & 其他情况 \end{cases}$$

式中，thresh 是选定的阈值。

【例 6.3】使用函数 cv2.threshold()对数组进行反二值化阈值处理，观察处理结果。

根据题目要求，编写代码如下：

```
import cv2
import numpy as np
img=np.random.randint(0,256,size=[4,5],dtype=np.uint8)
t,rst=cv2.threshold(img,127,255,cv2.THRESH_BINARY_INV)
print("img=\n",img)
print("t=",t)
print("rst=\n",rst)
```

运行程序，结果如下所示：

```
img=
 [[ 56  64 150  48  41]
 [108 165 112 213 110]
 [122 244  10 213  46]
 [247  30  90   0  26]]
t= 127.0
rst=
 [[255 255   0 255 255]
 [255   0 255   0 255]
 [255   0 255   0 255]
 [  0 255 255 255 255]]
```

【例 6.4】使用函数 cv2.threshold()对图像进行反二值化阈值处理。

根据题目要求，编写代码如下：

```
import cv2
img=cv2.imread("lena.bmp")
t,rst=cv2.threshold(img,127,255,cv2.THRESH_BINARY_INV)
cv2.imshow("img",img)
cv2.imshow("rst",rst)
cv2.waitKey()
cv2.destroyAllWindows()
```

运行程序，结果如图 6-6 所示，其中图 6-6(a)是原始图像，图 6-6(b)是反二值化阈值处理结果。

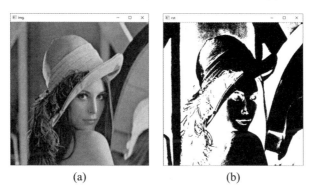

(a)　　　　　　　(b)

图 6-6　反二值化阈值处理结果

### 6.1.3 截断阈值化处理（cv2.THRESH_TRUNC）

截断阈值化处理会将图像中大于阈值的像素点的值设定为阈值，小于或等于该阈值的像素点的值保持不变。这种处理方式的示意图如图 6-7 所示。

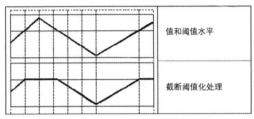

图 6-7 截断阈值化处理

例如，阈值选取为 127，则截断阈值化处理时：

- 对于像素值大于 127 的像素点，其像素值将被设定为 127。
- 对于像素值小于或等于 127 的像素点，其像素值将保持改变。

如果使用表达式表示，那么其目标值的产生规则为

$$\mathrm{dst}(x,y) = \begin{cases} \mathrm{thresh}, & \mathrm{src}(x,y) > \mathrm{thresh} \\ \mathrm{src}(x,y), & \text{其他情况} \end{cases}$$

式中，thresh 是选定的阈值。

【例 6.5】使用函数 cv2.threshold() 对数组进行截断阈值化处理，观察处理结果。

根据题目要求，编写代码如下：

```
import cv2
import numpy as np
img=np.random.randint(0,256,size=[4,5],dtype=np.uint8)
t,rst=cv2.threshold(img,127,255,cv2.THRESH_TRUNC)
print("img=\n",img)
print("t=",t)
print("rst=\n",rst)
```

运行程序，结果如下所示：

```
img=
[[190  60 146  22  22]
 [253  49  63 180 113]
 [ 27  64 148  44   7]
 [ 11 100 249  47 239]]
t= 127.0
rst=
[[127  60 127  22  22]
 [127  49  63 127 113]
 [ 27  64 127  44   7]
 [ 11 100 127  47 127]]
```

【例 6.6】使用函数 cv2.threshold() 对图像进行截断阈值化处理。

根据题目要求，编写代码如下：

```
import cv2
img=cv2.imread("lena.bmp")
t,rst=cv2.threshold(img,127,255,cv2.THRESH_TRUNC)
cv2.imshow("img",img)
cv2.imshow("rst",rst)
cv2.waitKey()
cv2.destroyAllWindows()
```

运行程序，结果如图 6-8 所示，其中图 6-8(a)是原始图像，图 6-8(b)是截断阈值化处理结果。

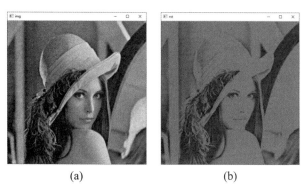

（a）　　　　　　　　　（b）

图 6-8　截断阈值化处理结果

## 6.1.4　超阈值零处理（cv2.THRESH_TOZERO_INV）

超阈值零处理会将图像中大于阈值的像素点的值处理为 0，小于或等于该阈值的像素点的值保持不变。即先选定一个阈值，然后对图像做如下处理：

- 对于像素值大于阈值的像素点，其像素值将被处理为 0。
- 对于像素值小于或等于阈值的像素点，其像素值将保持不变。

超阈值零处理的工作原理如图 6-9 所示。

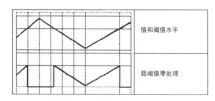

图 6-9　超阈值零处理

例如，阈值选取为 127，则：

- 对于像素值大于 127 的像素点，其值将被设定为 0。
- 对于像素值小于或等于 127 的像素点，其值将保持改变。

如果使用表达式表示，其目标值的产生规则为

$$\mathrm{dst}(x,y)=\begin{cases} 0, & \mathrm{src}(x,y) > \mathrm{thresh} \\ \mathrm{src}(x,y), & 其他情况 \end{cases}$$

式中，thresh 是选定的阈值。

【例 6.7】使用函数 cv2.threshold()对数组进行超阈值零处理，观察处理结果。

根据题目要求，编写代码如下：

```
import cv2
import numpy as np
img=np.random.randint(0,256,size=[4,5],dtype=np.uint8)
t,rst=cv2.threshold(img,127,255,cv2.THRESH_TOZERO_INV)
print("img=\n",img)
print("t=",t)
print("rst=\n",rst)
```

运行程序，结果如下所示：

```
img=
 [[ 16  68 231  94  82]
 [112 195 239 127  71]
 [ 67  47 240 107 227]
 [144  51 130 207 164]]
t= 127.0
rst=
 [[ 16  68   0  94  82]
 [112   0   0 127  71]
 [ 67  47   0 107   0]
 [  0  51   0   0   0]]
```

【例 6.8】使用函数 cv2.threshold()对图像进行超阈值零处理。

根据题目要求，编写代码如下：

```
import cv2
img=cv2.imread("lena.bmp")
t,rst=cv2.threshold(img,127,255,cv2.THRESH_TOZERO_INV)
cv2.imshow("img",img)
cv2.imshow("rst",rst)
cv2.waitKey()
cv2.destroyAllWindows()
```

运行程序，结果如图 6-10 所示，其中图 6-10(a)是原始图像，图 6-10(b)是超阈值零处理结果。

(a)　　　　　　　　(b)

图 6-10　超阈值零处理结果

## 6.1.5　低阈值零处理（cv2.THRESH_TOZERO）

低阈值零处理会将图像中小于或等于阈值的像素点的值处理为 0，大于阈值的像素点的值保持不变。即先选定一个阈值，然后对图像做如下处理：

- 对于像素值大于阈值的像素点，其值将保持不变。
- 对于像素值小于或等于阈值的像素点，其值将被处理为 0。

其示意图如图 6-11 所示。

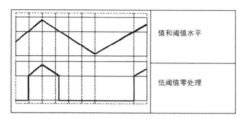

图 6-11　低阈值零处理

例如，阈值选取为 127，则：

- 对于像素值大于 127 的像素点，其像素值将保持改变。
- 对于像素值小于或等于 127 的像素点，其像素值将被设定为 0。

如果使用表达式表示，其目标值的产生规则为

$$\mathrm{dst}(x,y) = \begin{cases} \mathrm{src}(x,y), & \mathrm{src}(x,y) > \mathrm{thresh} \\ 0, & \text{其他情况} \end{cases}$$

【例 6.9】使用函数 cv2.threshold()对数组进行低阈值零处理，观察处理结果。

根据题目要求，编写代码如下：

```
import cv2
import numpy as np
img=np.random.randint(0,256,size=[4,5],dtype=np.uint8)
t,rst=cv2.threshold(img,127,255,cv2.THRESH_TOZERO)
print("img=\n",img)
print("t=",t)
print("rst=\n",rst)
```

运行程序，结果如下所示：

```
img=
 [[ 73  57 135  10   8]
 [127 162 110 217  54]
 [203  99 205  97 127]
 [ 14 100  83 226  71]]
t= 127.0
rst=
 [[  0   0 135   0   0]
 [  0 162   0 217   0]
 [203   0 205   0   0]
```

```
[  0   0   0 226   0]]
```

【例 6.10】使用函数 cv2.threshold()对图像进行低阈值零处理。

根据题目要求，编写代码如下：

```
import cv2
img=cv2.imread("lena.bmp")
t,rst=cv2.threshold(img,127,255,cv2.THRESH_TOZERO)
cv2.imshow("img",img)
cv2.imshow("rst",rst)
cv2.waitKey()
cv2.destroyAllWindows()
```

运行程序，结果如图 6-12 所示，其中图 6-12(a)是原始图像，图 6-12(b)是低阈值零处理结果。

(a)                              (b)

图 6-12　低阈值零处理结果

## 6.2　Otsu 处理

在使用函数 cv2.threshold()进行阈值处理时，需要自定义一个阈值，并以此阈值作为图像阈值处理的依据。通常情况下处理的图像都是色彩均衡的，这时直接将阈值设为 127 是比较合适的。

但是，有时图像灰度级的分布是不均衡的，如果此时还将阈值设置为 127，那么阈值处理的结果就是失败的。例如，有一个图像 img，里面的像素值为

```
[[123 123 123 123 123]
 [123 123 123 123 123]
 [123 123 126 126 126]
 [123 123 126 126 126]
 [123 123 126 126 126]]
```

此时，如果仍然以 127 作为阈值，那么阈值处理结果为

```
[[0 0 0 0 0]
 [0 0 0 0 0]
 [0 0 0 0 0]
 [0 0 0 0 0]
 [0 0 0 0 0]]
```

很显然，这不是我们想要的结果。我们可以观察到，对于 img，如果以阈值 125 进行分割，可以得到较好的结果：

```
[[  0   0   0   0   0]
 [  0   0   0   0   0]
 [  0   0 255 255 255]
 [  0   0 255 255 255]
 [  0   0 255 255 255]]
```

但是，实际处理的图像往往是很复杂的，不太可能像上述 img 那样，一眼就能观察出最合适的阈值。如果一个个去尝试，工作量无疑是巨大的。

Otsu 方法能够根据当前图像给出最佳的类间分割阈值。简而言之，Otsu 方法会遍历所有可能阈值，从而找到最佳的阈值。

Otsu 方法，也被称为最大类间方差法。该方法使用的是聚类的思想，它把图像中所有像素点的像素值按灰度级分成两组，确保：

- 两组之间，灰度值差异最大。
- 每组之内，灰度值差异最小。

Otus 方法通过方差的计算，来寻找最佳的灰度级作为分组依据。它的计算简单方便，同时它不容易受到图像亮度和对比度的影响。因此，Otsu 算法是对复杂图像进行阈值分割时，计算阈值的一种非常有效的方法。

在 OpenCV 中，通过在函数 cv2.threshold() 中对参数 type 的类型多传递一个参数 "cv2.THRESH_OTSU"，即可实现 Otsu 方式的阈值分割。

需要说明的是，在使用 Otsu 方法时，要把阈值设为 0。此时的函数 cv2.threshold() 会自动寻找最优阈值，并将该阈值返回。例如，下面的语句让函数 cv2.threshold() 采用 Otsu 方法进行阈值分割：

```
t,otsu=cv2.threshold(img,0,255,cv2.THRESH_BINARY+cv2.THRESH_OTSU)
```

与普通阈值分割的不同之处在于：

- 参数 type 增加了一个参数值 "cv2.THRESH_OTSU"。
- 设定的阈值为 0。
- 返回值 t 是 Otsu 方法计算得到并使用的最优阈值。

注意，如果采用普通的阈值分割，返回的阈值就是设定的阈值。例如下面的语句设定阈值为 127，所以最终返回的就是 t=127。

```
t,thd=cv2.threshold(img,127,255,cv2.THRESH_BINARY)
```

【例 6.11】测试 Otsu 阈值处理的实现。

根据题目要求，编写代码如下：

```
import cv2
import numpy as np
img = np.zeros((5,5),dtype=np.uint8)
img[0:6,0:6]=123
img[2:6,2:6]=126
```

```
print("img=\n",img)
t1,thd=cv2.threshold(img,127,255,cv2.THRESH_BINARY)
print("t1=",t1)
print("thd=\n",thd)
t2,otsu=cv2.threshold(img,0,255,cv2.THRESH_BINARY+cv2.THRESH_OTSU)
print("t2=",t2)
print("otsu=\n",otsu)
```

运行程序，结果如下：

```
img=
 [[123 123 123 123 123]
 [123 123 123 123 123]
 [123 123 126 126 126]
 [123 123 126 126 126]
 [123 123 126 126 126]]
t1= 127.0
thd=
 [[0 0 0 0 0]
 [0 0 0 0 0]
 [0 0 0 0 0]
 [0 0 0 0 0]
 [0 0 0 0 0]]
t2= 123.0
otsu=
 [[  0   0   0   0   0]
 [  0   0   0   0   0]
 [  0   0 255 255 255]
 [  0   0 255 255 255]
 [  0   0 255 255 255]]
```

从运行结果可以看到：

- 使用普通的阈值分割时，设定的阈值为 127，返回的 t1 即为设置的阈值 127。此时，阈值处理将数组内所有值都处理为 0。
- 在使用 Otsu 时，设置的阈值为 0。此时，OpenCV 负责计算阈值，通过返回值 t2 的值，可以看到其阈值计算的结果为 123。此时，阈值 123，是适合当前数组的更好阈值。使用阈值 123，很好地将原始数组值划分为了 0 和 255 两组。

【例 6.12】分别对一幅图像进行普通的二值化阈值处理和 Otsu 阈值处理，观察处理结果的差异。

根据题目要求，编写代码如下：

```
import cv2
img=cv2.imread("tiffany.bmp",0)
t1,thd=cv2.threshold(img,127,255,cv2.THRESH_BINARY)
t2,otsu=cv2.threshold(img,0,255,cv2.THRESH_BINARY+cv2.THRESH_OTSU)
cv2.imshow("img",img)
cv2.imshow("thd",thd)
```

```
cv2.imshow("otus",otsu)
cv2.waitKey()
cv2.destroyAllWindows()
```

运行程序，结果如图 6-13 所示，其中：

- 图 6-13(a)是原始图像。
- 图 6-13(b)是进行普通二值化阈值处理，以 127 为阈值的处理结果。
- 图 6-13(c)是二值化阈值处理采用参数 cv2.THRESH_OTSU 后的处理结果。

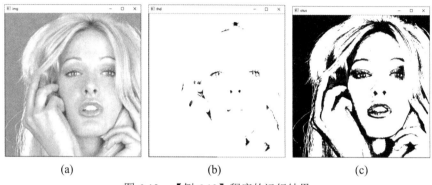

(a)　　　　　　　　　　　(b)　　　　　　　　　　　(c)

图 6-13　【例 6.12】程序的运行结果

在本例中，原始图像整体的亮度较高，即有较多的像素值都是大于 127 的，所以：

- 在使用 127 作为阈值进行普通的二值阈值化处理时，得到了大量的白色区域。
- 在使用 Otsu 方法进行处理时，OpenCV 通过计算采用了最优阈值，得到了较好的处理结果。

## 6.3　自适应阈值处理

对于色彩均衡的图像，直接使用一个阈值就能完成对图像的阈值化处理。但是，有时图像的色彩是不均衡的，此时如果只使用一个阈值，就无法得到清晰有效的阈值分割结果图像。

有一种改进的阈值处理技术，其使用变化的阈值完成对图像的阈值处理，这种技术被称为自适应阈值处理。在进行阈值处理时，自适应阈值处理的方式通过计算每个像素点周围临近区域的加权平均值获得阈值，并使用该阈值对当前像素点进行处理。与普通的阈值处理方法相比，自适应阈值处理能够更好地处理明暗差异较大的图像。

例如，图 6-14 中，顶端的图 6-14（o）中，最左侧两列像素值是 66，第 3、4 列像素值是 127，第 5、6 列像素值是 200，第 7、8 列的像素值是 232。

选取不同的阈值，对图像进行阈值处理，会得到不同的处理结果。例如，当选取的阈值分别为 "128、77、210" 时，得到的虽然都是左白（图像左侧，像素值 0 对应的区域）右黑（图像右侧，像素值 255 对应的区域）的对比结果，但黑色面积与白色面积的大小并不一致。图 6-14(a)、图 6-14(b)和图 6-14(c)可以看到黑白面积对比的差异。

在实际应用中，根据像素的分布特点，我们可能会希望得到"黑白黑白"的阈值处理结果。而使用单一阈值，是无法得到"黑白黑白"的处理结果的。如果采用两个不同的阈值，则可以得到"黑白黑白"的分割结果。例如，针对左边的 4 列采用阈值"77"，针对右边的 4 列采用阈值"210"，就可以得到"黑白黑白"的处理结果，如图 6-14(d)所示。

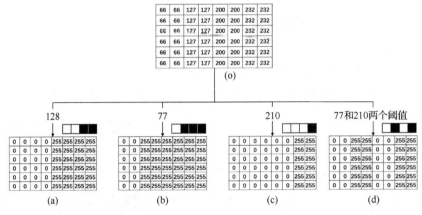

图 6-14　阈值处理图

OpenCV 提供了函数 cv2.adaptiveThreshold()来实现自适应阈值处理，该函数的语法格式为

```
dst = cv2.adaptiveThreshold( src, maxValue, adaptiveMethod, thresholdType,
blockSize, C )
```

其中：

- dst 代表自适应阈值处理结果。
- src 代表要进行处理的原始图像。需要注意的是，该图像必须是 8 位单通道的图像。
- maxValue 代表最大值。
- adaptiveMethod 代表自适应方法。
- thresholdType 代表阈值处理方式，该值必须是 cv2.THRESH_BINARY 或者 cv2.THRESH_BINARY_INV 中的一个。
- blockSize 代表块大小，表示一个像素在计算其阈值时所使用的邻域尺寸，通常为 3、5、7 等。
- C 是常量。

函数 cv2.adaptiveThreshold()根据参数 adaptiveMethod 来确定自适应阈值的计算方法，函数包含 cv2.ADAPTIVE_THRESH_MEAN_C 和 cv2.ADAPTIVE_THRESH_GAUSSIAN_C 两种不同的方法。这两种方法都是逐个像素地计算自适应阈值的，自适应阈值等于每个像素由参数 blockSize 所指定邻域的加权平均值减去常量 C。两种不同的方法在计算邻域的加权平均值时所采用的方式不同：

- cv2.ADAPTIVE_THRESH_MEAN_C：邻域所有像素点的权重值是一致的。
- cv2.ADAPTIVE_THRESH_GAUSSIAN_C：与邻域各个像素点到中心点的距离有关，通过高斯方程得到各个点的权重值。

简单的加权平均值计算如图 6-15 所示。在计算图 6-15(a)中 3×3 大小图像的中心像素点的邻域均值时：

- 如果其邻域所有像素点的权重一致，就简单地将其临邻域所有像素点求平均值，如

图 6-15(b)所示。

- 加权平均值，会根据一定算法实现确定邻域像素点的不同权重值。例如，可以根据距离等权重信息给邻域点设置不同的权重值，再计算加权平均值。通常情况下，赋予距离较近邻域点以较大权重，给距离相对远一些的邻域点稍小的权重值。图 6-15(c)将其邻域中距离较近的"正上方、正下方、正左方、正右方"四个像素点的权重值设置为2，其"左上角、右上角、左下角、右下角"对应的稍远些的四个像素点的权重值设置为1。在此基础上，再计算当前中心像素点的邻域均值。

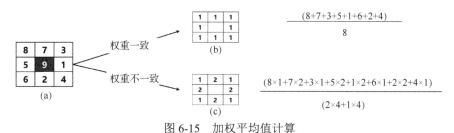

图 6-15  加权平均值计算

【提示】在处理像素点时，将像素点赋予不同的权重，进行差异化处理，是非常必要的。这样的处理能够更好地体现图像中不同像素点的特征信息，取得更好的处理效果。

【例 6.13】对一幅图像分别使用二值化阈值函数 cv2.threshold()和自适应阈值函数 cv2.adaptiveThreshold()进行处理，观察处理结果的差异。

根据题目要求，编写代码如下：

```
import cv2
img=cv2.imread("computer.jpg",0)
t1,thd=cv2.threshold(img,127,255,cv2.THRESH_BINARY)
athdMEAN=cv2.adaptiveThreshold(img,255,cv2.ADAPTIVE_THRESH_MEAN_C,cv2.THRESH
_BINARY,5,3)
athdGAUS=cv2.adaptiveThreshold(img,255,cv2.ADAPTIVE_THRESH_GAUSSIAN_C,cv2.TH
RESH_BINARY,5,3)
cv2.imshow("img",img)
cv2.imshow("thd",thd)
cv2.imshow("athdMEAN",athdMEAN)
cv2.imshow("athdGAUS",athdGAUS)
cv2.waitKey()
cv2.destroyAllWindows()
```

运行程序，结果如图 6-16 所示，其中：

- 图 6-16(a)是原始图像。
- 图 6-16(b)是二值化阈值处理结果。
- 图 6-16(c)是自适应阈值采用方法 cv2.ADAPTIVE_THRESH_MEAN_C 的处理结果。
- 图 6-16(d)是自适应阈值采用方法 cv2.ADAPTIVE_THRESH_GAUSSIAN_C 的处理结果。

通过对比普通的阈值处理与自适应阈值处理可以发现，自适应阈值处理保留了更多的细节信息。在一些极端情况下，普通的阈值处理会丢失大量的信息，而自适应阈值处理可以得到效果更好的二值图像。

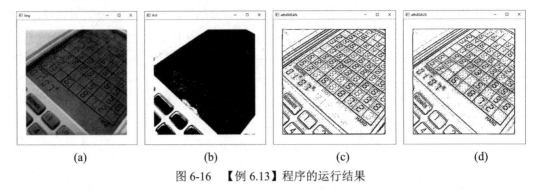

图 6-16 　【例 6.13】程序的运行结果

# 第 7 章

# 图像平滑处理

在尽量保留图像原有信息的情况下，过滤掉图像内部的噪声，这一过程称为对图像的平滑处理，所得的图像称为平滑图像。例如，图 7-1 是含有噪声的图像，在图像内存在噪声信息，我们通常会通过图像平滑处理等方式去除这些噪声信息。

图 7-1　含有噪声的图像

通过图像平滑处理，可以有效地过滤掉图像内的噪声信息。如图 7-2 所示是对图 7-1 进行图像平滑处理的结果，可以看到原有图像内含有的噪声信息被有效地过滤掉了。

图 7-2　平滑图像

图像平滑处理，是指在一幅图像中，如果一个像素点与周围像素点的像素值差异较大，则将其值调整为周围临近像素点像素值的近似值（例如均值等）。例如，假设图 7-3 是一幅图像的像素点值。在图 7-3 中，大部分像素点值在[145,150]区间内，只有位于第 3 行第 3 列的像素点的值"29"不在这个范围内。

| 145 | 148 | 146 | 146 | 149 |
|-----|-----|-----|-----|-----|
| 150 | 150 | 148 | 145 | 146 |
| 145 | 150 | 29  | 145 | 148 |
| 147 | 146 | 149 | 145 | 148 |
| 147 | 145 | 149 | 148 | 147 |

图 7-3　一幅图像的像素值示例

位于第 3 行第 3 列的像素点，与周围像素点值的大小存在明显差异。反映在图像上，该点周围的像素点都是颜色较浅的灰度点（像素值较大），而该点的颜色较深（像素值较小），是一个黑色点，与周围像素点存在较大差异，如图 7-4 所示。

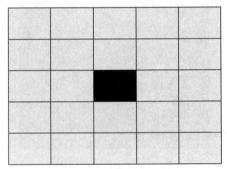

图 7-4　图像颜色示例

从图 7-4 中可以看出，位于第 3 行第 3 列的颜色较深的点可能是噪声，需要将该点的值调整为周围像素值的近似值。如图 7-5 所示，是针对第 3 行第 3 列的像素点进行平滑处理的结果，平滑处理后，该点的像素值由 29 变为 148。

| 145 | 148 | 146 | 146 | 149 |
|-----|-----|-----|-----|-----|
| 150 | 150 | 148 | 145 | 146 |
| 145 | 150 | **148** | 145 | 148 |
| 147 | 146 | 149 | 145 | 148 |
| 147 | 145 | 149 | 148 | 147 |

图 7-5　平滑处理像素值

经过平滑处理后，这些像素点对应的图像如图 7-6 所示，可以看到，在对第 3 行第 3 列的像素点进行平滑处理后，图像内所有像素点的颜色趋于一致。

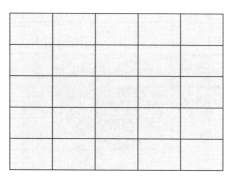

图 7-6　平滑图像

如果针对图像内的每一个像素点都进行上述平滑处理，就能够对整幅图像完成平滑处理，有效地去除图像内的噪声信息。

图像平滑处理的基本原理是，将噪声所在像素点的像素值处理为其周围临近像素点的近似值。取近似值的方式很多，本章主要介绍：

- 均值滤波
- 方框滤波
- 高斯滤波
- 中值滤波
- 双边滤波
- 2D 卷积（自定义滤波）

图像平滑处理对应的英文是 Smoothing Images。图像平滑处理通常伴随图像模糊操作，因此图像平滑处理有时也被称为图像模糊处理，图像模糊处理对应的英文是 Blurring Images。

图像滤波是图像处理和计算机视觉中最常用、最基本的操作。图像滤波允许在图像上进行各种各样的操作，因此有时我们也会把图像平滑处理称为图像滤波，图像滤波对应的英文是 Images Filtering。

在阅读文献时，针对图像平滑处理，我们可能会遇到各种不同的说法，因为不同的学者对于图像平滑处理的称呼可能不一样。所以，希望大家在学习时不要太纠结这些称呼的不同，而要将注意力集中在如何更好地理解图像算法、如何更好地处理图像上。

# 7.1　均值滤波

均值滤波是指用当前像素点周围 $N×N$ 个像素值的均值来代替当前像素值。使用该方法遍历处理图像内的每一个像素点，即可完成整幅图像的均值滤波。

## 7.1.1　基本原理

例如，希望对图 7-7 中位于第 5 行第 4 列的像素点进行均值滤波。

| 23 | 158 | 140 | 115 | 131 | 87 | 131 |
|---|---|---|---|---|---|---|
| **238** | 0 | 67 | 16 | 247 | 14 | 220 |
| **199** | 197 | 25 | 106 | 156 | 159 | 173 |
| **94** | 149 | 40 | 107 | 5 | 71 | 171 |
| **210** | 163 | 198 | **226** | 223 | 156 | 159 |
| **107** | 222 | 37 | 68 | 193 | 157 | 110 |
| **255** | 42 | 72 | 250 | 41 | 75 | 184 |
| **77** | 150 | 17 | 248 | 197 | 147 | 150 |
| **218** | 235 | 106 | 128 | 65 | 197 | 202 |

图 7-7　一幅图像的像素值示例

在进行均值滤波时，首先要考虑需要对周围多少个像素点取平均值。通常情况下，我们会以当前像素点为中心，对行数和列数相等的一块区域内的所有像素点的像素值求平均。例如，在图 7-7 中，可以以当前像素点为中心，对周围 3×3 区域内所有像素点的像素值求平均，也可以对周围 5×5 区域内所有像素点的像素值求平均。

当前像素点的位置为第 5 行第 4 列，我们对其周围 5×5 区域内的像素值求平均，计算方法为

$$新值=[(197+25+106+156+159)+$$
$$(149+40+107+5+71)+$$
$$(163+198+\mathbf{226}+223+156)+$$
$$(222+37+68+193+157)+$$
$$(42+72+250+41+75)]/25$$
$$=126$$

计算完成后得到 126，我们将 126 作为当前像素点均值滤波后的像素值。我们针对图 7-7 中的每一个像素点计算其周围 5×5 区域内的像素值均值，并将其作为当前像素点的新值，即可得到当前图像的均值滤波结果。

当然，图像的边界点并不存在 5×5 邻域区域。例如，左上角第 1 行第 1 列上的像素点，其像素值为 23，如果以其为中心点取周围 5×5 邻域，则 5×5 邻域中的部分区域位于图像外部。图像外部是没有像素点和像素值的，显然无法计算该点的 5×5 邻域均值。

针对边缘像素点，可以只取图像内存在的周围邻域点的像素值均值。如图 7-8 所示，计算左上角的均值滤波结果时，仅取图中灰色背景的 3×3 邻域内的像素值的平均值。

| 23 | 158 | 140 | 115 | 131 | 87 | 131 |
|---|---|---|---|---|---|---|
| 238 | 0 | 67 | 16 | 247 | 14 | 220 |
| 199 | 197 | 25 | 106 | 156 | 159 | 173 |
| 94 | 149 | 40 | 107 | 5 | 71 | 171 |
| 210 | 163 | 198 | 226 | 223 | 156 | 159 |
| 107 | 222 | 37 | 68 | 193 | 157 | 110 |
| 255 | 42 | 72 | 250 | 41 | 75 | 184 |
| 77 | 150 | 17 | 248 | 197 | 147 | 150 |
| 218 | 235 | 106 | 128 | 65 | 197 | 202 |

图 7-8　边界点的处理

在图 7-8 中，对于左上角（第 1 行第 1 列）的像素点，我们取第 1~3 列与第 1~3 行交汇处所包含的 3×3 邻域内的像素点的像素值均值。因此，当前像素点的均值滤波计算方法为

$$新值=[(23+158+140)+$$
$$(238+0+67)+$$
$$(199+197+25)]/9$$
$$=116$$

计算完成后得到 116，将该值作为该点的滤波结果即可。

除此以外，还可以扩充边界（扩展当前图像的周围像素点）。例如，将当前 9×7 大小的图像扩展为 13×11 大小的图像，如图 7-9 所示。

| | | | | | | | | | | |
|---|---|---|---|---|---|---|---|---|---|---|
| | | | | | | | | | | |
| | | 23 | 158 | 140 | 115 | 131 | 87 | 131 | | |
| | | 238 | 0 | 67 | 16 | 247 | 14 | 220 | | |
| | | 199 | 197 | 25 | 106 | 156 | 159 | 173 | | |
| | | 94 | 149 | 40 | 107 | 5 | 71 | 171 | | |
| | | 210 | 163 | 198 | 226 | 223 | 156 | 159 | | |
| | | 107 | 222 | 37 | 68 | 193 | 157 | 110 | | |
| | | 255 | 42 | 72 | 250 | 41 | 75 | 184 | | |
| | | 77 | 150 | 17 | 248 | 197 | 147 | 150 | | |
| | | 218 | 235 | 106 | 128 | 65 | 197 | 202 | | |
| | | | | | | | | | | |
| | | | | | | | | | | |

图 7-9　扩展边缘

完成图像边缘扩展后，可以在新增的行列内填充不同的像素值。在此基础上，再针对 9×7 的原始图像计算其 5×5 邻域内像素点的像素值均值。

OpenCV 提供了多种边界处理方式，我们可以根据实际需要选用不同的边界处理模式。常用的边界处理方式如表 7-1 所示。

表 7-1　常用的边界处理方式

| 类型 | Opencv 参数类型 | 符号表达 |
| --- | --- | --- |
| 常量填充 | cv2.BORDER_CONSTANT | iiiiii\|abcdefgh\|iiiiiii，特定值 i |
| 边缘复制 | cv2.BORDER_REPLICATE | aaaaaa\|abcdefgh\|hhhhhhh |
| 镜像 | cv2.BORDER_REFLECT | fedcba\|abcdefgh\|hgfedcb |
| 简单复制 | cv2.BORDER_WRAP | cdefgh\|abcdefgh\|abcdefg |
| 改进镜像 | cv2.BORDER_REFLECT_101 | gfedcb\|abcdefgh\|gfedcba |

下面通过实例，对常用的边界处理方式做简单说明。

● 常量填充（iiiiii\|abcdefgh\|iiiiiii，特定值 i）

该方式在填充扩充边界区域时，使用一个特定值来完成填充。例如可以填充上 0，也可以填充上 255，当然也可以是其他任意值。填充示例如图 7-10 所示，图中白色区域是原始数值，周围灰色区域是填充的边界值区域。

图 7-10　特定值填充数组示例

对应到图像上，相当于给图像加了某一个特定颜色的边界，如图 7-11 所示。

图 7-11　特定值填充图像示例

● 边缘复制（aaaaaa\|abcdefgh\|hhhhhhh）

该方式在填充扩充边界区域时，使用边界值完成填充。示例如图 7-12 所示。图 7-12(a) 的白色区域是原始图像（原始值）区域，周围灰色区域是待填充的扩充边界值区域。下面针对该图像，进行扩边处理，具体方法如下：

- 上方值：使用原始图像内第 1 行的数值"105、148、47、47、194"，在上方扩充边界区域重复复制 3 次。此时，仅仅需要处理白色区域所在列，灰色区域（最左边的 3 列、最右边的 3 列）无须处理。

- 下方值：使用原始图像内最后一行的数值"28、77、15、167、193"，在下方填充扩充边界区域重复复制 3 次。此时，仅仅需要处理白色区域所在列，灰色区域（最左边的 3 列、最右边的 3 列）无须处理。此时，得到图 7-12(b)。

- 左侧值：使用完成上下扩充边界填充的原始图像内最左边一列的值"105、105、105、105、255、128、228、28、28、28、28"，在左侧填充扩充边界区域复制 3 次。

- 右侧值：使用完成上下扩充边界填充的原始图像内最右边一列的值"194、194、194、194、141、51、147、193、193、193、193"，在右侧填充扩充边界区域复制 3 次。

按照上述步骤，即可得到最终的填充结果，如图 7-12(c)所示。当然，按照上述规则，无论从哪个方向开始填充边界点都是一样的结果。

这种填充边界方式，对应到图像上，相当于不断地复制了图像的边缘，如图 7-12(d)所示。

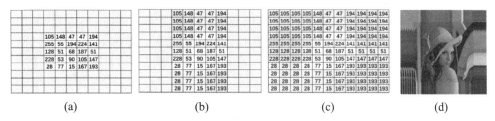

(a)　　　　　　　　(b)　　　　　　　　(c)　　　　　　　　(d)

图 7-12　边缘值边界填充示例

- 镜像（fedcba|abcdefgh|hgfedcb）

该方式在填充扩充边界区域时，使用镜像方式完成填充。

如图 7-13 所示，在向上填充扩充边界区域的值时，先使用原始图像第 1 行的数值"105、148、47、47、194"完成向上的第 1 次填充，然后再使用原始图像第 2 行的数值"255，55、194、224、141"完成向上的第 2 次填充，以此类推完成向上的填充。其他方式与此类似，都采用镜像方式完成填充。

对应到图像上，相当于在其边界上进行了原始图像的镜像，如图 7-13(b)所示。

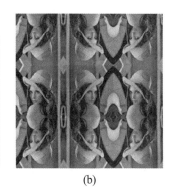

(a)　　　　　　　　　　　　(b)

图 7-13　镜像边界填充示例

- 简单复制（cdefgh|abcdefgh|abcdefg）

该方式在填充区域时，使用简单复制方式完成填充。

在图 7-14 的左侧图像中，复制方法为

- 上方扩充边界：首先，使用原始图像最下边一行的数值"28、77、15、167、193"，在上方扩充边界区域的最下边一行完成复制；接下来，使用原始图像倒数第 2 行的数值"228、53、90、105、147"，在上方扩充边界区域倒数第 2 行完成复制。上方扩充边界的处理规则是，从原始图像的最下端开始依次选取一行复制，然后依次在上端的扩充边界内的下端开始粘贴，以此类推直至完成填充。
- 下方扩充边界：首先，使用原始图像第 1 行的数值"105、148、47、47、194"，在下方扩充边界区域的第 1 行完成复制；接下来，使用原始图像第 2 行的数值"255、55、194、224、141"，在下方扩充边界区域第 2 行完成复制。下方扩充边界的处理规则是，从原始图像的最上端开始依次选取一行复制，然后依次在下端的扩充边界内的顶端开始粘贴，以此类推直至完成填充。
- 左侧扩充边界：首先，使用上述已经完成上下扩充边界填充的原始图像最右边一列的数值"51、147、193、194、141、51、147、193、194、141、51"，在左方扩充边界区域的最右边一列完成复制；接下来，使用最右边的倒数第 2 列的数值"187、105、167、47、224、187、105、167、47、224、187"，在左方扩充边界区域右数第 2 列完成复制。左方扩充边界的处理规则是，从完成上下填充的原始图像的最右端开始依次选取一列复制，然后依次从左端的扩充边界内的最右侧开始粘贴，以此类推直至完成填充。
- 右侧扩充边界：首先，使用上述已经完成上下扩充边界填充的原始图像最左边一列的数值"128、228、28、105、255、128、228、28、105、255、128"，在右方扩充边界区域的最左边一列完成复制；接下来，使用最左边第 2 列的数值"51、53、77、148、55、51、53、77、148、55、51"，在右方扩充边界区域第 2 列完成复制。右方扩充边界的处理规则是，从完成上下填充的原始图像的最左端开始依次选取一列复制，然后依次从右端的扩充边界内的最左侧开始粘贴，以此类推直至完成填充。

对应到图像上，相当于在其边界简单地复制原始图像，如图 7-14(b)所示。

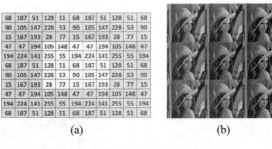

(a)                    (b)

图 7-14　简单复制边界填充示例

- 改进镜像（gfedcb|abcdefgh|gfedcba）

该方式与"fedcba|abcdefgh|hgfedcb"类似，区别在于使用该方式时，原始图像的边界不再参与复制。其具体示例如图 7-15 所示。

| 105 | 90 | 53 | 228 | 53 | 90 | 105 | 147 | 105 | 90 | 53 |
|-----|-----|-----|-----|-----|-----|-----|-----|-----|-----|-----|
| 187 | 68 | 51 | 128 | 51 | 68 | 187 | 51 | 187 | 68 | 51 |
| 224 | 194 | 55 | 255 | 55 | 194 | 224 | 141 | 224 | 194 | 55 |
| 47 | 47 | 148 | 105 | 148 | 47 | 47 | 194 | 47 | 47 | 148 |
| 224 | 194 | 55 | 255 | 55 | 194 | 224 | 141 | 224 | 194 | 55 |
| 187 | 68 | 51 | 128 | 51 | 68 | 187 | 51 | 187 | 68 | 51 |
| 105 | 90 | 53 | 228 | 53 | 90 | 105 | 147 | 105 | 90 | 53 |
| 167 | 15 | 77 | 28 | 77 | 15 | 167 | 193 | 167 | 15 | 77 |
| 105 | 90 | 53 | 228 | 53 | 90 | 105 | 147 | 105 | 90 | 53 |
| 187 | 68 | 51 | 128 | 51 | 68 | 187 | 51 | 187 | 68 | 51 |
| 224 | 194 | 55 | 255 | 55 | 194 | 224 | 141 | 224 | 194 | 55 |

图 7-15　改进镜像边界填充示例

填充扩充边界，主要是为了让原始图像中处于边界附近的像素值能够更好地得到处理。因此，不同的扩充边界方式，会对处于边界附近像素点的处理产生不同的影响。在实际应用中，要根据不同的需要，选择不同的填充扩充边界方式。

在很多算法中，都要选择上述方式中的一种完成对边界的扩充，后续不再赘述。

明确了边界点的处理，下面我们来了解一下卷积核的概念。

针对图像中第 5 行第 4 列的像素点，其运算过程相当于，将该像素点的 5×5 邻域像素值与一个内部值都是 1/25 的 5×5 矩阵进行相乘计算，从而得到均值滤波的结果 126，其对应的关系如图 7-16 所示。

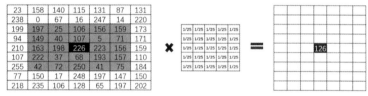

图 7-16　针对第 5 行第 4 列像素点均值滤波的运算示意图

根据上述运算，针对每一个像素点，都是与一个内部值均为 1/25 的 5×5 矩阵相乘，得到均值滤波的计算结果，如图 7-17 所示。

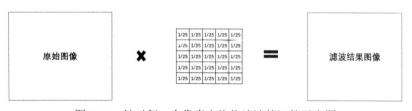

图 7-17　针对每一个像素点均值滤波的运算示意图

将使用的 5×5 矩阵一般化，可以得到如图 7-18 所示的结果。

$$K = \frac{1}{25}\begin{bmatrix} 1 & 1 & 1 & 1 & 1 \\ 1 & 1 & 1 & 1 & 1 \\ 1 & 1 & 1 & 1 & 1 \\ 1 & 1 & 1 & 1 & 1 \\ 1 & 1 & 1 & 1 & 1 \end{bmatrix}$$

图 7-18　将矩阵一般化

在 OpenCV 中，图 7-18 右侧的矩阵被称为卷积核，其一般形式为

$$K = \frac{1}{M \cdot N}\begin{bmatrix} 1 & 1 & 1 & \cdots & 1 & 1 \\ 1 & 1 & 1 & \cdots & 1 & 1 \\ \vdots & \vdots & \vdots & \vdots & \vdots & \vdots \\ 1 & 1 & 1 & \cdots & 1 & 1 \\ 1 & 1 & 1 & \cdots & 1 & 1 \\ 1 & 1 & 1 & \cdots & 1 & 1 \end{bmatrix}$$

式中，$M$ 和 $N$ 分别对应高度和宽度。一般情况下，$M$ 和 $N$ 是相等的，例如比较常用的 3×3、5×5、7×7 等。$M$ 和 $N$ 的值越大，参与运算的像素点数量就越多，当前像素点的计算结果就受到周围越多像素点的影响。

## 7.1.2  函数语法

在 OpenCV 中，实现均值滤波的函数是 cv2.blur()，其语法格式为

```
dst = cv2.blur( src, ksize, anchor, borderType )
```

式中：

- dst 是返回值，表示进行均值滤波后得到的处理结果。

- src 是需要处理的图像，即原始图像。它可以有任意数量的通道，并能对各个通道独立处理。图像深度应该是 CV_8U、CV_16U、CV_16S、CV_32F 或者 CV_64F 中的一种。

- ksize 是滤波核的大小。滤波核大小是指在均值处理过程中，其邻域图像的高度和宽度。例如，其值可以为(5, 5)，表示以 5×5 大小的邻域均值作为图像均值滤波处理的结果，如下式所示。

$$K = \frac{1}{5 \times 5}\begin{bmatrix} 1 & 1 & 1 & 1 & 1 \\ 1 & 1 & 1 & 1 & 1 \\ 1 & 1 & 1 & 1 & 1 \\ 1 & 1 & 1 & 1 & 1 \\ 1 & 1 & 1 & 1 & 1 \end{bmatrix}$$

- anchor 是锚点，其默认值是(-1, -1)，表示当前计算均值的点位于核的中心点位置。该值使用默认值即可，在特殊情况下可以指定不同的点作为锚点。

- borderType 是边界样式，该值决定了以何种方式处理边界，其值如表 7-2 所示。一般情况下不需要考虑该值的取值，直接采用默认值即可。

表 7-2  borderType 边界样式值及含义

| 类型 | 说明 |
| --- | --- |
| cv2.BORDER_CONSTANT | iiiiii\|abcdefgh\|iiiiiii，特定值 i |
| cv2.BORDER_REPLICATE | aaaaaa\|abcdefgh\|hhhhhhh |
| cv2.BORDER_REFLECT | fedcba\|abcdefgh\|hgfedcb |

续表

| 类型 | 说明 |
| --- | --- |
| cv2.BORDER_WRAP | cdefgh\|abcdefgh\|abcdefg |
| cv2.BORDER_REFLECT_101 | gfedcb\|abcdefgh\|gfedcba |
| cv2.BORDER_TRANSPARENT | uvwxyz\|abcdefgh\|ijklmno |
| cv2.BORDER_REFLECT101 | 与 BORDER_REFLECT_101 相同 |
| cv2.BORDER_DEFAULT | 与 BORDER_REFLECT_101 相同 |
| cv2.BORDER_ISOLATED | 不考虑 ROI（Region of Interest，感兴趣区域）以外的区域 |

通常情况下，在使用均值滤波函数时，对于锚点 anchor 和边界样式 borderType，直接采用其默认值即可。因此，函数 cv2.blur() 的一般形式为

```
dst = cv2.blur( src, ksize,)
```

## 7.1.3　程序示例

【例 7.1】读取一幅噪声图像，使用函数 cv2.blur() 对图像进行均值滤波处理，得到去噪图像，并显示原始图像和去噪图像。

根据题目要求，编写代码如下：

```
import cv2
o=cv2.imread("image\\lenaNoise.png")        #读取待处理图像
r=cv2.blur(o,(5,5))                          #使用 blur 函数处理
cv2.imshow("original",o)
cv2.imshow("result",r)
cv2.waitKey()
cv2.destroyAllWindows()
```

运行上述程序后，会分别显示噪声图像（图 7-19(a)）和去噪图像（图 7-19(b)）。

大家可以自己编写上述程序进一步验证去噪效果。

(a) (b)

图 7-19　均值滤波示例

**【例 7.2】**针对噪声图像，使用不同大小的卷积核对其进行均值滤波，并显示均值滤波的情况。

根据题目要求，调整设置函数 cv2.blur()中的 ksize 参数，分别将卷积核设置为 5×5 大小和 30×30 大小，对比均值滤波的结果。所编写的代码为

```
import cv2
o=cv2.imread("image\\lenaNoise.bmp")
r5=cv2.blur(o,(5,5))
r30=cv2.blur(o,(30,30))
cv2.imshow("original",o)
cv2.imshow("result5",r5)
cv2.imshow("result30",r30)
cv2.waitKey()
cv2.destroyAllWindows()
```

运行上述程序，分别显示原始图像（图 7-20(a)）、使用 5×5 卷积核进行均值滤波处理结果图像（图 7-20(b)）、使用 30×30 卷积核进行均值滤波处理结果图像（图 7-20(c)）。

从图中可以看出，使用 5×5 的卷积核进行滤波处理时，图像的失真不明显；而使用 30×30 的卷积核进行滤波处理时，图像的失真情况较明显。

卷积核越大，参与到均值运算中的像素就会越多，即当前点计算的是周围更多点的像素值的平均值。因此，卷积核越大，去噪效果越好，当然花费的计算时间也会越长，同时也可能让图像失真越严重。在实际处理中，要在失真和去噪效果之间取得平衡，选取合适大小的卷积核。

(a)　　　　　　　　　(b)　　　　　　　　　(c)

图 7-20　不同大小卷积核的均值滤波结果

## 7.2　方框滤波

OpenCV 还提供了方框滤波方式，与均值滤波的不同在于，方框滤波不仅能计算周围像素均值，还可能计算周围像素值和。

在均值滤波中，滤波结果的像素值是任意一个点的邻域平均值，等于各邻域像素值之和除以邻域面积。而在方框滤波中，可以自由选择是否对均值滤波的结果进行归一化，即可以自由选择滤波结果是邻域像素值之和的平均值，还是邻域像素值之和。

## 7.2.1　基本原理

我们以 5×5 的邻域为例，在进行方框滤波时，如果计算的是邻域像素值的均值，则滤波关系如图 7-21 所示。

图 7-21　方框滤波关系示例 1

仍然以 5×5 的邻域为例，在进行方框滤波时，如果计算的是邻域像素值之和，则滤波关系如图 7-22 所示。

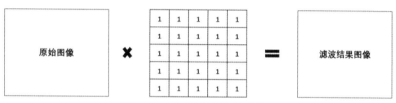

图 7-22　方框滤波关系示例 2

根据上述关系，如果计算的是邻域像素值的均值，则使用的卷积核为

$$K = \frac{1}{5 \times 5} \begin{bmatrix} 1 & 1 & 1 & 1 & 1 \\ 1 & 1 & 1 & 1 & 1 \\ 1 & 1 & 1 & 1 & 1 \\ 1 & 1 & 1 & 1 & 1 \\ 1 & 1 & 1 & 1 & 1 \end{bmatrix}$$

如果计算的是邻域像素值之和，则使用的卷积核为

$$K = \begin{bmatrix} 1 & 1 & 1 & 1 & 1 \\ 1 & 1 & 1 & 1 & 1 \\ 1 & 1 & 1 & 1 & 1 \\ 1 & 1 & 1 & 1 & 1 \\ 1 & 1 & 1 & 1 & 1 \end{bmatrix}$$

## 7.2.2　函数语法

在 OpenCV 中，实现方框滤波的函数是 cv2.boxFilter()，其语法格式为

```
dst = cv2.boxFilter( src, ddepth, ksize, anchor, normalize, borderType )
```

其中：

- dst 是返回值，表示进行方框滤波后得到的处理结果。
- src 是需要处理的图像，即原始图像。它能够有任意数量的通道，并能对各个通道独立处理。图像深度应该是 CV_8U、CV_16U、CV_16S、CV_32F 或者 CV_64F 中的一种。

- ddepth 是处理结果图像的图像深度，可以使用-1 表示与原始图像使用相同的图像深度。
- ksize 是滤波核的大小。滤波核大小是指在滤波处理过程中所选择的邻域图像的高度和宽度。例如，滤波核的值可以为(3,3)，表示以 3×3 大小的邻域作为图像滤波处理的结果，如下式所示。其中 $\alpha$ 值由参数 normalize 决定。

$$K = \frac{1}{\alpha}\begin{bmatrix} 1 & 1 & 1 \\ 1 & 1 & 1 \\ 1 & 1 & 1 \end{bmatrix}(\alpha\text{的值可能为9或1})$$

- anchor 是锚点，其默认值是(-1, -1)，表示当前计算均值的点位于核的中心点位置。该值使用默认值即可，在特殊情况下可以指定不同的点作为锚点。
- normalize 表示在滤波时是否进行归一化（这里指将计算结果规范化为当前像素值范围内的值）处理，该参数是一个逻辑值，可能为真（值为 1）或假（值为 0）。
  - 当参数 normalize=1 时，表示要进行归一化处理，要用邻域像素值的和除以面积。
  - 当参数 normalize=0 时，表示不需要进行归一化处理，直接使用邻域像素值的和。

通常情况下，针对方框滤波，卷积核可以表示为

$$K = \frac{1}{\alpha}\begin{bmatrix} 1 & 1 & 1 & \cdots & 1 & 1 \\ 1 & 1 & 1 & \cdots & 1 & 1 \\ \vdots & \vdots & \vdots & \vdots & \vdots & \vdots \\ 1 & 1 & 1 & \cdots & 1 & 1 \\ 1 & 1 & 1 & \cdots & 1 & 1 \\ 1 & 1 & 1 & \cdots & 1 & 1 \end{bmatrix}$$

上述对应关系为

$$\alpha = \begin{cases} \text{width} \times \text{height}, & \text{normalize} = 1 \\ 1, & \text{normalize} = 0 \end{cases}$$

例如，针对 5×5 邻域，当参数 normalize=1 时，要进行归一化处理，此时计算的就是均值滤波。这种情况下，函数 cv2.boxFilter()和函数 cv2.blur()的作用是一样的。此时，对应的卷积核为

$$K = \frac{1}{25}\begin{bmatrix} 1 & 1 & 1 & 1 & 1 \\ 1 & 1 & 1 & 1 & 1 \\ 1 & 1 & 1 & 1 & 1 \\ 1 & 1 & 1 & 1 & 1 \\ 1 & 1 & 1 & 1 & 1 \end{bmatrix}$$

同样针对 5×5 邻域，当参数 normalize=0 时，不进行归一化处理，此时滤波计算的是邻域像素值之和，使用的卷积核为

$$K = \begin{bmatrix} 1 & 1 & 1 & 1 & 1 \\ 1 & 1 & 1 & 1 & 1 \\ 1 & 1 & 1 & 1 & 1 \\ 1 & 1 & 1 & 1 & 1 \\ 1 & 1 & 1 & 1 & 1 \end{bmatrix}$$

　　当 normalize=0 时，不进行归一化处理，如果没有对图像的深度进行调整，滤波得到的值很可能超过当前图像像素值范围的最大值，从而被截断为最大值。这样，就会得到一幅纯白色的图像。

　　所以，当 normalize=0 时，通常需要将参数"ddepth"设定为一个有效的范围值。本节中，我们会通过一个例题来具体说明该知识点。

- borderType 是边界样式，该值决定了以何种方式处理边界。

　　通常情况下，在使用方框滤波函数时，对于参数 anchor、normalize 和 borderType，直接采用其默认值即可。因此，函数 cv2.boxFilter()的常用形式为

```
dst = cv2.boxFilter( src, ddepth, ksize )
```

## 7.2.3　程序示例

　　【例 7.3】针对噪声图像，对其进行方框滤波，显示滤波结果。

　　根据题目要求，使用方框滤波函数 cv2.boxFilter()对原始图像进行滤波，设计代码如下：

```
import cv2
o=cv2.imread("image\\lenaNoise.png")
r=cv2.boxFilter(o,-1,(5,5))
cv2.imshow("original",o)
cv2.imshow("result",r)
cv2.waitKey()
cv2.destroyAllWindows()
```

　　在本例中，方框滤波函数对 normalize 参数使用了默认值。在默认情况下，该值为 1，表示要进行归一化处理。也就是说，本例中使用的是 normalize 为默认值 True 的 cv2.boxFilter()函数，此时它和函数 cv2.blur()的滤波结果是完全相同的。图 7-23(a)是原始图像，图 7-23(b)是方框滤波结果图像。

(a)　　　　　　　　　　　　(b)

图 7-23　方框滤波示例

　　在本例中，方框滤波语句 r=cv2.boxFilter(o,-1,(5,5))使用了参数 normalize 的默认值，相当于省略了 normalize=1，因此，该语句与 r=cv2.boxFilter(o,-1,(5,5),normalize=1)是等效的。当然，此时该语句与均值滤波语句 r5=cv2.blur(o,(5,5))也是等效的。

【例 7.4】针对噪声图像，在方框滤波函数 cv2.boxFilter() 内将参数 normalize 的值设置为 0，显示滤波处理结果。

【分析】通常情况下，灰度图像用 8 个比特位（8 位二进制）表示，其表示的范围是从 "0000 0000" 到 "1111 1111"，也就是说灰度图像的表示范围是从十进制的 0 到 255。如果一个像素点的像素值超过了 255，那灰度图像是无法正常显示这个超过了 255 的数值的。

如果数值超过了 255，我们可以称之为 "数值越界"，针对数值越界，有两种不同的处理方式：

- 截断处理：这种处理方式把越界的数值处理为最大值。这就像汽车上的速度表盘，如果其能显示的最高时速是 200，即使汽车速度到了 300，那么它也仅仅能够显示 200。
- 取模处理：这种处理方式也可以称之为 "循环取余"。例如，墙上的挂钟，仅仅能够显示的是 1 到 12。在过了 12 点到了 13 点时，它能够显示的其实是 1 点，而不是 13 点。

在方框滤波的处理结果中，采用的是截断处理的方式。也就是说，方框滤波会把所有处理得到的大于 255 的像素值处理为 255。

根据题目要求，将参数 normalize 设置为 0，编写程序代码如下：

```
import cv2
o=cv2.imread("image\\lenaNoise.png")
r=cv2.boxFilter(o,-1,(5,5),normalize=0)
cv2.imshow("original",o)
cv2.imshow("result",r)
print("r=",r)
cv2.waitKey()
cv2.destroyAllWindows()
```

在本例中，没有对图像进行归一化处理。在进行滤波时，计算的是 5×5 邻域的像素值之和，图像的像素值基本都会超过当前像素值所能表示的最大值 255。超过了最大值 255 后的像素点值，会被截断处理为 255。因此，最后得到的图像接近纯白色，仅在部分点处有颜色。在部分点有颜色，是因为这些点周边邻域的像素值均较小，邻域像素值在相加后仍然小于 255，所以才显示出了颜色。

此时的图像滤波结果如图 7-24 所示，图 7-24(a) 是原始图像，图 7-24(b) 是方框滤波后得到的处理结果。

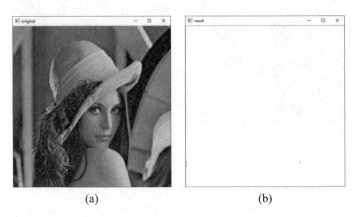

(a)                    (b)

图 7-24　【例 7.4】对应的方框滤波结果

程序的输出结果为

```
r= [[[255 255 255]
  [255 255 255]
  [255 255 255]
  ...
  [255 255 255]
  [255 255 255]
  [255 255 255]]

 [[255 255 255]
  [255 255 255]
  [255 255 255]
  ...
  [255 255 255]
  [255 255 255]
  [255 255 255]]

 [[255 255 255]
  [255 255 255]
  [255 255 255]
  ...
  [255 255 255]
  [255 255 255]
  [255 255 255]]

 ...

 [[255 255 255]
  [255 255 255]
  [255 255 255]
  ...
  [255 255 255]
  [255 255 255]
  [255 255 255]]

 [[255 255 255]
  [255 255 255]
  [255 255 255]
  ...
  [255 255 255]
  [255 255 255]
  [255 255 255]]

 [[255 255 255]
  [255 255 255]
  [255 255 255]
  ...
  [255 255 255]
  [255 255 255]
  [255 255 255]]]
```

【例 7.5】针对噪声图像，使用方框滤波函数 cv2.boxFilter()去噪，将参数 normalize 的值设置为 0，通过调整参数 ddepth 控制返回图像的深度，观察滤波结果。

【分析】在【例 7.4】中，方框滤波后的图像显示几乎是纯白色的。这是因为，在经过方框滤波后，大多数像素点的像素值都大于 255，这些像素点都被截断处理为了 255。

灰度图像如果想保留方框滤波后大于 255 的值，就要改变图像的深度信息。如图 7-25 所示，通常情况下，灰度图像是 8 位二进制表示的。其表示范围是 "0000 0000" 到 "1111 1111"，对应着十进制的 0 到 255。如果我们想要表示更大的数值，就要使用更多的二进制位。例如，使用 16 位二进制位，则表示的数值可以从 "0000 0000 0000 0000" 到 "1111 1111 1111 1111"，即从十进制的 0 到 65535。

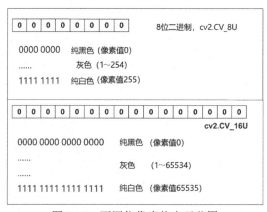

图 7-25　不同位像素值表示范围

所以，要想让方框滤波得到的数值得以保留，可以将处理结果使用 16 位二进制来表示。此时，直接将 cv2.boxFilter()中的参数 ddepth 处理为 "cv2.CV_16U" 即可。

在 8 位位图中，0 表示纯黑色，255 表示纯白色。中间范围的值表示灰色，值越小颜色越黑；值越大，颜色越白。

同理，在 16 位位图中，0 表示纯黑色，65535 表示纯白色。中间范围的值表示灰色，值越小颜色越黑；值越大，颜色越白。

所以，需要注意的是，方框滤波运算得到了新的像素值，如果这些像素值分布在[0,65535]区间内，但是这些像素值都特别小，那么图像看起来是近乎黑色的。要想让图像看起来色彩均衡，需要尽量让其均衡分布在[0,65535]区间内。

现在存在的问题是：

- 如果想让处理结果图像中每个像素点受周围更少像素点的影响，那么参与方框滤波的像素点就要尽可能少。但是，太少的像素点参与运算得到的值，大多数会分布在[0,65535]区间内的较低范围内，所以，图像看起来会非常暗。

- 如果想让处理结果图像中图像色彩看起来比较自然明亮，那么就要尽可能让像素值分布在[0,65535]区间内。一种可能的方法是，让更多的像素点参与运算，这样图像看起来就会比较亮。但是，让尽可能多的像素点参与运算，每个新像素点就会受到周围更多像素点影响，处理结果图像就会比较模糊，甚至失真。

解决上述问题的一种方式是让周围较少像素点参与运算（滤波核 ksize 的大小相对较小），然后通过映射运算将结果值均匀映射到[0,65535]区间内。

这里，我们采用一种更简单的方式，使用较小的滤波核，然后将结果直接乘以一个常数。让本来相对较小的值，变得大一些，让它处于[0,65535]区间相对合理的范围内，以更好地显示图像。

根据题目要求及上述分析结果，编写程序代码如下：

```
import cv2
o=cv2.imread("image\\lenaNoise.png")
r1=cv2.boxFilter(o,cv2.CV_16U,(5,5),normalize=0)
r2=cv2.boxFilter(o,cv2.CV_16U,(16,16),normalize=0)
r3=r1*10
cv2.imshow("original",o)
cv2.imshow("result1",r1)
cv2.imshow("result2",r2)
cv2.imshow("result3",r3)
cv2.waitKey()
cv2.destroyAllWindows()
```

在本例中，如图 7-26 所示，针对原始图像 o（图 7-26(a)），进行了 2 次方框滤波，得到了三个结果图像 r1（图 7-26(b)）、r2（图 7-26(c)）、r3（图 7-26(d)），具体如下：

- 图像 r1 使用的卷积核为 5×5，参数 normalize=0。此时，它的每个像素点计算的都是对应的原始图像 o 中其周围 25 个像素点的和。原始图像 o 是 8 位位图，像素点的最大值是 255。因此，如果它周围 25 个像素点的值都是 0，那么得到的和为 0（最小值）；如果它周围 25 个像素点的值都是 255，那么得到的和为 25×255=6375（最大值）。也就是说，处理结果的数值范围是[0, 6375]。图像 r1 是 cv2.CV_16U 类型，取值范围是[0,65535]。图像 r1 的实际范围[0, 6375]在其值域范围[0,65535]内处于较低范围，所以图像是整体偏暗的，如图 7-26(b)所示。当然，由于黑白印刷效果不佳，还请大家上机验证。

- 图像 r2 使用的卷积核为 16×16，参数 normalize=0。此时，它的每个像素点计算的都是对应的原始图像 o 中其周围 16×16=256 个像素点的和。原始图像 o 是 8 位位图，像素点的最大值是 255。因此，如果它周围 25 个像素点的值都是 0，那么得到的和为 0；如果它周围 25 个像素点的值都是 255，那么得到的和为 255×256=65280。也就是说，图像处理结果的值的范围是[0, 65280]。图像 r1 是 cv2.CV_16U 类型，取值范围是[0,65535]。图像 r2 的实际范围[0, 65280]在其值域范围[0,65535]内处于相对合理范围，所以图像整体效果还是不错的，如图 7-26(c)所示。但是，此时卷积核过大，参与运算的像素点过多，图像相对比较模糊。

- 图像 r3 为 "r3=r1×10"，图像 r1 的范围是[0, 6375]，将其乘以 10 后，其范围变为了[0, 63750]。这样，r3 的实际范围[0, 63750]在其值域范围[0,65535]内处于相对合理范围，所以图像整体效果还是不错的，如图 7-26(d)所示。

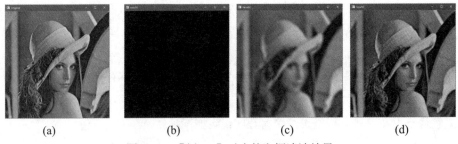

(a)          (b)          (c)          (d)

图 7-26　【例 7.5】对应的方框滤波结果

## 7.3　高斯滤波

在进行均值滤波和方框滤波时，其邻域内每个像素的权重是相等的。在高斯滤波中，会将中心点的权重值加大，远离中心点的权重值减小，在此基础上计算邻域内各个像素值不同权重的和。

### 7.3.1　基本原理

在高斯滤波中，卷积核中的值不再都是 1。例如，一个 3×3 的卷积核可能如图 7-27 所示。

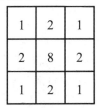

图 7-27　高斯滤波卷积核示例

在图 7-28 中，针对最左侧的图像内第 4 行第 3 列位置上像素值为 226 的像素点进行高斯卷积，其运算规则为将该点邻域内的像素点按照不同的权重计算和。

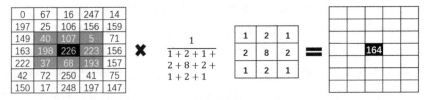

图 7-28　高斯卷积示例

在实际计算时，使用的卷积核如图 7-29 所示。

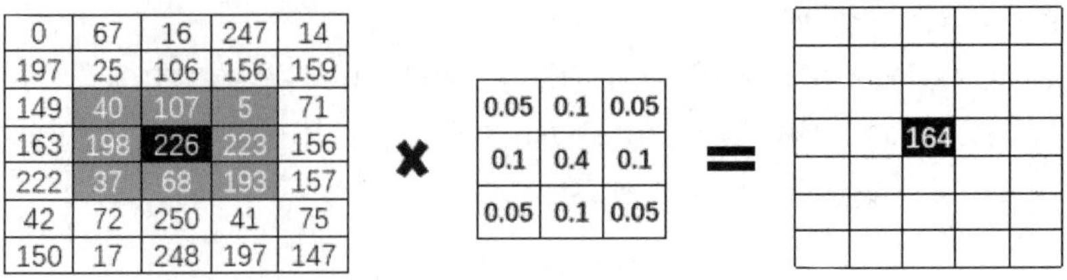

图 7-29　实际计算中的卷积核

使用图 7-29 中的卷积核，针对第 4 行第 3 列位置上的像素值为 226 的像素点进行高斯滤波处理，计算方式为

$$
\begin{aligned}
\text{新值} &= (40\times0.05+107\times0.1+5\times0.05) \\
&\quad +(198\times0.1+226\times0.4+223\times0.1) \\
&\quad +(37\times0.05+68\times0.1+193\times0.05) \\
&= 164
\end{aligned}
$$

在实际使用中，高斯滤波使用的可能是不同大小的卷积核。例如，图 7-30 中分别是 3×3、5×5、7×7 大小的卷积核。在高斯滤波中，核的宽度和高度可以不相同，但是它们都必须是奇数。

| | | |
|---|---|---|
| 0.05 | 0.1 | 0.05 |
| 0.1 | 0.4 | 0.1 |
| 0.05 | 0.1 | 0.05 |

(3,3)

| | | | | |
|---|---|---|---|---|
| 1 | 1 | 2 | 1 | 1 |
| 1 | 3 | 4 | 3 | 1 |
| 2 | 4 | 8 | 4 | 2 |
| 1 | 3 | 4 | 3 | 1 |
| 1 | 1 | 2 | 1 | 1 |

(5,5)

| | | | | | | |
|---|---|---|---|---|---|---|
| 1 | 1 | 1 | 1 | 1 | 1 | 1 |
| 1 | 2 | 2 | 2 | 2 | 2 | 1 |
| 1 | 2 | 4 | 4 | 4 | 2 | 1 |
| 1 | 2 | 4 | 8 | 4 | 2 | 1 |
| 1 | 2 | 4 | 4 | 4 | 2 | 1 |
| 1 | 2 | 2 | 2 | 2 | 2 | 1 |
| 1 | 1 | 1 | 1 | 1 | 1 | 1 |

(7,7)

图 7-30　不同大小的卷积核

每一种尺寸的卷积核都可以有多种不同形式的权重比例。例如，同样是 5×5 的卷积核，可能是图 7-31 中所示的两种不同的权重比。

$$
\frac{1}{256}\begin{bmatrix} 1 & 4 & 6 & 4 & 1 \\ 4 & 16 & 24 & 16 & 4 \\ 6 & 24 & 36 & 24 & 6 \\ 4 & 16 & 24 & 16 & 4 \\ 1 & 4 & 6 & 4 & 1 \end{bmatrix}
\qquad
\frac{1}{159}\begin{bmatrix} 2 & 4 & 5 & 4 & 2 \\ 4 & 9 & 12 & 9 & 4 \\ 5 & 12 & 15 & 12 & 5 \\ 4 & 9 & 12 & 9 & 4 \\ 2 & 4 & 5 & 4 & 2 \end{bmatrix}
$$

图 7-31　同一尺寸的卷积核可以有不同的权重比

在不同的资料中，卷积核有多种不同的表示方式。它们可能如图 7-30 所示写在一个表格内，也可能如图 7-31 所示写在一个矩阵内。

在实际计算中，卷积核是归一化处理的，这种处理可以表示为图 7-30 最左侧的小数形式的卷积核，也可以表示为如图 7-31 所示的分数形式。也要注意，在一些资料中，给出的卷积核并没有进行归一化，这时的卷积核可能表示为图 7-30 中间和右侧所示的卷积核，这样的卷积核是为了说明问题用的，实际使用时往往需要进行归一化。一般来说，使用没有进行归一化处理的卷积核进行滤波，得到的结果往往是错误的。

## 7.3.2　函数语法

在 OpenCV 中，实现高斯滤波的函数是 cv2.GaussianBlur()，该函数的语法格式为

```
dst = cv2.GaussianBlur( src, ksize, sigmaX, sigmaY, borderType )
```

其中：

- dst 是返回值，表示进行高斯滤波后得到的处理结果。
- src 是需要处理的图像，即原始图像。它能够有任意数量的通道，并能对各个通道独立处理。图像深度应该是 CV_8U、CV_16U、CV_16S、CV_32F 或者 CV_64F 中的一种。
- ksize 是滤波核的大小。滤波核大小是指在滤波处理过程中其邻域图像的高度和宽度。需要注意，滤波核的值必须是奇数。
- sigmaX 是卷积核在水平方向上（$X$ 轴方向）的标准差，其控制的是权重比例。例如，图 7-32 中是不同的 sigmaX 决定的卷积核，它们在水平方向上的标准差不同。

| 1 | 1 | 2 | 1 | 1 |
|---|---|---|---|---|
| 1 | 2 | 4 | 2 | 1 |
| 2 | 4 | 8 | 4 | 2 |
| 1 | 4 | 4 | 2 | 1 |
| 1 | 1 | 2 | 1 | 1 |

| 0 | 0 | 1 | 0 | 0 |
|---|---|---|---|---|
| 0 | 1 | 2 | 1 | 0 |
| 1 | 2 | 3 | 2 | 1 |
| 0 | 1 | 2 | 1 | 0 |
| 0 | 0 | 1 | 0 | 0 |

| 0 | 3 | 6 | 3 | 0 |
|---|---|---|---|---|
| 1 | 4 | 7 | 4 | 1 |
| 2 | 5 | 8 | 5 | 2 |
| 1 | 4 | 7 | 4 | 1 |
| 0 | 3 | 6 | 3 | 0 |

图 7-32 不同的 sigmaX 决定的卷积核

- sigmaY 是卷积核在垂直方向上（$Y$ 轴方向）的标准差。如果将该值设置为 0，则只采用 sigmaX 的值；如果 sigmaX 和 sigmaY 都是 0，则通过 ksize.width 和 ksize.height 计算得到。

其中：

  - sigmaX = 0.3×[(ksize.width−1)×0.5−1] + 0.8
  - sigmaY = 0.3×[(ksize.height−1)×0.5−1] + 0.8

- borderType 是边界样式，该值决定了以何种方式处理边界。一般情况下，不需要考虑该值，直接采用默认值即可。

在该函数中，sigmaY 和 borderType 是可选参数。sigmaX 是必选参数，但是可以将该参数设置为 0，让函数自己去计算 sigmaX 的具体值。

一般来说，当核大小固定时：

- sigma 值越大，权值分布越平缓。邻域点的值对输出值的影响越大，图像越模糊。此时，周围值大小变化不大。比如，在极端情况下，邻域权重都是 1。如图 7-33 所示，sigma 值较大时，图 7-33(a)中像素点 5 所在的像素点，使用 3×3 大小值均为 1 的卷积核计算均值，结果为（185+187+201+166+5+136+76+126+203）/9=143，如图 7-33(b)所示。
- sigma 值越小，权值分布越突变。邻域点的值对输出值的影响越小，图像变化越小。此时，周围值变化较大。极端情况：中心点权值是 1，周围点都是 0。如图 7-33 所示，sigma 值较小时，左图中像素点 5 所在像素点，使用 3×3 大小，只有中心点值均为 1 的卷积核计算均值，结果为 185×0+187×0+201×0+166×0+5×1+136×0+76×0+126×0+203×0=5，如图 7-33(c)所示。

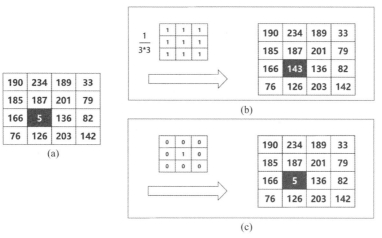

图 7-33　不同的 sigmaX 值情况

官方文档建议显式地指定 ksize、sigmaX 和 sigmaY 三个参数的值，以避免将来函数修改后可能造成的语法错误。当然，在实际处理中，可以显式指定 sigmaX 和 sigmaY 为默认值 0。因此，函数 cv2.GaussianBlur() 的常用形式为

```
dst = cv2.GaussianBlur( src, ksize, 0, 0 )
```

## 7.3.3　程序示例

【例 7.6】对噪声图像进行高斯滤波，显示滤波的结果。

根据题目要求，采用函数 cv2.GaussianBlur() 实现高斯滤波，编写程序代码为

```
import cv2
o=cv2.imread("image\\lenaNoise.png")
r1=cv2.GaussianBlur(o,(5,5),0,0)
r2=cv2.GaussianBlur(o,(5,5),0.1,0.1)
r3=cv2.GaussianBlur(o,(5,5),1,1)
cv2.imshow("original",o)
cv2.imshow("result1",r1)
cv2.imshow("result2",r2)
cv2.imshow("result3",r3)
cv2.waitKey()
cv2.destroyAllWindows()
```

运行上述程序后，结果如图 7-34 所示，其中：

- 图 7-34(a) 是原始图像。
- 图 7-34(b) 是 r1 的显示结果，其使用的默认的 sigma 值是 0。可以看到有明显的滤波效果，白噪声有明显的衰弱。
- 图 7-34(c) 是 r2 的显示结果，其使用的 sigmaX 和 sigmaY 都是 0.1，值较小。可以看到，图像滤波效果较差，几乎和原始图像没有明显差别。
- 图 7-34(d) 是 r3 的显示结果，其使用的 sigmaX 和 sigmaY 都是 5，值较大。此时，去噪效果比较明显，但是因为使用了更多的临近点，图像模糊较严重。

为了节省篇幅，此处图片显示较小，印刷后可能差异不明显，请上机验证该例题，以得到

更好的效果。

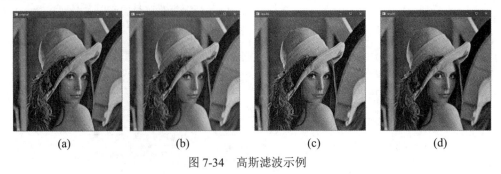

| (a) | (b) | (c) | (d) |

图 7-34　高斯滤波示例

## 7.4　中值滤波

中值滤波与前面介绍的滤波方式不同，不再采用加权求均值的方式计算滤波结果。它用邻域内所有像素值的中间值来替代当前像素点的像素值。

### 7.4.1　基本原理

中值滤波会取当前像素点及其周围临近像素点（通常取奇数个像素点，类似于董事会设置奇数个成员，以方便投票）的像素值，将这些像素值排序，然后将位于中间位置的像素值作为当前像素点的像素值。

例如，针对图 7-35 中第 4 行第 4 列的像素点，计算它的中值滤波值。

| 55 | 58 | 22 | 55 | 22 | 60 | 168 | 162 | 232 |
| 123 | 17 | 66 | 33 | 77 | 68 | 14 | 74 | 67 |
| 47 | 22 | 97 | 95 | 94 | 25 | 14 | 5 | 76 |
| 68 | 66 | 93 | **78** | 90 | 171 | 82 | 78 | 65 |
| 69 | 99 | 66 | 91 | 101 | 200 | 192 | 59 | 74 |
| 98 | 88 | 88 | 45 | 36 | 119 | 47 | 28 | 5 |
| 88 | 158 | 3 | 88 | 69 | 211 | 234 | 192 | 120 |
| 77 | 148 | 25 | 45 | 77 | 173 | 226 | 146 | 213 |
| 42 | 125 | 135 | 58 | 44 | 51 | 79 | 66 | 3 |

图 7-35　一幅图像的像素值示例

将其邻域设置为 3×3 大小，对其 3×3 邻域内像素点的像素值进行排序（升序降序均可），按升序排序后得到序列值为[66,78,90,91,**93**,94,95,97,101]。在该序列中，处于中心位置（也叫中心点或中值点）的值是 "93"，因此用该值替换原来的像素值 78，作为当前点的新像素值，处理结果如图 7-36 所示。

| 55 | 58 | 22 | 55 | 22 | 60 | 168 | 162 | 232 |
|----|----|----|----|----|----|-----|-----|-----|
| 123 | 17 | 66 | 33 | 77 | 68 | 14 | 74 | 67 |
| 47 | 22 | 97 | 95 | 94 | 25 | 14 | 5 | 76 |
| 68 | 66 | 93 | **93** | 90 | 171 | 82 | 78 | 65 |
| 69 | 99 | 66 | 91 | 101 | 200 | 192 | 59 | 74 |
| 98 | 88 | 88 | 45 | 36 | 119 | 47 | 28 | 5 |
| 88 | 158 | 3 | 88 | 69 | 211 | 234 | 192 | 120 |
| 77 | 148 | 25 | 45 | 77 | 173 | 226 | 146 | 213 |
| 42 | 125 | 135 | 58 | 44 | 51 | 79 | 66 | 3 |

图 7-36　中值滤波处理结果

## 7.4.2　函数语法

在 OpenCV 中，实现中值滤波的函数是 cv2.medianBlur()，其语法格式为

```
dst = cv2.medianBlur( src, ksize)
```

其中：

- dst 是返回值，表示进行中值滤波后得到的处理结果。
- src 是需要处理的图像，即源图像。它能够有任意数量的通道，并能对各个通道独立处理。图像深度应该是 CV_8U、CV_16U、CV_16S、CV_32F 或者 CV_64F 中的一种。
- ksize 是滤波核的大小。滤波核大小是指在滤波处理过程中其邻域图像的高度和宽度。需要注意，核大小必须是比 1 大的奇数，比如 3、5、7 等。

【提示】在均值滤波函数 cv2.blur()、方框滤波函数 cv2.boxFilter()和高斯滤波函数 cv2.GaussianBlur()中，都存在 ksize 参数用于指定核大小，上述函数的核大小是一个表示（宽度、高度）的元组，例如（3,3）。而在函数 cv2.medianBlur()中，参数 ksize 是一个整数值，表示核的宽度和高度，例如数值"3"。

## 7.4.3　程序示例

【例 7.7】针对噪声图像，对其进行中值滤波，显示滤波的结果。

根据题目要求，采用函数 cv2.medianBlur()实现中值滤波，编写程序代码如下：

```
import cv2
o=cv2.imread("image\\lenaNoise.png")
r=cv2.medianBlur(o,3)
cv2.imshow("original",o)
```

```
cv2.imshow("result",r)
cv2.waitKey()
cv2.destroyAllWindows()
```

运行上述程序后，结果如图 7-37 所示，图 7-37(a)是原始图像，图 7-37(b)是中值滤波后的处理结果图像。

(a)        (b)

图 7-37　中值滤波示例

从图中可以看到，由于没有进行均值处理，中值滤波不存在均值滤波等滤波方式带来的细节模糊问题。在中值滤波处理中，噪声成分很难被选上，所以可以在几乎不影响原有图像的情况下去除全部噪声。但是由于需要进行排序等操作，中值滤波需要的运算量较大。

## 7.5　双边滤波

双边滤波是综合考虑空间信息和色彩信息的滤波方式，在滤波过程中能够有效地保护图像内的边缘信息。

### 7.5.1　基本原理

前述滤波方式基本都只考虑了空间的权重信息，这种情况计算起来比较方便，但是在边缘信息的处理上存在较大的问题。

例如，在图 7-38 中，图像左侧是黑色，右侧是白色，中间是很明显的边缘。

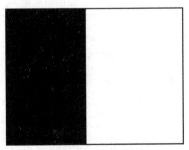

图 7-38　边缘示例

在均值滤波、方框滤波、高斯滤波中，都会计算边缘上各个像素点的加权平均值，从而模糊边缘信息。图 7-39 所示为高斯滤波处理的结果图像。

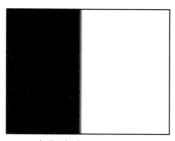

图 7-39　高斯滤波处理后导致边缘模糊

从图 7-39 可以看到，经过高斯滤波处理后，边缘信息变得很模糊，均值滤波处理也会造成类似的问题。边界模糊是滤波处理过程中对邻域像素取均值所造成的结果，上述滤波处理过程单纯地考虑空间信息，造成了边界模糊和部分信息的丢失。

双边滤波在计算某一个像素点的新值时，不仅考虑距离信息（距离越远，权重越小），还考虑色彩信息（色彩差别越大，权重越小）。双边滤波综合考虑距离和色彩的权重结果，既能够有效地去除噪声，又能够较好地保护边缘信息。

在双边滤波中，当处在边缘时，与当前点色彩相近的像素点（颜色值距离很近）会被给予较大的权重值；而与当前色彩差别较大的像素点（颜色值距离很远）会被给予较小的权重值（极端情况下权重可能为 0，直接忽略该点），这样就保护了边缘信息。

例如，
- 图 7-40(a)是原始图像，左侧区域是白色（像素值为 255），右侧区域是黑色（像素值为 0）。
- 图 7-40(b)是进行均值滤波的可能结果。在进行均值滤波时，仅仅考虑空间信息，此时左右两侧的像素的处理结果是综合考虑周边元素像素值，并对它们取均值得到的。
- 图 7-40(c)是进行双边滤波的可能结果。在进行双边滤波时，不仅考虑空间信息，还考虑色彩差别信息。

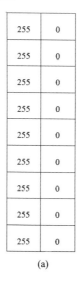 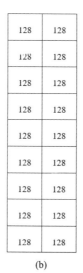 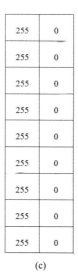

図 7-40　滤波示例

在双边滤波中，在计算左侧白色区域边缘点的滤波结果时：

- 对于白色的点，给予的权重较大。
- 对于黑色的点，由于色彩差异较大，颜色距离很远（注意，不是像素点之间的物理距离远，而是颜色值的差值大。此处，像素点的值分别是 0 和 255，差别很大，所以说它们颜色距离很远），因此可以将它们的权重设置为 0。

这样，在计算左侧白色边缘滤波结果时，得到的仍然是白色。因此，双边滤波后，左侧边缘得到保留。

在计算右侧黑色区域边缘点的滤波结果时：

- 对于黑色的点，给予的权重较大。
- 对于白色的点，由于色彩差异较大，颜色距离很远，因此可以将它们的权重设置为 0。

这样，在计算右侧黑色边缘滤波结果时，得到的仍然是黑色。因此，双边滤波后，右侧边缘得到保留。

## 7.5.2　函数语法

在 OpenCV 中，实现双边滤波的函数是 cv2.bilateralFilter()，该函数的语法为

```
dst = cv2.bilateralFilter( src, d, sigmaColor, sigmaSpace, borderType )
```

其中：

- dst 是返回值，表示进行双边滤波后得到的处理结果。
- src 是需要处理的图像，即原始图像。它能够有任意数量的通道，并能对各个通道独立处理。图像深度应该是 CV_8U、CV_16U、CV_16S、CV_32F 或者 CV_64F 中的一种。
- d 是在滤波时选取的空间距离参数，这里表示以当前像素点为中心点的直径。如果该值为非正数，则会自动从参数 sigmaSpace 计算得到。如果滤波空间较大（d>5），则速度较慢。因此，在实时应用中，推荐 d=5。对于较大噪声的离线滤波，可以选择 d=9。
- sigmaColor 是滤波处理时选取的颜色差值范围，该值决定了周围哪些像素点能够参与到滤波中来。与当前像素点的像素值差值小于 sigmaColor 的像素点，能够参与到当前的滤波中。该值越大，就说明周围有越多的像素点可以参与到运算中。该值为 0 时，滤波失去意义；该值为 255 时，指定直径内的所有点都能够参与运算。
- sigmaSpace 是坐标空间中滤波器的 sigma 值（高斯函数的标准差）。它的值越大，说明有越多的点能够参与到滤波计算中来。当 d>0 时，由 d 指定邻域大小，sigmaSpace 的值不起作用。也可以将 d 的值设置为-1，此时，d 与 sigmaSpace 的值成正比，函数根据 sigmaSpace 的值，自动计算 d 值。简单来说，可以将 sigmaSpace 理解为，计算 d 值所使用的一个参数。
- borderType 是边界样式，该值决定了以何种方式处理边界。一般情况下，不需要考虑该值，直接采用默认值即可。

可以看到，上述参数中，两个 sigma（sigmaColor 和 sigmaSpace）值越大，就有越多的元素参与运算。如果它们的值比较小（例如小于 10），则滤波的效果将不太明显；如果它们的值

较大（例如大于 150），则滤波效果会比较明显，会产生卡通效果。

在函数 cv2.bilateralFilter()中，参数 borderType 是可选参数，其余参数全部为必选参数。

## 7.5.3 程序示例

【例 7.8】针对噪声图像，对其进行双边滤波，显示滤波的结果。

根据题目要求，使用双边滤波函数 cv2.bilateralFilter()对原始图像进行滤波，设计代码如下：

```
import cv2
o=cv2.imread("image\\lenaNoise.png")
r=cv2.bilateralFilter(o,25,100,100)
cv2.imshow("original",o)
cv2.imshow("result",r)
cv2.waitKey()
cv2.destroyAllWindows()
```

运行程序，结果如图 7-41 所示，图 7-41(a)是原始图像，图 7-41(b)是双边滤波的结果图像。可以看出，双边滤波去除噪声的效果并不好。

(a)　　　　　　　　　　(b)

图 7-41　双边滤波示例

双边滤波的优势体现在对边缘信息的处理上，下面通过一个例题来展示不同形式的滤波在边缘处理效果上的差异。

【例 7.9】针对噪声图像，分别对其进行高斯滤波和双边滤波，比较不同滤波方式对边缘的处理结果是否相同。

根据题目要求，分别使用高斯滤波函数 cv2.GaussianBlur() 和双边滤波函数 cv2.bilateralFilter()，对原始图像进行滤波，设计代码如下：

```
import cv2
o=cv2.imread("image\\bilTest.bmp")
g=r=cv2.GaussianBlur(o,(55,55),0,0)
b=cv2.bilateralFilter(o,55,100,100)
cv2.imshow("original",o)
```

```
cv2.imshow("Gaussian",g)
cv2.imshow("bilateral",b)
cv2.waitKey()
cv2.destroyAllWindows()
```

程序运行结果如图 7-42 所示，其中：

- 图 7-42(a)是原始图像。
- 图 7-42(b)是高斯滤波处理结果。
- 图 7-42(c)是双边滤波处理结果。

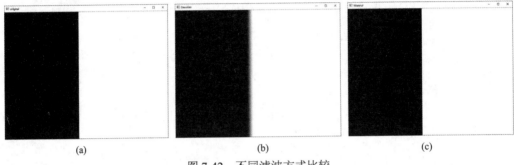

       (a)                     (b)                    (c)

图 7-42　不同滤波方式比较

可以看到，经过高斯滤波的边缘被模糊虚化了，而经过双边滤波的边缘得到了较好的保留。因此，在需要保留边缘信息时，双边滤波是一个不错的选择。

上述是两个比较极端的例题，实际上，双边滤波在人像处理中能够发挥优异的效果，它能够有效地去除雀斑、实现人脸美白。例如，在例 7.8 中虽然使用双边滤波没有去除图像中的白色噪声斑点，但是却非常好地实现了磨皮效果，让皮肤看起来更加光滑了。

【提示】上述两个例题中，cv2.bilateralFilter()中的参数 d 都是正数。因此，其参数 sigmaSpace 虽然都设置了值，但是并没有起作用。实践中，也可以将 d 设置为-1，让 sigmaSpace 起作用，例如：

$\quad$ b=cv2.bilateralFilter(o,-1,100,100)

# 7.6　2D 卷积

OpenCV 提供了多种滤波方式，来实现平滑图像的效果，例如均值滤波、方框滤波、高斯滤波、中值滤波等。大多数滤波方式所使用的卷积核都具有一定的灵活性，能够方便地设置卷积核的大小和数值。但是，我们有时希望使用更加灵活的、自定义的卷积核实现卷积操作，例如使用如下卷积核进行卷积操作。

$$\frac{1}{426}\begin{bmatrix} 6 & 6 & 6 & 6 & 6 \\ 6 & 33 & 33 & 33 & 6 \\ 6 & 33 & 66 & 33 & 6 \\ 6 & 33 & 33 & 33 & 6 \\ 6 & 6 & 6 & 6 & 6 \end{bmatrix} \quad \frac{1}{201}\begin{bmatrix} 5 & 5 & 5 & 5 & 5 \\ 5 & 12 & 12 & 12 & 5 \\ 5 & 12 & 15 & 12 & 5 \\ 5 & 12 & 12 & 12 & 5 \\ 5 & 5 & 5 & 5 & 5 \end{bmatrix}$$

前面介绍过的滤波函数都无法将卷积核确定为上述形式，可以使用 OpenCV 的自定义卷积函数来实现上述卷积核。

在 OpenCV 中，允许用户自定义卷积核实现卷积操作，使用自定义卷积核实现卷积操作的函数是 cv2.filter2D()，其语法格式为

```
dst = cv2.filter2D( src, ddepth, kernel, anchor, delta, borderType )
```

其中：

- dst 是返回值，表示进行滤波后得到的处理结果。
- src 是需要处理的图像，即原始图像。它能够有任意数量的通道，并能对各个通道独立处理。图像深度应该是 CV_8U、CV_16U、CV_16S、CV_32F 或者 CV_64F 中的一种。
- ddepth 是处理结果图像的图像深度，一般使用-1 表示与原始图像使用相同的图像深度。
- kernel 是卷积核，是一个单通道的数组。如果想在处理彩色图像时，让每个通道使用不同的核，则必须将彩色图像分解后使用不同的核完成操作。
- anchor 是锚点，其默认值是(-1, -1)，表示当前计算均值的点位于核的中心点位置。该值使用默认值即可，在特殊情况下可以指定不同的点作为锚点。
- delta 是修正值，它是可选项。如果该值存在，会在基础滤波的结果上加上该值作为最终的滤波处理结果。
- borderType 是边界样式，该值决定了以何种情况处理边界，通常使用默认值即可。

在通常情况下，使用滤波函数 cv2.filter2D()时，对于参数锚点 anchor、修正值 delta、边界样式 borderType，直接采用其默认值即可。因此，函数 cv2.filter2D()的常用形式为

```
dst = cv2.filter2D( src, ddepth, kernel )
```

【例 7.10】自定义一个卷积核，通过函数 cv2.filter2D()应用该卷积核对图像进行滤波操作，并显示滤波结果。

根据题目要求，设计一个 9×9 大小的卷积核，让卷积核内所有权重值相等，如下所示：

$$\frac{1}{81}\begin{bmatrix} 1 & 1 & 1 & 1 & 1 & 1 & 1 & 1 & 1 \\ 1 & 1 & 1 & 1 & 1 & 1 & 1 & 1 & 1 \\ 1 & 1 & 1 & 1 & 1 & 1 & 1 & 1 & 1 \\ 1 & 1 & 1 & 1 & 1 & 1 & 1 & 1 & 1 \\ 1 & 1 & 1 & 1 & 1 & 1 & 1 & 1 & 1 \\ 1 & 1 & 1 & 1 & 1 & 1 & 1 & 1 & 1 \\ 1 & 1 & 1 & 1 & 1 & 1 & 1 & 1 & 1 \\ 1 & 1 & 1 & 1 & 1 & 1 & 1 & 1 & 1 \\ 1 & 1 & 1 & 1 & 1 & 1 & 1 & 1 & 1 \end{bmatrix}$$

借助 numpy 库中的 ones()函数即可创建该卷积核，具体的语句为

```
kernel = np.ones((9,9),np.float32)/81
```

综上所述，程序设计代码如下：

```
import cv2
import numpy as np
```

```
o=cv2.imread("image\\lena.bmp")
kernel = np.ones((9,9),np.float32)/81
r = cv2.filter2D(o,-1,kernel)
cv2.imshow("original",o)
cv2.imshow("Gaussian",r)
cv2.waitKey()
cv2.destroyAllWindows()
```

此程序会将原始图像以 9×9 大小的邻域进行均值滤波，程序运行结果如图 7-43 所示。

图 7-43　　【例 7.10】程序的运行结果

当然，本例中使用的卷积核比较简单，该滤波操作与直接使用均值滤波语句"r=cv2.blur(o,(5,5))"的效果是一样的。在实际应用中，可以定义更复杂的卷积核实现自定义滤波操作。

# 第 8 章
# 形态学操作

形态学，即数学形态学（Mathematical Morphology），是图像处理过程中一个非常重要的研究方向。形态学主要从图像内提取分量信息，该分量信息通常对于表达和描绘图像的形状具有重要意义，通常是图像理解时所使用的最本质的形状特征。例如，在识别手写数字时，能够通过形态学运算得到其骨架信息，在具体识别时，仅针对其骨架进行运算即可。形态学处理在视觉检测、文字识别、医学图像处理、图像压缩编码等领域都有非常重要的应用。

形态学操作主要包含：腐蚀、膨胀、开运算、闭运算、形态学梯度（Morphological Gradient）运算、顶帽运算（礼帽运算）、黑帽运算等操作。腐蚀操作和膨胀操作是形态学运算的基础，将腐蚀和膨胀操作进行结合，就可以实现开运算、闭运算、形态学梯度运算、顶帽运算、黑帽运算、击中击不中等不同形式的运算。

## 8.1 腐蚀

腐蚀是最基本的形态学操作之一，它能够将图像的边界点消除，使图像沿着边界向内收缩，也可以将小于指定结构体元素的部分去除。

腐蚀用来"收缩"或者"细化"二值图像中的前景，借此实现去除噪声、元素分割等功能。例如，图 8-1(a)是原始图像，图 8-1(b)是对其腐蚀的处理结果。

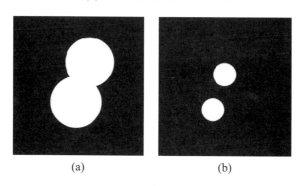

(a)　　　　　　　　　　(b)

图 8-1　腐蚀示例

在腐蚀过程中，通常使用一个结构元来逐个像素地扫描要被腐蚀的图像，并根据结构元和被腐蚀图像的关系来确定腐蚀结果。

例如，在图 8-2 中，整幅图像的背景色是黑色的，前景对象是一个白色的圆形。图像左上角的深色小方块是遍历图像所使用的结构元。在腐蚀过程中，要将该结构元逐个像素地遍历整幅图像，并根据结构元与被腐蚀图像的关系，来确定腐蚀结果图像中对应结构元中心点位置的像素点的值。

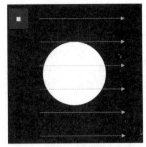

图 8-2　结构元与被腐蚀图像

需要注意的是，腐蚀操作等形态学操作是逐个像素地来决定值的，每次判定的点都是与结构元中心点所对应的点。

图 8-3 中的两幅图像表示结构元与前景色的两种不同关系。根据这两种不同的关系来决定，腐蚀结果图像中的结构元中心点所对应位置像素点的像素值。

- 如果结构元完全处于前景图像中（图 8-3(a)），就将结构元中心点所对应的腐蚀结果图像中的像素点处理为前景色（白色，像素点的像素值为 1）。
- 如果结构元未完全处于前景图像中（可能部分在，也可能完全不在，图 8-3(b)），就将结构元中心点对应的腐蚀结果图像中的像素点处理为背景色（黑色，像素点的像素值为 0）。

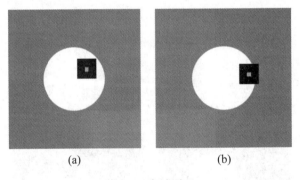

(a)　　　　　　　　　　　　(b)

图 8-3　腐蚀原理

针对图 8-3 中的图像，腐蚀的结果就是前景色的白色圆直径变小。上述结构元也被称为核。

例如，有需要被腐蚀的图像 img，其值如下，其中 1 表示白色前景，0 表示黑色背景：

```
[[0 0 0 0 0]
[0 1 1 1 0]
[0 1 1 1 0]
[0 1 1 1 0]
[0 0 0 0 0]]
```

有一个结构元 kernel，其值为

```
[[1]
[1]
[1]]
```

如果使用结构元 kernel 对图像 img 进行腐蚀，则可以得到腐蚀结果图像 rst：

```
[[0 0 0 0 0]
 [0 0 0 0 0]
 [0 1 1 1 0]
 [0 0 0 0 0]
 [0 0 0 0 0]]
```

这是因为，当结构元 kernel 在图像 img 内逐个像素遍历时，只有当核 kernel 的中心点 "kernel[1,0]" 位于 img 中的 img[2,1]、img[2,2]、img[2,3]时，核才完全处于前景图像中。所以在腐蚀结果图像 rst 中，只有这三个点的值被处理为 1，其余像素点的值被处理为 0。

上述示例如图 8-4 所示，其中：

- 图 8-4(a)表示要被腐蚀的 img。
- 图 8-4(b)是核 kernel。
- 图 8-4(c)中的阴影部分是 kernel 在遍历 img 时，kernel 完全位于前景对象内部时的 3 个全部可能位置；此时，核中心分别位于 img[2,1]、img[2,2]和 img[2,3]处。也就是说，当核 kernel 处于任何其他位置，核 kernel 都不能完全位于前景对象中。
- 图 8-4(d)是腐蚀结果 rst，即在 kernel 完全位于前景图像中时，将其中心点所对应的 rst 中像素点的值置为 1；当 kernel 不完全位于前景图像中时，将其中心点对应的 rst 中像素点的值置为 0。

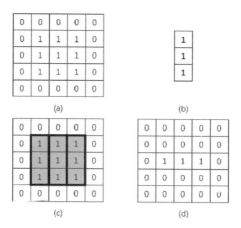

图 8-4　腐蚀示意图

在 OpenCV 中，使用函数 cv2.erode()实现腐蚀操作，其语法格式为

```
dst = cv2.erode( src, kernel[, anchor[, iterations[, borderType[,
borderValue]]]] )
```

其中：

- dst 是腐蚀后所输出的目标图像，该图像和原始图像具有同样的类型和大小。
- src 是需要进行腐蚀的原始图像，图像的通道数可以是任意的。但是要求图像的深度必须是 CV_8U、CV_16U、CV_16S、CV_32F、CV_64F 中的一种。
- kernel 代表腐蚀操作时所采用的结构类型。它可以自定义生成，也可以通过函数 cv2.getStructuringElement()生成。

- anchor 代表 element 结构中锚点的位置。该值默认为(-1,-1)，在核的中心位置。
- iterations 是腐蚀操作迭代的次数，该值默认为 1，即只进行一次腐蚀操作。
- borderType 代表边界样式，一般采用其默认值 BORDER_CONSTANT。该项的具体值如表 8-1 所示。

表 8-1　borderType 值

| 类型 | 说明 |
| --- | --- |
| cv2.BORDER_CONSTANT | iiiiii\|abcdefgh\|iiiiiii，特定值 i |
| cv2.BORDER_REPLICATE | aaaaaa\|abcdefgh\|hhhhhhh |
| cv2.BORDER_REFLECT | fedcba\|abcdefgh\|hgfedcb |
| cv2.BORDER_WRAP | cdefgh\|abcdefgh\|abcdefg |
| cv2.BORDER_REFLECT_101 | gfedcb\|abcdefgh\|gfedcba |
| cv2.BORDER_TRANSPARENT | uvwxyz\|abcdefgh\|ijklmno |
| cv2.BORDER_REFLECT101 | 与 BORDER_REFLECT_101 相同 |
| cv2.BORDER_DEFAULT | 与 BORDER_REFLECT_101 相同 |
| cv2.BORDER_ISOLATED | 不考虑 ROI（Region of Interest，感兴趣区域）之外的区域 |

- borderValue 是边界值，一般采用默认值。在 C++中提供了函数 morphologyDefault BorderValue()来返回腐蚀和膨胀的"魔力（magic）"边界值，Python 不支持该函数。

【例 8.1】使用数组演示腐蚀的基本原理。

根据题目要求，编写程序如下：

```
import cv2
import numpy as np
img=np.zeros((5,5),np.uint8)
img[1:4,1:4]=1
kernel = np.ones((3,1),np.uint8)
erosion = cv2.erode(img,kernel)
print("img=\n",img)
print("kernel=\n",kernel)
print("erosion=\n",erosion)
```

运行程序，结果如下所示：

```
img=
 [[0 0 0 0 0]
 [0 1 1 1 0]
 [0 1 1 1 0]
 [0 1 1 1 0]
 [0 0 0 0 0]]
kernel=
 [[1]
 [1]
 [1]]
erosion=
 [[0 0 0 0 0]
 [0 0 0 0 0]
```

```
[0 1 1 1 0]
[0 0 0 0 0]
[0 0 0 0 0]]
```

从本例中可以看到，只有当核 kernel 的中心点位于 img 中的 img[2,1]、img[2,2]、img[2,3]
处时，核才完全处于前景图像中。所以，在腐蚀结果图像中，只有这三个点的值为 1，其余点
的值皆为 0。

**【例 8.2】** 使用函数 cv2.erode()完成图像腐蚀。

根据题目要求，编写程序如下：

```
import cv2
import numpy as np
o=cv2.imread("erode.bmp",cv2.IMREAD_UNCHANGED)
kernel = np.ones((5,5),np.uint8)
erosion = cv2.erode(o,kernel)
cv2.imshow("orriginal",o)
cv2.imshow("erosion",erosion)
cv2.waitKey()
cv2.destroyAllWindows()
```

在本例中，使用语句 kernel=np.ones((5,5),np.uint8)生成如图 8-5 所示的 5×5 的核，来对原
始图像进行腐蚀。

| 1 | 1 | 1 | 1 | 1 |
| 1 | 1 | 1 | 1 | 1 |
| 1 | 1 | **1** | 1 | 1 |
| 1 | 1 | 1 | 1 | 1 |
| 1 | 1 | 1 | 1 | 1 |

图 8-5　自定义核

运行程序，结果如图 8-6 所示。其中，图 8-9(a)是原始图像，图 8-6(b)是腐蚀处理结果。可
以看到，腐蚀操作将原始图像内的毛刺腐蚀掉了。

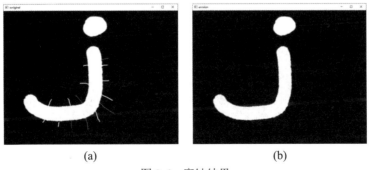

(a)　　　　　　　　　　　　　(b)

图 8-6　腐蚀结果

**【例 8.3】** 调节函数 cv2.erode() 的参数，观察不同参数控制下的图像腐蚀效果。

根据题目要求，编写程序如下：

```
import cv2
import numpy as np
o=cv2.imread("erode.bmp",cv2.IMREAD_UNCHANGED)
kernel = np.ones((9,9),np.uint8)
erosion = cv2.erode(o,kernel,iterations = 5)
cv2.imshow("orriginal",o)
cv2.imshow("erosion",erosion)
cv2.waitKey()
cv2.destroyAllWindows()
```

在本例中，相比前述例题，参数做了两处调整：

- 核的尺寸变为 9×9。
- 使用参数 iterations = 5 对函数 cv2.erode() 的迭代次数进行控制，让其迭代 5 次。

运行程序，结果如图 8-7 所示。其中，图 8-7(a) 是原始图像，图 8-7(b) 是腐蚀处理结果。从图中可以看到，腐蚀操作将原始图像内的毛刺腐蚀掉了。由于本例使用了更大的核、更多的迭代次数，所以图像被腐蚀得更严重了。

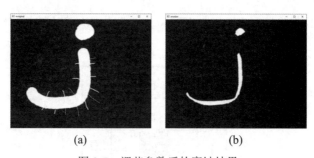

(a)　　　　　　　　　　　　　　(b)

图 8-7　调节参数后的腐蚀结果

## 8.2　膨胀

膨胀操作是形态学中另外一种基本的操作。膨胀操作和腐蚀操作的作用是相反的，膨胀操作能对图像的边界进行扩张。膨胀操作将与当前对象（前景）接触到的背景点合并到当前对象内，从而实现将图像的边界点向外扩张。如果图像内两个对象的距离较近，那么在膨胀的过程中，两个对象可能会连通在一起。膨胀操作对填补图像分割后图像内所存在的空白相当有帮助。二值图像膨胀效果如图 8-8 所示。

(a) 原始图像　　　　　(b) 结果图像

图 8-8　二值图像膨胀效果

同腐蚀过程一样，在膨胀过程中，也是使用一个结构元来逐个像素地扫描要膨胀的图像，并根据结构元和待膨胀图像的关系来确定膨胀结果。

例如，在图 8-9 中，整幅图像的背景色是黑色的，前景对象是一个白色的圆形。图像左上角的深色小块表示遍历图像所使用的结构元。在膨胀过程中，要将该结构元逐个像素地遍历整幅图像，并根据结构元与待膨胀图像的关系，来确定膨胀结果图像中与结构元中心点对应位置像素点的值。

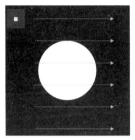

图 8-9　结构元与待膨胀图像

图 8-10 中的两幅图像代表结构元与前景色的两种不同关系。根据这两种不同关系来决定膨胀结果图像中，与结构元中心像素重合的点的像素值。

- 如果结构元中任意一点处于前景图像中，就将膨胀结果图像中对应像素点处理为前景色。
- 如果结构元完全处于背景图像外，就将膨胀结果图像中对应像素点处理为背景色。

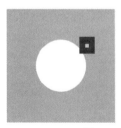 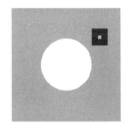

图 8-10　膨胀原理

针对图 8-10 中的图像，膨胀的结果就是前景对象的白色圆直径变大。上述结构元也被称为核。

例如，有待膨胀的图像 img，其值为

```
[[0 0 0 0 0]
[0 0 0 0 0]
[0 1 1 1 0]
[0 0 0 0 0]
[0 0 0 0 0]]
```

有一个结构元 kernel，其值为

```
[[1]
[1]
[1]]
```

如果使用结构元 kernel 对图像 img 进行膨胀，则可以得到膨胀结果图像 rst：

```
[[0 0 0 0 0]
 [0 1 1 1 0]
 [0 1 1 1 0]
 [0 1 1 1 0]
 [0 0 0 0 0]]
```

这是因为当结构元 kernel 在图像 img 内逐个像素地进行遍历时，当核 kernel 的中心点 kernel[1,0]位于 img 中的 img[1,1]、img[1,2]、img[1,3]、img[2,1]、img[2,2]、img[2,3]、img[3,1]、img[3,2]或 img[3,3]处时，核内像素点都存在与前景对象重合的像素点。所以，在膨胀结果图像中，这 9 个像素点的值被处理为 1，其余像素点的值被处理为 0。

上述示例的示意图如图 8-11 所示，其中：

- 图 8-11(a)表示待膨胀的 img。
- 图 8-11(b)是核 kernel。
- 图 8-11(c)中的阴影部分是 kernel 在遍历 img 时，kernel 中心像素点位于 img[1,1]、img[3,3] 时与前景色存在重合像素点的两种可能情况。实际上，共有 9 个这样的与前景对象重合的可能位置。当核 kernel 的中心分别位于 img[1,1]、img[1,2]、img[1,3]、img[2,1]、img[2,2]、img[2,3]、img[3,1]、img[3,2]或 img[3,3]时，核内像素点都存在与前景图像重合的像素点。
- 图 8-11(d)是膨胀结果图像 rst。在 kernel 内，当任意一个像素点与前景对象重合时，其中心点所对应的膨胀结果图像内的像素点值的为 1；当 kernel 与前景对象完全无重合时，其中心点对应的膨胀结果图像内像素点的值为 0。

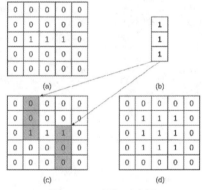

图 8-11　膨胀示意图

在 OpenCV 内，采用函数 cv2.dilate()实现对图像的膨胀操作，该函数的语法结构为

```
dst = cv2.dilate( src, kernel[, anchor[, iterations[, borderType[,
borderValue]]]])
```

其中：

- dst 代表膨胀后所输出的目标图像，该图像和原始图像具有同样的类型和大小。
- src 代表需要进行膨胀操作的原始图像。图像的通道数可以是任意的，但是要求图像的深度必须是 CV_8U、CV_16U、CV_16S、CV_32F、CV_64F 中的一种。
- kernel 代表膨胀操作所采用的结构类型。它可以自定义生成，也可以通过函数

cv2.getStructuringElement()生成。

参数 anchor、iterations、borderType、borderValue 与函数 cv2.erode()内相应参数的含义一致。

【例 8.4】使用数组演示膨胀的基本原理。

根据题目要求，编写程序如下：

```
import cv2
import numpy as np
img=np.zeros((5,5),np.uint8)
img[2:3,1:4]=1
kernel = np.ones((3,1),np.uint8)
dilation = cv2.dilate(img,kernel)
print("img=\n",img)
print("kernel=\n",kernel)
print("dilation\n",dilation)
```

运行程序，结果如下所示：

```
img=
 [[0 0 0 0 0]
 [0 0 0 0 0]
 [0 1 1 1 0]
 [0 0 0 0 0]
 [0 0 0 0 0]]
kernel=
 [[1]
 [1]
 [1]]
dilation
 [[0 0 0 0 0]
 [0 1 1 1 0]
 [0 1 1 1 0]
 [0 1 1 1 0]
 [0 0 0 0 0]]
```

从本例中可以看到，只要当核 kernel 的任意一点处于前景图像中时，就将当前中心点所对应的膨胀结果图像内像素点的值置为 1。

【例 8.5】使用函数 cv2.dilate()完成图像膨胀操作。

根据题目要求，编写程序如下：

```
import cv2
import numpy as np
o=cv2.imread("dilation.bmp",cv2.IMREAD_UNCHANGED)
kernel = np.ones((9,9),np.uint8)
dilation = cv2.dilate(o,kernel)
cv2.imshow("original",o)
cv2.imshow("dilation",dilation)
cv2.waitKey()
cv2.destroyAllWindows()
```

在本例中，使用语句 kernel=np.ones((9,9),np.uint8)生成 9×9 的核，来对原始图像进行膨胀操作。

运行程序，结果如图 8-12 所示。其中，图 8-12(a)是原始图像，图 8-12(b)是膨胀处理结果。从图中可以看到，膨胀操作将原始图像"变粗"了。

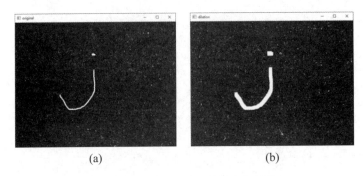

(a)　　　　　　　　　(b)

图 8-12　【例 8.5】对应的膨胀结果

**【例 8.6】**调节函数 cv2.dilate()的参数，观察不同参数控制下的图像膨胀效果。

根据题目要求，编写程序如下：

```
import cv2
import numpy as np
o=cv2.imread("dilation.bmp",cv2.IMREAD_UNCHANGED)
kernel = np.ones((5,5),np.uint8)
dilation = cv2.dilate(o,kernel,iterations = 9)
cv2.imshow("original",o)
cv2.imshow("dilation", dilation)
cv2.waitKey()
cv2.destroyAllWindows()
```

在本例中，相比前述例题，参数做了两个调整：

- 核的大小变为 5×5。
- 使用语句 iterations = 9 对迭代次数进行控制，让膨胀重复 9 次。

运行程序，结果如图 8-13 所示。其中，图 8-13(a)是原始图像，图 8-13(b)是膨胀处理结果。从图中可以看到，膨胀操作让原始图像实现了"生长"。在本例中，由于重复了 9 次，所以图像被膨胀得更严重了。

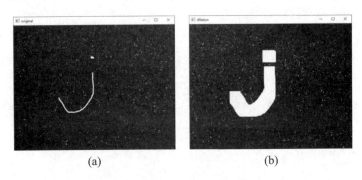

(a)　　　　　　　　　(b)

图 8-13　【例 8.6】对应的膨胀结果

## 8.3　通用形态学函数

腐蚀操作和膨胀操作是形态学运算的基础,将腐蚀和膨胀操作进行组合,就可以实现开运算、闭运算(关运算)、形态学梯度(Morphological Gradient)运算、礼帽运算(顶帽运算)、黑帽运算、击中击不中等多种不同形式的运算。

OpenCV 提供了函数 cv2.morphologyEx()来实现上述形态学运算,其语法结构如下:

```
dst = cv2.morphologyEx( src, op, kernel[, anchor[, iterations[, borderType[,
borderValue]]]] )
```

其中:

- dst 代表经过形态学处理后所输出的目标图像,该图像和原始图像具有同样的类型和大小。
- src 代表需要进行形态学操作的原始图像。图像的通道数可以是任意的,但是要求图像的深度必须是 CV_8U、CV_16U、CV_16S、CV_32F、CV_64F 中的一种。
- op 代表操作类型,如表 8-2 所示。各种形态学运算的操作规则均是将腐蚀和膨胀操作进行组合而得到的。

表 8-2　op 类型

| 类型 | 说明 | 含义 | 操作 |
| --- | --- | --- | --- |
| cv2.MORPH_ERODE | 腐蚀 | 腐蚀 | erode(src) |
| cv2.MORPH_DILATE | 膨胀 | 膨胀 | dilate(src) |
| cv2.MORPH_OPEN | 开运算 | 先腐蚀后膨胀 | dilate(erode(src)) |
| cv2.MORPH_CLOSE | 闭运算 | 先膨胀后腐蚀 | erode(dilate(src)) |
| cv2.MORPH_GRADIENT | 形态学梯度运算 | 膨胀图减腐蚀图 | dilate(src)-erode(src) |
| cv2.MORPH_TOPHAT | 顶帽运算 | 原始图像减开运算所得图像 | src-open(src) |
| cv2.MORPH_BLACKHAT | 黑帽运算 | 闭运算所得图像减原始图像 | close(src)-src |
| cv2.MORPH_HITMISS | 击中击不中 | 前景背景腐蚀运算的交集。仅仅支持 CV_8UC1 二进制图像 | intersection(erode(src),erode(srcI)) |

- 参数 kernel、anchor、iterations、borderType、borderValue 与函数 cv2.erode()内相应参数的含义一致。

## 8.4　开运算

开运算进行的操作是先将图像腐蚀,再对腐蚀的结果进行膨胀。开运算可以用于去噪、计数等。

例如,在图 8-14 中,通过先腐蚀后膨胀的开运算操作实现了去噪,其中:

- 图 8-14(a)是原始图像。
- 图 8-14(b)是对原始图像进行腐蚀的结果。
- 图 8-14(c)是对腐蚀后的图像进行膨胀的结果,即对原始图像进行开运算的处理结果。

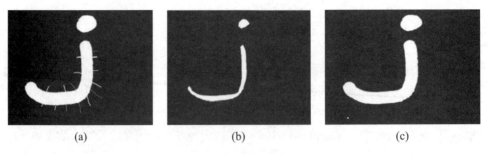

图 8-14　实现去噪的开运算

从图 8-14 中可以看到，原始图像在经过腐蚀、膨胀后实现了去噪的目的。除此以外，开运算还可以用于计数。例如，在对图 8-15 中的区域进行计数前，可以利用开运算将连接在一起的不同区域划分开，其中：

- 图 8-15(a)是原始图像。此时，图中有 2 个方块。但是，由于两个方块连在了一起，从算法上较难直接计算图中方块的数量。
- 图 8-15(b)是对原始图像进行腐蚀的结果。
- 图 8-15(c)是对腐蚀后的图像进行膨胀的结果，即对原始图像进行开运算的处理结果。此时，两个方块在保持原有大小不变的情况下，分离开了。方块分离开后，能够更方便地通过计算得到方块的数量为 2。

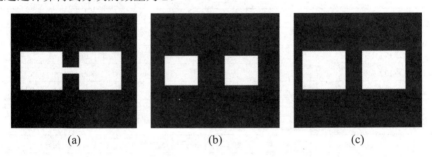

图 8-15　实现计数的开运算

通过将函数 cv2.morphologyEx()中操作类型参数 op 设置为"cv2.MORPH_OPEN"，可以实现开运算。其语法结构如下：

```
opening = cv2.morphologyEx(img, cv2.MORPH_OPEN, kernel)
```

【例 8.7】使用函数 cv2.morphologyEx()实现开运算。

根据题目要求，编写程序如下：

```
import cv2
import numpy as np
img1=cv2.imread("opening.bmp")
img2=cv2.imread("opening2.bmp")
k=np.ones((10,10),np.uint8)
r1=cv2.morphologyEx(img1,cv2.MORPH_OPEN,k)
r2=cv2.morphologyEx(img2,cv2.MORPH_OPEN,k)
cv2.imshow("img1",img1)
cv2.imshow("result1",r1)
cv2.imshow("img2",img2)
```

```
cv2.imshow("result2",r2)
cv2.waitKey()
cv2.destroyAllWindows()
```

在本例中，分别针对两幅不同的图像做了开运算。运行程序，结果如图 8-16 所示，其中：

- 图 8-16(a)是原始图像 img1。
- 图 8-16(b)是原始图像 img1 经过开运算得到的图像 r1。
- 图 8-16(c)是原始图像 img2。
- 图 8-16(d)是原始图像 img2 经过开运算得到的图像 r2。

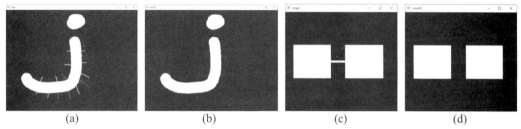

(a)　　　　　　　(b)　　　　　　　(c)　　　　　　　(d)

图 8-16　【例 8.7】对应的开运算结果

## 8.5　闭运算

闭运算是先膨胀、后腐蚀的运算，它有助于关闭前景物体内部的小孔，或去除物体上的小黑点，还可以将不同的前景图像进行连接。

例如，在图 8-17 中，通过先膨胀后腐蚀的闭运算去除了原始图像内部的小孔（内部闭合的闭运算），其中：

- 图 8-17(a)是原始图像。
- 图 8-17(b)是对原始图像进行膨胀的结果。
- 图 8-17(c)是对膨胀后的图像进行腐蚀的结果，即对原始图像进行闭运算的结果。

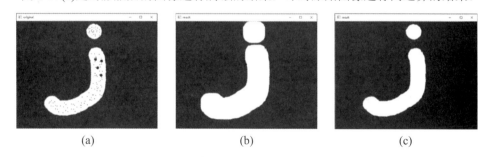

(a)　　　　　　　　　(b)　　　　　　　　　(c)

图 8-17　实现去除内部小孔的闭运算

从图 8-17 可以看到，原始图像在经过膨胀、腐蚀后，实现了闭合内部小孔的目的。除此以外，闭运算还可以实现前景图像的连接。例如，在图 8-18 中，利用闭运算将原本独立的两部分前景图像连接在一起，其中：

- 图 8-18(a)是原始图像。
- 图 8-18(b)是对原始图像进行膨胀的结果。

- 图 8-18(c)是对膨胀后的图像进行腐蚀的结果，即对原始图像进行闭运算的结果。

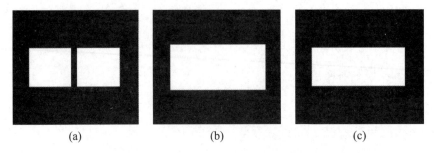

（a）　　　　　　　　　（b）　　　　　　　　　（c）

图 8-18　实现闭合连接的闭运算

通过将函数 cv2.morphologyEx()中操作类型参数 op 设置为"cv2.MORPH_CLOSE"，可以实现闭运算。其语法结构如下：

```
closing = cv2.morphologyEx(img, cv2.MORPH_CLOSE, kernel)
```

【例 8.8】使用函数 cv2.morphologyEx()实现闭运算。

根据题目要求，编写程序如下：

```
import cv2
import numpy as np
img1=cv2.imread("closing.bmp")
img2=cv2.imread("closing2.bmp")
k=np.ones((10,10),np.uint8)
r1=cv2.morphologyEx(img1,cv2.MORPH_CLOSE,k,iterations=3)
r2=cv2.morphologyEx(img2,cv2.MORPH_CLOSE,k,iterations=3)
cv2.imshow("img1",img1)
cv2.imshow("result1",r1)
cv2.imshow("img2",img2)
cv2.imshow("result2",r2)
cv2.waitKey()
cv2.destroyAllWindows()
```

在本例中，分别针对两幅不同的图像做了闭运算。运行程序，结果如图 8-19 所示，其中：

- 图 8-19(a)是原始图像 img1。
- 图 8-19(b)是原始图像 img1 经过闭运算得到的图像 r1。
- 图 8-19(c)是原始图像 img2。
- 图 8-19(d)是原始图像 img2 经过闭运算得到的图像 r2。

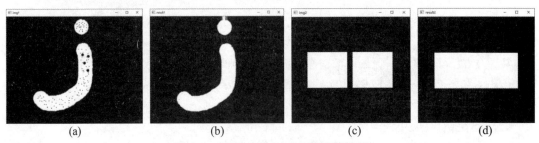

（a）　　　　　　　　（b）　　　　　　　　（c）　　　　　　　　（d）

图 8-19　【例 8.8】对应的闭运算结果

## 8.6　形态学梯度运算

形态学梯度运算是用图像的膨胀图像减腐蚀图像的操作，该操作可以获取原始图像中前景图像的边缘。

例如，图 8-20 演示了形态学梯度运算。

图 8-20　形态学梯度运算

从图 8-20 中可以看到，形态学梯度运算使用膨胀图像（扩张亮度）减腐蚀图像（收缩亮度），得到原始图像中前景对象的边缘。

通过将函数 cv2.morphologyEx()的操作类型参数 op 设置为"cv2.MORPH_GRADIENT"，可以实现形态学梯度运算。其语法结构如下：

```
result = cv2.morphologyEx(img, cv2.MORPH_GRADIENT, kernel)
```

【例 8.9】使用函数 cv2.morphologyEx()实现形态学梯度运算。

根据题目要求，编写程序如下：

```
import cv2
import numpy as np
o=cv2.imread("gradient.bmp",cv2.IMREAD_UNCHANGED)
k=np.ones((5,5),np.uint8)
r=cv2.morphologyEx(o,cv2.MORPH_GRADIENT,k)
cv2.imshow("original",o)
cv2.imshow("result",r)
cv2.waitKey()
cv2.destroyAllWindows()
```

运行程序，结果如图 8-21 所示，其中图 8-21(a)是原始图像，图 8-21(b)是形态学梯度运算结果。

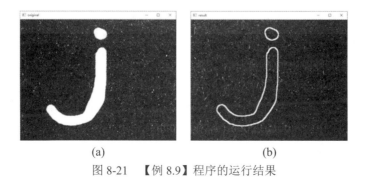

(a)　　　　　　　　　　　(b)

图 8-21　【例 8.9】程序的运行结果

需要说明的是，为了更直观地演示，我们选择了非常极端的一个字母作为演示效果。实际上，形态学梯度对于任何图像都有较好的边缘提取效果，大家可以换一幅更美观的图像观看处理效果。

## 8.7 礼帽运算

礼帽运算是用原始图像减去其开运算图像的操作。礼帽运算能够获取图像的噪声信息，或者得到比原始图像的边缘更亮的边缘信息。

例如，图 8-22 是一个礼帽运算示例，其中：

- 图 8-22(a)是原始图像。
- 图 8-22(b)是开运算图像。
- 图 8-22(c)是原始图像减开运算图像所得到的礼帽图像。即，图 8-22(c)=图 8-22(a)－图 8-22(b)。

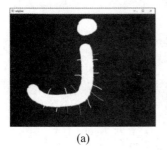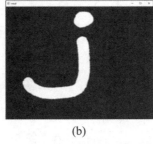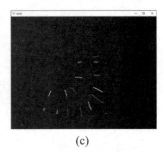

(a)                    (b)                    (c)

图 8-22　礼帽运算示意图

从图 8-22 中可以看到，礼帽运算使用原始图像减开运算图像得到礼帽图像，礼帽图像是原始图像中的噪声信息。

例如，图 8-23(a)是原始图像，图 8-23(b)是开运算图像，图 8-23(c)是原始图像减开运算图像得到的礼帽图像，礼帽图像显示的是比原始图像的边缘更亮的边缘信息。

(a)                    (b)                    (c)

图 8-23　礼帽运算实例示意图

通过将函数 cv2.morphologyEx()中操作类型参数 op 设置为"cv2.MORPH_TOPHAT"，可以实现礼帽运算。其语法结构如下：

```
result = cv2.morphologyEx(img, cv2.MORPH_TOPHAT, kernel)
```

【例 8.10】使用函数 cv2.morphologyEx()实现礼帽运算。

根据题目要求，编写程序如下：

```
import cv2
import numpy as np
o1=cv2.imread("tophat.bmp",cv2.IMREAD_UNCHANGED)
o2=cv2.imread("lena.bmp",cv2.IMREAD_UNCHANGED)
k=np.ones((5,5),np.uint8)
r1=cv2.morphologyEx(o1,cv2.MORPH_TOPHAT,k)
r2=cv2.morphologyEx(o2,cv2.MORPH_TOPHAT,k)
cv2.imshow("original1",o1)
cv2.imshow("original2",o2)
cv2.imshow("result1",r1)
cv2.imshow("result2",r2)
cv2.waitKey()
cv2.destroyAllWindows()
```

运行程序，结果如图 8-24 所示，其中：

- 图(a)是原始图像 o1。
- 图(b)是原始图像 o2。
- 图(c)是原始图像 o1 经过礼帽运算得到的图像 r1。
- 图(d)是原始图像 o2 经过礼帽运算得到的图像 r2。

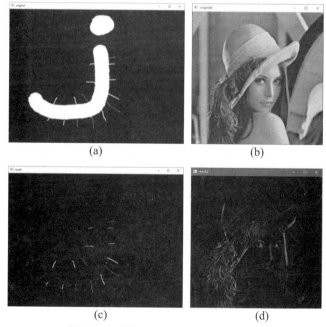

图 8-24　【例 8.10】程序的运行结果

## 8.8　黑帽运算

黑帽运算是用闭运算图像减去原始图像的操作。黑帽运算能够获取图像内部的小孔，或前景色中的小黑点，或者得到比原始图像的边缘更暗的边缘部分。

例如，图 8-25 所示是一个黑帽运算，其中：

- 图 8-25(a)是原始图像。
- 图 8-25(b)是闭运算图像。
- 图 8-25(c)是使用闭运算图像减原始图像所得到的黑帽图像。即，图 8-25(c)=图 8-25(b)－图 8-25(a)。

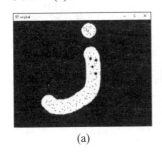 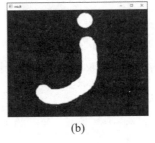 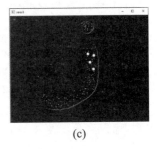

(a)　　　　　　　　　　(b)　　　　　　　　　　(c)

图 8-25　黑帽运算示意图

从图 8-25 可以看到，黑帽运算使用闭运算图像减原始图像得到黑帽图像，黑帽图像是原始图像中的小孔（噪声）。

例如，图 8-26(a)是原始图像，图 8-26(b)是闭运算图像，图 8-26(c)是闭运算图像减原始图像得到的黑帽图像，黑帽图像显示的是比原始图像边缘更暗的边缘部分。

(a)　　　　　　　　　　(b)　　　　　　　　　　(c)

图 8-26　黑帽运算实例示意图

通过将函数 cv2.morphologyEx()中操作类型参数 op 设置为"cv2.MORPH_BLACKHAT"，可以实现黑帽运算。其语法结构如下：

```
result = cv2.morphologyEx(img, cv2.MORPH_BLACKHAT, kernel)
```

【例 8.11】使用函数 cv2.morphologyEx()实现黑帽运算。

根据题目要求，编写程序如下：

```
import cv2
import numpy as np
o1=cv2.imread("blackhat.bmp",cv2.IMREAD_UNCHANGED)
o2=cv2.imread("lena.bmp",cv2.IMREAD_UNCHANGED)
```

```
k=np.ones((5,5),np.uint8)
r1=cv2.morphologyEx(o1,cv2.MORPH_BLACKHAT,k)
r2=cv2.morphologyEx(o2,cv2.MORPH_BLACKHAT,k)
cv2.imshow("original1",o1)
cv2.imshow("original2",o2)
cv2.imshow("result1",r1)
cv2.imshow("result2",r2)
cv2.waitKey()
cv2.destroyAllWindows()
```

运行程序，结果如图 8-27 所示，其中：

- 图 8-27(a)是原始图像 o1。
- 图 8-27(b)是原始图像 o2。
- 图 8-27(c)是原始图像 o1 经过黑帽运算得到的图像 r1。
- 图 8-27(d)是原始图像 o2 经过黑帽运算得到的图像 r2。

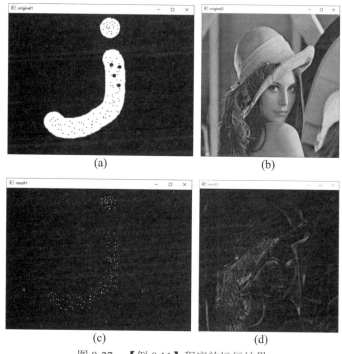

(a)　　　　　　　(b)

(c)　　　　　　　(d)

图 8-27　【例 8.11】程序的运行结果

## 8.9　核函数

在进行形态学操作时，必须使用一个特定的核（结构元）。该核可以自定义生成，也可以通过函数 cv2.getStructuringElement()构造。函数 cv2.getStructuringElement()能够构造并返回一个用于形态学处理所使用的结构元素。该函数的语法格式为

```
retval = cv2.getStructuringElement( shape, ksize[, anchor])
```

该函数用来返回一个用于形态学操作的指定大小和形状的结构元素。

函数中的参数含义如下。

- shape 代表形状类型，其可能的取值如表 8-3 所示。

表 8-3　形状类型

| 类型 | 说明 |
| --- | --- |
| cv2.MORPH_RECT | 矩形结构元素。所有元素值都是 1 |
| cv2.MORPH_CROSS | 十字形结构元素。对角线元素值为 1 |
| cv2.MORPH_ELLIPSE | 椭圆形结构元素 |

- ksize 代表结构元素的大小。
- anchor 代表结构元素中的锚点位置。默认的值是(-1, -1)，是形状的中心。只有十字星型的形状与锚点位置紧密相关。在其他情况下，锚点位置仅用于形态学运算结果的调整。

当然，除了使用该函数，用户也可以自己构建任意二进制掩码作为形态学操作中所使用的结构元素。

【例 8.12】使用函数 cv2.getStructuringElement()生成不同结构的核。

根据题目要求，编写程序如下：

```
import cv2
kernel1 = cv2.getStructuringElement(cv2.MORPH_RECT, (5,5))
kernel2 = cv2.getStructuringElement(cv2.MORPH_CROSS, (5,5))
kernel3 = cv2.getStructuringElement(cv2.MORPH_ELLIPSE, (5,5))
print("kernel1=\n",kernel1)
print("kernel2=\n",kernel2)
print("kernel3=\n",kernel3)
```

运行程序，结果如下：

```
kernel1=
 [[1 1 1 1 1]
 [1 1 1 1 1]
 [1 1 1 1 1]
 [1 1 1 1 1]
 [1 1 1 1 1]]
kernel2=
 [[0 0 1 0 0]
 [0 0 1 0 0]
 [1 1 1 1 1]
 [0 0 1 0 0]
 [0 0 1 0 0]]
kernel3=
 [[0 0 1 0 0]
 [1 1 1 1 1]
 [1 1 1 1 1]
 [1 1 1 1 1]
 [0 0 1 0 0]]
```

【**例 8.13**】编写程序，观察不同的核对形态学操作的影响。

根据题目要求，编写程序如下：

```
import cv2
o=cv2.imread("kernel.bmp",cv2.IMREAD_UNCHANGED)
kernel1 = cv2.getStructuringElement(cv2.MORPH_RECT, (59,59))
kernel2 = cv2.getStructuringElement(cv2.MORPH_CROSS, (59,59))
kernel3 = cv2.getStructuringElement(cv2.MORPH_ELLIPSE, (59,59))
dst1 = cv2.dilate(o,kernel1)
dst2 = cv2.dilate(o,kernel2)
dst3 = cv2.dilate(o,kernel3)
cv2.imshow("orriginal",o)
cv2.imshow("dst1",dst1)
cv2.imshow("dst2",dst2)
cv2.imshow("dst3",dst3)
cv2.waitKey()
cv2.destroyAllWindows()
```

运行程序，结果如图 8-28 所示，其中：

- 图 8-28(a)是原始图像 o1。
- 图 8-28(b)是使用矩形结构核对原始图像进行膨胀操作的结果 dst1。
- 图 8-28(c)是使用十字结构核对原始图像进行膨胀操作的结果 dst2。
- 图 8-28(d)是使用椭圆结构核对原始图像进行膨胀操作的结果 dst3。

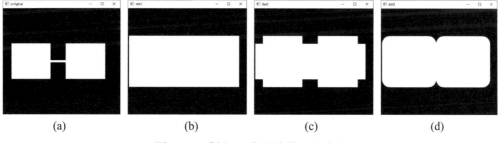

| (a) | (b) | (c) | (d) |

图 8-28   【例 8.13】程序的运行结果

# 第 9 章

# 图像梯度

图像梯度计算的是图像变化的速度。对于图像的边缘部分，其灰度值变化较大，梯度值也较大；相反，对于图像中比较平滑的部分，其灰度值变化较小，相应的梯度值也较小。一般情况下，图像梯度计算的是图像的边缘信息。

严格来讲，图像梯度计算需要求导数，但是图像梯度一般通过计算像素值的差来得到梯度的近似值（近似导数值）。

例如，图 9-1 中的左右两幅图分别描述了图像的水平边界和垂直边界。

针对左图，通过垂直方向的线条 $A$ 和线条 $B$ 的位置，可以计算图像水平方向的边界：

- 对于线条 $A$ 和线条 $B$，其右侧像素值与左侧像素值的差值不为零，因此是边界。
- 对于其余列，其右侧像素值与左侧像素值的差值均为零，因此不是边界。

针对右图，通过水平方向的线条 $A$ 和线条 $B$ 的位置，可以计算图像垂直方向的边界：

- 对于线条 $A$ 和线条 $B$，其下侧像素值与上侧像素值的差值不为零，因此是边界。
- 对于其余行，其下侧像素值与上侧像素值的差值均为零，因此不是边界。

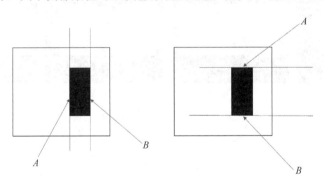

图 9-1　图像边界示意图

将上述运算关系进一步优化，可以得到更复杂的边缘信息。本章将关注 Sobel 算子、Scharr 算子和 Laplacian 算子的使用。

## 9.1　卷积基础

在第 7 章中，我们介绍了均值滤波的基本原理。在均值滤波中，使用一个卷积核实现对图像的平滑处理，如图 9-2 所示。图 9-2 中，左侧是原始图像，中间是卷积核，右侧是均值滤波结果。

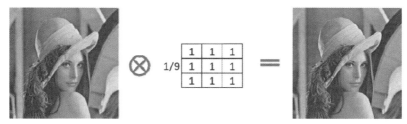

图 9-2　均值滤波示意图

卷积运算是图像处理中非常关键的一种运算，下面我们从更一般的角度来说明一下卷积的基本操作及其改进。

如图 9-3 所示，图中四幅图表示进行四次不同的运算。左边一列是原始图像、中间一列是卷积核，右边一列是每次的运算结果。具体来说：

- 图 9-3(a)中，进行的是第 1 次卷积运算。首先，将卷积核置于原始图像的左上角，如图中阴影位置所示。接下来，将原始图像与卷积核图像对应位置上的像素相乘，并求和。即：

  "1×1+2×0+3×2+

  2×2+1×1+0×0

  3×2+0×0+1×1=19"

  得到 19 后，将其放到运算结果的第 1 行第 1 列。

- 图 9-3(b)中，进行的是第 2 次卷积运算。首先，将卷积核在原始图像中右移一个像素的位置，如图中阴影所示。接下来，将原始图像与卷积核图像对应位置上的像素相乘，并求和，得到数值 10。最后，将数值 10 放置在结果图像的第 1 行第 2 列。

- 图 9-3(c)中，进行的是第 3 次卷积运算。前述步骤中，卷积核已经从左上角开始，自左向右完成了遍历。接下来，要将卷积核移动到原始图像的最左端，并向下移动一个像素。此时，卷积核在原始图像中的位置如图 9-3(c)中阴影所示。接下来，将原始图像与卷积核图像对应位置上的像素相乘，并求和，得到数值 11。最后，将数值 11 放置在结果图像的第 2 行第 1 列。

- 图 9-3(d)中，进行的是第 4 次卷积运算。首先，将卷积核在原始图像中右移一个像素的位置，如图中阴影所示。接下来，将原始图像与卷积核图像对应位置上的像素相乘，并求和，得到数值 8。最后，将数值 8 放置在结果图像的第 2 行第 2 列。

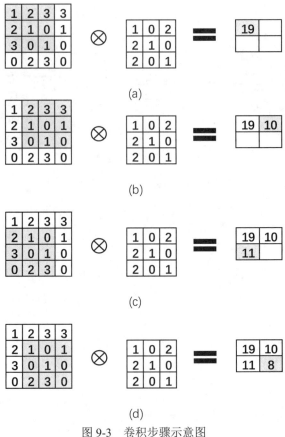

图 9-3　卷积步骤示意图

---

【提示】需要注意，为了理解上的方便，上述说明中，序号是从 1 开始的。在 OpenCV 程序中，序号是从 0 开始的。

---

通常情况下，上述操作示意图如图 9-4 所示。图中，表示使用中间的卷积核对左侧的原始图像进行卷积操作，得到最右侧的处理结果。

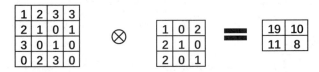

图 9-4　卷积运算示意图

卷积运算一般化示意图如图 9-5 所示。

| 原始图像 | | | | | 卷积核 | | | 结果图像 | | |
|---|---|---|---|---|---|---|---|---|---|---|
| *a* | *b* | *c* | *d* | | *w* | *x* | | *aw+bx+*<br>*ey+fz* | *bw+cx+*<br>*fy+gz* | *cw+dx+*<br>*gy+hz* |
| *e* | *f* | *g* | *h* | | *y* | *z* | | *ew+fx+*<br>*iy+jz* | *fw+gx+*<br>*jy+kz* | *gw+hx+*<br>*ky+lz* |
| *i* | *j* | *k* | *l* | | | | | *iw+jx+*<br>*my+nz* | *jw+kx+*<br>*ny+oz* | *kw+lx+*<br>*oy+pz* |
| *m* | *n* | *o* | *p* | | | | | | | |

图 9-5　卷积运算一般化示意图

从上述运算可知，如果直接进行卷积运算，得到的运算结果与原始图像大小是不一致的。如图 9-5 所示，在使用 2×2 大小的卷积核时，如果原始图像的大小为 4×4，则得到的结果图像大小为 3×3。此时，结果图像相比原始图像变小了。

有时，我们希望通过卷积运算得到图像的某些特征信息，比如图像边缘等。这种情况下，我们希望得到的处理结果与原始图像大小保持一致。此时，我们就需要使用对原始图像填充边界的方式来完成"扩边"，然后再让其进行卷积，以保证能够得到与原始图像一样大小的处理结果。

如图 9-6 所示，图中最左侧的图像中白色背景部分是原始图像，其大小为 4×4；中间是卷积核，其大小为 3×3。当希望卷积处理结果与原始图像保持大小一致，都是 4×4 时，就需要将原始图像进行扩边。如图中左侧图像所示，采用填充边界的方式，将其扩边，让其大小变为 6×6，图中的阴影部分的数值 0 都是填充的边界。此时，使用中间的卷积核，从原始图像的左上角开始移动，完成卷积，即可得到 4×4 大小的处理结果，如图中最右侧所示。

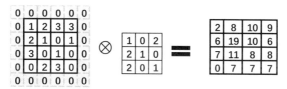

图 9-6　卷积运算扩边示意图

进行卷积运算时，我们的需求可能是多种多样的。例如，在进行图像识别等情况下，我们希望得到比原始图像小一些的特征图像。此时，可以让卷积核在两次运算之间，每次在原始图像上滑动更多的像素距离。如图 9-7 所示，当卷积核在原始图像左上角完成第 1 次卷积运算后，向右侧移动 2 个像素的位置，再进行一下次的卷积。后续操作以此类推，每次都移动 2 个像素距离，这样就会得到比原始图像小得多的结果图像。

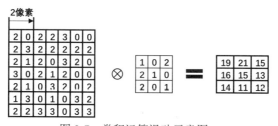

图 9-7　卷积运算滑动示意图

使用不同的卷积核，能够实现不同的效果。如图 9-8 所示，使用不同的卷积核分别实现了平滑、复制、锐化、提取边缘效果。具体为

- 运算(a)使用的卷积核是实现"卷积滤波"时最常用的一种卷积核。该卷积核实现了计算当前像素点 3×3 邻域中共 9 个像素点的均值。显然，该卷积核使用邻域像素均值替换当前像素点值，能够有效实现"均值滤波",也就是图像平滑效果。

- 运算(b)使用的卷积核中，只有中心像素点的值为 1，其余点值均为 0。在运算时，相当于将当前像素点的权重值为 1，其周围邻域像素点的权重均为 0，通过上述运算得到的运算结果仍然是当前像素点的值。所以，该运算不会改变原始图像，得到的仍旧是原始图像自身，相当于完成了图像复制。

- 运算(c)使用的卷积核中，中心像素点的值为 5，其正上方、正下方、正左方、正右方的像素点值均为-1，其左上角、右上角、左下角、右下角的像素值均为 0。该卷积核相当于，使用当前像素点值的 5 倍减去其正上方、正下方、正左方、正右方的像素点值。此时，能够得到图像的锐化结果。

- 运算(d)使用的卷积核中，中心像素点的值为 8，其 3×3 邻域内其他像素值均为-1。该卷积核相当于，使用当前像素点值的 8 倍减去其 3×3 邻域内其他像素点的像素值。此时，能够得到图像的边缘信息。

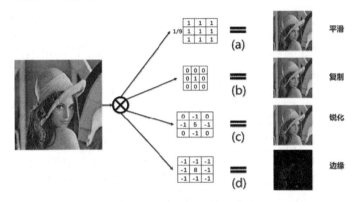

图 9-8　不同卷积运算示意图

图 9-8 中，我们选取了比较常见的卷积核。实际上，卷积核的形式、大小都可以是多样的。在具体的图像处理中，我们经常通过选用各种大小、形式的卷积核，来获取图像不同维度的特征。

## 9.2　Sobel 理论基础

一般来说，我们将"均值滤波"所使用的卷积核，形象地称为"滤波器"。

滤波器，通常是指由一幅图像根据像素点$(x, y)$临近的区域计算得到另外一幅新图像的算法。因此，滤波器是由邻域及预定义的操作构成的。滤波器规定了滤波时所采用的形状以及该区域内像素值的组成规律。

滤波器也被称为"核""模板""窗口""算子""掩膜（掩模、掩码）"等。一般信号领域将其称为"滤波器"，数学领域将其称为"核"。本书中所出现的滤波器多数为"线性滤波器"，也就是说，滤波的目标像素点的值等于原始像素值及其周围像素值的加权和。这种基于线性核的滤波，就是我们所熟悉的卷积。

在本章中，为了与一般说法保持一致，使用"算子"来表示卷积运算所使用的滤波器。例如，本章中所说的"Sobel 算子"通常是指 Sobel 滤波器。

Sobel 算子是一种离散的微分算子，该算子结合了高斯平滑和微分求导运算。该算子利用局部差分寻找边缘，计算所得的是一个梯度的近似值。

Sobel 算子如图 9-9 所示。

|  |  |  |  |  |  |
|---|---|---|---|---|---|
| -1 | 0 | 1 | -1 | -2 | -1 |
| -2 | 0 | 2 | 0 | 0 | 0 |
| -1 | 0 | 1 | 1 | 2 | 1 |

图 9-9　Sobel 算子示例

假定有原始图像 src，下面对 Sobel 算子的计算进行讨论。

### 1. 计算水平方向偏导数的近似值

将 Sobel 算子与原始图像 src 进行卷积计算，可以计算水平方向上的像素值变化情况。例如，当 Sobel 算子的大小为 3×3 时，水平方向偏导数 $G_x$ 的计算方式为

$$G_x = \begin{bmatrix} -1 & 0 & 1 \\ -2 & 0 & 2 \\ -1 & 0 & 1 \end{bmatrix} \cdot \text{src}$$

上式中，src 是原始图像，假设其中有 9 个像素点，如图 9-10 所示。

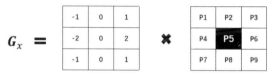

图 9-10　水平方向偏导数计算说明

如果要计算像素点 P5 的水平方向偏导数 $P5_x$，则需要利用 Sobel 算子及 P5 邻域点，所使用的公式为

$$P5_x = (P3-P1) + 2(P6-P4) + (P9-P7)$$

即用像素点 P5 右侧像素点的像素值减去其左侧像素点的像素值。其中，中间像素点（P4 和 P6）距离像素点 P5 较近，其像素值差值的权重为 2；其余差值的权重为 1。

### 2. 计算垂直方向偏导数的近似值

将 Sobel 算子与原始图像 src 进行卷积计算，可以计算垂直方向上的变化情况。例如，当 Sobel 算子的大小为 3×3 时，垂直方向偏导数 $G_y$ 的计算方式为

$$G_y = \begin{bmatrix} -1 & -2 & -1 \\ 0 & 0 & 0 \\ 1 & 2 & 1 \end{bmatrix} \cdot \text{src}$$

上式中，src 是原始图像，假设其中有 9 个像素点，如图 9-11 所示。

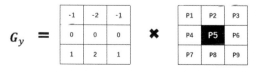

图 9-11　垂直方向偏导数计算说明

如果要计算像素点 P5 的垂直方向偏导数 $P5_y$，则需要利用 Sobel 算子及 P5 邻域点，所使

用的公式为

$$P5_y = (P7-P1) + 2(P8-P2) + (P9-P3)$$

式中，使用像素点 P5 下一行像素点的像素值减去上一行像素点的像素值。其中，中间像素点（P2 和 P8）距离像素点 P5 较近，其像素值差值的权重为 2；其余差值的权重为 1。

## 9.3　Sobel 算子及函数使用

在 OpenCV 内，使用函数 cv2.Sobel()实现 Sobel 算子运算，其语法形式为

```
dst = cv2.Sobel( src, ddepth, dx, dy[,ksize[, scale[, delta[, borderType]]]] )
```

其中：

- dst 代表目标图像。
- src 代表原始图像。
- ddepth 代表输出图像的深度。其具体对应关系如表 9-1 所示。

表 9-1　ddepth 值

| 输入图像深度（src.depth()） | 输出图像深度（ddepth） |
| --- | --- |
| cv2.CV_8U | -1/cv2.CV_16S/cv2.CV_32F/cv2.CV_64F |
| cv2.CV_16U/cv2.CV_16S | -1/cv2.CV_32F/cv2.CV_64F |
| cv2.CV_32F | -1/cv2.CV_32F/cv2.CV_64F |
| cv2.CV_64F | -1/cv2.CV_64F |

- dx 代表 $x$ 方向上的求导阶数。
- dy 代表 $y$ 方向上的求导阶数。
- ksize 代表 Sobel 核的大小。它的值必须是 1，3，5 或者 7。
- scale 代表计算导数值时所采用的缩放因子，默认情况下该值是 1，是没有缩放的。
- delta 代表加在目标图像 dst 上的值，该值是可选的，默认为 0。
- borderType 代表边界样式。该参数的具体类型及值如表 9-2 所示。

表 9-2　borderType 类型及值

| 类型 | 具体值 |
| --- | --- |
| cv2.BORDER_CONSTANT | iiiiii\|abcdefgh\|iiiiiii，特定的 i |
| cv2.BORDER_REPLICATE | aaaaaa\|abcdefgh\|hhhhhhh |
| cv2.BORDER_REFLECT | fedcba\|abcdefgh\|hgfedcb |
| cv2.BORDER_WRAP | cdefgh\|abcdefgh\|abcdefg |
| cv2.BORDER_REFLECT_101 | gfedcb\|abcdefgh\|gfedcba |
| cv2.BORDER_TRANSPARENT | uvwxyz\|abcdefgh\|ijklmno |
| cv2.BORDER_REFLECT101 | 和 BORDER_REFLECT_101 一致 |
| cv2.BORDER_DEFAULT | 和 BORDER_REFLECT_101 一致 |
| cv2.BORDER_ISOLATED | 不考虑 ROI（Region of Interest，感兴趣区域）以外的区域 |

## 9.3.1　参数 ddepth

函数 cv2.Sobel()的语法规定，可以将函数 cv2.Sobel()内 ddepth 参数的值设置为-1，让处理结果与原始图像保持一致。但是，在一些情况下，如果直接将参数 ddepth 的值设置为-1，在计算时得到的结果可能是错误的。

在实际操作中，梯度值是通过计算邻域像素点的差值来实现的，它代表着梯度的大小和方向。绝对值越大，表示梯度越大；正数和负数表示着梯度的不同方向。如图 9-12(a)所示，是某次计算所得到的梯度值。一般情况下，我们可能仅仅关注梯度值的大小，而忽略其方向（正负）。也就是说，在大多数情况下，我们仅仅关注梯度值的绝对值，而不考虑其值的正负。

函数 cv2.Sobel()在处理 8 位位图类型的原始图像时，如果将参数 ddepth 的值设置为-1，则意味着该参数指定了运算结果图像与原始图像类型一致，运算结果头像也是 8 位位图类型。由于 8 位位图所能够表示的数据范围是区间[0,255]，它所能表示的最小值是 0，最大值是 255，无法表示负数，也无法表示超过 255 的数。所以，如果尝试将一个负数存储在 8 位位图中，那么该负数会被自动截断处理为 0，发生信息丢失。当然，如果尝试将一个大于 255 的数值存储在 8 位位图中，那么该大数也会被自动截断处理为 255，同样会发生信息丢失。

如图 9-12 所示，图 9-12(a)是梯度值，如果想将其存储在 8 位位图中，则会将其中的数据处理为图 9-12(b)所示的值。

前述已经说明，虽然梯度值的计算结果既可能是正数，也可能是负数。正负数分别代表着不同的方向。原始图像是 8 位位图时，如果将 ddepth 的参数值设置为-1，梯度值就会被处理为与原始图像一致的 8 位位图。此时，直接将梯度值中的负数简单粗暴地处理为 0。将所有的负数处理为 0，相当于丢失了一个方向的梯度值。所以，将梯度值不加处理而直接存储在 8 位位图中，是不可行的。

为了避免信息丢失，通常情况下，在计算时要先使用更高的数据类型 cv2.CV_64F，再通过"将所有数取绝对值，然后将超过 255 的数截断为 255"的方式，将其映射为 cv2.CV_8U（8位图）类型。经过上述处理，可以得到如图 9-12(c)所示结果。该图中，将图 9-12(a)中所有的值先取绝对值，然后再将所有超过 255 的截断为 255。图 9-12(c)这种处理方式，较好地体现了差值。也就是说，在使用更高的数据类型处理后，梯度信息被有效地保留下来，处理结果能够充分地体现出梯度差异。

| 0 | 0 | 298 | 0 | 0 |
|---|---|---|---|---|
| 0 | 0 | -258 | 0 | 0 |
| 0 | 0 | 159 | 0 | 0 |
| 0 | 0 | 356 | 0 | 0 |
| 0 | 0 | -650 | 0 | 0 |
| 0 | 0 | -358 | 0 | 0 |

(a)

| 0 | 0 | 255 | 0 | 0 |
|---|---|---|---|---|
| 0 | 0 | 0 | 0 | 0 |
| 0 | 0 | 159 | 0 | 0 |
| 0 | 0 | 255 | 0 | 0 |
| 0 | 0 | 0 | 0 | 0 |
| 0 | 0 | 0 | 0 | 0 |

(b)

| 0 | 0 | 255 | 0 | 0 |
|---|---|---|---|---|
| 0 | 0 | 255 | 0 | 0 |
| 0 | 0 | 159 | 0 | 0 |
| 0 | 0 | 255 | 0 | 0 |
| 0 | 0 | 255 | 0 | 0 |
| 0 | 0 | 255 | 0 | 0 |

(c)

图 9-12　垂直方向偏导数计算说明

当然，这里还有一个问题，大家可能对"超过 255 的数截断为 255"存在困惑。认为这样的截断，将所有超过 255 的值处理为了 255，无法体现那些超过 255 数值的所表示的梯度大小差异。实际上，一般情况下，梯度值是 255 就已经足够大了，更多的数值对于我们来说意义不大。当然，在有必要时，我们也可以不采用截断的方式，而是通过映射的方式将取绝对值映射到[0,255]内。

综上，通常要将函数 cv2.Sobel()内参数 ddepth 的值设置为"cv2.CV_64F"。

上面是理论基础，下面我们通过实例来进一步了解设置参数 ddepth 值及针对梯度初步计算结果进行进一步处理的必要性。

例如，图 9-13(a)中的原始图像是一幅二值图像，图中黑色部分的像素值为 0，白色部分的像素值为 255。在计算 A 线条所在位置和 B 线条所在位置的左右差值（近似偏导数）时：

- 针对 A 线条所在列，右侧像素值减去左侧像素值所得差值（近似偏导数）的值为-255。
- 针对 B 线条所在列，右侧像素值减去左侧像素值所得差值（近似偏导数）的值为 255。

针对上述偏导数结果进行不同方式的处理，可能会得到不同的结果，例如：

- 直接计算。此时，A 线条位置的值为负数-255，B 线条位置的值为正数 255。在显示时，由于上述负值-255 不在 8 位图范围内，因此要做额外处理。将 A 线条处的负数差值-255（近似偏导数）处理为 0，B 线条处的正数差值 255（近似偏导数）保持不变。在这种情况下，显示结果如图 9-13(b)所示。
- 计算绝对值。此时，A 线条处的负数差值-255（近似偏导数）被处理正数 255，B 线条处的正数差值 255（近似偏导数）保持不变。在显示时，由于上述值均在 8 位图的表示范围内，因此不再对上述值进行处理，此时，显示结果如图 9-13(c)所示。

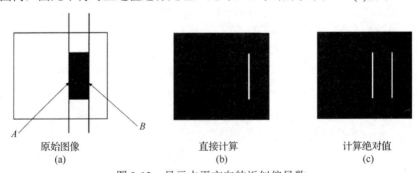

原始图像　　　　　　　　直接计算　　　　　　　　计算绝对值
(a)　　　　　　　　　　　(b)　　　　　　　　　　　(c)

图 9-13　显示水平方向的近似偏导数

上述问题在计算垂直方向的近似偏导数时同样存在。例如，图 9-14(a)中的原始图像是一幅二值图像，图中黑色部分的像素值为 0，白色部分的像素值为 255。计算 A 线条所在位置和 B 线条所在位置的近似偏导数时：

- 针对 A 线条所在行，下方像素值减去上方像素值所得近似偏导数为-255。
- 针对 B 线条所在行，下方像素值减去上方像素值所得近似偏导数为 255。

针对上述偏导数结果进行不同方式的处理，可能会得到不同的结果，例如：

- 直接计算。此时，A 线条位置的值为负数-255，B 线条位置的值为正数 255。在显示时，上述负数值-255 不在 8 位图的表示范围内，因此需要进行额外处理。将 A 线条处的负数偏导数-255 处理为 0，B 线条处的正数偏导数 255 保持不变。此时，显示结果如图 9-14(b)所示。

- 计算绝对值。此时，$A$ 线条处的负数偏导数 $-255$ 被处理为正数 $255$，$B$ 线条处的正数偏导数 $255$ 保持不变。在显示时，由于上述值均在 8 位图的表示范围内，因此不再对上述值进行处理，此时，显示结果如图 9-14(c)所示。

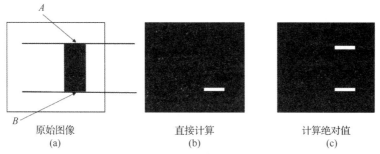

原始图像　　　　　　直接计算　　　　　　计算绝对值
(a)　　　　　　　　　(b)　　　　　　　　　(c)

图 9-14　显示垂直方向的近似偏导数

经过上述分析可知，为了让偏导数正确地显示出来，需要将值为负数的近似偏导数转换为正数。即，要将偏导数取绝对值，以保证偏导数总能正确地显示出来。

例如，图 9-15 描述了如何计算偏导数。

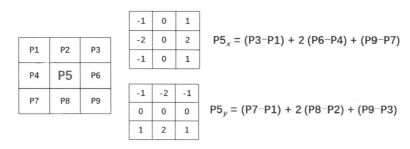

$$P5_x = (P3-P1) + 2(P6-P4) + (P9-P7)$$

$$P5_y = (P7-P1) + 2(P8-P2) + (P9-P3)$$

图 9-15　偏导数计算

为了得到结果为正数的偏导数，需要对图 9-15 中计算的偏导数取绝对值，如下：

$$|P5_x| = |(P3-P1) + 2(P6-P4) + (P9-P7)|$$

$$|P5_y| = |(P7-P1) + 2(P8-P2) + (P9-P3)|$$

当然，在需要时，还可以进行如下处理：

$$P5_{Sobel} = |P5_x| + |P5_y| = |(P3-P1) +2(P6-P4) + (P9-P7)| + |(P7-P1) + 2(P8-P2) + (P9-P3)|$$

经过以上分析，我们得知：在实际操作中，计算梯度值可能会出现负数。通常处理的图像是 8 位图类型，如果结果也是该类型，那么所有负数会自动截断为 0，发生信息丢失。所以，为了避免信息丢失，我们在计算时使用更高的数据类型 cv2.CV_64F，再通过取绝对值将其映射为 cv2.CV_8U（8 位图）类型。

除此以外，为了处理方便，在实践中还需要将超过 255 的值截断为 255，以适应 8 位位图（最常见的一种图像形式）。

上述过程可以描述为"将所有的值先取绝对值，然后再将所有超过 255 的截断为 255"。

在 OpenCV 中，使用函数 cv2.convertScaleAbs()实现上述功能，我们直接调用该函数就能够实现"将所有的值先取绝对值，然后再将所有超过 255 的截断为 255"。该函数的语法格式为

```
dst = cv2.convertScaleAbs( src [, alpha[, beta]] )
```

其中：

- dst 代表处理结果。
- src 代表原始图像。
- alpha 代表调节系数，该值是可选值，默认为 1。
- beta 代表调节亮度值，该值是默认值，默认为 0。

这里，该函数的作用是将原始图像 src 转换为 256 个灰度级的 8 位位图形式，其包含三个主要步骤：

第 1 步：像素值调整。包含使用 alpha 因子调节图像（每个像素值乘以 alpha）、beta 因子偏移（每个像素值加上 beta 值）两项操作。

第 2 步：计算绝对值。

第 3 步：将值映射到 8 位无符号数，即 256 个灰度级。此时，使用的是饱和运算。

上述步骤，可以用"伪代码"（公式）表示为

$$dst=saturate(|src*alpha+beta|)$$

式中，"|·|"表示计算绝对值，"saturate(·)"表示计算结果的最大值是饱和值。

例如，8 位位图的饱和值是 255。此时，当"|src*alpha+beta|"的计算结果超过 255 时，其饱和值的计算结果为 255。

【例 9.1】使用函数 cv2.convertScaleAbs() 对一个随机数组取绝对值。

根据题目要求，编写代码如下：

```
import cv2
import numpy as np
img=np.random.randint(-356,356,size=[4,5],dtype=np.int16)
rst=cv2.convertScaleAbs(img)
print("img=\n",img)
print("rst=\n",rst)
```

运行程序，结果为

```
img=
 [[ -29 -180 -106 -157 -276]
 [ 216   11  165   23   58]
 [-309  201  294 -181  337]
 [ 354  -88 -312  -96 -114]]
rst=
 [[ 29 180 106 157 255]
 [216  11 165  23  58]
 [255 201 255 181 255]
 [255  88 255  96 114]]
```

从上述运行结果可以看到，该函数 cv2.convertScaleAbs() 很好地实现了"将所有的值先取绝对值，然后再将所有超过 255 的截断为 255"的功能。所以，当我们使用 Sobel 算子提取完边

缘信息后，通常使用函数 cv2.convertScaleAbs() 对 Sobel 的运算结果进行运算，以得到正确的边缘信息。

## 9.3.2　方向

在函数 cv2.Sobel() 中，参数 dx 表示 $x$ 轴方向的求导阶数，参数 dy 表示 $y$ 轴方向的求导阶数。参数 dx 和 dy 通常的值为 0 或者 1，最大值为 2。如果是 0，表示在该方向上没有求导。当然，参数 dx 和参数 dy 的值不能同时为 0。

参数 dx 和参数 dy 可以有多种形式的组合，主要包含：

- 计算 $x$ 方向边缘（梯度）：dx=1, dy=0。
- 计算 $y$ 方向边缘（梯度）：dx=0, dy=1。
- 参数 dx 与参数 dy 的值均为 1：dx=1, dy=1。
- 计算 $x$ 方向和 $y$ 方向的边缘叠加：通过组合方式实现。

下面分别对上述情况进行简要的说明。

### 1. 计算 $x$ 方向边缘（梯度）：dx=1,dy=0

如果想只计算 $x$ 方向（水平方向）的边缘，需要将函数 cv2.Sobel() 的参数 dx 和 dy 的值设置为"dx=1, dy=0"。当然，也可以设置为"dx=2, dy=0"。此时，会仅仅获取水平方向的边缘信息，此时的语法格式为

```
dst = cv2.Sobel( src , ddepth , 1 , 0 )
```

使用该语句获取边缘图的示例如图 9-16 所示，其中图 9-16(a) 为原始图像，图 9-16(b) 为获取的边缘图。

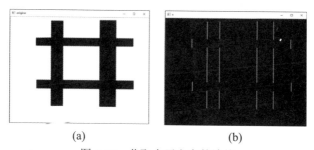

(a)　　　　　　　　　　　　　　(b)

图 9-16　获取水平方向的边缘

### 2. 计算 $y$ 方向边缘（梯度）：dx=0,dy=1

如果想只计算 $y$ 方向（垂直方向）的边缘，需要将函数 cv2.Sobel() 的参数 dx 和 dy 的值设置为"dx=0, dy=1"。当然，也可以设置为"dx=0, dy=2"。此时，会仅仅获取垂直方向的边缘信息，此时的语法格式为

```
dst = cv2.Sobel( src , ddepth , 0 , 1 )
```

使用该语句获取边缘图的示例如图 9-17 所示，其中图 9-17(a) 为原始图像，图 9-17(b) 为获取的边缘图。

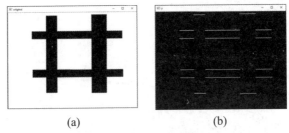

(a)                                  (b)

图 9-17    获取垂直方向的边缘

### 3. 参数 dx 与参数 dy 的值均为 1：dx=1,dy=1

可以将函数 cv2.Sobel() 的参数 dx 和 dy 的值设置为 "dx=1，dy=1"，也可以设置为 "dx=2，dy=2"，或者两个参数都不为零的其他情况。此时，会获取两个方向的边缘信息，此时的语法格式为

```
dst = cv2.Sobel( src , ddepth , 1 , 1 )
```

使用该语句获取边缘图的示例如图 9-18 所示，其中图 9-18(a)为原始图像，图 9-18(b)为获取的边缘图，仔细观察可以看到图中仅有若干个微小白点，每个点的大小为一个像素。这些白点位于 $x$ 和 $y$ 方向都存在梯度的点，也就是图中黑色线条的顶点及交界处。

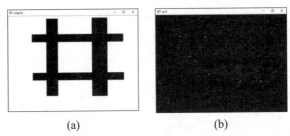

(a)                                  (b)

图 9-18    dx=1, dy=1 时获取的边缘图

### 4. 计算 $x$ 方向和 $y$ 方向的边缘叠加

如果想获取 $x$ 方向和 $y$ 方向的边缘叠加，需要分别获取水平方向、垂直方向两个方向的边缘图，然后将二者相加。此时的语法格式为

```
dx= cv2.Sobel( src , ddepth , 1 , 0 )
dy= cv2.Sobel( src , ddepth , 0 , 1 )
dst=cv2.addWeighted( src1 , alpha , src2 , beta , gamma )
```

使用上述语句获取边缘图的示意图如图 9-19 所示，其中图 9-19(a)为原始图像，图 9-19(b)为获取的边缘图。

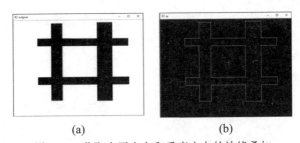

(a)                                  (b)

图 9-19    获取水平方向和垂直方向的边缘叠加

### 9.3.3　实例

本节将通过实例来介绍如何使用函数 cv2.Sobel()获取图像边缘信息。

【例 9.2】使用函数 cv2.Sobel()获取图像水平方向的边缘信息。

在本例中，将参数 ddepth 的值设置为-1，参数 dx 和 dy 的值设置为"dx=1, dy=0"。

根据题目要求及分析，设计程序如下：

```
import cv2
o = cv2.imread('Sobel4.bmp',cv2.IMREAD_GRAYSCALE)
Sobelx = cv2.Sobel(o,-1,1,0)
cv2.imshow("original",o)
cv2.imshow("x",Sobelx)
cv2.waitKey()
cv2.destroyAllWindows()
```

运行程序，结果如图 9-20 所示。

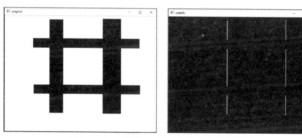

图 9-20　【例 9.2】程序的运行结果

【分析】

从程序可以看出，当参数 ddepth 的值为-1 时，只得到了图中黑色框的右边界。这是因为，左边界在运算时得到了负值，其在显示时被调整为 0，所以没有显示出来。要想获取左边界的值（将其显示出来），必须将参数 ddepth 的值设置为更大范围的数据结构类型，并将其映射到 8 位图像内。

【例 9.3】使用函数 cv2.Sobel()获取图像水平方向的完整边缘信息。

在本例中，将参数 ddepth 的值设置为 cv2.CV_64F，并使用函数 cv2.convertScaleAbs()对 cv2.Sobel()的计算结果进行处理。

根据题目要求及分析，设计程序如下：

```
import cv2
o = cv2.imread('Sobel4.bmp',cv2.IMREAD_GRAYSCALE)
Sobelx = cv2.Sobel(o,cv2.CV_64F,1,0)
Sobelx = cv2.convertScaleAbs(Sobelx)
cv2.imshow("original",o)
cv2.imshow("x",Sobelx)
cv2.waitKey()
cv2.destroyAllWindows()
```

运行程序，结果如图 9-21 所示。

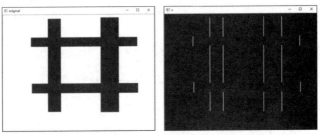

图 9-21　【例 9.3】程序的运行结果

**【分析】**

从程序可以看出，将函数 cv2.Sobel() 内参数 ddepth 的值设置为"cv2.CV_64F"，参数 dx 和 dy 的值设置为"dx=1, dy=0"后，执行该函数，再对该函数的结果使用函数 cv2.convertScaleAbs() 进行处理，可以获取图像在水平方向的完整边缘信息。

**【例 9.4】** 使用函数 cv2.Sobel() 获取图像垂直方向的边缘信息。

在本例中，将参数 ddepth 的值设置为 cv2.CV_64F，并使用函数 cv2.convertScaleAbs() 对 cv2.Sobel() 的计算结果进行处理。

根据题目要求及分析，设计程序如下：

```python
import cv2
o = cv2.imread('Sobel4.bmp',cv2.IMREAD_GRAYSCALE)
Sobely = cv2.Sobel(o,cv2.CV_64F,0,1)
Sobely = cv2.convertScaleAbs(Sobely)
cv2.imshow("original",o)
cv2.imshow("y",Sobely)
cv2.waitKey()
cv2.destroyAllWindows()
```

运行程序，结果如图 9-22 所示。

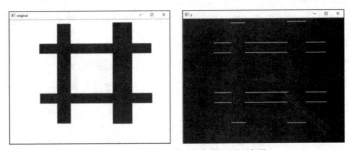

图 9-22　【例 9.4】程序的运行结果

**【分析】**

从程序可以看出，将参数 ddepth 的值设置为"cv2.CV_64F"，参数 dx 和 dy 的值设置为"dx=0, dy=1"的情况下，使用函数 cv2.convertScaleAbs() 对函数 cv2.Sobel() 的计算结果使用函数 cv2.convertScaleAbs() 进行处理，可以获取图像在垂直方向的完整边缘信息。

**【例 9.5】** 当参数 dx 和 dy 的值为"dx=1, dy=1"时，查看函数 cv2.Sobel() 的执行效果。

根据题目要求，设计程序如下：

```
import cv2
o = cv2.imread('Sobel4.bmp',cv2.IMREAD_GRAYSCALE)
Sobelxy=cv2.Sobel(o,cv2.CV_64F,1,1)
Sobelxy=cv2.convertScaleAbs(Sobelxy)
cv2.imshow("original",o)
cv2.imshow("xy",Sobelxy)
cv2.waitKey()
cv2.destroyAllWindows()
```

运行程序，结果如图 9-23 所示。在图 9-23(a)中，只有黑色线条的顶点和交界点同时存在水平方向和垂直方向的梯度，所以仅在这些点的位置显示了梯度，并且每个梯度点只有一个像素点。

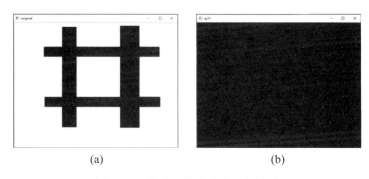

(a)　　　　　　　　　　　　　　(b)

图 9-23　【例 9.5】程序的运行结果

【例 9.6】计算函数 cv2.Sobel()在水平、垂直两个方向叠加的边缘信息。

根据题目要求，设计程序如下：

```
import cv2
o = cv2.imread('Sobel4.bmp',cv2.IMREAD_GRAYSCALE)
Sobelx = cv2.Sobel(o,cv2.CV_64F,1,0)
Sobely = cv2.Sobel(o,cv2.CV_64F,0,1)
Sobelx = cv2.convertScaleAbs(Sobelx)
Sobely = cv2.convertScaleAbs(Sobely)
Sobelxy =  cv2.addWeighted(Sobelx,0.5,Sobely,0.5,0)
cv2.imshow("original",o)
cv2.imshow("xy",Sobelxy)
cv2.waitKey()
cv2.destroyAllWindows()
```

运行程序，结果如图 9-24 所示。

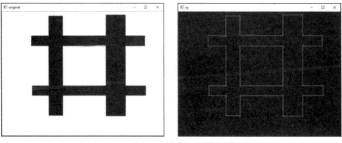

图 9-24　【例 9.6】程序的运行结果

**【分析】**

从程序可以看出，本例中首先分别计算 $x$ 方向的边缘、$y$ 方向的边缘，接下来使用函数 cv2.addWeighted()对两个方向的边缘进行叠加。在最终的叠加边缘结果中，同时显示了两个方向的边缘信息。

**【例 9.7】** 使用不同方式处理图像在两个方向的边缘信息。

在本例中，分别使用两种不同的方式获取边缘信息。

- 方式 1：分别使用"dx=1, dy=0"和"dx=0, dy=1"计算图像在水平方向和垂直方向的边缘信息，然后将二者相加，构成两个方向的边缘信息。
- 方式 2：将参数 dx 和 dy 的值设为"dx=1, dy=1"，获取图像在两个方向的梯度。

根据题目要求，设计程序如下：

```
import cv2
o = cv2.imread('lena.bmp',cv2.IMREAD_GRAYSCALE)
Sobelx = cv2.Sobel(o,cv2.CV_64F,1,0)
Sobely = cv2.Sobel(o,cv2.CV_64F,0,1)
Sobelx = cv2.convertScaleAbs(Sobelx)
Sobely = cv2.convertScaleAbs(Sobely)
Sobelxy =  cv2.addWeighted(Sobelx,0.5,Sobely,0.5,0)
Sobelxy11=cv2.Sobel(o,cv2.CV_64F,1,1)
Sobelxy11=cv2.convertScaleAbs(Sobelxy11)
cv2.imshow("original",o)
cv2.imshow("xy",Sobelxy)
cv2.imshow("xy11",Sobelxy11)
cv2.waitKey()
cv2.destroyAllWindows()
```

运行程序，结果如图 9-25 所示，其中图 9-25(a)为原始图像，图 9-25(b)为方式 1 处理效果，图 9-25(c)为方式 2 处理效果。

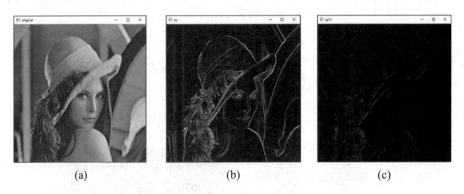

(a)  (b)  (c)

图 9-25  【例 9.7】程序的运行结果

## 9.4  Scharr 算子及函数使用

在离散的空间上，有很多方法可以用来计算近似导数，在使用 3×3 的 Sobel 算子时，可能计算结果并不太精准。OpenCV 提供了 Scharr 算子，该算子具有和 Sobel 算子同样的速度，但精度更高。可以将 Scharr 算子看作对 Sobel 算子的改进，其核通常为

$$G_x = \begin{bmatrix} -3 & 0 & 3 \\ -10 & 0 & 10 \\ -3 & 0 & 3 \end{bmatrix}$$

$$G_y = \begin{bmatrix} -3 & -10 & -3 \\ 0 & 0 & 10 \\ 3 & 10 & 3 \end{bmatrix}$$

OpenCV 提供了函数 cv2.Scharr()来计算 Scharr 算子，其语法格式如下：

```
dst = cv2.Scharr( src, ddepth, dx, dy[, scale[, delta[, borderType]]] )
```

其中：

- dst 代表输出图像。
- src 代表原始图像。
- ddepth 代表输出图像深度。该值与函数 cv2.Sobel()中的参数 ddepth 的含义相同，具体可以参考表 9-1。
- dx 代表 $x$ 方向上的导数阶数。
- dy 代表 $y$ 方向上的导数阶数。
- scale 代表计算导数值时的缩放因子，该项是可选项，默认值是 1，表示没有缩放。
- delta 代表加到目标图像上的亮度值，该项是可选项，默认值为 0。
- borderType 代表边界样式。具体可以参考表 9-2。

在函数 cv2.Sobel()中，如果 ksize=-1，则会使用 Scharr 滤波器。

因此，如下语句：

```
dst=cv2.Scharr(src, ddepth, dx, dy)
```

和

```
dst=cv2.Sobel(src, ddepth, dx, dy, -1)
```

是等价的。

函数 cv2.Scharr()和函数 cv2.Sobel()的使用方式基本一致。

首先，需要注意的是，参数 ddepth 的值应该设置为"cv2.CV_64F"，并对函数 cv2.Scharr()的计算结果取绝对值，才能保证得到正确的处理结果。具体语句为

```
dst=Scharr(src, cv2.CV_64F, dx, dy)
dst= cv2.convertScaleAbs(dst)
```

另外，需要注意的是，在函数 cv2.Scharr()中，要求参数 dx 和 dy 满足条件：

```
dx >= 0 && dy >= 0 && dx+dy == 1
```

因此，参数 dx 和参数 dy 的组合形式有：

- 计算 $x$ 方向边缘（梯度）：dx=1, dy=0。

- 计算 $y$ 方向边缘（梯度）：dx=0, dy=1。
- 计算 $x$ 方向与 $y$ 方向的边缘叠加：通过组合方式实现。

下面分别对上述情况进行简要说明。

### 1. 计算 $x$ 方向边缘（梯度）：dx=1, dy=0

此时，使用的语句是：

```
dst=Scharr(src, ddpeth, dx=1, dy=0)
```

### 2. 计算 $y$ 方向边缘（梯度）：dx=0,dy=1

此时，使用的语句是：

```
dst=Scharr(src, ddpeth, dx=0, dy=1)
```

### 3. 计算 $x$ 方向与 $y$ 方向的边缘叠加

将两个方向的边缘相加，使用的语句是：

```
dx=Scharr(src, ddpeth, dx=1, dy=0)
dy=Scharr(src, ddpeth, dx=0, dy=1)
Scharrxy=cv2.addWeighted(dx,0.5,dy,0.5,0)
```

需要注意的是，参数 dx 和 dy 的值不能都为 1。例如，下面语句是错误的：

```
dst=Scharr(src, ddpeth, dx=1, dy=1)
```

【例 9.8】使用函数 cv2.Scharr() 获取图像水平方向的边缘信息。

根据题目要求，设计程序如下：

```
import cv2
o = cv2.imread('Scharr.bmp',cv2.IMREAD_GRAYSCALE)
Scharrx = cv2.Scharr(o,cv2.CV_64F,1,0)
Scharrx = cv2.convertScaleAbs(Scharrx)
cv2.imshow("original",o)
cv2.imshow("x",Scharrx)
cv2.waitKey()
cv2.destroyAllWindows()
```

运行程序，结果如图 9-26 所示。

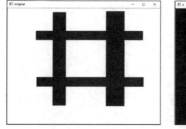 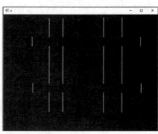

图 9-26　计算水平方向的边缘信息

【例 9.9】使用函数 cv2.Scharr() 获取图像垂直方向的边缘信息。

根据题目要求，设计程序如下：

```
import cv2
o = cv2.imread('Scharr.bmp',cv2.IMREAD_GRAYSCALE)
Scharry = cv2.Scharr(o,cv2.CV_64F,0,1)
Scharry = cv2.convertScaleAbs(Scharry)
cv2.imshow("original",o)
cv2.imshow("y",Scharry)
cv2.waitKey()
cv2.destroyAllWindows()
```

运行程序，结果如图 9-27 所示。

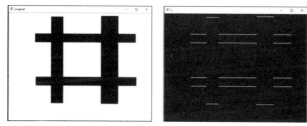

图 9-27　计算垂直方向的边缘信息

【例 9.10】使用函数 cv2.Scharr()实现水平方向和垂直方向边缘叠加的效果。

根据题目要求，设计程序如下：

```
import cv2
o = cv2.imread('scharr.bmp',cv2.IMREAD_GRAYSCALE)
scharrx = cv2.Scharr(o,cv2.CV_64F,1,0)
scharry = cv2.Scharr(o,cv2.CV_64F,0,1)
scharrx = cv2.convertScaleAbs(scharrx)
scharry = cv2.convertScaleAbs(scharry)
scharrxy =  cv2.addWeighted(scharrx,0.5,scharry,0.5,0)
cv2.imshow("original",o)
cv2.imshow("xy",scharrxy)
cv2.waitKey()
cv2.destroyAllWindows()
```

运行程序，结果如图 9-28 所示。

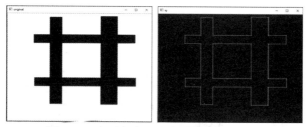

图 9-28　水平方向和垂直方向边缘的叠加

【例 9.11】观察将函数 cv2.Scharr()的参数 dx、dy 同时设置为 1 时，程序的运行情况。

根据题目要求，设计程序如下：

```
import cv2
```

```
import numpy as np
o = cv2.imread('image\\Scharr.bmp',cv2.IMREAD_GRAYSCALE)
Scharrxy11=cv2.Scharr(o,cv2.CV_64F,1,1)
cv2.imshow("original",o)
cv2.imshow("xy11",Scharrxy11)
cv2.waitKey()
cv2.destroyAllWindows()
```

运行程序，报错如下：

```
error: OpenCV(3.4.2) C:\Miniconda3\conda-bld\opencv-suite_1534379934306\work\
modules\imgproc\src\deriv.cpp:67: error: (-215:Assertion failed) dx >= 0 && dy >=
0 && dx+dy == 1 in function 'cv::getScharrKernels'
```

【分析】

需要注意，不允许将函数 cv2.Scharr() 的参数 dx 和 dy 的值同时设置为 1。因此，本例中将这两个参数的值都设置为 1 后，程序会报错。

【例 9.12】使用函数 cv2.Sobel() 完成 Scharr 算子的运算。

当函数 cv2.Sobel() 中 ksize 的参数值为 -1 时，就会使用 Scharr 算子进行运算。因此，

```
dst=cv2.Sobel(src, ddpeth, dx, dy, -1)
```

等价于

```
dst=cv2.Scharr(src, ddpeth, dx, dy)
```

根据题目要求及分析，设计程序如下：

```
import cv2
o = cv2.imread('Sobel4.bmp',cv2.IMREAD_GRAYSCALE)
Scharrx = cv2.Sobel(o,cv2.CV_64F,1,0,-1)
Scharry = cv2.Sobel(o,cv2.CV_64F,0,1,-1)
Scharrx = cv2.convertScaleAbs(Scharrx)
Scharry = cv2.convertScaleAbs(Scharry)
cv2.imshow("original",o)
cv2.imshow("x",Scharrx)
cv2.imshow("y",Scharry)
cv2.waitKey()
cv2.destroyAllWindows()
```

运行程序，结果如图 9-29 所示，其中图 9-29(a) 为原始图像，图 9-29(b) 为水平边缘图像，图 9-29(c) 为垂直边缘图像。

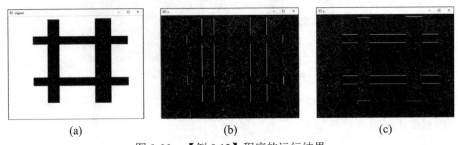

(a)             (b)             (c)

图 9-29　【例 9.12】程序的运行结果

## 9.5　Sobel 算子和 Scharr 算子的比较

Sobel 算子的缺点是，当其核结构较小时，精确度不高，而 Scharr 算子具有更高的精度。Sobel 算子和 Scharr 算子的核结构如图 9-30 所示。

Sobel算子

| -1 | 0 | 1 |
|----|---|---|
| -2 | 0 | 2 |
| -1 | 0 | 1 |

| -1 | -2 | -1 |
|----|----|----|
| 0 | 0 | 0 |
| 1 | 2 | 1 |

Scharr算子

| -3 | 0 | 3 |
|-----|---|----|
| -10 | 0 | 10 |
| -3 | 0 | 3 |

| -3 | -10 | -3 |
|----|-----|----|
| 0 | 0 | 0 |
| 3 | 10 | 3 |

图 9-30　Sobel 算子和 Scharr 算子的核结构

【例 9.13】分别使用 Sobel 算子和 Scharr 算子计算一幅图像的水平边缘和垂直边缘的叠加信息，观察二者的差异。

根据题目要求，设计程序如下：

```
import cv2
o = cv2.imread('lena.bmp',cv2.IMREAD_GRAYSCALE)
Sobelx = cv2.Sobel(o,cv2.CV_64F,1,0,ksize=3)
Sobely = cv2.Sobel(o,cv2.CV_64F,0,1,ksize=3)
Sobelx = cv2.convertScaleAbs(Sobelx)
Sobely = cv2.convertScaleAbs(Sobely)
Sobelxy =  cv2.addWeighted(Sobelx,0.5,Sobely,0.5,0)
Scharrx = cv2.Scharr(o,cv2.CV_64F,1,0)
Scharry = cv2.Scharr(o,cv2.CV_64F,0,1)
Scharrx = cv2.convertScaleAbs(Scharrx)
Scharry = cv2.convertScaleAbs(Scharry)
Scharrxy =  cv2.addWeighted(Scharrx,0.5,Scharry,0.5,0)
cv2.imshow("original",o)
cv2.imshow("Sobelxy",Sobelxy)
cv2.imshow("Scharrxy",Scharrxy)
cv2.waitKey()
cv2.destroyAllWindows()
```

运行程序，结果如图 9-31 所示。

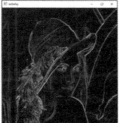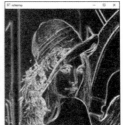

图 9-31　【例 9.13】程序的运行结果

## 9.6 Laplacian 算子及函数使用

Laplacian（拉普拉斯）算子是一种二阶导数算子，其具有旋转不变性，可以满足不同方向的图像边缘锐化（边缘检测）的要求。通常情况下，其算子的系数之和需要为零。例如，一个 3×3 大小的 Laplacian 算子如图 9-32 所示。

| | | |
|---|---|---|
| 0 | 1 | 0 |
| 1 | –4 | 1 |
| 0 | 1 | 0 |

图 9-32　3×3 大小的 Laplacian 算子

Laplacian 算子类似二阶 Sobel 导数，需要计算两个方向的梯度值。例如，在图 9-33 中：

- 图 9-33(a)是 Laplacian 算子。
- 图 9-33(b)是一个简单图像，其中有 9 个像素点。

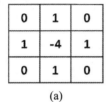

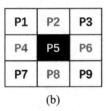

| | | |
|---|---|---|
| 0 | 1 | 0 |
| 1 | -4 | 1 |
| 0 | 1 | 0 |

(a)

| | | |
|---|---|---|
| P1 | P2 | P3 |
| P4 | P5 | P6 |
| P7 | P8 | P9 |

(b)

图 9-33　Laplacian 算子示例

计算像素点 P5 的近似导数值，如下：

$$P5lap = (P2 + P4 + P6 + P8) - 4 \times P5$$

图 9-34 展示了像素点与周围点的一些实例，其中：

- 在图 9-34(a)中，像素点 P5 与周围像素点的值相差较小，得到的计算结果值较小，边缘不明显。
- 在图 9-34(b)中，像素点 P5 与周围像素点的值相差较大，得到的计算结果值较大，边缘较明显。
- 在图 9-34(c)中，像素点 P5 与周围像素点的值相差较大，得到的计算结果值较大，边缘较明显。

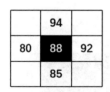

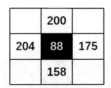

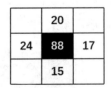

| | | |
|---|---|---|
| | 94 | |
| 80 | 88 | 92 |
| | 85 | |

非边界（梯度值小）

P5lap=(94+80+92+85) − 4×88

(a)

| | | |
|---|---|---|
| | 200 | |
| 204 | 88 | 175 |
| | 158 | |

边界（梯度值大）

P5lap =(200+204+175+158) − 4×88

(b)

| | | |
|---|---|---|
| | 20 | |
| 24 | 88 | 17 |
| | 15 | |

边界（梯度值大）

P5lap =(20+24+17+15) − 4×88

(c)

图 9-34　Laplacian 算子计算示例

需要注意，在上述图像中，计算结果的值可能为正数，也可能为负数。所以，需要对计算结果取绝对值，以保证后续运算和显示都是正确的。

在 OpenCV 内使用函数 cv2.Laplacian()实现 Laplacian 算子的计算，该函数的语法格式为

```
dst = cv2.Laplacian( src, ddepth[, ksize[, scale[, delta[, borderType]]]] )
```

其中：

- dst 代表目标图像。
- src 代表原始图像。
- ddepth 代表目标图像的深度。
- ksize 代表用于计算二阶导数的核尺寸大小。该值必须是正的奇数。
- scale 代表计算 Laplacian 值的缩放比例因子，该参数是可选的。默认情况下，该值为 1，表示不进行缩放。
- delta 代表加到目标图像上的可选值，默认为 0。
- borderType 代表边界样式。

该函数分别对 $x$、$y$ 方向进行二次求导，具体为

$$\text{dst} = \Delta \text{src} = \frac{\partial^2 \text{src}}{\partial x^2} + \frac{\partial^2 \text{src}}{\partial y^2}$$

上式是当 ksize 的值大于 1 时的情况。当 ksize 的值为 1 时，Laplacian 算子计算时采用的 3×3 的核如下：

$$\begin{bmatrix} 0 & 1 & 0 \\ 1 & -4 & 1 \\ 0 & 1 & 0 \end{bmatrix}$$

通过从图像内减去它的 Laplacian 图像，可以增强图像的对比度，此时算子如图 9-35 所示。

| 0 | 1 | 0 |
|---|---|---|
| 1 | -5 | 1 |
| 0 | 1 | 0 |

图 9-35　扩展算子

【例 9.14】使用函数 cv2.Laplacian()计算图像的边缘信息。

根据题目要求，设计程序如下：

```
import cv2
o = cv2.imread('Laplacian.bmp',cv2.IMREAD_GRAYSCALE)
Laplacian = cv2.Laplacian(o,cv2.CV_64F)
Laplacian = cv2.convertScaleAbs(Laplacian)
cv2.imshow("original",o)
cv2.imshow("Laplacian",Laplacian)
cv2.waitKey()
cv2.destroyAllWindows()
```

运行程序，结果如图 9-36 所示，其中图 9-36(a)为原始图像，图 9-36(b)为得到的边缘信息。

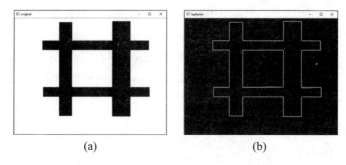

(a)          (b)

图 9-36　【例 9.14】程序的运行结果

## 9.7　算子总结

Sobel 算子、Scharr 算子、Laplacian 算子都可以用作边缘检测，它们的核如图 9-37 所示。

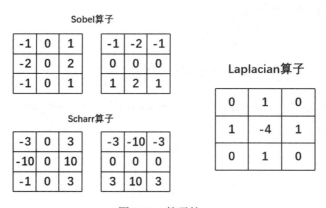

图 9-37　算子核

Sobel 算子和 Scharr 算子计算的都是一阶近似导数的值。通常情况下，可以将它们表示为

Sobel 算子= |左-右| or |下-上|

Scharr 算子= |左-右| or |下-上|

式中"|左-右|"表示左侧像素值减右侧像素值的结果的绝对值，"|下-上|"表示下方像素值减上方像素值的结果的绝对值。

Laplacian 算子计算的是二阶近似导数值，可以将它表示为

Laplacian 算子= |左-右| + |左-右| + |下-上| + |下-上|

通过公式可以发现，Sobel 算子和 Scharr 算子各计算了一次"|左-右|"和"|下-上|"的值，而 Laplacian 算子分别计算了两次"|左-右|"和"|下-上|"的值。

# 第10章
# Canny 边缘检测

Canny 边缘检测是一种使用多级边缘检测算法检测边缘的方法。1986 年，John F. Canny 发表了著名的论文 "A Computational Approach to Edge Detection"，在该论文中详述了如何进行边缘检测。

OpenCV 提供了函数 cv2.Canny()实现 Canny 边缘检测。

## 10.1　Canny 边缘检测基础

本节对 Canny 边缘检测的步骤进行简单的介绍，希望能够帮助大家理解 Canny 边缘检测的原理。

Canny 边缘检测分为如下几个步骤。

步骤 1：去噪。噪声会影响边缘检测的准确性，因此首先要将噪声过滤掉。

步骤 2：计算梯度的幅度与方向。

步骤 3：非极大值抑制，即适当地让边缘 "变瘦"。

步骤 4：确定边缘。使用双阈值算法确定最终的边缘信息。

下面对上述步骤分别进行简单的介绍。

### 1.　应用高斯滤波去除图像噪声

由于图像边缘非常容易受到噪声的干扰，因此为了避免检测到错误的边缘信息，通常需要对图像进行滤波以去除噪声。滤波的目的是平滑一些纹理较弱的非边缘区域，以便得到更准确的边缘。在实际处理过程中，通常采用高斯滤波去除图像中的噪声。

图 10-1 演示了使用高斯滤波器 T 对原始图像 O 中像素值为 226 的像素点进行滤波，得到该点在滤波结果图像 D 内的值的过程。

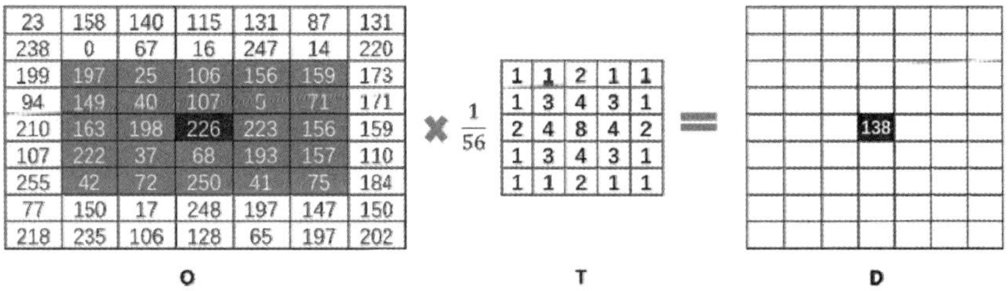

图 10-1　高斯滤波示例

在滤波过程中，我们通过滤波器对像素点周围的像素计算加权平均值，获取最终滤波结果。对于高斯滤波器 T，越临近中心的点，权值越大。在图 10-1 中，对图像 O 中像素值为 226 的像素点，使用滤波器 T 进行滤波的计算过程及结果为

$$结果 = \frac{1}{56} \times (197 \times 1 + 25 \times 1 + 106 \times 2 + 156 \times 1 + 159 \times 1$$

$$+ 149 \times 1 + 40 \times 3 + 107 \times 4 + 5 \times 3 + 71 \times 1$$

$$+ 163 \times 2 + 198 \times 4 + 226 \times 8 + 223 \times 4 + 156 \times 2$$

$$+ 222 \times 1 + 37 \times 3 + 68 \times 4 + 193 \times 3 + 157 \times 1$$

$$+ 42 \times 1 + 72 \times 1 + 250 \times 2 + 41 \times 1 + 75 \times 1)$$

$$= 138$$

当然，高斯滤波器（高斯核）并不是固定的，例如它还可以为

$$B = \frac{1}{159} \begin{bmatrix} 2 & 4 & 5 & 4 & 2 \\ 4 & 9 & 12 & 9 & 4 \\ 5 & 12 & 15 & 12 & 5 \\ 4 & 9 & 12 & 9 & 4 \\ 2 & 4 & 5 & 4 & 2 \end{bmatrix}$$

滤波器的大小也是可变的，高斯核的大小对于边缘检测的效果具有很重要的作用。滤波器的核越大，边缘信息对于噪声的敏感度就越低。不过，核越大，边缘检测的定位错误也会随之增加。通常来说，一个 5×5 的核能够满足大多数的情况。

### 2. 计算梯度

在第 9 章中，我们介绍了如何计算图像梯度。例如，利用 Sobel 算子可以获取图像水平方向的梯度 $G_x$ 和垂直方向的梯度 $G_y$。

在这里，我们关注梯度的幅度和方向。梯度的幅度 $G$ 和方向 $\Theta$（用角度值表示）的计算方法为

$$G = \sqrt{G_x^2 + G_y^2}$$

$$\Theta = \text{atan2}\left(G_y, G_x\right)$$

式中，atan2(•)表示具有两个参数的 arctan 函数。

梯度的方向总是与边缘垂直的，通常就近取值为水平（左、右）、垂直（上、下）、对角线（右上、左上、左下、右下）等 8 个不同的方向。当然，后续在具体处理时，会把 8 个方向进一步组合为 4 个方向：水平、垂直、45 度左对角线，以及 135 度右对角线。

经过上述计算后，我们会得到梯度的幅度和角度（代表梯度的方向）两个值。

图 10-2 展示了梯度的表示法。其中，每一个梯度包含幅度和角度两个不同的值。为了方便观察，这里使用了可视化表示方法。例如，左上角顶点的值"2↑"实际上表示的是一个二元数对"(2, 90)"，表示梯度的幅度为 2，角度为 90°。

| | | | | |
|---|---|---|---|---|
| 2↑ | 3↑ | 2↑ | 2↑ | 5↑ |
| 3↑ | 2↑ | 9↑ | 6↑ | 2↑ |
| 4↑ | 8↑ | 6↑ | 3↑ | 3↑ |
| 7↑ | 2↑ | 2↑ | 2→ | 4↗ |
| 6↑ | 2↑ | 2← | 1→ | 2→ |

图 10-2　梯度示例

### 3. 非极大值抑制

在获得了梯度的幅度和方向后，遍历图像中的像素点，去除所有非边缘的点。在具体实现时，逐一遍历像素点，判断当前像素点是否是周围像素点中具有相同梯度方向的最大值，并根据判断结果决定是否抑制该点。通过以上描述可知，该步骤是边缘细化的过程。针对每一个像素点：

- 如果该点是正/负梯度方向上的局部最大值，则保留该点。
- 如果不是，则抑制该点（归零）。

在图 10-3 中，$A$、$B$、$C$ 三点具有相同的方向（梯度方向垂直于边缘）。判断这三个点是否为各自的局部最大值：如果是，则保留该点；否则，抑制该点（归零）。

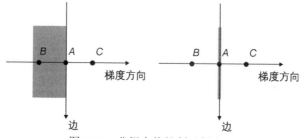

图 10-3　非极大值抑制示例之一

经过比较判断，$A$ 点具有最大的局部值，所以保留 $A$ 点（称为边缘），其余两点（$B$ 点和 $C$ 点）被抑制（归零）。也就是说，$A$ 点被处理为边缘，其余点被处理为非边缘。

在图 10-4 中，黑色背景的点都是向上方向梯度（水平边缘）的局部最大值。因此，这些点会被保留；其余点被抑制（处理为 0）。这意味着，这些黑色背景的点最终会被处理为边缘点，而其他点都被处理为非边缘点。

| | | | | |
|---|---|---|---|---|
| 2↑ | 3↑ | 2↑ | 2↑ | **5↑** |
| 3↑ | 2↑ | **9↑** | **6↑** | 2↑ |
| 4↑ | **8↑** | 6↑ | 3↑ | 3↑ |
| **7↑** | 2↑ | 2↑ | 2→ | 4↗ |
| 6↑ | 2↑ | 2← | 1→ | 2→ |

图 10-4　非极大值抑制示例之二

“正/负梯度方向上”是指相反方向的梯度方向。例如，在图 10-5 中，黑色背景的像素点都是垂直方向梯度（向上、向下）方向上（即水平边缘）的局部最大值。这些点最终会被处理为边缘点。简单理解上述处理过程，就是把相反的方向看作是同一个方向。例如，无论是向上还是向下都理解为垂直方向；无论是向左还是向右都理解为水平方向。

| | | | | |
|---|---|---|---|---|
| 2↑ | 3↑ | 2↑ | 2↑ | 5↑ |
| 3↓ | 2↓ | 9↑ | 6↑ | 2↑ |
| 4↑ | 8↓ | 6↓ | 3↓ | 3↓ |
| 7↑ | 2↑ | 2↑ | 2→ | 4↗ |
| 6↑ | 2↑ | 2← | 1→ | 2→ |

图 10-5　正/负梯度方向示例

经过上述处理后，对于同一个方向的若干个边缘点，基本上仅保留了一个，因此实现了边缘细化的目的。

#### 4. 应用双阈值确定边缘

完成上述步骤后，图像内的强边缘已经在当前获取的边缘图像内。但是，一些虚边缘可能也在边缘图像内。这些虚边缘可能是真实图像产生的，也可能是由于噪声所产生的。对于后者，必须将其剔除。

设置两个阈值，其中一个为高阈值 maxVal，另一个为低阈值 minVal。根据当前边缘像素的梯度值（指的是梯度幅度，下同）与这两个阈值之间的关系，判断边缘的属性。具体步骤为

- 步骤 1：如果当前边缘像素的梯度值大于或等于 maxVal，则将当前边缘像素标记为强边缘。
- 步骤 2：如果当前边缘像素的梯度值介于 maxVal 与 minVal 之间，则将当前边缘像素标记为虚边缘（需要暂时保留）。
- 步骤 3：如果当前边缘像素的梯度值小于或等于 minVal，则抑制当前边缘像素。

在上述过程中，我们得到了虚边缘，需要对其做进一步处理。一般通过判断虚边缘与强边缘是否连接，来确定虚边缘到底属于哪种情况。通常情况下，如果一个虚边缘：

- 与强边缘连接，则将该边缘处理为边缘。
- 与强边缘无连接，则该边缘为弱边缘，将其抑制。

在图 10-6 中，左图显示的是三个边缘信息，右图是对边缘信息进行分类的说明，具体划分如下：

- *A* 点的梯度值值大于 maxVal，因此 *A* 是强边缘。
- *B* 和 *C* 点的梯度值介于 maxVal 和 minVal 之间，因此 *B*、*C* 是虚边缘。
- *D* 点的梯度值小于 minVal，因此 *D* 被抑制（抛弃）。

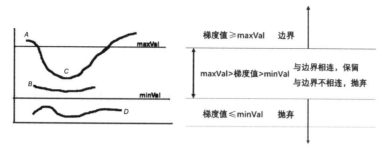

图 10-6　边缘分类的示意图

图 10-7 显示了对图 10-6 中的虚边缘 *B* 和 *C* 的处理结果。其中：

- *B* 点的梯度值介于 maxVal 和 minVal 之间，是虚边缘，但该点与强边缘不相连，故将其抛弃。
- *C* 点的梯度值介于 maxVal 和 minVal 之间，是虚边缘，但该点与强边缘 *A* 相连，故将其保留。

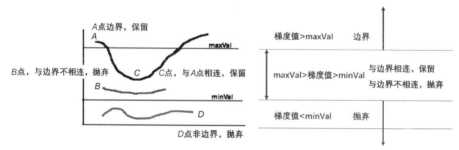

图 10-7　边缘分类的处理结果示意图

注意，高阈值 maxVal 和低阈值 minVal 不是固定的，需要针对不同的图像进行定义。

图 10-8 给出了一个 Canny 边缘检测的效果图。

图 10-8　Canny 边缘检测效果示例

## 10.2　Canny 函数及使用

OpenCV 提供了函数 cv2.Canny()来实现 Canny 边缘检测，其语法形式如下：

```
edges = cv2.Canny( image, threshold1, threshold2[, apertureSize[, L2gradient]])
```

其中：

- edges 为计算得到的边缘图像。
- image 为 8 位输入图像。
- threshold1 表示处理过程中的第一个阈值。
- threshold2 表示处理过程中的第二个阈值。
- apertureSize 表示 Sobel 算子的孔径大小。
- L2gradient 为计算图像梯度幅度（gradient magnitude）的标识。其默认值为 False。如果为 True，则使用更精确的 L2 范数进行计算（即两个方向的导数的平方和再开方），否则使用 L1 范数（直接将两个方向导数的绝对值相加）。

$$\text{norm}=\begin{cases} |dI/dx|+|dI/dy| & ,\ \text{L2gradient} = \text{False} \\ \sqrt{(dI/dx)^2+(dI/dy)^2} & ,\ \text{L2gradient} = \text{True} \end{cases}$$

【例 10.1】使用函数 cv2.Canny() 获取图像的边缘，并尝试使用不同大小的 threshold1 和 threshold2，观察获取到的边缘有何不同。

根据题目要求，编写程序如下：

```
import cv2
o=cv2.imread("lena.bmp",cv2.IMREAD_GRAYSCALE)
r1=cv2.Canny(o,128,200)
r2=cv2.Canny(o,32,128)
cv2.imshow("original",o)
cv2.imshow("result1",r1)
cv2.imshow("result2",r2)
cv2.waitKey()
cv2.destroyAllWindows()
```

运行程序，结果如图 10-9 所示。其中：

- 图 10-9(a)是原始图像。
- 图 10-9(b)是参数 threshold1 为 128、threshold2 为 200 时的边缘检测结果。
- 图 10-9(c)是参数 threshold1 为 32、threshold2 为 128 时的边缘检测结果。

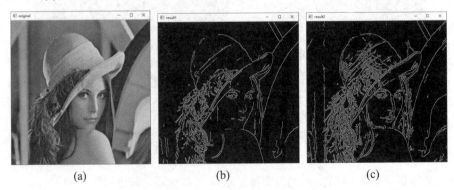

(a)  (b)  (c)

图 10-9  不同参数设置的边缘检测结果

从程序运行结果可知，针对当前图像，当函数 cv2.Canny() 的参数 threshold1 和 threshold2 的值较小时，能够捕获更多的边缘信息。

# 第11章

# 图像金字塔

图像金字塔是由一幅图像的多个不同分辨率的子图所构成的图像集合。该组图像是由单个图像通过不断地降采样所产生的，最小的图像可能仅仅有一个像素点。图 11-1 是一个图像金字塔的示例。从图中可以看到，图像金字塔是一系列以金字塔形状排列的、自底向上分辨率逐渐降低的图像集合。

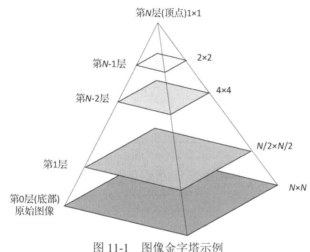

图 11-1　图像金字塔示例

通常情况下，图像金字塔的底部是待处理的高分辨率图像（原始图像），而顶部则为其低分辨率的近似图像。向金字塔的顶部移动时，图像的尺寸和分辨率都不断地降低。通常情况下，每向上移动一级，图像的宽和高都降低为原来的二分之一。

## 11.1　理论基础

图像金字塔是同一图像不同分辨率的子图集合，是通过对原图像不断地向下采样而产生的，即由高分辨率的图像（大尺寸）产生低分辨率的近似图像（小尺寸）。

最简单的图像金字塔可以通过不断地删除图像的偶数行和偶数列得到。例如，有一幅图像，其大小是 $N×N$，删除其偶数行和偶数列后得到一幅$(N/2)×(N/2)$大小的图像。经过上述处理后，图像大小变为原来的四分之一，不断地重复该过程，就可以得到该图像的图像金字塔。例如，在图 11-2 中，首先在原始图 11-2(a)中选中偶数行，然后删除其偶数行得到图 11-2(b)，在图 11-2(b)中选中偶数列如图 11-2(c)所示，将图 11-2(c)偶数列删除得到图 11-2(d)。

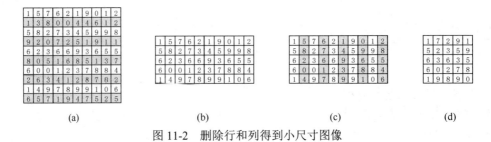

(a)　　　　　　　　　(b)　　　　　　　　　(c)　　　　　　　　　(d)

图 11-2　删除行和列得到小尺寸图像

上述处理方式比较简单，操作起来比较方便。但是，很明显，在不断地删除行和列的过程中，会丢失大量的信息。因此，也可以先对原始图像滤波，得到原始图像的近似图像，然后再将近似图像的偶数行和偶数列删除，以获取向下采样的结果。删除行列前先对图像滤波，一方面能够有效地去噪，另一方面能够让每个像素点都包含了临近点的像素信息，可以让图像在删除过程中尽量地减少信息损耗。

有多种滤波器可以选择。例如：

- **邻域滤波器**：采用邻域平均技术求原始图像的近似图像。该滤波器能够产生平均金字塔。
- **高斯滤波器**：采用高斯滤波器对原始图像进行滤波，得到高斯金字塔。这是 OpenCV 函数 cv2.pyrDown() 所采用的方式。

高斯金字塔是通过不断地使用高斯金字塔滤波、采样所产生的，其过程如图 11-3 所示。

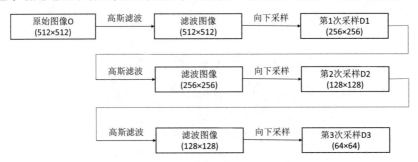

图 11-3　生成高斯金字塔的过程

经过上述处理后，原始图像与各次向下采样所得到的结果图像共同构成了高斯金字塔。例如，可以将原始图像称为第 0 层，第 1 次向下采样的结果图像称为第 1 层，第 2 次向下采样的结果图像称为第 2 层，以此类推。上述图像所构成的高斯金字塔如图 11-4 所示。在本章中为了便于表述，统一将图像金字塔中的底层称为第 0 层，底层上面的一层称为第 1 层，并以此类推。

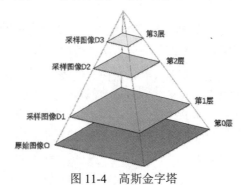

图 11-4　高斯金字塔

在向上采样的过程中，通常将图像的宽度和高度都变为原来的 2 倍。这意味着，向上采样的结果图像的大小是原始图像的 4 倍。因此，要在结果图像中补充大量的像素点。对新生成的像素点进行赋值，称为插值处理，该过程可以通过多种方式实现，例如最临近插值就是用最邻近的像素点给当前还没有值的像素点赋值。

有一种常见的向上采样，对像素点以补零的方式完成插值。通常是在每列像素点的右侧插入值为零的列，在每行像素点的下方插入值为零的行。图 11-5(a)是要进行向上采样的 4 个像素点（原始图像 A），图 11-5(b)是向上采样时进行补零后的处理结果（图像 B）。

| 200 | 0 | 200 | 0 |
|-----|---|-----|---|
| 0 | 0 | 0 | 0 |
| 200 | 0 | 200 | 0 |
| 0 | 0 | 0 | 0 |

| 200 | 200 |
|-----|-----|
| 200 | 200 |

**原始图像A**　　　　　　　　　　**图像B**

(a)　　　　　　　　　　　　　　　(b)

图 11-5　向上采样示例

通常情况下，要再对其使用高斯滤波器（高斯核）对补零后的图像 B 进行滤波处理，以获取向上采样的结果图像。

但是需要注意，使用补零的方式扩充行和列后得到的图像 B 中，四分之三像素点的值都是零，此时像素均值只有原始图像 A 的四分之一。例如，在图 11-5(a)是原始图像 A，图像中像素的均值为 200，扩充行和列后得到图 11-5(b)的图像 B，像素均值变为(200×4)/16=50。进一步来说，针对 8 位位图 A，像素值的范围是[0, 255]。扩充行和列后得到图像 B，其中四分之三的像素点的值都为零，此时像素均值只有原来的四分之一，像素值范围变为[0, 255×1/4]。图像在进行高斯滤波处理时，并不会改变像素值的范围。也就是说，图像在经过扩充行列、高斯滤波处理后得到的向上采样图像中，像素均值只有原均值的四分之一。

像素均值降低，意味着图像变暗了。所以，需要调整向上采样结果图像中像素值的范围，使其与原有图像 A 的像素值范围保持一致，以保证向上采样结果图像不会过暗，能够正常显示。此时，有三种选择，可以让向上采样结果图像像素值范围与原始图像 A 范围保持一致：

- **选择 1：** 在高斯滤波器处理前，将扩充行和列得到的图像 B 所有像素值乘以 4。
- **选择 2：** 在高斯滤波后，将高斯处理结果图像乘以 4。
- **选择 3：** 当高斯滤波时，将滤波器的系数乘以 4。

通常情况下，使用"选择 3"让向上采样后得到的图像，与原始图像的像素值范围保持一致。

通过以上分析可知，向上采样和向下采样是相反的两种操作。但是，由于向下采样会丢失像素值，所以这两种操作并不是可逆的。也就是说，对一幅图像先向上采样、再向下采样，是无法恢复其原始状态的；同样，对一幅图像先向下采样、再向上采样也无法恢复到原始状态。

## 11.2　pyrDown 函数及使用

OpenCV 提供了函数 cv2.pyrDown()，用于实现图像高斯金字塔操作中的向下采样，其语法

形式为

```
dst = cv2.pyrDown( src[, dstsize[, borderType]] )
```

其中：

- dst 为目标图像。
- src 为原始图像。
- dstsize 为目标图像的大小。
- borderType 为边界类型，默认值为 BORDER_DEFAULT，且这里仅支持 BORDER_DEFAULT。

默认情况下，输出图像的大小为 Size((src.cols+1)/2, (src.rows+1)/2)。在任何情况下，图像尺寸必须满足如下条件：

$$\left| dst.width \times 2 - src.cols \right| \leqslant 2$$

$$\left| dst.height \times 2 - src.rows \right| \leqslant 2$$

cv2.pyrDown()函数首先对原始图像进行高斯滤波变换，以获取原始图像的近似图像。比如，高斯滤波变换所使用的核（高斯滤波器）为

$$\frac{1}{256} \begin{bmatrix} 1 & 4 & 6 & 4 & 1 \\ 4 & 16 & 24 & 16 & 4 \\ 6 & 24 & 36 & 24 & 6 \\ 4 & 16 & 24 & 16 & 4 \\ 1 & 4 & 6 & 4 & 1 \end{bmatrix}$$

在获取近似图像后，该函数通过抛弃偶数行和偶数列来实现向下采样。

【例 11.1】使用函数 cv2.pyrDown()对一幅图像进行向下采样，观察采样的结果。

根据题目要求，编写程序如下：

```
import cv2
o=cv2.imread("lena.bmp",cv2.IMREAD_GRAYSCALE)
r1=cv2.pyrDown(o)
r2=cv2.pyrDown(r1)
r3=cv2.pyrDown(r2)
print("o.shape=",o.shape)
print("r1.shape=",r1.shape)
print("r2.shape=",r2.shape)
print("r3.shape=",r3.shape)
cv2.imshow("original",o)
cv2.imshow("r1",r1)
cv2.imshow("r2",r2)
cv2.imshow("r3",r3)
cv2.waitKey()
cv2.destroyAllWindows()
```

本例使用 cv2.pyrDown()函数进行了 3 次向下采样，并且用 print()函数输出了每次采样结果图像的大小。cv2.imshow()函数显示了原始图像和经过 3 次向下采样后得到的结果图像。

程序运行后，会显示如下结果：

```
o.shape= (512, 512)
r1.shape= (256, 256)
r2.shape= (128, 128)
r3.shape= (64, 64)
```

从上述结果可知，经过向下采样后，图像的行和列的数量都会变为原来的二分之一，图像整体的大小会变为原来的四分之一。

程序还会显示如图 11-6 所示图像，图像的大小就是上述输出结果所显示的大小。这里为了便于比较，将它们调整成了等高格式展示。读者通过标题栏与图像的比例关系，可以推断出各个图像的大致尺寸比例。其中：

- 图 11-6(a)是原始图像 o。
- 图 11-6(b)是对原始图像 o 进行向下采样后的结果图像 r1。
- 图 11-6(c)是对图像 r1 进行向下采样后的结果图像 r2。
- 图 11-6(d)是对图像 r2 进行向下采样后的结果图像 r3。

可以看到，经过向下采样后，图像的分辨率会变低。

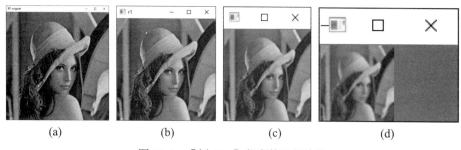

(a)　　　　　　(b)　　　　　　(c)　　　　　　(d)

图 11-6　【例 11.1】程序的运行结果

# 11.3　pyrUp 函数及使用

在 OpenCV 中，使用函数 cv2.pyrUp()实现图像金字塔操作中的向上采样，其语法形式如下：

```
dst = cv2.pyrUp( src[, dstsize[, borderType]] )
```

其中：

- dst 为目标图像。
- src 为原始图像。
- dstsize 为目标图像的大小。
- borderType 为边界类型，默认值为BORDER_DEFAULT，且这里仅支持BORDER_DEFAULT。

默认情况下，目标图像的大小为 Size(src.cols*2, src.rows*2)。在任何情况下，图像尺寸需要满足下列条件：

$$\left| \text{dst.width} - \text{src.cols} \times 2 \right| \leqslant \bmod\left( \text{dst.widh}, 2 \right)$$

$$\left| \text{dst.height} - \text{src.rows} \times 2 \right| \leqslant \bmod\left( \text{dst.height}, 2 \right)$$

对图像向上采样时，在每个像素的右侧、下方分别插入零值列和零值行，得到一个偶数行、偶数列（即新增的行、列）都是零值的新图像 New。接下来，用向下采样时所使用的高斯滤波器对新图像 New 进行滤波，得到向上采样的结果图像。需要注意的是，为了确保像素值区间在向上采样后与原始图像保持一致，需要将高斯滤波器的系数乘以 4。

上一段描述的是 OpenCV 函数 cv2.pyrUp()所实现的向上采样过程。了解上述过程，有助于我们更好地理解和使用该函数。但是，OpenCV 库的目的就是要让我们忽略这些细节，直接使用函数 cv2.pyrUp()完成向上采样。所以，在刚开始的学习阶段，我们也可以先忽略这些细节。

【例 11.2】使用函数 cv2.pyrUp()对一幅图像进行向上采样，观察采样的结果。

根据题目要求，编写程序如下：

```
import cv2
o=cv2.imread("lenas.bmp")
r1=cv2.pyrUp(o)
r2=cv2.pyrUp(r1)
r3=cv2.pyrUp(r2)
print("o.shape=",o.shape)
print("r1.shape=",r1.shape)
print("r2.shape=",r2.shape)
print("r3.shape=",r3.shape)
cv2.imshow("original",o)
cv2.imshow("r1",r1)
cv2.imshow("r2",r2)
cv2.imshow("r3",r3)
cv2.waitKey()
cv2.destroyAllWindows()
```

本例使用 cv2.pyrUp()函数对图像进行了 3 次向上采样。采样后，利用 print()函数输出了每次采样结果图像的大小，用 cv2.imshow()函数显示了原始图像和 3 次向上采样后的结果图像。

程序运行后，会输出如下结果：

```
o.shape= (64, 64, 3)
r1.shape= (128, 128, 3)
r2.shape= (256, 256, 3)
r3.shape= (512, 512, 3)
```

从上述输出结果可知，经过向上采样后，图像的宽度和高度都会变为原来的 2 倍，图像整体大小会变为原来的 4 倍。

程序还会显示如图 11-7 所示图像，图像大小就是上述输出结果所显示的大小。这里为了便于对比，将它们调整成了等高格式展示。读者可以通过各个图像内标题栏所占比例，看出各个图像大致的尺寸关系。

在图 11-7 中：

- 图 11-7(a)是原始图像 o。
- 图 11-7(b)是对原始图像 o 进行向上采样后的结果图像 r1。
- 图 11-7(c)是对图像 r1 进行向上采样后的结果图像 r2。

- 图 11-7(d)是对图像 r2 进行向上采样后的结果图像 r3。

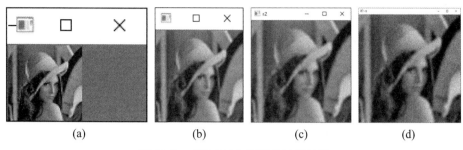

| (a) | (b) | (c) | (d) |

图 11-7　【例 11.2】程序的运行结果

## 11.4　采样可逆性的研究

图像在向上采样后，整体尺寸变为原来的 4 倍；在向下采样后，整体尺寸变为原来的四分之一。图 11-8 展示了图像在采样前后的大小变化关系。一幅 $M×N$ 大小的图像经过向下采样后大小会变为$(M/2)×(N/2)$；一幅 $M×N$ 大小的图像经过向上采样后大小会变为$(2M)×(2N)$。

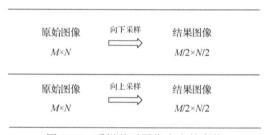

图 11-8　采样前后图像大小的变化

一幅图像在先后经过向下采样和向上采样后，会恢复为原始大小，如图 11-9 所示。

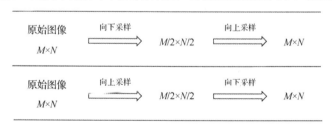

图 11-9　图像先后经过向下采样和向上采样后，会恢复为原始大小

采样过程中所使用的抛弃行和列等操作，存在着信息的丢失。所以，虽然一幅图像在先后经过向下采样、向上采样后，会恢复为原始大小，但是向上采样和向下采样不是互逆的。也就是说，虽然在经历两次采样操作后，得到的结果图像与原始图像的大小一致，肉眼看起来也相似，但是二者的像素值并不是一致的。

【例 11.3】使用函数 cv2.pyrDown()和 cv2.pyrUp()，先后将一幅图像进行向下采样、向上采样，观察采样的结果及结果图像与原始图像的差异。

根据题目要求，编写程序如下：

```
import cv2
```

```
o=cv2.imread("lena.bmp")
down=cv2.pyrDown(o)
up=cv2.pyrUp(down)
diff=up-o     #构造 diff 图像，查看 up 与 o 的区别
print("o.shape=",o.shape)
print("up.shape=",up.shape)
cv2.imshow("original",o)
cv2.imshow("up",up)
cv2.imshow("difference",diff)
cv2.waitKey()
cv2.destroyAllWindows()
```

本例在尝试向大家说明，原始图像先后经过向下采样、向上采样后，所得到的结果图像与原始图像的大小一致，看起来也很相似，但是它们的像素值并不是一致的。

运行程序，会显示如下输出：

```
o.shape= (512, 512, 3)
up.shape= (512, 512, 3)
```

从上述输出结果可以得知，图像在先后经过向下采样、向上采样后，得到的结果图像与原始图像大小一致。

同时，程序还会显示如图 11-10 所示图像。其中：

- 图 11-10(a)是原始图像 o。
- 图 11-10(b)是对图像 down（通过对原始图像 o 向下采样得到）进行向上采样后获得的结果图像 up。
- 图 11-10(c)是对图像 up 和原始图像 o 进行减法运算的结果（差值）图像 diff。图像 diff 反映的是图像 up 和原始图像 o 的差值。

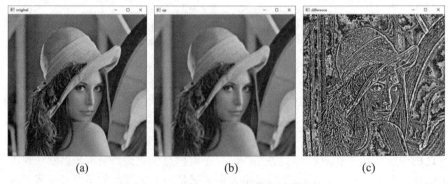

(a)                    (b)                    (c)

图 11-10  【例 11.3】程序的运行结果

从本例的结果可知，原始图像 o 与先后经过向下采样、向上采样得到的结果图像 up，在大小上是相等的，在外观上是相似的，但是它们的像素值并不一致。

【例 11.4】使用函数 cv2.pyrUp()和 cv2.pyrDown()，先后将一幅图像进行向上采样、向下采样，观察采样的结果及结果图像与原始图像的差异。

根据题目要求，编写程序如下：

```
import cv2
o=cv2.imread("lena.bmp")
up=cv2.pyrUp(o)
down=cv2.pyrDown(up)
diff=down-o    #构造 diff 图像，查看 down 与 o 的区别
print("o.shape=",o.shape)
print("down.shape=",down.shape)
cv2.imshow("original",o)
cv2.imshow("down",down)
cv2.imshow("difference",diff)
cv2.waitKey()
cv2.destroyAllWindows()
```

本例尝试向大家说明，一幅图像在先后经过向上采样、向下采样后，所得到的结果图像大小与原始图像一致，看起来也很相似，但是它们的像素值并不是一致的。

运行程序，会显示如下输出：

```
o.shape= (512, 512, 3)
down.shape= (512, 512, 3)
```

从上述输出可得知，图像在先后经过向上采样、向下采样后，得到的结果图像与原始图像大小一致。

同时，程序还会显示如图 11-11 所示图像。其中：

- 图 11-11(a)是原始图像 o。
- 图 11-11(c)是对图像 up（通过对原始图像 o 向上采样得到）进行向下采样后的结果图像 down。
- 图 11-11(d)是对图像 down 和原始图像 o 进行减法运算的结果图像 diff。图像 diff 反映的是图像 down 和原始图像 o 的差值。

(a)　　　　　　　　　　(b)　　　　　　　　　　(c)

图 11-11　【例 11.4】程序的运行结果

从本例的结果可知，原始图像 o 与先后经过向上采样、向下采样得到的图像 down，在大小上是相等的，在外观上是相似的，但是它们的像素值并不一致。

## 11.5 拉普拉斯金字塔

前面我们介绍了高斯金字塔，高斯金字塔是通过对一幅图像一系列的向下采样所产生的。有时，我们希望通过对金字塔中的小图像进行向上采样以获取完整的大尺寸高分辨率图像，这时就需要用到拉普拉斯金字塔。

### 11.5.1 定义

前面我们已经介绍过，一幅图像在经过向下采样后，再对其进行向上采样，是无法恢复为原始状态的。对此，我们也用程序进行了验证。向上采样并不是向下采样的逆运算。这是很明显的，因为向下采样时在使用高斯滤波器处理后还要抛弃偶数行和偶数列，不可避免地要丢失一些信息。

为了在向上采样时能够恢复具有较高分辨率的原始图像，就要获取在采样过程中所丢失的信息，这些丢失的信息就构成了拉普拉斯金字塔。

拉普拉斯金字塔的定义形式为

$$L_i = G_i - \text{pyrUp}(G_{i+1})$$

式中：

- $L_i$ 表示拉普拉斯金字塔中的第 $i$ 层。
- $G_i$ 表示高斯金字塔中的第 $i$ 层。

拉普拉斯金字塔中的第 $i$ 层，等于"高斯金字塔中的第 $i$ 层"与"高斯金字塔中的第 $i+1$ 层的向上采样结果"之差。图 11-12 展示了高斯金字塔和拉普拉斯金字塔的对应关系。

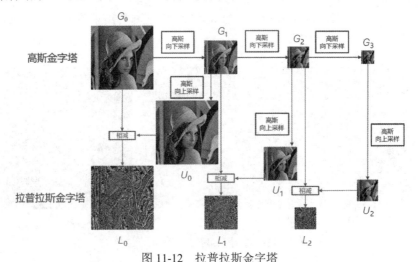

图 11-12　拉普拉斯金字塔

【例 11.5】使用函数 cv2.pyrDown() 和 cv2.pyrUp() 构造拉普拉斯金字塔。

根据题目要求，编写程序如下：

```
import cv2
O=cv2.imread("lena.bmp")
```

```
G0=O
G1=cv2.pyrDown(G0)
G2=cv2.pyrDown(G1)
G3=cv2.pyrDown(G2)
L0=G0-cv2.pyrUp(G1)
L1=G1-cv2.pyrUp(G2)
L2=G2-cv2.pyrUp(G3)
print("L0.shape=",L0.shape)
print("L1.shape=",L1.shape)
print("L2.shape=",L2.shape)
cv2.imshow("L0",L0)
cv2.imshow("L1",L1)
cv2.imshow("L2",L2)
cv2.waitKey()
cv2.destroyAllWindows()
```

程序运行后，会输出如下运行结果：

```
L0.shape= (512, 512, 3)
L1.shape= (256, 256, 3)
L2.shape= (128, 128, 3)
```

程序还会显示如图 11-13 所示图像。这里为了便于对比，将它们调整成了等高格式展示。读者可以通过图中标题栏的大小，判断得知原图的大小比例关系。

在图 11-13 中：

- 图 11-13(a)是通过语句"L0=G0-cv2.pyrUp(G1)"，用"原始图像 G0"减去"图像 G1 的向上采样结果"，得到的拉普拉斯金字塔的第 0 层 L0。
- 图 11-13(b)是通过语句"L1=G1-cv2.pyrUp(G2)"，用"图像 G1"减去"图像 G2 的向上采样结果"，得到的拉普拉斯金字塔的第 1 层 L1。
- 图 11-13(c)是通过语句"L2=G2-cv2.pyrUp(G3)"，用"图像 G2"减去"图像 G3 的向上采样结果"，得到的拉普拉斯金字塔的第 2 层 L2。

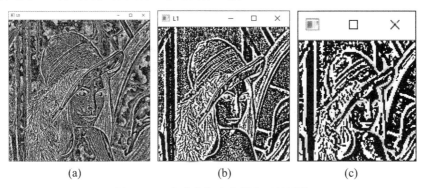

(a)　　　　　　　　　(b)　　　　　　　　　(c)

图 11-13　拉普拉斯金字塔各层的图像

## 11.5.2　应用

拉普拉斯金字塔的作用在于，能够恢复高分辨率的图像。如图 11-14 所示，该图从逻辑上展示了如何使用拉普拉斯金字塔恢复高分辨率图像。

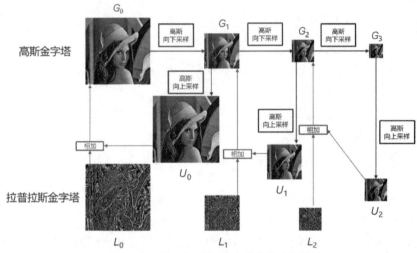

图 11-14　使用拉普拉斯金字塔恢复图像

将图 11-12 所示的拉普拉斯金字塔与图 11-14 组合，即可得到如图 11-15 所示拉普拉斯金字塔逻辑图。该图展示了拉普拉斯金字塔如何获取及如何利用拉普拉斯金字塔获取高分辨率图像的逻辑关系。

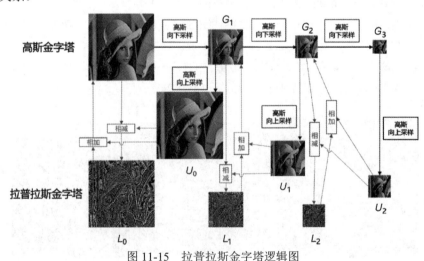

图 11-15　拉普拉斯金字塔逻辑图

图 11-16 是简化后的图 11-15，该图展示了拉普拉斯的获取及应用拉普拉斯金字塔恢复高分辨率图像。其中，右图是对左图的进一步简化。

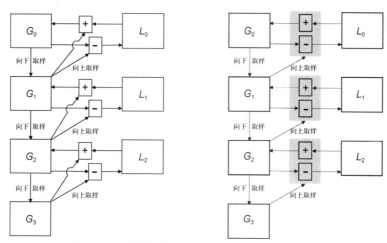

图 11-16　利用拉普拉斯金字塔恢复高分辨率图像

图 11-16 中的各个标记的含义如下：

- $G_0$、$G_1$、$G_2$、$G_3$ 分别是高斯金字塔的第 0 层、第 1 层、第 2 层、第 3 层。
- $L_0$、$L_1$、$L_2$ 分别是拉普拉斯金字塔的第 0 层、第 1 层、第 2 层。
- 向下的箭头表示向下采样操作（对应 cv2.pyrDown()函数）。
- 向右上方的箭头表示向上采样操作（对应 cv2.pyrUp()函数）。
- 加号"+"表示加法操作。
- 减号"–"表示减法操作。

在图 11-16 中，描述的操作及关系有：

- 向下采样（高斯金字塔的构成）

```
G1=cv2.pyrDown(G0)
G2=cv2.pyrDown(G1)
G3=cv2.pyrDown(G2)
```

- 拉普拉斯金字塔

```
L0=G0-cv2.pyrUp(G1)
L1=G1-cv2.pyrUp(G2)
L2=G2-cv2.pyrUp(G3)
```

- 向上采样恢复高分辨率图像

```
G0=L0+cv2.pyrUp(G1)
G1=L1+cv2.pyrUp(G2)
G2=L2+cv2.pyrUp(G3)
```

上述关系是通过数学运算推导得到的。例如，已知 L0=G0-cv2.pyrUp(G1)，将表达式右侧的 cv2.pyrUp(G1)移到左侧，就得到了表达式 G0=L0+cv2.pyrUp(G1)。除此之外，G1 和 G2 都可以通过拉普拉斯金字塔的构造表达式得到。在前面已经介绍过了，构造拉普拉斯金字塔的目的就是为了恢复高分辨率的图像。

【例 11.6】编写程序，使用拉普拉斯金字塔及高斯金字塔恢复原始图像。

根据题目要求，编写程序如下：

```
1.   import cv2
2.   import numpy as np
3.   O=cv2.imread("lena.bmp")
4.   G0=O
5.   G1=cv2.pyrDown(G0)
6.   L0=O-cv2.pyrUp(G1)
7.   RO=L0+cv2.pyrUp(G1)   # 通过拉普拉斯图像复原的原始图像
8.   print("O.shape=",O.shape)
9.   print("RO.shape=",RO.shape)
10.  result=RO-O   # 将 O 和 RO 做减法运算
11.  # 计算 result 的绝对值，避免求和时负负为正，3+(-3)=0
12.  result=abs(result)
13.  # 计算 result 所有元素的和
14.  print("原始图像 O 与恢复图像 RO 之差的绝对值和：",np.sum(result))
```

本程序中：

- 第 4 行将原始图像 O 赋值给 G0，对原始图像重命名，方便后续进行观察和说明。
- 第 5 行对图像 G0（高斯金字塔的第 0 层）进行向下采样，得到向下采样的结果，即高斯金字塔的第 1 层 G1。
- 第 6 行使用原始图像 O 减去图像 G1 的向上采样，得到拉普拉斯金字塔的第 0 层 L0。
- 第 7 行使用 L0 加上图像 G1 的向上采样结果，得到恢复的原始图像 RO。
- 第 10 行计算原始图像 O 与恢复的图像 RO 之差。如果差值图像 result 的元素值全部为 0，则说明图像 RO 和图像 O 内的像素值完全一致；否则，不一致。
- 第 12 行计算 result 内所有元素值的绝对值，然后计算 result 内所有值的和是否为零，以此判断其所有元素值是否都为零。这样写是为了避免 result 内的正数值和与负数值之和正好抵消的情况。比如，result 中存在仅两个不为零的值，一个为正值 "3"，另一个为负值 "-3"，虽然并非所有元素都为零，但是它们相加求和的结果是零。在这种情况，通过和为零来判断所有元素都是零，显然是不正确的。而取绝对值后再求和，通过绝对值和是否为零来判断是否所有元素值都是零，则避免了可能的误判情况。例如，上述 result 中存在仅两个不为零的值，一个为正值 "3"，另一个为负值 "-3"，取绝对值后求和得到结果为 "6"。

程序运行后，会输出如下运行结果：

```
O.shape= (512, 512, 3)
RO.shape= (512, 512, 3)
原始图像 O 与恢复的图像 RO 之差的绝对值和：0
```

从程序运行结果可以看到，原始图像与恢复图像差值的绝对值和为 "0"。这说明使用拉普拉斯金字塔恢复的图像与原始图像完全一致。

【例 11.7】编写程序，使用拉普拉斯金字塔及高斯金字塔恢复高斯金字塔内的多层图像。

根据题目要求，编写程序如下：

```
1.   import cv2
2.   import numpy as np
```

```
3.  O=cv2.imread("lena.bmp")
4.  #=============生成高斯金字塔==================
5.  G0=O
6.  G1=cv2.pyrDown(G0)
7.  G2=cv2.pyrDown(G1)
8.  G3=cv2.pyrDown(G2)
9.  #============生成拉普拉斯金字塔=================
10. L0=G0-cv2.pyrUp(G1)  #拉普拉斯金字塔第 0 层
11. L1=G1-cv2.pyrUp(G2)  #拉普拉斯金字塔第 1 层
12. L2=G2-cv2.pyrUp(G3)  #拉普拉斯金字塔第 2 层
13. #===============复原 G0====================
14. RG0=L0+cv2.pyrUp(G1)   #通过拉普拉斯图像复原的原始图像 G0
15. print("G0.shape=",G0.shape)
16. print("RG0.shape=",RG0.shape)
17. result=RG0-G0   #将 RG0 和 G0 相减
18. #计算 result 的绝对值，避免求和时负负为正，3+(-3)=0
19. result=abs(result)
20. #计算 result 所有元素的和
21. print("原始图像 G0 与恢复图像 RG0 差值的绝对值和：",np.sum(result))
22. #===============复原 G1====================
23. RG1=L1+cv2.pyrUp(G2)  #通过拉普拉斯图像复原 G1
24. print("G1.shape=",G1.shape)
25. print("RG1.shape=",RG1.shape)
26. result=RG1-G1   #将 RG1 和 G1 相减
27. print("原始图像 G1 与恢复图像 RG1 之差的绝对值和：",np.sum(abs(result)))
28. #===============复原 G2====================
29. RG2=L2+cv2.pyrUp(G3)  #通过拉普拉斯图像复原 G2
30. print("G2.shape=",G2.shape)
31. print("RG2.shape=",RG2.shape)
32. result=RG2-G2   #将 RG2 和 G2 相减
33. print("原始图像 G2 与恢复图像 RG2 之差的绝对值和：",np.sum(abs(result)))
```

本程序中：

- 第 14 行通过"拉普拉斯金字塔的第 0 层 L0"与"高斯金字塔第 1 层 G1 向上采样的结果 cv2.pyrUp(G1)"之和，恢复了原始图像 G0，得到 RG0。

- 第 23 行通过"拉普拉斯金字塔的第 1 层 L1"与"高斯金字塔第 2 层 G2 向上采样的结果 cv2.pyrUp(G2)"之和，恢复了原始图像 G1，得到 RG1。

- 第 29 行通过"拉普拉斯金字塔的第 2 层 L2"与"高斯金字塔第 3 层 G3 向上采样的结果 cv2.pyrUp(G3)"之和，恢复了原始图像 G2，得到 RG2。

程序运行后，会输出如下运行结果：

```
G0.shape= (512, 512, 3)
RG0.shape= (512, 512, 3)
原始图像 G0 与恢复图像 RG0 之差的绝对值和：0
G1.shape= (256, 256, 3)
RG1.shape= (256, 256, 3)
```

原始图像 G1 与恢复图像 RG1 之差的绝对值和：0
G2.shape= (128, 128, 3)
RG2.shape= (128, 128, 3)
原始图像 G2 与恢复图像 RG2 之差的绝对值和：0

从程序运行结果可以看到，在每一层中，原始图像与恢复图像差值的绝对值和都为 "0"。这说明使用拉普拉斯金字塔恢复的图像与原始图像完全一致。

# 第 12 章

# 图像轮廓

边缘检测虽然能够检测出边缘，但边缘是不连续的，检测到的边缘并不是一个整体。图像轮廓是指将边缘连接起来形成的一个整体，在针对图像整体操作角度具有较大使用价值。

OpenCV 提供了查找图像轮廓的函数 cv2.findContours()，该函数能够查找图像内的轮廓信息，而函数 cv2.drawContours() 能够将轮廓绘制出来。

图像轮廓是图像中非常重要的一个特征信息，通过对图像轮廓的操作，我们能够获取目标图像的大小、位置、方向等信息。

## 12.1 查找并绘制轮廓

一个轮廓对应着一系列的点，这些点以某种方式表示图像中的一条曲线。在 OpenCV 中，函数 cv2.findContours() 用于查找图像的轮廓，并能够根据参数返回特定表示方式的轮廓（曲线）。函数 cv2.drawContours() 能够将查找到的轮廓绘制到图像上，该函数可以根据参数在图像上绘制不同样式（实心/空心点，以及不同粗细、颜色的线条等）的轮廓，可以绘制全部轮廓也可以仅绘制特定的轮廓。

### 12.1.1 查找图像轮廓：findContours 函数

函数 cv2.findContours() 的语法格式为

```
contours, hierarchy = cv2.findContours( image, mode, method)
```

其中的返回值为

- contours：返回的轮廓。
- hierarchy：图像的拓扑信息（轮廓层次）。

其中的参数为

- image：原始图像。8 位单通道图像，所有非零值被处理为 1，所有零值保持不变。也就是说灰度图像会被自动处理为二值图像。在实际操作时，可以根据需要，预先使用阈值处理等函数将待查找轮廓的图像处理为二值图像。
- mode：轮廓检索模式。
- method：轮廓的近似方法。

函数 cv2.findContours() 的返回值及参数的含义比较丰富，下面对上述返回值和参数逐一做出说明。

### 1. 返回值 contours

该返回值返回的是一组轮廓信息，每个轮廓都是由若干个点所构成的。例如，contours[i] 是第 i 个轮廓（下标从 0 开始），contours[i][j] 是第 i 个轮廓内的第 j 个点。

图 12-1 所示为提取的轮廓示例，函数 cv2.findContours() 提取出左图的 3 个轮廓，每一个轮廓都是由若干个像素点构成的。

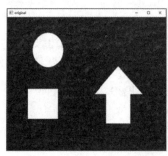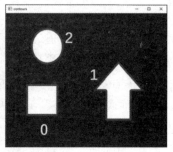

图 12-1　轮廓示例

下面针对图 12-1 来简单介绍一下 contours 的基本属性。

（1）type 属性

返回值 contours 的 type 属性是 list 类型，list 的每个元素都是图像的一个轮廓，用 Numpy 中的 ndarray 结构表示。

例如，使用如下语句获取轮廓 contours 的类型：

```
print (type(contours))
```

结果为<class 'list'>。

使用如下语句获取轮廓 contours 中每个元素的类型：

```
print (type(contours[0]))
```

结果为<class 'numpy.ndarray'>。

（2）轮廓的个数

使用如下语句可以获取轮廓的个数：

```
print (len(contours))
```

结果为"3"，表示在图 12-1 中，存在 3 个轮廓。

（3）每个轮廓的点数

每一个轮廓都是由若干个像素点构成的，点的个数不固定，具体个数取决于轮廓的形状。

例如，使用如下语句，可以获取每个轮廓内点的个数：

```
print (len(contours[0]))      #打印第 0 个轮廓的长度（点的个数）：4
print (len(contours[1]))      #打印第 1 个轮廓的长度（点的个数）：60
print (len(contours[2]))      #打印第 2 个轮廓的长度（点的个数）：184
```

输出结果如下：

```
4
60
184
```

使用如下语句，可以获取每个轮廓内点的 shape 属性：

```
print(contours[0].shape)
print(contours[1].shape)
print(contours[2].shape)
```

输出结果如下：

```
(4, 1, 2)
(60, 1, 2)
(184, 1, 2)
```

（4）轮廓内的点

使用如下语句，可以获取轮廓内第 0 个轮廓中具体点的位置属性：

```
print (contours[0])      #打印第 0 个轮廓中的像素点
```

contours[0]对应着图 12-1 中右图左下角矩形轮廓的点，输出结果如下：

```
[[[ 79 270]]
 [[ 79 383]]
 [[195 383]]
 [[195 270]]]
```

### 2. 返回值 hierarchy

图像内的轮廓可能位于不同的位置。比如，一个轮廓在另一个轮廓的内部。在这种情况下，我们将外部的轮廓称为父轮廓，内部的轮廓称为子轮廓。按照上述关系分类，一幅图像中所有轮廓之间就建立了父子关系。

根据轮廓之间的关系，就能够确定一个轮廓与其他轮廓是如何连接的。比如，确定一个轮廓是某个轮廓的子轮廓，或者是某个轮廓的父轮廓。上述关系被称为层次（组织结构），返回值 hierarchy 就包含上述层次关系。

每个轮廓 contours[i]对应 4 个元素来说明当前轮廓的层次关系。其形式为

```
[Next, Previous, First_Child, Parent]
```

其中各元素的含义为

- Next：后一个轮廓的索引编号。
- Previous：前一个轮廓的索引编号。
- First_Child：第 1 个子轮廓的索引编号。
- Parent：父轮廓的索引编号。

如果上述各个参数所对应的关系为空时，也就是没有对应的关系时，则将该参数所对应的值设为 "-1"。

使用 print 语句可以查看 hierarchy 的值：

```
print(hierarchy)
```

需要注意，轮廓的层次结构是由参数 mode 决定的。也就是说，使用不同的 mode，得到轮廓的编号是不一样的，得到的 hierarchy 也不一样。

### 3. 参数 image

该参数表示输入的图像，必须是 8 位单通道二值图像。一般情况下，需要将图像处理为二值图像后，再将其作为 image 参数使用。

### 4. 参数 mode

参数 mode 决定了轮廓的提取方式，具体有如下 4 种：

- cv2.RETR_EXTERNAL：只检测外轮廓。
- cv2.RETR_LIST：对检测到的轮廓不建立等级关系。
- cv2.RETR_CCOMP：检索所有轮廓并将它们组织成两级层次结构。上面的一层为外边界，下面的一层为内孔的边界。如果内孔内还有一个连通物体，那么这个物体的边界仍然位于顶层。
- cv2.RETR_TREE：建立一个等级树结构的轮廓。

下面分别对这四种情况进行简单的说明。

（1）cv2.RETR_EXTERNAL（只检测外轮廓）

例如，在图 12-2 中仅检测到两个外轮廓，轮廓的序号如图中的数字标注所示。

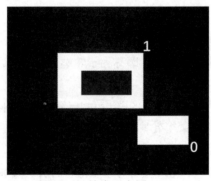

图 12-2　轮廓示意图（1）

使用 print 语句可以查看 hierarchy 的值：

```
print(hierarchy)
 [[[ 1 -1 -1 -1]
  [-1  0 -1 -1]]]
```

其中：

- 输出值 "[ 1 -1 -1 -1]"，表示的是第 0 个轮廓的层次。
  - 它（即第 0 个轮廓）的后一个轮廓就是第 1 个轮廓，因此第 1 个元素的值是 "1"。
  - 它的前一个轮廓不存在，因此第 2 个元素的值是 "-1"。
  - 它不存在子轮廓，因此第 3 个元素的值是 "-1"。
  - 它不存在父轮廓，因此第 4 个元素的值是 "-1"。

- 输出值"[-1 0 -1 -1]"，表示的是第 1 个轮廓的层次。
  - 它（即第 1 个轮廓）的后一个轮廓是不存在的，因此第 1 个元素的值是"-1"。
  - 它的前一个轮廓是第 0 个轮廓，因此第 2 个元素的值是"0"。
  - 它不存在子轮廓，因此第 3 个元素的值是"-1"。
  - 它不存在父轮廓，因此第 4 个元素的值是"-1"。

此时，轮廓之间的关系为

（2）cv2.RETR_LIST（对检测到的轮廓不建立等级关系）

例如，在图 12-3 中检测到三个轮廓，各个轮廓的序号如图中数字的标注所示。

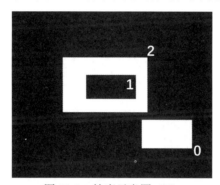

图 12-3　轮廓示意图（2）

使用 print 语句，可以查看 hierarchy 的值：

```
print(hierarchy)
[[[ 1 -1 -1 -1]
 [ 2  0 -1 -1]
 [-1  1 -1 -1]]]
```

其中：

- 输出值"[ 1 -1 -1 -1]"，表示的是第 0 个轮廓的层次。
  - 它（即第 0 个轮廓）的后一个轮廓是第 1 个轮廓，因此第 1 个元素的值是"1"。
  - 它的前一个轮廓不存在，因此第 2 个元素的值是"-1"。
  - 它不存在子轮廓，因此第 3 个元素的值是"-1"。
  - 它不存在父轮廓，因此第 4 个元素的值是"-1"。
- 输出值"[2 0 -1 -1]"，表示的是第 1 个轮廓的层次。
  - 它（即第 1 个轮廓）的后一个轮廓是第 2 个轮廓，因此第 1 个元素的值是"2"。
  - 它的前一个轮廓是第 0 个轮廓，因此第 2 个元素的值是"0"。
  - 它不存在子轮廓，因此第 3 个元素的值是"-1"。
  - 它不存在父轮廓，因此第 4 个元素的值是"-1"。
- 输出值"[-1 1 -1 -1]"，表示的是第 2 个轮廓的层次。
  - 它（即第 2 个轮廓）的后一个轮廓是不存在的，因此第 1 个元素的值是"-1"。

- 它的前一个轮廓是第 1 个轮廓，因此第 2 个元素的值是"1"。
  - 它不存在子轮廓，因此第 3 个元素的值是"-1"。
  - 它不存在父轮廓，因此第 4 个元素的值是"-1"。

从上述分析可以看出，当参数 mode 为 cv2.RETR_LIST 时，各个轮廓之间没有建立父子关系。

此时，轮廓之间的关系为

（3）cv2.RETR_CCOMP（建立两个等级的轮廓）

当参数 mode 为 cv2.RETR_CCOMP 时，建立两个等级的轮廓。上面的一层为外边界，下面的一层为内孔边界。

例如，在图 12-4 中检测到三个轮廓，各轮廓的序号如图中数字的标注所示。

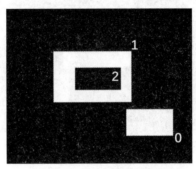

图 12-4　轮廓示意图（3）

使用 print 语句可以查看 hierarchy 的值：

```
print(hierarchy)
[[[ 1 -1 -1 -1]
 [-1  0  2 -1]
 [-1 -1 -1  1]]]
```

其中：

- 输出值"[ 1 -1 -1 -1]"，表示的是第 0 个轮廓的层次。
  - 它（即第 0 个轮廓）的后一个轮廓是第 1 个轮廓，因此第 1 个元素的值是"1"。
  - 它的前一个轮廓不存在，因此第 2 个元素的值是"-1"。
  - 它不存在子轮廓，因此第 3 个元素的值是"-1"。
  - 它不存在父轮廓，因此第 4 个元素的值是"-1"。
- 输出值"[-1 0 2 -1]"，表示的是第 1 个轮廓的层次。
  - 它（即第 1 个轮廓）的后一个轮廓不存在，因此第 1 个元素的值是"-1"。
  - 它的前一个轮廓是第 0 个轮廓，因此第 2 个元素的值是"0"。
  - 它的第 1 个子轮廓是第 2 个轮廓，因此第 3 个元素的值是"2"。
  - 它不存在父轮廓，因此第 4 个元素的值是"-1"。
- 输出值"[-1 -1 -1 1]"，表示的是第 2 个轮廓的层次。

- 它（即第 2 个轮廓）的后一个轮廓不存在，因此第 1 个元素的值是 "-1"。
- 它的前一个轮廓也不存在，因此第 2 个元素的值是 "-1"。
- 它不存在子轮廓，因此第 3 个元素的值是 "-1"。
- 它的父轮廓是第 1 个轮廓，因此第 4 个元素的值是 "1"。

此时，轮廓关系为

（4）cv2.RETR_TREE（建立一个等级树结构的轮廓）

例如，在图 12-5 中检测到三个轮廓，各个轮廓的序号如图中的数字标注所示。

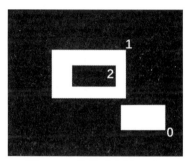

图 12-5  轮廓示意图（4）

使用 print 语句可以查看 hierarchy 的值：

```
print(hierarchy)
[[[ 1 -1 -1 -1]
 [-1  0  2 -1]
 [-1 -1 -1  1]]]
```

其中：

- 输出值 "[ 1 -1 -1 -1]"，表示的是第 0 个轮廓的层次。
  - 它（即第 0 个轮廓）的后一个轮廓是第 1 个轮廓，因此第 1 个元素的值为 "1"。
  - 它的前一个轮廓不存在，因此第 2 个元素的值是 "-1"。
  - 它不存在子轮廓，因此第 3 个元素的值是 "-1"。
  - 它不存在父轮廓，因此第 4 个元素的值是 "-1"。
- 输出值 "[-1 0 2 -1]"，表示的是第 1 个轮廓的层次。
  - 它（即第 1 个轮廓）的后一个轮廓不存在，因此第 1 个元素的值是 "-1"。
  - 它的前一个轮廓是第 0 个轮廓，因此第 2 个元素的值是 "0"。
  - 它的第 1 个子轮廓是第 2 个轮廓，因此第 3 个元素的值是 "2"。
  - 它的父轮廓不存在，因此第 4 个元素的值是 "-1"。
- 输出值 "[-1 -1 -1 1]"，表示的是第 2 个轮廓的层次。
  - 它（即第 2 个轮廓）的后一个轮廓不存在，因此第 1 个元素的值是 "-1"。

- 它的前一个轮廓是不存在的，因此第 2 个元素的值是 "-1"。
- 它的子轮廓是不存在的，因此第 3 个元素的值是 "-1"。
- 它的父轮廓是第 1 个轮廓，因此第 1 个元素的值是 "1"。

此时，轮廓之间的关系为

需要注意，本例中仅有两层轮廓，所以使用参数 cv2.RETR_CCOMP 和 cv2.RETR_TREE 得到的层次结构是一致的。当有多层轮廓时，使用参数 cv2.RETR_CCOMP 也会得到仅有两层的层次结构；而使用参数 cv2.RETR_TREE 会得到含有多个层次的结构。限于篇幅，这里不再列举更多层轮廓的层次关系。

### 5. 参数 method

参数 method 决定了如何表达轮廓，可以为如下值：

- cv2.CHAIN_APPROX_NONE：存储所有的轮廓点，相邻两个点的像素位置差不超过 1，即 $\max(\mathrm{abs}(x_1-x_2),\ \mathrm{abs}(y_2-y_1))=1$。
- cv2.CHAIN_APPROX_SIMPLE：压缩水平方向、垂直方向、对角线方向的元素，只保留该方向的终点坐标。例如，在极端的情况下，一个矩形只需要用 4 个点来保存轮廓信息。
- cv2.CHAIN_APPROX_TC89_L1：使用 teh-Chinl chain 近似算法的一种风格。
- cv2.CHAIN_APPROX_TC89_KCOS：使用 teh-Chinl chain 近似算法的一种风格。

例如，在图 12-6 中，图(a)是一幅原始图像，图(b)是使用参数值 cv2.CHAIN_APPROX_NONE 存储的轮廓，保存了轮廓中的每一个点；图(c)是使用参数值 cv2.CHAIN_APPROX_SIMPLE 存储的轮廓，仅仅保存了边界上的四个点。

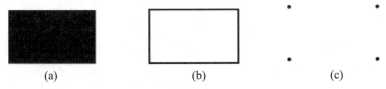

图 12-6　使用不同的 method 参数值所保存的轮廓点

在使用函数 cv2.findContours()查找图像轮廓时，需要注意以下问题：

- 待处理的源图像必须是灰度二值图。因此，在通常情况下，都要预先对图像进行阈值分割或者边缘检测处理，得到满意的二值图像后再将其作为参数使用。
- 在 OpenCV 中，都是从黑色背景中查找白色对象。因此，对象必须是白色的，背景必须是黑色的。
- 在 OpenCV 4.x 中，函数 cv2.findContours()仅有两个返回值。在更早的版本中，有三个返回值，具体为

```
image,contours, hierarchy = cv2.findContours( image, mode, method)
```

式中，返回值 image 与参数中 image 一致。

## 12.1.2　绘制图像轮廓：drawContours 函数

在 OpenCV 中，可以使用函数 cv2.drawContours()绘制图像轮廓。该函数的语法格式为

```
image=cv2.drawContours(
image,
contours,
contourIdx,
color[,
thickness[,
lineType[,
hierarchy[,
maxLevel[,
offset]]]]] )
```

其中，函数的返回值为 image，表示目标图像，即绘制了边缘的原始图像。

该函数有如下参数：

- image：待绘制轮廓的图像。需要注意，函数 cv2.drawContours()会在图像 image 上直接绘制轮廓。也就是说，在函数执行完以后，image 不再是原始图像，而是包含了轮廓的图像。因此，如果图像 image 还有其他用途的话，则需要预先复制一份，将该副本图像传递给函数 cv2.drawContours()使用。
- contours：需要绘制的轮廓。该参数的类型与函数 cv2.findContours()的输出 contours 相同，都是 list 类型。
- contourIdx：需要绘制的边缘索引，告诉函数 cv2.drawContours()要绘制某一条轮廓还是全部轮廓。如果该参数是一个整数或者为零，则表示绘制对应索引号的轮廓；如果该值为负数（通常为"-1"），则表示绘制全部轮廓。
- color：绘制的颜色，用 BGR 模式表示。例如，使用（0，0，255）表示红色。
- thickness：可选参数，表示绘制轮廓时所用画笔的粗细。如将该值设置为"-1"，则表示要绘制实心轮廓。
- lineType：可选参数，表示绘制轮廓时所用的线型。关于参数 color、thickness 和 lineType 的更具体介绍，请参考第 19 章。
- hierarchy：对应函数 cv2.findContours()所输出的层次信息。
- maxLevel：控制所绘制的轮廓层次的深度。如果值为 0，表示仅仅绘制第 0 层的轮廓；如果值为其他的非零正数，表示绘制最高层及以下的相同数量层级的轮廓。
- offset：偏移参数。该参数使轮廓偏移到不同的位置展示出来。

函数 cv2.drawContours()的参数 image 和返回值 image，在函数运算后的值是相同的。因此，也可以将函数 cv2.drawContours()写为没有返回值的形式：

```
cv2.drawContours(
```

```
image,
contours,
contourIdx,
color[,
thickness[,
lineType[,
hierarchy[,
maxLevel[,
offset]]]]] )
```

### 12.1.3 轮廓实例

本节通过具体实例说明如何获取轮廓、绘制轮廓。

**【例 12.1】**绘制一幅图像内的所有轮廓。

如果要绘制图像内的所有轮廓，需要将函数 cv2.drawContours()的参数 contourIdx 的值设置为 "-1"。

根据题目的要求及分析，编写代码如下：

```
import cv2
o = cv2.imread('contours.bmp')
cv2.imshow("original",o)
gray = cv2.cvtColor(o,cv2.COLOR_BGR2GRAY)
ret, binary = cv2.threshold(gray,127,255,cv2.THRESH_BINARY)
contours, hierarchy = cv2.findContours(binary,
                                       cv2.RETR_EXTERNAL,
                                       cv2.CHAIN_APPROX_SIMPLE)
o=cv2.drawContours(o,contours,-1,(200,200,200),10)
cv2.imshow("result",o)
cv2.waitKey()
cv2.destroyAllWindows()
```

在本程序中，为了方便印刷后的显示效果，将轮廓的颜色设置为灰色，即(200, 200, 200)，参数 thickness（轮廓线条的粗细）设置为 "10"。

运行上述程序，结果如图 12-7 所示，图像内的所有轮廓都被绘制出来了。

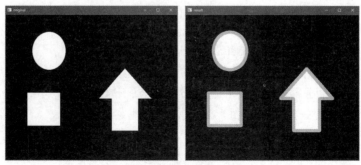

图 12-7　绘制所有轮廓

大家在自己绘制轮廓时，可以将轮廓的颜色设置为彩色。例如，设置为红色，则将颜色参数设置为(0,0,255)，具体为

$$o=cv2.drawContours(o,contours,-1,(0,0,255),1)$$

另外，函数 drawContours 可以在没有返回值的情况下直接调用。无论是否具有返回值，它都是直接在原始图像上绘制轮廓。

【例 12.2】逐个显示一幅图像内的边缘轮廓、填充轮廓（实心轮廓）。

【分析】题目比较简单，但是隐含的信息比较多，下面逐个分析：

- 如果要绘制图像内的某个特定轮廓，需要将函数 cv2.drawContours()的参数 contourIdx 设置为具体的索引值。这里需要"逐个"绘制，工作量较大，要考虑使用循环实现。

- 要"逐个"显示图像的边缘轮廓、填充轮廓，就意味着要将每一个前景图像的边缘轮廓、填充轮廓都在一个单独图像内显示出来。因此，就需要为每一个要显示的对象（边缘轮廓、填充轮廓）构造一个和原始图像等大小的图像来存储、显示它。

- 显示边缘轮廓时，需要将函数 cv2.drawContours()的参数 thickness 设置为一个适当的大小来表示边缘线条的粗细，如"5"。显示填充轮廓时，需要将边缘进行实心填充，此时需要将函数 cv2.drawContours()的参数 thickness 设置为"-1"。

综上，根据题目要求及分析，编写代码如下：

```
import cv2
import numpy as np
o = cv2.imread('contours.bmp')
cv2.imshow("original",o)
gray = cv2.cvtColor(o,cv2.COLOR_BGR2GRAY)
ret, binary = cv2.threshold(gray,127,255,cv2.THRESH_BINARY)
contours, hierarchy = cv2.findContours(binary,
                                       cv2.RETR_EXTERNAL,
                                       cv2.CHAIN_APPROX_SIMPLE)
n=len(contours)
contoursImg=[]
for i in range(n):
    temp=np.zeros(o.shape,np.uint8)
    contoursImg.append(temp)
    contoursImg[i]=cv2.drawContours(
            contoursImg[i],contours,i,(255,255,255),5)
    cv2.imshow("contours[" + str(i)+"]",contoursImg[i])
for i in range(n):
    temp=np.zeros(o.shape,np.uint8)
    contoursImg.append(temp)
    contoursImg[i+n]=cv2.drawContours(
            contoursImg[i+n],contours,i,(255,255,255),-1)
    cv2.imshow("contours[" + str(i+n)+"]",contoursImg[i+n])
cv2.waitKey()
cv2.destroyAllWindows()
```

上述代码中，主要部分的含义为

- contoursImg=[]，构造空的列表，用来存储每一个轮廓图像。程序结束时，该列表内有 6 个元素，分别存储的是 3 个边缘轮廓、3 个实心轮廓。
- 两个 for 循环语句，第 1 个用来显示图像中的各个边缘轮廓、第 2 个用来显示图像中的各个实心轮廓。
- tmp 是构造和原始图像大小一致的，值均为 0 的数组，是一个临时值，占位用。
- contoursImg.append(temp)用来将 tmp 添加到列表 contoursImg 内。列表 contoursImg 内，当前 tmp 所占位置，存储的是本轮循环中，构造并显示的轮廓。

运行上述程序，结果如图 12-8 所示，图像内的轮廓分别被以边缘、前景的形式逐一绘制出来。

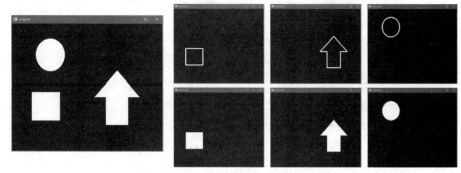

图 12-8　逐一显示所有轮廓

需要注意的是，通过使用函数 cv2.findContours 找到轮廓后，将函数 cv2.drawContours() 的参数 thickness 设置为 "-1"，可以将一幅图像中特定的前景区域提取出来。但是，它们并不能直接提取到前景图像。在上述例题中，前景图像是白色的（三个简单的形状：圆、矩形、箭头），我们在构造实心轮廓时，使用的也是白色填充。所以，提取到的实心轮廓恰好和前景对象是一致的。上述提取实心轮廓与前景一致的情况，实属巧合，因为它们恰好都是白色。在现实中，我们处理的前景图像色彩往往并不是单一的，而轮廓只能用单一色彩填充，所以也就无法构造上述巧合了。下面，我们通过一个例题介绍如何使用轮廓绘制功能，提取前景对象。

【例 12.3】使用轮廓绘制功能，提取前景对象。

【分析】在 "3.3.1 按位与运算" 中介绍了按位与运算能够提取一幅图像的指定区域。

构造模板图像 M，M 中只有两种值：

- 一种是数值 0。
- 一种是数值 255

将图像 M 与一幅灰度图像 G 进行按位与操作后，得到的结果图像 R 中：

- 与图像 M 中数值 255 对应位置上的值，来源于灰度图像 G。
- 与图像 M 中数值 0 对应位置上的值为零（黑色）。

例如，使用图 12-9(b)作为模板图像，与图 12-9(a)进行按位与操作，则可以得到图 12-9(c)。

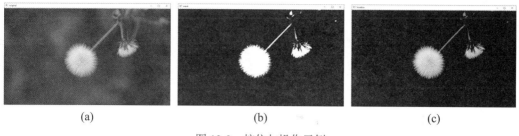

(a)　　　　　　　　　　(b)　　　　　　　　　　(c)

图 12-9　按位与操作示例

按照上述思路，如果我们将一幅图像中的前景区域提取出来，并将其作为模板，与原始图像图像进行按位与操作，即可到前景图像。从前面的例题中，我们看到，使用函数 cv2.findContours 和函数 cv2.drawContours，可以将一幅图像中的前景区域提取出来。

综上，在本例中，我们通过将函数 cv2.drawContours()的参数 thickness 的值设置为"-1"，提取前景对象的实心轮廓。将该实心轮廓与原始图像进行"按位与"操作，从而将前景对象从原始图像中提取出来。

根据题目的要求及分析，编写代码如下：

```
import cv2
import numpy as np
o = cv2.imread('loc3.jpg')
cv2.imshow("original",o)
gray = cv2.cvtColor(o,cv2.COLOR_BGR2GRAY)
ret, binary = cv2.threshold(gray,127,255,cv2.THRESH_BINARY)
contours, hierarchy = cv2.findContours(binary,
                                       cv2.RETR_LIST,
                                       cv2.CHAIN_APPROX_SIMPLE)
mask=np.zeros(o.shape,np.uint8)
mask=cv2.drawContours(mask,contours,-1,(255,255,255),-1)
cv2.imshow("mask" ,mask)
loc=cv2.bitwise_and(o,mask)
cv2.imshow("location" ,loc)
cv2.waitKey()
cv2.destroyAllWindows()
```

本例中将函数 cv2.drawContours()的参数 thickness 设置为"-1"，得到了前景对象的实心轮廓 mask。接下来，通过语句 "cv2.bitwise_and(o, mask)"，将原始图像 o 与实心轮廓 mask 进行"按位与"运算，得到了原始图像的前景对象。

运行上述程序，结果如图 12-10 所示。其中：

- 图 12-10(a)是原始图像，其前景对象是一朵小花。
- 图 12-10(b)的图像是从原始图像得到的小花的实心轮廓。
- 图 12-10(c)是提取的前景对象小花。

 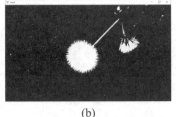 

(a)             (b)             (c)

图 12-10　显示前景对象的轮廓及前景对象

这里需要额外注意一点，函数 cv2.findContours 中参数 image 表示原始图像，它必须是 8 位单通道图像。而且，函数 cv2.findContours 工作时会将 image 中所有非零值（大于等于 1）处理为 1，所有零值保持不变。虽然，它能够自动地将灰度图像自动处理为二值图像。但是，它简单地将二值化的阈值设置为 1，将所有黑色（像素值 0）处理为背景，所有的非黑色（像素值大于 0）处理为前景。这样的处理方式，不能够很好地完成前景与背景的区分，常常无法满足实际情况的需要。所以，为了得到正确的处理效果，我们需要在使用 image 前，先将 image 进行二值化处理。上述程序中，"ret, binary = cv2.threshold(gray,127,255,cv2.THRESH_BINARY)"是在进行自定义的阈值处理，将阈值设为了 127。如果不对 image 进行阈值处理，则函数 cv2.findContours 在处理时，会将原始图像中所有非 0 值处理为前景。这种情况下，它提取到的前景几乎是整幅图像。

如图 12-11 所示，图中：

- 图 12-11(a)是原始图像。
- 图 12-11(b)是使用自定义阈值 127 处理原图像后，再使用函数 cv2.findContours 获取的前景，此时的前景是两个小花朵，和实际情况一致，较亮部分（像素值大于 127）被处理为前景，其余部分被处理为背景。
- 图 12-11(c)是直接将原始图像作为函数 cv2.findContours 参数获取的前景。此时，将像素值大于 1 的像素全部处理为前景，所以提取到的前景几乎是整幅图像。

可以看到，使用自定义阈值处理后，能够更好地提取原始图像的前景。

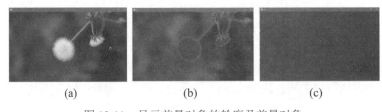

(a)             (b)             (c)

图 12-11　显示前景对象的轮廓及前景对象

## 12.2　矩特征

比较两个轮廓最简单的方法是比较二者的轮廓矩。轮廓矩代表了一个轮廓、一幅图像、一组点集的全局特征。矩信息包含了对应对象不同类型的几何特征，例如大小、位置、角度、形状等。矩特征被广泛地应用在模式识别、图像识别等方面。

## 12.2.1　矩的计算：moments 函数

OpenCV 提供了函数 cv2.moments() 来获取图像的 moments 特征。通常情况下，我们将使用函数 cv2.moments() 获取的轮廓特征称为"轮廓矩"。轮廓矩描述了一个轮廓的重要特征，使用轮廓矩可以方便地比较两个轮廓。

函数 cv2.moments() 的语法格式为

```
retval = cv2.moments( array[, binaryImage] )
```

其中有两个参数：

- array：可以是点集，也可以是灰度图像或者二值图像。当 array 是点集时，函数会把这些点集当成轮廓中的顶点，把整个点集作为一条轮廓，而不是把它们当成独立的点来看待。
- binaryImage：当该参数为 True 时，array 内所有的非零值都被处理为 1。该参数仅在参数 array 为图像时有效。

该函数的返回值 retval 是矩特征，主要包括：

（1）空间矩

- 零阶矩：m00；
- 一阶矩：m10, m01；
- 二阶矩：m20, m11, m02；
- 三阶矩：m30, m21, m12, m03。

（2）中心矩

- 二阶中心矩：mu20, mu11, mu02；
- 三阶中心矩：mu30, mu21, mu12, mu03。

（3）归一化中心矩

- 二阶 Hu 矩：nu20, nu11, nu02；
- 三阶 Hu 矩：nu30, nu21, nu12, nu03。

上述矩都是根据公式计算得到的，大多数矩比较抽象。但是很明显，如果两个轮廓的矩一致，那么这两个轮廓就是一致的。虽然大多数矩都是通过数学公式计算得到的抽象特征，但是零阶矩"m00"的含义比较直观，它表示一个轮廓的面积。

矩特征函数 cv2.moments() 所返回的特征值，能够用来比较两个轮廓是否相似。例如，有两个轮廓，不管它们出现在图像的哪个位置，我们都可以通过函数 cv2.moments() 的 m00 矩判断其面积是否一致。

在位置发生变化时，虽然轮廓的面积、周长等特征不变，但是更高阶的特征会随着位置的变化而发生变化。在很多情况下，我们希望比较不同位置的两个对象的一致性。解决这一问题的方法是引入中心矩。中心矩通过减去均值而获取平移不变性，因而能够比较不同位置的两个对象是否一致。很明显，中心矩具有的平移不变性，使它能够忽略两个对象的位置关系，帮助我们比较不同位置上两个对象的一致性。

除了考虑平移不变性，我们还会考虑经过缩放后大小不一致的对象的一致性。也就是说，我们希望图像在缩放前后能够拥有一个稳定的特征值，即让图像在缩放前后具有同样的特征值。显然，中心矩不具有这个属性。例如，两个形状一致、大小不一的对象，其中心矩是有差异的。

归一化中心矩通过除以物体总尺寸而获得缩放不变性。它通过上述计算提取对象的归一化中心矩属性值，该属性值不仅具有平移不变性，还具有缩放不变性。

在 OpenCV 中，函数 cv2.moments() 会同时计算上述空间矩、中心矩和归一化中心距。

【例 12.4】使用函数 cv2.moments() 提取一幅图像的特征。

根据题目的要求及分析，编写代码如下：

```python
import cv2
import numpy as np
o = cv2.imread('moments.bmp')
cv2.imshow("original",o)
gray = cv2.cvtColor(o,cv2.COLOR_BGR2GRAY)
ret, binary = cv2.threshold(gray,127,255,cv2.THRESH_BINARY)
contours, hierarchy = cv2.findContours(binary,
                                       cv2.RETR_LIST,
                                       cv2.CHAIN_APPROX_SIMPLE)
n=len(contours)
contoursImg=[]
for i in range(n):
    temp=np.zeros(o.shape,np.uint8)
    contoursImg.append(temp)
    contoursImg[i]=cv2.drawContours(contoursImg[i],contours,i,
    (255,255,255),3)
    cv2.imshow("contours[" + str(i)+"]",contoursImg[i])
print("观察各个轮廓的矩（moments）:")
for i in range(n):
    print("轮廓"+str(i)+"的矩:\n",cv2.moments(contours[i]))
print("观察各个轮廓的面积:")
for i in range(n):
    print("轮廓"+str(i)+"的面积:%d" %cv2.moments(contours[i])['m00'])
cv2.waitKey()
cv2.destroyAllWindows()
```

本例中，首先使用函数 cv2.moments() 提取各个轮廓的特征；接下来，通过语句 cv2.moments(contours[i])['m00']) 提取各个轮廓矩的面积信息。

运行上述程序，会显示如图 12-12 所示的图像。其中：

- 图 12-12(a)是原始图像。
- 图 12-12(b)是原始图像的第 0 个轮廓。
- 图 12-12(c)是原始图像的第 1 个轮廓。
- 图 12-12(d)是原始图像的第 2 个轮廓。

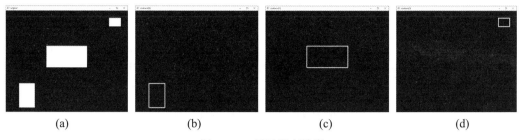

图 12-12　显示所有轮廓

同时，程序会显示如下输出结果：

观察各个轮廓的矩（moments）：

轮廓 0 的矩：

{'m00': 14900.0, 'm10': 1996600.0, 'm01': 7800150.0, 'm20': 279961066.6666666, 'm11': 1045220100.0, 'm02': 4110944766.6666665, 'm30': 40842449600.0, 'm21': 146559618400.0, 'm12': 550866598733.3334, 'm03': 2180941440375.0, 'mu20': 12416666.666666627, 'mu11': 0.0, 'mu02': 27566241.666666508, 'mu30': 1.52587890625e-05, 'mu21': 2.09808349609375e-05, 'mu12': 6.198883056640625e-05, 'mu03': 0.000244140625, 'nu20': 0.05592841163310942, 'nu11': 0.0, 'nu02': 0.12416666666666591, 'nu30': 5.630596400372416e-16, 'nu21': 7.742070050512072e-16, 'nu12': 2.2874297876512943e-15, 'nu03': 9.008954240595866e-15}

轮廓 1 的矩：

{'m00': 34314.0, 'm10': 13313832.0, 'm01': 9728019.0, 'm20': 5356106574.0, 'm11': 3774471372.0, 'm02': 2808475082.0, 'm30': 2225873002920.0, 'm21': 1518456213729.0, 'm12': 1089688331816.0, 'm03': 824882507095.5, 'mu20': 190339758.0, 'mu11': 0.0, 'mu02': 50581695.5, 'mu30': 0.0, 'mu21': 0.0, 'mu12': 0.0, 'mu03': 0.0, 'nu20': 0.16165413533834588, 'nu11': 0.0, 'nu02': 0.042958656330749356, 'nu30': 0.0, 'nu21': 0.0, 'nu12': 0.0, 'nu03': 0.0}

轮廓 2 的矩：

{'m00': 3900.0, 'm10': 2696850.0, 'm01': 273000.0, 'm20': 1866699900.0, 'm11': 188779500.0, 'm02': 19988800.0, 'm30': 1293351277725.0, 'm21': 130668993000.0, 'm12': 13822255200.0, 'm03': 1522248000.0, 'mu20': 1828125.0, 'mu11': 0.0, 'mu02': 878800.0, 'mu30': 0.0, 'mu21': 0.0, 'mu12': 0.0, 'mu03': 0.0, 'nu20': 0.1201923076923077, 'nu11': 0.0, 'nu02': 0.05777777777777778, 'nu30': 0.0, 'nu21': 0.0, 'nu12': 0.0, 'nu03': 0.0}

观察各个轮廓的面积：

轮廓 0 的面积:14900

轮廓 1 的面积:34314

轮廓 2 的面积:3900

上述输出结果显示了每个轮廓的矩特征和面积。

## 12.2.2　计算轮廓的面积：contourArea 函数

函数 cv2.contourArea()用于计算轮廓的面积。该函数的语法格式为

```
retval =cv2.contourArea(contour [, oriented] ))
```

其中的返回值 retval 是面积值。

其中有两个参数：

- contour 是轮廓。
- oriented 是布尔型值。当它为 True 时，返回的值包含正/负号，用来表示轮廓是顺时针的还是逆时针的。该参数的默认值是 False，表示返回的 retval 是一个绝对值。

【例 12.5】使用函数 cv2.contourArea() 计算各个轮廓的面积。

根据题目的要求，编写代码如下：

```
import cv2
import numpy as np
o = cv2.imread('contours.bmp')
gray = cv2.cvtColor(o,cv2.COLOR_BGR2GRAY)
ret, binary = cv2.threshold(gray,127,255,cv2.THRESH_BINARY)
contours, hierarchy = cv2.findContours(binary,
                                       cv2.RETR_LIST,
                                       cv2.CHAIN_APPROX_SIMPLE)
cv2.imshow("original",o)
n=len(contours)
contoursImg=[]
for i in range(n):
    print("contours["+str(i)+"]面积=",cv2.contourArea(contours[i]))
    temp=np.zeros(o.shape,np.uint8)
    contoursImg.append(temp)
    contoursImg[i]=cv2.drawContours(contoursImg[i],
                          contours,
                          i,
                          (255,255,255),
                          3)
    cv2.imshow("contours[" + str(i)+"]",contoursImg[i])
cv2.waitKey()
cv2.destroyAllWindows()
```

本例通过函数 cv2.contourArea() 计算各个轮廓的面积。运行上述程序，会显示各个轮廓的面积值：

```
contours[0]面积= 13108.0
contours[1]面积= 19535.0
contours[2]面积= 12058.0
```

同时，还会显示如图 12-13 所示的图像。其中：

- 图 12-13(a)是原始图像。
- 图 12-13(b)是原始图像的第 0 个轮廓。
- 图 12-13(c)是原始图像的第 1 个轮廓。
- 图 12-13(d)是原始图像的第 2 个轮廓。

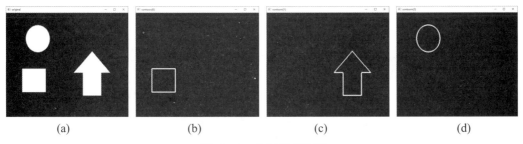

| (a) | (b) | (c) | (d) |

图 12-13 显示所有轮廓

**【例 12.6】** 在例 12.5 的基础上，将面积大于 15 000 的轮廓筛选出来。

我们在例 12.5 中已经计算出图像 contours.bmp 内三个轮廓的面积分别是 13108.0、19535.0、12058.0，使用 if 函数将面积大于 15 000 的值筛选出来即可。

根据题目的要求及分析，编写代码如下：

```
import cv2
import numpy as np
o = cv2.imread('contours.bmp')
cv2.imshow("original",o)
gray = cv2.cvtColor(o,cv2.COLOR_BGR2GRAY)
ret, binary = cv2.threshold(gray,127,255,cv2.THRESH_BINARY)
contours, hierarchy = cv2.findContours(binary,
                                       cv2.RETR_LIST,
                                       cv2.CHAIN_APPROX_SIMPLE)
n=len(contours)
contoursImg=[]
for i in range(n):
    temp=np.zeros(o.shape,np.uint8)
    contoursImg.append(temp)
    contoursImg[i]=cv2.drawContours(contoursImg[i],
            contours,i,(255,255,255),3)
    if cv2.contourArea(contours[i])>15000:
        cv2.imshow("contours[" + str(i)+"]",contoursImg[i])
cv2.waitKey()
cv2.destroyAllWindows()
```

本例中，通过语句 "if cv2.contourArea(contours[i])>15000:" 实现对面积值的筛选，然后对面积值大于 15 000 的轮廓使用语句 "cv2.imshow("contours[" + str(i)+"]",contoursImg[i])" 显示出来。

运行上述程序，显示的图像如图 12-14 所示。其中：

- 图 12-14(a)是原始图像。
- 图 12-14(b)是原始图像内面积大于 15 000 的唯一轮廓。

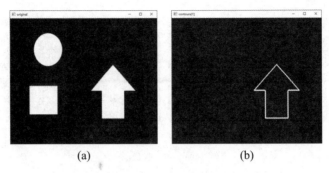

图 12-14　显示面积大于 15 000 的轮廓

### 12.2.3　计算轮廓的长度：arcLength 函数

函数 cv2.arcLength() 用于计算轮廓的长度，其语法格式为

```
retval = cv2.arcLength( curve, closed )
```

其中返回值 retval 是轮廓的长度（周长）。

其中有两个参数：

- curve 是轮廓。
- closed 是布尔型值，用来表示轮廓是否是封闭的。该值为 True 时，表示轮廓是封闭的。

【例 12.7】将一幅图像内长度大于平均值的轮廓显示出来。

首先，使用函数 cv2.arcLength() 计算各个轮廓的长度，接下来计算各个轮廓的长度之和及长度的平均值，最后使用判断语句将长度大于平均值的轮廓显示出来。

根据题目的要求及分析，编写代码如下：

```
import cv2
import numpy as np
#--------------读取及显示原始图像--------------------
o = cv2.imread('contours0.bmp')
cv2.imshow("original",o)
#--------------获取轮廓--------------------
gray = cv2.cvtColor(o,cv2.COLOR_BGR2GRAY)
ret, binary = cv2.threshold(gray,127,255,cv2.THRESH_BINARY)
contours, hierarchy = cv2.findContours(binary,
                                cv2.RETR_LIST,
                                cv2.CHAIN_APPROX_SIMPLE)
#--------------计算各轮廓的长度之和、平均长度--------------------
n=len(contours)      # 获取轮廓的个数
cntLen=[]            # 存储各轮廓的长度
for i in range(n):
    cntLen.append(cv2.arcLength(contours[i],True))
    print("第"+str(i)+"个轮廓的长度:%d"%cntLen[i])
cntLenSum=np.sum(cntLen)   # 各轮廓的长度之和
cntLenAvr=cntLenSum/n       # 轮廓长度的平均值
```

```
print("轮廓的总长度为%d"%cntLenSum)
print("轮廓的平均长度为%d"%cntLenAvr)
#--------------显示长度超过平均值的轮廓-------------------
contoursImg=[]
for i in range(n):
    temp=np.zeros(o.shape,np.uint8)
    contoursImg.append(temp)
    contoursImg[i]=cv2.drawContours(contoursImg[i],
            contours,i,(255,255,255),3)
    if cv2.arcLength(contours[i],True)>cntLenAvr:
        cv2.imshow("contours[" + str(i)+"]",contoursImg[i])
cv2.waitKey()
cv2.destroyAllWindows()
```

本例先通过函数 cv2.arcLength()计算各个轮廓的长度，并据此计算总长度和平均长度，然后使用判断结构语句"if cv2.arcLength(contours[i],True)>cntLenAvr:"对各个轮廓的长度进行判断，并根据判断结果决定是否显示对应的轮廓。

运行上述程序，会显示各个轮廓的长度、总长度与平均长度。

```
第 0 个轮廓的长度:145
第 1 个轮廓的长度:147
第 2 个轮廓的长度:398
第 3 个轮廓的长度:681
第 4 个轮廓的长度:1004
第 5 个轮廓的长度:398
第 6 个轮廓的长度:681
第 7 个轮廓的长度:1004
第 8 个轮廓的长度:2225
第 9 个轮廓的长度:2794
轮廓的总长度：9480
轮廓的平均长度：948
```

同时，程序还会显示如图 12-15 所示的图像，其中显示了原始图像和长度大于平均轮廓长度的 4 条轮廓：

- 图 12-15(a)是原始图像。
- 图 12-15(b)是原始图像的第 4 个轮廓。
- 图 12-15(c)是原始图像的第 7 个轮廓。
- 图 12-15(d)是原始图像的第 8 个轮廓。
- 图 12-15(e)是原始图像的第 9 个轮廓（最外层，即整体图像的外轮廓）。

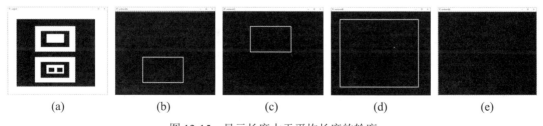

(a)　　　　(b)　　　　(c)　　　　(d)　　　　(e)

图 12-15　显示长度大于平均长度的轮廓

# 12.3 Hu 矩

Hu 矩是归一化中心矩的线性组合。Hu 矩在图像旋转、缩放、平移等操作后，仍能保持矩的不变性，所以经常会使用 Hu 距来识别图像的特征。

在 OpenCV 中，使用函数 cv2.HuMoments()可以得到 Hu 距。该函数使用 cv2.moments()函数的返回值作为参数，返回 7 个 Hu 矩值。

## 12.3.1 Hu 矩函数

函数 cv2.HuMoments()的语法格式为

```
hu = cv2.HuMoments( m )
```

其中返回值 hu，表示返回的 Hu 矩值；参数 m，由函数 cv2.moments()计算得到矩特征值。

【例 12.8】计算图像的 Hu 矩，对其中第 0 个矩的关系进行演示。

Hu 矩是归一化中心矩的线性组合，每一个矩都是通过归一化中心矩的组合运算得到的。函数 cv2.moments()返回的归一化中心矩中包含：

- 二阶 Hu 矩：nu20, nu11, nu02。
- 三阶 Hu 矩：nu30, nu21, nu12, nu03。

为了表述上的方便，将上述字母"nu"表示为字母"v"，则归一化中心矩为

- 二阶 Hu 矩：v20, v11, v02。
- 三阶 Hu 矩：v30, v21, v12, v03。

上述 7 个 Hu 矩的计算公式为

$$h_0 = v_{20} + v_{02}$$

$$h_1 = \left(v_{20} - v_{02}\right)^2 + 4v_{11}^2$$

$$h_2 = \left(v_{30} - 3v_{12}\right)^2 + \left(3v_{21} - v_{03}\right)^2$$

$$h_3 = \left(v_{30} + v_{12}\right)^2 + \left(v_{21} + v_{03}\right)^2$$

$$h_4 = \left(v_{30} - 3v_{12}\right)\left(v_{30} + v_{12}\right)\left[\left(v_{30} - 3v_{12}\right)^2 - 3\left(v_{21} + v_{03}\right)^2\right]$$
$$+ \left(3v_{21} - v_{03}\right)\left(v_{21} + v_{03}\right)\left[3\left(v_{30} + v_{12}\right)^2 - \left(v_{21} + v_{03}\right)^2\right]$$

$$h_5 = \left(v_{20} - v_{02}\right)\left[\left(v_{30} + v_{12}\right)^2 - \left(v_{21} + v_{03}\right)^2\right] + 4v_{11}\left(v_{30} + v_{12}\right)\left(v_{21} + v_{03}\right)$$

$$h_6 = \left(3v_{21} - v_{03}\right)\left(v_{21} + v_{03}\right)\left[3\left(v_{30} + v_{12}\right)^2 - \left(v_{21} + v_{03}\right)^2\right]$$
$$- \left(v_{30} - 3v_{12}\right)\left(v_{21} + v_{03}\right)\left[3\left(v_{30} + v_{12}\right)^2 - \left(v_{21} + v_{03}\right)^2\right]$$

本例对 Hu 矩中的第 0 个矩 $h_0 = v_{20} + v_{02}$ 的关系进行验证，即 Hu 矩中第 0 个矩对应的函数 cv2.moments()的返回值为

$$h_0 = v_{20} + v_{02}$$

根据题目的要求及分析，编写代码如下：

```
import cv2
o1 = cv2.imread('cs1.bmp')
gray = cv2.cvtColor(o1,cv2.COLOR_BGR2GRAY)
HuM1=cv2.HuMoments(cv2.moments(gray)).flatten()
print("cv2.moments(gray)=\n",cv2.moments(gray))
print("\nHuM1=\n",HuM1)
print("\ncv2.moments(gray)['nu20']+cv2.moments(gray)['nu02']=%f+%f=%f\n"
    %(cv2.moments(gray)['nu20'],cv2.moments(gray)['nu02'],
      cv2.moments(gray)['nu20']+cv2.moments(gray)['nu02']))
print("HuM1[0]=",HuM1[0])
print("\nHu[0]-(nu02+nu20)=",
    HuM1[0]-(cv2.moments(gray)['nu20']+cv2.moments(gray)['nu02']))
```

运行上述程序，结果如下所示：

```
cv2.moments(gray)=
 {'m00': 2729265.0, 'm10': 823361085.0, 'm01': 353802555.0, 'm20':
256058984145.0, 'm11': 104985534390.0, 'm02': 47279854725.0, 'm30':
81917664997185.0, 'm21': 32126275537320.0, 'm12': 13822864338150.0, 'm03':
6484319942535.0, 'mu20': 7668492092.239532, 'mu11': -1749156290.667572, 'mu02':
1415401136.019806, 'mu30': 43285283824.25, 'mu21': -12028503719.705078, 'mu12':
13036213891.871826, 'mu03': -11670178717.88086, 'nu20': 0.0010294815371794503,
'nu11': -0.00023482114674224926, 'nu02': 0.00019001510593064523, 'nu30':
3.5174343862137483e-06, 'nu21': -9.774562821438012e-07, 'nu12':
1.0593444921254788e-06, 'nu03': -9.483381946207041e-07}

HuM1=
 [ 1.21949664e-03  9.25267773e-07  4.05157060e-12  2.46555893e-11
  2.41189094e-22  2.27497012e-14 -5.05282814e-23]

cv2.moments(gray)['nu20']+cv2.moments(gray)['nu02']=0.001029+0.000190=0.0012
19

HuM1[0]= 0.0012194966431100956

Hu[0]-(nu02+nu20)= 0.0
```

程序运行结果显示"Hu[0]-(nu02+nu20)= 0.0"。从该结果可知，关系 $h_0 = v_{20} + v_{02}$ 成立。

【例 12.9】计算三幅不同图像的 Hu 矩，并进行比较。

根据题目的要求，编写代码如下：

```
import cv2
#----------------计算图像 o1 的 Hu 矩-------------------
o1 = cv2.imread('cs1.bmp')
gray1 = cv2.cvtColor(o1,cv2.COLOR_BGR2GRAY)
```

```
HuM1=cv2.HuMoments(cv2.moments(gray1)).flatten()
#----------------计算图像 o2 的 Hu 矩------------------
o2 = cv2.imread('cs3.bmp')
gray2 = cv2.cvtColor(o2,cv2.COLOR_BGR2GRAY)
HuM2=cv2.HuMoments(cv2.moments(gray2)).flatten()
#----------------计算图像 o3 的 Hu 矩------------------
o3 = cv2.imread('lena.bmp')
gray3 = cv2.cvtColor(o3,cv2.COLOR_BGR2GRAY)
HuM3=cv2.HuMoments(cv2.moments(gray3)).flatten()
#---------打印图像 o1、图像 o2、图像 o3 的特征值------------
print("o1.shape=",o1.shape)
print("o2.shape=",o2.shape)
print("o3.shape=",o3.shape)
print("cv2.moments(gray1)=\n",cv2.moments(gray1))
print("cv2.moments(gray2)=\n",cv2.moments(gray2))
print("cv2.moments(gray3)=\n",cv2.moments(gray3))
print("\nHuM1=\n",HuM1)
print("\nHuM2=\n",HuM2)
print("\nHuM3=\n",HuM3)
#---------计算图像 o1 与图像 o2、图像 o3 的 Hu 矩之差----------------
print("\nHuM1-HuM2=",HuM1-HuM2)
print("\nHuM1-HuM3=",HuM1-HuM3)
#---------显示图像----------------
cv2.imshow("original1",o1)
cv2.imshow("original2",o2)
cv2.imshow("original3",o3)
cv2.waitKey()
cv2.destroyAllWindows()
```

运行上述程序，会显示各个图像的 shape 属性、moments 属性、HuMoments 属性，以及不同图像的 Hu 矩之差。

```
o1.shape= (425, 514, 3)
o2.shape= (425, 514, 3)
o3.shape= (512, 512, 3)
cv2.moments(gray1)=
 {'m00': 2729265.0, 'm10': 823361085.0, 'm01': 353802555.0, 'm20':
256058984145.0, 'm11': 104985534390.0, 'm02': 47279854725.0, 'm30':
81917664997185.0, 'm21': 32126275537320.0, 'm12': 13822864338150.0, 'm03':
6484319942535.0, 'mu20': 7668492092.239532, 'mu11': -1749156290.667572, 'mu02':
1415401136.019806, 'mu30': 43285283824.25, 'mu21': -12028503719.705078, 'mu12':
13036213891.871826, 'mu03': -11670178717.88086, 'nu20': 0.0010294815371794503,
'nu11': -0.00023482114674224926, 'nu02': 0.00019001510593064523, 'nu30':
3.5174343862137483e-06, 'nu21': -9.774562821438012e-07, 'nu12':
1.0593444921254788e-06, 'nu03': -9.483381946207041e-07}
    cv2.moments(gray2)=
 {'m00': 1755675.0, 'm10': 518360685.0, 'm01': 190849140.0, 'm20':
156229722135.0, 'm11': 55624504050.0, 'm02': 21328437150.0, 'm30': 47992502493915.0,
```

```
'm21': 16559578863270.0, 'm12': 6135747671370.0, 'm03': 2448843661890.0, 'mu20':
3184426306.518524, 'mu11': -723448129.1111069, 'mu02': 582345624.6666679, 'mu30':
-14508249198.71875, 'mu21': 3955540976.4630127, 'mu12': -4161129804.772583, 'mu03':
3747496072.099121, 'nu20': 0.001033101406743052, 'nu11': -0.00023470327398074646,
'nu02': 0.00018892636416872798, 'nu30': -3.5522595786074026e-06, 'nu21':
9.684909688107435e-07, 'nu12': -1.0188281855633918e-06, 'nu03':
9.175523962659349e-07}
    cv2.moments(gray3)=
    {'m00': 32524520.0, 'm10': 8668693016.0, 'm01': 8048246168.0, 'm20':
3012074835288.0, 'm11': 2188197716912.0, 'm02': 2697437187672.0, 'm30':
1162360702630328.0, 'm21': 771188127583648.0, 'm12': 737629807045152.0, 'm03':
1024874860779368.0, 'mu20': 701626022956.6519, 'mu11': 43115319152.083496, 'mu02':
705885386731.4578, 'mu30': -14447234840442.0, 'mu21': 2862363425762.25, 'mu12':
-2650458863973.0, 'mu03': 8044566997348.25, 'nu20': 0.00066326013744609, 'nu11':
4.075771361264021e-05, 'nu02': 0.0006672865932933317, 'nu30':
-2.3947351703101695e-06, 'nu21': 4.744577382167515e-07, 'nu12':
-4.3933300241295835e-07, 'nu03': 1.3334460006519109e-06}


    HuM1=
    [ 1.21949664e-03  9.25267773e-07  4.05157060e-12  2.46555893e-11
      2.41189094e-22  2.27497012e-14 -5.05282814e-23]

    HuM2=
    [ 1.22202777e-03  9.32974010e-07  4.19762083e-12  2.44520029e-11
      2.44855011e-22  2.27298009e-14 -3.76120600e-23]

    HuM3=
    [ 1.33054673e-03  6.66097722e-09  1.16744767e-12  1.13004583e-11
      -2.02613532e-24 -8.54504575e-16  4.09952009e-23]

    HuM1-HuM2= [-2.53112780e-06 -7.70623675e-09 -1.46050222e-13  2.03586345e-13
      -3.66591675e-24  1.99003443e-17 -1.29162214e-23]

    HuM1-HuM3= [-1.11050088e-04  9.18606796e-07  2.88412294e-12  1.33551309e-11
      2.43215229e-22  2.36042058e-14 -9.15234823e-23]
```

同时，还会显示三幅原始图像，如图 12-16 所示：

- 图 12-16(a)是图像 o1。
- 图 12-16(b)是图像 o2。
- 图 12-16(c)是图像 o3。

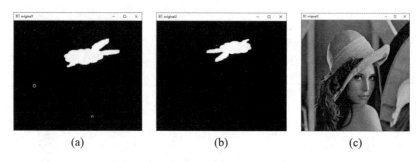

图 12-16　【例 12.9】程序运行的结果

从上述输出结果可以看到，由于 Hu 矩的值本身就比较抽象，经过运算的值仍旧是一个抽象的差值，因此在这里并没有办法直观地发现两个对象间 Hu 矩差值的意义。下面，我们通过形状匹配来更直观地观察两个对象间的关系。

## 12.3.2　形状匹配

我们可以通过 Hu 矩来判断两个对象的一致性。例如，上一节计算了两个对象 Hu 矩的差，但是结果比较抽象。为了更直观方便地比较 Hu 矩值，OpenCV 提供了函数 cv2.matchShapes()，对两个对象的 Hu 矩进行比较。

函数 cv2.matchShapes() 允许我们提供两个对象，对二者的 Hu 矩进行比较。这两个对象可以是轮廓，也可以是灰度图。不管是什么，cv2.matchShapes() 都会提前计算好对象的 Hu 矩值。

函数 cv2.matchShapes() 的语法格式为

```
retval = cv2.matchShapes( contour1, contour2, method, parameter )
```

其中 retval 是返回值。

该函数有如下 4 个参数：

- contour1：第 1 个轮廓或者灰度图像。
- contour2：第 2 个轮廓或者灰度图像。
- method：比较两个对象的 Hu 矩的方法，具体如表 12-1 所示。

表 12-1　method 的值及其具体含义

| 方法名称 | 计算方法 |
| --- | --- |
| cv2.CONTOURS_MATCH_I1 | $\displaystyle\sum_{i=1,\cdots,7}\left\lvert\dfrac{1}{m_i^{\mathrm{A}}}-\dfrac{1}{m_i^{\mathrm{B}}}\right\rvert$ |
| cv2.CONTOURS_MATCH_I2 | $\displaystyle\sum_{i=1,\cdots,7}\left\lvert m_i^{\mathrm{A}}-m_i^{\mathrm{B}}\right\rvert$ |
| cv2.CONTOURS_MATCH_I3 | $\displaystyle\max_{i=1,\cdots,7}\dfrac{\left\lvert m_i^{\mathrm{A}}-m_i^{\mathrm{B}}\right\rvert}{\left\lvert m_i^{\mathrm{A}}\right\rvert}$ |

在表 12-1 中，A 表示对象 1，B 表示对象 2：

$$m_i^{\mathrm{A}} = \mathrm{sign}\left(h_i^{\mathrm{A}}\right)\log h_i^{\mathrm{A}}$$

$$m_i^{\mathrm{B}} = \mathrm{sign}\left(h_i^{\mathrm{B}}\right)\log h_i^{\mathrm{B}}$$

式中，$h_i^A$ 和 $h_i^B$ 分别是对象 A 和对象 B 的 Hu 矩。

- parameter：应用于 method 的特定参数，该参数为扩展参数，截至 OpenCV 4.5.1 版本，暂不支持该参数，因此将该值设置为 0。

【例 12.10】使用函数 cv2.matchShapes() 计算三幅不同图像的匹配度。

根据题目要求，编写代码如下：

```
import cv2
o1 = cv2.imread('cs1.bmp')
o2 = cv2.imread('cs2.bmp')
o3 = cv2.imread('cc.bmp')
gray1 = cv2.cvtColor(o1,cv2.COLOR_BGR2GRAY)
gray2 = cv2.cvtColor(o2,cv2.COLOR_BGR2GRAY)
gray3 = cv2.cvtColor(o3,cv2.COLOR_BGR2GRAY)
ret, binary1 = cv2.threshold(gray1,127,255,cv2.THRESH_BINARY)
ret, binary2 = cv2.threshold(gray2,127,255,cv2.THRESH_BINARY)
ret, binary3 = cv2.threshold(gray3,127,255,cv2.THRESH_BINARY)
contours1, hierarchy = cv2.findContours(binary1,
                                        cv2.RETR_LIST,
                                        cv2.CHAIN_APPROX_SIMPLE)
contours2, hierarchy = cv2.findContours(binary2,
                                        cv2.RETR_LIST,
                                        cv2.CHAIN_APPROX_SIMPLE)
contours3, hierarchy = cv2.findContours(binary3,
                                        cv2.RETR_LIST,
                                        cv2.CHAIN_APPROX_SIMPLE)
cnt1 = contours1[0]
cnt2 = contours2[0]
cnt3 = contours3[0]
ret0 = cv2.matchShapes(cnt1,cnt1,1,0.0)
ret1 = cv2.matchShapes(cnt1,cnt2,1,0.0)
ret2 = cv2.matchShapes(cnt1,cnt3,1,0.0)
print("o1.shape=",o1.shape)
print("o2.shape=",o2.shape)
print("o3.shape=",o3.shape)
print("相同图像的matchShape=",ret0)
print("相似图像的matchShape=",ret1)
print("不相似图像的matchShape=",ret2)
cv2.imshow("original1",o1)
cv2.imshow("original2",o2)
cv2.imshow("original3",o3)
cv2.waitKey()
cv2.destroyAllWindows()
```

运行上述程序，会显示三幅原始图像，如图 12-17 所示。其中：

- 图 12-17(a)是图像 o1。

283

- 图 12-17(b)是图像 o2。
- 图 12-17(c)是图像 o3。

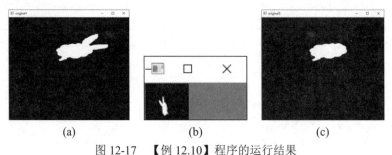

(a)       (b)       (c)

图 12-17 　【例 12.10】程序的运行结果

同时，程序还会显示如下运行结果：

```
o1.shape= (425, 514, 3)
o2.shape= (42, 51, 3)
o3.shape= (425, 514, 3)
相同图像的 matchShape= 0.0
相似图像的 matchShape= 0.10720296440067095
不相似图像的 matchShape= 0.5338506830800509
```

从以上结果可以看出：

- 同一幅图像的 Hu 矩是不变的，二者差值为 0。
- 相似的图像即使发生了平移、旋转和缩放后，函数 cv2.matchShapes()的返回值仍然比较接近。例如，图像 o1 和图像 o2，o2 是对 o1 经过缩放、旋转和平移后得到的，但是对二者应用 cv2.matchShapes()函数后，返回值的差较小。
- 不相似图像 cv2.matchShapes()函数返回值的差较大。例如，图像 o1 和图像 o3 的差别较大，因此对二者应用 cv2.matchShapes()函数后，返回值的差也较大。

需要注意的是，函数 cv2.matchShapes()所使用的参数，既可以是轮廓，也可以是灰度图像自身。使用轮廓作为函数 cv2.matchShapes()的参数时，仅仅从原始图像中选取了部分轮廓参与匹配；而使用灰度图像作为函数 cv2.matchShapes()的参数时，函数使用了更多的特征参与匹配。所以，使用轮廓作为参数时，与使用原始图像作为参数时，会得到不一样的结果。例如，将上述代码修改为使用灰度图像自身作为参数：

```
ret0 = cv2.matchShapes(gray1,gray1,1,0.0)
ret1 = cv2.matchShapes(gray1,gray2,1,0.0)
ret2 = cv2.matchShapes(gray1,gray3,1,0.0)
```

此时，返回值为

```
相同图像的 matchShape= 0.0
相似图像的 matchShape= 0.00011540585519395873
不相似图像的 matchShape= 0.012935752303635306
```

## 12.4　轮廓拟合

在计算轮廓时，可能并不需要实际的轮廓，而仅需要一个接近于轮廓的近似多边形。

OpenCV 提供了多种计算轮廓近似多边形的方法。

本节在使用绘图函数时，仅仅对其进行了简单的参数介绍。关于这些函数的具体细节请参考第 19 章，这里不再赘述。

## 12.4.1 矩形包围框

函数 cv2.boundingRect()能够绘制轮廓的矩形边界。该函数的语法格式为

```
retval = cv2.boundingRect( array )
```

其中：

- 返回值 retval 表示返回的矩形边界的左上角顶点的坐标值及矩形边界的宽度和高度。
- 参数 array 是灰度图像或轮廓。

该函数还可以是具有 4 个返回值的形式：

```
x,y,w,h = cv2.boundingRect( array )
```

这里的 4 个返回值分别表示：

- 矩形边界左上角顶点的 $x$ 坐标。
- 矩形边界左上角顶点的 $y$ 坐标。
- 矩形边界的 $x$ 方向的长度。
- 矩形边界的 $y$ 方向的长度。

【例 12.11】设计程序，显示函数 cv2.boundingRect()不同形式的返回值。

根据题目的要求，编写代码如下：

```
import cv2
#--------------读取并显示原始图像-----------------
o = cv2.imread('cc.bmp')
#--------------提取图像轮廓-----------------
gray = cv2.cvtColor(o,cv2.COLOR_BGR2GRAY)
ret, binary = cv2.threshold(gray,127,255,cv2.THRESH_BINARY)
contours, hierarchy = cv2.findContours(binary,
                                        cv2.RETR_LIST,
                                        cv2.CHAIN_APPROX_SIMPLE)
#--------------返回顶点及边长-----------------
x,y,w,h = cv2.boundingRect(contours[0])
print("顶点及长宽的点形式:")
print("x=",x)
print("y=",y)
print("w-",w)
print("h=",h)
#--------------仅有一个返回值的情况-----------------
rect = cv2.boundingRect(contours[0])
print("\n顶点及长宽的元组（tuple）形式：")
print("rect=",rect)
```

运行上述程序，显示如下结果：

顶点及长宽的点形式：

x= 202

y= 107

w= 157

h= 73

顶点及长宽的元组（tuple）形式：

rect= (202, 107, 157, 73)

**【例 12.12】** 使用函数 cv2.drawContours()绘制矩形包围框。

根据题目的要求，编写代码如下：

```python
import cv2
import numpy as np
#--------------读取并显示原始图像------------------
o = cv2.imread('cc.bmp')
cv2.imshow("original",o)
#--------------提取图像轮廓------------------
gray = cv2.cvtColor(o,cv2.COLOR_BGR2GRAY)
ret, binary = cv2.threshold(gray,127,255,cv2.THRESH_BINARY)
contours, hierarchy = cv2.findContours(binary,
                                       cv2.RETR_LIST,
                                       cv2.CHAIN_APPROX_SIMPLE)
#--------------构造矩形边界------------------
x,y,w,h = cv2.boundingRect(contours[0])
brcnt = np.array([[[x, y]], [[x+w, y]], [[x+w, y+h]], [[x, y+h]]])
cv2.drawContours(o, [brcnt], -1, (255, 255,255), 2)
#--------------显示矩形边界------------------
cv2.imshow("result",o)
cv2.waitKey()
cv2.destroyAllWindows()
```

运行上述程序，会显示如图 12-18 所示的图像，其中：

- 图 12-19(a)是原始图像 o。
- 图 12-19(b)是在原始图像外绘制矩形包围框后的结果。

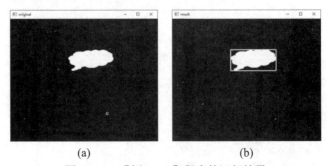

| (a) | (b) |

图 12-18 【例 12.12】程序的运行结果

**【例 12.13】** 使用函数 cv2.boundingRect()及 cv2.rectangle()绘制矩形包围框。

函数 cv2.rectangle()可以用来绘制矩形，其参数分别为"绘图的载体图像（容器）、矩形顶点 P1、顶点 P1 的对角顶点 P2、颜色、粗细"，有关该函数的详细介绍可以参考第 19 章。

根据题目的要求，编写代码如下：

```
import cv2
#--------------读取并显示原始图像------------------
o = cv2.imread('cc.bmp')
cv2.imshow("original",o)
#--------------提取图像轮廓------------------
gray = cv2.cvtColor(o,cv2.COLOR_BGR2GRAY)
ret, binary = cv2.threshold(gray,127,255,cv2.THRESH_BINARY)
contours, hierarchy = cv2.findContours(binary,
                                 cv2.RETR_LIST,
                                 cv2.CHAIN_APPROX_SIMPLE)
#--------------构造矩形边界------------------
x,y,w,h = cv2.boundingRect(contours[0])
cv2.rectangle(o,(x,y),(x+w,y+h),(255,255,255),2)
#--------------显示矩形边界------------------
cv2.imshow("result",o)
cv2.waitKey()
cv2.destroyAllWindows()
```

运行上述程序，会显示如图 12-19 所示的图像，其中：

- 图 12-19(a)是原始图像 o。
- 图 12-19(b)是在原始图像外绘制矩形包围框后的结果。

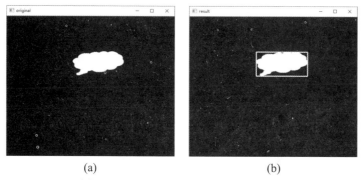

(a)　　　　　　　　　　　　　　　　(b)

图 12-19　【例 12.13】程序的运行结果

## 12.4.2　最小包围矩形框

函数 cv2.minAreaRect()能够绘制轮廓的最小包围矩形框，其语法格式为

```
retval =cv2.minAreaRect( points )
```

其中：

- 返回值 retval 表示返回的矩形特征信息。
  该值的结构是(最小外接矩形的中心(x,y),(宽度,高度),旋转角度)。

- 参数 points 是轮廓。

需要注意，返回值 retval 的结构不符合函数 cv2.drawContours() 的参数结构要求。因此，必须将其转换为符合要求的结构，才能使用。函数 cv2.boxPoints() 能够将上述返回值 retval 转换为符合要求的结构。函数 cv2.boxPoints() 的语法格式为

```
points = cv2.boxPoints( box )
```

其中：

- 返回值 points，是能够用于函数 cv2.drawContours() 参数的轮廓点。
- 参数 box 是函数 cv2.minAreaRect() 返回值的类型的值。

【例 12.14】使用函数 cv2.minAreaRect() 计算图像的最小包围矩形框。

根据题目的要求，编写代码如下：

```
import cv2
import numpy as np
o = cv2.imread('cc.bmp')
cv2.imshow("original",o)
gray = cv2.cvtColor(o,cv2.COLOR_BGR2GRAY)
ret, binary = cv2.threshold(gray,127,255,cv2.THRESH_BINARY)
contours, hierarchy = cv2.findContours(binary,
                                       cv2.RETR_LIST,
                                       cv2.CHAIN_APPROX_SIMPLE)
rect = cv2.minAreaRect(contours[0])
print("返回值 rect:\n",rect)
points = cv2.boxPoints(rect)
print("\n 转换后的 points: \n",points)
points = np.int0(points)    #取整
image=cv2.drawContours(o,[points],0,(255,255,255),2)
cv2.imshow("result",o)
cv2.waitKey()
cv2.destroyAllWindows()
```

运行上述程序，会显示如图 12-20 所示的图像：

- 图 12-20(a) 是原始图像 o。
- 图 12-20(b) 显示了最小包围矩形框。

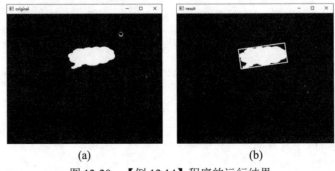

(a)　　　　　　　　　　　(b)

图 12-20　【例 12.14】程序的运行结果

同时，程序还会输出如下结果：

返回值 rect：

((280.3699951171875, 138.58999633789062), (154.99778747558594, 63.78103256225586), -8.130102157592773)

转换后的 points：

[[208.16002　181.12　　]

　[199.14　　　117.979996]

　[352.57996　96.06　　]

　[361.59998　159.2　　]]

从输出结果可以看出：

- 返回值 rect 表示返回的矩形特征信息。
- 该值的结构是 (最小外接矩形的中心 (x,y),(宽度,高度),旋转角度)。
- 转换后的 points 是一些点，是能够用作函数 cv2.drawContours() 参数的轮廓点。

## 12.4.3　最小包围圆形

函数 cv2.minEnclosingCircle() 通过迭代算法构造一个对象的面积最小包围圆形。该函数的语法格式为

```
center, radius = cv2.minEnclosingCircle( points )
```

其中：

- 返回值 center 是最小包围圆形的中心。
- 返回值 radius 是最小包围圆形的半径。
- 参数 points 是轮廓。

【例 12.15】使用函数 cv2.minEnclosingCircle() 构造图像的最小包围圆形。

根据题目的要求，编写代码如下：

```
import cv2
o = cv2.imread('cc.bmp')
cv2.imshow("original",o)
gray = cv2.cvtColor(o,cv2.COLOR_BGR2GRAY)
ret, binary = cv2.threshold(gray,127,255,cv2.THRESH_BINARY)
contours, hierarchy = cv2.findContours(binary,
                                       cv2.RETR_LIST,
                                       cv2.CHAIN_APPROX_SIMPLE)
(x,y),radius = cv2.minEnclosingCircle(contours[0])
center = (int(x),int(y))
radius = int(radius)
cv2.circle(o,center,radius,(255,255,255),2)
cv2.imshow("result",o)
cv2.waitKey()
cv2.destroyAllWindows()
```

本例中调用了函数 cv2.circle()，其参数分别为"绘图载体（容器）、圆心、半径、颜色、

边缘粗细"，有关该函数的详细说明请参考第 19 章。

运行上述程序，会显示如图 12-21 所示的图像。其中：

- 图 12-21(a)是图像 o。
- 图 12-21(b)是含有最小包围圆形的图像。

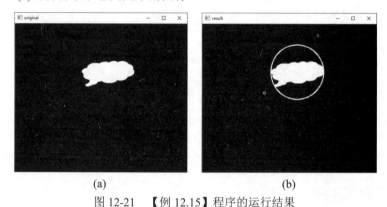

图 12-21　【例 12.15】程序的运行结果

## 12.4.4　最优拟合椭圆

在 OpenCV 中，函数 cv2.fitEllipse()可以用来构造最优拟合椭圆。该函数的语法格式为

```
retval = cv2.fitEllipse( points )
```

其中：

- 返回值 retval 是 RotatedRect 类型的值。这是因为该函数返回的是拟合椭圆的外接矩形，retval 包含外接矩形的质心、宽、高、旋转角度等参数信息，这些信息正好与椭圆的中心点、轴长度、旋转角度等信息吻合。因此，该参数可以直接放在绘制椭圆函数 cv2.ellipse()内作为参数使用。
- 参数 points 是轮廓。

【例 12.16】使用函数 cv2.fitEllipse()构造最优拟合椭圆。

本例需要使用函数 cv2.ellipse()，根据函数 cv2.fitEllipse()的返回值绘制最优拟合椭圆。函数 cv2.ellipse()的参数分别为"绘图载体（容器）、椭圆参数、颜色、边缘粗细"。其中，参数"椭圆参数"直接使用函数 cv2.fitEllipse()的返回值。有关函数 cv2.ellipse()的更详尽用法，请参考第 19 章。

根据题目的要求，编写代码如下：

```
import cv2
o = cv2.imread('cc.bmp')
gray = cv2.cvtColor(o,cv2.COLOR_BGR2GRAY)
ret, binary = cv2.threshold(gray,127,255,cv2.THRESH_BINARY)
contours, hierarchy = cv2.findContours(binary,
                                        cv2.RETR_LIST,
                                        cv2.CHAIN_APPROX_SIMPLE)
cv2.imshow("original",o)
```

```
ellipse = cv2.fitEllipse(contours[0])
print("ellipse=",ellipse)
cv2.ellipse(o,ellipse,(0,255,0),3)
cv2.imshow("result",o)
cv2.waitKey()
cv2.destroyAllWindows()
```

运行上述程序，会显示如图 12-22 所示的图像。其中：

- 图 12-22(a)是图像 o。
- 图 12-22(b)是包含了最优拟合椭圆的图像。

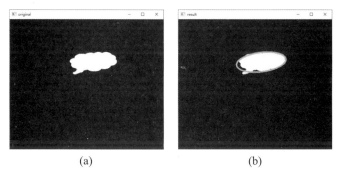

(a)　　　　　　　　　　　(b)

图 12-22　【例 12.16】程序的运行结果

同时，程序还会显示如下的运行结果：

```
ellipse= ((276.2112731933594, 139.6067352294922), (63.01350021362305,
166.72308349609375), 82.60102844238281)
```

上述运行结果中：

- (276.2112731933594, 139.6067352294922)是椭圆的中心点。
- (63.01350021362305, 166.72308349609375)是椭圆的轴长度。
- 82.60102844238281 是椭圆的旋转角度。

上述返回值，正好是绘制椭圆函数 cv2.ellipse()所需要的"椭圆参数"。

## 12.4.5　最优拟合直线

在 OpenCV 中，函数 cv2.fitLine()用来构造最优拟合直线，该函数的语法格式为

```
line = cv2.fitLine( points, distType, param, reps, aeps )
```

其中 line 为返回值，是返回的最优拟合直线参数。

其中的参数如下：

- points：轮廓。
- distType：距离类型。拟合直线时，要使输入点到拟合直线的距离之和最小，其类型如表 12-2 所示。
- param：距离参数，与所选的距离类型有关。当此参数被设置为 0 时，该函数会自动选择最优值。

- reps：用于表示拟合直线所需要的径向精度，通常该值被设定为 0.01。
- aeps：用于表示拟合直线所需要的角度精度，通常该值被设定为 0.01。

表 12-2　距离参数的值以及含义

| 值 | 含义（以点(x1,y1)和点(x2,y2)为例） |
| --- | --- |
| cv2.DIST_USER | 用户定义距离 |
| cv2.DIST_L1 | distance = \|x1−x2\| + \|y1−y2\| |
| cv2.DIST_L2 | 欧氏距离 |
| cv2.DIST_C | distance = max(\|x1−x2\|, \|y1−y2\|) |
| cv2.DIST_L12 | distance = 2(sqrt(1+x*x/2) − 1)) |
| cv2.DIST_FAIR | distance = c2(\|x\|/c−log(1+\|x\|/c)), c = 1.3998 |
| cv2.DIST_WELSCH | distance = c^2/2(1−exp(−(x/c)^2)), c = 2.9846 |
| cv2.DIST_HUBER | distance = \|x\|<c ? x^2/2 : c(\|x\|− c/2), c =1.345 |

**【例 12.17】** 使用函数 cv2.fitLine() 构造最优拟合直线。

根据题目的要求，编写代码如下：

```python
import cv2
o = cv2.imread('cc.bmp')
cv2.imshow("original",o)
gray = cv2.cvtColor(o,cv2.COLOR_BGR2GRAY)
ret, binary = cv2.threshold(gray,127,255,cv2.THRESH_BINARY)
contours, hierarchy = cv2.findContours(binary,
                                       cv2.RETR_LIST,
                                       cv2.CHAIN_APPROX_SIMPLE)
rows,cols = gray.shape
[vx,vy,x,y] = cv2.fitLine(contours[0], cv2.DIST_L2,0,0.01,0.01)
lefty = int((-x*vy/vx) + y)
righty = int(((cols-x)*vy/vx)+y)
cv2.line(o,(cols-1,righty),(0,lefty),(0,255,0),2)
cv2.imshow("result",o)
cv2.waitKey()
cv2.destroyAllWindows()
```

运行上述程序，会显示如图 12-23 所示的图像。其中：

- 图 12-23(a)是图像 o。
- 图 12-23(b)是包含了最优拟合直线的图像。

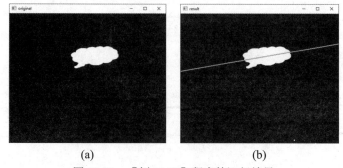

(a)　　　　　　　　　　(b)

图 12-23　【例 12.17】程序的运行结果

## 12.4.6　最小外包三角形

在 OpenCV 中，函数 cv2.minEnclosingTriangle()用来构造最小外包三角形。该函数的语法格式为

```
retval, triangle = cv2.minEnclosingTriangle( points )
```

其中有两个返回值：

- retval：最小外包三角形的面积。
- triangle：最小外包三角形的三个顶点集。

其中的参数 points 是轮廓。

【例 12.18】使用函数 cv2.minEnclosingTriangle()构造最小外包三角形。

根据题目的要求，编写代码如下：

```
import cv2
o = cv2.imread('cc.bmp')
cv2.imshow("original",o)
gray = cv2.cvtColor(o,cv2.COLOR_BGR2GRAY)
ret, binary = cv2.threshold(gray,127,255,cv2.THRESH_BINARY)
contours, hierarchy = cv2.findContours(binary,
                                       cv2.RETR_LIST,
                                       cv2.CHAIN_APPROX_SIMPLE)
area,trgl = cv2.minEnclosingTriangle(contours[0])
print("area=",area)
print("trgl:",trgl)
for i in range(0, 3):
    cv2.line(o, tuple(trgl[i][0]),
            tuple(trgl[(i + 1) % 3][0]), (255,255,255), 2)
cv2.imshow("result",o)
cv2.waitKey()
cv2.destroyAllWindows()
```

运行上述程序，会显示如图 12-24 所示的图像。其中：

- 图 12-24(a)是图像 o。
- 图 12-24(b)是包含最小外包三角形的图像。

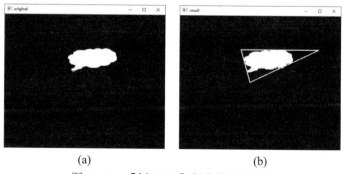

(a)　　　　　　　　　　　　(b)

图 12-24　【例 12.18】程序的运行结果

同时，程序还会显示如下运行结果：

```
area= 12904.00390625
trgl: [[[193.25641 107.    ]]

 [[222.58975 211.    ]]

 [[441.41025 107.    ]]]
```

从上述结果可以看出：

- 返回值 area 是最小外包三角形的面积。
- 返回值 trgl 是最小外包三角形的三个顶点。

## 12.4.7  逼近多边形

函数 cv2.approxPolyDP()用来构造指定精度的逼近多边形曲线。该函数的语法格式为

```
approxCurve = cv2.approxPolyDP( curve, epsilon, closed )
```

其中，返回值 approxCurve 为逼近多边形的点集。

其中的参数如下：

- curve 是轮廓。
- epsilon 为精度，原始轮廓的边界点与逼近多边形边界之间的最大距离。
- closed 是布尔型值。该值为 True 时，逼近多边形是封闭的；否则，逼近多边形是不封闭的。

函数 cv2.approxPolyDP()采用的是 Douglas-Peucker 算法（DP 算法）。以图 12-25 为例，该算法首先从轮廓中找到距离最远的两个点，并将两点相连（图 12-25(b)）。接下来，在轮廓上找到一个离当前直线最远的点，并将该点与原有直线连成一个封闭的多边形，此时得到一个三角形，如图 12-25(c)所示。继续上述过程，在轮廓上找到一个离当前多边形最远的点，继续将该点与原有多边形组合，构成一个新的封闭多边形，此时得到一个四边形，如图 12-25(d)所示。

将上述过程不断地迭代，将新找到的距离当前多边形最远的点加入结果中。当轮廓上所有的点到当前多边形的距离都小于函数 cv2.approxPolyDP()的参数 epsilon 的值时，就停止迭代。最终可以得到如图 12-25(f)所示的处理结果。

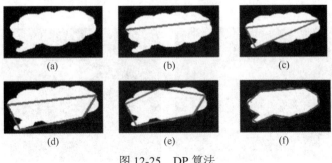

图 12-25　DP 算法

通过上述过程可知，epsilon 是逼近多边形的精度信息。通常情况下，将该精度设置为多边形总长度的百分比形式。

**【例 12.19】**使用函数 cv2.approxPolyDP()构造不同精度的逼近多边形。

根据题目的要求，编写代码如下：

```
import cv2
#---------------读取并显示原始图像----------------------------
o = cv2.imread('ccbig.bmp')
cv2.imshow("original",o)
#---------------获取轮廓-----------------------------
gray = cv2.cvtColor(o,cv2.COLOR_BGR2GRAY)
ret, binary = cv2.threshold(gray,127,255,cv2.THRESH_BINARY)
contours, hierarchy = cv2.findContours(binary,
                                       cv2.RETR_LIST,
                                       cv2.CHAIN_APPROX_SIMPLE)
#---------------epsilon=0.1×周长----------------------------
adp = o.copy()
epsilon = 0.1*cv2.arcLength(contours[0],True)
approx = cv2.approxPolyDP(contours[0],epsilon,True)
adp=cv2.drawContours(adp,[approx],0,(0,0,255),2)
cv2.imshow("result0.1",adp)
#---------------epsilon=0.09×周长----------------------------
adp = o.copy()
epsilon = 0.09*cv2.arcLength(contours[0],True)
approx = cv2.approxPolyDP(contours[0],epsilon,True)
adp=cv2.drawContours(adp,[approx],0,(0,0,255),2)
cv2.imshow("result0.09",adp)
#---------------epsilon=0.055×周长----------------------------
adp = o.copy()
epsilon = 0.055*cv2.arcLength(contours[0],True)
approx = cv2.approxPolyDP(contours[0],epsilon,True)
adp=cv2.drawContours(adp,[approx],0,(0,0,255),2)
cv2.imshow("result0.055",adp)
#---------------epsilon=0.05×周长----------------------------
adp = o.copy()
epsilon = 0.05*cv2.arcLength(contours[0],True)
approx = cv2.approxPolyDP(contours[0],epsilon,True)
adp=cv2.drawContours(adp,[approx],0,(0,0,255),2)
cv2.imshow("result0.05",adp)
#---------------epsilon=0.02×周长------- ----------------------
adp = o.copy()
epsilon = 0.01*cv2.arcLength(contours[0],True)
approx = cv2.approxPolyDP(contours[0],epsilon,True)
adp=cv2.drawContours(adp,[approx],0,(0,0,255),2)
cv2.imshow("result0.02",adp)
#---------------等待释放窗口----------------------------
```

```
cv2.waitKey()
cv2.destroyAllWindows()
```

运行上述程序，会显示如图 12-26 所示的图像。其中：

- 图 12-26(a)是图像 o。
- 图 12-26(b)显示了"epsilon=0.1×周长"的逼近多边形（实际上，在第 1 次的查找过程中仅仅找到了一条直线）。
- 图 12-26(c)显示了"epsilon–0.09×周长"的逼近多边形。
- 图 12-26(d)显示了"epsilon=0.055×周长"的逼近多边形。注意观察，此图与图(c)没有差别。说明该图中拟合曲线的精度范围较广，这个逼近三角形同时满足上述两个精度。例如，如果条件是"$a$-$b$<10"，则当"$a$<$b$+9"时和"$a$<$b$+1"时都是满足条件的。更具体来说，当 b=10 时，"$a$=19"和"$a$=11"都是满足条件的。
- 图 12-26(e)显示了"epsilon=0.05×周长"的逼近多边形。
- 图 12-26(f)显示了"epsilon=0.01×周长"的逼近多边形。

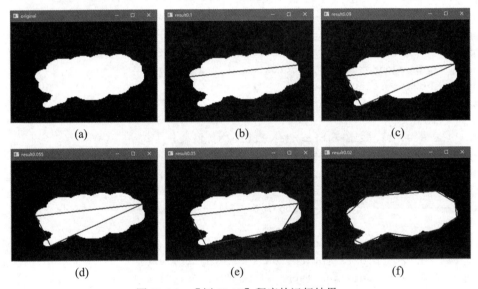

图 12-26　【例 12.19】程序的运行结果

从程序运行结果可以看出，在函数 cv2.approxPolyDP()中通过参数 epsilon 可以控制逼近多边形的精度。一般来说，精度 epsilon 的值越小，多边形的拟合性就越好。

需要注意：本节中使用的图像都是仅有一个轮廓的图像，处理的轮廓都是 contours[0]。如果处理的原图像中有多个轮廓，则需要注意控制轮廓的索引，即 contours[i]中的 i 值，使其指向特定的轮廓。

## 12.5　凸包

逼近多边形是轮廓的高度近似，但是有时候，我们希望使用一个多边形的凸包来简化它。凸包跟逼近多边形很像，只不过它是物体最外层的"凸"多边形。凸包指的是完全包含原有轮廓，并且仅由轮廓上的点所构成的多边形。凸包的每一处都是凸的，即在凸包内连接任意两点的直线都在凸包的内部。在凸包内，任意连续三个点的内角小于 180°。

例如，在图 12-27 中，最外层的多边形为机械手的凸包，在机械手边缘与凸包之间的部分被称为凸缺陷（Convexity Defect），凸缺陷能够用来处理手势识别等问题。

图 12-27　凸包示意图

## 12.5.1　获取凸包

OpenCV 提供函数 cv2.convexHull()用于获取轮廓的凸包。该函数的语法格式为

```
hull = cv2.convexHull( points[, clockwise[, returnPoints]] )
```

其中的返回值 hull 为凸包角点。

其中的参数如下：

- points：轮廓。
- clockwise：布尔型值。该值为 True 时，凸包角点将按顺时针方向排列；该值为 False 时，则以逆时针方向排列凸包角点。
- returnPoints：布尔型值。默认值是 True，函数返回凸包角点的$(x,y)$坐标值；当为 False 时，函数返回轮廓中凸包角点的索引。

【例 12.20】设计程序，观察函数 cv2.convexHull()内参数 returnPoints 的使用情况。

根据题目的要求，编写代码如下：

```
import cv2
o = cv2.imread('contours.bmp')
gray = cv2.cvtColor(o,cv2.COLOR_BGR2GRAY)
ret, binary = cv2.threshold(gray,127,255,cv2.THRESH_BINARY)
contours, hierarchy = cv2.findContours(binary,
                                       cv2.RETR_TREE,
                                       cv2.CHAIN_APPROX_SIMPLE)
hull = cv2.convexHull(contours[0])    # 返回坐标值
print("returnPoints 为默认值 True 时返回值 hull 的值: \n",hull)
hull2 = cv2.convexHull(contours[0], returnPoints=False) # 返回索引值
print("returnPoints 为 False 时返回值 hull 的值: \n",hull2)
```

运行上述程序，显示如下的结果：

returnPoints 为默认值 True 时返回值 hull 的值:

```
[[[195 383]]

 [[ 79 383]]

 [[ 79 270]]

[[195 270]]]
```
returnPoints 为 False 时返回值 hull 的值：
```
[[3]
 [2]
 [1]
 [0]]
```
从程序运行结果可以看出，函数 cv2.convexHull()的可选参数 returnPoints：

- 为默认值 True 时，函数返回凸包角点的(*x,y*)坐标值，本例中返回了 4 个轮廓的坐标值。
- 为 False 时，函数返回轮廓中凸包角点的索引，本例中返回了 4 个轮廓的索引值。

【例 12.21】使用函数 cv2.convexHull()获取轮廓的凸包。

根据题目的要求，编写代码如下：

```
import cv2
# --------------读取并绘制原始图像------------------
o = cv2.imread('hand.bmp')
cv2.imshow("original",o)
# -------------提取轮廓------------------
gray = cv2.cvtColor(o,cv2.COLOR_BGR2GRAY)
ret, binary = cv2.threshold(gray,127,255,cv2.THRESH_BINARY)
contours, hierarchy = cv2.findContours(binary,
                                 cv2.RETR_LIST,
                                 cv2.CHAIN_APPROX_SIMPLE)
# --------------寻找凸包，得到凸包的角点------------------
hull = cv2.convexHull(contours[0])
# -------------绘制凸包------------------
cv2.polylines(o, [hull], True, (0, 255, 0), 2)
# -------------显示凸包------------------
cv2.imshow("result",o)
cv2.waitKey()
cv2.destroyAllWindows()
```
运行上述程序，会显示如图 12-28 所示的图像。其中：

- 图 12-28(a)是图像 o。
- 图 12-28(b)是包含获取的凸包的图像。

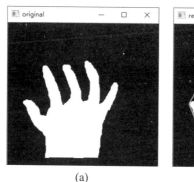

(a)　　　　　　　　　　　　　(b)

图 12-28　【例 12.21】程序的运行结果

## 12.5.2　凸缺陷

凸包与轮廓之间的部分，称为凸缺陷。例如，在图 12-29 中，白色的四角星是前景。很明显，其边缘就是其轮廓，连接其四个顶点所构成的四边形是其凸包。在该图中，存在四个凸缺陷，分别是其凸包与轮廓之间的部分所构成的。

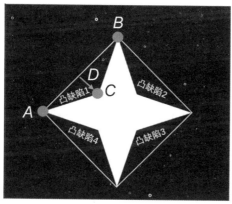

图 12-29　凸缺陷示例

通常情况下，使用其四个特征值来表示凸缺陷，这四个特征值分别如下：

- 起点：该特征说明当前凸缺陷的起点位置在哪里。需要注意的是，起点值使用轮廓的索引值表示。也就是说，起点一定是轮廓中的一个点，并且用其在轮廓中的序号来表示。例如，图 12-29 中，点 A 是凸缺陷 1 的起点。
- 终点：该特征说明当前凸缺陷的终点位置在哪里。该值也使用轮廓索引表示。例如，图 12-29 中，点 B 是凸缺陷 1 的终点。
- 轮廓上距离凸包最远的点。例如，图 12-29 中，点 C 是凸缺陷 1 中，轮廓上距离凸包最远的点。
- 最远点到凸包的近似距离。例如，图 12-29 中，距离 D 是凸缺陷 1 中，最远点到凸包的近似距离。

在 OpenCV 中使用函数 cv2.convexityDefects() 获取凸缺陷。其语法格式为

```
convexityDefects = cv2.convexityDefects( contour, convexhull )
```

其中的返回值 convexityDefects 为凸缺陷点集。它是一个数组，每一行包含的值是 [起点，终点，轮廓上距离凸包最远的点，最远点到凸包的近似距离]。

需要注意的是，返回结果中 [起点，终点，轮廓上距离凸包最远的点，最远点到凸包的近似距离] 的前三个值是轮廓点的索引，所以需要到轮廓点集中去找它们。

其中的参数如下：

- contour 是轮廓。
- convexhull 是凸包。

需要注意的是，用 cv2.convexityDefects() 计算凸缺陷时，要使用凸包作为参数。在查找该凸包时，所使用函数 cv2.convexHull() 的参数 returnPoints 的值必须是 False。

为了更直观地观察凸缺陷点集，我们尝试将凸缺陷点集在一幅图内显示出来。实现方式为，将起点和终点用一条线连接，在最远点画一个圆圈。下面我们通过一个例子来展示上述操作。

【例 12.22】使用函数 cv2.convexityDefects() 计算凸缺陷。

根据题目的要求，编写代码如下：

```python
import cv2
#---------------原图-------------------------
img = cv2.imread('hand.bmp')
cv2.imshow('original',img)
#---------------构造轮廓----------------------
gray = cv2.cvtColor(img,cv2.COLOR_BGR2GRAY)
ret, binary = cv2.threshold(gray, 127, 255,0)
contours, hierarchy = cv2.findContours(binary,
                                       cv2.RETR_TREE,

          cv2.CHAIN_APPROX_SIMPLE)
#---------------凸包-------------------------
cnt = contours[0]
hull = cv2.convexHull(cnt,returnPoints = False)
defects = cv2.convexityDefects(cnt,hull)
print("defects=\n",defects)
#---------------构造凸缺陷---------------------
for i in range(defects.shape[0]):
    s,e,f,d = defects[i,0]
    start = tuple(cnt[s][0])
    end = tuple(cnt[e][0])
    far = tuple(cnt[f][0])
    cv2.line(img,start,end,[0,0,255],2)
    cv2.circle(img,far,5,[255,0,0],-1)
#---------------显示结果，释放图像-------------------------
cv2.imshow('result',img)
cv2.waitKey(0)
cv2.destroyAllWindows()
```

运行上述程序，会显示如下结果：

```
defects=
 [[[ 305   311   306   114]]

 [[ 311   385   342 13666]]

 [
[ 385   389   386   395]]

 [[ 389   489   435 20327]]

 [[   0   102    51 21878]]

 [[ 103   184   150 13876]]

 [[ 185   233   220  4168]]

 [[ 233   238   235   256]]

 [[ 238   240   239   247]]

 [[ 240   294   255  2715]]

 [[ 294   302   295   281]]

 [[ 302   304   303   217]]]
```

同时，程序还会显示如图 12-30 所示的图像。其中：

- 图 12-30(a)为图像 o。
- 图 12-30(b)中标注了凸缺陷。标注方式为，将凸缺陷的起点和终点使用直线连接、在轮廓上距离凸包最远点处绘制圆点。可以看出，除了在机械手各个手指的指缝间有凸缺陷外，在无名指、小拇指及手的最下端也都有凸缺陷。

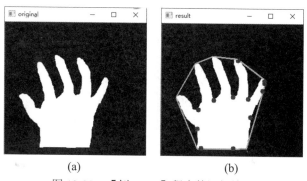

(a)        (b)

图 12-30 【例 12.22】程序的运行结果

凸缺陷具有重要的实践意义，在实践中发挥着非常重要的作用。例如，可以用其检测各种物体是否存在残缺，如药片是否完整、瓶口是否缺损等。

### 12.5.3　几何学测试

本节介绍几种与凸包有关的几何学测试。

#### 1.　测试轮廓是否是凸形的

在 OpenCV 中，可以用函数 cv2.isContourConvex()来判断轮廓是否是凸形的，其语法格式为

```
retval = cv2.isContourConvex( contour )
```

其中：

- 返回值 retval 是布尔型值。该值为 True 时，表示轮廓为凸形的；否则，不是凸形的。
- 参数 contour 为要判断的轮廓。

【例 12.23】使用函数 cv2.isContourConvex()来判断轮廓是否是凸形的。

根据题目的要求，编写代码如下：

```
import cv2
o = cv2.imread('hand.bmp')
cv2.imshow("original",o)
gray = cv2.cvtColor(o,cv2.COLOR_BGR2GRAY)
ret, binary = cv2.threshold(gray,127,255,cv2.THRESH_BINARY)
contours, hierarchy = cv2.findContours(binary,
                                        cv2.RETR_LIST,
                                        cv2.CHAIN_APPROX_SIMPLE)
#--------------凸包----------------------
image1=o.copy()
hull = cv2.convexHull(contours[0])
cv2.polylines(image1, [hull], True, (0, 255, 0), 2)
print("使用函数 cv2.convexHull()构造的多边形是否是凸形的: ",
      cv2.isContourConvex(hull))
cv2.imshow("result1",image1)
#------------逼近多边形--------------------
image2=o.copy()
epsilon = 0.01*cv2.arcLength(contours[0],True)
approx = cv2.approxPolyDP(contours[0],epsilon,True)
image2=cv2.drawContours(image2,[approx],0,(0,0,255),2)
print("使用函数 cv2.approxPolyDP()构造的多边形是否是凸形的: ",
      cv2.isContourConvex(approx))
cv2.imshow("result2",image2)
#------------释放窗口--------------------
cv2.waitKey()
cv2.destroyAllWindows()
```

运行上述程序，会显示如图 12-31 所示的图像。其中：

- 图 12-31(a)是图像 o。
- 图 12-31(b)显示了在图像 o 上使用函数 cv2.convexHull()构造的凸包。

- 图 12-31(c)显示了在图像 o 上使用函数 cv2.approxPolyDP()构造的逼近多边形。

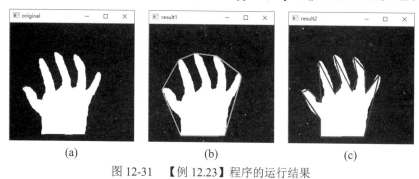

(a)           (b)           (c)

图 12-31   【例 12.23】程序的运行结果

同时，程序还会显示如下的结果：

使用函数 cv2.convexHull()构造的多边形是否是凸形的：`True`
使用函数 cv2.approxPolyDP()构造的多边形是否是凸形的：`False`

从以上运行结果可以看出：

- 使用函数 cv2.convexHull()构造凸包后，对绘制的凸包使用函数 cv2.isContourConvex()判断，返回值为 True，说明该轮廓是凸形的。
- 使用函数 cv2.approxPolyDP()构造逼近多边形后，对绘制的逼近多边形使用函数 cv2.isContourConvex()判断，返回值为 False，说明该轮廓（多边形）不是凸形的。

### 2. 点到轮廓的距离

在 OpenCV 中，函数 cv2.pointPolygonTest()被用来计算点到多边形（轮廓）的最短距离（也就是垂线距离），这个计算过程又称点和多边形的关系测试。该函数的语法格式为

```
retval = cv2.pointPolygonTest( contour, pt, measureDist )
```

其中的返回值为 retval，与参数 measureDist 的值有关。

其中的参数如下：

- contour 为轮廓。
- pt 为待判定的点。
- mcasureDist 为布尔型值，表示距离的判定方式。
  - 当值为 True 时，表示计算点到轮廓的距离。如果点在轮廓的外部，返回值为负数；如果点在轮廓上，返回值为 0；如果点在轮廓内部，返回值为正数。
  - 当值为 False 时，不计算距离，只返回"-1"、"0"和"1"中的一个值，表示点相对于轮廓的位置关系。如果点在轮廓的外部，返回值为"-1"；如果点在轮廓上，返回值为"0"；如果点在轮廓内部，返回值为"1"。

【例 12.24】使用函数 cv2.pointPolygonTest()计算点到轮廓的最短距离。

使用函数 cv2.pointPolygonTest()计算点到轮廓的最短距离，需要将参数 measureDist 的值设置为 True。

根据题目的要求及分析，编写代码如下：

```
import cv2
#---------------原始图像-----------------------
o = cv2.imread('cs.bmp')
cv2.imshow("original",o)
#---------------获取凸包--------------------
gray = cv2.cvtColor(o,cv2.COLOR_BGR2GRAY)
ret, binary = cv2.threshold(gray,127,255,cv2.THRESH_BINARY)
contours, hierarchy = cv2.findContours(binary,
                                       cv2.RETR_LIST,
                                       cv2.CHAIN_APPROX_SIMPLE)
hull = cv2.convexHull(contours[0])
cv2.polylines(o, [hull], True, (0, 255, 0), 2)
#---------------内部点 A 的距离-----------------------
distA = cv2.pointPolygonTest(hull, (300, 150), True)
font=cv2.FONT_HERSHEY_SIMPLEX
cv2.putText(o,'A',(300,150), font, 1,(0,255,0),3)
print("distA=",distA)
#---------------外部点 B 的距离-----------------------
distB = cv2.pointPolygonTest(hull, (300, 250), True)
font=cv2.FONT_HERSHEY_SIMPLEX
cv2.putText(o,'B',(300,250), font, 1,(0,255,0),3)
print("distB=",distB)
#------------正好处于边缘上的点 C 的距离-----------------
distC = cv2.pointPolygonTest(hull, (423, 112), True)
font=cv2.FONT_HERSHEY_SIMPLEX
cv2.putText(o,'C',(423,112), font, 1,(0,255,0),3)
print("distC=",distC)
#print(hull)    #测试边缘到底在哪里，然后再使用确定位置的
#---------------显示-----------------------
cv2.imshow("result",o)
cv2.waitKey()
cv2.destroyAllWindows()
```

运行上述程序，会显示如图 12-32 所示的图像。其中：

- 图 12-32(a)是图像 o。
- 图 12-32(b)是标注了点 *A*、*B*、*C* 位置的图像。

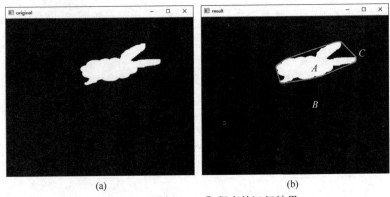

(a)　　　　　　　　　　　(b)

图 12-32　【例 12.24】程序的运行结果

同时，程序还会显示如下的结果：

```
distA= 16.891650862259112
distB= -81.17585848021565
distC= -0.0
```

从以上结果可以看出，

- $A$ 点算出来的距离为"16.891650862259112"，是一个正数，说明 $A$ 点在轮廓内部。
- $B$ 点算出来的距离为"-81.17585848021565"，是一个负数，说明 $B$ 点在轮廓外部。
- $C$ 点算出来的距离为"-0.0"，说明 $C$ 点在轮廓上。

在实际使用中，如果想获取位于轮廓上的点，可以通过打印轮廓点集的方式获取。例如，本例中可以通过语句"print(hull)"获取轮廓上的点。在获取轮廓上的点以后，可以将其用作函数 cv2.pointPolygonTest()的参数，以测试函数返回值是否为零。

【例 12.25】使用函数 cv2.pointPolygonTest()判断点与轮廓的关系。

使用函数 cv2.pointPolygonTest()判断点与轮廓的关系时，需要将参数 measureDist 的值设置为 False。

根据题目的要求及分析，编写代码如下：

```
import cv2
#----------------原始图像------------------------
o = cv2.imread('cs.bmp')
cv2.imshow("original",o)
#----------------获取凸包-----------------------
gray = cv2.cvtColor(o,cv2.COLOR_BGR2GRAY)
ret, binary = cv2.threshold(gray,127,255,cv2.THRESH_BINARY)
contours, hierarchy = cv2.findContours(binary,
                                        cv2.RETR_LIST,
                                        cv2.CHAIN_APPROX_SIMPLE)
hull = cv2.convexHull(contours[0])
cv2.polylines(o, [hull], True, (0, 255, 0), 2)
#----------------内部点 A 与多边形的关系------------------------
distA = cv2.pointPolygonTest(hull, (300, 150),False)
font=cv2.FONT_HERSHEY_SIMPLEX
cv2.putText(o,'A',(300,150), font, 1,(0,255,0),3)
print("distA=",distA)
#----------------外部点 B 与多边形的关系------------------------
distB = cv2.pointPolygonTest(hull, (300, 250), False)
font=cv2.FONT_HERSHEY_SIMPLEX
cv2.putText(o,'B',(300,250), font, 1,(0,255,0),3)
print("distB=",distB)
#----------------边缘线上点 C 与多边形的关系----------------------
distC = cv2.pointPolygonTest(hull, (423, 112),False)
font=cv2.FONT_HERSHEY_SIMPLEX
cv2.putText(o,'C',(423,112), font, 1,(0,255,0),3)
print("distC=",distC)
```

```
#print(hull)     #测试边缘到底在哪里，然后再使用确定位置的
#----------------显示------------------------
cv2.imshow("result",o)
cv2.waitKey()
cv2.destroyAllWindows()
```

运行上述程序，会显示如图 12-33 所示的图像。其中：

- 图 12-33(a)是图像 o。
- 图 12-33(b)是标注了点 *A*、*B*、*C* 位置的图像。

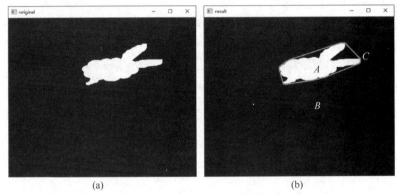

图 12-33　【例 12.25】程序的运行结果

同时，程序还会显示如下的运行结果：

```
distA= 1.0
distB= -1.0
distC= 0.0
```

从以上结果可以看出，

- *A* 点算出来的关系值为 "1"，说明该点在轮廓的内部。
- *B* 点算出来的关系值为 "-1"，说明该点在轮廓的外部。
- *C* 点算出来的关系值为零值，说明该点在轮廓上。

## 12.6　利用形状场景算法比较轮廓

用矩比较形状是一种非常有效的方法，随着 OpenCV 的版本更新，会提供更加有效的方法。从 OpenCV 3 开始，有了专有模块 shape，该模块中的形状场景算法能够更高效地比较形状。

### 12.6.1　计算形状场景距离

OpenCV 提供了使用 "距离" 作为形状比较的度量标准。这是因为形状之间的差异值和距离有相似之处，比如二者都只能是零或者正数，又比如当两个形状一模一样时距离值和差值都等于零。

OpenCV 贡献库（1.3 节有介绍）提供了函数 cv2.createShapeContextDistanceExtractor()，用于计算形状场景距离。其使用的 "形状上下文算法" 在计算距离时，在每个点上附加一个

"形状上下文"描述符，让每个点都能够捕获剩余点相对于它的分布特征，从而提供全局鉴别特征。

有关该函数的更多理论知识，可以参考学者 Belongie 等人 2002 年在 "IEEE Transactions on Pattern Analysis & Machine Intelligence" 上发表的论文 "Shape Matching and Object Recognition Using Shape Contexts"。

函数 cv2.createShapeContextDistanceExtractor() 的语法格式为

```
retval = cv2.createShapeContextDistanceExtractor(
[, nAngularBins[,
nRadialBins[,
innerRadius[,
outerRadius[,
iterations[,
comparer[,
transformer]]]]]]] )
```

其中的返回值为 retval，返回函数计算结果。

该结果可以通过函数 cv2.ShapeDistanceExtractor.computeDistance() 计算两个不同形状之间的距离。此函数的语法格式为

```
retval=cv2.ShapeDistanceExtractor.computeDistance(contour1, contour2)
```

其中，coutour1 和 coutour2 是不同的轮廓。

函数 cv2.createShapeContextDistanceExtractor() 的参数都是可选参数：

- nAngularBins：为形状匹配中使用的形状上下文描述符建立的角容器的数量。
- nRadialBins：为形状匹配中使用的形状上下文描述符建立的径向容器的数量。
- innerRadius：形状上下文描述符的内半径。
- outerRadius：形状上下文描述符的外半径。
- iterations：迭代次数。
- comparer：直方图代价提取算子。该函数使用了直方图代价提取仿函数，可以直接采用直方图代价提取仿函数的算子作为参数。
- transformcr：形状变换参数。

需要注意的是，函数 cv2.createShapeContextDistanceExtractor() 是由 OpenCV 贡献库（扩展库、opencv_contrib）提供的函数。因此，在调用该函数前，必须安装 OpenCV 贡献库。

【例 12.26】使用函数 cv2.createShapeContextDistanceExtractor() 计算形状场景距离。

根据题目要求，编写代码如下：

```
import cv2
#-----------原始图像 o1 的边缘--------------------
o1 = cv2.imread('cs.bmp')
cv2.imshow("original1",o1)
gray1 = cv2.cvtColor(o1,cv2.COLOR_BGR2GRAY)
ret, binary1 = cv2.threshold(gray1,127,255,cv2.THRESH_BINARY)
```

```
image,contours1, hierarchy = cv2.findContours(binary1,
                                   cv2.RETR_LIST,
                                   cv2.CHAIN_APPROX_SIMPLE)
cnt1 = contours1[0]
#-----------原始图像 o2 的边缘--------------------
o2 = cv2.imread('cs3.bmp')
cv2.imshow("original2",o2)
gray2 = cv2.cvtColor(o2,cv2.COLOR_BGR2GRAY)
ret, binary2 = cv2.threshold(gray2,127,255,cv2.THRESH_BINARY)
image,contours2, hierarchy = cv2.findContours(binary2,
                                   cv2.RETR_LIST,
                                   cv2.CHAIN_APPROX_SIMPLE)
cnt2 = contours2[0]
#-----------原始图像 o3 的边缘--------------------
o3 = cv2.imread('hand.bmp')
cv2.imshow("original3",o3)
gray3 = cv2.cvtColor(o3,cv2.COLOR_BGR2GRAY)
ret, binary3 = cv2.threshold(gray3,127,255,cv2.THRESH_BINARY)
image,contours3, hierarchy = cv2.findContours(binary3,
                                   cv2.RETR_LIST,
                                   cv2.CHAIN_APPROX_SIMPLE)
cnt3 = contours3[0]
#-----------构造距离提取算子--------------------
sd = cv2.createShapeContextDistanceExtractor()
#-----------计算距离--------------------
d1 = sd.computeDistance(cnt1,cnt1)
print("与自身的距离 d1=", d1)
d2 = sd.computeDistance(cnt1,cnt2)
print("与旋转缩放后的自身图像的距离 d2=", d2)
d3 = sd.computeDistance(cnt1,cnt3)
print("与不相似对象的距离 d3=", d3)
#-----------显示距离--------------------
cv2.waitKey()
cv2.destroyAllWindows()
```

运行上述程序，会显示如图 12-34 所示的图像。其中：

- 图 12-34(a)是图像 o1。
- 图 12-34(b)是图像 o2。
- 图 12-34(c)是图像 o3。

同时，程序还会显示如下的运行结果：

```
与自身的距离 d1= 0.0
与旋转缩放后的自身图像的距离 d2= 0.7913379669189453
与不相似对象的距离 d3= 2.75199031829834
```

从上述运行结果可以看出；

- 相同图像之间的形状场景距离为零。
- 相似图像之间的形状场景距离较小。
- 不同图像之间的形状场景距离较大。

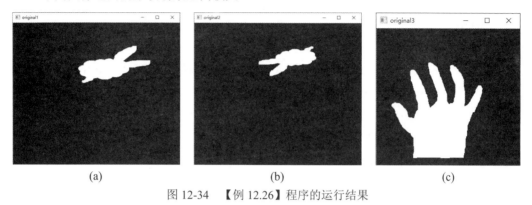

|(a)|(b)|(c)|

图 12-34　【例 12.26】程序的运行结果

## 12.6.2　计算 Hausdorff 距离

Hausdorff 距离指"一个集合到另一个集合中最近点的最大距离"。具体如图 12-35 所示，图中有两组点集，实心的 $A$ 点集，空心的 $B$ 点集（如图(a)所示）。计算 $A$ 点集到 $B$ 点集的 Hausdorff 距离，具体如下：

（1）计算 $A$ 点集中，点 $A_1$ 到 $B$ 点集中所有点的距离，取所有距离的最小值 $d_1$ 作为点 $A_1$ 到 $B$ 点集的距离，如图 12-35(b)所示。

（2）计算 $A$ 点集中，点 $A_2$ 到 $B$ 点集中所有点的距离，取所有距离的最小值 $d_2$ 作为点 $A_2$ 到 $B$ 点集的距离，如图 12-35(c)所示。

（3）取上述所有距离（$d_1$、$d_2$）中的最大值，作为 $A$ 点集到 $B$ 点集的距离，如图(d)所示。

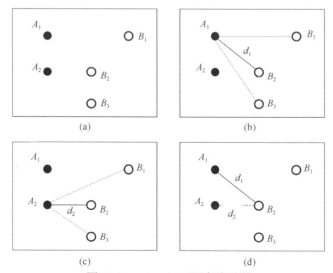

图 12-35　Hausdorff 距离演示图

上述计算的是 $A$ 点集到 $B$ 点集之间的 Hausdorff 距离，可以表示如下：

$$h(A,B) = \max_{a \in A} \min_{b \in B} \|a - b\|$$

式中，$\|.\|$ 表示点 $a$ 和点 $b$ 的某种范数，可以是任何距离，例如欧氏距离等。

需要注意的是 Hausdorff 距离的方向性，$A$ 点集到 $B$ 点集的 Hausdorff 距离，与 $B$ 点集到 $A$ 点集的 Hausdorff 距离并不相同。例如，计算 $B$ 点集到 $A$ 点集的 Hausdorff 距离时，先计算的是 $B$ 点集中每一个像素点到 $A$ 点集每一个像素点的最小距离值，并在这组最小距离值中取最大值。

一般来说，将单向的 Hausdorff 距离称为 Hausdorff 直接距离，而 Hausdorff 距离是指考虑了两个方向的 Hausdorff 距离。

例如，$A$ 点集到 $B$ 点集的 Hausdorff 距离称为 Hausdorff 直接距离，$B$ 点集到 $A$ 点集的 Hausdorff 距离也称为 Hausdorff 直接距离。

Hausdorff 距离是所有 Hausdorff 直接距离中的较大值。例如，$A$ 点集到 $B$ 点集的 Hausdorff 直接距离 $h(A,B)$，$B$ 点集到 $A$ 点集的 Hausdorff 直接距离 $h(B,A)$。则 Hausdorff 距离可以表示为

$$H(A,B) = \max\left(h(A,B), h(B,A)\right)$$

更一般来说，计算图像 $A$ 与图像 $B$ 间 Hausdorff 距离的计算方法是：

（1）针对图像 $A$ 内的每一个点，寻找其距离图像 $B$ 的最短距离，将这组最短距离中的最大值，作为从 $A$ 到 $B$ 的 Hausdorff 直接距离 $H(A,B)$。

（2）针对图像 $B$ 内的每一个点，寻找其距离图像 $A$ 的最短距离，将这组最短距离中的最大值，作为从 $B$ 到 $A$ 的 Hausdorff 直接距离 $h(B,A)$。

（3）将上述 D1、D2 中的较大者作为 Hausdorff 距离 $H(A,B)$。

麦吉尔大学的学者 Normand 和 Mikael，在其课程 CS507 computational Geometry 的主页上有对 Hausdorff 距离的详细说明，如果读者有兴趣的话，可以进一步参考。

OpenCV 提供了函数 cv2.createHausdorffDistanceExtractor() 来计算 Hausdorff 距离。其语法格式为

```
retval = cv2.createHausdorffDistanceExtractor( [, distanceFlag [, rankProp]])
```
其中的返回值 retval 为函数返回的结果。

其中的参数如下：

- distanceFlag 为距离标记，是可选参数。
- rankProp 为一个比例值，范围在 0 到 1 之间，也是可选参数。

【例 12.27】使用函数 cv2.createHausdorffDistanceExtractor() 计算不同图像的 Hausdorff 距离。

根据题目的要求，编写代码如下：

```
import cv2
#-----------读取原始图像--------------------
o1 = cv2.imread('cs.bmp')
o2 = cv2.imread('cs3.bmp')
o3 = cv2.imread('hand.bmp')
```

```
cv2.imshow("original1",o1)
cv2.imshow("original2",o2)
cv2.imshow("original3",o3)
#-----------色彩转换--------------------
gray1 = cv2.cvtColor(o1,cv2.COLOR_BGR2GRAY)
gray2 = cv2.cvtColor(o2,cv2.COLOR_BGR2GRAY)
gray3 = cv2.cvtColor(o3,cv2.COLOR_BGR2GRAY)
#-----------阈值处理--------------------
ret, binary1 = cv2.threshold(gray1,127,255,cv2.THRESH_BINARY)
ret, binary2 = cv2.threshold(gray2,127,255,cv2.THRESH_BINARY)
ret, binary3 = cv2.threshold(gray3,127,255,cv2.THRESH_BINARY)
#-----------提取轮廓--------------------
image,contours1, hierarchy = cv2.findContours(binary1,
                                    cv2.RETR_LIST,
                                    cv2.CHAIN_APPROX_SIMPLE)
image,contours2, hierarchy = cv2.findContours(binary2,
                                    cv2.RETR_LIST,
                                    cv2.CHAIN_APPROX_SIMPLE)
image,contours3, hierarchy = cv2.findContours(binary3,
                                    cv2.RETR_LIST,
                                    cv2.CHAIN_APPROX_SIMPLE)
cnt1 = contours1[0]
cnt2 = contours2[0]
cnt3 = contours3[0]
#-----------构造距离提取算子--------------------
hd = cv2.createHausdorffDistanceExtractor()
#-----------计算距离--------------------
d1 = hd.computeDistance(cnt1,cnt1)
print("与自身图像的 Hausdorff 距离 d1=", d1)
d2 = hd.computeDistance(cnt1,cnt2)
print("与旋转缩放后的自身图像的 Hausdorff 距离 d2=", d2)
d3 = hd.computeDistance(cnt1,cnt3)
print("与不相似对象的 Hausdorff 距离 d3=", d3)
#-----------显示距离--------------------
cv2.waitKey()
cv2.destroyAllWindows()
```

运行上述程序，会显示如图 12-36 所示的图像。其中：

- 图 12-36(a)是图像 o1。
- 图 12-36(b)是图像 o2。
- 图 12-36(c)是图像 o3。

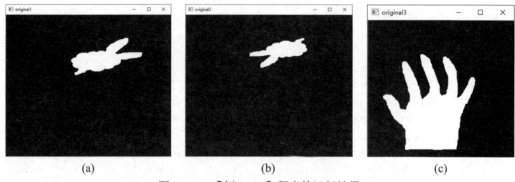

(a)                          (b)                          (c)

图 12-36  【例 12.27】程序的运行结果

同时，程序还会显示如下的运行结果：

与自身图像的 Hausdorff 距离 d1= 0.0
与旋转缩放后的自身图像的 Hausdorff 距离 d2= 18.357559204101562
与不相似对象的 Hausdorff 距离 d3= 57.27128601074219

从上述运行结果可以看出：

- 相同图像之间的 Hausdorff 距离为零。
- 相似图像之间的 Hausdorff 距离较小。
- 不同图像之间的 Hausdorff 距离较大。

## 12.7  轮廓的特征值

轮廓自身的一些属性特征及轮廓所包围对象的特征对于描述图像具有重要意义。本节介绍几个轮廓自身的属性特征及轮廓所包围对象的特征。

### 12.7.1  宽高比

可以使用宽高比来描述轮廓，例如矩形轮廓的宽高比为

宽高比 = 宽度（Width）/高度（Height）

【例 12.28】编写程序计算矩形轮廓的宽高比。

根据题目的要求，编写代码如下：

```
import cv2
o = cv2.imread('cc.bmp')
cv2.imshow("original",o)
gray = cv2.cvtColor(o,cv2.COLOR_BGR2GRAY)
ret, binary = cv2.threshold(gray,127,255,cv2.THRESH_BINARY)
contours, hierarchy = cv2.findContours(binary,
                                 cv2.RETR_LIST,
                                 cv2.CHAIN_APPROX_SIMPLE)
x,y,w,h = cv2.boundingRect(contours[0])
cv2.rectangle(o,(x,y),(x+w,y+h),(255,255,255),3)
```

```
aspectRatio = float(w)/h
print(aspectRatio)
cv2.imshow("result",o)
cv2.waitKey()
cv2.destroyAllWindows()
```

运行上述程序，会显示如图 12-37 所示的图像。其中：

- 左图是图像 o。
- 右图显示了图像 o 的矩形轮廓。

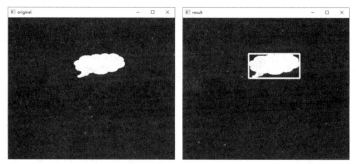

图 12-37　【例 12.28】程序的运行结果

同时，程序还会显示如下的运行结果：

```
2.1506849315068495
```

可以看出，轮廓的宽高比约为 2。

## 12.7.2　Extent

可以使用轮廓面积与矩形边界（矩形包围框、矩形轮廓）面积之比 Extend 来描述图像及其轮廓特征。计算方法为

$$\text{Extend} = \frac{\text{轮廓面积（对象面积）}}{\text{矩形边界面积}}$$

【例 12.29】计算图像的轮廓面积与其矩形边界面积之比。

根据题目的要求，编写代码如下：

```
import cv2
o = cv2.imread('cc.bmp')
cv2.imshow("original",o)
gray = cv2.cvtColor(o,cv2.COLOR_BGR2GRAY)
ret, binary = cv2.threshold(gray,127,255,cv2.THRESH_BINARY)
contours, hierarchy = cv2.findContours(binary,
                                       cv2.RETR_LIST,
                                       cv2.CHAIN_APPROX_SIMPLE)
x,y,w,h = cv2.boundingRect(contours[0])
cv2.drawContours(o,contours[0],-1,(0,0,255),3)
cv2.rectangle(o,(x,y),(x+w,y+h),(255,0,0),3)
rectArea=w*h
```

```
cntArea=cv2.contourArea(contours[0])
extend=float(cntArea)/rectArea
print(extend)
cv2.imshow("result",o)
cv2.waitKey()
cv2.destroyAllWindows()
```

运行上述程序，会显示如图 12-38 所示的图像。其中：

- 图 12-38(a)是图像 o。
- 图 12-38(b)内显示了图像 o 的矩形包围框及轮廓。

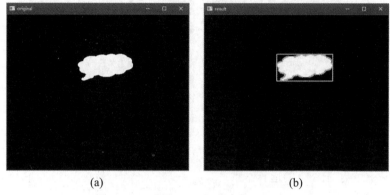

(a)　　　　　　　　　(b)

图 12-38　【图 12.29】程序的运行结果

同时，程序还会显示如下运行结果：

```
0.6717127650292296
```

可以看出，本例中图像的轮廓面积与矩形边界面积的比值大约为 0.7。

### 12.7.3　Solidity

可以使用轮廓面积与凸包面积之比 Solidity 来衡量图像、轮廓及凸包的特征。其计算方法为

$$\text{Solidity} = \frac{\text{轮廓面积（对象面积）}}{\text{凸包面积}}$$

【例 12.30】编写程序计算图像轮廓面积与凸包面积之比。

根据题目的要求，编写代码如下：

```
import cv2
o = cv2.imread('hand.bmp')
cv2.imshow("original",o)
gray = cv2.cvtColor(o,cv2.COLOR_BGR2GRAY)
ret, binary = cv2.threshold(gray,127,255,cv2.THRESH_BINARY)
contours, hierarchy =
cv2.findContours(binary,cv2.RETR_LIST,cv2.CHAIN_APPROX_SIMPLE)
cv2.drawContours(o,contours[0],-1,(200,200,255),3)
cntArea=cv2.contourArea(contours[0])
```

```
hull = cv2.convexHull(contours[0])
hullArea = cv2.contourArea(hull)
cv2.polylines(o, [hull], True, (0, 255, 0), 2)
solidity=float(cntArea)/hullArea
print(solidity)
cv2.imshow("result",o)
cv2.waitKey()
cv2.destroyAllWindows()
```

运行上述程序，会显示如图 12-39 所示的图像。其中：

● 图 12-39(a)是图像 o。

● 图 12-39(b)是绘制了凸包和轮廓的图像。

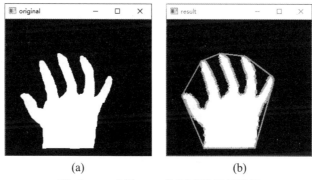

(a)          (b)

图 12-39 【例 12.30】程序的运行结果

同时，程序还会显示如下的运行结果：

```
0.6752344564084751
```

可以看出，本例中图像的轮廓面积与凸包面积的比值约为 0.7。

## 12.7.4 等效直径（Equivalent Diameter）

可以用等效直径来衡量轮廓的特征值，该值是与轮廓面积相等的圆形的直径。其计算公式为

$$等效直径 = \sqrt{\frac{4 \times 轮廓面积}{\pi}}$$

【例 12.31】计算与轮廓面积相等的圆形的直径，并绘制与该轮廓等面积的圆。

根据题目的要求，编写代码如下：

```
import cv2
import numpy as np
o = cv2.imread('cc.bmp')
cv2.imshow("original",o)
gray = cv2.cvtColor(o,cv2.COLOR_BGR2GRAY)
ret, binary = cv2.threshold(gray,127,255,cv2.THRESH_BINARY)
contours, hierarchy = cv2.findContours(binary,
```

```
                                         cv2.RETR_LIST,
                                         cv2.CHAIN_APPROX_SIMPLE)
cv2.drawContours(o,contours[0],-1,(0,0,255),3)
cntArea=cv2.contourArea(contours[0])
equiDiameter = np.sqrt(4*cntArea/np.pi)
print(equiDiameter)
cv2.circle(o,(100,100),int(equiDiameter/2),(0,0,255),3)  #展示等直径大小的圆
cv2.imshow("result",o)
cv2.waitKey()
cv2.destroyAllWindows()
```

运行上述程序，会显示如图 12-40 所示的图像。其中：

- 图 12-40(a)是图像 o。
- 图 12-40(b)显示了图像 o 的轮廓（显示为灰色）及与该轮廓等面积的圆。

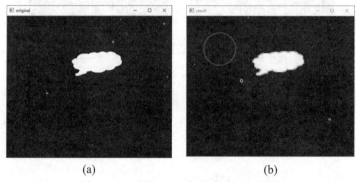

(a)                            (b)

图 12-40    【例 12.31】程序的运行结果

同时，程序还会显示如下运行结果：

```
99.00522529212108
```

可以看出，与本例中与轮廓面积相等的圆形的直径约为 99。

### 12.7.5　方向

在 OpenCV 中，函数 cv2.fitEllipse()可以用来构造最优拟合椭圆（见"12.4.4 最优拟合椭圆"），还可以在返回值内分别返回椭圆的中心点、轴长、旋转角度等信息。使用这种形式，能够更直观地获取椭圆的方向等信息。

函数 cv2.fitEllipse()返回各个属性值的语法格式为

```
(x,y),(MA,ma),angle = cv2.fitEllipse(cnt)
```

其中几个返回值的意义如下：

- (x,y)：椭圆的中心点。
- (MA,ma)：椭圆水平方向轴和垂直方向轴的长度。
- angle：椭圆的旋转角度。

【例 12.32】编写程序，观察函数 cv2.fitEllipse()的不同返回值。

根据题目的要求，编写代码如下：

```
import cv2
o = cv2.imread('cc.bmp')
cv2.imshow("original",o)
gray = cv2.cvtColor(o,cv2.COLOR_BGR2GRAY)
ret, binary = cv2.threshold(gray,127,255,cv2.THRESH_BINARY)
contours, hierarchy = cv2.findContours(binary,
                                       cv2.RETR_LIST,
                                       cv2.CHAIN_APPROX_SIMPLE)
ellipse = cv2.fitEllipse(contours[0])
retval=cv2.fitEllipse(contours[0])
print("单个返回值形式：")
print("retval=\n",retval)
(x,y),(MA,ma),angle = cv2.fitEllipse(contours[0])
print("三个返回值形式：")
print("(x,y)=(",x,y,")")
print("(MA,ma)=(",MA,ma,")")
print("angle=",angle)
cv2.ellipse(o,ellipse,(0,0,255),2)
cv2.imshow("result",o)
cv2.waitKey()
cv2.destroyAllWindows()
```

运行上述程序，会显示如图 12-41 所示的图像。其中：

- 图 12-41(a)是图像 o。
- 图 12-41(b)是图像 o 的最优拟合椭圆。

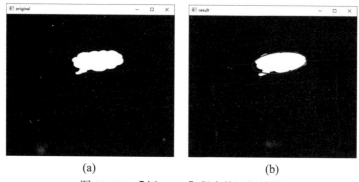

|      (a)       |      (b)       |

图 12-41　【例 12.37】程序的运行结果

同时，程序还会显示如下的运行结果：

单个返回值形式：
retval=
　((276.2112731933594, 139.6067352294922), (63.01350021362305, 166.72308349609375), 82.60102844238281)
　三个返回值形式：
(x,y)=( 276.2112731933594 139.6067352294922 )

```
(MA,ma)=( 63.01350021362305 166.72308349609375 )
angle= 82.60102844238281
```

从以上运行结果可以看出，函数 cv2.fitEllipse()以不同形式返回的值是相同的。

### 12.7.6　掩膜和像素点

有时，我们希望获取某对象的掩膜图像及其对应的点。12.1.3 节介绍了将函数 cv2.drawContours()的轮廓宽度参数 thickness 设置为 "-1"，即可获取特定对象的实心轮廓，即特定对象的掩膜。

另外，我们可能还希望获取轮廓像素点的具体位置信息。本节介绍如何获取轮廓（实心、空心）的像素点位置信息。

一般情况下，轮廓是图像内非零的像素点，可以通过两种方式获取轮廓像素点的位置信息。一种是使用 Numpy 函数，另外一种是使用 OpenCV 函数。

#### 1. 使用 Numpy 函数获取轮廓像素点

numpy.nonzero()函数能够找出数组内非零元素的位置，但是其返回值是将行、列分别显示的。

例如，对于如下数组 a 应用函数 numpy.nonzero()：

```
a=
 [[0 0 0 1 0]
 [0 0 1 0 1]
 [0 0 1 1 1]
 [1 0 0 0 0]
 [1 0 0 0 1]]
```

返回的数组 a 内非零元素的位置信息为

```
(array([0, 1, 1, 2, 2, 2, 3, 4, 4], dtype=int64), array([3, 2, 4, 2, 3, 4, 0,
0, 4], dtype=int64))
```

使用 numpy.transpose()函数处理上述返回值，则得到这些点的$(x, y)$形式的坐标：

```
[[0 3]
 [1 2]
 [1 4]
 [2 2]
 [2 3]
 [2 4]
 [3 0]
 [4 0]
 [4 4]]
```

【例 12.33】使用 Numpy 函数获取一个数组内的非零值元素的位置信息。

根据题目要求，编写代码如下：

```
import numpy as np
#------------生成一个元素都是零值的数组 a--------------------
```

```
a=np.zeros((5,5),dtype=np.uint8)
#-------随机将其中 10 个位置上的数值设置为 1------------
#---times 控制次数
#---i,j 是随机生成的行、列位置
#---a[i,j]=1,将随机挑选出来的位置上的值设置为 1
for times in range(10):
    i=np.random.randint(0,5)
    j=np.random.randint(0,5)
    a[i,j]=1
#-------打印数组 a，观察数组 a 内值的情况-----------
print("a=\n",a)
#------查找数组 a 内非零值的位置信息------------
loc=np.transpose(np.nonzero(a))
#-----输出数组 a 内非零值的位置信息------------
print("a 内非零值的位置:\n",loc)
```

运行上述程序，会显示如下的运行结果：

```
a=
 [[1 1 0 0 0]
 [1 1 0 1 1]
 [1 0 0 0 0]
 [0 0 0 1 0]
 [1 1 0 0 0]]

a 内非零值的位置:

 [[0 0]
 [0 1]
 [1 0]
 [1 1]
 [1 3]
 [1 4]
 [2 0]
 [3 3]
 [4 0]
 [4 1]]
```

【例 12.34】使用 Numpy 函数获取一个图像内的轮廓点位置。

根据题目的要求，编写代码如下：

```
import cv2
import numpy as np
#----------------读取原始图像-------------- --------
o = cv2.imread('cc.bmp')
cv2.imshow("original",o)
#----------------获取轮廓----------------------
gray = cv2.cvtColor(o,cv2.COLOR_BGR2GRAY)
ret, binary = cv2.threshold(gray,127,255,cv2.THRESH_BINARY)
contours, hierarchy = cv2.findContours(binary,
```

```
                                          cv2.RETR_LIST,
                                          cv2.CHAIN_APPROX_SIMPLE)
cnt=contours[0]
#----------------绘制空心轮廓----------------------
mask1 = np.zeros(gray.shape,np.uint8)
cv2.drawContours(mask1,[cnt],0,255,2)
pixelpoints1 = np.transpose(np.nonzero(mask1))
print("pixelpoints1.shape=",pixelpoints1.shape)
print("pixelpoints1=\n",pixelpoints1)
cv2.imshow("mask1",mask1)
#----------------绘制实心轮廓----------------------
mask2 = np.zeros(gray.shape,np.uint8)
cv2.drawContours(mask2,[cnt],0,255,-1)
pixelpoints2 = np.transpose(np.nonzero(mask2))
print("pixelpoints2.shape=",pixelpoints2.shape)
print("pixelpoints2=\n",pixelpoints2)
cv2.imshow("mask2",mask2)
#----------------释放窗口----------------------
cv2.waitKey()
cv2.destroyAllWindows()
```

运行上述程序，会显示如图 12-42 所示的图像。其中：

- 图 12-42(a)是图像 o。
- 图 12-42(b)是空心轮廓图像 mask1。
- 图 12-42(c)是实心轮廓图像 mask2。

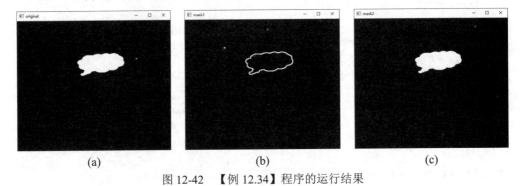

　　(a)　　　　　　　　　　(b)　　　　　　　　　　(c)

图 12-42　【例 12.34】程序的运行结果

同时，程序还会显示如下的运行结果：

```
pixelpoints1.shape= (1400, 2)
pixelpoints1=
 [[106 292]
 [106 293]
 [106 294]
 ...
 [180 222]
 [180 223]
```

```
 [180 224]]
pixelpoints2.shape= (7892, 2)
pixelpoints2=
 [[107 293]
 [107 294]
 [107 295]
 ...
 [179 221]
 [179 222]
 [179 223]]
```

## 2. 使用 OpenCV 函数获取轮廓点

OpenCV 提供了函数 cv2.findNonZero()用于查找非零元素的索引。该函数的语法格式为

```
idx = cv2.findNonZero( src )
```

其中：

- idx 为返回值，表示非零元素的索引位置。需要注意的是，在返回的索引中，每个元素对应的是（列号，行号）的格式。
- src 为参数，表示要查找非零元素的图像。

【例 12.35】使用 OpenCV 函数 cv2.findNonZero()获取一个数组内的非零值。

根据题目的要求，编写代码如下：

```
import cv2
import numpy as np
#------------生成一个元素都是零值的数组 a--------------------
a=np.zeros((5,5),dtype=np.uint8)
#-------随机将其中 10 个位置上的值设置为 1------------
#---times 控制次数
#---i,j 是随机生成的行、列位置
#---a[i,j]=1,将随机挑选出来的位置上的值设置为 1
for times in range(10):
    i=np.random.randint(0,5)
    j=np.random.randint(0,5)
    a[i,j]=1
#-------打印数组 a，观察数组 a 内值的情况-----------
print("a=\n",a)
#------查找数组 a 内非零值的位置信息------------
loc = cv2.findNonZero(a)
#-----输出数组 a 内非零值的位置信息------------
print("a 内非零值的位置:\n",loc)
```

运行上述程序，会显示如下的运行结果：

```
a=
 [[0 0 0 0 0]
 [0 0 0 0 1]
 [0 0 1 1 1]
```

```
    [1 1 0 0 1]
    [1 1 0 0 0]]
```

a 内非零值的位置：

```
    [[[4 1]]
    [[2 2]]
    [[3 2]]
    [[4 2]]
    [[0 3]]
    [[1 3]]
    [[4 3]]
    [[0 4]]
    [[1 4]]]
```

【例 12.36】使用 OpenCV 函数 cv2.findNonZero() 获取一个图像内的轮廓点的位置。

根据题目的要求，编写代码如下：

```python
import cv2
import numpy as np
#----------------读取原始图像---------------------
o = cv2.imread('cc.bmp')
cv2.imshow("original",o)
#----------------获取轮廓-----------------------
gray = cv2.cvtColor(o,cv2.COLOR_BGR2GRAY)
ret, binary = cv2.threshold(gray,127,255,cv2.THRESH_BINARY)
contours, hierarchy = cv2.findContours(binary,
                                cv2.RETR_LIST,
                                cv2.CHAIN_APPROX_SIMPLE)
cnt=contours[0]
#----------------绘制空心轮廓----------------------
mask1 = np.zeros(gray.shape,np.uint8)
cv2.drawContours(mask1,[cnt],0,255,2)
pixelpoints1 = cv2.findNonZero(mask1)
print("pixelpoints1.shape=",pixelpoints1.shape)
print("pixelpoints1=\n",pixelpoints1)
cv2.imshow("mask1",mask1)
#----------------绘制实心轮廓--------------------
mask2 = np.zeros(gray.shape,np.uint8)
cv2.drawContours(mask2,[cnt],0,255,-1)
pixelpoints2 = cv2.findNonZero(mask2)
print("pixelpoints2.shape=",pixelpoints2.shape)
print("pixelpoints2=\n",pixelpoints2)
cv2.imshow("mask2",mask2)
#----------------释放窗口------------------------
cv2.waitKey()
cv2.destroyAllWindows()
```

运行上述程序，会显示如图 12-43 所示的图像。其中：

- 图 12-43(a)是图像 o。
- 图 12-43(b)是空心轮廓图像 mask1。
- 图 12-43(c)是实心轮廓图像 mask2。

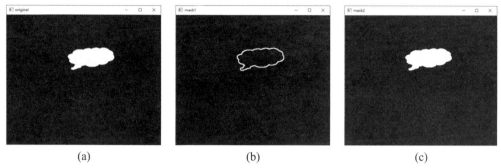

（a）　　　　　　　　　　　（b）　　　　　　　　　　　（c）

图 12-43　【例 12.36】程序的运行结果

同时，程序还会显示如下的运行结果：

```
pixelpoints1.shape= (1400, 1, 2)
pixelpoints1=
 [[[292 106]]

 [[293 106]]

 [[294 106]]

 ...

 [[222 180]]

 [[223 180]]

 [[224 180]]]
pixelpoints2.shape= (7892, 1, 2)
pixelpoints2=
 [[[293 107]]

 [[294 107]]

 [[295 107]]

 ...

 [[221 179]]

 [[222 179]]

 [[223 179]]]
```

## 12.7.7　最大值和最小值及它们的位置

OpenCV 提供了函数 cv2.minMaxLoc()，用于在指定的对象内查找最大值、最小值及其位置。该函数的语法格式为

```
min_val, max_val, min_loc, max_loc = cv2.minMaxLoc(imgray,mask = mask)
```

其中的返回值为

- min_val：最小值。

- max_val：最大值。
- min_loc：最小值的位置。
- max_loc：最大值的位置。

其中的参数如下：

- imgray：单通道图像。
- mask：掩膜。通过使用掩膜图像，可以得到掩膜指定区域内的最值信息。

【例 12.37】使用函数 cv2.minMaxLoc() 在图像内查找掩膜指定区域内的最大值、最小值及其位置。

根据题目的要求，编写代码如下：

```python
import cv2
import numpy as np
o = cv2.imread('ct.png')
cv2.imshow("original",o)
gray = cv2.cvtColor(o,cv2.COLOR_BGR2GRAY)
ret, binary = cv2.threshold(gray,127,255,cv2.THRESH_BINARY)
contours, hierarchy = cv2.findContours(binary,
                                       cv2.RETR_LIST,
                                       cv2.CHAIN_APPROX_SIMPLE)
cnt=contours[2]    #coutours[0]、coutours[1]是左侧字母 R
#--------使用掩膜获取感兴趣区域的最值-----------------
#需要注意函数 minMaxLoc 处理的对象为灰度图像，本例中处理的对象为灰度图像 gray
#如果希望获取彩色图像的最值，需要提取各个通道图像，为每个通道独立计算最值
mask = np.zeros(gray.shape,np.uint8)
mask=cv2.drawContours(mask,[cnt],-1,255,-1)
minVal, maxVal, minLoc, maxLoc = cv2.minMaxLoc(gray,mask = mask)
print("minVal=",minVal)
print("maxVal=",maxVal)
print("minLoc=",minLoc)
print("maxLoc=",maxLoc)
#--------使用掩膜获取感兴趣区域并显示-----------------
masko = np.zeros(o.shape,np.uint8)
masko=cv2.drawContours(masko,[cnt],-1,(255,255,255),-1)
loc=cv2.bitwise_and(o,masko)
cv2.imshow("mask",loc)
#显示灰度结果
#loc=cv2.bitwise_and(gray,mask)
#cv2.imshow("mask",loc)
#--------释放窗口-----------------
cv2.waitKey()
cv2.destroyAllWindows()
```

运行上述程序，会显示如图 12-44 所示的图像。其中：

- 图 12-44(a)是图像 o。

- 图 12-44(b)是掩膜图像 mask。

同时，程序还会显示如下的运行结果：

```
minVal= 42.0
maxVal= 200.0
minLoc= (87, 90)
maxLoc= (90, 110)
```

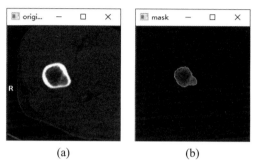

|(a)|(b)|
图 12-44　【例 12.37】程序的运行结果

## 12.7.8　平均颜色及平均灰度

OpenCV 提供了函数 cv2.mean()，用于计算一个对象的平均颜色或平均灰度。该函数的语法格式为

```
mean_val = cv2.mean(im,mask = mask)
```

其中的返回值为 mean_val，表示返回的平均值。

其中的参数如下：

- im：原图像。
- mask：掩膜。

【例 12.38】使用函数 cv2.mean()计算一个对象的平均灰度。

根据题目的要求，编写代码如下：

```
import cv2
import numpy as np
#--------读取并显示原始图像-----------------
o = cv2.imread('ct.png')
cv2.imshow("original",o)
#--------获取轮廓-----------------
gray = cv2.cvtColor(o,cv2.COLOR_BGR2GRAY)
ret, binary = cv2.threshold(gray,127,255,cv2.THRESH_BINARY)
contours, hierarchy = cv2.findContours(binary,
                                cv2.RETR_LIST,
                                cv2.CHAIN_APPROX_SIMPLE)
cnt=contours[2]  #coutours[0]、coutours[1]是左侧字母 R
#--------使用掩膜获取感兴趣区域的均值-----------------
mask = np.zeros(gray.shape,np.uint8)  #构造 mean 所使用的掩膜（必须是单通道的）
```

```
cv2.drawContours(mask,[cnt],0,(255,255,255),-1)
meanVal = cv2.mean(o,mask = mask)   # mask 是一个区域，所以必须是单通道的
print("meanVal=\n",meanVal)
#--------使用掩膜获取感兴趣区域并显示-----------------
masko = np.zeros(o.shape,np.uint8)
cv2.drawContours(masko,[cnt],-1,(255,255,255),-1)
loc=cv2.bitwise_and(o,masko)
cv2.imshow("mask",loc)
#--------释放窗口-----------------
cv2.waitKey()
cv2.destroyAllWindows()
```

运行上述程序，会显示如图 12-45 所示的图像。其中：

- 图 12-45(a)是图像 o。
- 图 12-45(b)是获取的感兴趣区域。

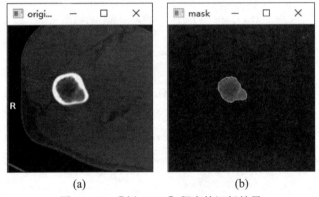

(a)　　　　　　　　　　(b)

图 12-45　【例 12.38】程序的运行结果

同时，程序还会显示如下的运行结果：

```
meanVal= (85.45594913714805, 85.45594913714805, 85.45594913714805, 0.0)
```

从上述结果可以看出，函数 cv2.mean()能够计算各个通道的均值。上述 4 个值分别是 RGB 和 A 通道（alpha 通道）的均值。本例中，RGB 三个通道的值相同，所以计算出的均值也是一样的。

### 12.7.9　极点

有时，我们希望获取某个对象内的极值点，例如最左端、最右端、最上端、最下端的四个点。OpenCV 提供了相应的函数来找出这些点，通常的语法格式为

```
leftmost = tuple(cnt[cnt[:,:,0].argmin()][0])
rightmost = tuple(cnt[cnt[:,:,0].argmax()][0])
topmost = tuple(cnt[cnt[:,:,1].argmin()][0])
bottommost = tuple(cnt[cnt[:,:,1].argmax()][0])
```

【例 12.39】计算一幅图像内的极值点。

根据题目的要求，编写代码如下：

```
import cv2
import numpy as np
o = cv2.imread('cs.bmp')
#--------获取并绘制轮廓-----------------
gray = cv2.cvtColor(o,cv2.COLOR_BGR2GRAY)
ret, binary = cv2.threshold(gray,127,255,cv2.THRESH_BINARY)
contours, hierarchy =
cv2.findContours(binary,cv2.RETR_LIST,cv2.CHAIN_APPROX_SIMPLE)
mask = np.zeros(gray.shape,np.uint8)
cnt=contours[0]
cv2.drawContours(mask,[cnt],0,255,-1)
#--------计算极值-----------------
leftmost = tuple(cnt[cnt[:,:,0].argmin()][0])
rightmost = tuple(cnt[cnt[:,:,0].argmax()][0])
topmost = tuple(cnt[cnt[:,:,1].argmin()][0])
bottommost = tuple(cnt[cnt[:,:,1].argmax()][0])
#--------计算极值-----------------
print("leftmost=",leftmost)
print("rightmost=",rightmost)
print("topmost=",topmost)
print("bottommost=",bottommost)
#--------绘制极点-----------------
cv2.circle(o,leftmost,2,(0,0,255),2)
cv2.circle(o,rightmost,2,(0,0,255),2)
cv2.circle(o,topmost,2,(0,0,255),2)
cv2.circle(o,bottommost,2,(0,0,255),2)
#--------设置绘制说明文字位置-----------------
#稍微调整下文字的位置，方便观察
leftmostLoc=(leftmost[0]-15,leftmost[1]-15)
rightmostLoc=rightmost
topmostLoc=topmost
bottommostLoc=(bottommost[0]-10,bottommost[1]+25)
#--------绘制说明文字-----------------
font=cv2.FONT_HERSHEY_SIMPLEX
cv2.putText(o,'A',leftmostLoc, font, 1,(0,0,255),2)
cv2.putText(o,'B',rightmostLoc, font, 1,(0,0,255),2)
cv2.putText(o,'C',topmostLoc, font, 1,(0,0,255),2)
cv2.putText(o,'D',bottommostLoc, font, 1,(0,0,255),2)
#--------绘制图像-----------------
cv2.imshow("result",o)
#--------释放窗口----------------
cv2.waitKey()
cv2.destroyAllWindows()
```

运行上述程序，会显示如图 12-46 所示的图像。

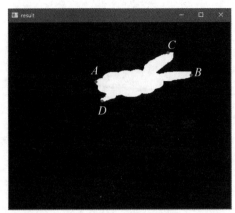

图 12-46 【例 12.39】程序的运行结果

同时，程序还会显示如下的运行结果：

```
leftmost= (202, 135)
rightmost= (423, 120)
topmost= (369, 69)
bottommost= (216, 179)
```

# 第13章

# 直方图处理

直方图是图像处理过程中非常重要的一种分析工具。直方图从图像内部灰度级的角度对图像进行表述，包含十分丰富又重要的信息。从直方图的角度对图像进行处理，可以达到增强图像显示效果的目的。

## 13.1 直方图的含义

从统计的角度讲，直方图是图像内灰度值的统计特性与图像灰度值之间的函数，直方图统计图像内各个灰度级出现的次数。从直方图的图形上观察，横坐标是图像中各像素点的灰度级，纵坐标是具有该灰度级（像素值）的像素个数。

例如，有一幅图像如图 13-1 所示。该图中只有 9 个像素点，存在 1、2、3、4、5，共 5 个灰度级。

图 13-1　图像示例

统计各个灰度级出现的次数，如表 13-1 所示。

表 13-1　图像中各灰度级出现的次数

| 灰度级 | 1 | 2 | 3 | 4 | 5 |
|---|---|---|---|---|---|
| 出现的次数 | 3 | 1 | 2 | 1 | 2 |

在绘制直方图时，将灰度级作为 $x$ 轴处理，该灰度级出现的次数作为 $y$ 轴处理，则可知：

- $x$ 轴的数据为 x=[1 2 3 4 5]。
- $y$ 轴的数据为 y=[3 1 2 1 2]。

根据上述关系，可以绘制出如图 13-2(a)所示的折线图和图 13-2(b)所示的直方图。一般情况下，我们把直线图和直方图都称为直方图。

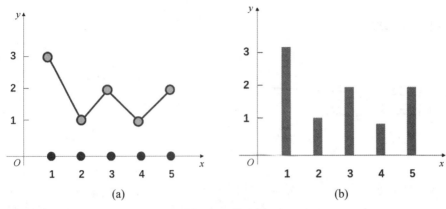

(a)　　　　　　　　　　　　(b)

图 13-2　直方图

在实际处理中，灰度图像直方图的 $x$ 轴区间一般是[0, 255]，对应的是 8 位位图的 256 个灰度级；$y$ 轴对应的是具有相应灰度级的像素点的个数。

例如在图 13-3 中，上面是一张图像，下面则是其对应的直方图。图中圆点表示这些像素点会被统计到对应的灰度级上。

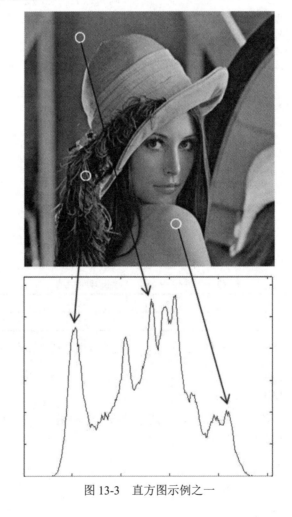

图 13-3　直方图示例之一

虽然 8 位的图像都具有 256 个灰度级（每一个像素点的像素值在[0,255]内，可能是这 256 个灰度值中的任意一个），但是属于不同灰度级的像素数量是很不一样的。例如图 13-4，左侧图像分成了上中下三部分，右侧是每部分所对应的直方图。从图中可以看出，图像的不同部分直方图是不一样的。

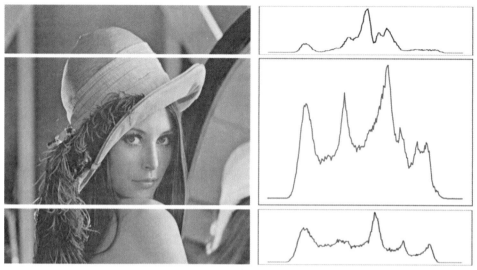

图 13-4 直方图示例之二

有时为了便于表示，也会采用归一化直方图。在归一化直方图中，$x$ 轴仍然表示灰度级；$y$ 轴不再表示灰度级出现的次数，而是灰度级出现的频率。

例如，针对图 13-1，统计各个灰度级出现的频率：

灰度级出现的频率 = 灰度级出现的次数/总像素数

在图 13-1 中共有 9 个像素，所以统计结果如表 13-2 所示。

表 13-2 灰度级出现的频率

| 灰度级 | 1 | 2 | 3 | 4 | 5 |
|---|---|---|---|---|---|
| 出现的次数 | 3 | 1 | 2 | 1 | 2 |
| 出现的频率 | 3/9 | 1/9 | 2/9 | 1/9 | 2/9 |

在归一化直方图中，各个灰度级出现的频率之和为 1。例如，本例中：

$$\frac{3}{9} + \frac{1}{9} + \frac{2}{9} + \frac{1}{9} + \frac{2}{9} = 1$$

在绘制直方图时，将灰度级作为 $x$ 轴数据处理，将其出现的频率作为 $y$ 轴数据处理，则可知：

- $x$ 轴的数据为 x=[1 2 3 4 5]
- $y$ 轴的数据为 y–[3/9 1/9 2/9 1/9 2/9]

根据上述关系，可以绘制出如图 13-5 所示的归一化直方图。对比图 13-2 与图 13-5，可以看到，归一化直方图与直方图在外观上是一致的，只是 $y$ 轴的标签不同而已。具体来说，在直方图内，$y$ 轴显示的标签是 1、2、3；在归一化直方图中，$y$ 轴显示的标签是 1/9、2/9、3/9。

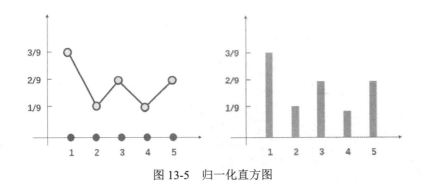

图 13-5　归一化直方图

在 OpenCV 的官网上，特别提出了要注意三个概念：DIMS、BINS、RANGE。

- **DIMS**：表示在绘制直方图时，收集的参数的数量。一般情况下，直方图中收集的数据只有一种，就是灰度级。因此，该值为 1。
- **RANGE**：表示要统计的灰度级范围，一般为[0, 255]。0 对应的是黑色，255 对应的是白色。
- **BINS**：参数子集的数目。在处理数据的过程中，有时需要将众多的数据划分为若干个组，再进行分析。

例如，针对图 13-1 中的灰度级，有时我们可能会希望将两个像素值作为一组讨论。这样，整个灰度级被划分为三组，具体为{ {1,2}，{3,4}，{5} }。图 13-6 所示的是划分前后的直方图情况。

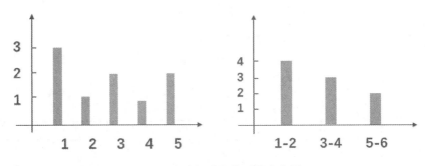

图 13-6　灰度级分组前后的直方图

也可以按照上述方式对灰度图像进行划分。例如，在灰度图像中，将[0, 255]区间内的 256 个灰度级，按照每 16 个像素一组划分为子集：

$$[0, 255] = [0, 15] \cup [16, 31] \cup \cdots \cup [240, 255]$$

按照上述方式，整个灰度级范围可以划分为 16 个子集，具体为

$$整个灰度级范围 = bin1 \cup bin2 \cup \cdots \cup bin16$$

子集划分完以后，某灰度图像生成的直方图如图 13-7 所示（图中的 b1 代表 bin1，b2 代表 bin2，以此类推）。

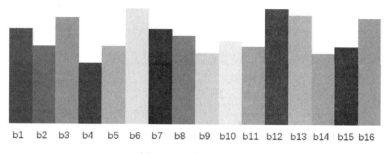

图 13-7　直方图示例

下面讨论 BINS 的值：

- 针对图 13-1，在原始图像中，共有 5 个灰度级，其 BINS 值为 5。在以 2 个灰度级为一个小组划分子集后，得到 3 个子集，其 BINS 值为 3。
- 针对灰度图像，灰度级区间为[0, 255]，共有 256 个灰度级，其 BINS 值为 256；在以 16 个灰度级为一个小组划分子集后，得到 16 个子集，其 BINS 值为 16。

## 13.2　绘制直方图

Python 的模块 matplotlib.pyplot 中的 hist()函数能够方便地绘制直方图，我们通常采用该函数直接绘制直方图。除此以外，OpenCV 中的 cv2.calcHist()函数能够计算统计直方图，也可以在此基础上绘制图像的直方图。下面分别讨论这两种方式。

### 13.2.1　使用 Numpy 绘制直方图

模块 matplotlib.pyplot 提供了一个类似于 MATLAB 绘图方式的框架，可以使用其中的 matplotlib.pyplot.hist()函数（以下简称为 hist()函数）来绘制直方图。

此函数的作用是根据数据源和灰度级分组绘制直方图。其基本语法格式为

```
matplotlib.pyplot.hist(X, BINS)
```

其中两个参数的含义如下：

- X：数据源，必须是一维的。图像通常是二维的，需要使用 ravel()函数将图像处理为一维数据源以后，再作为参数使用。
- BINS：BINS 的具体值，表示灰度级的分组情况。

为了得到符合函数 hist()要求的一维数据，可以使用函数 ravel()将二维数组降维成一维数组。例如，有图像 a，其值为

| 21 | 34 | 63 |
|-----|-----|-----|
| 142 | 231 | 59 |
| 67 | 138 | 74 |

使用函数 ravel() 对 a 进行处理：

```
b = a.ravel()
```

可以得到 b 为

| 21 | 34 | 63 | 142 | 231 | 59 | 67 | 138 | 74 |
|----|----|----|-----|-----|----|----|-----|----|

【例 13.1】使用 hist() 函数绘制一幅图像的直方图。

根据题目的要求，编写代码如下：

```
import cv2
import matplotlib.pyplot as plt
o=cv2.imread("image\\boat.jpg")
cv2.imshow("original",o)
plt.hist(o.ravel(),256)
cv2.waitKey()
cv2.destroyAllWindows()
```

运行上述程序后，得到如图 13-8 所示的结果。其中图 13-8(a) 是原始图像，图 13-8(b) 是其对应的直方图。

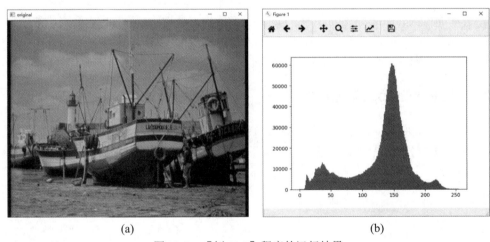

　　　　　　　(a)　　　　　　　　　　　　　　　　　　(b)

图 13-8　【例 13.1】程序的运行结果

【例 13.2】使用函数 hist() 将一幅图像的灰度级划分为 16 组后，绘制该图像的直方图。

将灰度级划分为 16 组，即将灰度级划分为 16 个子集，对应的 BINS 值为 16。按照题目的要求，编写代码如下：

```
import cv2
import matplotlib.pyplot as plt
o=cv2.imread("image\\boat.bmp")
plt.hist(o.ravel(),16)
```

运行上述程序，结果如图 13-9 所示，从图中可以看到，整个灰度级被划分为 16 个子集。

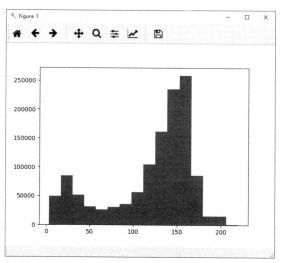

图 13-9　BINS 值为 16 的直方图

## 13.2.2　使用 OpenCV 绘制直方图

OpenCV 提供了函数 cv2.calcHist()用来计算图像的统计直方图，该函数能统计各个灰度级的像素点个数。利用 matplotlib.pyplot 模块中的 plot()函数，可以将函数 cv2.calcHist()的统计结果绘制成直方图。

### 1. 用 cv2.calcHist()函数统计图像直方图信息

函数 cv2.calcHist()用于统计图像直方图信息，其语法格式为

```
hist = cv2.calcHist( images, channels, mask, histSize, ranges, accumulate )
```

其中返回值及参数的含义为

- hist：返回的统计直方图，是一个一维数组，数组内的元素是各个灰度级的像素个数。
- images：原始图像集合，使用“[ ]”括起来的一组图像。如果只有一幅图像，直接将该图像使用“[ ]”括起来即可。
- channels：指定通道编号。通道编号需要用“[ ]”括起来，如果输入图像是单通道灰度图像，该参数的值就是[0]。对于彩色图像，它的值可以是[0]、[1]、[2]，分别对应通道 B、G、R。
- mask：掩膜图像。用于指定需要计算统计直方图的区域。当统计整幅图像的直方图时，将该值设为 None；当统计图像某一部分的直方图时，mask 值为非空。需要注意，在mask 值非空时，它必须是和 images 大小一致的 8 位数组（数组值范围在[0，255]内）。在 images 中，只有与 mask 中非零值对应的部分，会被计算在直方图统计图内。
- histSize：通道 channels 中对应的 BINS 的值，该值需要用“[ ]”括起来。例如，BINS的值是 256，需要使用“[256]”作为此参数值。
- ranges：即像素值范围。例如，8 位灰度图像的像素值范围是[0, 256]。需要注意，这里的方括号，不是表示数学中的封闭区间，而是表示从 0（包含）到 256（不包含）之间。所以，实际对应着 0（包含）到 255（包含）之间。

- accumulate：累计（累积、叠加）标识，默认值为 False。如果被设置为 True，则直方图在开始计算时不会被清零，计算的是多个直方图的累积结果，用于对一组图像计算直方图。该参数允许从多个对象中计算单个直方图，或者实时更新直方图。该参数是可选的，一般情况下不需要设置。

**【例 13.3】**使用 cv2.calcHist()函数计算一幅图像的统计直方图结果，并观察得到的统计直方图信息。

根据题目的要求，编写代码如下：

```
import cv2
import numpy as np
img=cv2.imread("image\\boat.jpg")
hist = cv2.calcHist([img],[0],None,[256],[0,256])
print("type(hist)=",type(hist))
print("hist.shape=",hist.shape)
print("hist.size=",hist.size)
print("hist:\n",hist)
```

需要注意，在本例的 cv2.calcHist()函数中：

- 第 1 个参数“[img]”表示要绘制直方图的原始图像，是使用“[ ]”括起来的。
- 第 2 个参数表示要统计哪个通道的直方图信息。本例中读取的 img 是灰度图像，所以使用“[0]”来表示。
- 第 3 个参数是掩膜图像，在本例中的值为“None”，表示计算整幅图像的直方图。
- 第 4 个参数“[256]”表示 BINS 的值是 256。
- 第 5 个参数“[0, 256]”表示灰度级的范围是[0, 256]。

程序运行结果如图 13-10 所示。

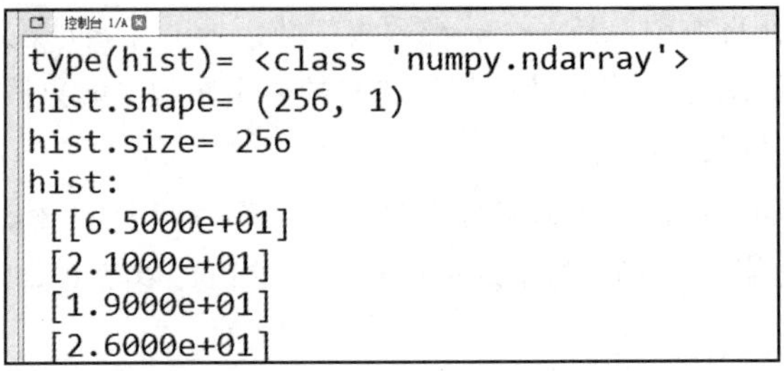

```
type(hist)= <class 'numpy.ndarray'>
hist.shape= (256, 1)
hist.size= 256
hist:
 [[6.5000e+01]
 [2.1000e+01]
 [1.9000e+01]
 [2.6000e+01]
```

图 13-10 【例 13.3】程序的运行结果

从图 13-10 中可以看到，函数 cv2.calcHist()返回值的数据类型为“ndarray”。该数据的 shape 为（256,1），说明其有 256 行 1 列。该数据的 size 为 256，说明有 256 个元素，分别对应着 256 个灰度级在图像内出现的次数。

图 13-10 所示的程序运行结果的下半部分是 hist 内的部分数据，限于篇幅，这里仅截取了 256 条数据中的前 6 条。这 6 条数据，对应着灰度级为 0~5 的像素点出现的次数。

【提示】在函数 calcHist 中，参数 images、channels、histSize、ranges 等分别都要写在一个中括号中。这是因为，他们既可能是一个单独的变量，也可能是一组变量（列表，list）。例如，如果处理的是 iamge1 和 image2 两幅图像，那么参数 images 就是“[image1,image2]”。此时，其对应的通道 channels、BINS 的值 histSize, 像素值范围 ranges 都要同时分别包含两幅图像的对应通道值、BINS 值、像素范围值, 也都是一组值, 此时可能的参数调用方式为

　　　　hist = cv2.calcHist([image1,image2],[0,5],None,[32,32],[0,256,0,256])

上述代码中,

- 参数 channels 中编号[0,5]表示取图像集合[image1,image2]中的第 0 个通道和第 5 个通道。通道编号时, 第 1 幅图像的编号是 0 开始编号, 一直到 "通道数-1", 如果第 1 幅图像共有 3 个通道 (例如 RGB 或 BGR), 则编号分别为 "0, 1, 2"; 接下来, 第 2 幅图像的编号从 3 开始编号, 编号分别为 "3, 4, 5"; 如果有多幅图像, 编号以此类推。
- BINS 的值 histSize 为[32,32], 表示两个通道的 BINS 值都是 32, 也可以表示为 "[32]*2"。
- 像素值范围 ranges 的值为[0,256,0,256], 表示两个通道的值范围都是[0,256] (不包含 256)。也可以表示为 "[0,256]*2"。

上述 hist 表示的是 image1 的第 0 通道、image2 第 3 通道之间的二维关系。

------------------------------------------------------

### 2. plot()函数的使用

使用 matplotlib.pyplot 模块内的 plot()函数, 可以将函数 cv2.calcHist()的返回值绘制为图像直方图。下面通过三个例子来学习 plot()函数的基本使用方法。

【例 13.4】将给定的 x= [3,4,8,9], y = [1,9,2,7], 使用 plot()函数绘制出来。

根据题目的要求, 编写代码如下:

```
import matplotlib.pyplot as plt
x = [3,4,8,9]
y = [1,9,2,7]
plt.plot(x,y)
plt.show()
```

程序的运行结果如图 13-11 所示。图中 *x* 轴由 x= [3,4,8,9]指定, *y* 轴由 y = [1,9,2,7]指定。

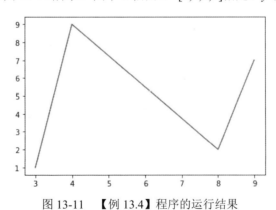

图 13-11　【例 13.4】程序的运行结果

【例 13.5】给定 y = [1,9,2,7], 使用 plot()函数将其绘制出来, 观察绘制结果。

根据题目的要求, 编写如下代码:

```
import matplotlib.pyplot as plt
y = [1,9,2,7]
plt.plot(y)
plt.show()
```

执行上述程序，运行结果如图 13-12 所示。从图中可以看出，在使用 plot()函数时，如果仅仅指定一个参数，则其对应 x 轴的值默认是一个自然数序列 x=[0, 1, ⋯ , $n-1$, $n$]。自然序列 x 的长度与 y 的长度保持一致。

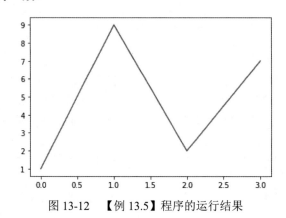

图 13-12　【例 13.5】程序的运行结果

【例 13.6】使用 plot()函数将两组不同的值 a = [9,3,1,7]，b = [2,5,8,0]以不同的颜色、标记绘制出来。

根据题目要求，编写代码如下：

```python
import matplotlib.pyplot as plt
a = [9,3,1,7]
b = [2,5,8,0]
plt.plot(a,color='r',marker="o")
plt.plot(b,color='g',marker="v")
plt.show()
```

上述代码中，color 用于指定线条颜色：

- color='r'表示绘图曲线的 color 属性是"red"，即绘图颜色是红色的。
- color='g'表示绘图曲线的 color 属性是"green"，即绘图颜色是绿色的。

如表 13-3 所示，是 color 属性的具体含义。

表 13-3　color 属性值

| 属性值 | 含义 | 中文 |
| --- | --- | --- |
| 'b' | blue | 蓝色 |
| 'g' | green | 绿色 |
| 'r' | red | 红色 |
| 'c' | cyan | 蓝绿 |
| 'm' | magenta | 洋红 |
| 'y' | yellow | 黄色 |
| 'k' | black | 黑色 |
| 'w' | white | 白色 |

上述代码中，属性 marker 用于指定标记类型：

- marker="o"表示绘图曲线的 marker 属性是"圆形标记"，即绘图中的标记点是圆。

- `marker="v"`表示绘图曲线的 marker 属性是"三角形标记",即绘图中的标记点三角形。

如表 13-4 所示,是 color 属性的具体含义。

表 13-4 marker 属性值

| 属性 | 含义 | 属性 | 含义 |
| --- | --- | --- | --- |
| '.' | 点标记 | 's' | 方形标记 |
| ',' | 像素标记 | 'p' | 五边形标记 |
| 'o' | 圆标记 | '*' | 星号标记 |
| 'v' | 下三角形标记 | 'h' | 垂直六边形标记 |
| '^' | 上三角形标记 | 'H' | 水平六边形标记 |
| '<' | 左三角形标记 | '+' | 加号 |
| '>' | 右三角形标记 | 'x' | X 符号 |
| '1' | 下三角(线条构成)标记 | 'D' | 钻石标记 |
| '2' | 上三角(线条构成)标记 | 'd' | 瘦钻石标记 |
| '3' | 左三角(线条构成)标记 | '\|' | 竖线标记 |
| '4' | 右三角(线条构成)标记 | '_' | 横线标记 |

在绘图时,可以根据需要设置 color 属性值、marker 属性值。执行上述程序,绘图结果如图 13-13 所示。因为印刷条件限制无法显示彩色的结果,大家可以自行运行该程序,观察运行效果。

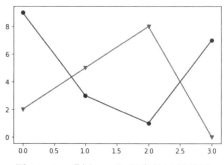

图 13-13 【例 13.6】程序的运行结果

函数 plot()的功能非常强大,限于篇幅这里无法一一展开,请大家查阅相关资料进一步了解该函数的使用方法。

### 3. 绘制统计直方图

熟悉函数 plot()的使用后,就可以使用它将函数 cv2.calcHist()的返回值绘制为直方图了。

【例 13.7】使用函数 plot()将函数 cv2.calcHist()的返回值绘制为直方图。

根据题目的要求,编写代码如下:

```
import cv2
import matplotlib.pyplot as plt
o=cv2.imread("image\\boatGray.bmp")
histb = cv2.calcHist([o],[0],None,[256],[0,255])
plt.plot(histb,color='b')
plt.show()
```

运行上述程序，得到如图 13-14 所示直方图。

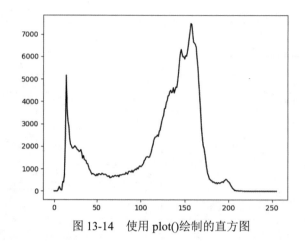

图 13-14　使用 plot()绘制的直方图

本例首先通过函数 cv2.calcHist()得到图像的统计直方图数据，然后利用函数 plot()将这些数据绘制出来。

【例 13.8】使用函数 plot()和函数 cv2.calcHist()，将彩色图像各个通道的直方图绘制在一个窗口内。

根据题目的要求，编写代码如下：

```python
import cv2
import matplotlib.pyplot as plt
o=cv2.imread("image\\girl.bmp")
histb = cv2.calcHist([o],[0],None,[256],[0,255])
histg = cv2.calcHist([o],[1],None,[256],[0,255])
histr = cv2.calcHist([o],[2],None,[256],[0,255])
plt.plot(histb,color='b')
plt.plot(histg,color='g')
plt.plot(histr,color='r')
plt.show()
```

运行上述程序，得到如图 13-15 所示直方图。

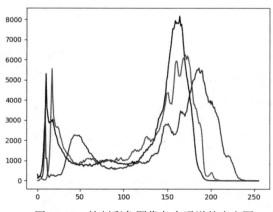

图 13-15　绘制彩色图像各个通道的直方图

本例先通过函数 cv2.calcHist()分别得到[0]、[1]、[2]三个通道（即 B、G、R 三个通道）的统计直方图数据，然后再通过 plot()函数将这些数据绘制成直方图。

### 13.2.3　使用掩膜绘制直方图

在函数 cv2.calcHist()中，参数 mask 用于标识是否使用掩膜图像。当使用掩膜图像获取直方图时，仅获取掩膜参数 mask 指定区域的直方图。

#### 1. 掩膜处理是怎么回事

首先，我们来看掩膜处理的基本形式。在图 13-16 中，图 13-16(a)是原始图像 O，图 13-16(b)是掩膜图像 M，图 13-16(c)是使用掩膜图像 M 对原始图像 O 进行掩膜运算的结果图像 R。

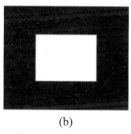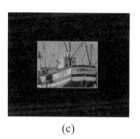

(a)　　　　　　　　　(b)　　　　　　　　　(c)

图 13-16　掩膜处理

为了方便理解，可以将掩膜图像看作一块玻璃板，玻璃板上的白色区域是透明的，黑色区域是不透明的。掩膜运算就是将该玻璃板覆盖在原始图像上，透过玻璃板显示出来的部分就是掩膜运算的结果图像。

在掩膜运算中，使用了"与"和"或"运算，我们用图 13-17 所示的电路图进行说明。

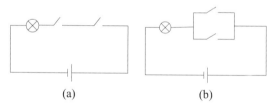

(a)　　　　　　　　　　(b)

图 13-17　"与""或"运算的电路示意图

- 与运算（AND）和串联电路是对应的。在图 13-17(a)所示的串联电路中，只有当两个开关都闭合时，电路才是连通的。对应在数值运算上，只有参与运算的数值都是 1 时，与运算结果才是 1，如表 13-5 所示。

表 13-5　与运算

| 运算值 1 | 运算值 2 | 结果 |
|---|---|---|
| 0 | 0 | 0 |
| 0 | 1 | 0 |
| 1 | 0 | 0 |
| 1 | 1 | 1 |

- 或运算（OR）和并联电路是对应的。在图 13-17(b)所示的并联电路中，任意一个开关

闭合，电路都是连通的。对应在数值运算上，参与运算的数值只要有一个值是 1 时，或运算结果就是 1，如表 13-6 所示。

表 13-6　或运算

| 运算值 1 | 运算值 2 | 结果 |
| --- | --- | --- |
| 0 | 0 | 0 |
| 0 | 1 | 1 |
| 1 | 0 | 1 |
| 1 | 1 | 1 |

将图 13-18 中左侧的原始图像 O 与中间的掩膜图像 M，进行与运算，得到右侧的结果图像 R。经过与运算后，在原始图像 O 中，只有深色背景区域中的值被保留，其余的值都被处理为 0。

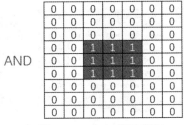 AND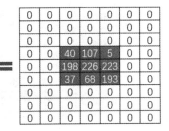

图 13-18　与运算示意图

得到上述运算结果是因为：

- 原始图像 O 的深色背景区域，所对应掩膜图像中深色背景区域的值均为 1，对这两个深色背景区域进行与运算时，根据运算规则，原始图像 O 深色背景区域的值被保留。
- 原始图像 O 的白色背景区域，所对应掩膜图像中白色背景区域的值均为 0，对这两个白色背景区域进行与运算时，根据运算规则，原始图像 O 白色背景区域的值被处理为 0。

上述与运算是直接对两个数值进行运算的，理解起来比较方便。在实际处理中，更经常使用的是按位与运算。如果使用按位与运算，就需要将掩膜图像白色区域的值设置为 255，然后让掩膜图像与原始图像进行按位与运算，得到结果图像。

下面简单介绍一下按位与运算的基本原理，更多内容请参考第 3 章中"3.3.1 按位与运算"。

OpenCV 提供了 bitwise_and 函数，用于两个像素值之间的按位与运算。按位与运算，是指将两个像素值按照二进制位的关系，逐位进行与运算。例如，A 的像素值为 35，B 的像素值为 126，将 A 和 B 进行按位与运算，所得结果如表 13-7 所示。在进行按位与运算时，需要先将参与运算的值转换为二进制数，然后将对应位上的值进行与运算。

表 13-7　按位与运算示例

| 说明 | 二进制值 |
| --- | --- |
| A（35） | 0010 0011 |
| B（126） | 0111 1110 |
| 与运算的结果（34） | 0010 0010 |

根据与运算的规则，任意一个数值与数值 1 进行与运算，结果等于其自身的值。因此，任意一个 8 位像素值与二进制数"1111 1111"进行按位与运算，得到的都是自身的值。二进制值"1111 1111"对应的十进制值是"255"，所以任意一个 8 位像素值与"255"进行按位与运算，

得到的都是自身原来的值。例如，像素点 X 的值为 58，像素点 Y 的值为 135，将这两个值与 255 进行按位与运算后，得到的是它们自身的值，如表 13-8 所示。

表 13-8　按位与运算示例

| 说明 | 像素点 X（58） | 像素点 Y（135） |
| --- | --- | --- |
| 像素点对应的二进制值 | 0011 1010 | 1000 0111 |
| 255 的二进制值 | 1111 1111 | 1111 1111 |
| 按位与运算的结果 | 0011 1010 | 1000 0111 |
| 十进制值 | 58 | 135 |
| 是否与原值相等 | 相等 | 相等 |

当然，任意数值与数值 0 进行与的运算结果都是 0，如表 13-9 所示。

表 13-9　按位与运算示例

| 说明 | 像素点 X（58） | 像素点 Y（135） |
| --- | --- | --- |
| 像素点对应的二进制值 | 0011 1010 | 1000 0111 |
| 0 的二进制值 | 0000 0000 | 0000 0000 |
| 按位与运算的结果 | 0000 0000 | 0000 0000 |
| 十进制值 | 0 | 0 |

根据上述分析，可以将掩膜图像的白色背景部分设置为 255，黑色背景部分设置为 0，如图 13-19 所示。

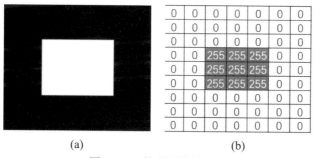

(a)　　　　　　　　　　(b)

图 13-19　掩膜图像的构成

综上所述，将一幅图像与如图 13-19 所示的掩膜图像进行按位与运算后，得到的结果图像分为以下两部分。

第 1 部分：与掩膜图像中黑色背景位置对应的部分，该部分的像素值都被置为零。

第 2 部分：与掩膜图像中白色背景位置对应的部分，该部分的像素保留原有值。

上述过程帮助我们更好地理解图 13-16 的工作原理。在图 13-16 中，图 13-16(a)与中间掩膜图像进行按位与运算，得到了图 13-16(c)的运算结果。原始图像中与掩膜图像白色背景对应的部分被保留，与黑色背景对应的部分被处理为零值（黑色）。

当在一个函数 F 中使用了掩膜时，我们可以理解，要先将参与运算的图像与掩膜图像进行按位与运算，得到掩膜运算结果（处理过程如图 13-16 所示）。然后，再将掩膜运算结果，作为函数 F 的参数完成函数 F 所指定的运算。例如，有函数 F、原始图像 I、掩膜图像 M 和运算结果 R，则：

● R = F(I)表示直接使用函数 F 对图像 I 进行处理。

- R = F(I, M) 表示先将 I 和 M 进行按位与，然后再使用函数 F 对上述按位与的结果进行处理。

上述过程就是从按位与角度理解的掩膜处理的原理和方式。不过，在实际使用中我们只需要构造掩膜图像就可以了，至于掩膜图像如何起作用，并不需要我们关心。在需要使用时，我们只需要将掩膜图像传递给对应的函数作为参数即可。

另外需要注意，在大多数函数在使用掩膜参数时，并不要求掩膜图像内的像素值都是 255。通常情况下函数会认为，掩膜内的零值对应着要舍弃的部分，非零值对应着要保留的部分。

### 2. 如何构造掩膜图像

在构造掩膜图像时，通常先构造一个像素值都是 0 的二维数组，再将数组中指定区域的像素值设定为 255，就得到了掩膜图像。下面通过一个例子来说明如何构造掩膜图像。

【例 13.9】构造一个中心点是白色区域的掩膜图像。

根据题目的要求，首先使用函数 np.zeros() 构造一个像素值都是 0 的二维数组，然后将其中间部分的值设置为 255，代码如下：

```
import cv2
import numpy as np
mask=np.zeros([600,600],np.uint8)
mask[200:400,200:400]=255
cv2.imshow('mask',mask)
cv2.waitKey()
cv2.destroyAllWindows()
```

运行上述程序，生成如图 13-20 所示的掩膜图像。

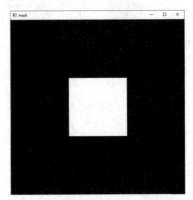

图 13-20　【例 13.9】程序生成的掩膜图像

### 3. 使用掩膜绘制直方图

绘制掩膜图像时，首先将函数 cv2.calcHist() 的 mask 参数设置为掩膜图像，得到掩膜处理的直方图信息，再使用 plot() 函数完成直方图的绘制。

回顾一下函数 cv2.calcHist() 的语法格式：

```
hist = cv2.calcHist( images, channels, mask, histSize, ranges, accumulate )
```

其中，mask 参数就是掩膜图像，用于指定需要计算统计直方图的区域。当统计整幅图像的直方图时，将该值设为 None；当统计图像某一部分的直方图时，mask 值为非空。

在 mask 值非空时，它必须是和 images 大小一致的 8 位数组（数组值范围在[0，255]内）。此时，在 images 中，只有与 mask 中非零值对应的部分，会被计算在直方图统计图内。

需要注意的是，mask 非空时，其中的非零值发挥作用。也就是说，非零值可以是[1,255]之间的任意值，而不是必须是 255。

下面通过一个例子演示如何绘制掩膜结果图像的直方图。

**【例 13.10】** 演示绘制掩膜结果图像的直方图。

根据题目的要求，首先构造一个掩膜图像，然后使用函数 cv2.calcHist()计算掩膜结果图像的统计直方图信息，最后使用函数 plot()绘制掩膜图像的直方图。

掩膜图像要保持与原始图像相等的大小，这里使用参数 image.shape 表示构造与原始图像等大小的掩膜图像。

代码如下：

```
import cv2
import numpy as np
import matplotlib.pyplot as plt
image=cv2.imread("image\\girl.bmp",cv2.IMREAD_GRAYSCALE)
mask=np.zeros(image.shape,np.uint8)
mask[200:400,200:400]=255    #不一定非得是 255，在[1,255]之间的值即可
histImage=cv2.calcHist([image],[0],None,[256],[0,255])
histMI=cv2.calcHist([image],[0],mask,[256],[0,255])
plt.plot(histImage)
plt.plot(histMI)
```

运行上述程序，生成如图 13-21 所示的直方图。其中，上方的曲线是原始图像的直方图，下方的曲线是掩膜结果图像的直方图。

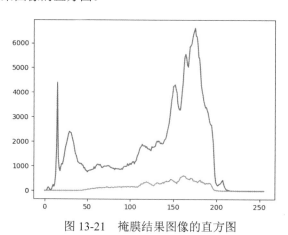

图 13-21　掩膜结果图像的直方图

# 13.3　直方图均衡化

如果一幅图像拥有全部可能的灰度级，并且像素值的灰度均匀分布，那么这幅图像就具有高对比度和多变的灰度色调，灰度级丰富且覆盖范围较大。在外观上，这样的图像具有更丰富

的色彩，不会过暗或过亮。

图 13-22 展示了对一幅图像进行直方图均衡化前后的对比，图 13-22(a)是原始图像，比较暗；图 13-22(b)是均衡化后的图像，色彩比较均衡。

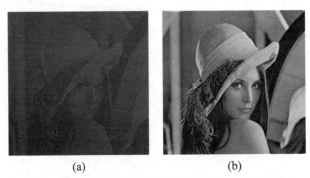

图 13-22    直方图均衡化前后图像的显示效果对比

在 OpenCV 的官网上，对一幅图像均衡化（即直方图均衡化）前后的直方图进行了对比，如图 13-23 所示。其中，图 13-23(a)是原始图像的直方图，可以看到灰度级集中在中间，图像中没有较暗和较亮的像素点；图 13-23(b)是对原图均衡化后的直方图，像素分布更均衡。

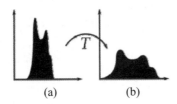

图 13-23    图像均衡化前后的直方图对比

直方图均衡化的主要目的是将原始图像的灰度级均匀地映射到整个灰度级范围内，得到一个灰度级分布均匀的图像。这种均衡化，既实现了灰度值统计上的概率均衡，也实现了人类视觉系统（Human Visual System，HVS）上的视觉均衡。

例如，在某幅图像内仅仅出现了 1、2、3、101、102、103 等 6 个像素值，其分布分别如表 13-10 中的情况 A 和情况 B 所示。

表 13-10    某图像的像素值分布

| 灰度级(像素值) | | 1 | 2 | 3 | 101 | 102 | 103 |
| --- | --- | --- | --- | --- | --- | --- | --- |
| 像素个数 | 情况 A | 1 | 1 | 1 | 1 | 1 | 1 |
| | 情况 B | 1 | 1 | 1 | 0 | 0 | 3 |

下面分别讨论这两种情况下像素值均衡的情况。

- **情况 A**：每一个灰度级在图像内出现的次数都是 1，灰度级均匀地映射到当前的灰度级范围内，所以可以理解为其直方图是均衡的。
- **情况 B**：灰度级 1、2、3 出现的次数都是 1 次，灰度级 103 出现的次数是 3 次，灰度级 101、102 出现的次数是 0 次。从表面上看，灰度级是不均衡的。但是，从 HVS 的角度来说，人眼的敏感度不足以区分 1 个像素值的差异，即人眼会将灰度级 1、2 和 3 看作是相同的，会将灰度级 101、102 和 103 看作是相同的。也就是说，HVS 会自动地将灰度级划分为两组，灰度级[1, 3]为一组，灰度级[101, 103]为另一组。在整幅图像内，这两组的灰度级出现的次数都是 3 次，概率是相等的。在均衡化处理中，综合考虑了统计概率和 HVS 的均衡。

## 13.3.1　直方图均衡化原理

直方图均衡化的算法主要包括两个步骤：

（1）计算累计直方图。

（2）对累计直方图进行区间转换。

在此基础上，再利用人眼视觉达到直方图均衡化的目的。

下面我们通过一个例子进行讲解。例如，图像 A 如图 13-24 所示，它是一幅 3 位的位图，即共有 8（$2^3$）个灰度级，有 49 个像素。

| 0 | 1 | 4 | 1 | 7 | 3 | 3 |
|---|---|---|---|---|---|---|
| 0 | 0 | 4 | 0 | 0 | 1 | 3 |
| 1 | 2 | 7 | 5 | 7 | 4 | 6 |
| 0 | 4 | 0 | 1 | 1 | 6 | 6 |
| 7 | 1 | 2 | 2 | 7 | 3 | 3 |
| 4 | 5 | 7 | 4 | 2 | 7 | 2 |
| 0 | 7 | 1 | 5 | 2 | 0 | 1 |

图 13-24　图像 A

图像 A 共有 8 个灰度级，范围为[0, 7]，计算其统计直方图如表 13-11 所示。

表 13-11　图像 A 的统计直方图

| 灰度级 | 0 | 1 | 2 | 3 | 4 | 5 | 6 | 7 |
|---|---|---|---|---|---|---|---|---|
| 像素个数 | 9 | 9 | 6 | 5 | 6 | 3 | 3 | 8 |

在此基础上，计算归一化统计直方图，计算方式是计算每个像素在图像内出现的概率。出现概率=出现次数/像素总数，用每个灰度级的像素个数除以总的像素个数（49），就得到归一化统计直方图，如表 13-12 最末行所示。

表 13-12　图像 A 的归一化统计直方图

| 灰度级 | 0 | 1 | 2 | 3 | 4 | 5 | 6 | 7 |
|---|---|---|---|---|---|---|---|---|
| 像素个数 | 9 | 9 | 6 | 5 | 6 | 3 | 3 | 8 |
| 概率 | 0.18 | 0.18 | 0.12 | 0.10 | 0.12 | 0.06 | 0.06 | 0.16 |

接下来，计算累计统计直方图，即计算所有灰度级的累计概率，结果如表 13-13 最末行所示。需要注意的是，小数点末尾存在的不对应是由四舍五入造成的。

表 13-13　图像 A 的累计统计直方图

| 灰度级 | 0 | 1 | 2 | 3 | 4 | 5 | 6 | 7 |
|---|---|---|---|---|---|---|---|---|
| 像素个数 | 9 | 9 | 6 | 5 | 6 | 3 | 3 | 8 |
| 概率 | 0.18 | 0.18 | 0.12 | 0.10 | 0.12 | 0.06 | 0.06 | 0.16 |
| 累计概率 | 0.18 | 0.37 | 0.49 | 0.59 | 0.71 | 0.78 | 0.84 | 1.00 |

在累计直方图的基础上，对原有灰度级空间进行转换。可以在原有范围内对灰度级实现均衡化，也可以在更广泛的灰度空间范围内对灰度级实现均衡化。下面分别介绍这两种形式。

### 1. 在原有范围内实现均衡化

表 13-14 最末行反映的是理想状况下，各灰度级的概率分布情况。在理想情况下，8 个灰度级的图像中，每个灰度级的占比是一致的，都是 12.5%（1/8=12.5%）。理想累计概率反映的是，在上述理想状态下，各灰度级对应的累计概率值。举例来说，如果累计概率是 50%，那么应该有一半像素点的像素值大于灰度级的一半，另一半像素点的像素值小于灰度级的一半。

表 13-14　理想情况下的概率分布

| 灰度级 | 0 | 1 | 2 | 3 | 4 | 5 | 6 | 7 |
|---|---|---|---|---|---|---|---|---|
| 理想概率 | 0.125 | 0.125 | 0.125 | 0.125 | 0.125 | 0.125 | 0.125 | 0.125 |
| 理想累计概率 | 0.125 | 0.250 | 0.375 | 0.500 | 0.625 | 0.750 | 0.875 | 1.000 |

也就是说，在理想状态下，像素值、灰度级、累计概率之间存在着的对应关系是，"像素值-1"等于"灰度级×累计概率"。

上述是比较直观的观察，对应关系比较简单。经过严格的推导，在理论上，想让一幅图像达到色彩均衡的理想状态，可以通过公式"像素值=(灰度级-1)×累计概率"来计算原有像素值要映射的新像素值。

例如，本例中，在原有范围内实现直方图均衡化时，用当前灰度级的累计概率乘以当前灰度级的最大值 7（灰度级-1），得到新的灰度级，并作为均衡化的结果。表 13-15 所示的就是计算得到的新灰度级。

表 13-15　计算得到的新灰度级

| 灰度级 | 0 | 1 | 2 | 3 | 4 | 5 | 6 | 7 |
|---|---|---|---|---|---|---|---|---|
| 像素个数 | 9 | 9 | 6 | 5 | 6 | 3 | 3 | 8 |
| 概率 | 0.18 | 0.18 | 0.12 | 0.10 | 0.12 | 0.06 | 0.06 | 0.16 |
| 累计概率 | 0.18 | 0.37 | 0.49 | 0.59 | 0.71 | 0.78 | 0.84 | 1.00 |
| 均衡化值（新的灰度级） | 1 | 3 | 3 | 4 | 5 | 5 | 6 | 7 |

根据表 13-11 中各个灰度级的关系，完成均衡化值（新的灰度级）的映射，如表 13-15 所示。此处的对应关系为

- 原始图像 A 中的灰度级 0，经直方图均衡化后调整为新的灰度级 1（即均衡化值 1）。在原始图像 A 中，灰度级 0 共有 9 个像素点，所以在均衡化后的图像中，灰度级 1 共有 9 个像素点。
- 原始图像 A 中的灰度级 1 和 2 经直方图均衡化后调整为灰度级 3。在原始图像 A 中，灰度级 1 共有 9 个像素点，灰度级 2 共有 6 个像素点，所以在均衡化后的图像中，灰度

级 3 共有 9 + 6 = 15 个像素点。

- 原始图像 A 中的灰度级 3 经直方图均衡化后调整为灰度级 4。在原始图像 A 中，灰度级 3 共有 5 个像素点，所以在均衡化后的图像中，灰度级 4 共有 5 个像素点。
- 原始图像 A 中的灰度级 4 和 5 经直方图均衡化后调整为灰度级 5。在原始图像 A 中，灰度级 4 共有 6 个像素点，灰度级 5 共有 3 个像素点，所以在均衡化后的图像中，灰度级 5 共有 6 + 3 = 9 个像素点。
- 原始图像 A 中的灰度级 6 经直方图均衡化后调整为灰度级 6。在原始图像 A 中，灰度级 6 共有 3 个像素点，所以在均衡化后的图像中，灰度级 6 共有 3 个像素点。
- 原始图像 A 中的灰度级 7 经直方图均衡化后调整为灰度级 7。在原始图像 A 中，灰度级 7 共有 8 个像素点，所以在均衡化后的图像中，灰度级 7 共有 8 个像素点。

在均衡化后的图像中，不存在灰度级 0 和灰度级 2 的像素点。

根据上述关系，可以得到表 13-16。其中列出了直方图均衡化后每个灰度级的像素个数。

表 13-16　均衡化后对应灰度级的像素个数

| 均衡化后的灰度级 | 0 | 1 | 2 | 3 | 4 | 5 | 6 | 7 |
| --- | --- | --- | --- | --- | --- | --- | --- | --- |
| 像素个数 | 0 | 9 | 0 | 15 | 5 | 9 | 3 | 8 |

经过均衡化处理后，灰度级在整个灰度空间内的分布会更均衡。图 13-25 所示的是直方图均衡化前后的对比图。其中，图 13-25(a)是均衡化之前的直方图，图 13-25(b)是均衡化之后的直方图。

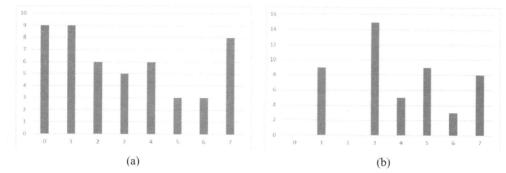

(a) (b)

图 13-25　直方图均衡化前后的对比

可以看出，图 13-25(b)的灰度级在整个灰度空间内分布更均衡。值得注意的，这里的均衡化是综合考虑了统计概率和 HVS 的结果。

- 在图像 A 中，未进行直方图均衡化之前：灰度级 0 ~ 3 之间的像素个数为 29 个，灰度级 4 ~ 7 之间的像素个数为 20 个。
- 对图像 A 进行直方图均衡化之后：灰度级 0 ~ 3 之间的像素个数为 24 个，灰度级 4 ~ 7 之间的像素个数为 25 个。

通过上述比较，可以看出，直方图均衡化之后图像的灰度级分布更均衡了。

### 2. 在更广泛的范围内实现均衡化

在更广泛的范围内实现直方图均衡化时，用当前灰度级的累计概率乘以更广泛范围灰度级的最大值，得到新的灰度级，并作为均衡化的结果。

例如，要将灰度级空间扩展为[0, 255]共 256 个灰度级，就将原灰度级的累计概率乘以 255，得到新的灰度级。表 13-17 所示的是图像 A 在新的灰度级空间[0, 255]内的新的灰度级。

表 13-17　图像 A 在[0, 255]上的新灰度级

| 灰度级 | 0 | 1 | 2 | 3 | 4 | 5 | 6 | 7 |
|---|---|---|---|---|---|---|---|---|
| 累计概率 | 0.18 | 0.37 | 0.49 | 0.59 | 0.71 | 0.78 | 0.84 | 1.00 |
| 均衡化值 | 47 | 94 | 125 | 151 | 182 | 198 | 213 | 255 |

经过均衡化处理后，从图像 A 得到的新图像的灰度级在新灰度空间[0,255]内保持均衡。图 13-26 所示的是对图像 A 进行均衡化前的直方图，灰度级集中在[0, 7]之内。

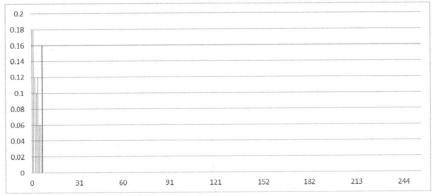

图 13-26　均衡化前的直方图

图 13-27 所示的是均衡化后的直方图，灰度级在整个灰度空间[0, 255]内分布得更均衡。

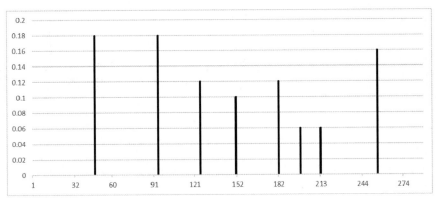

图 13-27　均衡化后的直方图

通过上述分析可知，通过如下两个步骤：

- 步骤 1：计算累计直方图。
- 步骤 2：将累计直方图进行区间转换。

可以让直方图达到均衡化的效果。

下面，我们用数学表达式描述以上的直方图均衡化过程。假设图像中像素的总数是 $N$，图像的灰度级数是 $L$，灰度级空间是[0, $L$-1]，用 $n_k$ 表示第 $k$ 级灰度（第 $k$ 个灰度级，像素值为 $k$）

在图像内的像素点个数，那么该图像中灰度级为 $r_k$ （第 $k$ 个灰度级）出现的概率为

$$P(r_k) = \frac{n_k}{N} \qquad (k = 0,1,\cdots,L-1)$$

根据灰度级概率，对其进行均衡化处理的计算公式为

$$s_k = T(r_k) = (L-1)\sum_{j=0}^{k}P(r_j) = (L-1)\sum_{j=0}^{k}\frac{n_j}{N} \qquad (k = 0,1,\cdots,L-1)$$

式中，$\sum_{j=0}^{k}P(r_j)$ 表示累计概率，将该值与灰度级的最大值 $L-1$ 相乘即得到均衡化后的新灰度级（像素值）。

直方图均衡化使图像色彩更均衡、外观更清晰，也使图像更便于处理，它被广泛地应用在医学图像处理、车牌识别、人脸识别等领域。

## 13.3.2　直方图均衡化处理

OpenCV 使用函数 cv2.equalizeHist() 实现直方图均衡化。该函数的语法格式为

```
dst = cv2.equalizeHist( src )
```

其中，src 是 8 位单通道原始图像，dst 是直方图均衡化处理的结果。

【例 13.11】使用函数 cv2.equalizeHist() 实现直方图均衡化。

根据题目要求，编写代码如下：

```
#-----------导入使用的模块---------------
import cv2
import matplotlib.pyplot as plt
#-----------读取原始图像---------------
img = cv2.imread('image\\equ.bmp',cv2.IMREAD_GRAYSCALE)
#-----------直方图均衡化处理---------------
equ = cv2.equalizeHist(img)
#-----------显示均衡化前后的图像---------------
cv2.imshow("original",img)
cv2.imshow("result",equ)
#-----------显示均衡化前后的直方图---------------
plt.figure("原始图像直方图")      #构建窗口
plt.hist(img.ravel(),256)
plt.figure("均衡化结果直方图")    #构建新窗口
plt.hist(equ.ravel(),256)
#----------等待释放窗口--------------------
cv2.waitKey()
cv2.destroyAllWindows()
```

上述程序中，语句 "plt.figure("原始图像直方图")" 用于构造名为 "原始图像直方图" 的新窗口。运行程序，会显示如图 13-28 所示的图像。其中：

- 图 13-28(a)是原始图像。

- 图 13-28(b)是直方图均衡化后的图像。
- 图 13-28(c)是原始图像的直方图。
- 图 13-28(d)是经过直方图均衡化后的图像的直方图。

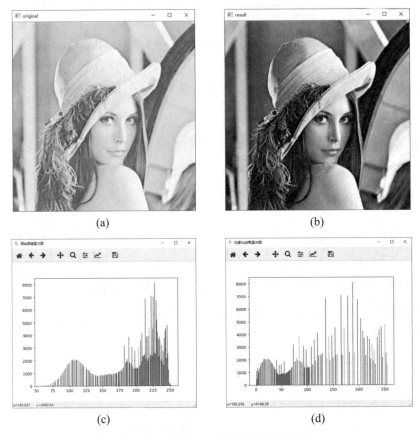

(a)                    (b)

(c)                    (d)

图 13-28　【例 13.11】程序的运行结果

在图 13-28 所示的处理结果中可以看到对比很明显：在直方图均衡化之前，图像整体比较亮；均衡化以后，图像的亮度变得比较均衡。而两幅图像的直方图的对比，则不太明显。这实际上体现了，均衡化是指综合考虑了统计概率和 HVS 的结果。

下面做简单的说明：

- 原始图像的直方图，大部分的像素值集中在右侧（线条密集）。这说明图像中位于[200, 255]区间的像素点很多，图像比较亮。
- 在均衡化后的直方图中，左侧的像素点比较密集而右侧的相对比较稀疏。但是，由于人眼并不能明显感受到像素值的细微差别，所以我们通常将相近的像素值看成同一个像素值。也就是说，各个分段区间内的像素点个数基本一致，人眼会感觉各个灰度级的像素个数基本相当，色彩比较均衡。
- 进一步说，在图 13-28(d)中，左侧的线条密集，但是整体高度不高；右侧的线条稀疏，但是整体较高。这说明，较小的灰度级，每个灰度级上都有像素，但是个数较少；而较大的灰度级，在分布上比较稀疏，而且有一些灰度级并没有出现，但是出现了的灰度级其像素个数较多。如果将灰度级按照区间划分，则分布在每一个区间内的像素点个数大体是一致的。例如，将灰度级在[0, 50]、[51, 100]、[101,150]、[151, 200]、[201, 255]几个区间上进行划分，则每个区间内像素点的数量大体一致。所以，图 13-28(d)是均衡化的直方图。

- 在图 13-28(d)所示均衡化后的直方图中，左侧的像素点比较密集而右侧的相对比较稀疏。但是，实际上人眼并不能明显感受到像素值的细微差别，通常会将相近的像素值看成同一个像素值。例如，HVS 会主动将图 13-29(a)中左侧的像素点取近似值，而得到图 13-29(b)所示的直方图。同样的道理，HVS 人眼也会对图 13-29(b)中右侧的像素值取均值近似处理，而得到如图 13-29(c)所示的直方图。可以看到，HVS 对全部像素值取近似值后的直方图（图 13-29(c)）内灰度级的分布是比较均匀的，是均衡一致的直方图。

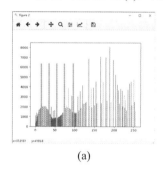 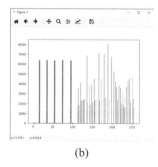 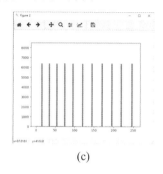

(a)　　　　　　　　　　(b)　　　　　　　　　　(c)

图 13-29　直方图说明

本例中的直方图均衡化进一步说明了，均衡化是指综合考虑了统计概率和 HVS 的均衡化结果。

# 13.4　pyplot 模块介绍

matplotlib.pyplot 模块[1]提供了一个类似于 MATLAB 绘图方式的框架，可以使用其中的函数方便地绘制图形。

## 13.4.1　subplot 函数

模块 matplotlib.pyplot 提供了函数 matplotlib.pyplot.subplot()用来向当前窗口内添加一个子窗口对象。该函数的语法格式为

```
matplotlib.pyplot.subplot(nrows, ncols, index)
```
其中：

- nrows 为行数。
- ncols 为列数。
- index 为窗口序号。

---

1　为了使标题更简洁，故标题中未使用模块全称 matplotlib.pyplot。

例如，subplot(2, 3, 4)表示在当前的两行三列的窗口的第 4 个位置上，添加 1 个子窗口，如图 13-30 所示。

| 子窗口1 | 子窗口2 | 子窗口3 |
| --- | --- | --- |
| 子窗口4 | 子窗口5 | 子窗口6 |

图 13-30　添加子窗口（示意图）

需要注意的是，窗口是按照行方向排序的，而且序号是从"1"开始而不是从"0"开始的。如果所有参数都小于 10，可以省略彼此之间的逗号，直接写三个数字。例如，上述 subplot(2, 3, 4)可以直接表示为 subplot(234)。

【例 13.12】编写程序演示函数 subplot()的使用。

根据题目的要求，编写代码如下：

```python
import cv2
import matplotlib.pyplot as plt
img = cv2.imread('image\\equ.bmp',cv2.IMREAD_GRAYSCALE)
equ = cv2.equalizeHist(img)
plt.figure("subplot 示例")
plt.subplot(121),plt.hist(img.ravel(),256)
plt.subplot(122),plt.hist(equ.ravel(),256)
```

运行上述程序，会显示如图 13-31 所示的图像。

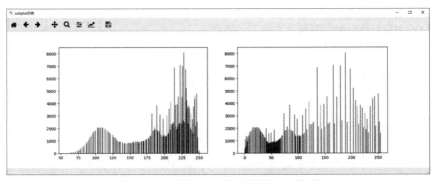

图 13-31　【例 13.12】程序的运行结果

## 13.4.2　imshow 函数

模块 matplotlib.pyplot 提供了函数 matplotlib.pyplot.imshow()用来显示图像。其语法格式为

```
matplotlib.pyplot.imshow(X, cmap=None)
```

其中：

- X 为图像信息，可以是各种形式的数值。
- cmap 表示色彩空间。该值是可选项，默认值为 null，默认使用 RGB(A)色彩空间。

【例 13.13】使用函数 matplotlib.pyplot.imshow()显示彩色图像。

根据题目的要求，编写代码如下：

```
import cv2
import matplotlib.pyplot as plt
img = cv2.imread('image\\girl.bmp')
imgRGB=cv2.cvtColor(img,cv2.COLOR_BGR2RGB)
plt.figure("显示结果")
plt.subplot(121)
plt.imshow(img),plt.axis('off')
plt.subplot(122)
plt.imshow(imgRGB),plt.axis('off')
```

其中，语句"plt.axis('off')"表示关闭坐标轴的显示。

运行上述程序，会显示如图 13-32 所示的图像。

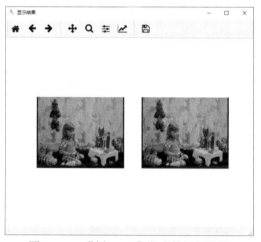

图 13-32　【例 13.13】程序的运行结果

在图 13-32 中，左图是直接使用默认色彩空间参数模式显示的彩色图像的结果，图像没有正常显示出来。这是因为通过函数 cv2.imread()读取的图像，其通道顺序是 BGR 模式的。而函数 matplotlib.pyplot.imshow()的显示顺序是 RGB 模式的，所以显示出来的图像通道顺序是错乱的，无法正常显示。

如果想使用函数 matplotlib.pyplot.imshow()正常地显示函数 cv2.imread()读取的图像，需要对读取的图像进行通道顺序转换。图 13-32 的右图是使用语句"imgRGB=cv2.cvtColor (img,cv2.COLOR_BGR2RGB)"将函数 cv2.imread()读取到的图像 img 从 BGR 转换为 RGB 模式后，再使用函数 matplotlib.pyplot.imshow()的默认色彩空间模式显示的彩色图像，可以看到图像显示正常。

【例 13.14】使用函数 matplotlib.pyplot.imshow()显示灰度图像。

本例中，我们尝试使用不同的形式显示灰度图像，观察图像是否能够正常显示。

根据题目的要求，编写代码如下：

```
import cv2
```

```
import matplotlib.pyplot as plt
o = cv2.imread('image\\girl.bmp')
g=cv2.cvtColor(o, cv2.COLOR_BGR2GRAY)
plt.figure("灰度图像显示演示")
plt.subplot(221)
plt.imshow(o),plt.axis('off')
plt.subplot(222)
plt.imshow(o,cmap=plt.cm.gray),plt.axis('off')
plt.subplot(223)
plt.imshow(g),plt.axis('off')
plt.subplot(224)
plt.imshow(g,cmap=plt.cm.gray),plt.axis('off')
```

运行上述程序，会显示如图 13-33 所示的图像。可以看到，本例中所采用的几种针对灰度图像的显示方式，只有使用灰度图像作为参数，并且将色彩空间参数值设置为"cmap=plt.cm.gray"，灰度图像才被正常显示。因为印刷后无法观察到彩色效果，所以在图中对显示结果用文字进行了标注。

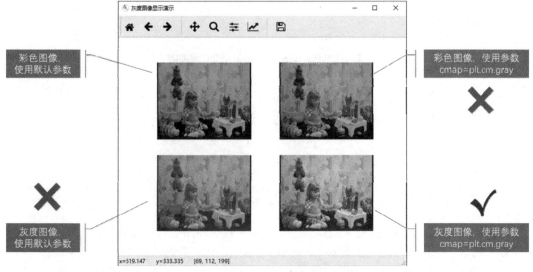

图 13-33  【例 13.14】程序的运行结果

本例以不同的形式展示了使用函数 matplotlib.pyplot.imshow()显示灰度图像的效果。

- 左上角是原始图像。因为没有对读取的图像进行通道转换，直接将其作为彩色图像显示，所以显示结果中通道顺序是错乱的，图像没有正常显示。
- 右上角是我们尝试将彩色图像作为原始图像，将其色彩空间参数设置为"cmap= plt.cm.gray"，让彩色图像以灰度图像展示的结果，图像显示失败。
- 左下角是使用默认色彩空间参数，显示灰度图像的结果。这种情况下，灰度图像会采用默认的 RGB 模式显示。可以看到，图像没有正常显示。
- 右下角是将灰度图像作为原始图像，并将其色彩空间参数设置为"cmap=plt.cm.gray"而显示的灰度图像，图像显示正常。

【例 13.15】使用函数 matplotlib.pyplot.imshow()以反色形式显示灰度图像。

根据题目的要求，编写代码如下：

```
import cv2
import matplotlib.pyplot as plt
o = cv2.imread('image\\8.bmp')
g=cv2.cvtColor(o, cv2.COLOR_BGR2GRAY)
plt.figure("灰度图像显示演示")
plt.subplot(221); plt.imshow(g, cmap=plt.cm.gray)
plt.subplot(222); plt.imshow(g, cmap=plt.cm.gray_r)
plt.subplot(223); plt.imshow(g, cmap='gray')
plt.subplot(224); plt.imshow(g, cmap='gray_r')
```

上述代码中，色彩空间参数 cmap 的参数值"plt.cm.gray_r"及"gray_r"中的"r"是英文"reverse"的缩写，表示逆转的意思。

运行上述程序，会显示如图 13-34 所示的图像。

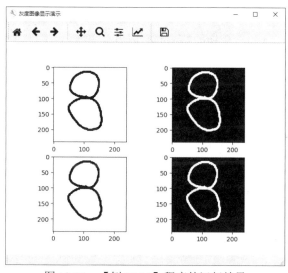

图 13-34　【例 13.15】程序的运行结果

# 第 14 章

# 傅里叶变换

图像处理一般分为空间域处理和频率域处理。

空间域处理是直接对图像内的像素进行处理。空间域处理主要划分为灰度变换和空间滤波两种形式。灰度变换是对图像内的单个像素进行处理，比如调节对比度和处理阈值等。空间滤波涉及图像质量的改变，例如图像平滑处理。空间域处理的计算简单方便，运算速度更快。

频率域处理是先将图像变换到频率域，然后在频率域对图像进行处理，最后再通过反变换将图像从频率域变换到空间域。傅里叶变换是应用最广泛的一种频域变换，它能够将图像从空间域变换到频率域，而逆傅里叶变换能够将频率域信息变换到空间域内。傅里叶变换在图像处理领域内有着非常重要的作用。

本章从理论基础、基本实现、具体应用等角度对傅里叶变换进行简单的介绍。

## 14.1 理论基础

傅里叶变换非常抽象，很多人在工程中用了很多年的傅里叶变换也没有彻底理解傅里叶变换到底是怎么回事。为了更好地说明傅里叶变换，我们先看一个生活中的例子。

表 14-1 所示的是某饮料的配方，该配方是一个以时间形式表示的表格，表格很长，这里仅仅截取了其中的一部分内容。该表中记录了从时刻"00:00"开始到某个特定时间"00:11"内的操作。

表 14-1  饮料配方

| 操作 | 00:00 | 00:01 | 00:02 | 00:03 | 00:04 | 00:05 | 00:06 | 00:07 | 00:08 | 00:09 | 00:10 | 00:11 |
|------|-------|-------|-------|-------|-------|-------|-------|-------|-------|-------|-------|-------|
| 冰糖 | 1 | 1 | 1 | 1 | 1 | 1 | 1 | 1 | 1 | 1 | 1 | 1 |
| 红豆 | 3 | 0 | 3 | 0 | 3 | 0 | 3 | 0 | 3 | 0 | 3 | 0 |
| 绿豆 | 2 | 0 | 0 | 2 | 0 | 0 | 2 | 0 | 0 | 2 | 0 | 0 |
| 西红柿 | 4 | 0 | 0 | 0 | 4 | 0 | 0 | 0 | 4 | 0 | 0 | 0 |
| 纯净水 | 5 | 0 | 0 | 0 | 0 | 5 | 0 | 0 | 0 | 0 | 5 | 0 |

仔细分析该表格可以发现，该配方：

- 每隔 1 分钟放 1 块冰糖。
- 每隔 2 分钟放 3 粒红豆。
- 每隔 3 分钟放 2 粒绿豆。
- 每隔 4 分钟放 4 块西红柿。

● 每隔 5 分钟放 5 杯纯净水。

上述文字是从操作频率的角度对配方的说明。

在数据的处理过程中，经常使用图表的形式表述信息。如果从时域的角度，该配方表可以表示为图 14-1。图 14-1 仅仅展示了配方的前 11 分钟的操作，如果要完整地表示配方的操作，必须用图表绘制出全部时间内的操作步骤。可以想象，如果把全部时间绘制出来表示，该图表是十分繁杂的。

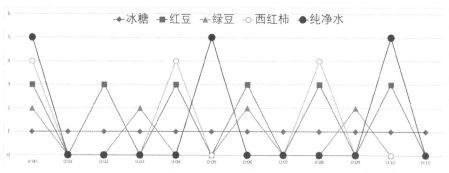

图 14-1 配方的时域图

如果从频率（周期）的角度表示，这个配方表可以表示为图 14-2，图中横坐标是周期（频率的倒数），纵坐标是配料的份数。可以看到，图 14-2 可以完整地表示该配方的操作过程。

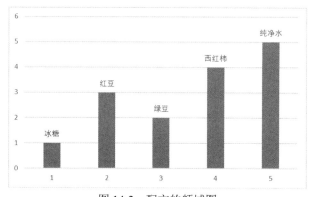

图 14-2 配方的频域图

对于函数，同样可以将其从时域变换到频域。图 14-3 是一个频率为 5（1 秒内 5 个周期）、振幅为 1 的正弦曲线。

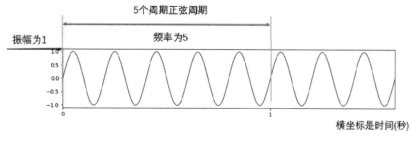

图 14-3 正弦曲线

如果从频率的角度考虑，则可以将其绘制为图 14-4 所示的频域图，图中横坐标是频率，纵坐标是振幅。

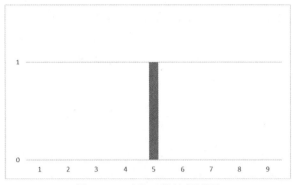

图 14-4　正弦函数的频域图

图 14-3 与图 14-4 是等价的，它们是同一个函数的不同表示形式。可以通过频域表示得到对应的时域表示，也可以通过时域表示得到对应的频域表示。

法国数学家傅里叶指出，任何周期函数都可以表示为不同频率的正弦函数和的形式。在今天看来，这个理论是理所当然的，但是由于这个理论不太直观、难以理解，在当时遭受了很大的质疑。

下面我们来看傅里叶变换的具体过程。例如，周期函数的曲线如图 14-5(a)所示。该周期函数可以表示为

$$y = 3*np.sin(0.8*x) + 7*np.sin(0.5*x) + 2*np.sin(0.2*x)$$

因此，该函数可以看成是由下列三个函数的和构成的：

- $y_1 = 3*np.sin(0.8*x)$　　　　（函数 1）
- $y_2 = 7*np.sin(0.5*x)$　　　　（函数 2）
- $y_3 = 2*np.sin(0.2*x)$　　　　（函数 3）

上述三个函数对应的函数曲线分别如图 14-5(b)、14-5(c)和 14-5(d)所示。

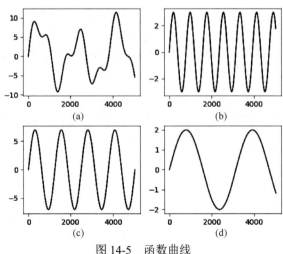

图 14-5　函数曲线

如果从频域的角度考虑，上述三个正弦函数可以分别表示为图 14-6 中的三根柱子，图中横坐标是频率，纵坐标是振幅。

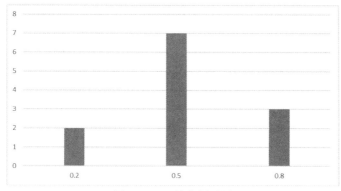

图 14-6　函数的频域图

通过以上分析可知，图 14-5(a)的函数曲线可以表示为图 14-6 所示的函数的频域图。

从图 14-5(a)的时域函数图，构造出如图 14-6 所示的函数的频域图的过程，就是傅里叶变换。

图 14-1 与图 14-2 表示相同的信息，图 14-1 是时域图，而图 14-2 是频域图。图 14-5 左上角的时域函数图形，与图 14-6 所示的频域图形表示的也是完全相同的信息。傅里叶变换就是从频域的角度完整地表述时域信息。

除了上述的频率和振幅外，还要考虑时间差的问题。例如，饮料配方为了控制风味，需要严格控制加入配料的时间。表 14-1 中 "00:00" 时刻的操作，在更精细的控制下，实际上如表 14-2 所示。

表 14-2　开始时间

| 操作 | 开始时间 |
| --- | --- |
| 冰糖 | 00:00:00 |
| 红豆 | 00:00:12 |
| 绿豆 | 00:00:28 |
| 西红柿 | 00:00:47 |
| 纯净水 | 00:00:55 |

如果加入配料的时间发生了变化，饮料的风味就会发生变化。所以，在实际处理过程中，还要考虑时间差。这个时间差，在傅里叶变换里就是相位。相位表述的是与时间差相关的信息。

例如，图 14-7(a)对应的函数可以表示为

$$y = 3*np.sin(0.8*x) + 7*np.sin(0.5*x+2) + 2*np.sin(0.2*x+3)$$

因此，该函数可以看成是由下列 3 个函数的和构成的：

- $y_1 = 3*np.sin(0.8*x)$　　（函数 1）
- $y_2 = 7*np.sin(0.5*x+2)$　　（函数 2）
- $y_3 = 2*np.sin(0.2*x+3)$　　（函数 3）

上述 3 个函数对应的函数曲线分别如图 14-7(b)、14-7(c)和 14-7(d)所示。

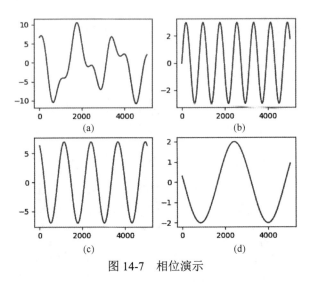

图 14-7　相位演示

在本例中，如果把横坐标看成开始时间，则构成函数 $y$ 的三个正弦函数并不都是从 0 时刻开始的，它们之间存在时间差。如果直接使用没有时间差的函数，则无法构成图 14-7(a)所示的函数，而是会构成图 14-5(a)所示的函数。所以，相差也是傅里叶变换中非常重要的条件。

上面分别用饮料配方和函数的例子介绍了时域与频域转换的可行性，希望对大家理解傅里叶变换能有所帮助。

在图像处理过程中，傅里叶变换就是将图像分解为正弦分量和余弦分量两部分，即将图像从空间域转换到频率域（以下简称频域）。数字图像经过傅里叶变换后，得到的频域值是复数。因此，显示傅里叶变换的结果需要使用实数图像（real image）加虚数图像（complex image），或者幅度图像（magnitude image）加相位图像（phase image）的形式。

因为幅度图像包含了原图像中我们所需要的大部分信息，所以在图像处理过程中，通常仅使用幅度图像。当然，如果希望先在频域内对图像进行处理，再通过逆傅里叶变换得到修改后的空域图像，就必须同时保留幅度图像和相位图像。

对图像进行傅里叶变换后，我们会得到图像中的低频和高频信息。低频信息对应图像内变化缓慢的灰度分量。高频信息对应图像内变化越来越快的灰度分量，是由灰度的尖锐过渡造成的。例如，在一幅大草原的图像中有一头狮子，低频信息就对应着广袤的颜色趋于一致的草原等细节信息，而高频信息则对应着狮子的轮廓等各种边缘及噪声信息。

傅里叶变换的目的，就是为了将图像从空域转换到频域，并在频域内实现对图像内特定对象的处理，然后再对经过处理的频域图像进行逆傅里叶变换得到空域图像。傅里叶变换在图像处理领域发挥着非常关键的作用，可以实现图像增强、图像去噪、边缘检测、特征提取、图像压缩和加密等。

## 14.2　Numpy 实现傅里叶变换

Numpy 模块提供了傅里叶变换功能，Numpy 模块中的 fft2()函数可以实现图像的傅里叶变换。本节介绍如何用 Numpy 模块实现图像的傅里叶变换，以及逆傅里叶变换。

## 14.2.1　实现傅里叶变换

Numpy 提供的实现傅里叶变换的函数是 numpy.fft.fft2()，它的语法格式为

返回值 = numpy.fft.fft2(原始图像)

这里需要注意的是，参数"原始图像"的类型是灰度图像，函数的返回值是一个复数数组（complex ndarray）。

经过该函数的处理，就能得到图像的频谱信息。此时，图像频谱中的零频率分量位于频谱图像（频域图像）[1]的左上角，为了便于观察，通常会使用 numpy.fft.fftshift()函数将零频率成分移动到频域图像的中心位置，如图 14-8 所示。

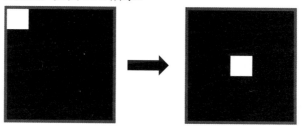

图 14-8　将零频率分量移到频域图像的中心

函数 numpy.fft.fftshift()的语法格式为

返回值=numpy.fft.fftshift(原始频谱)

使用该函数处理后，图像频谱中的零频率分量会被移到频域图像的中心位置，对于观察傅里叶变换后频谱中的零频率部分非常有效。

对图像进行傅里叶变换后，得到的是一个复数数组。为了显示为图像，需要将它们的值调整到[0, 255]的灰度空间内，使用的公式为

像素新值=20*np.log(np.abs(频谱值))

其中 np 是"numpy"的缩写，来源于"import numpy as np"，后面不再对此进行说明。

【例 14.1】用 Numpy 实现傅里叶变换，观察得到的频谱图像。

根据题目要求，编写代码如下：

```
import cv2
import numpy as np
import matplotlib.pyplot as plt
img = cv2.imread('image\\lena.bmp',0)
f = np.fft.fft2(img)
fshift = np.fft.fftshift(f)
magnitude_spectrum = 20*np.log(np.abs(fshift))
plt.subplot(121)
plt.imshow(img, cmap = 'gray')
plt.title('original')
plt.axis('off')
```

---

1　这两个词的意思在本章中是一样的，笔者会根据不同上下文使用，特此说明。

```
plt.subplot(122)
plt.imshow(magnitude_spectrum, cmap = 'gray')
plt.title('result')
plt.axis('off')
plt.show()
```

可以看到，在上述程序中，显示频谱图像分成 4 步完成，具体如下：

第 1 步：使用函数 fft2，得到零频率在左上角的频谱图像。

第 2 步：使用函数 fftshift，将零频率成分从左上角移动到频谱图像的中心位置。

第 3 步：使用绝对值、对数（abs/log）函数将频谱值映射到[0,255]内。

第 4 步：使用显示函数 imshow 显示最终的频谱图像。

运行上述程序，会显示原始图像和其频谱图像，如图 14-9 所示。

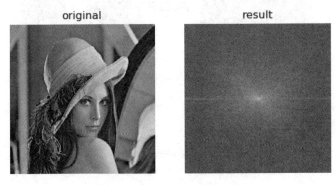

图 14-9　原始图像及其频谱图像

## 14.2.2　实现逆傅里叶变换

需要注意的是，如果在傅里叶变换过程中使用了 numpy.fft.fftshift()函数移动零频率分量，那么在逆傅里叶变换过程中，需要先使用 numpy.fft.ifftshift()函数将零频率分量移到原来的位置，再进行逆傅里叶变换，该过程如图 14-10 所示。

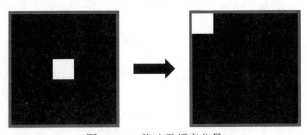

图 14-10　移动零频率分量

函数 numpy.fft.ifftshift()是 numpy.fft.fftshift()的逆函数，其语法格式为

调整后的频谱 = numpy.fft.ifftshift(原始频谱)

numpy.fft.ifft2()函数可以实现逆傅里叶变换，返回空域复数数组。它是 numpy.fft.fft2()的逆函数，该函数的语法格式为

返回值=numpy.fft.ifft2(频域数据)

函数 numpy.fft.ifft2()的返回值仍旧是一个复数数组（complex ndarray）。

逆傅里叶变换得到的空域信息是一个复数数组，需要将该信息调整至[0, 255]灰度空间内，使用的公式为

iimg = np.abs(逆傅里叶变换结果)

**【例 14.2】**在 Numpy 内实现傅里叶变换、逆傅里叶变换，观察逆傅里叶变换的结果图像。

根据题目的要求，编写代码如下：

```
import cv2
import numpy as np
import matplotlib.pyplot as plt
img = cv2.imread('image\\boat.bmp',0)
f = np.fft.fft2(img)
fshift = np.fft.fftshift(f)
ishift = np.fft.ifftshift(fshift)
iimg = np.fft.ifft2(ishift)
#print(iimg)
iimg = np.abs(iimg)
#print(iimg)
plt.subplot(121),plt.imshow(img, cmap = 'gray')
plt.title('original'),plt.axis('off')
plt.subplot(122),plt.imshow(iimg, cmap = 'gray')
plt.title('iimg'),plt.axis('off')
plt.show()
```

运行上述程序代码，会显示原始图像，以及对其先后进行傅里叶变换、逆傅里叶变换而得到的结果图像（复原图像），如图 14-11 所示。

图 14-11　【例 14.2】程序的运行结果

# 14.3　OpenCV 实现傅里叶变换

OpenCV 提供了函数 cv2.dft()和 cv2.idft()来实现傅里叶变换和逆傅里叶变换，下面分别展开介绍。

## 14.3.1 实现傅里叶变换

函数 cv2.dft() 的语法格式为

返回结果=cv2.dft(原始图像，转换标识)

在使用该函数时，需要注意参数的使用规范：

- 对于参数"原始图像"，要首先使用 np.float32() 函数将图像转换成 np.float32 格式。
- "转换标识"的值通常为"cv2.DFT_COMPLEX_OUTPUT"，用来输出一个复数阵列。

函数 cv2.dft() 返回的结果与使用 Numpy 进行傅里叶变换得到的结果是一致的，但是它返回的值是双通道的，第 1 个通道是结果的实数部分，第 2 个通道是结果的虚数部分。

经过函数 cv2.dft() 的变换后，我们得到了原始图像的频谱信息。此时，零频率分量并不在中心位置，为了处理方便需要将其移至中心位置，该操作可以通过函数 numpy.fft.fftshift() 实现。例如，如下语句将频谱图像 dft 中的零频率分量移到频谱中心，得到了零频率分量位于中心的频谱图像 dftshift。

```
dftShift = np.fft.fftshift(dft)
```

经过上述处理后，频谱图像还只是一个由实部和虚部构成的值。要将其显示出来，还要做进一步的处理才行。

函数 cv2.magnitude() 可以计算频谱信息的幅度。该函数的语法格式为

返回值=cv2.magnitude(参数 1，参数 2)

其中两个参数的含义如下：

- 参数 1：浮点型 $x$ 坐标值，也就是实部。
- 参数 2：浮点型 $y$ 坐标值，也就是虚部，它必须和参数 1 具有相同的大小（尺度值 size 的大小，不是范围值 range 的大小）。

函数 cv2.magnitude() 的返回值是参数 1 和参数 2 的平方和的平方根，公式为

$$\mathrm{dst}(I) = \sqrt{x(I)^2 + y(I)^2}$$

式中，$I$ 表示原始图像，dst 表示目标图像。

得到频谱信息的幅度后，通常还要对幅度值做进一步的转换，以便将频谱信息以图像的形式展示出来。简单来说，就是需要将幅度值映射到灰度图像的灰度空间[0, 255]内，使其以灰度图像的形式显示出来。

这里使用的公式为

```
result = 20*np.log(cv2.magnitude(实部,虚部))
```

下面对一幅图像进行傅里叶变换，帮助我们观察上述处理过程。如下代码所示，首先针对图像"lena"进行傅里叶变换，接下来计算了幅度值，最后对幅度值进行了规范化处理：

```
import numpy as np
import cv2
img = cv2.imread('image\\lena.bmp',0)
dft = cv2.dft(np.float32(img),flags = cv2.DFT_COMPLEX_OUTPUT)
```

```
print(dft)
dftShift = np.fft.fftshift(dft)
print(dftShift)
result = 20*np.log(cv2.magnitude(dftShift[:,:,0],dftShift[:,:,1]))
print(result)
```

运行上述程序，得到的值如图 14-12 所示。其中：

- 图 14-12(a)显示的是函数 cv2.dft()得到的频谱值，该值是由实部和虚部构成的。
- 图 14-12(b)显示的是函数 cv2.magnitude()计算得到的频谱幅度值，这些值分布范围较广，不在标准的 8 位位图（灰度图像）的值域范围[0, 255]内。
- 图 14-12(c)显示的是对函数 cv2.magnitude()计算得到的频谱幅度值进一步规范的结果，现在值的范围在[0, 255]内。

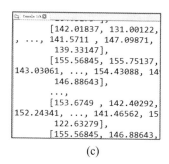

图 14-12　值范围

【例 14.3】用 OpenCV 函数对图像进行傅里叶变换，并展示其频谱信息。

根据题目的要求，编写代码如下：

```
import numpy as np
import cv2
import matplotlib.pyplot as plt
img = cv2.imread('image\\lena.bmp',0)
dft = cv2.dft(np.float32(img),flags = cv2.DFT_COMPLEX_OUTPUT)
dftShift = np.fft.fftshift(dft)
result = 20*np.log(cv2.magnitude(dftShift[:,:,0],dftShift[:,:,1]))
plt.subplot(121),plt.imshow(img, cmap = 'gray')
plt.title('original'),plt.axis('off')
plt.subplot(122),plt.imshow(result, cmap = 'gray')
plt.title('result'), plt.axis('off')
plt.show()
```

运行上述代码后，得到如图 14-13 所示的结果。其中：

- 图 14-13(a)是原始图像。
- 图 14-13(b)是频谱图像，是使用函数 np.fft.fftshift()将零频率分量移至频谱图像中心位置的结果。

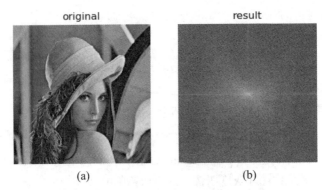

(a)           (b)

图 14-13　原图像与傅里叶变换后的频谱图像

## 14.3.2　实现逆傅里叶变换

在 OpenCV 中，使用函数 cv2.idft() 实现逆傅里叶变换，该函数是傅里叶变换函数 cv2.dft() 的逆函数。其语法格式为

返回结果=cv2.idft(原始数据)

对图像进行傅里叶变换后，通常会将零频率分量移至频谱图像的中心位置。如果使用函数 numpy.fft.fftshift() 移动了零频率分量的位置，那么在进行逆傅里叶变换前，要使用函数 numpy.fft.ifftshift() 将零频率分量恢复到原来位置。

还要注意，在进行逆傅里叶变换后，得到的值仍旧是复数，需要使用函数 cv2.magnitude() 计算其幅度。

**【例 14.4】**用 OpenCV 函数对图像进行傅里叶变换、逆傅里叶变换，并展示原始图像及经过逆傅里叶变换后得到的图像。

根据题目的要求，编写代码如下：

```
import numpy as np
import cv2
import matplotlib.pyplot as plt
img = cv2.imread('image\\lena.bmp',0)
dft = cv2.dft(np.float32(img),flags = cv2.DFT_COMPLEX_OUTPUT)
dftShift = np.fft.fftshift(dft)
ishift = np.fft.ifftshift(dftShift)
iImg = cv2.idft(ishift)
iImg= cv2.magnitude(iImg[:,:,0],iImg[:,:,1])
plt.subplot(121),plt.imshow(img, cmap = 'gray')
plt.title('original'), plt.axis('off')
plt.subplot(122),plt.imshow(iImg, cmap = 'gray')
plt.title('inverse'), plt.axis('off')
plt.show()
```

运行上述代码后，得到如图 14-14 所示的结果。其中：

- 图 14-14(a) 是原始图像 img。
- 图 14-14(b) 是对原始图像 img 进行傅里叶变换、逆傅里叶变换后得到的复原图像。

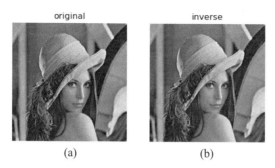

(a)          (b)

图 14-14    原始图像与逆傅里叶变换示例

## 14.4   滤波处理

本节分别从滤波原理、高通滤波实现、低通滤波实现角度对滤波展开具体的介绍。

### 14.4.1   滤波原理

为了更好地实现滤波，我们需要从"图像是波"这一角度来理解图像。

例如，在图 14-15 中，如果将图 14-15(a)中 A、B、C、D 所在行的像素值自左向右依次绘制出来，则会得到图 14-15(b)的四幅图像。图 14-15(b)的每幅图像中，横坐标是图 14-15(a)对应的列号，纵坐标是该列所在处的像素值。从图中可以看到，图 14-15(a)可以理解为图 14-15(b)的波。

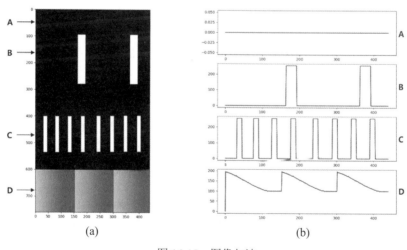

(a)                        (b)

图 14-15    图像与波

下面，我们看一下在更一般的图像中，图像与波的关系。如图 14-16 所示，图 14-16(a)是图像 lena，图 14-16(b)是其第 0 行的像素值，图中三条曲线对应的是 RGB 三个通道的值，三个通道的波形基本一致。可以看到，图 14-16(a)中第 0 行不断变化的像素值，对应着图 14-16(b)中不断波动曲线的值。例如，图 14-16(a)中的第 0 行，其左侧的第 80 列左右、靠近右边缘的第 300 列左右、第 400 列左右，分别有一段亮度值突变的区域，这三段区域分别对应着图 14-16(b)曲线变化较大的部分。当然，无论是亮度的变化，还是曲线的变化，对应的都是像素值的改变。

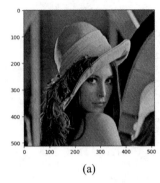
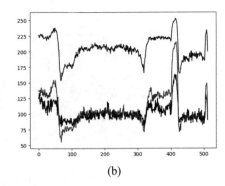

(a)　　　　　　　　　　　　　　　　(b)

图 14-16　图像 lena 第 0 行的波形

频率是用来衡量波动速度的，描述的是周期运动的频繁程度。进一步说，频率是单位时间内完成周期性变化的次数。从上述定义可知，周期和频率是倒数的关系。

例如，每秒钟完成 5 次某操作，则该操作对应的频率是 5 次/s，每次操作的周期是 1/5s。

例如，在图 14-17 中，以 2π 作为一个周期，则：

- 在图 14-17(a)中，1 个周期内有 1 个 sin 函数。
- 在图 14-17(b)中，1 个周期内有 2 个 sin 函数。
- 在图 14-17(c)中，1 个周期内有 0.5 个 sin 函数。

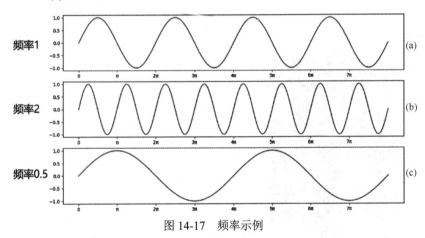

图 14-17　频率示例

频率值较大，我们称之为高频；频率值较小，我们称之为低频。例如，在图 14-17 中，图 14-17(b)是高频，图 14-17(c)是低频。从图中可以看到，高频是剧烈变化的曲线，低频变化相对比较缓慢。

将上述定义推广到图像，色彩变化频繁的区域是高频，色彩变化缓慢的是低频。例如，在图 14-15(a)中，B 点对应的行，色彩变化较少，是低频；C 点对应的行，色彩变化比较频繁，是高频。

更一般来说，在一幅图像内，同时存在着高频信号和低频信号。

- 高频信号对应图像内变化频繁的灰度分量，是由灰度的尖锐过渡造成的。例如，在图像 lena 中，高频频信号对应着边缘等颜色变化区域。

- 低频信号对应图像内变化缓慢的灰度分量。例如，在图像 lena 中，低频信号对应着颜色趋于一致的皮肤、背景等区域。

需要额外注意的是，反应在曲线上，低频并不是一条笔直的直线，而是"平滑区域"。具体来说，平滑区域通常是缓慢上升或者下降的区域。从图像角度理解，通常是指色彩缓慢过渡的颜色，而不是一成不变的颜色。例如，如果仔细观察，就会发现图像中的皮肤颜色是慢慢过渡的渐变色，而不是完全相同的颜色。

从曲线角度理解，如图 14-18 所示[1]，图中波动变化比较大的曲线 $A$，既包含高频（小范围频繁上下抖动的部分），又包含低频（变化的大趋势方向，类似于三角函数形状，具有三个波峰）。而图中水平分布又剧烈抖动的曲线 $B$ 是高频曲线。更一般来说，图像所对应的波形，都是类似于曲线 $A$，在其中的大波动上存在着小波动。

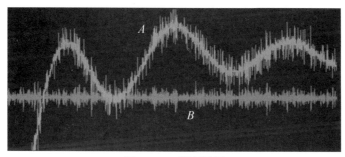

图 14-18 频率示例

也就是说，在图像中，具体到某一行上，往往既存在着高频，又存在着低频。例如，在图 14-19 中，在图 14-19(a)中选取了第 0 行，第 250 行，第 400 行共 3 行，分别绘制其对应的像素值变化，如图 14-19(b)所示。可以看到，从不同行选取的曲线均类似于图 14-18 中的曲线 $A$，其中既包含着大波动，也包含着小波动。也就是说，每一行既包含着低频又包含着高频。具体来说，右侧曲线中一直剧烈变化的部分是高频，例如头发边缘、帽子边缘等部分是高频；平缓变化部分对应的是低频，例如皮肤、背景等部分是低频。它们分别对应着频繁快速变化的曲线和缓慢变化的曲线。同时，又由于头发、皮肤、背景等色彩并不是完全一致的，而是频繁变化的，所以，这部分中也存在着高频信息，对应着曲线频繁变动的形态。

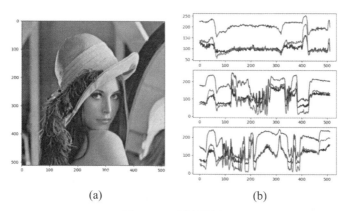

(a)                    (b)

图 14-19 频率示例

---

1  参考学者阮一峰博客。

上述低频、高频的混合构成了图像波的"大波中蕴含着小波"形态。本节介绍的滤波操作，是指要从图像的波形中提取出"大波"、"小波"，如图 14-20 所示。

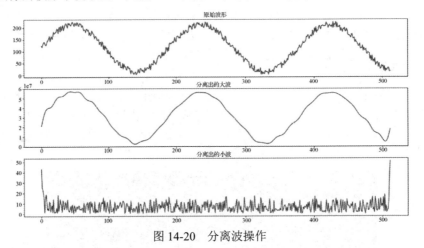

图 14-20　分离波操作

滤波器能够允许一定频率的分量通过或者拒绝其通过，按照其作用方式可以划分为高通滤波器和低通滤波器。

- 允许高频信号通过的滤波器称为高通滤波器。高通滤波器使低频信号衰减而让高频信号通过，将增强图像中尖锐的细节，但是会导致图像的对比度降低。
- 允许低频信号通过的滤波器称为低通滤波器。低通滤波器使高频信号衰减而对低频信号放行，会使图像变模糊。

为了便于观察，我们选择一幅特殊的图像，如图 14-21 中的"原始图像"所示。该图的特殊在于：

- 从微观上看，相邻像素点之间像素值存在着一定的差异，也就是相邻像素值之间频繁发生变化。从这个角度看，相邻像素之间的变化对应着高频，体现在"原始图像波形图"所示曲线在小范围内频繁上下抖动（小波形态）；
- 从整幅图像看，图像相邻像素点较接近，从宏观的角度来看，大体而言，图像自左向右依次是黑白相间的 6 列，分别是"白、黑、白、黑、白、黑"。从这个角度看到的"白、黑、白、黑、白、黑"变化是低频，该低频体现在"原始图像波形图"中类似 sin 函数的形状（大波形态），其具有 3 个峰值点、3 个低谷点的曲线。

综上，图 14-21 中"原始图像"中既存在着高频，又存在着低频。下面，我们分别对其进行高通滤波和低通滤波：

- 高通滤波。保留图像中的高频，将图像中的低频过滤掉。将原始图像进行高通滤波，处理结果图像如图中"高通滤波"所示，可以看到相邻像素点的变化（对应高频）被得以保留，宏观的"白、黑、白、黑、白、黑"6 列变化（对应低频）被舍弃。对应到波形上，频繁上下抖动的高频曲线（小波形态）被保留，类似 sin 函数形状的低频波形（大波形态）被舍弃，高通滤波波形如图中"高通滤波波形图"所示。
- 低通滤波。保留图像中的低频，将图像中的高频过滤掉。将原始图像进行低通滤波，处理结果图像如图中"低通滤波"所示，可以看到宏观的"白、黑、白、黑、白、黑"6 列变化（对应低频）被保留，相邻像素点的变化（对应高频）被舍弃。对应到波形上，类似 sin 函数形状的低频波形（大波形态）被保留，频繁上下抖动的高频曲线（小波形态）被舍弃，低通滤波波形如图中"低通滤波波形图"所示。

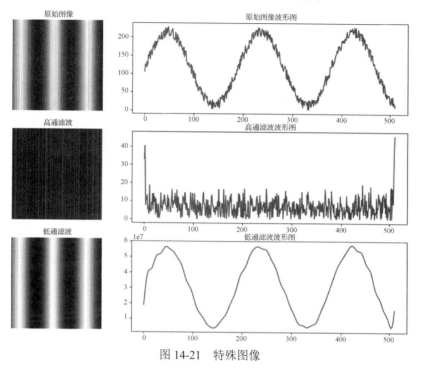

图 14-21　特殊图像

实际上，在图 14-18 中，曲线 $B$ 是将曲线 $A$ 中进行高通滤波后所得到的。根据上述知识，我们能够很好地理解曲线 $A$ 和曲线 $B$ 之间的关系。学者阮一峰在其博客中，从波形的角度对滤波进行了通俗易懂的介绍，如果感兴趣可以进一步参考。

具体到一般图像上，高通滤波和低通滤波如图 14-22 所示。从图中可以看到，高通滤波很好地保留了边缘等高频信息，而低通滤波较好地保留了皮肤、背景等低频信息。

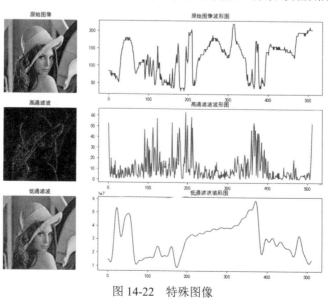

图 14-22　特殊图像

图 14-23 中包含的信息较为特殊，其特殊之处在于，图中的方块、圆块、字母、竖线等对象，内部的颜色都是一致的（对应低频），而右侧的 4 个矩形框内部颜色在频繁变化（对应高频）。当然，图像中每一个对象的边缘颜色都是变化的，对应的都是高频。从该图的高通滤波、低通滤波可以看到：在高通滤波中，高频信息（边缘、内部频繁变化的矩形框）被保留；在低通滤波中，低频信息（方块、圆块、字母、竖线等内部）被保留。

图 14-23　特殊图像

综上，在一幅图像内，高频信号对应着图像中剧烈变化的区域（边缘等），低频信号对应图像内变化缓慢的区域（皮肤等）。但是，肤色、背景等信息有其特殊性：

- 从微观的小趋势来看，是高频，相邻像素之间是频繁波动的。
- 从宏观的大趋势来看，是低频，因为他们颜色基本一致，是缓慢变化的。

滤波处理，能够保留高频、舍弃低频，或者保留低频、舍弃高频。例如，针对图像 lena：

- 高通滤波器：能够保留图像边缘、舍弃皮肤、背景等低频。
- 低通滤波器：能够保留皮肤、背景等信息，同时将这部分区域内存在的高频过滤掉。即让高频信号（相邻像素的频繁波动）衰减而让低频信号（缓慢变化的趋势）通过，图像进行低通滤波后会变模糊。

## 14.4.2　高通滤波实现

傅里叶变换可以将图像的高频信号和低频信号分离，通过对傅里叶变换得到的高频信号和低频信号分别进行处理，就能够实现高通滤波、低通滤波。在对图像的高频或低频信号进行处理后，再进行逆傅里叶变换返回空域，就完成了对图像的频域处理。通过对图像的频域处理，可以实现图像增强、图像去噪、边缘检测、特征提取、压缩和加密等操作。

经过傅里叶变换后，将得到的低频信号放置到傅里叶变换图像的中心位置。此时，对中心位置的像素进行处理，就是对其低频信号的处理。

例如，在图 14-24 中，original 是原始图像，result 是对左图 original 进行傅里叶变换后，低频信号置于中心位置的处理结果，filter 是对 result 进行高通滤波后的结果。filter 将傅里叶变换结果 result 中的低频分量值都替换为 0（处理为黑色），屏蔽了低频信号，只保留了高频信号，实现了高通滤波。

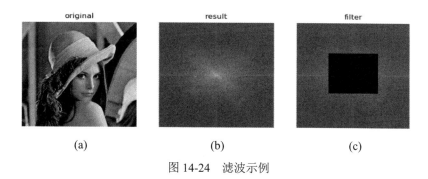

图 14-24　滤波示例

要将图 14-24 中 result 图像的像素值都置零变为(c)filter，需要先计算图像 result 的中心位置坐标，然后选取以该坐标为中心，上下左右各 30 个像素大小的区域，将这个区域内的像素值置零。该滤波器的实现方法为

```
rows, cols = img.shape                          #获取图像大小
crow,ccol = int(rows/2) , int(cols/2)           #获取图像的中心坐标点
fshift[crow-30:crow+30, ccol-30:ccol+30] = 0    #将中心区域像素值为 0
```

【例 14.5】在 Numpy 内对图像进行傅里叶变换，得到其频域图像。然后，在频域内将低频分量的值处理为 0，实现高通滤波。最后，对图像进行逆傅里叶变换，得到恢复的原始图像。观察傅里叶变换前后的差异。

根据题目的要求，编写代码如下：

```
import cv2
import numpy as np
import matplotlib.pyplot as plt
img = cv2.imread('image/rand2.bmp',0)
f = np.fft.fft2(img)
fshift = np.fft.fftshift(f)
rows, cols = img.shape
crow,ccol = int(rows/2) , int(cols/2)
fshift[crow-30:crow+30, ccol-30:ccol+30] = 0
ishift = np.fft.ifftshift(fshift)
iimg = np.fft.ifft2(ishift)
iimg = np.abs(iimg)
plt.subplot(221),plt.imshow(img, cmap = 'gray')
plt.title('original'),plt.axis('off')
plt.subplot(223),plt.imshow(iimg, cmap = 'gray')
plt.title('iimg'),plt.axis('off')
r=350
plt.subplot(222)
plt.plot(img[r,:],color='r')
plt.subplot(224)
plt.plot(iimg[r,:])
plt.show()
```

上述代码对图像 rand2.bmp 进行了傅里叶变换、高通滤波、逆傅里叶变换处理。并显示了该图像在高通滤波前后第 350 行的像素值变化曲线。

运行上述代码后，得到如图 14-25 所示的高通滤波对比图。从图中可以看到：

- 图像在经过高通滤波后，其中相邻像素点间的频繁变化高频部分被保留，大趋势的"黑白相间"的变化被舍弃。
- 波形在经过高通滤波后，其中类似 sin 函数缓慢变化部分（大波形态）被舍弃、频繁变化部分（小波形态）被保留。

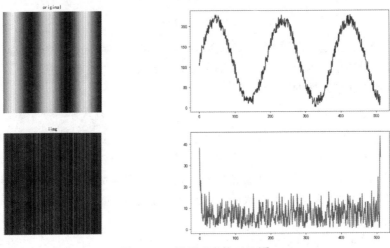

图 14-25　傅里叶变换对比图

图 14-26 是使用上述程序对 lena 图像进行高通滤波的处理结果，从图中可以看到：

- 图像在经过高通滤波后，其中的边缘信息得以保留、皮肤背景等平滑部分被舍弃。
- 波形在经过高通滤波后，其中缓慢变化的部分被舍弃、频繁变化部分被保留。

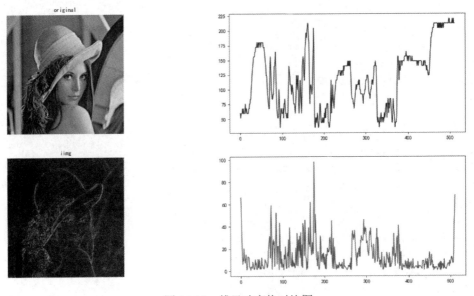

图 14-26　傅里叶变换对比图

### 14.4.3　低通滤波实现

低通滤波让低频信号通过，拒绝高频信号通过。

例如，在图 14-27 中，original 是原始图像，result 是对 original 进行傅里叶变换后得到的结果，filter 是低通滤波后的图像。将傅里叶变换结果 result 中的高频信号值都替换为 0（处理为黑色），就屏蔽了高频信号，只保留低频信号，从而实现了低通滤波。

图 14-27　对图像进行低通滤波的示意图

如图 14-28 所示，图中三个图像的关系是(c)=(a)×(b)。图 14-28(c)中像素值来源于对应位置上图 14-28(a)中像素值与图 14-28(b)中像素值的乘积。具体来说，

- 图 14-28(c)中像素值为零的部分，与图 14-28(a)中像素值为零的部分对应；
- 图 14-28(c)中像素值不为零的部分，与图 14-28(a)中像素值不为零的部分，存在着位置对应关系，其值来源于图 14-28(b)中对应位置上的像素值。

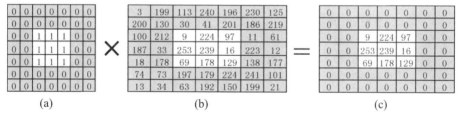

图 14-28　对图像进行低通滤波的示意图

在实现低通滤波时，可以根据图 14-29 所示的关系，专门构造一个如图 14-29 中左图所示的掩膜图像，用它与原图的傅里叶变换频谱图像进行乘法运算，就能将频谱图像中的高频信号过滤掉。左图中黑色区域对应数值 0，白色区域对应数值 1。将该图中左侧图像与中间图像进行乘法运算，则中间图像中与白色区域对应的部分被保留，其余值被置为 0。

图 14-29　构造滤波器

对于图 14-29 中的左图，可以采用如下方式构造：

```
rows, cols = img.shape                    #获取 img 的行数、列数
```

```
mask = np.zeros((rows,cols,2),np.uint8)        #构造与 img 大小一致,值均为 0 的数组 mask
crow,ccol = int(rows/2) , int(cols/2)          #找到数组 mask 中心点位置
mask[crow-30:crow+30, ccol-30:ccol+30] = 1     #将数值 mask 中心区域设置为 1
```

接下来，将 mask 与频谱图像 dftShift 进行乘法运算，即可实现低通滤波。具体为

```
fShift = dftShift*mask
```

**【例 14.6】**使用函数 cv2.dft() 对图像进行傅里叶变换，得到其频谱图像。然后，在频域内将其高频分量的值处理为 0，实现低通滤波。最后，对图像进行逆傅里叶变换，得到恢复的原始图像。观察傅里叶变换前后图像的差异。

根据题目的要求，编写代码如下：

```
import numpy as np
import cv2
import matplotlib.pyplot as plt
img = cv2.imread('image\\rand2.bmp',0)
dft = cv2.dft(np.float32(img),flags = cv2.DFT_COMPLEX_OUTPUT)
dftShift = np.fft.fftshift(dft)
rows, cols = img.shape
crow,ccol = int(rows/2) , int(cols/2)
mask = np.zeros((rows,cols,2),np.uint8)
#两个通道,与频谱图像匹配
mask[crow-30:crow+30, ccol-30:ccol+30] = 1
fShift = dftShift*mask
ishift = np.fft.ifftshift(fShift)
iImg = cv2.idft(ishift)
iImg= cv2.magnitude(iImg[:,:,0],iImg[:,:,1])
plt.subplot(221),plt.imshow(img, cmap = 'gray')
plt.title('original'), plt.axis('off')
plt.subplot(223),plt.imshow(iImg, cmap = 'gray')
plt.title('inverse'), plt.axis('off')
r=500
plt.subplot(222)
plt.plot(img[r,:],color='r')
plt.subplot(224)
plt.plot(iImg[r,:],color='g')
plt.show()
```

上述代码对图像 rand2.bmp 进行了傅里叶变换、低通滤波、逆傅里叶变换处理。并显示了该图像在低通滤波前后，第 500 行的像素值变化曲线。

运行上述代码后，得到如图 14-30 所示的低通滤波对比图。从图中可以看到：

- 图像在经过低通滤波后，其中相邻像素点间的频繁变化高频部分被舍弃，大趋势的"黑白相间"的变化被保留。
- 波形在经过低通滤波后，其中类似 sin 函数缓慢变化部分（大波形态）被保留、频繁变化部分（小波形态）被舍弃。

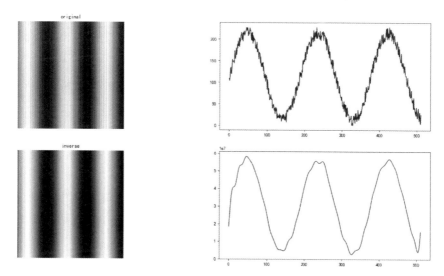

图 14-30 傅里叶变换前后的对比图

图 14-31 是使用上述程序对 lena 图像进行低通滤波的处理结果，从图中可以看到：

- 图像在经过低通滤波后，其中的边缘信息被舍弃，皮肤背景等平滑部分被保留、并被一致化处理。
- 波形在经过低通滤波后，其中缓慢变化的部分被保留、频繁变化部分被舍弃。

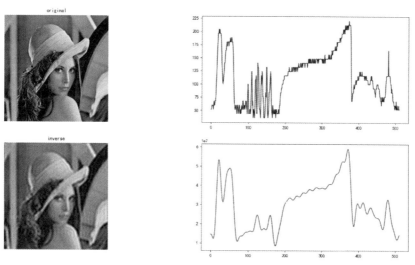

图 14-31 傅里叶变换对比图

# 第 15 章
# 模板匹配

模板匹配是指在当前图像 A 内寻找与图像 B 最相似的部分，一般将图像 A 称为输入图像，将图像 B 称为模板图像。模板匹配的操作方法是将模板图像 B 在输入图像 A 上滑动，遍历所有像素以完成匹配。

例如，在图 15-1 中，希望在图中的大图像"lena"内寻找左上角的"眼睛"图像。此时，大图像"lena"是输入图像，"眼睛"图像是模板图像。查找的方式是，将模板图像在输入图像内从左上角开始滑动，逐个像素遍历整幅输入图像，以查找与其最匹配的部分。

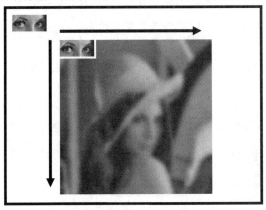

图 15-1　模板匹配示例

## 15.1　模板匹配基础

在 OpenCV 内，模板匹配是使用函数 cv2.matchTemplate()实现的。该函数的语法格式为

```
result = cv2.matchTemplate(image, templ, method[, mask ] )
```

其中：

- image 为原始图像，必须是 8 位位图或者 32 位的浮点型图像。
- templ 为模板图像。它的尺寸必须小于或等于原始图像，并且与原始图像具有同样的类型。
- method 为匹配方法。该参数通过 TemplateMatchModes 实现，有 6 种可能的值，如表 15-1 所示。

表 15-1　method 的值以及含义

| 参数值 | 对应数值 | 说明 |
| --- | --- | --- |
| cv2.TM_SQDIFF | 0 | 以方差为依据进行匹配。若完全匹配，则结果为零；若不匹配，则会得到一个很大的值 |
| cv2.TM_SQDIFF_NORMED | 1 | 标准（归一化）平方差匹配 |
| cv2.TM_CCORR | 2 | 相关匹配，这类方法将模板图像与输入图像相乘，如果乘积较大，表示匹配程度较高；如果乘积为 0，则表示匹配效果最差 |
| cv2.TM_CCORR_NORMED | 3 | 标准（归一化）相关匹配 |
| cv2.TM_CCOEFF | 4 | 相关系数匹配，这类方法将模板图像与其均值的相对值，和输入图像与其均值的相关值进行匹配。1 表示完美匹配，-1 表示糟糕的匹配，0 表示没有任何相关性（随机序列） |
| cv2.TM_CCOEFF_NORMED | 5 | 标准（归一化）相关系数匹配 |

参数 method 对应的计算公式如表 15-2 所示。

表 15-2　method 值具体对应的公式关系[1]

| 值 | 公式 |
| --- | --- |
| cv2.TM_SQDIFF | $R(x,y) = \sum\limits_{x',y'} \left(T(x',y') - I(x+x', y+y')\right)^2$<br><br>使用掩膜时：<br><br>$R(x,y) = \sum\limits_{x',y'} \left(\left(T(x',y') - I(x+x', y+y')\right) \cdot M(x',y')\right)^2$ |
| cv2.TM_SQDIFF_NORMED | $R(x,y) = \dfrac{\sum\limits_{x',y'} \left(T(x',y') - I(x+x', y+y')\right)^2}{\sqrt{\sum\limits_{x',y'} T(x',y')^2 \cdot \sum\limits_{x',y'} I(x+x', y+y')^2}}$<br><br>使用掩膜时：<br><br>$R(x,y) = \dfrac{\sum\limits_{x',y'} \left(\left(T(x',y') - I(x+x', y+y')\right) \cdot M(x',y')\right)^2}{\sqrt{\sum\limits_{x',y'}(T(x',y') \cdot M(x',y'))^2 \cdot \sum\limits_{x',y'}(I(x+x', y+y') \cdot M(x',y'))^2}}$ |
| cv2.TM_CCORR | $R(x,y) = \sum\limits_{x',y'} \left(T(x',y') \cdot I(x+x', y+y')\right)$<br><br>使用掩膜时：<br><br>$R(x,y) = \sum\limits_{x',y'} \left(T(x',y') \cdot I(x+x', y+y') \cdot M(x',y')^2\right)$ |
| cv2.TM_CCORR_NORMED | $R(x,y) = \dfrac{\sum\limits_{x',y'} \left(T(x',y') \cdot I(x+x', y+y')\right)}{\sqrt{\sum\limits_{x',y'} T(x',y')^2 \cdot \sum\limits_{x',y'} I(x+x', y+y')^2}}$<br><br>使用掩膜时：<br><br>$R(x,y) = \dfrac{\sum\limits_{x',y'} \left(T(x',y') \cdot I(x+x', y+y') \cdot M(x',y')^2\right)}{\sqrt{\sum\limits_{x',y'}(T(x',y') \ M(x',y'))^2 \cdot \sum\limits_{x',y'}(I(x+x', y+y') \cdot M(x',y'))^2}}$ |

---

1　$I$ 表示输入图像，$T$ 表示模板，$R$ 表示输出的结果图像，$x$ 和 $y$ 表示位置信息。

| 值 | 公式 |
|---|---|
| cv2.TM_CCOEFF | $R(x,y)=\sum_{x',y'}\left(T'(x',y')\cdot I'(x+x',y+y')\right)$<br><br>条件：<br><br>$T'(x',y')=T(x',y')-1/(w\cdot h)\cdot\sum_{x',y'}T(x'',y'')$<br><br>$I'(x+x',y+y')=I(x+x',y+y')-1/(w\cdot h)\cdot\sum_{x',y'}I(x+x''y+y'')$<br><br>使用掩膜时：<br><br>$T'(x',y')=M(x',y')\cdot\left(T(x',y')-\dfrac{1}{\sum_{x',y'}M(x'',y'')}\cdot\sum_{x',y'}\left(T(x'',y'')\cdot M(x'',y'')\right)\right)$<br><br>$I'(x+x',y+y')=M(x',y')\cdot\left(I(x+x',y+y')-\dfrac{1}{\sum_{x',y'}M(x'',y'')}\cdot\sum_{x',y'}\left(I(x+x''y+y'')\cdot M(x'',y'')\right)\right)$ |
| cv2.TM_CCOEFF_NORMED | $R(x,y)=\dfrac{\sum_{x',y'}\left(T'(x',y')\cdot I'(x+x',y+y')\right)}{\sqrt{\sum_{x',y'}T'(x',y')^2\cdot\sum_{x',y'}I'(x+x',y+y')^2}}$ |

- mask 为模板图像掩膜，该参数是可选参数。它必须和模板图像 templ 具有相同的大小。它可以和模板具有相同的通道数，也可以仅仅有一个通道。在只有一个通道时，将该通道应用于所有的通道计算中。如果数据类型是 CV_8U，那么掩膜被解释为二进制掩码，也就是说，所有非零值被处理为 1；如果数据类型是 CV_32F，掩膜值被作为权重使用。

函数 cv2.matchTemplate() 的返回值 result 是由每个位置的比较结果组合所构成的一个结果集，类型是单通道 32 位浮点型。如果输入图像（原始图像）尺寸是 $W\times H$，模板的尺寸是 $w\times h$，则返回值的大小为 $(W-w+1)\times(H-h+1)$。

在进行模板匹配时，模板在原始图像内遍历。在水平方向上：

- 遍历的起始坐标是原始图像左数第 1 个像素值（序号从 1 开始）。
- 最后一次比较是当模板图像位于原始图像的最右侧时，此时其左上角像素点所在的位置是 $W-w+1$。

因此，返回值 result 在水平方向上的大小是 $W-w+1$（水平方向上的比较次数）。

在垂直方向上：

- 遍历的起始坐标从原始图像顶端的第 1 个像素开始。
- 最后一次比较是当模板图像位于原始图像的最下端时，此时其左上角像素点所在位置是 $H-h+1$。

所以，返回值 result 在垂直方向上的大小是 $H-h+1$（垂直方向上的比较次数）。

如果原始图像尺寸是 $W\times H$，模板的尺寸是 $w\times h$，则返回值的大小为 $(W-w+1)\times(H-h+1)$。也就是说，模板图像要在输入图像内比较 $(W-w+1)\times(H-h+1)$ 次。

例如，在图 15-2 中，左上方的 2×2 小方块是模板图像，其右下方的 10×10 图像是输入图像（原始图像）。在进行模板匹配时：

- 首先将模板图像置于输入图像的左上角。
- 模板图像在向右移动时，最远只能位于输入图像的最右侧边界处，此时模板图像左上角的像素对应着输入图像的第 9 列（输入图像宽度−模板图像宽度+1 = 10-2+1 = 9）。
- 模板图像在向下移动时，最远只能位于输入图像最下端的边界处。此时模板图像左上角的像素对应着输入图像的第 9 行（输入图像高度−模板图像高度+1 = 10-2+1 = 9）。

根据上述分析可知，比较结果 result 的大小满足$(W−w+1)×(H−h+1)$，在上例中就是(10-2+1)×(10-2+1)，即 9×9。也就是说，模板图像要在输入图像内总计比较 9×9 = 81 次，这些比较结果将构成一个 9×9 大小的二维数组。

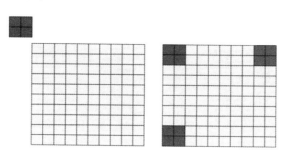

图 15-2  模板图像遍历输入图像的示意图

这里需要注意的是，函数 cv2.matchTemplate()通过参数 method 来决定使用哪一种查找方法。对于不同的查找方法，返回值 result 具有不同的含义。例如：

- method 的值为 cv2.TM_SQDIFF 或 cv2.TM_SQDIFF_NORMED 时，result 值为 0 表示匹配度最好，值越大，表示匹配度越差。
- method 的值为 cv2.TM_CCORR、cv2.TM_CCORR_NORMED、cv2.TM_CCOEFF 或 cv2.TM_CCOEFF_NORMED 时，result 的值越小表示匹配度越差，值越大表示匹配度越好。

从上述分析可以看出，查找方法不同，结果的判定方式也不同。在查找最佳匹配时，首先要确定使用的是何种 method，然后再确定到底是查找最大值，还是查找最小值。

查找最值（极值）与最值所在的位置，可以使用函数 cv2.minMaxLoc()实现。该函数语法格式为

```
minVal, maxVal, minLoc, maxLoc  = cv2.minMaxLoc( src [, mask] )
```

其中：

- src 为单通道数组。
- minVal 为返回的最小值，如果没有最小值，则可以是 NULL（空值）。
- maxVal 为返回的最大值，如果没有最大值，则可以是 NULL。
- minLoc 为最小值的位置，如果没有最小值，则可以是 NULL。
- maxLoc 为最大值的位置，如果没有最大值，则可以是 NULL。
- mask 为用来选取掩膜的子集，可选项。

函数 cv2.minMaxLoc()能够查找整个数组内的最值及它们的位置，并且可以根据当前的掩膜集来选取特定子集的极值。有关该函数的更多说明及实例，请参考第 12 章的"12.7.7 最大值

和最小值及它们的位置"小节。

综上所述，函数 cv2.matchTemplate()返回值中的最值位置就是模板匹配的位置。当然，选用表 15-1 中的不同参数值，匹配位置可能位于最大值所在的位置上也可能位于最小值所在的位置上。通过函数 cv2.minMaxLoc()来查找函数 cv2.matchTemplate()返回值中的最值位置，就可以找到最佳模板匹配的位置。

例如，当 method 的值为 cv2.TM_SQDIFF 或 cv2.TM_SQDIFF_NORMED 时，0 表示最佳匹配，值越大，则表示匹配效果越差。因此，在使用这两种方法时，要寻找最小值所在的位置作为最佳匹配。如下语句能够找到 cv2.matchTemplate()函数返回值中最小值的位置：

```
minVal, maxVal, minLoc, maxLoc = cv2.minMaxLoc(matchTemplate 函数的返回值)
topLeft = minLoc                          # 查找最小值所在的位置
```

以 topLeft 点为模板匹配位置的左上角坐标，结合模板图像的宽度 w 和高度 h 可以确定匹配位置的右下角坐标，代码如下所示：

```
bottomRight = (topLeft[0] + w, topLeft[1] + h)    #w 和 h 是模板图像的宽度和高度
```

当 method 的值为 cv2.TM_CCORR、cv2.TM_CCORR_NORMED、cv2.TM_CCOEFF 或 cv2.TM_CCOEFF_NORMED 时，cv2.matchTemplate()函数的返回值越小，表示匹配度越差，而返回值越大则表示匹配度越好。此时，要寻找最大值所在的位置作为最佳匹配。如下语句能够找到模板匹配返回值中最大值的位置，并以该点为左上角，结合模板的宽度 w 和高度 h 确定匹配位置的右下角坐标。

```
minVal, maxVal, minLoc, maxLoc = cv2.minMaxLoc(matchTemplate 函数的返回值)
topLeft = maxLoc          # 查找最大值所在的位置
bottomRight = (topLeft[0] + w, topLeft[1] + h)          # w 和 h 是模板的宽度和高度
```

通过上述方式，我们确定了模板匹配的矩形对角坐标位置，接下来可以借助函数 cv2.rectangle()将该位置用白色标记出来。函数 cv2.rectangle 的语法格式为

```
Img = .cv.rectangle( img, pt1, pt2, color[, thickness])
```

其中各个参数的含义为

- img 表示要标记的目标图像。
- pt1 是矩形的顶点。
- pt2 是 pt1 的对角顶点。
- color 是要绘制矩形的颜色或灰度级（灰度图像）。
- thickness 是矩形边线的宽度。

因此，使用的标记语句为

```
cv2.rectangle(img,topLeft, bottomRight, 255, 2)
```

该语句表示，在 img 内标记一个矩形，矩形的两个对角顶点为 topLeft 和 bottomRight，矩形边框为白色（255），宽度为 2。

【例 15.1】使用函数 cv2.matchTemplate()进行模板匹配。要求参数 method 的值设置为 cv2.TM_SQDIFF，显示函数的返回结果及匹配结果。

根据题目的要求，编写代码如下：

```
import cv2
import numpy as np
from matplotlib import pyplot as plt
img = cv2.imread('lena512g.bmp',0)
template = cv2.imread('temp.bmp',0)
th, tw = template.shape[::]
rv = cv2.matchTemplate(img,template,cv2.TM_SQDIFF)
minVal, maxVal, minLoc, maxLoc = cv2.minMaxLoc(rv)
topLeft = minLoc
bottomRight = (topLeft[0] + tw, topLeft[1] + th)
cv2.rectangle(img,topLeft, bottomRight, 255, 2)
plt.subplot(121),plt.imshow(rv,cmap = 'gray')
plt.title('Matching Result'), plt.xticks([]), plt.yticks([])
plt.subplot(122),plt.imshow(img,cmap = 'gray')
plt.title('Detected Point'), plt.xticks([]), plt.yticks([])
plt.show()
```

本例中所使用的输入图像是 512×512 大小的图像 lena512g.bmp，模板图像是从输入图像中截取的其眼部子图，如图 15-3 所示。

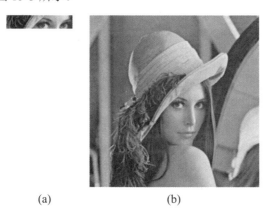

(a)　　　　　　　　(b)

图 15-3　模板图像（a）和输入图像（b）

运行上述代码，得到如图 15-4 所示结果，其中左图是函数 cv2.matchTemplate()的返回值，右图是模板匹配的结果。

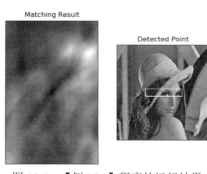

图 15-4　【例 15.1】程序的运行结果

这里需要注意，在计算模板图像的宽度时，使用的语句为

```
th, tw = template.shape[::]
```

返回值中的 th 是模板图像的高度，tw 是模板图像的宽度。在 OpenCV 官网的示例中，使用的语句形式为

```
tw, th = template.shape[::-1]
```

该语句返回的也是模板图像的宽度和高度，只不过语句 template.shape[::-1]将宽度和高度的顺序进行了调换。

下面通过一段代码来说明语句 template.shape[::-1]的含义。例如：

```
import numpy as np
list2d =np.arange(18).reshape(3,6)
print(list2d)
```

能够输出当前的 list2d 为

```
[[ 0  1  2  3  4  5]
 [ 6  7  8  9 10 11]
 [12 13 14 15 16 17]]
```

从其定义及返回值可以观察到，list2d 是一个高度为 3 个像素，宽度为 6 个像素的模板图像。首先，使用 list2d.shape[::]返回其 shape 值，并将该值打印出来：

```
h,w=list2d.shape[::]
print(h,w)
```

此时，会得到打印结果："3 6"。返回值中，第 1 个值是高度，第 2 个值是宽度。

接下来，使用 list2d.shape[::-1]返回模板图像的 shape 值，并将该值打印出来：

```
w,h=list2d.shape[::-1]
print(w,h)
```

此时，会得到打印结果："6 3"。返回值中，第 1 个值是宽度，第 2 个值是高度。

【例 15.2】使用 cv2.matchTemplate()函数进行模板匹配。要求参数 method 的值设置为 cv2.TM_CCOEFF，显示函数的返回结果及匹配结果。

根据题目的要求，编写代码如下：

```
import cv2
import numpy as np
from matplotlib import pyplot as plt
img = cv2.imread('lena512g.bmp',0)
template = cv2.imread('temp.bmp',0)
tw, th = template.shape[::-1]
rv = cv2.matchTemplate(img,template,cv2.TM_CCOEFF)
minVal, maxVal, minLoc, maxLoc = cv2.minMaxLoc(rv)
topLeft = maxLoc
bottomRight = (topLeft[0] + tw, topLeft[1] + th)
cv2.rectangle(img,topLeft, bottomRight, 255, 2)
plt.subplot(121),plt.imshow(rv,cmap = 'gray')
plt.title('Matching Result'), plt.xticks([]), plt.yticks([])
plt.subplot(122),plt.imshow(img,cmap = 'gray')
```

```
plt.title('Detected Point'), plt.xticks([]), plt.yticks([])
plt.show()
```

本例使用的输入图像及模板图像与例 15.1 的相同，如图 15-3 所示。

运行上述代码，得到如图 15-5 所示的结果，其中左图是函数 cv2.matchTemplate() 的返回值，右图是模板匹配的结果。

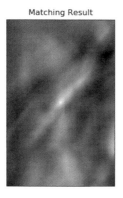

图 15-5　【例 15.2】程序的运行结果

在本节的两个例子中，使用 cv2.matchTemplate() 函数进行模板匹配时，查找最值（极值）的方式是不一样的：

- 在例 15.1 中，参数 method 的值为 cv2.TM_SQDIFF，查找的是最小值所在的位置。
- 在例 15.2 中，参数 method 的值为 cv2.TM_CCOEFF，查找的是最大值所在的位置。

从例题可以看出，模板匹配能够广泛地应用于对象查找等实际应用场景中。可能的应用场景比较广泛，例如：

- 根据某人照片，能够在一个街景中快速地定位到该人。
- 在一组图像中找出某个特定类型。例如，有一组不同类型的发票，根据不同的发票特征，能够找出这组发票中某个特定类型的发票，或者完成对发票的分组。

## 15.2　多模板匹配

在前面的例子中，我们在输入图像 lena 中搜索其眼部子图，该子图在整个输入图像内仅出现了一次。但是，有些情况下，要搜索的模板图像很可能在输入图像内出现了多次，这时就需要找出多个匹配结果。而函数 cv2.minMaxLoc() 仅仅能够找出最值，无法给出所有匹配区域的位置信息。所以，要想匹配多个结果，使用函数 cv2.minMaxLoc() 是无法实现的，需要利用阈值进行处理。

下面分步骤介绍如何获取多模板匹配的结果。

### 1. 获取匹配位置的集合

函数 where() 能够获取模板匹配位置的集合。对于不同的输入，其返回的值是不同的。

- 当输入（参数）是一维数组时，返回值是一维数组，返回的是匹配值的位置（索引）。

- 当输入是二维数组时，返回的是匹配值的行、列位置索引。此时，有两组索引，分别表示匹配值的行、匹配值的列。

以下代码查找在一维数组 a 中，数值大于 5 的元素的索引（即该元素所在的位置，数组的索引从 0 开始）：

```
import numpy as np
a=np.array([3,6,8,1,2,88])
b=np.where(a>5)
print(b)
```

该段代码返回的结果为

```
(array([1, 2, 5], dtype=int64),)
```

说明索引值为 1、2、5 的数组元素，它们的值是大于 5 的。

上面介绍的是输入值为一维数组时的情况。当输入值是二维数组时，函数 where() 会分别返回满足条件的值在二维数组中的行索引、列索引。例如，以下代码查找在二维数组 am 中，值大于 5 的元素的索引：

```
import numpy as np
am=np.array([[3,6,8,77,66],[1,2,88,3,98],[11,2,67,5,2]])
b=np.where(am>5)
print(b)
```

该段代码返回的满足条件值的行索引、列索引：

```
(array([0, 0, 0, 0, 1, 1, 2, 2], dtype=int64),
array([1, 2, 3, 4, 2, 4, 0, 2], dtype=int64))
```

必要时，可以将行索引、列索引组合获取具体索引。例如，上述代码中，存在二维数组 am，它的值为

```
[[ 3  6  8 77 66]
 [ 1  2 88  3 98]
 [11  2 67  5  2]]
```

经过计算得知，其位置 [0, 1]、[0, 2]、[0, 3]、[0, 4]、[1, 2]、[1, 4]、[2, 0]、[2, 2] 上的元素值大于 5。

综上所述，函数 np.where() 可以找出在函数 cv2.matchTemplate() 的返回值中，哪些位置上的值是大于阈值 threshold 的。在具体实现时，可以采用的语句为

```
loc = np.where( res >= threshold)
```

其中：

- res 是函数 cv2.matchTemplate() 进行模板匹配后的返回值。
- threshold 是预设的阈值。
- loc 是满足 "res >= threshold" 的像素点的索引集合。例如，在上面的二维数组 am 中，返回的大于 5 的元素索引集合为 (array([0, 0, 0, 0, 1, 1, 2, 2], dtype=int64), array([1, 2, 3, 4, 2, 4, 0, 2], dtype=int64))。返回值 loc 中的两个元素，分别表示匹配值的行索引和列索引。

## 2. 循环

要处理多个值，通常需要用到循环。例如，有一个列表，其中的值为 71、23、16，希望将这些值逐个输出，可以这样写代码：

```
value = [71,23,16]
for i in value:
    print('value内的值:', i)
```

运行上述代码，得到的输出结果为

```
value内的值: 71
value内的值: 23
value内的值: 16
```

因此，在获取匹配值的索引集合后，可以采用如下语句遍历所有匹配的位置，对这些位置做标记：

```
for i in 匹配位置集合:
    标记匹配位置。
```

## 3. 在循环中使用函数 zip()

函数 zip() 用可迭代的对象作为参数，将对象中对应的元素打包成一个个元组，然后返回由这些元组组成的列表。

例如，以下代码使用函数 zip() 将 t 内对应的元素打包成一个个元组，并打印了由这些元组组成的列表：

```
x = [1,2,3]
y = [4,5,6]
z = [7,8,9]
t = (x,y,z)
print(t)
for i in zip(*t):
    print(i)
```

上述代码中，语句 print(t) 将 t 内的元素输出，结果为

```
([1, 2, 3], [4, 5, 6], [7, 8, 9])
```

循环语句 for i in zip(*t) 将 t 内的元素打包成元组后输出，结果为

```
(1, 4, 7)
(2, 5, 8)
(3, 6, 9)
```

因此，如果希望循环遍历由 np.where() 返回的模板匹配索引集合，可以采用的语句为

```
for i in zip(*模板匹配索引集合):
    标记处理
```

例如，对于前面提到的数组 am，使用函数 zip() 循环，就可以得到其中大于 5 的元素索引的集合：

```
import numpy as np
am=np.array([[3,6,8,77,66],[1,2,88,3,98],[11,2,67,5,2]])
```

```
print(am)
b=np.where(am>5)
print(b)
for i in zip(*b):
    print(i)
```

上述代码的输出结果为

```
[[ 3  6  8 77 66]
 [ 1  2 88  3 98]
 [11  2 67  5  2]]
(array([0, 0, 0, 0, 1, 1, 2, 2], dtype=int64),
 array([1, 2, 3, 4, 2, 4, 0, 2], dtype=int64))
(0, 1)
(0, 2)
(0, 3)
(0, 4)
(1, 2)
(1, 4)
(2, 0)
(2, 2)
```

### 4. 调整坐标

函数 numpy.where() 可以获取满足条件的模板匹配位置集合，然后可以使用函数 cv2.rectangle() 在上述匹配位置绘制矩形来标注匹配位置。

使用函数 numpy.where() 在函数 cv2.matchTemplate() 的输出值中查找指定值，得到的是形式为"（行号，列号）"的位置索引。但是，函数 cv2.rectangle() 中用于指定顶点的参数所使用的是形式为"（列号，行号）"的位置索引。所以，在使用函数 cv2.rectangle() 绘制矩形前，要先将函数 numpy.where() 得到的位置索引做"行列互换"。可以使用如下语句实现 loc 内行列位置的互换：

```
loc[::-1]
```

如下语句将 loc 内的两个元素交换位置：

```
import numpy as np
loc = ([1,2,3,4],[11,12,13,14])
print(loc)
print(loc[::-1])
```

其中，语句 print(loc) 所对应的输出为

```
([1, 2, 3, 4], [11, 12, 13, 14])
```

语句 print(loc[::-1]) 所对应的输出为

```
([11, 12, 13, 14], [1, 2, 3, 4])
```

### 5. 标记匹配图像的位置

函数 cv2.rectangle() 可以标记匹配图像的具体位置，分别指定要标记的原始图像、对角顶点、

颜色、矩形边线宽度即可。

关于矩形的对角顶点：

- 其中的一个对角顶点 A 可以通过 for 循环语句从确定的满足条件的"匹配位置集合"内获取。
- 另外一个对角顶点，可以通过顶点 A 的位置与模板的宽（w）和高（h）进行运算得到。

因此，标记各个匹配位置的语句为

```
for i in 匹配位置集合:
    cv2.rectangle(输入图像,i, (i[0] + w, i[1] + h), 255, 2)
```

【例 15.3】使用模板匹配方式，标记在输入图像内与模板图像匹配的多个子图像。

根据题目的要求，编写代码如下：

```
import cv2
import numpy as np
from matplotlib import pyplot as plt
img = cv2.imread('lena4.bmp',0)
template = cv2.imread('lena4Temp.bmp',0)
w, h = template.shape[::-1]
res = cv2.matchTemplate(img,template,cv2.TM_CCOEFF_NORMED)
threshold = 0.9
loc = np.where( res >= threshold)
for pt in zip(*loc[::-1]):
    cv2.rectangle(img, pt, (pt[0] + w, pt[1] + h), 255, 1)
plt.imshow(img,cmap = 'gray')
plt.xticks([]), plt.yticks([])
```

本例所使用的输入图像及模板图像如图 15-6 所示，输入图像由 4 幅 lena 图像构成。

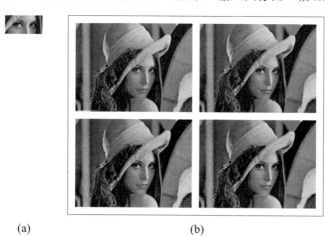

(a)　　　　　　　　　　(b)

图 15-6　【例 15.3】的模板图像（a）与输入图像（b）

运行上述代码，得到如图 15-7 所示结果，可以看到输入图像内多个与模板图像匹配的子图被标记出来。

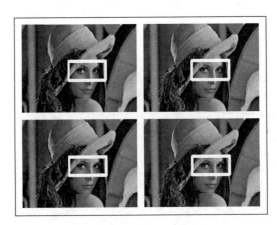

图 15-7　匹配结果

　　大家可能已经注意到了，本来在函数 cv2.rectangle() 中设置的边界宽度为 1，但实际上标记出来的宽度远远大于 1。这是因为在当前的区域内，存在多个大于当前指定阈值（0.9）的情况，所以将它们都做了标记。这样，多个宽度为 1 的矩形就合在了一起，显得边界比较粗。大家可以尝试修改阈值，调整宽度，观察不同的演示效果。

　　多模板匹配能够在一个图像内，将多次出现的同一个对象全部找到。该功能能够广泛地应用在视觉识别领域，例如找到一幅图像内多次出现的某个特定的单词，识别出一堆产品中的特定的产品等场景。大家可以改变输入图像、模板图像，获取不同的演示效果，加深对知识点的理解。

# 第 16 章

# 霍夫变换

霍夫变换是一种在图像中寻找直线、圆形以及其他简单形状的方法。霍夫变换采用类似于投票的方式来获取当前图像内的形状集合，该变换由 Paul Hough（霍夫）于 1962 年首次提出。最初的霍夫变换只能用于检测直线，经过发展后，霍夫变换不仅能够识别直线，还能识别其他简单的图形结构，常见的有圆、椭圆等。

本章主要介绍霍夫直线变换和霍夫圆变换。霍夫直线变换用来在图像内寻找直线，霍夫圆变换用来在图像内寻找圆。在 OpenCV 中，前者可以用函数 cv2.HoughLines() 和函数 cv2.HoughLinesP()实现，后者可以用函数 cv2.HoughCircles()实现。

## 16.1 霍夫直线变换

OpenCV 提供了函数 cv2.HoughLines() 和函数 cv2.HoughLinesP()用来实现霍夫直线变换。本节首先介绍霍夫变换的基本原理，然后分别介绍这两个函数的基本使用方法。

### 16.1.1 霍夫变换原理

为了方便说明问题，先以我们熟悉的笛卡儿坐标系（与笛卡儿空间对应）为例来说明霍夫变换的基本原理。与笛卡儿坐标系对应，我们构造一个霍夫坐标系（对应于霍夫空间）。在霍夫坐标系中，横坐标采用笛卡儿坐标系中直线的斜率 $k$，纵坐标使用笛卡儿坐标系中直线的截距 $b$。

首先，我们观察笛卡儿空间中的一条直线在霍夫空间内的映射情况。例如，图 16-1(a)是笛卡儿 $x$-$y$ 坐标系（笛卡儿空间），图 16-1(b)是霍夫 $k$-$b$ 坐标系（霍夫空间）。在笛卡儿空间中，存在着一条直线 $y = k_0 x + b_0$，该直线的斜率 $k_0$ 是已知的常量，截距 $b_0$ 也是已知的常量。将该直线映射到霍夫空间内，找到已知的点 $(k_0, b_0)$，即完成映射。

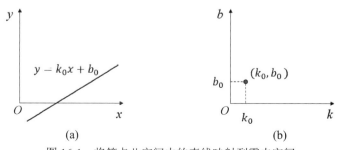

图 16-1 将笛卡儿空间内的直线映射到霍夫空间

从上述分析中可知，笛卡儿空间内的一条直线，其斜率为 $k$，截距为 $b$，映射到霍夫空间内成为一个点$(k, b)$。或者，可以这样理解，霍夫空间内的一个点$(k_0, b_0)$，映射到笛卡儿空间，就是一条直线 $y = k_0 x + b_0$。

这里，我们用"映射"这个词表达不同的空间（坐标系）之间的对应关系，也可以表述为"确定"。例如，上述关系可以表述为

- 笛卡儿空间内的一条直线确定了霍夫空间内的一个点。
- 霍夫空间内的一个点确定了笛卡儿空间内的一条直线。

接下来，观察笛卡儿空间中的一个点在霍夫空间内的映射情况。如图 16-2 所示，在笛卡儿空间内存在一个点$(x_0, y_0)$，通过该点的直线可以表示为 $y_0 = kx_0 + b$。其中，$(x_0, y_0)$ 是已知的常量，$(k, b)$是变量。

对于表达式 $y_0 = kx_0 + b$，通过算术运算的左右移项，可以表示为 $b = -x_0 k + y_0$。将点 $(x_0, y_0)$ 映射到霍夫空间时，可以认为对应的直线斜率为 $-x_0$，截距为 $y_0$，即 $b = -x_0 k + y_0$，如图 16-2(b) 的直线所示。

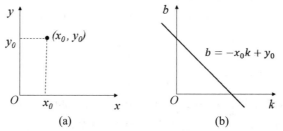

图 16-2　笛卡儿空间内的一个点映射为霍夫空间内的一条直线

从上述分析可知：

- 笛卡儿空间内的点$(x_0, y_0)$映射到霍夫空间，就是直线 $b = -x_0 k + y_0$。
- 霍夫空间内的直线 $b = -x_0 k + y_0$ 映射到笛卡儿空间，就是点$(x_0, y_0)$。

下面我们看看笛卡儿空间中的两个点映射到霍夫空间的情况。例如，在图 16-3(a)中的笛卡儿空间中存在着两个点$(x_0, y_0)$、$(x_1, y_1)$，分析这两个点映射到霍夫空间的情况。

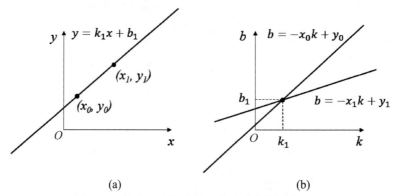

图 16-3　笛卡儿空间内的两个点映射到霍夫空间

为了方便理解，我们从不同的角度分析笛卡儿空间中这两个点到霍夫空间的映射情况。

- 角度 1：笛卡儿空间的一个点会映射为霍夫空间的一条线。

在笛卡儿空间内，存在着任意两个点 $(x_0, y_0)$、$(x_1, y_1)$。在霍夫空间中，这两个点对应着两条不同的直线。当然，通过分析可知，一条直线是 $b = -x_0 k + y_0$，另外一条直线是 $b = -x_1 k + y_1$。

- 角度 2：笛卡儿空间的一条线会映射为霍夫空间的一个点。

在笛卡儿空间内，存在着任意两个点 $(x_0, y_0)$、$(x_1, y_1)$。这两个点一定能够用一条直线连接，将连接它们的直线标记为 $y = k_1 x + b_1$，则该直线的斜率和截距是 $(k_1, b_1)$。也就是说，该直线在霍夫空间内映射为点 $(k_1, b_1)$。

从上述分析可知：

- 笛卡儿空间内的两个点会映射为霍夫空间内两条相交于 $(k_1, b_1)$ 的直线。
- 这两个点对应的直线会映射为霍夫空间内的点 $(k_1, b_1)$。

换句话说，角度 1 决定了线条的数量，角度 2 决定了两条线相交的点。

这说明，如果在笛卡儿空间内有两个点 $A$、$B$，它们能够连成一条直线 $y = k_1 x + b_1$，那么在霍夫空间中的点 $(k_1, b_1)$ 上会有两条直线，分别对应着笛卡儿空间内的两个点 $A$、$B$。

下面我们看看笛卡儿空间中的三个点映射到霍夫空间的情况。图 16-4(a) 是笛卡儿空间，其中存在 $(0, 1)$、$(1, 2)$、$(2, 3)$ 三个点。

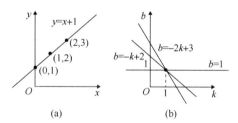

(a) (b)

图 16-4 笛卡儿空间内的三个点映射到霍夫空间

下面从不同的角度分析笛卡儿空间中这三个点映射到霍夫空间的情况。

- 角度 1：笛卡儿空间内的一个点会映射为霍夫空间的一条线。

例如，笛卡儿空间中的 $(0, 1)$、$(1, 2)$、$(2, 3)$ 三个点映射到霍夫空间时，每个点对应着一条直线，对应关系如表 16-1 所示。

表 16-1 空间对应关系

| 笛卡儿空间内的点 | 笛卡儿空间内的关系($y = kx+b$) | 霍夫空间 |
| --- | --- | --- |
| $(0,1)$ | $1 = 0 \times k + b$ | $b = -0 \times k + 1$ |
| $(1,2)$ | $2 = 1 \times k + b$ | $b = -1 \times k + 2$ |
| $(2,3)$ | $3 = 2 \times k + b$ | $b = -2 \times k + 3$ |

根据对应关系可知：

- 笛卡儿空间内的点 $(0, 1)$，对应着霍夫空间内的直线 $b = 1$。
- 笛卡儿空间内的点 $(1, 2)$，对应着霍夫空间内的直线 $b = -k+2$。
- 笛卡儿空间内的点 $(2, 3)$，对应着霍夫空间内的直线 $b = -2k+3$。

从上述分析可知，笛卡儿空间内的三个点映射为霍夫空间内的三条直线。

- 角度 2：笛卡儿空间内的一条线会映射为霍夫空间的一个点。

例如，笛卡儿空间中的(0, 1)、(1, 2)、(2, 3)三个点对应着直线 $y = x+1$，斜率 $k$ 为 1，截距 $b$ 为 1。该直线 $y = x+1$ 映射到霍夫空间内的点(1, 1)。

从上述角度 1 和角度 2 的分析可知：

- 笛卡儿空间中的(0, 1)、(1, 2)、(2, 3)三个点会映射为霍夫空间内相交于点(1, 1)的三条直线。
- 笛卡儿空间中的(0, 1)、(1, 2)、(2, 3)三个点所连成（确定）的直线映射为霍夫空间内的点(1, 1)。

这说明，如果在笛卡儿空间内有三个点，并且它们能够连成一条 $y = k_1x + b_1$ 的直线，那么在霍夫空间中，对应的点$(k_1, b_1)$上会有三条直线，分别对应着笛卡儿空间内的三个点。

到此，我们已经发现，如果在笛卡儿空间内，有 $N$ 个点能够连成一条直线 $y = k_1x + b_1$，那么在霍夫空间内就会有 $N$ 条直线穿过对应的点$(k_1, b_1)$。或者反过来说，如果在霍夫空间中，有越多的直线穿过点$(k_1, b_1)$，就说明在笛卡儿空间内有越多的点位于斜率为 $k_1$，截距为 $b_1$ 的直线 $y = k_1x + b_1$ 上。

现在，我们看一个在笛卡儿空间内更多个点映射到霍夫空间的例子，也验证一下上述观点。图 16-5(a)所示的是笛卡儿空间，其中有 6 个点，下面从不同的角度看下这 6 个点在右图霍夫空间的映射情况。

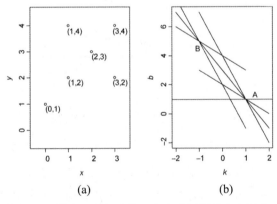

(a)　　　　　　　(b)

图 16-5　笛卡儿空间内的 6 个点映射到霍夫空间内

- 角度 1：笛卡儿空间的一点会映射为霍夫空间的一条线。

笛卡儿空间中的 6 个点：(0, 1)、(1, 2)、(2, 3)、(3, 4)、(3, 2)、(1, 4)，映射到霍夫空间时，每个点对应着一条直线，对应关系如表 16-2 所示。

表 16-2　6 个点的空间对应关系

| 笛卡儿空间内的点 | 笛卡儿空间关系($y = kx+b$) | 霍夫空间 |
| --- | --- | --- |
| (0,1) | $1=0×k+b$ | $b=-0×k+1$ |
| (1,2) | $2=1×k+b$ | $b=-1×k+2$ |
| (2,3) | $3=2×k+b$ | $b=-2×k+3$ |
| (3,4) | $4=3×k+b$ | $b=-3×k+4$ |
| (3,2) | $2=3×k+b$ | $b=-3×k+2$ |
| (1,4) | $4=1×k+b$ | $b=-1×k+4$ |

根据对应关系可知：

- 笛卡儿空间内的点(0, 1)，对应着霍夫空间内的直线 $b = 1$。
- 笛卡儿空间内的点(1, 2)，对应着霍夫空间内的直线 $b = -k+2$。
- 笛卡儿空间内的点(2, 3)，对应着霍夫空间内的直线 $b = -2×k+3$。
- 笛卡儿空间内的点(3, 4)，对应着霍夫空间内的直线 $b = -3×k+4$。
- 笛卡儿空间内的点(3, 2)，对应着霍夫空间内的直线 $b = -3×k+2$。
- 笛卡儿空间内的点(1, 4)，对应着霍夫空间内的直线 $b = -1×k+4$。

从上述分析可知，笛卡儿空间内的 6 个点映射为霍夫空间内的 6 条直线。

- 角度 2：笛卡儿空间的一条线会映射为霍夫空间的一个点。

这里为了观察方便，将笛卡儿空间内连接了较多点的线绘制出来：连接点(0, 1)、(1, 2)、(2, 3)、(3, 4)的线 LineA，连接点(2, 3)、(3, 2)、(1, 4)的线 LineB，连接点(0,1)、(3,2)的线 LineC，如图 16-6(a)所示。

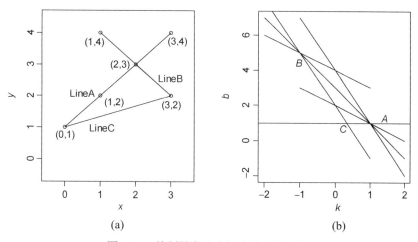

图 16-6　绘制笛卡儿空间内的点的连线

需要注意，在笛卡儿空间内，各个点之间存在多条直线。例如在点(1, 2)、(3, 2)之间，点(3, 2)、(3, 4)之间，点(1, 4)、(3, 4)之间都存在着直线，这里做了简化，没有将上述直线都绘制出来。

下面分析笛卡儿空间内的三条直线 LineA、LineB、LineC 在霍夫空间内的映射情况。

- 直线 LineA 经过了 4 个点，表达式为 $y = 1×x+1$，斜率 $k$ 为 1，截距 $b$ 为 1，在霍夫空间内对应于点 $A(1, 1)$。
- 直线 LineB 经过了 3 个点，表达式为 $y = -1×x+5$，斜率 $k$ 为-1，截距 $b$ 为 5，在霍夫空间内对应于点 $B(-1, 5)$。
- 直线 LineC 经过了 2 个点，表达式为 $y - -1/3×x+1$，斜率 $k$ 为-1/3，截距 $b$ 为 1，在霍夫空间内对应于点 $C(-1/3, 1)$。

在图 16-6 中可以看到，右图所示的霍夫空间内点 $A$ 有 4 条直线穿过，点 $B$ 有 3 条直线穿过，点 $C$ 有 2 条直线穿过。

分析上述关系：

- 霍夫空间内有 4 条直线穿过点 $A$。点 $A$ 确定了笛卡儿空间内的一条直线，同时该直线穿过 4 个点，即霍夫空间内的点 $A$ 确定了笛卡儿空间内的 LineA，该直线上包含$(0, 1)$、$(1, 2)$、$(2, 3)$、$(3, 4)$共 4 个点。
- 霍夫空间内有 3 条直线穿过点 $B$。点 $B$ 确定了笛卡儿空间内的一条直线，同时该直线穿过 3 个点，即霍夫空间内的点 $B$ 确定了笛卡儿空间内的 LineB，该直线上包含$(2, 3)$、$(3, 2)$、$(1, 4)$共 3 个点。
- 霍夫空间内有 2 条直线穿过点 $C$。点 $C$ 确定了笛卡儿空间内的一条直线，同时该直线穿过 2 个点，即霍夫空间内的点 $C$ 确定了笛卡儿空间内的 LineC，该直线上包含$(0, 1)$、$(2, 3)$共 2 个点。

综上所述，在霍夫空间内，经过一个点的直线越多，说明其在笛卡儿空间内映射的直线，是由越多的点所构成（穿过）的。我们知道，两个点就能构成一条直线。但是，如果有一个点是因为计算错误而产生的，那么它和另外一个点，也会构成一条直线，此时就会凭空构造出一条实际上并不存在的直线。这种情况是要极力避免的。因此，在计算中，我们希望用更多的点构造一条直线，以提高直线的可靠性。也就是说，如果一条直线是由越多点所构成的，那么它实际存在的可能性就越大，它的可靠性也就越高。因此，霍夫变换选择直线的基本思路是：选择有尽可能多直线交汇的点。

上面都是以我们熟悉的笛卡儿空间为例说明的。在笛卡儿空间中，可能存在诸如 $x = x_0$ 的垂线 LineA 的形式，如图 16-7 所示。

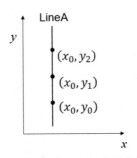

图 16-7　笛卡儿空间中的特例

此时，斜率 $k$ 为无穷大，截距 $b$ 无法取值。因此，图 16-7 中的垂线 LineA 无法映射到霍夫空间内。为了解决上述问题，可以考虑将笛卡儿坐标系映射到极坐标系上，如图 16-8 所示。

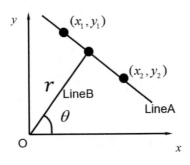

图 16-8　极坐标系

在笛卡儿坐标系内使用的是斜率 $k$ 和截距 $b$，即用$(k, b)$表示一条直线。在极坐标系内，采用极径 $r$（有时也用 $\rho$ 表示）和极角 $\theta$ 来表示，即$(r, \theta)$来表示。极坐标系中的直线可以表示为

$$r = x\cos\theta + y\sin\theta$$

例如，图 16-8 中的直线 LineA，可以使用极坐标的极径 $r$ 和极角 $\theta$ 来表示。其中，$r$ 是直线 LineA 与图像原点 O 之间的距离，参数 $\theta$ 是直线 LineA 的垂线 LineB 与 $x$ 轴的角度。在这种表示方法中，图像中的直线有一个（$0\sim\pi$）的角 $\theta$，而 $r$ 的最大值是图像对角线的长度。用这种表示方法，可以很方便地表示图 16-7 中的 3 个点所构成的直线。

与笛卡儿空间和霍夫空间的映射关系类似：

- 极坐标系内的一个点映射为霍夫坐标系（霍夫空间）内的一条线（曲线）。
- 极坐标系内的一条线映射为霍夫坐标系内的一个点。

一般来说，在极坐标系内的一条直线能够通过在霍夫坐标系内相交于一点的线的数量来评估。在霍夫坐标系内，经过一个点的线越多，说明其映射在极坐标系内的直线，是由越多的点所构成（穿过）的。因此，霍夫变换选择直线的基本思路是：选择由尽可能多条线汇成的点。

通常情况下，设置一个阈值，当霍夫坐标系内交于某点的曲线达到了阈值，就认为在对应的极坐标系内存在（检测到）一条直线。

上述内容是霍夫变换的原理，即使完全不理解上述原理，也不影响我们使用 OpenCV 提供的霍夫变换函数来进行霍夫变换。OpenCV 本身是一个黑盒子，它给我们提供了接口（参数、返回值），我们只需要掌握接口的正确使用方法，就可以正确地处理图像问题，无须掌握其内部工作原理。

在某种情况下，OpenCV 库和 Photoshop 等图像处理软件是类似的，只要掌握了它们的使用方法，就能够得到正确的处理结果。在进行图像处理时，并不需要我们关注其实现原理等技术细节。但是，如果我们进一步了解其工作原理，对我们的工作也是有大有裨益的。

## 16.1.2 HoughLines 函数

OpenCV 提供了函数 cv2.HoughLines()用来实现霍夫直线变换，该函数要求所操作的源图像是一个二值图像，所以在进行霍夫变换之前要先将源图像进行二值化，或者进行 Canny 边缘检测。

函数 cv2.HoughLines()的语法格式为

```
lines=cv2.HoughLines(image, rho, theta, threshold)
```

其中：

- image 是输入图像，即源图像，必须是 8 位的单通道二值图像。如果是其他类型的图像，在进行霍夫变换之前，需要将其修改为指定格式。
- rho 为以像素为单位的距离 $r$ 的精度。一般情况下，使用的精度是 1。
- theta 为角度 $\theta$ 的精度。一般情况下，使用的精度是 $\pi/180$，表示要搜索所有可能的角度。
- threshold 是阈值。该值越小，判定出的直线就越多。通过上一节的分析可知，识别直线时，要判定有多少个点位于该直线上。在判定直线是否存在时，对直线所穿过的点的数

量进行评估，如果直线所穿过的点的数量小于阈值，则认为这些点恰好（偶然）在算法上构成直线，但是在源图像中该直线并不存在；如果大于阈值，则认为直线存在。所以，如果阈值较小，就会得到较多的直线；阈值较大，就会得到较少的直线。

- 返回值 lines 中的每个元素都是一对浮点数，表示检测到的直线的参数，即$(r,\theta)$，是 numpy.ndarray 类型。

有一点需要强调的是，使用函数 cv2.HoughLines()检测到的是图像中的直线而不是线段，因此检测到的直线是没有端点的。所以，我们在进行霍夫直线变换时所绘制的直线都是穿过整幅图像的。

绘制直线的方法是，对于垂直方向的直线（不是指垂线，是指垂直方向上的各种角度的直线），计算它与图像水平边界（即图像中的第一行和最后一行）的交叉点，然后在这两个交叉点之间画线。对于水平方向上的直线，采用类似的方式完成，只不过用到的是图像的第一列和最后一列。在绘制线时，所使用的函数是 cv2.line()。该函数方便的地方在于，即使点的坐标超出了图像的范围，它也能正确地画出线来，因此没有必要检查交叉点是否位于图像内部。遍历函数 cv2.HoughLines()的返回值 lines，就可以绘制出所有的直线。

【例 16.1】使用函数 cv2.HoughLines()对一幅图像进行霍夫变换，并观察霍夫变换的效果。

根据题目的要求，编写代码如下：

```
import cv2
import numpy as np
import matplotlib.pyplot as plt
img = cv2.imread(' computer.jpg')
gray = cv2.cvtColor(img,cv2.COLOR_BGR2GRAY)
edges = cv2.Canny(gray,50,150,apertureSize = 3)
orgb=cv2.cvtColor(img,cv2.COLOR_BGR2RGB)
oShow=orgb.copy()
lines = cv2.HoughLines(edges,1,np.pi/180,140)
for line in lines:
    rho,theta = line[0]
    a = np.cos(theta)
    b = np.sin(theta)
    x0 = a*rho
    y0 = b*rho
    x1 = int(x0 + 1000*(-b))
    y1 = int(y0 + 1000*(a))
    x2 = int(x0 - 1000*(-b))
    y2 = int(y0 - 1000*(a))
    cv2.line(orgb,(x1,y1),(x2,y2),(0,0,255),2)
plt.subplot(121)
plt.imshow(oShow)
plt.axis('off')
plt.subplot(122)
plt.imshow(orgb)
plt.axis('off')
```

运行上述程序，结果如图 16-9 所示。

(a)                                                                (b)

图 16-9　霍夫变换的结果

在图 16-9(b)中，较粗的直线是因为有多条直线靠近在一起，即检测出了重复的结果。在一些情况下，使用霍夫变换可能将图像中有限个点碰巧对齐的非直线关系检测为直线，而导致误检测，尤其是一些复杂背景的图像，误检测会很明显。此图中该问题虽然并不是特别明显，但是如果将阈值 threshold 的值设置得稍小些，仍然会出现较多重复的检测结果。

OpenCV 官网提供了一幅名为 building.jpg 的图像用来测试，大家可以下载该图像，对其进行霍夫变换，观察检测的效果。该图在使用霍夫变换进行检测时，存在非常严重的误检测。为了解决上述问题，人们提出了霍夫变换的改进版——概率霍夫变换。

## 16.1.3　HoughLinesP 函数

概率霍夫变换对基本霍夫变换算法做了一些修正，是霍夫变换算法的优化。它没有考虑所有的点。相反，它只需要一个足以进行线检测的随机点子集即可。

为了更好地判断直线（线段），概率霍夫变换算法还对选取直线的方法作了两点改进：

- 所接受直线的最小长度。如果有超过阈值个数的像素点构成了一条直线，但是这条直线很短，那么就不会接受该直线作为判断结果，而认为这条直线仅仅是图像中的若干个像素点恰好随机构成了一种算法上的直线关系而已，实际上原图中并不存在这条直线。
- 接受直线时允许的最大像素点间距。如果有超过阈值个数的像素点构成了一条直线，但是这组像素点之间的距离都很远，就不会接受该直线作为判断结果，而认为这条直线仅仅是图像中的若干个像素点恰好随机构成了一种算法上的直线关系而已，实际上原始图像中并不存在这条直线。

在 OpenCV 中，函数 cv2.HoughLinesP() 实现了概率霍夫变换。其语法格式为

```
lines=cv2.HoughLinesP(image, rho, theta, threshold, minLineLength, maxLineGap)
```

其中参数与返回值的含义如下：

- image 是输入图像，即源图像，必须为 8 位的单通道二值图像。对于其他类型的图像，在进行霍夫变换之前，需要将其修改为这个指定的格式。

- rho 为以像素为单位的距离 $r$ 的精度。一般情况下，使用的精度是 1。
- theta 是角度 $\theta$ 的精度。一般情况下，使用的精度是 $\pi/180$，表示要搜索可能的角度。
- threshold 是阈值。该值越小，判定出的直线越多；值越大，判定出的直线就越少。
- minLineLength 用来控制"接受直线的最小长度"的值，默认值为 0。
- maxLineGap 用来控制接受共线线段之间的最小间隔，即在一条线中两点的最大间隔。如果两点间的间隔超过了参数 maxLineGap 的值，就认为这两点不在一条线上。默认值为 0。
- 返回值 lines 是由 numpy.ndarray 类型的元素构成的，其中每个元素表示检测到的线段的参数，即(x1,y1,x2,y2)。其中(x1,y1)和(x2,y2)是每个检测到的线段的终点。

【例 16.2】使用函数 cv2.HoughLinesP()对一幅图像进行霍夫变换，并观察图像的检测效果。

根据题目的要求，编写代码如下：

```
import cv2
import numpy as np
import matplotlib.pyplot as plt
img = cv2.imread('computer.jpg',-1)
gray = cv2.cvtColor(img,cv2.COLOR_BGR2GRAY)
edges = cv2.Canny(gray,50,150,apertureSize =3)
orgb=cv2.cvtColor(img,cv2.COLOR_BGR2RGB)
oShow=orgb.copy()
lines =
cv2.HoughLinesP(edges,1,np.pi/180,160,minLineLength=100,maxLineGap=10)
for line in lines:
    x1,y1,x2,y2 = line[0]
    cv2.line(orgb,(x1,y1),(x2,y2),(255,0,0),5)
plt.subplot(121)
plt.imshow(oShow)
plt.axis('off')
plt.subplot(122)
plt.imshow(orgb)
plt.axis('off')
```

运行上述程序，得到霍夫概率变换的结果如图 16-10 所示。可以看到概率霍夫变换比霍夫变换得到的检测结果更准确。

(a)　　　　　　　　　　　　(b)

图 16-10　概率霍夫变换

## 16.2　霍夫圆环变换

霍夫变换除了用来检测直线，也能用来检测其他几何对象。实际上，只要是能够用一个参数方程表示的对象，都适合用霍夫变换来检测。

用霍夫圆变换来检测图像中的圆，与使用霍夫直线变换检测直线的原理类似。在霍夫圆变换中，需要考虑圆半径和圆心（$x$ 坐标、$y$ 坐标）共 3 个参数。在 OpenCV 中，采用的策略是两轮筛选。第 1 轮筛选找出可能存在圆的位置（圆心）；第 2 轮再根据第 1 轮的结果筛选出半径大小。

与用来决定是否接受直线的两个参数"接受直线的最小长度（minLineLength）"和"接受直线时允许的最大像素点间距（MaxLineGap）"类似，霍夫圆变换也有几个用于决定是否接受圆的参数：圆心间的最小距离、圆的最小半径、圆的最大半径。

在 OpenCV 中，实现霍夫圆变换的是函数 cv2.HoughCircles()，该函数将 Canny 边缘检测和霍夫变换结合。其语法格式为

```
circles=cv2.HoughCircles(image,
method,
dp,
minDist,
param1,
param2,
minRadius,
maxRadius)
```

其中参数与返回值的含义如下：

- image：输入图像，即源图像，类型为 8 位的单通道灰度图像。
- method：检测方法。该参数代表的是霍夫圆检测中两轮检测所使用的方法。霍夫变换方法如表 16-3 所示，截止到 OpenCV4.5.1-dev 版本，可以使用的方法是 HOUGH_GRADIENT。方法 HOUGH_GRADIENT_ALT 在其官网说明中可用，编译时提示可用方法仅为"HOUGH_GRADIENT"。

表 16-3　霍夫变换方法及含义

| 变换类型 | 值 | 含义 |
| --- | --- | --- |
| cv2.HOUGH_STANDARD | 0 | 标准霍夫变换方法。每条线由两个浮点数$(\rho,\theta)$表示，其中$\rho$是坐标原点$(0,0)$点与该线之间的距离，而$\theta$是$x$轴与该线的法线之间的角度。因此，数据类型必须是 CV_32FC2 类型 |
| cv2.HOUGH_PROBABILISTIC | 1 | 概率霍夫变换（如果图片包含几个长线性段，效率更高）。它返回线段而不是整条线。每条线段都由起点和终点表示，数据类型必须是 CV_32SC4 类型 |
| cv2.HOUGH_MULTI_SCALE | 2 | 经典霍夫变换的多尺度变体。线的编码方式与 HOUGH_STANDARD 相同 |
| cv2.HOUGH_GRADIENT | 3 | 2-1 霍夫变换（21HT）。该方法通过两个步骤完成检测，占用的存储空间非常小。有关具体内容，见参考文献 42 |
| cv2.HOUGH_GRADIENT_ALT | 4 | HOUGH_GRADIENT 的变体，有更好的精度 |

- dp：累计器分辨率，它是一个分割比率，用来指定图像分辨率与圆心累加器分辨率的比例。例如，如果 dp=1，则输入图像和累加器具有相同的分辨率。
- minDist：圆心间的最小间距。该值被作为阈值使用，如果存在圆心间距离小于该值的多个圆，则仅有一个会被检测出来。因此，如果该值太小，则会有多个临近的圆被检测出来；如果该值太大，则可能会在检测时漏掉一些圆。
- param1：该参数是缺省的，在缺省时默认值为 100。它对应的是 Canny 边缘检测器的高阈值（低阈值是高阈值的二分之一）。
- param2：圆心位置必须收到的投票数。只有在第 1 轮筛选过程中，投票数超过该值的圆，才有资格进入第 2 轮的筛选。因此，该值越大，检测到的圆越少；该值越小，检测到的圆越多。这个参数是缺省的，在缺省时具有默认值 100。
- minRadius：圆半径的最小值，小于该值的圆不会被检测出来。该参数是缺省的，在缺省时具有默认值 0，此时该参数不起作用。
- maxRadius：圆半径的最大值，大于该值的圆不会被检测出来。该参数是缺省的，在缺省时具有默认值 0，此时该参数不起作用。
- circles：返回值，由圆心坐标和半径构成的 numpy.ndarray。

需要特别注意，在调用函数 cv2.HoughLinesCircles() 之前，要对源图像进行平滑操作，以减少图像中的噪声，避免发生误判。

该函数具有非常多的参数，在实际检测中可以根据需要设置不同的值。

【例 16.3】使用 HoughLinesCircles 函数对一幅图像进行霍夫圆变换，并观察检测效果。

根据题目的要求，编写代码如下：

```
import cv2
import numpy as np
import matplotlib.pyplot as plt
img = cv2.imread('chess.jpg',0)
imgo=cv2.imread('chess.jpg',-1)
o=cv2.cvtColor(imgo,cv2.COLOR_BGR2RGB)
oshow=o.copy()
img = cv2.medianBlur(img,5)
circles = cv2.HoughCircles(img,cv2.HOUGH_GRADIENT,1,300,
param1=50,param2=30,minRadius=100,maxRadius=200)
circles = np.uint16(np.around(circles))
for i in circles[0,:]:
  cv2.circle(o,(i[0],i[1]),i[2],(255,255,255),12)
  cv2.circle(o,(i[0],i[1]),2,(255,255,255),12)
plt.subplot(121)
plt.imshow(oshow)
plt.axis('off')
plt.subplot(122)
plt.imshow(o)
plt.axis('off')
```

　　运行上述程序，结果如图 16-11 所示，可以看到霍夫圆变换检测到了源图像中的三个圆。为了方便读者在纸质版图书上观察，本例中圆环和圆心都是用白色显示的，在实际使用中可以设置函数 cv2.circle()中的颜色参数，显示不同的颜色。

(a)　　　　　　　　　　　　　　　　(b)

图 16-11　霍夫圆变换的检测结果

　　在检测中，可能需要不断调整参数才能得到最优结果。例如，图 16-12 是参数为

```
circles = cv2.HoughCircles(img,cv2.HOUGH_GRADIENT,1,20,
param1=50,param2=30,minRadius=0,maxRadius=0)
```

时，针对图 16-11(a)进行霍夫圆变换所得到的结果。如果仔细观察，可以看到图 16-12 中绘制了非常多的圆和圆心。

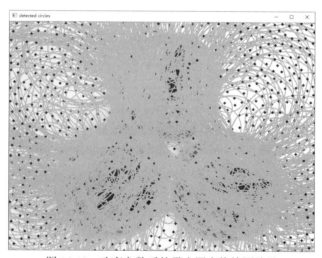

图 16-12　改变参数后的霍夫圆变换检测结果

# 第 17 章

# 图像分割与提取

在图像处理的过程中，经常需要从图像中将前景对象作为目标图像分割或者提取出来。例如，在视频监控中，观测到的是固定背景下的视频内容，而我们对背景本身并无兴趣，感兴趣的是背景中出现的车辆、行人或者其他对象。我们希望将这些对象从视频中提取出来，而忽略那些没有对象进入背景的视频内容。

在前面的章节中，我们讨论了如何使用诸如图像形态学变换、阈值算法、图像金字塔、图像轮廓、边缘检测等方法对图像进行分割。本章介绍使用分水岭算法及 GrabCut 算法对图像进行分割及提取。

## 17.1 用分水岭算法实现图像分割与提取

图像分割是图像处理过程中非常重要的一种操作。分水岭算法将图像形象地比喻为地理学上的地形表面，从而实现图像分割。该算法非常有效，在实践中具有广泛的应用。

### 17.1.1 算法原理

冈萨雷斯在《数字图像处理》一书中，对分水岭算法进行了细致的分析与介绍。OpenCV 的官网建议学习者阅读国立巴黎高等矿业学校图像处理实验室（The Image Processing Laboratory of MINES ParisTech）的 CMM（Centre for Mathematical Morphology）网站上关于分水岭算法的介绍和动画演示。

下面对分水岭算法的相关内容做简单的介绍。

任何一幅灰度图像，都可以被看作是地理学上的地形表面，灰度值高的区域可以被看成是山峰，灰度值低的区域可以被看成是山谷。如图 17-1 所示，其中图 17-1(a)是原始图像，图 17-1(b)是其对应的"地形表面"。

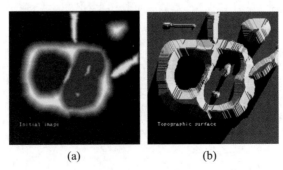

(a)                    (b)

图 17-1　灰度图及其对应的"地形表面"

如果我们向每一个山谷中"灌注"不同颜色的水（这里采用了 OpenCV 官网的表述，冈萨雷斯将灌注表述为在山谷中打洞，然后让水穿过洞以均匀的速率上升）。那么，随着水位不断地升高，不同山谷的水就会汇集到一起。在这个过程中，为了防止不同山谷的水交汇，我们需要在水流可能汇合的地方构建堤坝。该过程将图像分成两个不同的集合：集水盆地和分水岭线。我们构建的堤坝就是分水岭线，即对原始图像的分割。这就是分水岭算法。

在图 17-2 中，图 17-2(a)是原始图像，图 17-2(b)是使用分水岭算法得到的图像分割结果。在 CMM 的网站上不仅提供了该示例图像，还提供了动画演示效果，有兴趣的读者可以去网站上看看。

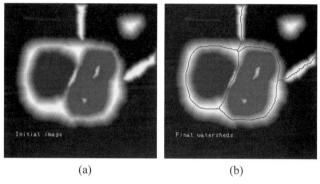

(a)　　　　　　　　　　　(b)

图 17-2　图像分割的效果演示

由于噪声等因素的影响，采用上述基础分水岭算法经常会得到过度分割的结果。过度分割会将图像划分为一个个稠密的独立小块，让分割失去了意义。图 17-3 展示了过度分割的图像。其中图 17-3(a)是电泳现象的图像，图 17-3(b)是过度分割的结果图像，可以看到过度分割现象非常严重。

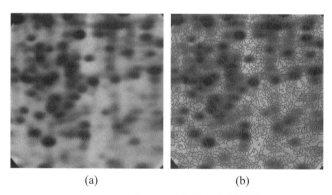

(a)　　　　　　　　　　　(b)

图 17-3　对电泳图像的过度分割结果

为了改善图像分割效果，人们提出了基于掩膜的改进的分水岭算法。改进的分水岭算法允许用户将他认为是同一个分割区域的部分标注出来（被标注的部分就称为掩膜）。这样，分水岭算法在处理时，就会将标注的部分处理为同一个分割区域。大家可以尝试使用微软 PowerPoint 中的"删除背景"功能，加深对此改进算法的理解。

在图 17-4 中，图 17-4(a)是原始图像，我们对其做了标注处理，其中被标注为深色的三个小色块表示：在使用掩膜分水岭算法时，这些部分所包含的颜色都会被分割在同一个区域内。使用掩膜分水岭算法得到的分割结果如图 17-4(b)所示。

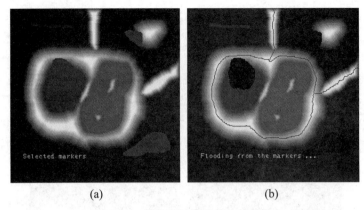

（a）　　　　　　　　　　　　　　　　　（b）

图 17-4　使用了掩膜的分水岭算法

采用改进的分水岭算法对图 17-5(a)的电泳图像进行掩膜处理，得到图 17-5(b)的分割结果。可以看出，分割结果得到明显的改进。

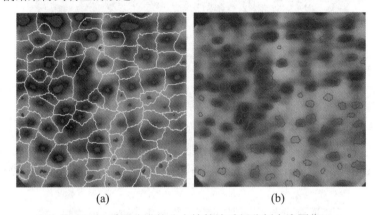

（a）　　　　　　　　　　　　　　　　　（b）

图 17-5　采用改进的分水岭算法重新分割电泳图像

## 17.1.2　相关函数介绍

在 OpenCV 中，可以使用函数 cv2.watershed()实现分水岭算法。在具体的实现过程中，还需要借助于形态学函数、距离变换函数 cv2.distanceTransform()、标注函数 cv2.connectedComponents()来完成图像分割。下面，分别对分水岭算法中用到的函数进行简单的说明。

### 1．形态学函数回顾

在使用分水岭算法对图像进行分割前，需要对图像进行简单的形态学处理，以达到去噪等目的。先回顾一下形态学里的基本操作。

（1）开运算

开运算是先腐蚀、后膨胀的操作，开运算能够去除图像内的噪声。例如，在图 17-6 中，先对图 17-6(a)进行腐蚀操作，会得到图 17-6(b)，再对图 17-6(b)进行膨胀操作，会得到图 17-6(c)。对图 17-6(a)进行开运算（先腐蚀、后膨胀）后，我们得到了图 17-6(c)。通过观察可知，图 17-6(a)在经过开运算变成图 17-6(c)后，上面的毛刺（噪声信息）已经被去除了。

图 17-6　开运算示意图

对图像进行开运算，能够去除图像内的噪声。在用分水岭算法处理图像前，要先使用开运算去除图像内的噪声，以避免噪声对图像分割可能造成的干扰。

（2）获取图像边界

通过形态学操作和减法运算能够获取图像的边界。例如，图 17-7(a)是原始图像，图 17-7(b)是对其进行腐蚀而得到的图像，对二者进行减法运算，就会得到图 17-7(c)。通过观察可知，图 17-7(c)是图 17-7(a)的边界。

图 17-7　获取图像边界

【例 17.1】使用形态学变换，获取一幅图像的边界信息，并观察效果。

根据题目的要求，编写代码如下：

```
import cv2
import numpy as np
import matplotlib.pyplot as plt
o=cv2.imread("rice.png",cv2.IMREAD_UNCHANGED)
k=np.ones((5,5),np.uint8)
e=cv2.erode(o,k)
b=cv2.subtract(o,e)
plt.subplot(131);plt.imshow(o);plt.axis('off')
plt.subplot(132);plt.imshow(e);plt.axis('off')
plt.subplot(133);plt.imshow(b);plt.axis('off')
```

运行上述程序，得到结果如图 17-8 所示，其中图 17-8(a)是原始图像，图 17-8(b)是对其进行腐蚀而得到的图像，图 17-8(c)是原始图像减去腐蚀图像后得到的边界图像。可以看到，图 17-8(c)比较准确地显示出了图 17-8(a)内前景对象的边界信息。

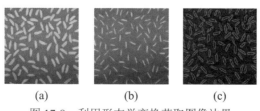

图 17-8　利用形态学变换获取图像边界

通过以上分析可知，使用形态学操作和减法运算能够获取图像的边界信息。但是，形态学操作仅适用于比较简单的图像。如果图像内的前景对象存在连接的情况，使用形态学操作就无法准确获取各个子图像的边界了。

### 2. 距离变换函数 distanceTransform

当图像内的各个子图没有连接时，可以直接使用形态学的腐蚀操作确定前景对象，但是如果图像内的子图连接在一起时，就很难确定前景对象了。此时，借助于距离变换函数 cv2.distanceTransform()可以方便地将前景对象提取出来。

距离变换函数 cv2.distanceTransform()计算二值图像内任意点到最近背景点的距离。一般情况下，该函数计算的是图像内非零值像素点到最近的零值像素点的距离，即计算二值图像中所有像素点距离其最近的值为 0 的像素点的距离。当然，如果像素点本身的值为 0，则这个距离也为 0。

距离变换函数 cv2.distanceTransform()的计算结果反映了各个像素与背景（值为 0 的像素点）的距离关系。通常情况下：

- 如果前景对象的中心（质心）距离值为 0 的像素点距离较远，会得到一个较大的值。
- 如果前景对象的边缘距离值为 0 的像素点较近，会得到一个较小的值。

如果对上述计算结果进行阈值化，就可以得到图像内子图的中心、骨架等信息。距离变换函数 cv2.distanceTransform()可以用于计算对象的中心，还能细化轮廓、获取图像前景等，有多种功能。

距离变换函数 cv2.distanceTransform()的语法格式为

```
dst=cv2.distanceTransform(src, distanceType, maskSize[, dstType])
```

其中：

- src 是 8 位单通道的二值图像。
- distanceType 为距离类型参数，其具体值和含义如表 17-1 所示。

表 17-1　distanceType 参数的值及含义

| 参数值 | 含义 |
| --- | --- |
| cv2.DIST_USER | 用户自定义距离 |
| cv2.DIST_L1 | distance = \|x1−x2\| + \|y1−y2\| |
| cv2.DIST_L2 | 简单欧几里得距离（欧氏距离） |
| cv2.DIST_C | distance = max(\|x1−x2\|,\|y1−y2\|) |
| cv2.DIST_L12 | L1-L2 metric: distance = $2(sqrt(1+x*x/2) - 1)$ |
| cv2.DIST_FAIR | distance = $c^2(\|x\|/c-log(1+\|x\|/c))$, c = 1.3998 |
| cv2.DIST_WELSCH | distance = $c^2/2(1-exp(-(x/c)^2))$, c = 2.9846 |
| cv2.DIST_HUBER | distance = $\|x\|<c ? x^2/2 : c(\|x\|-c/2)$, c = 1.345 |

- maskSize 为掩膜的尺寸，其可能的值如表 17-2 所示。需要注意，当 distanceType = cv2.DIST_L1 或 cv2.DIST_C 时，maskSize 强制为 3（因为设置为 3 和设置为 5 及更大值没有什么区别）。

表 17-2　maskSize 的值

| 参数值 | 对应整数值 |
|---|---|
| cv2.DIST_MASK_3 | 3 |
| cv2.DIST_MASK_5 | 5 |
| cv2.DIST_MASK_PRECISE | |

- dstType 为目标图像的类型，默认值为 CV_32F。
- dst 表示计算得到的目标图像，可以是 8 位或 32 位浮点数，尺寸和 src 相同，单通道。

【例 17.2】使用距离变换函数 cv2.distanceTransform()，计算一幅图像的确定前景，并观察效果。

【分析】如果一些点距离背景点足够远，我们就认为这些点确定前景点。据此，我们首先找出图中各个点距离（最近）背景点的距离。然后将这些距离中，较大值对应的点判断为确定前景点。

具体实现时，使用函数 distanceTransform()完成距离的计算，使用阈值分割函数 threshold 对距离远近进行分类（前景点、背景点）。

需要注意的是，在使用函数 distanceTransform()前，需要先对图像开运算，以去除图像内的噪声。

综上，主要步骤如下：

- 步骤 1：图像预处理（开运算去噪）；
- 步骤 2：使用函数 distanceTransform()完成距离的计算；
- 步骤 3：使用函数 threshold()分割图像，获取确定前景；
- 步骤 4：显示结果

根据题目要求及分析，编写代码如下：

```
import cv2
import matplotlib.pyplot as plt
import numpy as np
# ==============步骤 1：图像预处理====================
img = cv2.imread('water_coins.jpg')
gray = cv2.cvtColor(img,cv2.COLOR_BGR2GRAY)
ret, thresh = cv2.threshold(gray,0,255,cv2.THRESH_BINARY_INV+cv2.THRESH_OTSU)
kernel = np.ones((3,3),np.uint8)
opening = cv2.morphologyEx(thresh,cv2.MORPH_OPEN,kernel, iterations = 2)
# ============步骤 2：使用函数 distanceTransform()完成距离的计算================
dist_transform = cv2.distanceTransform(opening,cv2.DIST_L2,5)
# ============　步骤 3：使用函数 threshold()，获取确定前景====================
ret, fore = cv2.threshold(dist_transform,0.7*dist_transform.max(),255,0)
# =======================步骤 4：显示处理结果====================
ishow=cv2.cvtColor(img,cv2.COLOR_BGR2RGB)  #此处色彩空间转换，为了让 img 在 plt 显示
plt.subplot(131);plt.imshow(ishow);plt.axis('off')
plt.subplot(132);plt.imshow(dist_transform);plt.axis('off')
plt.subplot(133);plt.imshow(fore);plt.axis('off')
```

运行上述程序，得到结果如图 17-9 所示。其中：

- 图 17-9(a)是原始图像。
- 图 17-9(b)是距离变换函数 cv2.distanceTransform()计算得到的距离图像。
- 图 17-9(c)是对距离图像进行阈值化处理后的结果图像。

从图 17-9 可以看到，右图比较准确地显示出左图内的"确定前景"。这里的确定前景，通常是指前景对象的中心。之所以认为这些点是确定前景，是因为它们距离背景点的距离足够远，都是距离大于足够大的固定阈值（0.7*dist_transform.max()）的点。

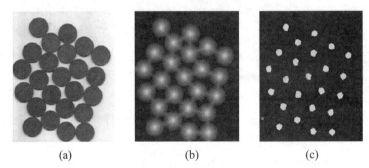

|(a)|(b)|(c)|

图 17-9　【例 17.2】程序的运行结果

### 3. 划分未知区域

我们将既不是"确定前景"，也不是"确定背景"的区域称为"未知区域"。

在分水岭算法中，需要用到"未知区域"作为初始值进行分析，所以需要提前计算出图像中的"未知区域"。

根据"未知区域"的定义可知，在一幅图像中，将"确定前景"、"确定背景"确定后，其余区域就是"未知区域"。上述各部分之间的关系如下：

未知区域 UN = 图像 − 确定背景 − 确定前景

一般情况下，我们使用"白色"表示前景、"黑色"表示背景。因此，实践中，我们通常采用更简单的方式获取"未知区域"。其思路如图 17-10 所示，步骤如下：

步骤 1：获取确定背景。使用形态学的膨胀操作能够将图像内的前景"膨胀放大"。当图像内的前景被放大后，背景就会被"压缩"，所以此时得到的背景信息一定小于实际背景的，不包含前景的"确定背景"。以下为了方便说明将确定背景称为 B。需要注意的是，如图 17-10 中"确定背景 B"所示，黑色部分是确定的背景。

步骤 2：获取确定前景。距离变换函数 cv2.distanceTransform()能够获取图像的"中心"，得到"确定前景"。为了方便说明，将确定前景称为 F。需要注意的是，如图 17-10 中"确定前景 F"所示，白色部分是确定的前景。

步骤 3：计算未知区域。图像中有了确定前景 F 和确定背景 B，剩下区域的就是未知区域 UN 了。这部分区域正是分水岭算法要进一步明确的区域。

一般情况下，我们使用"白色"（像素值 255）表示前景、"黑色"（像素值 0）表示背景。所以，直接采用"确定背景 B-确定前景 F"就可以得到"未知区域 UN"，如图 17-10 所示。具体为

未知区域 UN = 确定背景 B − 确定前景 F

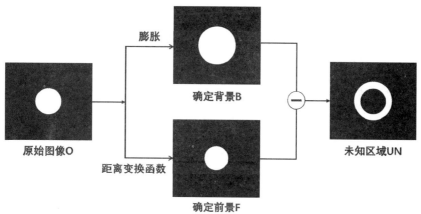

图 17-10　未知区域的计算

需要注意的是，

- 在公式"未知区域 UN = 图像 − 确定背景 − 确定前景"中，减号表示各部分之间的集合相减关系。也就是说，图像可以被划分为确定前景、确定背景、未知区域三个部分，三个部分加起来构成了整幅图像。或者说，图像= 未知区域 UN + 确定背景 + 确定前景。
- 在公式"未知区域 UN = 确定背景 B − 确定前景 F"中，减号表示的是，不同图像对应位置上像素值之间的减法关系。

综上，主要步骤如下：

- 步骤 1：图像预处理（开运算去除噪声）；
- 步骤 2：计算确定背景 B；
- 步骤 3：计算确定前景 F；
- 步骤 4：计算未知区域 UN；
- 步骤 5：显示结果。

【例 17.3】标注一幅图像的确定前景、确定背景及未知区域。

根据题目的要求，编写代码如下：

```
import numpy as np
import cv2
import matplotlib.pyplot as plt
# ==========步骤1：图像预处理=================
img = cv2.imread('water_coins.jpg')
gray = cv2.cvtColor(img,cv2.COLOR_BGR2CRAY)
ret, thresh = cv2.threshold(gray,0,255,cv2.THRESH_BINARY_INV+cv2.THRESH_OTSU)
kernel = np.ones((3,3),np.uint8)
opening = cv2.morphologyEx(thresh,cv2.MORPH_OPEN,kernel, iterations = 2)
# ==============步骤2：计算确定背景 B==================
kernel = np.ones((3,3),np.uint8)
```

```
B = cv2.dilate(opening,kernel,iterations=3)
# ============步骤 3：计算确定前景 F=================
dist = cv2.distanceTransform(opening,cv2.DIST_L2,5)
ret, fore = cv2.threshold(dist,0.7*dist.max(),255,0)
F = np.uint8(fore)
# ===========步骤 4：计算未知区域 UN=================
UN = cv2.subtract(B,F)
# ============步骤 5：显示结果====================
ishow=cv2.cvtColor(img,cv2.COLOR_BGR2RGB)   #色彩空间转换，用于 plt 显示
plt.subplot(221);plt.imshow(ishow);plt.axis('off')
plt.subplot(222);plt.imshow(B);plt.axis('off')
plt.subplot(223);plt.imshow(F);plt.axis('off')
plt.subplot(224);plt.imshow(UN);plt.axis('off')
```

运行上述程序，得到的结果如图 17-11 所示。其中：

- 图 17-11(a)是原始图像 ishow。
- 图 17-11(b)是对图像 ishow 进行膨胀后得到的确定背景 B。需要注意的是，其背景部分是确定背景。前景部分（类似于硬币的部分）是"原始图像-确定背景"部分。
- 图 17-11(c)是确定前景图像 F。其中一个个类似于小硬币的部分就是确定前景。
- 图 17-11(d)中的小圆环就是未知区域图像 UN，是由确定背景图像 B 和确定前景图像 F 相减得到，即，通过"未知区域 UN = 确定背景 B - 确定前景 F"得到的。

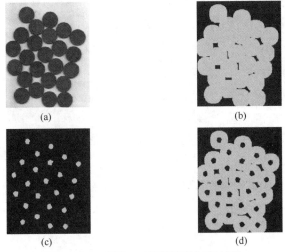

(a)                                (b)

(c)                                (d)

图 17-11    【例 17.3】程序的运行结果

值得注意的是，在图 17-11(b)的确定背景图像 B 中：

- 前景的一个个小圆是"原始图像 - 确定背景"部分，不是"确定背景"。
- 其被压缩后的背景部分才是"确定背景"（彩印图像的紫色、黑白图像的黑色）。

### 4. 函数 connectedComponents

明确了图像内各个部分的划分后，就可以对确定前景图像进行标注了。在 OpenCV 中，可以使用函数 cv2.connectedComponents()进行标注。该函数会将背景标注为 0，将其他的对象使

用从 1 开始的正整数标注。

函数 cv2.connectedComponents()的语法格式为

```
retval, labels = cv2.connectedComponents( image )
```

其中：

- image 为 8 位单通道的待标注图像。
- retval 为返回的标注的数量。
- labels 为标注的结果图像。

【例 17.4】使用函数 cv2.connectedComponents()标注一幅图像，并观察标注的效果。

【分析】我们在【例 17.2】获取前景的基础上，调用函数 cv2.connectedComponents()标注图像即可。

具体步骤为

- 步骤 1：图像预处理（开运算去噪）；
- 步骤 2：使用函数 distanceTransform()完成距离的计算；
- 步骤 3：使用函数 threshold()分割图像，获取确定前景；
- 步骤 4：使用函数 connectedComponents()标注图像；
- 步骤 5：显示结果。

根据题目的要求及分析，编写代码如下：

```
import cv2
import matplotlib.pyplot as plt
import numpy as np
# ==============步骤 1：图像预处理=====================
img = cv2.imread('water_coins.jpg')
gray = cv2.cvtColor(img,cv2.COLOR_BGR2GRAY)
ret, thresh = cv2.threshold(gray,0,255,cv2.THRESH_BINARY_INV+cv2.THRESH_OTSU)
kernel = np.ones((3,3),np.uint8)
opening = cv2.morphologyEx(thresh,cv2.MORPH_OPEN,kernel, iterations = 2)
# ==========步骤 2：使用函数 distanceTransform()完成距离的计算=================
dist_transform = cv2.distanceTransform(opening,cv2.DIST_L2,5)
# ===========  步骤 3：使用函数 threshold()获取确定前景。====================
ret, fore = cv2.threshold(dist_transform,0.7*dist_transform.max(),255,0)
# ===========  步骤 4：使用函数 connectedComponents()标注图像=================
fore = np.uint8(fore)
ret, markers = cv2.connectedComponents(fore)
# =====================步骤 5：显示处理结果====================
ishow=cv2.cvtColor(img,cv2.COLOR_BGR2RGB)  #此处色彩空间转换，为了让 img 在 plt 显示
plt.subplot(131);plt.imshow(ishow);plt.axis('off')
plt.subplot(132);plt.imshow(fore);plt.axis('off')
plt.subplot(133);plt.imshow(markers);plt.axis('off')
```

运行上述程序，得到的结果如图 17-12 所示。其中：

- 图 17-12(a)是原始图像 ishow。

- 图 17-12(b)是经过距离变换后得到的前景图像的中心点图像 fore。
- 图 17-12(c)是对前景图像的中心点图像进行标注后的结果图像 markers。

可以看到，前景图像的中心点被做了不同的标注（用不同颜色区分，在纸质书中显示为不同的灰度）。

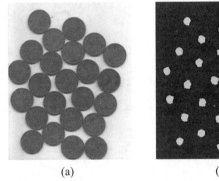 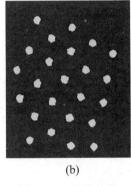 

(a)　　　　　　　　　　(b)　　　　　　　　　　(c)

图 17-12　标注结果

函数 cv2.connectedComponents()在标注图像时，会将背景标注为 0，将其他的对象用从 1 开始的正整数标注。具体的对应关系为

- 数值 0 代表背景区域。
- 从数值 1 开始的值，代表不同的前景区域。

需要注意的是，在分水岭算法中，要使用标注值作为输入参数，而且需要使用标注值 0 代表未知区域。所以，我们要对函数 cv2.connectedComponents()标注的结果进行调整，以使其标注值能够满足分水岭算法。

具体调整为，对函数 cv2.connectedComponents()标注的结果都加上数值 1。经过上述处理后，在新的标注结果中：

- 数值 0，不再存在。
- 数值 1：是由原来的 0（代表背景区域）加 1 得到的。此时，代表背景区域。
- 从数值 2 开始的值，代表不同的前景区域。

为了能够将标注结果用于分水岭算法，还需要对原始图像内的未知区域进行标注，将已经计算出来的未知区域标注为 0。

这里的关键代码为

```
ret, markers = cv2.connectedComponents(fore)
markers = markers+1
markers[未知区域] = 0
```

【例 17.5】使用函数 cv2.connectedComponents()标注一幅图像，并对其进行修订，使未知区域被标注为 0，并观察标注的效果。

【分析】在提取各个区域的基础上，使用函数 cv2.connectedComponents()对各个区域进行标注。然后，对标注结果进行加 1 操作。最后，将未知区域标注为 0。

具体步骤为

- 步骤 1：识别区域；
  - 步骤 1.1：图像预处理（开运算去噪）；
  - 步骤 1.2：计算确定背景 B
  - 步骤 1.3：计算确定前景 F
  - 步骤 1.4：计算未知区域 UN
- 步骤 2：使用函数 connectedComponents()标注图像。
- 步骤 3：对函数 cv2.connectedComponents()的标注结果进行修订。
- 步骤 4：显示

根据题目的要求及分析，编写代码如下：

```python
import numpy as np
import cv2
import matplotlib.pyplot as plt
# ==========步骤1：识别区域（确定前景F、确定背景B、未知区域UN）============
# ------------步骤1.1：图像预处理-----------------
img = cv2.imread('water_coins.jpg')
gray = cv2.cvtColor(img,cv2.COLOR_BGR2GRAY)
ret, thresh = cv2.threshold(gray,0,255,cv2.THRESH_BINARY_INV+cv2.THRESH_OTSU)
kernel = np.ones((3,3),np.uint8)
opening = cv2.morphologyEx(thresh,cv2.MORPH_OPEN,kernel, iterations = 2)
# ------------步骤1.2：计算确定背景B--------------
kernel = np.ones((3,3),np.uint8)
B = cv2.dilate(opening,kernel,iterations=3)
# ------------步骤1.3：计算确定前景F--------------
dist = cv2.distanceTransform(opening,cv2.DIST_L2,5)
ret, fore = cv2.threshold(dist,0.7*dist.max(),255,0)
F = np.uint8(fore)
# -----------步骤1.4：计算未知区域UN--------------
UN = cv2.subtract(B,F)
# ============步骤2：使用函数connectedComponents()标注图像=========
ret, markers = cv2.connectedComponents(F)
# =====步骤3：对函数cv2.connectedComponents()的标注结果进行修订=====
markers2 = markers + 1
markers2[UN==255] = 0
# print(np.max(markers2))   #25，有24个前景（2-25）
# ====================步骤4：显示=======================
plt.subplot(121);plt.imshow(markers);plt.axis('off')
plt.subplot(122);plt.imshow(markers2);plt.axis('off')
```

运行上述程序，得到的结果如图 17-13 所示。其中：

- 图 17-13(a)是对一幅图像使用函数 cv2.connectedComponents()直接标注后的结果。
- 图 17-13(b)是修订后的标注结果。

对比左右图可以看出，右图在前景图像的边缘（未知区域）进行了标注，使得每一个确定前景都有一个黑色的边缘，这个边缘是被标注的未知区域。由于图像对比度的原因，在纸质书上观察到的效果可能并不明显，大家可以运行这段代码，在计算机屏幕上观察结果。

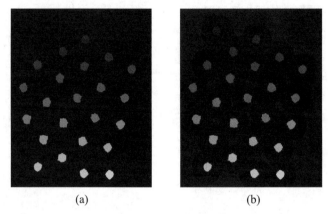

(a)                                 (b)

图 17-13　标注效果的对比

### 5. 函数 cv2.watershed()

完成上述处理后，就可以使用分水岭算法对预处理结果图像进行分割了。在 OpenCV 中，实现分水岭算法的函数是 cv2.watershed()，其语法格式为

```
markers = cv2.watershed( image, markers )
```

其中的参数：

- image 是输入图像，必须是 8 位三通道的图像。
- markers 是 32 位单通道的标注，它应该和 image 大小相等。它既是输入，又是输出。也就是说，函数会在该参数上进行标注处理，并将对该参数的标注结果作为输出值。
- 返回值 markers 与函数 cv2.watershed()处理后的参数 markers 的值一致。该返回值可以省略。

在对图像使用 cv2.watershed()函数处理之前，必须先用正数大致勾画出图像中的期望分割区域。每一个分割的区域会被标注为 1、2、3 等。对于尚未确定的区域，需要将它们标注为 0。我们可以将标注区域理解为进行分水岭算法分割的"种子"区域。标注区域被存储在 markers 中，作为函数 cv2.watershed()的参数。函数 cv2.watershed()在对图像 image 处理时，会直接修改标注区域 markers 的值，并将该处理结果作为返回值。处理后的 markers 中，每一个像素要么被设置为初期的"种子值"，要么被设置为"-1"表示边界。

## 17.1.3　分水岭算法图像分割实例

本节结合前面介绍的知识，讲解一个图像分割实例。使用分水岭算法进行图像分割时，基本的步骤为

- 步骤 1：识别区域。
  - 步骤 1.1：图像预处理（开运算去噪）。
  - 步骤 1.2：计算确定背景 B。
  - 步骤 1.3：计算确定前景 F。

- 步骤 1.4：计算未知区域 UN。
- 步骤 2：使用函数 connectedComponents 标注图像。
- 步骤 3：对函数 cv2.connectedComponents()的标注结果进行修正。
- 步骤 4：使用分水岭函数完成对图像的分割。直接调用

```
markers = cv2.watershed(img,markers2)
```

- 步骤 5：显示处理结果。
  - 步骤 5.1：构造分区显示容器。构造一个容器 imgWatershed，用于显示分区结果，具体代码为

```
imgWatershed = np.zeros(img.shape,dtype=np.uint8)
```

  - 步骤 5.2：将容器 imgWatershed 中每一个分区处理为不同颜色。函数处理后的结果中，markers 中的每一个分割的区域会被标注为 1、2、3 等。采用循环的方式，将每一个分区显示为随机颜色，具体代码为

```
for x in range(1,np.max(markers)+1):
    r=np.random.randint(0,255)
    g=np.random.randint(0,255)
    b=np.random.randint(0,255)
    imgWatershed[markers == x ] = [r,g,b]
```

  - 步骤 5.3：将边缘处理为红色。函数处理后的结果中，边缘在 markers 中用"值-1"表示，在 imgWatershed 中选中这部分像素，将其设置为红色。具体实现代码为

```
imgWatershed[markers == -1 ] = [0,0,255]
```

  - 步骤 5.4：色彩空间转换。上述 img、imgWatershed 都是在 OpenCV 内处理得到的，因此其色彩空间都是 BGR 模式。如果我们希望使用函数 plt 显示，就需要将其转换为 RGB 模式，具体代码为

```
img = cv2.cvtColor(img,cv2.COLOR_BGR2RGB)
imgWatershed = cv2.cvtColor(imgWatershed,cv2.COLOR_BGR2RGB)
```

  - 步骤 5.5：图像显示。调用函数 plt 显示图像，具体代码为

```
plt.subplot(121);plt.imshow(img);plt.axis('off')
plt.subplot(122);plt.imshow(imgWatershed);plt.axis('off')
```

【例 17.6】使用分水岭算法对一幅图像进行分割，并观察分割的效果。

根据题目的要求，编写代码如下：

```
import numpy as np
import cv2
import matplotlib.pyplot as plt
# ==========步骤1：识别区域（确定前景 F、确定背景 B、未知区域 UN）===========
# -----------步骤1.1：图像预处理-----------------
img = cv2.imread('water_coins.jpg')
gray = cv2.cvtColor(img,cv2.COLOR_BGR2GRAY)
ret, thresh = cv2.threshold(gray,0,255,cv2.THRESH_BINARY_INV+cv2.THRESH_OTSU)
kernel = np.ones((3,3),np.uint8)
opening = cv2.morphologyEx(thresh,cv2.MORPH_OPEN,kernel, iterations = 2)
# -----------步骤1.2：计算确定背景 B--------------
kernel = np.ones((3,3),np.uint8)
```

```
B = cv2.dilate(opening,kernel,iterations=3)
#  ------------步骤 1.3：计算确定前景 F--------------
dist = cv2.distanceTransform(opening,cv2.DIST_L2,5)
ret, fore = cv2.threshold(dist,0.7*dist.max(),255,0)
F = np.uint8(fore)
#  -----------步骤 1.4：计算未知区域 UN--------------
UN = cv2.subtract(B,F)
#  ============步骤 2：使用函数 connectedComponents()标注图像=========
ret, markers = cv2.connectedComponents(F)
#  =====步骤 3：对函数 cv2.connectedComponents()的标注结果进行修正=====
markers = markers + 1
markers[UN==255] = 0
#  ==========步骤 4：使用分水岭函数完成对图像的分割===============
cv2.watershed(img,markers)
#  ==============   步骤 5：显示处理结果=======================
#  ------------步骤 5.1：构造分区容器------------------
imgWatershed = np.zeros(img.shape,dtype=np.uint8)
#  ------------步骤 5.2：将每一个分区处理为不同颜色------------------
for x in range(1,np.max(markers)+1):
    r=np.random.randint(0,255)
    g=np.random.randint(0,255)
    b=np.random.randint(0,255)
    imgWatershed[markers == x ] = [r,g,b]
#  ------------步骤 5.3：将边缘处理为红色------------------
imgWatershed[markers == -1 ] = [0,0,255]
#  ------------步骤 5.4：色彩空间转换------------------
img = cv2.cvtColor(img,cv2.COLOR_BGR2RGB)
imgWatershed = cv2.cvtColor(imgWatershed,cv2.COLOR_BGR2RGB)
#  ------------步骤 5.5：图像显示------------------
plt.subplot(121);plt.imshow(img);plt.axis('off')
plt.subplot(122);plt.imshow(imgWatershed);plt.axis('off')
```

运行上述程序，得到的结果如图 17-14 所示。

图 17-14　利用分水岭算法进行图像分割

【提示】在【步骤 5.1】中所构造的显示容器，要保证其大小、类型和原始图像一致。也可以采用如下语句构造：

$$imgWatershed = img.copy()$$

上述语句使用 copy 函数，得到了原始图像的复制品。此时，可以根据需要，仅将复制品中的指定分区标注。

## 17.2 交互式前景提取

经典的前景提取技术主要使用纹理（颜色）信息，如魔术棒工具，或根据边缘（对比度）信息，如智能剪刀等完成。2004 年，微软研究院（剑桥）的 Rother 等人在论文 "GrabCut: Interactive Foreground Extraction Using Iterated Graph Cuts" 中提出了交互式前景提取技术。他们提出的算法，仅需要做很少的交互操作，就能够准确地提取出前景图像。

在开始提取前景时，先用一个矩形框指定前景区域所在的大致位置范围，然后不断地迭代分割，直到达到最好的效果。经过上述处理后，提取前景的效果可能并不理想，存在前景没有提取出来，或者将背景提取为前景的情况，此时需要用户干预提取过程。用户在原始图像的副本中（也可以是与原始图像大小相等的任意一幅图像），用白色标注要提取为前景的区域，用黑色标注要作为背景的区域。然后，将标注后的图像作为掩膜，让算法继续迭代提取前景从而得到最终结果。

例如，对于图 17-15(a)，先用矩形框将要提取的前景 Lena 框出来，再分别用白色和黑色对前景图像、背景图像进行标注。完成标注后，使用交互式前景提取算法，就会得到图 17-15(b) 所示的结果图像。

(a)                    (b)

图 17-15 交互式前景提取示例

在 PowerPoint 中提供了"删除背景"功能。用户可以根据需要，在图像上标注出需要保留的部分和需要删除的部分，然后让 PowerPoint 帮助我们完成前景对象的提取。尝试在 PowerPoint 中删除图像背景，会帮助我们更好地理解交互式前景提取时模板的使用方式。

下面我们来看 GrabCut 算法的具体实施过程。

1. 将前景所在的全部区域使用矩形框标注出来。值得注意的是，此时矩形框框出的是前景的大致位置，其中要包含全部的前景，部分背景。因此，该区域实际上是未确定区域，目前尚无法区分矩形框内的背景和前景。但是，该区域以外的区域可以被认为是"确定背景"。在此过程中，可以根据需要对前景和背景进行手工标注。手工标注的前景和背景是"硬标记"，是无法改变的。

2. 根据矩形框外部的"确定背景"数据，以及"硬标记"（如果存在），来区分矩形框区域内的前景和背景。

3. 用高斯混合模型（Gaussians Mixture Model，GMM）对前景和背景建模。GMM 会根据用户的输入学习并创建新的像素分布。对未分类的像素（可能是背景也可能是前景），根据其与已知分类像素（前景和背景）的关系进行分类。

4. 根据像素分布情况生成一张图（graph），图像中的各个像素点都是该图（graph）中的节点。除此以外，还有两个节点：前景节点和背景节点。每一个像素点都同时连接到前景节点、背景节点。每个像素连接到前景节点或背景节点的边的权重由像素是前景或背景的概率来决定。此处的权重，可以理解为，表示的是一个像素点属于前景、背景的概率值，可以将其称之为"区域权重"。

5. 图中的每个像素除了与前景节点及背景节点相连外，彼此之间还存在着连接。两个像素连接的边的权重值由它们的相似性决定，两个像素的颜色越接近，边的权重值越大，表示其越不可能是边缘；两个像素的颜色差别越明显，边的权重越小，表示其越可能是边缘。因为该权重与边缘相关，因此将其称为"边缘权重"。需要注意的是，此处的权重，可以理解为，表示的是一个像素点不属于边缘的权重值。该权重值作为后续分割的依据，权重值越大，其越不可能是边缘（更小的概率被切割）；权重值越小，越可能是边缘（更大的概率被切割）。

6. 完成节点连接后，需要解决的问题变成了一幅连通的图。将图（graph）切成具有最小成本函数的两个分离的前景节点集合（前景）、背景节点集合（背景）。成本函数是被切割边缘的所有权重的总和。当然，成本函数同时要考虑区域权重、边缘权重两个值。

7. 不断重复上述过程，直至分类收敛为止。

上述过程如图 17-16 所示。图中：

- 图 17-16(a)是待分割的图像。
- 图 17-16(b)是图（graph），包含前景节点 F、背景节点 B，其余圆点表示原图(a)中的像素点。
- 图 17-16(c)是将每一个像素点与前景节点 F、背景节点 B 按照属于前景背景的概率权重连接（区域权重）；将每一个像素点根据相邻像素点间权重值（边缘权重）连接。
- 图 17-16(d)中的虚曲线，使用最小成本分割函数，完成了分割。该切割过程保证切断的边缘的权重总和最小。
- 图 17-16(e)是最终的分割结果。

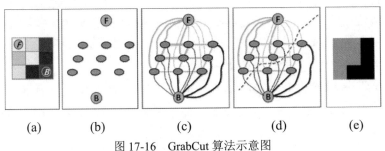

(a)　　　　(b)　　　　(c)　　　　(d)　　　　(e)

图 17-16　GrabCut 算法示意图

OpenCV 的官网上有更详细的资料，读者有兴趣的话可以进一步学习。

在 OpenCV 中，实现交互式前景提取的函数是 cv2.grabCut()，其语法格式为

```
mask, bgdModel, fgdModel =cv2.grabCut(img, mask, rect, bgdModel, fgdModel,
iterCount[, mode])
```

其中：

- img 为输入图像，要求是 8 位 3 通道的。
- mask 为掩膜图像，要求是 8 位单通道的。
- rect 指包含前景对象的区域，该区域外的部分被认为是"确定背景"。因此，在选取时务必确保让前景包含在 rect 指定的范围内；否则，rect 外的前景部分是不会被提取出来的。其格式为 (x, y, w, h)，分别表示区域左上角像素的 $x$ 轴和 $y$ 轴坐标以及区域的宽度和高度。如果前景位于右下方，又不想判断原始图像的大小，则 w 和 h 可以直接用一个很大的值，让矩形区域包含整个右下角。只使用掩膜模式时，将该值设置为 None 即可。当参数 mode 为 GC_INIT_WITH_RECT 时，该参数起作用。
- bgdModel 为算法内部背景模型所使用的数组。实践中，只需要创建大小为(1, 65)的 numpy.float64 数组。
- fgdModel 为算法内部前景模型所使用的数组。实践中，只需要创建大小为(1, 65)的 numpy.float64 数组。
- iterCount 表示迭代的次数。
- mode 表示分割模式。其可能的值与含义如表 17-3 所示。

表 17-3　mode 的值及含义

| 参数 mode 的值 | 含义 |
| --- | --- |
| cv2.GC_INIT_WITH_RECT | 该函数使用提供的矩形初始化状态和掩码。之后，它将运行由参数 iterCount 所指定的迭代次数 |
| cv2.GC_INIT_WITH_MASK | 使用自定义模板。需要注意，cv2.GC_INIT_WITH_RECT 和 cv2.GC_INIT_WITH_MASK 能组合使用。所有 ROI 区域外（不在模板或矩形指定范围内）的像素会自动被处理为背景 |
| cv2.GC_EVAL | 修复模式 |
| cv2.GC_EVAL_FREEZE_MODEL | 使用固定模式 |

需要注意的是，在函数 cv2.grabCut 中，参数和返回值中同时存在变量 mask, bgdModel, fgdModel。当函数运行时，会在上述参数上直接操作，参数值会发生改变。函数执行完成后，返回值 mask, bgdModel, fgdModel 的值与参数 mask, bgdModel, fgdModel 的值一致。通常情况下，可以将上述返回值省略。

在函数 cv2.grabCut 中，mask 用于确定前景区域、背景区域和不确定区域，其值为下述 4 种形式之一：

- cv2.GC_BGD：表示确定背景，也可以用数值 0 表示。
- cv2.GC_FGD：表示确定前景，也可以用数值 1 表示。
- cv2.GC_PR_BGD：表示可能的背景，也可以用数值 2 表示。
- cv2.GC_PR_FGD：表示可能的前景，也可以用数值 3 表示。

函数中 mask，既是参数又是返回值，根据使用模式的不同，mask 的使用方法不尽相同。

- 当参数 mode 模式设置为 GC_INIT_WITH_RECT 时，表示在函数初始化时，使用矩形框（参数 rect）作为前景、背景区分方式。此时，只需将 mask 初始化为一个值均为 0 的数组。函数 grabCut 运行完成后，mask 内自动包含前景背景划分信息，可以作为掩膜图像完成图像分割。

- 当参数 mode 模式设置为 cv2.GC_INIT_WITH_MASK 时，表示自定义模板，需要手动初始化 mask。需要注意，其内部值必须是 cv.GC_BGD, cv.GC_FGD, cv.GC_PR_BGD, cv.GC_PR_FGD 之一。或者，更一般情况，其内部值使用数字 0、1、2、3 之一表示。函数 grabCut 运行完成后，mask 内包含了比初始化时更丰富的前景、背景信息。此时，它作为返回值，表示的是最终的前景、背景划分结果，可以作为掩膜图像，完成图像分割。

在最后，使用模板 mask 作为掩膜图像，提取前景时，需要先将 mask 的值进行处理，

- 将 mask 中的数值 0（cv2.GC_BGD：表示确定背景）和数值 2（cv2.GC_PR_BGD：表示可能的背景）处理为数值 0（背景）。

- 将 mask 中的数值 1（cv2.GC_FGD：表示确定前景）和 3 数值（cv2.GC_PR_FGD：表示可能的前景）处理为数值 1（前景）。

完成上述处理后，将乘法运算"mask×原始图像"，将原始图像中：

- 与 mask 中数值 0（背景）对应位置上元素处理为 0（背景）。

- 与 mask 中数值 1（前景）对应位置上元素保持不变（前景）。

乘法运算"mask×原始图像"，示意图如图 17-17 所示。

图 17-17　乘法示意图

## 17.2.1　矩形框提取

本节通过一个案例介绍在 cv2.GC_INIT_WITH_RECT 模式下提取图像的前景。

【例 17.7】使用 GrabCut 算法的 cv2.GC_INIT_WITH_RECT 模式提取图像的前景，并观察提取效果。

【分析】在 cv2.GC_INIT_WITH_RECT 模式下提取前景图像时，过程如图 17-18 所示，图中：

- 图像 A 是原始图像，是需要进行前景分割的图像，对应函数 grabCut 内的参数 img。

- 图像 B 是参数 mask 初始化时的值，其内部值都是 0，所以看起来是黑色的。

- 图像 C 是包含全部前景的矩形框，对应参数 rect。此处对 rect 进行了虚拟显示，让其显

示在原始图像中。实际操作中，rect 是一个四个值的元组（x,y,w,h），分别对应其左上角坐标(x,y)、宽度 w、长度 h。

- 运算符 F1，对应的是函数 grabCut，它对图像 A、图像 B、图像 C 进行运算。
- 图像 D 是使用函数 grabCut，在 cv2.GC_INIT_WITH_RECT 模式下得到的 mask。此时，确定前景、可能前景被标注为 1，其他部分作为背景被标注为 0。
- 运算符 F2，对应的是"原始图像 A×模板图像 D"的乘法运算。
- 图像 E 是最后的前景提取结果。

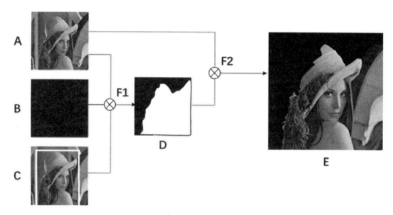

图 17-18 算法示意图

在程序中，需要完成的初始化操作如下：

- 设置一个包含全部前景的矩形框，作为参数 rect。
- 设置一个都是零值的数组，作为参数 mask。

根据题目的要求及分析，编写代码如下：

```python
# ============导入库==============
import numpy as np
import cv2
# ==========导入原始图像============
o = cv2.imread('lenacolor.png')
# =========mask 初始化为 0 值============
mask0 =  np.zeros(o.shape[:2],np.uint8)
mask = mask0.copy()
# 复制 mask0 的目的是为了保留 mask0 不变，方便显示
# 函数 grabCut 会直接修改参数 mask 的值
# 如果不复制 mask0 的值，在将其作为 grabCut 参数使用后，其原始值会丢失
# ==========设置参数 bgdModel/fgdModel============
bgdModel = np.zeros((1,65),np.float64)
fgdModel = np.zeros((1,65),np.float64)
# ========--=用矩形框来划定可能的前景区域 rect，参数 rect=========
rect = (50,50,512,512)
# ==========调用函数 grabCut============
cv2.grabCut(o,mask,rect,bgdModel,fgdModel,5,cv2.GC_INIT_WITH_RECT)
# =================================================================
```

```
# 将 mask 中的确定背景（数值 0）、可能背景（数值 2）处理为背景（数值 0）
# 将 mask 中其他区域处理为前景（数值 1）
# 对应程序为，将 mask 中的 0、2 处理为 0，数值 1、3 处理为 1
# =============================================================
mask = np.where((mask==2)|(mask==0),0,1).astype('uint8')
# =============================================================
# 将掩膜 mask 与原始图像 o 相乘
# 实现，将原始图像 o 中：
# 与 mask 中 0 值相对应部分处理为背景（数值处理为 0）
# 与 mask 中 1 值相对应部分处理为前景（数值保持不变）
# =============================================================
ogc = o*mask[:,:,np.newaxis]
# =========显示原始图像、前景图像============
cv2.imshow("original",o)
cv2.imshow("mask0",mask0)
cv2.imshow("mask",mask*255)
cv2.imshow("fore",ogc)
cv2.waitKey()
cv2.destroyAllWindows()
```

运行上述程序，得到的结果如图 17-19 所示。其中：

- 图 17-19(a)是待分割图像。
- 图 17-19(b)是初始模板图像 mask0。
- 图 17-19(c)是初始模板 mask0 在经过函数 grabCut 处理后得到的模板 mask。
- 图 17-19(d)是图像分割结果。

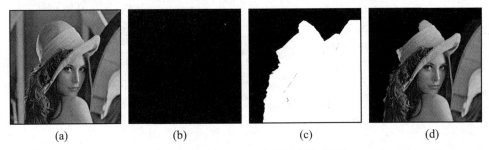

(a)　　　　　　　(b)　　　　　　　(c)　　　　　　　(d)

图 17-19　使用 GrabCut 算法提取前景

可以看到，在使用矩形框的 cv2.GC_INIT_WITH_RECT 模式下，不使用掩膜（mask 中数值都设置为 0）时，函数 cv2.grabCut()的处理效果并不太好：提取图 17-19(a)的前景时，人物的帽子没有提取完整；提取右侧的前景时，把镜子中的影子也错误地提取出来了。

## 17.2.2　自定义模板提取

在函数 cv2.grabCut()使用 cv2.GC_INIT_WITH_MASK 模式时，可以自定义模板来实现前景的提取。

构造一个模板图像，其中：

- 使用像素值 0 标注确定背景。
- 使用像素值 1 标注确定前景。
- 使用像素值 2 标注可能的背景。
- 使用像素值 3 标注可能的前景。

构造完模板后，直接将该模板用于函数 cv2.grabCut()处理原始图像，即可完成前景的提取。该过程如图 17-20 所示，图中：

- 图像 A 是原始输入图像，是待分割前景的图像，对应函数 grabCut 内的参数 img；
- 图像 B 是自定义的模板图像，对应函数 grabCut 内的参数 mask；灰色部分对应着确定前景、白色部分对应着可能前景。
- 函数 F 是前景提取，对应函数 grabCut。
- 图像 C 是提取的前景图像。

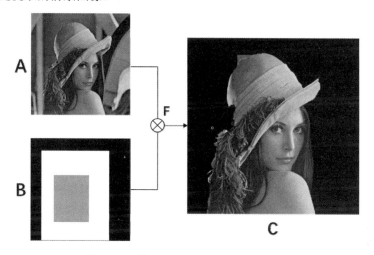

图 17-20　使用 GrabCut 算法提取前景

一般情况下，自定义模板的步骤为

- 步骤 1：先使用 numpy.zeros 构造一个内部像素值都是 0（表示确定背景）的基础模板图像 mask，以便在后续步骤中逐步对该模板图像进行细化。
- 步骤 2：使用 mask[30:512, 50:400]=3，将基础模板图像 mask 中第 30 行到第 511 行，第 50 列到 399 列的区域划分为可能的前景（像素值为 3，对应参数 mask 的含义为"可能的前景"）。
- 步骤 3：使用 mask[50:300, 150:200]=1，将基础模板图像 mask 中第 50 行到第 299 行，第 150 列到第 199 列的区域划分为确定前景（像素值为 1，对应参数 mask 的含义为"确定前景"）。

在此基础上，将基础模板 mask 作为自定义模板，使用 GrabCut 算法，将其模式 mode 设置为 cv2.GC_INIT_WITH_MASK 模式，即可完成前景的提取。

需要注意的是，mask 中都是数值 0、1、2、3 这样较小的值，在 imshow 函数中，上述值在 255 个灰度级中都是黑色（255 级灰度图像中，最小值 0 表示黑色、最大值 255 表示白色，其余值都是过渡的灰色），无法直接以可视化的方式显示出来。所以，在显示时，需要将其乘以 85（数值 0 不变，数值 1 变为 85，数值 2 变为 170，数值 3 变为 255），保证将上述数值能够以可视化的形式显示出来。

另外，函数 grabCut 会对参数 mask 进行改变。所以，为了在程序结尾处仍旧能够显示初始的 mask，需要重新复制一份 mask，让复制后的 mask 参与函数 grabCut 的运算。当然，也可以在初始 mask 后直接调用显示函数 cv2.imshow，对初始值 mask 显示后，再使用 grabCut 函数对 mask 进行操作。

【例 17.8】在 GrabCut 算法中，使用 cv2.GC_INIT_WITH_MASK 模式，直接使用自定义模板提取图像的前景，并观察提取效果。

根据题目的要求，编写代码如下：

```python
# ============导入库==============
import numpy as np
import cv2
# ==========读取原始图像============
o= cv2.imread('lenacolor.png')
# ==========设置参数 bgdModel/fgdModel===========
bgd = np.zeros((1,65),np.float64)
fgd = np.zeros((1,65),np.float64)
# ==========设置初始模板 mask0 值===========
mask0 = np.zeros(o.shape[:2],np.uint8)
mask0[30:512,50:400]=3
mask0[50:300,150:200]=1
mask=mask0.copy()
# ==========调用函数 grabCut===========
cv2.grabCut(o,mask,None,bgd,fgd,5,cv2.GC_INIT_WITH_MASK)
# =======调整 mask 值==============
mask = np.where((mask==2)|(mask==0),0,1).astype('uint8')
# =======设置前景区域==============
fore = o*mask[:,:,np.newaxis]
# ==========显示图像===========
cv2.imshow("original",o)
cv2.imshow("mask0",mask0*85)
cv2.imshow("mask",mask*85)
cv2.imshow("result",fore)
cv2.waitKey()
cv2.destroyAllWindows()
```

运行上述程序，得到的结果如图 17-21 所示。图中：

- 图 17-21(a)是待分割图像。
- 图 17-21(b)是初始模板图像 mask0。
- 图 17-21(c)是初始模板 mask0，经过函数 grabCut 处理后及调整后得到的模板 mask。
- 图 17-21(d)是图像分割结果。

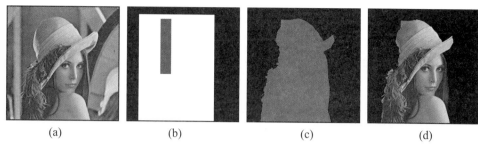

|      |      |      |      |
| :--: | :--: | :--: | :--: |
| (a)  | (b)  | (c)  | (d)  |

图 17-21　使用自定义模板提取前景

需要注意的是，对于不同的图像，要构造不同的模板来划分它们的确定前景、确定背景、可能的前景、可能的背景。

为了方便大家理解，本例中构造的模板比较简单。如果构造更有针对性的模板，能够提取更为准确的前景对象。

构造模板，需要通过设置数组中的值来实现。因此，构造太过于精细的模板图像是要耗费大量精力的，比较麻烦。

我们也可以通过手动绘图的方式来构造模板，相比较设置数组内值的方式，会简单快捷。在实践中，通常将矩形框与手绘自定义模板组合，实现前景提取。

## 17.2.3　手绘模板提取

手绘模板，通过对原始图像进行标注，将需要保留的部分设置为白色，将需要删除的背景设置为黑色。以标记好的图像作为模板，使用函数 cv2.grabCut() 完成前景的提取。这种方式结合了矩形框提取和自定义模板提取的方法，往往能够取得更好的前景提取效果。

需要注意的是，手绘模板内的值范围在[0.255]之间，需要将其中的值映射到模板的范围值[0,3]内才能使用。

使用手绘模板提取前景图像，如图 17-22 所示，具体如下：

- 步骤 1：利用函数 cv2.grabCut() 在 cv2.GC_INIT_WITH_RECT 模式下对图像进行初步的前景提取，得到初步提取的模板图像。该过程对应图中运算 F1，其将 A（原始图像）、B（值均为 0 的初始模板 mask）、C（包含全部前景的矩形框）进行运算，得到模板 D。
- 步骤 2：使用 Windows 系统自带的笔刷工具，打开要提取前景的图像，使用白色笔刷在希望提取的前景区域做标记，使用黑色笔刷在希望删除的背景区域做标记。此步骤得到的图像为自定义模板图像，对应图中的图像 E。
- 步骤 3：将自定义模板图像，处理为单通道灰度图像，以使其能够参与后续运算。色彩空间转换（彩色空间转换为单通道）操作对应图中运算 F2，得到自定义模板图像 F。
- 步骤 4：将自定义模板图像 F 中的黑色线条标记、白色线条标记映射到初步提取的模板图像 D 中。该操作对应图中的操作 F3，得到新的模板图像 G。
- 步骤 5：以模板图像 G 作为函数 cv2.grabCut() 的模板参数（mask），使用 cv2.GC_INIT_WITH_MASK 模式，对图像 A 完成前景提取。该操作对应图中的操作 F4，对图像 A、图像 G 进行运算，得到初步结果图像 H。

- 步骤 6：以模板图像 G 作为函数 cv2.grabCut() 的模板参数（mask），使用 cv2.GC_INIT_WITH_MASK 模式，对图像 H 完成多轮前景提取（循环多次）。该操作对应图中的操作 F5，针对初步处理结果图像（中间处理图像）H、模板图像 G 展开循环前景提取。具体来说，共 n 次操作中，前 n-1 次，每次调用 grabCut 函数，都将图像 G 作为模板、图像 H 作为待提取前景原始图像，得到新的中间结果 H，每轮得到的图像 H，都作为下一轮的输入（待提取前景图像）。第 n 次操作中，直接将输出结果 H 作为最终结果。
- 步骤 7：得到最终的处理结果图像 H。

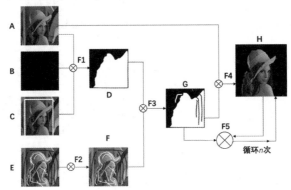

图 17-22　使用 GrabCut 算法提取前景

　　需要注意，在上述步骤中，使用画笔标记的模板图像 E、单通道处理后的图像 F，都不能直接作为模板（即参数 mask）使用。函数 cv2.grabCut() 要求，参数 mask 的值必须是 cv2.GC_BGD（确定背景）、cv2.GC_FGD（确定前景）、cv2.GC_PR_BGD（可能的背景）、cv2.GC_PR_FGD（可能的前景），或者是 0、1、2、3 之中的值。色彩空间处理后得到的模板图像 F 中，存在着 [0, 255] 内的值，所以它的值不满足函数 cv2.grabCut() 的要求，无法作为参数 mask 直接使用。必须先将模板图像 F 中的白色值和黑色值映射到模板 D 上，再将映射后得到的模板图像 G 作为函数 cv2.grabCut() 的模板参数。

　　将模板图像 F 中的白色值和黑色值映射到模板 D 中，可以将模板图像 F 中的白色值（像素值为 255）映射为模板图像 D 中的确定前景（像素值为 1），将模板图像 F 中的黑色值（像素值为 0）映射为模板图像 D 中的确定背景（像素值为 0）。或者说，将模板 D 中，与模板 F 中数值 0 对应位置上的像素值置为 0，与模板 F 中数值 255 对应位置上的像素值置为 1。通过以上操作，能够较好地实现将 F 映射到 D 中，得到模板 G。

【例 17.9】使用 GrabCut 算法的手绘模式提取图像的前景，并观察提取效果。

根据题目的要求，编写代码如下：

```
# ============导入库=============
import numpy as np
import cv2
# =========导入原始图像===========
o = cv2.imread('lenacolor.png')
# ================================================================
# 在 cv2.GC_INIT_WITH_RECT 模式下,
# 对图像进行初步的前景提取
```

```
# 此步骤的目的是获取 mask,
# 为后续 cv2.GC_INIT_WITH_MASK 模式做准备
# ================================================================
mask = np.zeros(o.shape[:2],np.uint8)
bgdModel = np.zeros((1,65),np.float64)
fgdModel = np.zeros((1,65),np.float64)
rect = (50,50,350,512)
cv2.grabCut(o,mask,rect,bgdModel,fgdModel,5,cv2.GC_INIT_WITH_RECT)
# ===============读入手工掩膜图像 mask0, 单通道处理为 mask2=============
mask0 = cv2.imread('mask2.png',1)
mask2 = cv2.cvtColor(mask0,cv2.COLOR_BGR2GRAY)
# ================================================================
# 将手动标注的前景、背景映射到模板 mask 中, 具体为
# 将掩膜图像中, 与 mask2 中黑色线条对应位置的值（对应像素值 0）设置为 0
# 将掩膜图像中, 与 mask2 中白色线条对应位置的值（对应像素值 255）设置为 1
# ================================================================
mask[mask2 == 0] = 0
mask[mask2 == 255] = 1
# ================================================================
# 调用函数 grabCut,
# 此时模式为 cv2.GC_INIT_WITH_MASK
# 进入迭代模式
# 注意 rect 参数为 None
# ================================================================
cv2.grabCut(o,mask,None,bgdModel,fgdModel,5,cv2.GC_INIT_WITH_MASK)
# =======调整 mask 值===============
mask = np.where((mask==2)|(mask==0),0,1).astype('uint8')
# =======设置前景区域===============
fore = o*mask[:,:,np.newaxis]
# ==========显示图像===========
cv2.imshow("mask2",mask0)
cv2.imshow("fore",fore)
cv2.waitKey()
cv2.destroyAllWindows()
```

运行上述程序, 得到的结果如图 17-23 所示。

图 17-23　使用掩膜提取前景

本例题没有对中间使用的模板图像进行可视化展示, 大家可以根据需要将中间使用的模板图像展示出来。

# 第 18 章

# 视频处理

视频信号（以下简称为视频）是非常重要的视觉信息来源，它是视觉处理过程中经常要处理的一类信号。实际上，视频是由一系列图像构成的，这一系列图像被称为帧，帧是以固定的时间间隔从视频中获取的。获取（播放）帧的速度称为帧速率，其单位通常使用"帧/秒"表示，代表在 1 秒内所出现的帧数，对应的英文是 FPS（Frames Per Second）。如果从视频中提取出独立的帧，就可以使用图像处理的方法对其进行处理，达到处理视频的目的。

OpenCV 提供了 cv2.VideoCapture 类和 cv2.VideoWriter 类来支持各种类型的视频文件。在不同的操作系统中，它们支持的文件类型可能有所不同，但是在各种操作系统中均支持 AVI 格式的视频文件。

本章主要介绍 cv2.VideoCapture 类和 cv2.VideoWriter 类的相关函数，并介绍应用它们进行捕获摄像头文件、播放视频文件、保存视频等基础操作。

## 18.1 VideoCapture 类

OpenCV 提供了 cv2.VideoCapture 类来处理视频。cv2.VideoCapture 类处理视频的方式简单、快捷，而且它既能处理视频文件又能处理摄像头信息。

### 18.1.1 类函数介绍

cv2.VideoCapture 类的常用函数包括初始化、打开、帧捕获、释放、属性设置等，下面对这些函数进行简单的介绍。

#### 1. 初始化

OpenCV 为 cv2.VideoCapture 类提供了构造函数 cv2.VideoCapture()。该类既支持视频文件的读取，也支持从摄像机（摄像头）中读取视频。该构造函数能够用于打开摄像头并完成摄像头的初始化工作、或者读取视频文件的初始化工作。该函数的参数，可能为摄像头 ID 或文件名，其语法格式为

    捕获对象=cv2.VideoCapture("摄像头 ID 号")

或

    捕获对象=cv2.VideoCapture("文件名")

其中：

- "捕获对象"为返回值，是 cv2.VideoCapture 类的对象。
- "摄像头 ID 号"是摄像设备（摄像头）的 ID 编号。一般使用数值 0 表示默认摄像头；如果有多个摄像头，则用数字"0"表示第 1 个摄像头（默认摄像头），用数字"1"表示第 2 个摄像头，以此类推。该函数还有一个用于支持指定摄像机类型的可选参数，用于在具有多摄像机、每种摄像机多个摄像头的情况下，指定特定类型摄像机的特定摄像头。通常情况下，我们使用一个参数指定摄像头即可。

    例如，要初始化当前的默认摄像头，可以使用语句：

    ```
    cap = cv2.VideoCapture(0)
    ```
- "文件名"可以是本地视频文件名、图像序列、视频流的 URL 等。

    例如，打开当前目录下文件名为"vtest.avi"的视频文件，可以使用语句：

    cap = cv2.VideoCapture('vtest.avi')

OpenCV 官网在介绍函数 cv2.VideoCapture() 时，特别强调：视频处理完以后，要记得释放捕获对象。

构造函数 cv2.VideoCapture() 的参数，既可以是文件名，又可以是摄像头 ID。类似这种名称相同，参数不同的函数被称为重载函数，它为计算不同的对象提供了方便。

### 2. cv2.VideoCapture.open() 函数和 cv2.VideoCapture.isOpened() 函数

一般情况下，使用 cv2.VideoCapture() 函数即可完成摄像头的初始化。有时，为了防止初始化发生错误，可以使用函数 cv2.VideoCapture.isOpened() 来检查初始化是否成功。该函数的语法格式为

```
retval = cv2.VideoCapture.isOpened()
```

该函数会判断当前的摄像头是否初始化成功：

- 如果成功，则返回值 retval 为 True。
- 如果不成功，则返回值 retval 为 False。

如果摄像头初始化失败，可以使用函数 cv2.VideoCapture.open() 打开摄像头。该函数的语法格式为

```
retval = cv2.VideoCapture.open( index )
```

其中：

- index 为摄像头 ID 号。
- retval 为返回值，当摄像头（或者视频文件）被成功打开时，返回值为 True，否则为 False。

同样，函数 cv2.VideoCapture.isOpened() 和函数 cv2.VideoCapture.open() 也能用于处理视频文件。在处理视频文件时，函数 cv2.VideoCapture.open() 的参数为文件名，其语法格式为

```
retval = cv2.VideoCapture.open( filename )
```

### 3. 捕获帧

摄像头初始化成功后，就可以从摄像头中捕获帧信息了。捕获帧所使用的函数是 cv2.VideoCapture.read()。该函数的语法为

```
retval, image=cv2.VideoCapture.read()
```

其中：

- image 是返回的捕获到的帧，如果没有帧被捕获，则该值为空。
- retval 表示捕获是否成功，如果成功则该值为 True，不成功则为 False。

在该函数的一次调用中，它相当于将函数 cv2.VideoCapture.grab() 和函数 cv2.VideoCapture.retrieve()组合在一起完成。函数 cv2.VideoCapture.read()是读取视频文件或从解码捕获数据并返回刚抓取的帧的最简便方法。

### 4. 释放

在不需要摄像头时，要关闭摄像头。在不需要文件时，要关闭文件。

上述释放资源过程使用的是函数 cv2.VideoCapture.release()。该函数的语法为

```
None=cv2.VideoCapture.release()
```

例如，当前有一个 VideoCapture 类的对象 cap，要将其释放，可以使用语句：

```
cap.release()
```

### 5. 属性设置

cv2.VideoCapture 类对象的属性及含义如表 18-1 所示。

表 18-1 属性及含义[1]

| 名称 | propId | 含义 |
| --- | --- | --- |
| cv2.CAP_PROP_POS_MSEC | 0 | 视频文件的当前位置（以 ms 为单位）或视频被捕获时的时间戳 |
| cv2.CAP_PROP_POS_FRAMES | 1 | 接下来要解码/捕获的帧的索引从 0 开始 |
| cv2.CAP_PROP_POS_AVI_RATIO | 2 | 视频文件的相对位置：0 表示视频的开始，1 表示视频的结束 |
| cv2.CAP_PROP_FRAME_WIDTH | 3 | 帧的宽度 |
| cv2.CAP_PROP_FRAME_HEIGHT | 4 | 帧的高度 |
| cv2.CAP_PROP_FPS | 5 | 帧速 |
| cv2.CAP_PROP_FOURCC | 6 | 用 4 个字符表示的视频编码器格式 |
| cv2.CAP_PROP_FRAME_COUNT | 7 | 帧数 |
| cv2.CAP_PROP_FORMAT | 8 | byretrieve()返回的 Mat 格式的对象 |
| cv2.CAP_PROP_MODE | 9 | 用于表明当前捕获模式的后端特有的值 |
| cv2.CAP_PROP_BRIGHTNESS | 10 | 图像的亮度（仅适用于相机） |
| cv2.CAP_PROP_CONTRAST | 11 | 图像对比度（仅适用于相机） |
| cv2.CAP_PROP_SATURATION | 12 | 图像饱和度（仅适用于相机） |
| cv2.CAP_PROP_HUE | 13 | 图像色相（仅适用于相机） |
| cv2.CAP_PROP_GAIN | 14 | 图像增益（仅适用于相机） |
| cv2.CAP_PROP_EXPOSURE | 15 | 曝光（仅适用于相机） |

---

1 表格中空白项均表示官方未做出明确说明。

| 名称 | propId | 含义 |
| --- | --- | --- |
| cv2.CAP_PROP_CONVERT_RGB | 16 | 表示图像是否应转换为 RGB 的逻辑标志 |
| cv2.CAP_PROP_WHITE_BALANCE_BLUE_U | 17 | 当前不支持 |
| cv2.CAP_PROP_RECTIFICATION | 18 | 立体摄像机的整流标志 |
| cv2.CAP_PROP_MONOCHROME | 19 | |
| cv2.CAP_PROP_SHARPNESS | 20 | |
| cv2.CAP_PROP_AUTO_EXPOSURE | 21 | DC1394: 相机的曝光控制，用户仅仅能通过该属性调整 |
| cv2.CAP_PROP_GAMMA | 22 | |
| cv2.CAP_PROP_TEMPERATURE | 23 | |
| cv2.CAP_PROP_TRIGGER | 24 | |
| cv2.CAP_PROP_TRIGGER_DELAY | 25 | |
| cv2.CAP_PROP_WHITE_BALANCE_RED_V | 26 | |
| cv2.CAP_PROP_ZOOM | 27 | |
| cv2.CAP_PROP_FOCUS | 28 | |
| cv2.CAP_PROP_GUID | 29 | |
| cv2.CAP_PROP_ISO_SPEED | 30 | |
| cv2.CAP_PROP_BACKLIGHT | 31 | |
| cv2.CAP_PROP_PAN | 32 | |
| cv2.CAP_PROP_TILT | 33 | |
| cv2.CAP_PROP_ROLL | 34 | |
| cv2.CAP_PROP_IRIS | 35 | |
| cv2.CAP_PROP_SETTINGS | 36 | 弹出过滤对话框 |
| cv2.CAP_PROP_BUFFERSIZE | 37 | |
| cv2.CAP_PROP_AUTOFOCUS | 38 | |
| cv2.CAP_PROP_SAR_NUM | 39 | num/den (num) |
| cv2.CAP_PROP_SAR_DEN | 40 | num/den (den) |

有时，我们需要获取 cv2.VideoCapture 类对象的属性，或是更改该类对象的属性。函数 cv2.VideoCapture.get()用于获取 cv2.VideoCapture 类对象的属性，该函数的语法格式为

```
retval = cv2.VideoCapture.get( propId )
```

其中，参数 propId 对应着 cv2.VideoCapture 类对象的属性名称，或者是属性名称对应的数值。

例如，有一个 cv2.VideoCapture 类对象 cap，则：

- x = cap.get(cv2.CAP_PROP_FRAME_WIDTH)　#能获取当前帧对象的宽度
- y = cap.get(cv2.CAP_PROP_FRAME_HEIGHT)　#能获取当前帧对象的高度

将对象 cap 的宽度、高度分别存储在 x、y 中。

属性可以使用其对应的数字值代替（如表 18-1 所示），例如，

- x = cap.get(3) #能获取当前帧对象的宽度 cv2.CAP_PROP_FRAME_WIDTH
- y = cap.get(4) #能获取当前帧对象的高度 cv2.CAP_PROP_FRAME_HEIGHT

函数 cv2.VideoCapture.set()用来设置 cv2.VideoCapture 类对象的属性。该函数的语法为

```
retval = cv2.VideoCapture.set( propId, value )
```

其中：

- retval 是返回值。属性设置不成功，返回 False；大多数情况下返回 True。需要注意，返回 True 并不一定代表着绝对成功（不成功可能也会返回 True）。
- propId 对应 cv2.VideoCapture 类对象的属性，或者该属性对应的数值。
- value 对应属性 propId 要设置的新值。

例如，有一个 cv2.VideoCapture 类对象 cap，则：

- 语句 ret = cap.set(cv2.CAP_PROP_FRAME_WIDTH, 640)将当前对象 cap 的帧宽度设置为 640 像素。
- 语句 ret = cap.set(cv2.CAP_PROP_FRAME_HEIGHT, 480)将当前对象 cap 的帧高度设置为 480 像素。

### 6. cv2.VideoCapture.grab()函数和 cv2.VideoCapture.retrieve()函数

一般情况下，如果需要读取一个摄像头的视频数据，最简便的方法就是使用函数 cv2.VideoCapture.read() 来完成。可以把函数 cv2.VideoCapture.read() 理解为是由函数 cv2.VideoCapture.grab()和函数 cv2.VideoCapture.retrieve()组成的。

如果在多相机环境中，尤其是在相机没有硬件同步的情况下，函数 cv2.VideoCapture.read() 往往无法胜任工作，需要用到 cv2.VideoCapture.grab()函数和 cv2.VideoCapture.retrieve()函数。通常情况下，为每个摄像机调用 cv2.VideoCapture.grab()，然后调用较慢的函数 cv2.VideoCapture.retrieve()解码并从每个摄像机获取帧。这样，消除了去马赛克或运动 jpeg 压缩等方面的开销，从不同摄像机检索到的帧将在时间上更近。

另外，当连接的摄像机是多头摄像机（例如，立体摄像机或 Kinect 设备）时，从中检索数据的正确方法是先调用 cv2.VideoCapture.grab()，然后再使用不同的 channel 参数值调用 cv2.VideoCapture.retrieve()一次或多次。

函数 cv2.VideoCapture.grab()用来从视频或者捕获设备（摄像头）获取下一帧，其语法格式为

```
retval= cv2.VideoCapture.grab( )
```

如果该函数成功捕获了视频或捕获设备的下一帧，则返回值 retval 的值为 True。

函数 cv2.VideoCapture.retrieve()用来解码，并返回函数 cv2.VideoCapture.grab()捕获的视频帧。该函数的语法格式为

```
retval, image = cv2.VideoCapture.retrieve( )
```

其中：

- image 为返回的视频帧，如果未成功，则返回一个空图像。

- retval 为布尔型值，若成功，返回 True；否则，返回 False。

对于一组摄像头，可以使用如下代码捕获不同摄像头的视频帧：

```
success0 = cameraCapture0.grab()
success1 = cameraCapture1.grab()
if success0 and success1:
    frame0 = cameraCapture0.retrieve()
    frame1 = cameraCapture1.retrieve()
```

与 VideoCapture 类内的其他函数一样，cv2.VideoCapture.grab()和 cv2.VideoCapture.retrieve() 既能读取摄像头，也能用来读取视频文件。

## 18.1.2 捕获摄像头视频

计算机视觉要处理的对象是多种多样的。有时，我们需要处理的可能是某个特定的图像；有时，要处理的可能是磁盘上的视频文件；而在更多时候，要处理的是从摄像设备中实时读入的视频流。

OpenCV 通过 cv2.VideoCapture 类提供了非常方便的捕获摄像头视频的方法。下面用一个例子介绍如何捕获摄像头视频。

【例 18.1】使用 cv2.VideoCapture 类捕获摄像头视频。

根据题目要求，编写代码如下：

```
import cv2
cap = cv2.VideoCapture(0)
while(cap.isOpened()):
    ret, frame = cap.read()
    cv2.imshow('frame',frame)
    c = cv2.waitKey(1)
    if c==27:    #ESC 键
        break
cap.release()
cv2.destroyAllWindows()
```

运行程序，笔者拿着一本 OpenCV 图书放在摄像头前，椺序捕获的摄像头视频的截图如图 18-1 所示。

图 18-1 捕获的摄像头视频的截图

### 18.1.3 播放视频文件

播放视频文件时，需要将函数 cv2.VideoCapture() 的参数值设置为视频文件的名称。在播放视频时，可以通过设置函数 cv2.waitKey() 中的参数值，来设置播放视频时每一帧的持续（停留）时间。函数 cv2.waitKey() 中的参数值：

- 如果较小，则说明每一帧停留的时间较短，视频播放速度会较快。
- 如果较大，则说明每一帧停留的时间较长，视频播放速度会较慢。

该参数的单位是 ms，通常情况下，将这个参数的值设置为 25 即可。

【例 18.2】使用 cv2.VideoCapture 类播放视频文件。

根据题目的要求，编写代码如下：

```
import cv2
cap = cv2.VideoCapture('viptrain.avi')
while(cap.isOpened()):
    ret, frame = cap.read()
    if ret==True:
        cv2.imshow('frame',frame)
        c = cv2.waitKey(1)
        if c==27:    #按下 ESC 键，退出
            break
    else:
        c = cv2.waitKey(1)
        if c!=-1:    #按下任意键，退出
            break
cap.release()
cv2.destroyAllWindows()
```

运行上述程序，播放的视频的截图如图 18-2 所示。

图 18-2    【例 18.2】程序播放的视频的截图

## 18.2  VideoWriter 类

OpenCV 中的 cv2.VideoWriter 类可以将图片序列保存成视频文件，也可以修改视频的各种

属性，还可以完成对视频类型的转换。

## 18.2.1 类函数介绍

cv2.VideoWriter 类常用的成员函数包括：构造函数、write 函数等。本节简单介绍这两个常用的函数。

### 1. 构造函数

OpenCV 为 cv2.VideoWriter 类提供了构造函数，用它来完成初始化工作。该函数的语法格式为

```
<VideoWriter object> = cv2.VideoWriter( filename, fourcc, fps, frameSize[,
isColor] )
```

其中：

- filename 指定输出目标视频的存放路径和文件名。如果指定的文件名已经存在，则会用新输出的视频文件覆盖已经存在的文件。
- fourcc 表示视频编/解码类型（格式）。在 OpenCV 中用函数 cv2.VideoWriter_fourcc()来指定视频编码格式。cv2.VideoWriter_fourcc()的参数由 4 个字符构成。这 4 个字符参数构成了编/解码器的"4 字标记"，每个编/解码器都有一个这样的标记。例如，cv2.VideoWriter_fourcc ('M','J','P','G')表示 MJPG 编码类型、cv2.VideoWriter_fourcc('P', 'I', 'M', 'I')表示 MPEG-1 编码类型，上述两种类型生成的文件扩展名均为".avi"。可以在 fourcc 网站上查询全部代码列表、在 mp4ra 网站查阅与 MP4 相关的信息。

在一些终端中，若将编码器参数 fourcc 设置为"-1"，则程序运行时会弹出一个对话框，如图 18-3 所示。在该对话框中，用户可以根据自己的需要选择合适的压缩程序和压缩质量。

图 18- 3 视频压缩对话框

官网上有各个不同平台所支持的部分（不是全部）编码：

- Fedora: DIVX, XVID, MJPG, X264, WMV1, WMV2（XVID 是更常用，MJPG 生成大尺寸视频，X264 提供非常小尺寸的视频）
- Windows: DIVX 等其他
- 苹果(OSX): MJPG (.mp4), DIVX (.avi), X264 (.mkv).
- fps 为帧速率，对应的英文是 FPS（Frames Per Second），表示"帧/秒"，代表在 1 秒内所出现的帧数。
- frameSize 为视频每一帧的宽度和高度。

- isColor 表示是否为彩色图像。该值为非零值（或者 True）时，存储彩色图像；该值为零值（或者 False）时，存储灰度图像。需要注意，当存储灰度图像时，必须保证要存储的帧是灰度形式的，具体细节在【例 18.4】中有介绍。

例如，下面的语句完成了 cv2.VideoWriter 类的初始化工作：

```
fourcc = cv2.VideoWriter_fourcc('X','V','I','D')

out = cv2.VideoWriter('output.avi',fourcc, 20, (1024,768))
```

上述编码 "'X','V','I','D'" 可以简化为 "*'XVID'"。即，上述代码可以简化为

```
fourcc = cv2.VideoWriter_fourcc(*'XVID')

out = cv2.VideoWriter('output.avi',fourcc, 20, (1024,768))
```

### 2. write 函数

cv2.VideoWriter 类中的函数 cv2.VideoWriter.write()用于写入下一帧视频。该函数的语法格式为

```
None=cv2.VideoWriter.write(image)
```

其中，image 是要写入的视频帧。通常情况下，要求彩色图像的格式为 BGR 模式。

在调用该函数时，直接将要写入的视频帧传入该函数即可。例如，有一个视频帧为 frame，要将其写入上面的示例中名为 out 的 cv2.VideoWriter 类对象内，则使用语句：

```
out.write(frame)
```

上述语句会把视频帧 frame 传入名为"output.avi"的 out 对象内。

### 3. 释放

在不需要 cv2.VideoWriter 类对象时，需要将其释放。释放该类对象时所使用的函数是 cv2.VideoWriter.release()。该函数的语法格式为

```
None = cv2.VideoWriter.release( )
```

例如，当前有一个 cv2.VideoWriter 类的对象 out，可以用如下语句将其释放：

```
out.release()
```

## 18.2.2　保存视频

保存视频包括创建对象、写入视频、释放对象等多个步骤，下面对各个步骤做简单的介绍。

### 1. 创建对象

在创建对象前，首先需要设置好参数。

- 设置好要保存的具体文件名，例如：filename="out.avi"。
- 使用 cv2.VideoWriter_fourcc()确定编/解码的类型，例如：fourcc=cv2.VideoWriter_fourcc(*'MJPG')。
- 确定视频的帧速率，例如：fps=20。
- 确定视频的宽度和高度。可以将其设置为一个指定值，例如：size=(640,480)。但是，一

般情况下，该值通过获取源视频的属性值得到。例如，有源视频 cap，通过"w=cap.get(cv2.CAP_PROP_FRAME_WIDTH)"可以获取源视频 cap 的宽度；通过"h=cap.get(cv2.CAP_PROP_FRAME_HEIGHT)"可以获取源视频 cap 的高度；通过"size=(int(w),int(h))"确定的元组 size，可以作为宽度和高度参数使用。

确定好上述参数后，即可创建对象。例如：

```
out = cv2.VideoWriter( filename , fourcc , fps , size )
```

当然，也可以直接在构造函数内用需要的参数值创建对象。例如：

```
out = cv2.VideoWriter('out.avi',fourcc, 20, (640,480))
```

### 2. 写入视频

用函数 cv2.VideoWriter.write()在创建的对象 out 内写入读取到的视频帧 frame。使用的代码为

```
out.write(frame)
```

### 3. 释放对象

在完成写入后，释放对象 out。代码为

```
out.release()
```

【例 18.3】使用 cv2.VideoWriter 类保存捕获摄像头得到的彩色视频文件。

根据题目的要求，编写代码如下：

```
import cv2
cap = cv2.VideoCapture(0)
w=cap.get(cv2.CAP_PROP_FRAME_WIDTH)    #计算宽度
h=cap.get(4)    #计算高度, cv2.CAP_PROP_FRAME_HEIGHT = 4
size=(int(w),int(h))    #计算得到参数 framesize,不合适大小无法写视频
fourcc = cv2.VideoWriter_fourcc(*'MJPG')
out = cv2.VideoWriter('output.avi',fourcc, 20, size,True)
# 参数 frameSize 使用获取的 size
# 如果使用自定义大小，错误的大小值就会导致存储失败
while(cap.isOpened()):
    ret, frame = cap.read()
    if ret==True:
        out.write(frame)
        cv2.imshow('frame',frame)
        if cv2.waitKey(1) == 27:
            break
    else:
        break
cap.release()
out.release()
cv2.destroyAllWindows()
```

运行上述程序，程序就会捕获当前摄像头的彩色视频内容，并将其保存在当前目录下名为

"output.avi" 的视频文件中。

**【例 18.4】** 使用 cv2.VideoWriter 类保存捕获摄像头得到的视频文件的灰度形式。

需要额外注意的是，在存储灰度视频时，不仅需要将函数 VideoWriter 中的参数 "isColor" 设置为 "数值 0 或者 False"，还需要将读取的彩色源转换为灰度形式再进行存储。

根据题目的要求，编写代码如下：

```python
import cv2
cap = cv2.VideoCapture(0)
w=cap.get(cv2.CAP_PROP_FRAME_WIDTH)    #计算宽度
h=cap.get(4)   #计算高度, cv2.CAP_PROP_FRAME_HEIGHT = 4
size=(int(w),int(h))   #计算得到参数 framesize,不合适大小无法写视频
fourcc = cv2.VideoWriter_fourcc(*'MJPG')
out = cv2.VideoWriter('output.avi',fourcc, 20,size,False)
# 使用获取的 size,如果使用自定义大小，错误的大小值就会导致存储失败
while(cap.isOpened()):
    ret, frame = cap.read()
    frame=cv2.cvtColor(frame,cv2.COLOR_BGR2GRAY)   #彩色转灰度
    if ret==True:
        out.write(frame)
        cv2.imshow('frame',frame)
        if cv2.waitKey(1) == 27:
            break
    else:
        break
cap.release()
out.release()
cv2.destroyAllWindows()
```

运行上述程序，程序就会捕获当前摄像头视频内容，并将其转换为灰度形式保存在当前目录下名为 "output.avi" 的视频文件中。

## 18.3 视频操作基础

视频是由视频帧构成的，将视频帧从视频中提取出来，对其使用图像处理方法进行处理，就可以达到视频处理的目的。

**【例 18.5】** 提取视频的 Canny 边缘检测结果。

根据题目的要求，设计代码如下：

```python
import cv2
cap = cv2.VideoCapture('viptrain.avi')
while(cap.isOpened()):
    ret, frame = cap.read()
    frame=cv2.Canny(frame,100,200)
    cv2.imshow('frame',frame)
    c = cv2.waitKey(1)
```

```
    if c==27:    #ESC 键
        break
cap.release()
cv2.destroyAllWindows()
```

运行程序，会播放对应视频的 Canny 边缘检测结果，视频播放的截图如图 18-4 所示。

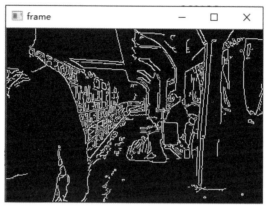

图 18-4　播放视频的边缘检测结果

# 第 19 章

# 绘图及交互

OpenCV 提供了方便的绘图功能，使用其中的绘图函数可以绘制直线、矩形、圆、椭圆等多种几何图形，还能在图像中的指定位置添加文字说明。

在处理图像时，可能需要与当前正在处理的图像进行交互。OpenCV 提供了鼠标事件，使用户可以通过鼠标与图像交互。鼠标事件能够识别常用的鼠标操作，例如：针对不同按键的单击、双击，鼠标的滑动、拖曳等。

OpenCV 还提供了滚动条用于实现交互功能。用户可以拖动滚动条在某一个范围内设置特定的值，并将该值应用于后续的图像处理中。而且，如果设置为二值形式，滚动条还可以作为开关选择器使用。

绘图、鼠标交互、滚动条交互都是 OpenCV 中 GUI 的重要知识，本章将对上述内容做简单介绍。

## 19.1　绘画基础

OpenCV 提供了绘制直线的函数 cv2.line()、绘制矩形的函数 cv2.rectangle()、绘制圆的函数 cv2.circle()、绘制椭圆的函数 cv2.ellipse()、绘制多边形的函数 cv2.polylines()、在图像内添加文字的函数 cv2.putText() 等多种绘图函数。

这些绘图函数有一些共有的参数，主要用于设置源图像、颜色、线条属性等。下面对这些共有参数做简单的介绍。

- img：绘制图形的载体图像（绘图的容器，也称为画布、画板等）。
- color：绘制形状的颜色，使用 BGR 模型表示颜色，例如，(0, 255, 0) 表示绿色。需要注意，颜色通道的顺序是 BGR，而不是 RGB。在显示图形时，需要注意以下问题：
  - OpenCV 绘图函数绘制的图形颜色的通道顺序 BGR，与函数 cv2.imshow、函数 cv2.imread、函数 cv2.imwrite 等通道的顺序 BGR 是一致的，都是 BGR 模式的。因此，将 OpenCV 绘制的图形直接在上述函数内使用即可。如例题【例 19.1】所使用的方式。
  - OpenCV 绘图函数绘制的图形颜色通道顺序 BGR，与 matplotlib.pyplot 的通道顺序 RGB 是不一致的。所以，由 OpenCV 绘图产生的图像，在使用 matplotlib.pyplot 显示前，需要先进行通道调整。如例题【例 19.2】所使用的方式。
  - 对于灰度图像，只能传入单个灰度值。如【例 19.3】所使用的方式。

- thickness：线条的粗细。默认值是 1，如果设置为-1，表示填充图形（即绘制的图形是实心的）。
- lineType：线条的类型，默认是 8 连接类型。lineType 参数的值及说明如表 19-1 所示。

表 19-1 lineType 参数的值及说明

| 参数 | 说明 |
| --- | --- |
| cv2.FILLED | 填充 |
| cv2.LINE_4 | 4 连接类型 |
| cv2.LINE_8 | 8 连接类型 |
| cv2.LINE_AA | 抗锯齿，该参数会让线条更平滑 |

- shift：数据精度。该参数用来控制数值（例如圆心坐标等）的精度，一般情况下，该参数是可选参数，不需要设置。

## 19.1.1 绘制直线

OpenCV 提供了函数 cv2.line()用来绘制直线（线段）。该函数的语法格式为

```
img = cv2.line( img, pt1, pt2, color[, thickness[, lineType ]])
```

其中：

- 参数 img、color、thickness、lineType 的含义如前面的说明所示。
- pt1 表示线段的第 1 个点（起点）。
- pt2 表示线段的第 2 个点（终点）。

【例 19.1】使用 cv2.line()函数在一个黑色背景图像内绘制三条线段。

根据题目的要求，编写代码如下：

```
import numpy as np
import cv2
n = 300
img = np.zeros((n+1,n+1,3), np.uint8)
img = cv2.line(img,(0,0),(n,n),(255,0,0),3)
img = cv2.line(img,(0,100),(n,100),(0,255,0),1)
img = cv2.line(img,(100,0),(100,n),(0,0,255),6)
winname = 'Demo19.1'
cv2.namedWindow(winname)
cv2.imshow(winname, img)
cv2.waitKey(0)
cv2.destroyAllWindows()
```

运行程序，结果如图 19-1 所示。该程序在图像 img 中使用函数 cv2.line()绘制了三条不同起始点、颜色和粗细的直线。

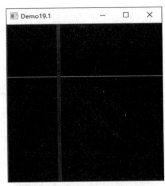

图 19-1　绘制直线示例

## 19.1.2　绘制矩形

OpenCV 提供了函数 cv2.rectangle()用来绘制矩形。该函数的语法格式为

```
img = cv2.rectangle( img, pt1, pt2, color[, thickness[, lineType]] )
```

其中：

- 参数 img、color、thickness、lineType 的含义如前面的说明所示。
- pt1 为矩形顶点。
- pt2 为矩形中与 pt1 对角的顶点。

【例 19.2】使用函数 cv2.rectangle()在一个白色背景图像内绘制一个实心矩形。

根据题目的要求，编写代码如下：

```
import numpy as np
import cv2
import matplotlib.pyplot as plt
n = 300
img = np.ones((n,n,3), np.uint8)*255
img = cv2.rectangle(img,(50,50),(n-100,n-50),(0,0,255),-1)
plt.subplot(121),plt.imshow(img),plt.title("BGR")
img2 = cv2.cvtColor(img,cv2.COLOR_BGR2RGB)
plt.subplot(122),plt.imshow(img2),plt.title("RGB")
```

该段程序在图像 img 中使用函数 cv2.rectangle()绘制了一个使用颜色参数"(0,0,255)"指定的实心矩形。参数"(0,0,255)"是 BGR 模式下的红色，所以，这里的 cv2.rectangle 想绘制一个红色的实心矩形。

运行程序，结果如图 19-2 所示。

- 图 19-2(a)中，实心矩形是蓝色的。这是因为 img 的色彩模式是 BGR 模式的，而 plt.imshow 是按照 RGB 模式绘图的，二者通道顺序不一致，色彩无法得到正确显示。这里，相当于把蓝色和红色分量进行了交换，所以，显示的实心矩形是蓝色的。
- 图 19-2(b)中，实心矩形是红色的。这是因为，将 img 使用函数 cv2.cvtColor 进行色彩空间转换，得到 RGB 模式下的 img2，img2 的通道顺序与 plt.imshow 显示图像的通道顺序一致，色彩得到正确显示。

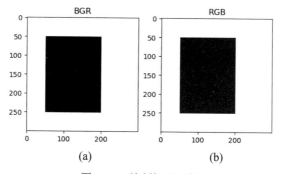

图 19-2　绘制矩形示例

### 19.1.3　绘制圆形

OpenCV 提供了函数 cv2.circle()用来绘制圆。该函数的语法格式为

```
img = cv2.circle( img, center, radius, color[, thickness[, lineType]] )
```

其中：

- 参数 img、color、thickness、lineType 的含义如前面的说明所示。
- center 为圆心。
- radius 为半径。

【例 19.3】使用函数 cv2.circle()在一个白色背景图像内绘制一组同心圆。

根据题目的要求，编写代码如下：

```
import numpy as np
import cv2
d = 400
img = np.ones((d,d),dtype="uint8")*255    #单通道灰度图像
(centerX,centerY) = (round(img.shape[1] / 2),round(img.shape[0] / 2))
#将图像的中心作为圆心,实际值为=d/2
for r in range(5,round(d/2),12):
    randColor=np.random.randint(0,256)
    cv2.circle(img,(centerX,centerY),r,randColor,3)
    #circle(载体图像，圆心，半径，颜色)
cv2.imshow("Demo19.3",img)
cv2.waitKey(0)
cv2.destroyAllWindows()
```

程序中，构造的图像 img 是单通道的。针对单通道的载体图像，圆形的颜色采用单个灰度值。在使用函数 cv2.circle 绘制圆形时，设定的颜色是一个在[0,255]之间的整数随机值，表示从纯黑到纯白之间的随机灰度值。

运行程序，结果如图 19-3 所示。该程序在图像 img 中使用函数 cv2.circle()绘制了一组不同灰度值（均为灰色）的同心圆。

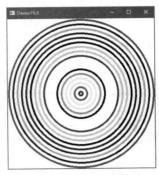

图 19-3　绘制同心圆示例

【例 19.4】使用函数 cv2.circle()在一个白色背景图像内绘制一组位置、大小、颜色均随机的实心圆。

根据题目的要求，编写代码如下：

```python
import numpy as np
import cv2
d = 400
img = np.ones((d,d,3),dtype="uint8")*255
# 生成白色背景
for i in range(0,100):
    centerX = np.random.randint(0,high = d)
    # 生成随机圆心 centerX,确保在画布 img 内
    centerY = np.random.randint(0,high = d)
    # 生成随机圆心 centerY,确保在画布 img 内
    radius = np.random.randint(5,high = d/5)
    # 生成随机半径，值范围为[5,d/5)，最大半径是 d/5
    color = np.random.randint(0,high = 256,size = (3,)).tolist()
    # 生成随机颜色，3 个[0,256)的随机数
    cv2.circle(img,(centerX,centerY),radius,color,-1)
    # 使用上述随机数在画布 img 内画圆
cv2.imshow("demo19.4",img)
cv2.waitKey(0)
cv2.destroyAllWindows()
```

运行程序，结果如图 19-4 所示。该段程序在画布中使用函数 cv2.circle()绘制了一组随机的实心圆。

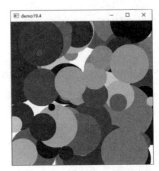

图 19-4　绘制实心圆示例

### 19.1.4　绘制椭圆

OpenCV 提供了函数 cv2.ellipse() 用来绘制椭圆。该函数的语法格式为

```
img=cv2.ellipse(img, center, axes, angle, startAngle, endAngle, color[,
thickness[, lineType]])
```

其中：

- 参数 img、color、thickness、lineType 的含义如前面的说明所示。
- center 为椭圆的圆心坐标。
- axes 为轴的长度。
- angle 为偏转的角度。
- startAngle 为圆弧起始角的角度。
- endAngle 为圆弧终结角的角度。

为了方便理解，OpenCV 官网上对上述参数的含义做了配图说明，有兴趣的读者可以去官网进一步了解。

【例 19.5】使用函数 cv2.ellipse() 在一个白色背景图像内随机绘制一组空心椭圆。

根据题目的要求，编写代码如下：

```
import numpy as np
import cv2
d = 400
img = np.ones((d,d,3),dtype="uint8")*255
# 生成白色背景
center=(round(d/2),round(d/2))
# 注意数值类型，不可以使用语句 center=(d/2,d/2)
size=(100,200)
# 轴的长度
for i in range(0,10):
    angle = np.random.randint(0,361)
    # 偏移角度
    color = np.random.randint(0,high = 256,size = (3,)).tolist()
    # 生成随机颜色，3 个 [0,256) 的随机数
    thickness = np.random.randint(1,9)
    cv2.ellipse(img, center, size, angle, 0, 360, color,thickness)
cv2.imshow("demo19.5",img)
cv2.waitKey(0)
cv2.destroyAllWindows()
```

运行程序，结果如图 19-5 所示。该段程序在图像 img 中使用函数 cv2.ellipse() 绘制了一组随机的空心椭圆。

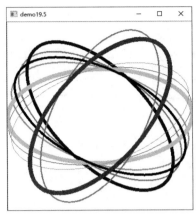

图 19-5　绘制空心椭圆示例

## 19.1.5　绘制多边形

OpenCV 提供了函数 cv2.polylines()用来绘制多边形。该函数的语法格式为

```
img = cv2.polylines( img, pts, isClosed, color[, thickness[, lineType[, shift]]])
```

其中：

- 参数 img、color、thickness、lineType 和 shift 的含义如前面的说明所示。
- pts 为多边形的各个顶点。
- isClosed 为闭合标记，用来指示多边形是否是封闭的。若该值为 True，则将最后一个点与第一个点连接，让多边形闭合；否则，仅仅将各个点依次连接起来，构成一条曲线。

在使用函数 cv2.polylines()绘制多边形时，需要给出每个顶点的坐标。这些点的坐标构建了一个大小等于"顶点个数×1×2"的数组，这个数组的数据类型必须为 numpy.int32。

【例 19.6】使用函数 cv2.polylines()在一个白色背景图像内绘制一个多边形。

根据题目的要求，编写代码如下：

```
import numpy as np
import cv2
d = 400
img = np.ones((d,d,3),dtype="uint8")*255
# 生成白色背景
pts=np.array([[200,50],[300,200],[200,350],[100,200]], np.int32)
# 生成各个顶点,注意数据类型为 int32
pts=pts.reshape((-1,1,2))
# 第 1 个参数为-1，表明它未设置具体值，它所表示的维度值是通过其他参数值计算得到的
cv2.polylines(img,[pts],True,(0,255,0),8)
# 调用函数 cv2.polylines()完成多边形绘图。注意，第 3 个参数控制多边形是否封闭
cv2.imshow("demo19.6",img)
cv2.waitKey(0)
cv2.destroyAllWindows()
```

运行程序，结果如图 19-6 所示。该段程序在图像 img 中使用函数 cv2.polylines()绘制了一

个封闭的多边形。

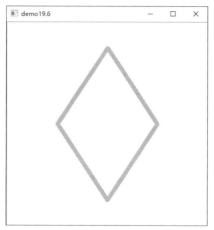

图 19-6　绘制封闭的多边形示例

函数 cv2.polylines()中的第 3 个参数 isClosed 是闭合标记，将该值设置为 False 时，仅仅将各个顶点用线段连接，多边形是不封闭的。此时用于绘制多边形的函数 polylines 的参数为

```
cv2.polylines(img,[pts],False,(0,255,0),8)
```

上述代码绘制的结果如图 19-7 所示。

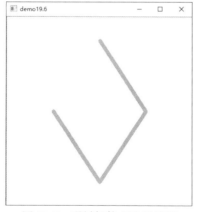

图 19-7　不封闭的多边形示例

因此，可以使用函数 cv2.polylines()来绘制多条首尾相连的线段。只要把线段的各个点放在一个数组中，将这个数组传给函数 cv2.polylines()的第 2 个参数 pts 就可以了。

## 19.1.6　在图形上绘制文字

OpenCV 提供了函数 cv2.putText()用来在图形上绘制文字。该函数的语法格式为

```
img=cv2.putText(img, text, org, fontFace, fontScale, color[, thickness[,
lineType[, bottomLeftOrigin]]])
```

其中：

- 参数 img、color、thickness、lineType 和 shift 的含义如前面的说明所示。

- text 为要绘制的字体。
- org 为绘制字体的位置。参数的值用来控制文字的左下角位置，该点是文字在图像中的起点位置。
- fontFace 表示字体类型，其参数类型及含义如表 19-2 所示。与其他常量值一样，每个常量值对应着一个整数值，例如常量"cv2.FONT_HERSHEY_SIMPLEX"对应着数值"0"。其他常量值也对应着不同的数值。因为整数值比较抽象，不易记忆，也给代码易读性增加了困难，所以，不建议大家使用整数值，而是直接使用比较直观的值，如"cv2.FONT_HERSHEY_SIMPLEX"等。
- fontScale 表示字体大小。
- bottomLeftOrigin 用于控制，绘制文字的起始位置。当该值为 True 时，从左上角开始绘制；当该值为 False 时，从左下角开始绘制。该参数是可选参数，默认值是 False。简单来说，可以通过将该参数值设置为 True，从而实现文字的镜像效果，如【例 19.8】所示。

表 19-2　参数 fontFace 的值及含义

| 值 | 含义 |
| --- | --- |
| cv2.FONT_HERSHEY_SIMPLEX | 正常大小的 sans-serif 字体 |
| cv2.FONT_HERSHEY_PLAIN | 小号的 sans-serif 字体 |
| cv2.FONT_HERSHEY_DUPLEX | 正常大小的 sans-serif 字体（比 cv2.FONT_HERSHEY_SIMPLEX 更复杂） |
| cv2.FONT_HERSHEY_COMPLEX | 正常大小的 serif 字体 |
| cv2.FONT_HERSHEY_TRIPLEX | 正常大小的 serif 字体（比 cv2.FONT_HERSHEY_COMPLEX 更复杂） |
| cv2.FONT_HERSHEY_COMPLEX_SMALL | cv2.FONT_HERSHEY_COMPLEX 字体的简化版 |
| cv2.FONT_HERSHEY_SCRIPT_SIMPLEX | 手写风格的字体 |
| cv2.FONT_HERSHEY_SCRIPT_COMPLEX | cv2.FONT_HERSHEY_SCRIPT_SIMPLEX 字体的进阶版 |
| cv2.FONT_ITALIC | 斜体标记 |

【例 19.7】使用函数 cv2.putText() 在一个白色背景图像内绘制文字。

根据题目的要求，编写代码如下：

```python
import numpy as np
import cv2
d = 400
img = np.ones((d,d,3),dtype="uint8")*255
# 生成白色背景
font=cv2.FONT_HERSHEY_SIMPLEX
cv2.putText(img,'OpenCV',(0,200), font, 3,(0,255,0),15)
cv2.putText(img,'OpenCV',(0,200), font, 3,(0,0,255),5)
cv2.imshow("demo19.7",img)
cv2.waitKey(0)
cv2.destroyAllWindows()
```

运行程序，结果如图 19-8 所示。该段程序在图像 img 中使用函数 cv2.putText() 绘制了文字"OpenCV"。

在上述程序中，第 1 次调用函数 cv2.putText() 绘制了一个宽度值（由参数 thickness 控制）

为 15 的文字"OpenCV"，第 2 次调用函数 cv2.putText()时，在第 1 次绘制的"OpenCV"内部绘制了一个稍细的，宽度值为 5 的"OpenCV"。因为两次使用的颜色不一样，所以实现了文字的"描边"效果。

图 19-8　绘制文字示例

【例 19.8】使用函数 cv2.putText()在一个白色背景图像内绘制一段镜像的文字。

根据题目的要求，编写代码如下：

```
import numpy as np
import cv2
d = 400
img = np.ones((d,d,3),dtype="uint8")*255
# 生成白色背景
font=cv2.FONT_HERSHEY_SIMPLEX
cv2.putText(img,'OpenCV',(0,150),font, 3,(0,0,255),15)
cv2.putText(img,'OpenCV',(0,250),font, 3,(0,255,0),15,
          cv2.FONT_HERSHEY_SCRIPT_SIMPLEX,True)
cv2.imshow("demo19.7",img)
cv2.waitKey(0)
cv2.destroyAllWindows()
```

运行程序，结果如图 19-9 所示。该段程序在图像 img 中使用函数 cv2.putText()绘制了两种不同形式的文字"OpenCV"。

图 19-9　绘制镜像文字示例

在上述程序中，第 1 次调用函数 cv2.putText()绘制了上方的正常显示的文字"OpenCV"；第 2 次调用函数 cv2.putText()时，参数 bottomLeftOrigin 的值被设置为 True，从指定位置的左下角开始绘制文字，绘制了下方的倒置文字"OpenCV"，此时，绘制的文字具有镜像效果。

## 19.2　鼠标交互

当用户触发鼠标事件时，我们希望对该事件做出响应。例如，用户单击鼠标，能够画一个圆。通常的做法是，创建一个 OnMouseAction()响应函数，将要实现的操作写在该响应函数内。响应函数是按照固定的格式创建的，其格式为

```
def OnMouseAction(event,x,y,flags, userdata):
```

其中：

- event 表示触发了何种事件，具体事件如表 19-3 所示。
- x, y 代表触发鼠标事件时，鼠标在窗口中的坐标(*x, y*)。
- flags 代表鼠标的拖曳事件，以及键盘鼠标联合事件，如表 19-4 所示。
- userdata 为可选函数，用来接收交互信息。该参数让函数更具有通用性，可完成与函数 cv2.setMouseCallback()的更进一步交互，具体见【例 19.11】。
- OnMouseAction 为响应函数的名称，该名称可以自定义。
- def 为定义响应函数所使用的关键字。

表 19-3　参数 event 的值以及含义

| 值 | 含义 |
| --- | --- |
| cv2.EVENT_LBUTTONDBLCLK | 双击左键 |
| cv2.EVENT_LBUTTONDOWN | 按下左键 |
| cv2.EVENT_LBUTTONUP | 抬起左键 |
| cv2.EVENT_MBUTTONDBLCLK | 双击中间键 |
| cv2.EVENT_MBUTTONDOWN | 按下中间键 |
| cv2.EVENT_MBUTTONUP | 抬起中间键 |
| cv2.EVENT_MOUSEHWHEEL | 滚轮滑动（正值和负值分别表示向左和向右滚动） |
| cv2.EVENT_MOUSEMOVE | 鼠标滑动 |
| cv2.EVENT_MOUSEWHEEL | 滚轮滑动（正值和负值分别表示向前和向后滚动） |
| cv2.EVENT_RBUTTONDBLCLK | 双击右键 |
| cv2.EVENT_RBUTTONDOWN | 按下右键 |
| cv2.EVENT_RBUTTONUP | 抬起右键 |

表 19-4　参数 flags 的值及含义

| 值 | 含义 |
| --- | --- |
| cv2.EVENT_FLAG_ALTKEY | 按下 Alt 键 |
| cv2.EVENT_FLAG_CTRLKEY | 按下 Ctrl 键 |
| cv2.EVENT_FLAG_LBUTTON | 左键拖曳 |
| cv2.EVENT_FLAG_MBUTTON | 中间键拖曳 |
| cv2.EVENT_FLAG_RBUTTON | 右键拖曳 |
| cv2.EVENT_FLAG_SHIFTKEY | 按下 Shift 键 |

定义响应函数以后，要将该函数与一个特定的窗口建立联系（绑定），让该窗口内的鼠标触发事件时，能够找到该响应函数并执行。将函数与窗口绑定，可以通过函数cv2.setMouseCallback()实现，其基本语法格式为

```
cv2.setMouseCallback(winname,onMouse,userdate)
```

其中：

- winname 为绑定的窗口名。
- onMouse 为绑定的响应函数名。
- userdate 为可选参数，在多个窗口时，能把窗口信息传递给响应函数 OnMouseAction()，具体见【例 19.11】。

**【例 19.9】** 设计一个程序，对触发的鼠标事件进行判断。

根据题目的要求，编写代码如下：

```
import cv2
import numpy as np
def Demo(event,x,y,flags,param):
    if event == cv2.EVENT_LBUTTONDOWN:
        print("单击了鼠标左键")
    elif event==cv2.EVENT_RBUTTONDOWN :
        print("单击了鼠标右键")
    elif flags==cv2.EVENT_FLAG_LBUTTON:
        print("按住左键拖动了鼠标")
    elif event==cv2.EVENT_MBUTTONDOWN :
        print("单击了中间键")
# 创建名称为 Demo 的响应（回调）函数 OnMouseAction
# 将响应函数 Demo 与窗口"Demo19.9"建立连接（实现绑定）
img = np.ones((300,300,3),np.uint8)*255
cv2.namedWindow('Demo19.9')
cv2.setMouseCallback('Demo19.9',Demo)
cv2.imshow('Demo19.9',img)
cv2.waitKey()
cv2.destroyAllWindows()
```

运行程序，在创建的窗口 Demo19.9 内：

- 单击鼠标左键，会触发单击左键事件"cv2.EVENT_LBUTTONDOWN"。
- 单击鼠标右键，会触发单击右键事件"cv2.EVENT_RBUTTONDOWN"。
- 单击鼠标中间键（滚轮），会触发单击中间键事件"cv2.EVENT_MBUTTONDOWN"
- 按住鼠标左键拖动鼠标，会依次触发单击左键事件"cv2.EVENT_LBUTTONDOWN"和左键拖动事件"cv2.EVENT_FLAG_LBUTTON"。

运行上述程序，先后单击左键、右键、滚轮、拖动鼠标，则程序运行结果如图 19-10 所示。

```
单击了鼠标左键
单击了鼠标右键
单击了中间键
单击了鼠标左键
按住左键拖动了鼠标
按住左键拖动了鼠标
```

图 19-10 【例 19.9】程序的运行结果

**说明**：通过下面的方法，可以查看 OpenCV 所支持的鼠标事件：

```
import cv2
events=[i for i in dir(cv2) if 'EVENT'in i]
print(events)
```

## 19.2.1 绘制随机矩形

本节实现一个双击鼠标绘制矩形的简单程序。在该程序中，首先创建响应函数 draw()，在该函数内编写代码，实现：当双击鼠标时，以当前位置为顶点绘制大小随机、颜色随机的矩形。通过函数 cv2.setMouseCallback()将函数 draw()和新建窗口“Demo19.10”绑定。

**【例 19.10】**设计一个程序，当双击鼠标后，以当前位置为顶点绘制大小随机、颜色随机的矩形。

根据题目要求，编写代码如下：

```
import cv2
import numpy as np
d = 400
def draw(event,x,y,flags,param):
    if event==cv2.EVENT_LBUTTONDBLCLK:
        p1x=x
        p1y=y
        p2x=np.random.randint(1,d-50)
        p2y=np.random.randint(1,d-50)
        color = np.random.randint(0,high = 256,size = (3,)).tolist()
        cv2.rectangle(img,(p1x,p1y),(p2x,p2y),color,2)
img = np.ones((d,d,3),dtype="uint8")*255
cv2.namedWindow('Demo19.10')
cv2.setMouseCallback('Demo19.10',draw)
while(1):
    cv2.imshow('Demo19.10',img)
    if cv2.waitKey(20)==27:
        break
cv2.destroyAllWindows()
```

运行程序，在图像内双击鼠标就会以当前位置为顶点绘制大小随机、颜色随机的矩形。图 19-11 是在图像的不同位置多次双击鼠标后的结果。

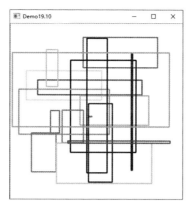

图 19-11　双击鼠标绘制圆形

## 19.2.2　双窗口绘制图形

通过响应函数 OnMouseAction()、函数 cv2.setMouseCallback() 间彼此传递窗体对象的交互操作，能够让鼠标在多个窗口内完成交互功能。

【例 19.11】设计一个程序，生成两个不同的窗口，通过单击鼠标，能够在各自对应的窗口内绘制圆形。

根据题目要求，编写代码如下：

```
import numpy as np
import cv2

mode = 0
thickness=-1
mode=1
d=400
#创建回调函数
def OnMouseAction(event,x,y,flags,param):
    img = param
    if event==cv2.EVENT_LBUTTONDOWN:
        r=np.random.randint(1,d/5)
        color = np.random.randint(0,high = 256,size = (3,)).tolist()
        cv2.circle(img,(x,y),r,color,thickness)
img1 = np.zeros((500,500,3),np.uint8)
img2 = np.ones((500,500,3),np.uint8)*255
cv2.putText(img1,'A',(50,450),cv2.FONT_HERSHEY_SIMPLEX, 20, (255,0,0),5)
cv2.putText(img2,'B',(50,450),cv2.FONT_HERSHEY_SIMPLEX, 20, (255,0,0),5)
cv2.namedWindow('image1')
cv2.namedWindow('image2')
cv2.setMouseCallback('image1',OnMouseAction,img1)
cv2.setMouseCallback('image2',OnMouseAction,img2)
while(1):
    cv2.imshow('image1',img1)
    cv2.imshow('image2', img2)
```

```
    k=cv2.waitKey(1)
    if k==ord('q'):
        break
cv2.destroyAllWindows()
```

运行程序，在图像 imge1、图像 image2 内单击鼠标，会在各自对应的窗体内绘制圆形。图 19-12 是在两幅图像内的不同位置多次单击鼠标后的结果。结束运行时，可以通过单击键盘"q"键，释放所有窗口。

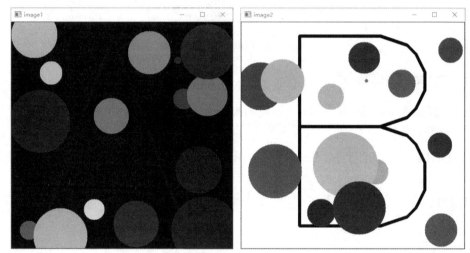

图 19-12　单击鼠标绘制圆形

### 19.2.3　绘制多种不同图形

鼠标事件为用户与计算机之间的交互提供了接口，让用户能够非常灵活地与计算机实现交互。本节通过一个鼠标与键盘配合的例子，展示如何实现用户与计算机的交互。

【例 19.12】设计一个交互程序，通过键盘与鼠标的组合控制显示不同的形状或文字。

根据题目的要求，编写代码如下：

```
import cv2
import numpy as np
thickness=-1
mode=1
d=400
def draw_circle(event,x,y,flags,param):
    if event==cv2.EVENT_LBUTTONDOWN:
        a=np.random.randint(1,d-50)
        r=np.random.randint(1,d/5)
        angle = np.random.randint(0,361)
        color = np.random.randint(0,high = 256,size = (3,)).tolist()
        if mode==1:
            cv2.rectangle(img,(x,y),(a,a),color,thickness)
```

```
        elif mode==2:
            cv2.circle(img,(x,y),r,color,thickness)
        elif mode==3:
            cv2.line(img,(a,a),(x,y),color,3)
        elif mode==4:
            cv2.ellipse(img, (x,y), (100,150), angle, 0, 360,color,thickness)
        elif mode==5:
            cv2.putText(img,'OpenCV',(0,round(d/2)),
                        cv2.FONT_HERSHEY_SIMPLEX, 2,color,5)
img=np.ones((d,d,3),np.uint8)*255
cv2.namedWindow('image')
cv2.setMouseCallback('image',draw_circle)
while(1):
    cv2.imshow('image',img)
    k=cv2.waitKey(1)&0xFF
    if k==ord('r'):
        mode=1
    elif k==ord('c'):
        mode=2
    elif k==ord('l'):      #字母 l，不是数字 1
        mode=3
    elif k==ord('e'):
        mode=4
    elif k==ord('t'):
        mode=5
    elif k==ord('f'):
        thickness=-1
    elif k==ord('u'):
        thickness=3
    elif k==27:
        break
cv2.destroyAllWindows()
```

运行程序，我们可以通过不同的按键，控制单击鼠标左键时在图像内显示不同的对象。不同的按键，控制不同的显示内容：

- 按下"r"键后，在窗体[1]内单击鼠标左键，会显示以当前鼠标位置为顶点，以任意位置为对角顶点的一个矩形。
- 按下"c"键后，在窗体内单击鼠标左键，会显示以当前鼠标位置为圆心，以随机数为半径的一个圆。
- 按下"l"键后，在窗体内单击鼠标左键，会显示以当前鼠标位置为端点，以任意位置为另一个端点的线段。
- 按下"e"键后，在窗体内单击鼠标左键，会显示以当前鼠标位置为中心点，角度随机

---

1　为了强调了交互性，使用了"窗体"，与前面所说的"窗口"含义并无太大区别。

的一个椭圆。

- 按下"t"键后，在窗体内单击鼠标左键，会在当前窗体内显示颜色随机的文字"OpenCV"。

此外，还通过"f"键和"u"键控制各种图形是否为实心：

- 按下"f"键后，所绘制的图形为实心。
- 按下"u"键后，所绘制的图形为空心。

如果要结束程序，可以按"Esc"键（ASCII 码为 27），此时程序退出循环，停止运行。

运行程序，按照上述控制方式绘制不同的对象，可以得到如图 19-13 所示的运行结果。

图 19-13　【例 19.11】程序的运行结果

## 19.3　滚动条

滚动条（Trackbar）在 OpenCV 中是非常方便的交互工具，它依附于特定的窗口而存在。通过调节滚动条能够设置、获取指定范围内的特定值。

在 OpenCV 中，函数 cv2.createTrackbar()用来定义滚动条，其语法格式为

```
cv2.createTrackbar(trackbarname, winname, value, count, onChange)
```

其中：

- trackbarname 为滚动条的名称。
- winname 为滚动条所依附窗口的名称。
- value 为初始值，该值决定滚动条中滑块的位置。
- count 为滚动条的最大值。通常情况下，其最小位置的值是 0。
- onChange 为回调函数。一般情况下，将滚动条改变后要实现的操作写在该参数所对应的回调函数内。

函数 cv2.createTrackbar()用于生成一个滚动条。拖动滚动条，就可以设置滚动条的值，并让滚动条返回对应的值。滚动条的值可以通过函数 cv2.getTrackbarPos()获取，其语法格式为

```
retval=getTrackbarPos( trackbarname, winname )
```

其中：

- retval 为返回值，获取函数 cv2.createTrackbar()生成的滚动条的值。
- trackbarname 为滚动条的名称。
- winname 为滚动条所依附的窗口的名称。

## 19.3.1　用滚动条实现调色板

在 RGB 颜色空间中，任何颜色都是由红（R）、绿（G）、蓝（B）三种颜色构成的，每一种颜色分量的区间是[0，255]。本节用函数 cv2.createTrackbar()和函数 cv2.getTrackbarPos()设计一个模拟调色板：在窗体中，有三个滚动条分别用来设置 R、G、B 的值，调色板会根据当前的 R、G、B 值实时显示其所对应的颜色。

【例 19.13】设计一个滚动条交互程序，通过滚动条模拟调色板效果。

根据题目要求，编写代码如下：

```
import cv2
import numpy as np
def changeColor(x):
    r=cv2.getTrackbarPos('R','image')
    g=cv2.getTrackbarPos('G','image')
    b=cv2.getTrackbarPos('B','image')
    img[:]=[b,g,r]
img=np.zeros((100,700,3),np.uint8)
cv2.namedWindow('image')
cv2.createTrackbar('R','image',0,255,changeColor)
cv2.createTrackbar('G','image',0,255,changeColor)
cv2.createTrackbar('B','image',0,255,changeColor)
while(1):
    cv2.imshow('image',img)
    k=cv2.waitKey(1)&0xFF
    if k==27:
        break
cv2.destroyAllWindows()
```

运行程序，在窗体对象内，分别调整 R、G、B 三个滚动条，可以得到运行结果如图 19-14 所示。

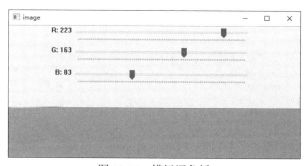

图 19-14　模拟调色板

## 19.3.2　滚动条交互

本节设计一个程序，让不同的滚动条对应不同的响应函数，使滚动条具有更强的交互性。

【例 19.14】设计一个滚动条交互程序，通过滚动条控制 RGB 模型中 R、G、B 色彩的构成及文字显示。

根据题目的要求，编写代码如下：

```
import cv2
import numpy as np
b=0
g=0
r=0
font=cv2.FONT_HERSHEY_SIMPLEX
img=np.zeros((100,700,3),np.uint8)
def changeRed(x):
    global r
    r=cv2.getTrackbarPos('R','image')
    img[:]=[b,g,r]
    cv2.putText(img,'Adjust the RED',(0,70),font, 2,(255,255,255),3)
def changeGreen(x):
    global g
    g=cv2.getTrackbarPos('G','image')
    img[:]=[b,g,r]
    font=cv2.FONT_HERSHEY_SIMPLEX
    cv2.putText(img,'Adjust the GREEN',(0,70),font, 2,(255,255,255),3)
def changeBlue(x):
    global b
    b=cv2.getTrackbarPos('B','image')
    img[:]=[b,g,r]
    font=cv2.FONT_HERSHEY_SIMPLEX
    cv2.putText(img,'Adjust the BLUE',(0,70),font,2,(255,255,255),3)

cv2.namedWindow('image')
cv2.createTrackbar('R','image',100,255,changeRed)
cv2.createTrackbar('G','image',0,255,changeGreen)
cv2.createTrackbar('B','image',0,255,changeBlue)
while(1):
    cv2.imshow('image',img)
    k=cv2.waitKey(1)&0xFF
    if k==27:
        break
cv2.destroyAllWindows()
```

运行程序，在窗体对象内，有控制 R、G、B 的三个滚动条。调整滚动条可以分别控制三种颜色的比例、文字显示，运行结果如图 19-15 所示。

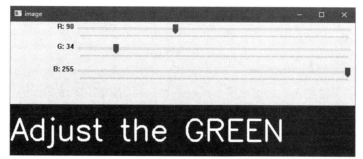

图 19-15　用滚动条控制阈值处理参数

### 19.3.3　用滚动条作为开关

有时也可将滚动条作为"开关"使用。此时，滚动条只有两种值："0"和"1"，当滚动条的值为 0 时，代表 False；当滚动条的值为 1 时，代表 True。

除了表示逻辑关系外，也可以让滚动条的 0 和 1 分别表示其他任意形式的两种不同状态。

【例 19.15】设计一个滚动条交互程序，用滚动条控制绘制的矩形是实心的还是空心的。

根据题目的要求，编写代码如下：

```python
import cv2
import numpy as np
d=400
global thickness
thickness=-1
def fill(x):
    pass
def draw(event,x,y,flags,param):
    if event==cv2.EVENT_LBUTTONDBLCLK:
        p1x=x
        p1y=y
        p2x=np.random.randint(1,d-50)
        p2y=np.random.randint(1,d-50)
        color = np.random.randint(0,high = 256,size = (3,)).tolist()
        cv2.rectangle(img,(p1x,p1y),(p2x,p2y),color,thickness)

img=np.ones((d,d,3),np.uint8)*255
cv2.namedWindow('image')
cv2.setMouseCallback('image',draw)
cv2.createTrackbar('R','image',0,1,fill)
while(1):
    cv2.imshow('image',img)
    k=cv2.waitKey(1)&0xFF
    g=cv2.getTrackbarPos('R','image')
    if g==0:
        thickness=-1
    else:
```

```
        thickness=2
    if k==27:
        break
cv2.destroyAllWindows()
```

运行程序，调整滚动条，绘制不同形式的矩形，得到如图 19-16 所示的结果。

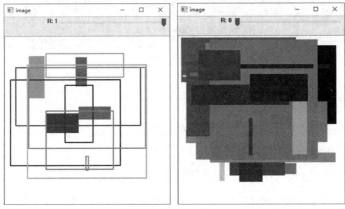

图 19-16　用滚动条控制绘制的矩形是空心或实心的

# 第 20 章

# K 近邻算法

机器学习算法是从数据中产生模型，也就是进行学习的算法（下文也简称为算法）。我们把经验提供给算法，它就能够根据经验数据产生模型。在面对新的情况时，模型就会为我们提供判断（预测）结果。例如，我们可以根据"个子高、腿长、体重轻"来判断一个孩子是个运动员的好苗子。把这些数据量化后交给计算机，它就会据此产生模型，在面对新情况时（判断另一个孩子能不能成为运动员），模型就会给出相应的判断。

比如，要对一组孩子进行测试，首先就要获取这组孩子的基本数据。这组数据包含身高、腿长、体重等数据，这些反映对象（也可以是事件）在某个方面的表现或者性质的事项，被称为属性或特征。而具体的值，如反映身高的"188 cm"就是特征值或属性值。这组数据的集合"（身高=188 cm，腿长=56 cm，体重=46 kg），…，（身高=189 cm，腿长=55 cm，体重=48 kg）"，称为数据集，其中每个孩子的数据称为一个样本。

从数据中学得模型的过程称为学习（learning）或者训练（training）。在训练过程中所使用的数据称为训练数据，其中的每个样本称为训练样本，训练样本所组成的集合称为训练集。

当然，如果希望获取一个模型，除了有数据，还需要给样本贴上对应的标签（label）。例如，"（（个子高、腿长、体重轻），好苗子）"。这里的"好苗子"就是标签，通常我们将拥有了标签的样本称为"样例"。

学得模型后，为了测试模型的效果，还要对其进行测试，被测试的样本称为测试样本。输入测试样本时，并不提供测试样本的标签（目标类别），而是由模型决定样本的标签（属于哪个类别）。比较测试样本预测的标签与实际样本标签之间的差别，就可以计算出模型的精确度。

经过测试后，具有较高精确度的模型，可以用于处理我们遇到的未知问题，让模型帮我们找到解决问题的答案。

大多数的机器学习算法都来源于日常生活实践。K 近邻算法是最简单的机器学习算法之一，主要用于将对象划分到已知类中，在生活中被广泛使用。例如，教练要选拔一批长跑运动员，如何选拔呢？他使用的可能就是 K 近邻算法，会选择个子高、腿长、体重轻，膝、踝关节围度小，跟腱明显，足弓较大者作为候选人。他会觉得这样的孩子具有运动员的潜质，或者说这些孩子的特征和运动员的特征很接近。

本章从理论基础、于写数字识别算法、手写数字识别实例等角度介绍 K 近邻算法。

## 20.1 理论基础

K 近邻算法的本质是将指定对象根据已知特征值分类。例如，看到一对父子，一般情况下，通过判断他们的年龄，能够马上分辨出哪位是父亲，哪位是儿子。这是通过年龄属性的特征值来划分的。

上述例子是最简单的根据单个特征维度做的分类，在实际场景中，情况可能更复杂，有多个特征维度。例如，为一段运动视频分类，判断这段视频是乒乓球比赛还是足球比赛。

为了确定分类，需要定义特征。这里定义两个特征，一个是运动员"挥手"的动作，另一个是运动员"踢脚"的动作。当然，我们不能一看到"挥手"动作就将视频归类为"乒乓球比赛"，因为我们知道某些足球运动员习惯在运动场上通过挥手来跟队友进行交流。同样，我们也不能一看到"踢脚"动作就将视频归类为"足球比赛"，因为有些乒乓球运动员会通过"踢脚"动作来表达自己的感情。

我们分别统计在某段特定时间内，视频中"挥手"和"踢脚"动作的次数，发现如下规律：

- 在乒乓球比赛的视频中，"挥手"的次数远多于"踢脚"的次数。
- 在足球比赛的视频中，"踢脚"的次数远多于"挥手"的次数。

根据对一组视频的分析，得到如表 20-1 所示的数据。

表 20-1　统计表格

| 视频编号 | 视频类型 | 挥手次数 | 踢脚次数 |
| --- | --- | --- | --- |
| A | 乒乓球比赛 | 4801 | 164 |
| B | 乒乓球比赛 | 4603 | 308 |
| C | 足球比赛 | 120 | 3866 |
| D | 乒乓球比赛 | 4417 | 412 |
| E | 乒乓球比赛 | 3367 | 526 |
| F | 乒乓球比赛 | 4335 | 140 |
| G | 乒乓球比赛 | 4222 | 365 |
| H | 乒乓球比赛 | 3427 | 190 |
| I | 足球比赛 | 130 | 4603 |
| J | 足球比赛 | 177 | 3332 |
| K | 乒乓球比赛 | 4980 | 532 |
| L | 乒乓球比赛 | 4240 | 258 |
| M | 乒乓球比赛 | 3040 | 556 |
| N | 乒乓球比赛 | 3521 | 300 |
| O | 乒乓球比赛 | 4763 | 256 |
| P | 足球比赛 | 259 | 4811 |
| Q | 足球比赛 | 369 | 4412 |
| R | 足球比赛 | 129 | 4143 |
| S | 乒乓球比赛 | 3863 | 236 |
| T | 足球比赛 | 365 | 4661 |
| U | 足球比赛 | 104 | 3130 |
| V | 足球比赛 | 172 | 4704 |
| W | 乒乓球比赛 | 4413 | 301 |
| X | 足球比赛 | 106 | 3596 |
| Y | 乒乓球比赛 | 3096 | 129 |
| Z | 足球比赛 | 589 | 4816 |

为了方便观察，将上述数据绘制为散点图，如图 20-1 所示。

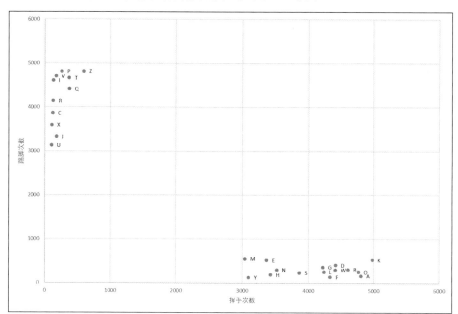

图 20-1　视频数据散点图

从图 20-1 中可以看到，数据点呈现聚集特征：

- 乒乓球比赛视频中的数据点聚集在 x 轴坐标为[3000, 5000]，y 轴坐标为[1,500]的区域。
- 足球比赛视频中的数据点聚集在 y 轴坐标为[3000, 5000]，x 轴坐标为[1,500]的区域。

此时，有一个视频 Test，经过统计得知其中出现 4000 次"挥手"动作，100 次"踢脚"动作。如果在图 20-1 中标注其位置，可以发现视频 Test 的位置最近的邻居是乒乓球比赛视频，因此可判断该视频是乒乓球比赛视频。

上面的例子是一个比较极端的例子，非黑即白，而实际的分类数据中往往参数非常多，判断起来也不会如此简单。因此，为了提高算法的可靠性，在实施时会取 k 个近邻点，这 k 个点中属于哪一类的较多，就将当前待识别点划分为哪一类。为了方便判断，k 值通常取奇数，这和为了能得到明确的投票结果通常将董事会成员安排为奇数的道理是一样的。

例如，已知某知名双胞胎艺人 A 和 B 长得很像，如果要判断一张图像 T 上的人物到底是艺人 A 还是艺人 B，则采用 K 近邻算法实现的具体步骤如下：

（1）收集艺人 A 和艺人 B 的照片各 100 张。

（2）确定几个用来识别人物的重要特征，并使用这些特征来标注艺人 A 和 B 的照片。例如，根据某 4 个特征，每张照片可以表示为[156, 34, 890, 457]这样的形式（即一个样本点）。按照上述方式，获得艺人 A 的 100 张照片的数据集 FA，艺人 B 的 100 张照片的数据集 FB。此时数据集 FA、FB 中的元素都是上述特征值的形式，每个集合中各有 100 个这样的特征值。简而言之，就是使用数值来表示照片，得到艺人 A 的数值特征集（数据集）FA、艺人 B 的数值特征集 FB。

（3）计算待识别图像 T 的特征，并使用特征值表示图像 T。例如，图像 T 的特征值 TF 可能为[257, 896, 236, 639]。

（4）计算图像 T 的特征值 TF 与 FA、FB 中各特征值之间的距离。

（5）找出产生其中 $k$ 个最短距离的样本点（找出离 T 最近的 $k$ 个邻居），统计 $k$ 个样本点中属于 FA 和 FB 的样本点个数，属于哪个数据集的样本点多，就将 T 确定为哪个艺人的图像。例如，找到 11 个最近的点，在这 11 个点中，属于 FA 的样本点有 7 个，属于 FB 的样本点有 4 个，那么就确定这张图像 T 上的艺人为 A；反之，如果这 11 个点中，有 6 个样本点属于 FB，有 5 个样本点属于 FA，那么就确定这张图像 T 上的艺人为 B。

以上所述简单来说就是，图像 T 上的人物与谁的相片更像（数值更接近，称为距离更短），相片上的人物就越有可能是谁，并将该判断作为分析结果。而这，就是 K 近邻算法的基本思想。

## 20.2　计算

计算机的"感觉"是通过逻辑计算和数值计算来实现的。因此，在大多数的情况下，我们要对计算机处理的对象进行数值化处理，将其量化为具体的值，以便后续处理。比较典型的方法是取某几个固定的特征，然后将这些特征量化。例如，在人脸识别的过程中，可以根据人脸部器官的形状描述以及它们之间的距离特性来获取有助于分类的特征数据。这些特征数据可能包括特征点间的距离、曲率和角度等。这样，人脸图像就可以表示为类似于[156, 34, 890, 457]的数据形式了。

K 近邻算法在获取各个样本的特征值之后，计算待识别样本的特征值与各个已知分类的样本特征值之间的距离，然后找出 $k$ 个最邻近的样本，根据 $k$ 个最邻近样本中占比最高的样本所属的分类，来确定待识别样本的分类。

### 20.2.1　归一化

对于简单的情况，直接计算与特征值的距离（差距）即可。例如，在某影视剧中，已经通过技术手段获知犯罪嫌疑人的身高为 186 cm，受害人身高为 172 cm。而面对警察，甲、乙二人都宣称自己是受害人。此时，我们可以通过测量二人身高判定谁是真正的受害人：

- 甲身高为 185 cm，与嫌疑人身高的距离=186-185=1cm，与受害人身高的距离=185-172=7cm。甲的身高与嫌疑人更接近，因此确认甲为嫌疑人。
- 乙身高为 173 cm，与嫌疑人身高的距离=186-173=13cm，与受害人身高的距离=173-172=1cm。乙的身高与受害人更接近，因此确认乙为受害人。

上面的例子是非常简单的特例。而在实际场景中，可能需要通过更多参数进行判断。例如，在一部国外影视剧中，警察通过技术手段获知嫌疑人的身高为 180 cm，缺一根手指；受害人身高为 173cm，十指健全。此时，前来投案的甲、乙二人都宣称自己是受害人。

当有多个参数时，一般将这些参数构成列表（数组、元组）进行综合判断。本例以(身高，手指数量)作为特征。因此，嫌疑人的特征值为(180, 9)，受害人的特征值为(173, 10)。

此时，可以对二人进行以下判断：

- 甲身高为 175 cm，缺一根手指，甲的特征值为(175, 9)。

- 甲与嫌疑人特征值的距离 ＝(180-175) + (9-9) = 5
- 甲与受害人特征值的距离 ＝(175-173) + (10-9) = 3

此时，甲的特征值与受害人更接近，断定甲为受害人。

- 乙身高为 178 cm，十指健全，乙的特征值为(178, 10)。
  - 乙与嫌疑人特征值的距离 ＝(180-178) + (10-9) = 3
  - 乙与受害人特征值的距离 ＝(178-173) + (10-10) = 5

此时，乙与嫌疑人的特征值更接近，断定乙为嫌疑人。

当然，我们知道上述结果是错误的。因为身高、手指数量有着不同的量纲（权值），所以在计算与特征值的距离时要充分考虑不同参数之间的权值。通常情况下，由于各个参数的量纲不一致等原因，需要对参数进行处理，让所有参数具有相等的权值。

一般情况下，对参数进行归一化处理即可。做归一化时，通常使用特征值除以所有特征值中的最大值（或者最大值与最小值的差）。例如，上例中用身高除以最高身高 180（cm），手指数量除以 10（10 根手指），得到新的特征值，计算方式为

$$归一化特征 ＝（身高/最高身高 180，手指数量/10）$$

因此，经过归一化以后：

- 嫌疑人的特征值为(180/180, 9/10) = (1, 0.9)
- 受害人的特征值为(173/180, 10/10) = (0.96, 1)

此时，可以根据归一化以后的特征值，对二人进行判断：

- 甲的特征值为(175/180, 9/10)=(0.97, 0.9)
  - 甲与嫌疑人特征值的距离= (1-0.97) + (0.9-0.9) = 0.03
  - 甲与受害人特征值的距离= (0.97-0.96) + (1-0.9) = 0.11

此时，甲与犯罪嫌疑人的特征值更接近，断定甲为犯罪嫌疑人。

- 乙的特征值为(178/180, 10/10)=(0.99, 1)
  - 乙与嫌疑人的特征值距离= (1-0.99) + (1-0.9) = 0.11
  - 乙与受害人的特征值距离= (0.99-0.96) + (1-1) = 0.03

此时，乙与受害人的特征值更接近，断定乙为受害人。

当然，归一化仅是多种数据预处理中的一种常用方式。除此以外，还可以根据需要对数据采用其他不同的方式进行预处理。例如，可以针对不同的特征采用"加权"处理，让不同的特征具有不同的权重值，从而让不同的特征体现不同的重要性。

## 20.2.2　距离计算

在前面的讨论中，我们多次计算了距离。使用的方式是先将特征值中对应的元素相减，然后再求和。例如，有(身高,体重)形式的特征值 A(185, 75) 和 B(175, 86)，下面判断 C(170, 80)与特征值 A 和特征值 B 的距离：

- C 与 A 的距离= (185-170) + (75-80) = 15+(-5) =10

- C 与 B 的距离= (175-170) + (86-80) = 5+6 = 11

通过计算，C 与 A 的距离更近，所以将 C 划归为 A 所属的分类。

当然，我们知道上述判断是错误的，因为在计算 C 与 A 的距离时存在负数，它抵消了一部分正数。所以，为了避免这种正负相抵的情况，我们通常会计算绝对值的和：

- C 与 A 的距离= |185-170|+|75-80| = 15+5 = 20
- C 与 B 的距离= |175-170|+|86-80| = 5+6 = 11

取绝对值后再求和，计算出 C 与 B 的距离更近，将 C 归为 B 所属的分类。这种用绝对值之和表示的距离，称为曼哈顿距离。

此外，还可以引入计算平方和的方式。此时的计算方法为

- C 与 A 的距离= $(185-170)^2 + (75-80)^2$
- C 与 B 的距离= $(175-170)^2 + (86-80)^2$

更普遍的形式是计算平方和的平方根，这种距离就是被广泛使用的欧氏距离，它的计算方法为

- C 与 A 的距离= $\sqrt{(185-170)^2 + (75-80)^2}$
- C 与 B 的距离= $\sqrt{(175-170)^2 + (86-80)^2}$

欧式距离是应用比较广泛的一种距离计算方式。也有学者认为，在前计算机时代算力不足，计算曼哈顿不方便（绝对值没有平方根好算），导致欧氏距离的普遍应用。在实践中，有非常多的计算距离方式，我们可以根据实际需要选用合适的距离算法。

## 20.3　手写数字识别的原理

20.1 节我们仅仅取了两个特征维度进行说明。在实际应用中，可能存在着更多特征维度需要计算。下面以手写数字识别为例进行简单的介绍。

假设我们要让程序识别图 20-2 中上方的数字（当然，我们一眼就看出来是数字"8"，但是现在要让计算机识别出来）。识别的方式是，依次计算该数字图像（即写有数字的图像）与下方数字图像的距离，与哪个数字图像的距离最近（此时 $k$ =1），就认为它与哪幅图像最像，从而确定这幅图像中的数字是多少。

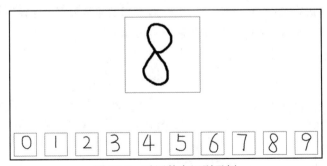

图 20-2　手写数字识别示例

下面分别从特征值提取和数字识别两方面展开介绍。

### 1. 特征值提取

步骤 1：我们把数字图像划分成很多小块，如图 20-3 所示，提取每一个小块的特征。该图中每个数字被分成 5 行 4 列，共计 5×4 = 20 个小块。此时，每个小块是由很多个像素点构成的。当然，也可以将每一个像素点理解为一个更小的子块。

为了叙述上的方便，将这些小块表示为 B（Bigger），将 B 内的像素点，记为 S（Smaller）。因此，待识别的数字"8"的图像可以理解为

- 由 5 行 4 列，共计 5×4=20 个小块 B 构成。
- 每个小块 B 内其实是由 $M×N$ 个像素（更小块 S）构成的。为了描述上的方便，假设每个小块大小为 10×10 =100 个像素。

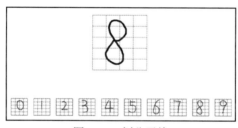

图 20-3　划分子块

步骤 2：计算每个小块 B 内，有多少个黑色的像素点。或者这样说，计算每个小块 B 内有多少个更小块 S 是黑色的。

仍以数字"8"的图像为例，其第 1 行中：

- 第 1 个小块 B 共有 0 个像素点（更小块 S）是黑色的，记为 0。
- 第 2 个小块 B 共有 28 个像素点（更小块 S）是黑色的，记为 28。
- 第 3 个小块 B 共有 10 个像素点（更小块 S）是黑色的，记为 10。
- 第 4 个小块 B 共有 0 个像素点（更小块 S）是黑色的，记为 0。

以此类推，计算出数字"8"的图像中每一个小块 B 中有多少个像素点是黑色的，如图 20-4 所示。我们观察后会发现，不同的数字图像中每个小块 B 内黑色像素点的数量是不一样的。正是这种不同，使我们能用该数量（每个小块 B 内黑色像素点的个数）作为特征来表示每一个数字。至此，我们使用 20 个特征来计算最近邻，每个特征的特征值是 B 块内黑色像素点的个数。

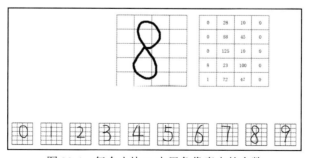

图 20-4　每个小块 B 内黑色像素点的个数

步骤 3：有时，为了处理上的方便，我们会把得到的特征值排成一行，如图 20-5 所示。

| 0 | 28 | 10 | 0 |
| 0 | 88 | 45 | 0 |
| 0 | 125 | 10 | 0 |
| 8 | 23 | 100 | 0 |
| 1 | 72 | 47 | 0 |

**[0,28,10,0,0,88,45,0,0,125,10,0,8,23,100,0,1,72,47,0]**

图 20-5　将特征值排成一行

当然，在 Python 里完全没有必要这样做，因为 Python 可以非常方便地直接处理图 20-5 中上方数组（array）形式的数据。这里为了说明上的方便，仍将其特征值处理为一行的形式。

经过上述处理，数字"8"图像的特征值变为一行数字，如图 20-6 所示。

**[0,28,10,0,0,88,45,0,0,125,10,0,8,23,100,0,1,72,47,0]**

图 20-6　数字"8"图像的特征值

步骤 4：与数字"8"的图像类似，每个数字图像的特征值都可以用一行数字来表示。从某种意义上来说，这一行数字类似于我们的身份证号码，一般来说，具有独特（唯一）性。

按照同样的方式，获取每个数字图像的特征值，如图 20-7 所示。

| 0 | [0, 45,0,125,10,0,8,23,100,0,1, 23,11,0,0,88,0,72,47,0] |
| 2 | [0, 4,0,12,10,0,8,23,26,10,0,0,88,0, 100,0,1,72,47,0] |
| 3 | [0, 23,100,0,1,72,47,0,28,10,0,0,88,0,45,0,125,10,0,8] |
| 4 | [0,28,10,0,0,88,0,45,0,125,10,0,8,23,100,0,1,72,47,5] |
| 5 | [0,12,140,50,7,8,0,8,23,10,0,1,,45,0,125,10,0,72,6,3] |
| 6 | [0,28,10,0,0,7,0,45,0,25,10,0,8,23,100,0,1,72,5,9] |
| 7 | [0,128,10,0,0,8,0,45,0,15,10,0,8,23,100,0,1,72,1,7] |
| 8 | [70,8,10,0,0,88,0,45,0,125,10,0,8,23,100,0,1,2,4,3] |
| 9 | [0,218,10,0,11,8,80,45,0,12,10,0,8,23,10,0,1,7,7,4] |
| 9 | [0,2,10,0,0,88,0,45,0,25,10,0,8,23,100,0,1,72,47,0] |

图 20-7　每个数字图像的特征值

## 2. 数字识别

数字识别要做的就是比较待识别图像与图像集当中的哪幅图像的距离最近。这里，距离最近指的是二者之间的欧氏距离最短。

本例中为了便于说明和理解，进行了简化，将原来下方的 10 个数字减少为 2 个（也即将分类从 10 个减少为 2 个）。假设，要识别的图像为图 20-8 中上方的数字"8"图像，需要判断该图像到底属于图 20-8 中下方的数字"8"图像的分类还是数字"7"图像的分类。

图 20-8　待识别图像与特征图像

步骤 1：提取特征值，分别提取待识别图像的特征值和特征图像的特征值。

为了说明和理解上的方便，将特征进行简化，每个数字图像只提取 4 个特征值（划分为 2×2 = 4 个子块 B），如图 20-9 所示。此时，提取到的特征值分别为

- 待识别的数字"8"图像：[3, 7, 8, 13]
- 数字"8"特征图像：[3, 6, 9, 12]
- 数字"7"特征图像：[8, 1, 2, 98]

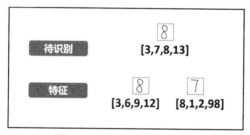

图 20-9　重新计算的特征值

步骤 2：计算距离。按照 20.1 节介绍的欧氏距离计算方法，计算待识别图像与特征图像之间的距离。

首先，计算待识别的数字"8"图像与下方的数字"8"特征图像之间的距离，如图 20-10 所示。计算二者之间的距离：

$$距离 1 = \sqrt{(3-3)^2 + (7-6)^2 + (8-9)^2 + (13-12)^2} = \sqrt{3}$$

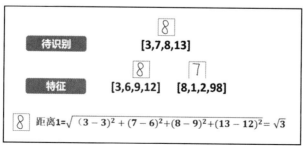

图 20-10　计算距离 1

接下来，计算待识别的数字"8"图像与数字"7"特征图像之间的距离，如图 20-11 所示。二者之间的距离为

$$距离2 = \sqrt{(3-8)^2 + (7-1)^2 + (8-2)^2 + (13-98)^2} = \sqrt{7322}$$

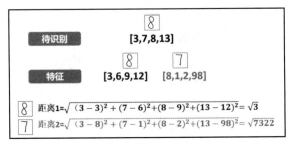

图 20-11　计算距离 2

通过计算可知，待识别的数字"8"图像：

- 与数字"8"特征图像的距离为 $\sqrt{3}$ 。
- 与数字"7"特征图像的距离为 $\sqrt{7322}$ 。

步骤 3：识别。

根据计算的距离，待识别的数字"8"图像与数字"8"特征图像的距离更近。所以，将待识别的数字"8"图像识别为数字"8"特征图像所代表的数字"8"。

上述过程如图 20-12 所示。图中，

- F1 是特征提取运算。
- F2 是计算距离，计算待识别图像与每一个特征图像的距离。
- F3 是查找最小值。
- F4 是识别。通过反向映射，找到最小值所对应的特征图像，进而得到识别结果。

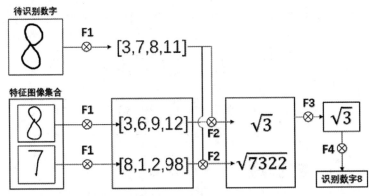

图 20-12　识别过程

上面介绍的是 K 近邻算法只考虑最近的一个邻居的情况，相当于 K 近邻中 $k =1$ 的情况，通常被称为最近邻算法。最近邻算法，可能会导致误判。如图 20-13 中，位于中心点的是"待识别的数字图像"，与其距离最近的图像是一个数字 7。如果采用最近邻判断，则很容易将"待识别的数字图像"识别为数字 7。当然，这样的识别是错误的，因为其实际值是"数字 6"。

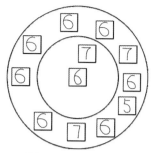

图 20-13　K 值选取

在实际操作中，为了提高可靠性，需要选用大量的特征值、并考虑更多个邻居的情况。例如，每个数字都选用不同的形态的手写体 100 个，对于 0～9 这 10 个数字，共需要 100×10＝1000 幅特征图像。在识别数字时，分别计算待识别的数字图像与这些特征图像之间的距离。这时，可以将 $k$ 调整为稍大的值（考虑更多的邻居），例如 $k$ ＝11，然后看看其最近的 11 个邻居分属于哪些特征图像。例如，在图 20-13 中，其近邻中：

- 有 7 个属于数字 "6" 特征图像。
- 有 3 个属于数字 "7" 特征图像。
- 有 1 个属于数字 "5" 特征图像。

通过判断，当前待识别的数字为数字 "6" 特征图像所代表的数字 "6"。可以发现，将 K 值设置更大时，有了更高的可靠性。

当然，过大的 K 值不仅没有必要，而且会增加运算量。在实践中，需要根据实际情况选取合适的 K 值。

## 20.4　自定义函数手写数字识别

OpenCV 提供了函数 cv2.KNearest()用来实现 K 近邻算法，在 OpenCV 中可以直接调用该函数。为了进一步了解 K 近邻算法及其实现方式，本节首先使用 Python 和 OpenCV 实现一个应用 K 近邻算法识别手写数字的实例。

【例 20.1】编写程序，演示 K 近邻算法。

在本例中，0～9 的每个数字都有 10 个特征值。例如，数字 "0" 的特征值如图 20-14 所示。为了便于描述，将所有这些用于判断分类的图像称为特征图像。

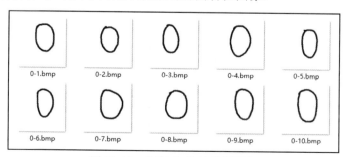

图 20-14　数字 "0" 的特征图像

下面分步骤实现手写数字的识别。

## 1. 数据初始化

对程序中要用到的数据进行初始化。涉及的数据主要有路径信息、图像大小、特征值数量、用来存储所有特征值的数据等。

本例中：

- 特征图像存储在当前路径的"image"文件夹下。
- 用于判断分类的特征值有 100 个（对应 100 幅特征图像，每个数字 10 幅）。
- 特征图像的行数（高度）、列数（宽度）可以通过程序读取。也可以在图像上单击鼠标右键后通过查找属性值来获取。这里采用设置好的特征图像集，每个特征图像都是高 240 行、宽 240 列。

根据上述已知条件，对要用到的数据初始化：

```
s='image\'  # 图像所在的路径
num=100     # 共有特征值的数量
row=240     # 特征图像的行数
col=240     # 特征图像的列数
a=np.zeros((num,row,col))     # a 用来存储所有特征的图像
```

## 2. 读取特征图像

本步骤将所有的特征图像读入到 a 中。共有 10 个数字，每个数字有 10 个特征图像，采用嵌套循环语句完成读取。具体代码如下：

```
n=0 # n 用来存储当前图像的编号。
for i in range(0,10):
    for j in range(1,11):
        a[n,:,:]=cv2.imread(s+str(i)+'\'+str(i)+'-'+str(j)+'.bmp',0)
        n=n+1
```

## 3. 提取特征图像的特征值

提取特征图像的特征值时，我们将原始特征图像划分为 5×5 大小的小区域，依次计算每个小区域的特征值。将得到的每个小区域的特征值，构成一个特征值数组，该数组即为特征图像所对应的特征值数组。

经过上述运算，得到的特征值数组的行和列的大小都为原图像的 1/5。例如，特征图像高 240 行、宽 240 列，则特征值数组的大小为(240/5)×(240/5)=48×48。也就是说，原始图像经过特征值提取后，得到一个高 48 行、宽 48 列的二维数组，该 48×48 的二维数组是每一幅原始特征图像所对应的特征值数组。

在提取特征值时，可以计算每个子块内黑色像素点的个数，也可以计算每个子块内白色像素点的个数。这里，我们选择计算白色像素点（像素值为 255）的个数。按照上述思路，图像映射到特征值的关系如图 20-15 所示。

| | | | | | | | | | | | | | | |
|---|---|---|---|---|---|---|---|---|---|---|---|---|---|---|
| 255 | 0 | 0 | 0 | 255 | 0 | 255 | 0 | 255 | 255 | 0 | 0 | 255 | 255 | 0 |
| 255 | 0 | 0 | 0 | 0 | 255 | 255 | 255 | 255 | 0 | 255 | 0 | 255 | 255 | 0 |
| 255 | 255 | 0 | 0 | 255 | 0 | 0 | 0 | 0 | 255 | 0 | 0 | 0 | 255 | 255 |
| 0 | 255 | 0 | 255 | 0 | 0 | 255 | 255 | 0 | 0 | 0 | 0 | 0 | 255 | 0 |
| 255 | 255 | 255 | 0 | 0 | 255 | 0 | 255 | 0 | 255 | 255 | 255 | 255 | 0 | 255 |
| 0 | 255 | 255 | 0 | 0 | 255 | 255 | 0 | 0 | 0 | 255 | 0 | 255 | 0 | 255 |
| 0 | 0 | 255 | 255 | 255 | 255 | 0 | 255 | 0 | 0 | 255 | 0 | 255 | 0 | 0 |
| 0 | 0 | 255 | 0 | 255 | 0 | 255 | 0 | 0 | 0 | 0 | 0 | 255 | 0 | 255 |
| 0 | 0 | 0 | 255 | 0 | 0 | 0 | 0 | 0 | 0 | 255 | 255 | 255 | 0 | 255 |
| 0 | 255 | 0 | 0 | 255 | 0 | 255 | 0 | 255 | 255 | 255 | 255 | 0 | 255 | 255 |
| 0 | 0 | 255 | 255 | 255 | 0 | 255 | 255 | 255 | 0 | 255 | 0 | 255 | 0 | 255 |
| 255 | 255 | 0 | 255 | 0 | 255 | 0 | 255 | 0 | 255 | 255 | 255 | 0 | 0 | 0 |
| 0 | 0 | 0 | 255 | 0 | 0 | 255 | 255 | 255 | 0 | 255 | 0 | 255 | 0 | 0 |
| 255 | 0 | 0 | 0 | 0 | 255 | 255 | 0 | 0 | 0 | 255 | 255 | 255 | 0 | 0 |
| 255 | 255 | 0 | 0 | 255 | 0 | 0 | 0 | 0 | 255 | 255 | 255 | 255 | 0 | 0 |

| | | |
|---|---|---|
| 11 | 13 | 12 |
| 10 | 8 | 15 |
| 11 | 12 | 13 |

图 20-15　图像映射到特征值

在设计程序时，原始图像(row, col)处的像素点，统一映射到特征图像(row/5, col/5)处。也就说是，如果原始图像内位于(row, col)位置的像素点是白色，则要把对应特征值内位于(row/5, col/5)处的值加 1。

根据上述分析，编写代码如下：

```
feature=np.zeros((num,round(row/5),round(col/5))) # feature 存储所有样本的特征值
#print(feature.shape)  # 在必要时查看 feature 的形状是什么样子
#print(row)            # 在必要时查看 row 的值，有多少个特征值（100 个）
for ni in range(0,num):
    for nr in range(0,row):
        for nc in range(0,col):
            if a[ni,nr,nc]==255:
                feature[ni,int(nr/5),int(nc/5)]+=1
f=feature   #简化变量名称
```

### 4. 计算待识别图像的特征值

读取待识别图像，然后计算该图像的特征值。编写代码如下：

```
o=cv2.imread('image\\lessonv2\\8.bmp',0) #读取待测图像
# 读取图像的值
of=np.zeros((round(row/5),round(col/5))) # 用来存储待识别图像的特征值
for nr in range(0,row):
    for nc in range(0,col):
        if o[nr,nc]==255:
            of[int(nr/5),int(nc/5)]+=1
```

### 5. 计算待识别图像与特征图像之间的距离

依次计算待识别图像与特征图像之间的距离。编写代码如下：

```
d=np.zeros(100)
for i in range(0,100):
     d[i]=np.sum((of-f[i,:,:])*(of-f[i,:,:]))
```

数组 d 通过依次计算待识别图像特征值 of 与数据集 f 中各个特征值的欧氏距离得到。数据集 f 中依次存储的是数字 0~9 的共计 100 个特征图像的特征值。所以，数组 d 中的索引号对应

着各特征图像的编号。例如，d[mn]表示待识别图像与数字"m"的第 *n* 个特征图像的距离。数组 d 的索引与特征图像之间的对应关系如表 20-2 所示。

表 20-2　数组 d 的索引与特征图像的对应关系

| 索引 | 关系 |
| --- | --- |
| 0~9（相当于 00~09） | 对应着待识别图像到数字"0"的 10 个特征图像（第 0 个到第 9 个）的距离 |
| 10~19 | 对应着待识别图像到数字"1"的 10 个特征图像的距离 |
| 20~29 | 对应着待识别图像到数字"2"的 10 个特征图像的距离 |
| 30~39 | 对应着待识别图像到数字"3"的 10 个特征图像的距离 |
| 40~49 | 对应着待识别图像到数字"4"的 10 个特征图像的距离 |
| 50~59 | 对应着待识别图像到数字"5"的 10 个特征图像的距离 |
| 60~69 | 对应着待识别图像到数字"6"的 10 个特征图像的距离 |
| 70~79 | 对应着待识别图像到数字"7"的 10 个特征图像的距离 |
| 80~89 | 对应着待识别图像到数字"8"的 10 个特征图像的距离 |
| 90~99 | 对应着待识别图像到数字"9"的 10 个特征图像的距离 |

如果将索引号整除 10，得到的值正好是其对应的特征图像上的数字。例如 d[34]对应着待识别图像到数字"3"的第 4 个特征图像的欧式距离。而将 34 整除 10，得到 int(34/10) = 3，正好是其对应的特征图像上的数字。

确定了索引与特征图像的关系，下一步可以通过计算索引达到数字识别的目的。

### 6. 获取 *k* 个最短距离及其索引

从计算得到的所有距离中，选取 *k* 个最短距离，并计算出这 *k* 个最短距离对应的索引。具体实现方式是：

- 每次找出最短的距离（最小值）及其索引（下标），然后将该最小值替换为最大值。
- 重复上述过程 *k* 次，得到 *k* 个最短距离对应的索引。

每次将最小值替换为最大值，是为了确保该最小值在下一次查找最小值的过程中不会再次被找到。例如，要在数字序列"11, 6, 3, 9"内依次找到从小到大的值。

- 第 1 次找到了最小值"3"，同时将"3"替换为"11"。此时，要查找的序列变为"11, 6, 11, 9"。
- 第 2 次查找最小值时，在序列"11, 6, 11, 9"内找到的最小值是数字"6"，同时将"6"替换为最大值"11"，得到序列"11,11,11,9"。

不断地重复上述过程，依次在第 3 次找到最小值"9"，在第 4 次找到最小值"11"。当然，在本例中查找的是数值，具体实现时查找的是索引值。

根据上述思路，编写代码如下：

```
d=d.tolist()
temp=[]
Inf = max(d)
#print(Inf)
k=3
for i in range(k):
    temp.append(d.index(min(d)))
```

```
d[d.index(min(d))]=Inf
```

**【提示】** 程序中 k 值是选择的邻居数量。该值跟训练样本的数量相关，当训练样本较多时，可以将该值设为较大值，选取更多的邻居作为判断依据；当训练样本较少时，可以将该值设置得稍小些，选取少一些的邻居点作为判断依据。本例中，每个数字的训练样本有 10 个，我们将 k 值设定为 3。

### 7. 识别

根据计算出来的 $k$ 个最小值的索引，结合表 20-2 就可以确定索引所对应的数字。具体实现方法是将索引值整除 10，得到对应的数字。

例如，在 $k$=11 时，得到最小的 11 个值所对应的索引依次为 66、60、65、63、68、69、67、78、89、96、32。它们所对应的特征图像如表 20-3 所示。

表 20-3　索引对应的特征图像

| 索引 | 对应关系 |
| --- | --- |
| 66 | 数字 "6" 的第 6 个特征图像 |
| 60 | 数字 "6" 的第 0 个特征图像 |
| 65 | 数字 "6" 的第 5 个特征图像 |
| 63 | 数字 "6" 的第 3 个特征图像 |
| 68 | 数字 "6" 的第 8 个特征图像 |
| 69 | 数字 "6" 的第 9 个特征图像 |
| 67 | 数字 "6" 的第 7 个特征图像 |
| 78 | 数字 "7" 的第 8 个特征图像 |
| 89 | 数字 "8" 的第 9 个特征图像 |
| 96 | 数字 "9" 的第 6 个特征图像 |
| 32 | 数字 "3" 的第 2 个特征图像 |

这说明，当前待识别图像与数字 "6" 的第 6 个特征图像距离最近；接下来，距离最近的第 2 个特征图像是数字 "6" 的第 0 个特征图像（序号从 0 开始）；以此类推，距离最近的第 11 个特征图像是数字 "3" 的第 2 个特征图像。

上述结果说明，与待识别图像距离最近的 11 个特征图像中，有 7 个是数字 "6" 的特征图像。所以，待识别图像是数字 "6"。

下面讨论如何通过程序识别数字。已知将索引整除 10，就能得到对应特征图像上的数字，因此对于上述索引整除 10：

$$(66, 60, 65, 63, 68, 69, 67, 78, 89, 96, 32)整除 10 = (6, 6, 6, 6, 6, 6, 6, 7, 8, 9, 3)$$

为了叙述上的方便，将上述整除结果标记为 dr，在 dr 中出现次数最多的数字，就是识别结果。对于上例，dr 中 "6" 的个数最多，所以识别结果就是数字 "6"。

这里我们借助索引判断一组数字中哪个数字出现的次数最多：

- 建立一个数组 r，让其元素的初始值都是 0。
- 依次从 dr 中取数字 $n$，将数组 r 索引位置为 $n$ 的值加 1。例如，从 dr 中取到的第 0 个数字为 "6"，将 r[6]加上 1；从 dr 中取到第 1 个数字也为 "6"，将 r[6]加上 1；以此类推，对于 dr=[6, 6, 6, 6, 6, 6, 6, 7, 8, 9, 3]，得到数组 r 的值为[0, 0, 0, 1, 0, 0, 7, 1, 1, 1]。

在数组 r 中：

- r[0]=0，表示在 dr 中不存在值为 0 的元素。
- r[3]=1，表示在 dr 中有 1 个 "3"。
- r[6]=7，表示在 dr 中有 7 个 "6"。
- r[7]=1，表示在 dr 中有 1 个 "7"。
- r[8]=1，表示在 dr 中有 1 个 "8"。
- r[9]=1，表示在 dr 中有 1 个 "9"。
- r 中其余为 0 的值，表示其对应的索引在 dr 中不存在。

数组 r 中最大值（数值 7）的索引 6，即 dr 中出现次数最多（7 次）的数值 6。数值 6 出现最多，对应着 K 近邻中，识别为数值 6 的次数最多，因此，将数值 6 作为识别结果。

根据上述思路，编写代码如下：

```
temp=[i/10 for i in temp]
# 数组 r 用来存储结果，r[0]表示 K 近邻中 "0" 的个数，r[n]表示 K 近邻中 "n" 的个数
r=np.zeros(10)
for i in temp:
    r[int(i)]+=1
print('当前的数字可能为:'+str(np.argmax(r)))
```

当然，有很多包提供了函数，能够直接计算出现频率最高的数值，大家也可以直接调用这样的函数来计算出现频率最高的数值。

### 8. 完整程序

上述过程是分步骤的分析结果，以下是完整源代码：

```
# ==============0.导入包==============
import cv2
import numpy as np
# ==============1.数据初始化==============
s='image\\'  #图像所在路径
num=100 #共有样本数量
row=240 #每个数字图像的行数
col=240 #每个数字图像的列数
a=np.zeros((num,row,col)) #用来存储所有样本的数值
# ==============2.读取特征图像==============
n=0 #用来存储当前图像的编号
for i in range(0,10):
    for j in range(1,11):
        a[n,:,:]=cv2.imread(s+str(i)+'\\'+str(i)+'-'+str(j)+'.bmp',0)
        n=n+1
# ==============3.提取特征图像的特征值==============
feature=np.zeros((num,round(row/5),round(col/5))) #用来存储所有样本的特征值
#print(feature.shape)  #看看 feature 的 shape 长什么样子
#print(row)            #看看 row 的值,有多少个特征（100）个
```

```
for ni in range(0,num):
    for nr in range(0,row):
        for nc in range(0,col):
            if a[ni,nr,nc]==255:
                feature[ni,int(nr/5),int(nc/5)]+=1
f=feature    #简化变量名称
# ===============4．计算待识别图像的特征值===============
o=cv2.imread('image\\lessonv2\\8.bmp',0)  #读取待测图像
##读取图像值
of=np.zeros((round(row/5),round(col/5)))  #用来存储测试图像的特征值
for nr in range(0,row):
    for nc in range(0,col):
        if o[nr,nc]==255:
            of[int(nr/5),int(nc/5)]+=1
# =========5．计算待识别图像与特征图像之间的距离===============
d=np.zeros(100)
for i in range(0,100):
    d[i]=np.sum((of-f[i,:,:])*(of-f[i,:,:]))
# ===============6．获取 k 个最短距离及其索引===================
d=d.tolist()
temp=[]
Inf = max(d)
#print(Inf)
k=3
for i in range(k):
    temp.append(d.index(min(d)))
    d[d.index(min(d))]=Inf
#print(temp)    #看看都被识别为哪些特征值了。
# ==========================7．识别======================
temp=[i/10 for i in temp]
#数组 r 用来存储结果，r[0]表示 k 近邻中 0 的个数，r[n]K 近邻中 n 的个数
r=np.zeros(10)
for i in temp:
    r[int(i)]+=1
print('当前的数字可能为:'+str(np.argmax(r)))
```

运行上述程序，显示的运行结果为

当前的数字可能为:8

### 9. 特别说明

在本书第一版出版后，收到读者反馈，说数字识别效果不好，自己手写的数字无法识别。这主要原因在于以下两点：

- 训练集中的数字，与自己手写的数字在特征上存在着较大的差异。例如，我们的手写数字图像 "4"，在训练集中，与该数字最像的几个数字分别是 "9、4、9"。此时，识别结

果是 9。也就是说，如果让系统能够识别我们自己的手写数字，那么最好使用自己的手写数字作为训练集。这样，每个人手写数字的特征比较稳定，每个数字对应的邻居都是这个数字，就能够取得较好的识别结果。当然，此时的缺陷在于程序只能识别特定人的手写体。如果希望能识别更多人的手写体，就要解决样本集过小的问题。

- 训练样本集规模过小。本例中，我们选取的训练集规模非常小，每个数字只有 10 个样本用于学习。因此，在识别时会出现误判。这个系统更侧重于说明原理，类似于我们使用积木搭建了一个模型玩具。在实践中，我们需要训练更多的样本，通过将训练集变大的方式，让模型具有更高的识别率。简单来说，如果每个数字的训练样本数量达到 1000 个，那么即使我写出了一个比较有个性的手写体，该手写体在训练集中对应的若干个邻居也都是该数字的训练样本，那也必然识别正确。例如，即使我们手写了比较有个性特征的数字图像 "4"，在训练集中同样存在与该个性化数字最像的几个数字 "4"（或者数字 4 的样本占相对多数），此时，识别结果当然是 4。

## 20.5　K 近邻模块的基本使用

在 OpenCV 中，不需要自己编写复杂的函数实现 K 近邻算法，直接调用其自带的模块函数即可。本节通过一个简单的例子介绍如何使用 OpenCV 自带的 K 近邻模块。

一般来说，自带模块函数就是一个"机器人"，我们直接告诉他我们想要做的，他会按照我们的要求去工作，并把结果返回给我们。从这点来说，自带模块函数是一个黑盒，不需要我们去关心其内部发生了什么。我们关心的只有输入和输出。

K 近邻模块工作流程如图 20-16 所示，图中各部分如下：

- F1 是特征提取运算。
- F2 表示输入参数。
- F3 表示输出结果。
- KNN 是 K 近邻模块。

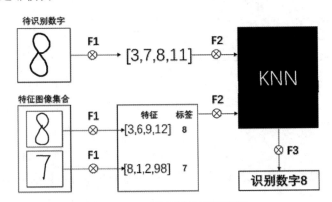

图 20-16　K 近邻模块工作流程

从图中可以看出，在使用 K 近邻模块时，我们仅仅需要将符合要求的输入提交给 K 近邻模块，就可以得到运算结果。

在程序实现上，一般分为三个步骤完成：

- 步骤 1：处理特征图像，得到特征图像的特征值、特征图像对应的标签（使用函数 F1）；
- 步骤 2：处理待识别数字，得到待识别数字的特征值（使用函数 F1）；
- 步骤 3：将步骤 1、步骤 2 的特征值、标签代入 KNN（对应 F2），使用模型完成分类（对应 F3）。

上述步骤中，步骤 1、步骤 2 先后顺序对算法结果没有影响。

步骤 3 中 KNN 模型的功能是完成分类，该步骤又可以细分为 3 个步骤（语句）完成，如图 20-17 所示。

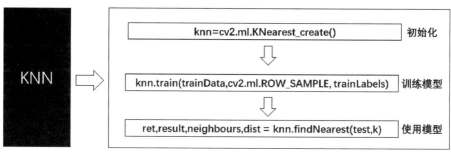

图 20-17　K 近邻模块的具体步骤

上述步骤具体为

步骤 3.1：生成一个空的模型。

使用的语句为

```
knn=cv2.ml.KNearest_create()      # 生成空模型
```

步骤 3.2：使用训练数据（原始特征值）、训练数据的响应值（训练数据的标签、分类信息）、根据数据的形状（行、列）完成训练，生成可以使用的模型。

使用的语句为

```
knn.train(trainData,cv2.ml.ROW_SAMPLE, trainLabels)
```

其中：

- trainData 是训练数据的特征值。
- cv2.ml.ROW_SAMPLE 是数据类型，当前是行形式的，也可以是列形式的（cv2.ml.COL_SAMPLE）。
- trainLabels 是训练数据特征值所对应的标签值。

步骤 3.3：使用训练好的模型完成任务。将要处理对象的特征值和 k 值作为参数，传递给训练好的模型，使用函数 findNearest 得出计算结果。

使用的语句为

```
ret,result,neighbours,dist = knn.findNearest(test,k)
```

其中：

- ret 是 float 型的返回结果值。

- result 是 numpy.ndarray 型的 k 近邻算法的运算结果（比如，将某图像识别为数值 3，则通过 result 返回标签 3 的 numpy.ndarray 形式值 "[[3.]]"）。
- neighbours 是 k 个邻居的标签。
- dists 是到 k 个邻居的距离。
- test 是需要处理对象的特征值（比如待识别图像的特征值）。
- k 是 K 近邻算法中 k 值大小。如果想使用最近邻算法，就让 k=1。

将使用 KNN 模型完成分类，进行归纳、简化如下：

- 生成空模型：knn=cv2.ml.KNearest_create()。
- 构造模型：knn.train(trainData,cv2.ml.ROW_SAMPLE, trainLabels)。
- 使用模型：ret,result,neighbours,dist = knn.findNearest(test,k)。

上述三个步骤是使用 K 近邻模块的核心步骤。

【例 20.2】演示 OpenCV 自带的 K 近邻模块的使用方法。

本例中有两组位于不同位置的用于训练的数据集，如图 20-18 所示。两组数据集中，一组位于左下角；另一组位于右上角。随机生成一个数值，用 OpenCV 中的 K 近邻模块判断该随机数属于哪一个分组。

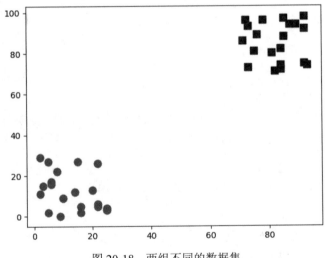

图 20-18　两组不同的数据集

根据上述说明，分步骤实现如下。

### 1. 生成模拟数据及标签

这里，我们将样本数据（训练集）、标签放在两个不同的数组内，二者之间通过序号（位置、索引）建立关联。例如在图 20-19 中，存在两个不同的数组，样本数组和标签数组。二者之间通过序号，建立了关联。例如，

- 存储在 "样本" 数组内序号为 1-5 的数据，均对应着标签数组内的标签 "0"。
- 存储在 "样本" 数组内序号为 6-10 的数据，均对应着标签数组内的标签 "1"。

序号　　样本　　标签

| 1 | 26 | 24 | 0 |
|---|---|---|---|
| 2 | 13 | 18 | 0 |
| 3 | 12 | 12 | 0 |
| 4 | 26 | 15 | 0 |
| 5 | 9 | 19 | 0 |
| 6 | 100 | 98 | 1 |
| 7 | 81 | 96 | 1 |
| 8 | 98 | 95 | 1 |
| 9 | 74 | 71 | 1 |
| 10 | 98 | 96 | 1 |

图 20-19　样本及标签数据结构

按照上述方式，采用随机数模拟构造两组不同的数据，将其存储在一个样本数组内；在另外一个数组内，分别为上述数据构造对应的标签。

上述两组数据中，位于左下角的一组数据，其 $x$、$y$ 坐标值都在 $(0, 30)$ 范围内。位于右上角的数据，其 $x$、$y$ 坐标值都在 $(70, 100)$ 范围内。上述数据是分类的依据，下面分别完成模拟数据、设置数据标签，以及显示数据。

### 1.1 模拟数据

创建两组数据，每组包含 20 对随机数（20 个随机数据点）：

```
rand1 = np.random.randint(0, 30, (20, 2)).astype(np.float32)
rand2 = np.random.randint(70, 100, (20, 2)).astype(np.float32)

trainData = np.vstack((rand1, rand2))
```

- 第 1 组随机数 rand1 中，其 $x$、$y$ 坐标值均位于 $(0, 30)$ 区间内。
- 第 2 组随机数 rand2 中，其 $x$、$y$ 坐标值均位于 $(70, 100)$ 区间内。
- trainData 是将 rand1 和 rand2 进行拼接得到的，符合函数要求格式的数据

### 1.2 设置数据标签

接下来，为两组随机数分配标签：

```
r1Label=np.zeros((20,1)).astype(np.float32)
r2Label=np.ones((20,1)).astype(np.float32)
tdLable = np.vstack((r1Label, r2Label))
```

- 将第 1 组随机数对划分为类型 0，标签为 0。
- 将第 2 组随机数对划分为类型 1，标签为 1。
- tdLable 将标签 r1Label 和标签 r2Label 进行拼接，与数据 trainData 格式保持一致。

经过上述步骤，trainData 内为样本数据（训练数据）、tdLabel 内为标签，二者之间通过位置存在着关联。

### 1.3 显示数据

为了便于观察，将用于训练的样本数据按照分类以不同的样式进行显示，具体为

```
g = trainData[tdLable.ravel() == 0]
plt.scatter(g[:,0], g[:,1], 80, 'g', 'o')
b = trainData[tdLable.ravel() == 1]
plt.scatter(b[:,0], b[:,1], 80, 'b', 's')
plt.show()
```

### 2. 模拟待识别数据

生成一对值在(0, 100)内的随机数对，作为要识别分类的数据：

```
test = np.random.randint(0, 100, (1, 2)).astype(np.float32)
```

为方便观察，将该数据显示为红色五角星：

```
plt.scatter(test[:,0], test[:,1], 80, 'r', '*')
```

### 3. 完成分类

使用 OpenCV 自带的 K 近邻模块，判断生成的随机数对 test 是属于 rand1 所在的类型 0，还是属于 rand2 所在的类型 1。

分类需要三个步骤，分别是：

- 生成空模型：knn=cv2.ml.KNearest_create()。
- 构造模型：knn.train(trainData,cv2.ml.ROW_SAMPLE, trainLabels)。
- 使用模型：ret,result,neighbours,dist = knn.findNearest(test,k)。

将上述模拟数据、分组标签、待识别数据代入上述函数，完成分类工作。

### 4. 具体实现

根据分析，编写代码如下：

```
# ===============导入库==================
import cv2
import numpy as np
import matplotlib.pyplot as plt
# ==============1. 生成模拟数据及标签====================
# 1.1 模拟数据
rand1 = np.random.randint(0, 30, (20, 2)).astype(np.float32)
rand2 = np.random.randint(70, 100, (20, 2)).astype(np.float32)
trainData = np.vstack((rand1, rand2))
# 1.2 设置数据标签
r1Label=np.zeros((20,1)).astype(np.float32)
r2Label=np.ones((20,1)).astype(np.float32)
tdLable = np.vstack((r1Label, r2Label))
# 1.3 显示数据
g = trainData[tdLable.ravel() == 0]
plt.scatter(g[:,0], g[:,1], 80, 'g', 'o')
b = trainData[tdLable.ravel() == 1]
plt.scatter(b[:,0], b[:,1], 80, 'b', 's')
#==============2. 模拟待识别数据====================
```

```
test = np.random.randint(0, 100, (1, 2)).astype(np.float32)
plt.scatter(test[:,0], test[:,1], 80, 'r', '*')
#===============3. 完成分类====================
knn = cv2.ml.KNearest_create()
knn.train(trainData, cv2.ml.ROW_SAMPLE, tdLable)
ret, results, neighbours, dist = knn.findNearest(test, 5)
#==============显示结果====================
print("当前随机数可以判定为类型: ", results)
print("距离当前点最近的 5 个邻居是: ", neighbours)
print("5 个最近邻居的距离: ", dist)
plt.show()
```

### 5. 运行结果

运行上述程序，显示的运行结果（因为是随机数，每次结果会略有不同）为

```
当前随机数可以判定为类型: [[1.]]
距离当前点最近的 5 个邻居是: [[1. 1. 1. 1. 1.]]
5 个最近邻居的距离: [[313. 324. 338. 377. 405.]]
```

同时，程序还会显示如图 20-20 所示的运行结果。从图中可以看出，随机点（星号点）距离右侧小方块（类型为 1）的点更近，因此被判定为属于小方块的类型 1。

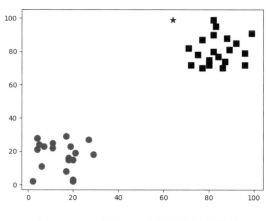

图 20 20　【例 20.2】程序的运行结果

# 20.6　K 近邻手写数字识别

本节使用 OpenCV 自带的 K 近邻模块识别手写数字。

【例 20.3】修改【例 20.1】中的程序，使用 OpenCV 自带的函数完成对手写数字的识别。

使用 K 近邻算法完成分类（本例是数字识别）需要三个步骤，分别是：

- 生成空模型：knn=cv2.ml.KNearest_create()。
- 构造模型：knn.train(trainData,cv2.ml.ROW_SAMPLE, trainLabels)。
- 使用模型：ret,result,neighbours,dist = knn.findNearest(test,k)。

上述过程中，所需要的参数是训练数据、训练数据对应的标签和待识别数据（需要识别的数字的图像）。根据需要，将训练数据、训练数据对应的标签、待测试数据处理为符合上述参数格式的形式，代入上述函数即可。

上述过程对应着图 20-17 所示，具体步骤如下：

### 1. 训练数据处理

在使用 OpenCV 所自带的 K 近邻模块时，需要使用训练数据，以及该数据所对应的标签。同时要注意，需要将上述数据、标签处理为规范的形式，以满足函数的需要。

此处与 20.4 节中的"提取特征图像的特征值"采用了相同的处理方式，所以不再赘述。

### 2. 待识别数据处理

需要将待识别的数据，处理为符合 OpenCV 所自带的 K 近邻模块中函数所要求的形式。

此处采用与 20.4 节中的"计算待识别图像的特征值"相同的方式处理，所以不再赘述。

### 3. 完成分类

调用 K 近邻模块的相应关数，分别是：

* 生成空模型：knn=cv2.ml.KNearest_create()
* 构造模型：knn.train(trainData,cv2.ml.ROW_SAMPLE, trainLabels)
* 使用模型：ret,result,neighbours,dist = knn.findNearest(test,k)

将前述步骤得到的参数，代入到对应的函数中即可。

### 4. 具体实现

根据上述分析，编写代码如下：

```
# ================导入库==================
import cv2
import numpy as np
# ============1. 训练数据处理==================
#读取（设置）样本（特征）图像的值
s='image\\'  #图像所在路径
num=100 #共有样本数量
row=240 #每个数字图像的行数
col=240 #每个数字图像的列数
a=np.zeros((num,row,col)) #用来存储所有样本的数值
n=0 #用来存储当前图像的编号
#读取特征图像
for i in range(0,10):
    for j in range(1,11):
        a[n,:,:]=cv2.imread(s+str(i)+'\\'+str(i)+'-'+str(j)+'.bmp',0)
        n=n+1
#提取样本图像的特征
feature=np.zeros((num,round(row/5),round(col/5)))  #用来存储所有样本的特征值
for ni in range(0,num):
```

```
    for nr in range(0,row):
        for nc in range(0,col):
            if a[ni,nr,nc]==255:
                feature[ni,int(nr/5),int(nc/5)]+=1
f=feature    #简化变量名称
#将 feature 处理为单行形式
train = feature[:,:].reshape(-1,round(row/5)*round(col/5)).astype(np.float32)
#为特征值贴标签
trainLabels = [int(i/10)  for i in range(0,100)]
trainLabels=np.asarray(trainLabels)
# =================2．待识别数据处理=================
o=cv2.imread('image\\test\\5.bmp',0)  #读取待测图像
of=np.zeros((round(row/5),round(col/5)))  #用来存储测试图像的特征值
for nr in range(0,row):
    for nc in range(0,col):
        if o[nr,nc]==255:
            of[int(nr/5),int(nc/5)]+=1
# 处理为函数所需要的格式
test=of.reshape(-1,round(row/5)*round(col/5)).astype(np.float32)
# ==================3．完成分类====================
knn=cv2.ml.KNearest_create()
knn.train(train,cv2.ml.ROW_SAMPLE, trainLabels)
ret,result,neighbours,dist = knn.findNearest(test,k=5)
#==============显示结果===================
print("当前随机数可以判定为类型: ", result)
print("距离当前点最近的 5 个邻居是: ", neighbours)
print("5 个最近邻居的距离: ", dist)
```

## 5．运行结果

运行上述程序，程序运行结果为

```
当前随机数可以判定为类型:  [[5.]]
距离当前点最近的 5 个邻居是:  [[5. 3. 5. 3. 5.]]
5 个最近邻居的距离:  [[77185. 78375. 79073. 79948. 82151.]]
```

## 6．参考知识

在 OpenCV 官网上也提供了手写数字、字母识别的案例。在该数字识别案例中，使用的数据（每个数字的图像）都在一张大图内，通过分割这张大图，得到许多数字图像，将这些图像划分为训练数据和测试数据。接下来，使用训练数据训练了 K 近邻算法模型。最后，使用训练好的模型识别测试数据，并统计了识别的准确率。字母识别案例中，使用的数据源是一个数据文件。上述程序中特征的提取，相对比较简单，直接使用了像素点作为特征，没有进行图像的块划分。具体模型使用上，与本小节程序没有差别，都是通过三行核心代码实现，控制好输入即可。该案例的具体实现过程，这里不再赘述。如果大家有兴趣，可以去官网参考该例题。

# 第21章

# 支持向量机

支持向量机（Support Vector Machine，SVM）是一种二分类模型，目标是寻找一个标准（称为超平面）对样本数据进行分割，分割的原则是确保分类最优化（类别之间的间隔最大）。当数据集较小时，使用支持向量机进行分类非常有效。支持向量机是最好的现成分类器之一，这里所谓的"现成"是指分类器不加修改即可直接使用。

在对原始数据进行分类的过程中，可能无法使用线性方法实现分割。支持向量机在分类时，把无法线性分割的数据映射到高维空间，然后在高维空间找到分类最优的线性分类器。

Python 提供了不同的实现支持向量机的库（例如 sk-learn 库、LIBSVM 库等），OpenCV 也提供了对支持向量机的支持。上述库基本都可以直接使用，而无须深入了解支持向量机的原理。但是，了解支持向量机的基本原理，有助于更好地使用 OpenCV 中支持向量机的库。本章中，我们在对支持向量机的基本原理介绍的基础上，介绍了 OpenCV 中使用支持向量机的库的语法，并用支持向量机的库解决了一些实际问题。

## 21.1 理论基础

本节对支持向量机的基本原理做简单的介绍。

### 1. 分类

某 IT 企业在 2020 年通过笔试、面试的形式招聘了一批员工。2021 年，企业针对这批员工在过去一年的实际表现进行了测评，将他们的实际表现分别确定为 A 级（优秀）和 B 级（良好）。这批员工的笔试成绩、面试成绩和等级所构成的散点图如图 21-1 所示，图中横坐标是笔试成绩，纵坐标是面试成绩，位于右上角的圆点表示测评成绩是 A 级，位于左下角的小方块表示测评成绩是 B 级。

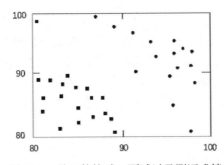

图 21-1　员工的笔试、面试以及测评成绩

当然，公司肯定希望招聘到的员工都是 A 类（表现为 A 级）的。关键是如何根据笔试和面试成绩确定哪些员工可能是未来的 A 类员工呢？或者说，如何根据笔试和面试成绩确保招聘的员工是潜在的优秀员工？偷懒的做法是将笔试和面试的成绩标准都定得较高，但这样做可能会漏掉某些优秀的员工。所以，要合理地确定笔试和面试的成绩标准，确保能够准确高效、不遗漏地招到 A 类员工。例如，在图 21-2 中，分别使用直线对笔试和面试成绩进行了 3 种不同形式的划分，将成绩位于直线左下方的员工划分为 B 类，将成绩位于右上方的员工划分为 A 类。

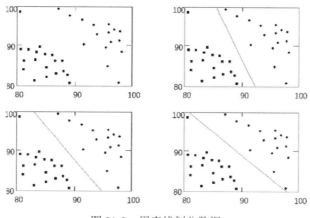

图 21-2　用直线划分数据

## 2. 分类器

在图 21-2 中用于划分不同类别的直线，就是分类器。在构造分类器时，非常重要的一项工作就是找到最优分类器。

那么，图 21-2 中的三个分类器，哪一个更好呢？从直观上，我们可以发现图 21-2 中右上角的分类器和右下角的分类器都偏向了某一个分类（即与其中一个分类的间距更小），而左下角的分类器实现了"均分"。左下角的分类器，尽量让两个分类离自己一样远，这样就为每个分类都预留了等量的扩展空间，当有新的靠近边界的点进来，能够更为合理地将其按照位置划分到对应的分类内。

以上述划分为例，说明如何找到支持向量机：在已有数据中，找到离分类器最近的点，确保它们离分类器尽可能地远。例如，在图 21-3 中，左下角分类器符合上述要求。

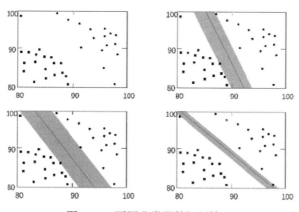

图 21-3　不同分类器的间隔情况

如图 21-4 所示，离分类器最近的那些点叫作支持向量（support vector）。离分类器最近的点到分类器的距离和（两个异类支持向量到分类器的距离和）称为间隔（margin）。我们希望间隔尽可能地大，这样分类器在处理数据时，就会更准确。正是这些支持向量，决定了分类器所在的位置。

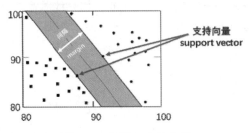

图 21-4　间隔与支持向量

### 3. 将不可分变为可分

上例的数据非常简单，我们可以使用一条直线（线性分类器）轻易地对其进行划分。而实践中的大多数问题，往往是非常复杂的，不可能像上例一样简单地完成划分。通常情况下，支持向量机可以将不那么容易分类的数据通过函数映射变为可分类的。

举个例子，假设我们不小心将豌豆和小米混在了一起。豌豆的个头很大，直径在 10 mm 左右；小米个头小，直径在 1mm 左右。如果想把它们分开，直接使用直线是不行的。此时，我们可以使用直径为 3 mm 的筛子，将豌豆和小米区分开。在某种意义上，这个筛子就是映射操作，它将豌豆和小米有效地分开了。

我们可以将上面例子中使用的筛子理解为函数，函数可以让本来不好划分的数区分开。比如，奇数和偶数，在坐标空间中，他们是分散分布的，是无法用直线划分开的。但是，如果使用函数 f(除 2 取余数)，则可以实现划分：

- 偶数：经过函数 f(除 2 取余数)计算，得到数值 0。
- 奇数：经过函数 f(除 2 取余数)计算，得到数值 1。

据此可知，数值 0 的结果对应着的原始数据是偶数，数值 1 的结果对应着的原始数值是奇数。此时，如果在坐标系中 $x$ 轴的 0.5 处画一条垂线，就能够轻松实现数据 0 和 1 的划分。

如图 21-5 所示，在分类时，通过函数 $f$ 的映射，让左图中本来不能用线性分类器分类的数据变为右图中线性可分的数据。

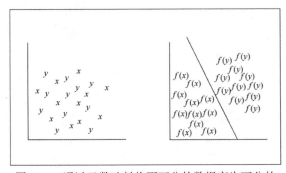

图 21-5　通过函数映射将不可分的数据变为可分的

当然，在实际操作中，也可能将数据由低维空间向高维空间转换。支持向量机在处理数据时，如果在低维空间内无法完成分类，就会自动将数据映射到高维空间，使其变为（线性）可分的。

也许大家会担心，数据由低维空间转换到高维空间后运算量会呈几何级增加。但实际上，支持向量机能够通过核函数有效地降低计算复杂度。

#### 4. 概念总结

尽管上面分析的是二维数据，但实际上支持向量机可以处理任何维度的数据。在不同的维度下，支持向量机都会尽可能寻找类似于二维空间中的直线（线性分类器）。例如，在二维空间，支持向量机会寻找一条能够划分当前数据的直线；在三维空间，支持向量机会寻找一个能够划分当前数据的平面（plane）；在更高维的空间，支持向量机会尝试寻找一个能够划分当前数据的超平面（hyperplane）。

一般情况下，把能够可以被一条直线（更一般的情况，即一个超平面）分割的数据称为线性可分的数据，所以超平面是线性分类器。

"支持向量机"是由"支持向量"和"机器"构成的。

- "支持向量"是离分类器最近的那些点，这些点位于最大"间隔"上。通常情况下，分类仅依靠这些点完成，而与其他点无关。
- "机器"指的是分类器。

综上所述，支持向量机是一种基于关键点的分类算法。

# 21.2　SVM 流程

在使用 OpenCV 自带的 SVM 分类器时，通常需要如下三个步骤：

步骤 1：生成分类器模型（空分类器）；

步骤 2：训练分类器；

步骤 3：使用分类器完成分类；

下面对这三个步骤进行简单的介绍。

#### 1. 生成分类器模型

在使用支持向量机模块时，需要先使用函数 cv2.ml.SVM_create()生成用于后续训练的空分类器模型。该函数的语法格式为

```
svm = cv2.ml.SVM_create( )
```

#### 2. 训练分类器

获取了空分类器 svm 后，针对该模型使用 svm.train()函数对训练数据进行训练，其语法格式为

训练结果= svm.train(训练数据,训练数据排列格式,训练数据的标签)

其中参数的含义如下：

- 训练数据：用于训练的数据，用来训练分类器。例如，前面讲的招聘的例子中，员工的笔试成绩、面试成绩都是原始的训练数据，可以用来训练支持向量机。
- 训练数据排列格式：训练数据的排列形式有按行排列（cv2.ml.ROW_SAMPLE，每一条训练数据占一行）和按列排列（cv2.ml.COL_SAMPLE，每一条训练数据占一列）两种形式，根据数据的实际排列情况选择对应的参数即可。
- 训练数据的标签：训练数据所对应的标签，例如员工案例中的"A"、"B"等级。
- 训练结果：训练结果的返回值。

例如，用于训练的数据为 data，其对应的标签为 label，每一条数据按行排列，对分类器模型 svm 进行训练，所使用的语句为

```
返回值 = svm.train(data,cv2.ml.ROW_SAMPLE,label)
```

### 3. 使用分类器完成分类

完成对分类器的训练后，使用 svm.predict() 函数即可使用训练好的分类器模型对待分类的数据进行分类，其语法格式为

```
(返回值,返回结果) = svm.predict(待分类数据)
```

以上是支持向量机模块的基本使用方法。在实际使用中，可能会根据需要对其中的参数进行调整。OpenCV 支持对多个参数的自定义，例如：可以通过 setType() 函数设置类别，通过 setKernel() 函数设置核类型，通过 setC() 函数设置支持向量机的参数 C（惩罚系数，即对误差的宽容度，默认值为 0），通过 setGamma() 设置核函数的系数。

上述是 SVM 分类器工作流程，在使用 SVM 系统时，需要传递给系统的参数包含训练数据、训练数据对应的标签、待处理数据。需要注意的是，分类器在工作时，传递给分类器的参数必须是符合特定格式要求的。所以，在将各种数据传递给 SVM 系统前，必须将它们进行处理，保证给 SVM 系统传入符合要求的参数。通常情况下，SVM 的工作流程如图 21-6 所示。

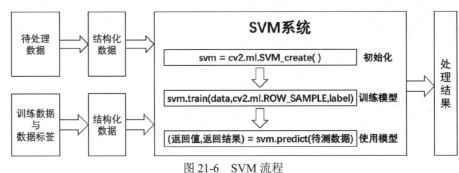

图 21-6　SVM 流程

## 21.3　SVM 员工表现预测

下面通过一个具体案例介绍如何在 Python 中调用 OpenCV 的支持向量机模块进行分类操作。

【例 21.1】已知老员工的笔试成绩、面试成绩及对应的等级表现，根据新入职员工的笔试

成绩、面试成绩预测其可能的表现。

根据题目要求，首先构造一组随机数，并将其划分为两类，然后使用 OpenCV 自带的支持向量机模块完成训练和分类工作，最后将运算结果显示出来。本例题中，我们通过模拟生成训练数据、待分类数据，具体实现步骤如下。

### 1. 训练数据与数据标签处理

这里，我们将训练数据、标签放在两个不同的数组内，二者之间通过序号（位置、索引）建立关联。例如在图 21-7 中，存在两个不同的数组，训练数据数组和标签数据数组。二者之间通过序号，建立了关联。例如，

- 存储在"训练"数组内序号为 1-5 的数据，均对应着标签数组内的标签"1"。
- 存储在"样本"数组内序号为 6-10 的数据，均对应着标签数组内的标签"0"。

| 序号 | 训练样本 | | 标签 |
|----|----|----|----|
| 1 | 97 | 98 | 1 |
| 2 | 96 | 98 | 1 |
| 3 | 98 | 98 | 1 |
| 4 | 97 | 96 | 1 |
| 5 | 96 | 97 | 1 |
| 6 | 92 | 92 | 0 |
| 7 | 90 | 94 | 0 |
| 8 | 92 | 91 | 0 |
| 9 | 92 | 91 | 0 |
| 10 | 94 | 91 | 0 |

图 21-7　训练数据及标签数据结构

按照上述方式，采用随机数模拟构造两类不同的数据（A 级、B 级），将其存储在一个训练数组内；在另外一个数组内，分别为上述数据构造对应的标签。

#### 1.1 生成模拟训练数据

本步骤生成两组随机数，分别对应 A 级、B 级员工所对应的笔试、面试成绩，然后将两组数据存在一个数组内，完成训练数据的构造。

首先，模拟生成入职一年后表现为 A 级的员工入职时的笔试和面试成绩。构造 20 组笔试和面试成绩都分布在[95, 100)区间的数据对：

```
a = np.random.randint(95,100, (20, 2)).astype(np.float32)
```

上述模拟成绩，在一年后对应的工作表现为 A 级。

接下来，模拟生成入职一年后表现为 B 级的员工入职时的笔试和面试成绩。构造 20 组笔试和面试成绩都分布在[90, 95)区间的数据对：

```
b = np.random.randint(90,95, (20, 2)).astype(np.float32)
```

上述模拟成绩，在一年后对应的工作表现为 B 级。

最后，将上述两组数据 a、b 合并，并使用 numpy.array 对其进行类型转换：

```
data = np.vstack((a,b))
data = np.array(data,dtype='float32')
```

### 1.2 为训练数据贴标签

构造另外一个数组，用来存储 data 数组（训练数据）内数据所对应的标签。

首先，为对应表现为 A 级的分布在[95, 100)区间的数据，构造标签"0"：

```
aLabel=np.zeros((20,1))
```

接下来，为对应表现为 B 级的分布在[90, 95)区间的数据，构造标签"1"：

```
bLabel=np.ones((20,1))
```

最后，将上述标签合并，并使用 numpy.array 对其进行类型转换：

```
label = np.vstack((aLabel, bLabel))
label = np.array(label,dtype='int32')
```

经过上述处理后，训练样本数据存储在 data 中，标签存储在 label 中，二者之间通过位置对应关系实现彼此之间的对应关系。

### 2. 待分类数据处理

生成两个随机的数据对(笔试成绩, 面试成绩)用于测试。可以用随机数，也可以直接指定两个数字。

这里，我们想观察一下笔试和面试成绩差别较大的数据如何分类。用如下语句生成成绩：

```
test = np.vstack([[98,90],[90,99]])
test = np.array(test,dtype='float32')
```

### 3. SVM 分类器

SVM 分类器的使用包含三个步骤，主要是：初始化、训练模型、使用模型。将上述训练样本数据、训练样本标签、待分类数据代入 SVM 系统，具体为

```
svm = cv2.ml.SVM_create()
result = svm.train(data,cv2.ml.ROW_SAMPLE,label)
(p1,p2) = svm.predict(test)
```

### 4. 显示分类结果

将基础数据（训练数据）、用于测试的数据（测试数据）在图像上显示出来：

```
plt.scatter(a[:,0], a[:,1], 80, 'g', 'o')
plt.scatter(b[:,0], b[:,1], 80, 'b', 's')
plt.scatter(test[:,0], test[:,1], 80, 'r', '*')
plt.show()
```

将测试数据及预测分类结果显示出来：

```
print(test)
print(p2)
```

### 5. 具体实现

根据上述分析，编写程序如下：

```
#==============0.导入库===================
```

```
import cv2
import numpy as np
import matplotlib.pyplot as plt
# ==========1. 训练数据与数据标签处理===============
# 1.1 生成模拟训练数据
a = np.random.randint(95,100, (20, 2)).astype(np.float32)
b = np.random.randint(90,95, (20, 2)).astype(np.float32)
data = np.vstack((a,b))
data = np.array(data,dtype='float32')
# 1.2 为训练数据贴标签
aLabel=np.zeros((20,1))
bLabel=np.ones((20,1))
label = np.vstack((aLabel, bLabel))
label = np.array(label,dtype='int32')
# ===============2. 待分类数据处理================
test = np.vstack([[98,90],[90,99]]) #0-A 级 1-B 级
test = np.array(test,dtype='float32')
# ===============3. SVM 分类器===================
svm = cv2.ml.SVM_create()
svm.train(data,cv2.ml.ROW_SAMPLE,label)
(p1,p2) = svm.predict(test)
# ============4. 显示分类结果分类================
plt.scatter(a[:,0], a[:,1], 80, 'g', 'o')
plt.scatter(b[:,0], b[:,1], 80, 'b', 's')
plt.scatter(test[:,0], test[:,1], 80, 'r', '*')
plt.show()
print(test)
print(p2)
```

### 6. 运行程序

运行上述程序，会显示如图 21-8 所示的结果，图中左下角的方块代表测评成绩为 B 级的员工，右上角的小圆点代表测评成绩为 A 级的员工，另外的两个五角星代表需要分类的新入职员工。

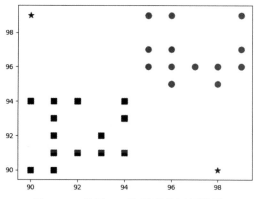

图 21-8 【例 21.1】程序的运行结果

同时，程序会在控制台输出如下运行结果：

```
[[98. 90.]
 [90. 99.]]
 [[1.]
 [1.]]
```

运行结果表明：

- 笔试成绩为 98 分，面试成绩为 90 分，对应的分类为 1，即该员工一年后的测评可能为 B 级（表现良好）。
- 笔试成绩为 90 分，面试成绩为 99 分，对应的分类为 1，即该员工一年后的测评可能为 B 级（表现良好）。

因为我们采用随机方式生成数据，所以每次运行时所生成的数据会有所不同，运行结果也就会有所差异。

## 21.4 手写数字识别

本节通过一个例题介绍使用 SVM 实现手写数字识别的具体实现过程。

【例 21.2】使用 SVM 实现一个手写数字识别系统。

本节的目标是，使用 SVM 系统构建一个可以读取手写数字的应用程序。使用 SVM 系统的流程如图 21-6 所示，由于处理的对象是图像，需要将图像处理为 SVM 所需的数据数据类型，这就需要做一些额外的工作。

### 1. 训练数据与训练数据标签处理

OpenCV 自带一幅包含 5000 个手写数字的图像 digits.png。该图像中，每个数字有 5 行、100 列（每个数字 5×100=500 个），单个数字的图像大小是 20×20 像素大小（整幅图像[20×50]×[20×100]=1000×2000 像素大小）。该图像较大，图 21-9 是截取该图像的左上角一部分。

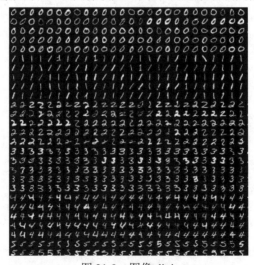

图 21-9　图像 digits.png

对于我们人类来说，一大堆抽象特征所对应的数字是比枯燥的、难于理解的，而图像是更直观的，更好理解的。但是，对于计算机来说，图像是抽象的，而数字是更直观的、更好理解的。所以，在使用计算机解决问题时，往往需要我们将图像转换为数值。

使用 SVM 系统时，也是一样，需要提取图像特征，并将这些特征处理为数值，才能够将其作为 SVM 系统中函数的参数使用。

将抽象的特征，转换为数值的过程，称为特征量化。这其中一个关键的问题是，选择哪些特征（属性、要素）进行量化。例如，区分儿子是小学生的一对父子，我们使用身高作为特征，直接量化身高得到身高属性值，就可以明显地区分出谁是父亲（身高值较大），谁是儿子（身高值较小）。而如果，我们区分的是儿子已经成年的一对父子，那么使用身高量化，就无法完成任务了。此时，可以量化年龄，通过年龄值能够准确地区分出谁是父亲（年龄值较大），谁是儿子（年龄值较小）。我们发现，在区别父子时，年龄特征比身高特征更具有通用性。

要想准确地识别数字，需要正确地从图像中提取出最能够代表数字的特征（属性），并将其进行合理、有效的量化。这里，我们选用方向梯度直方图（Histogram of Oriented Gradient, HOG）方式对图像进行量化。

### 1.1 特征提取

在 K 近邻算法中，我们使用的是像素值个数（像素强度）特征。这里，我们提取图像的方向梯度直方图（Histogram of Oriented Gradient, HOG）特征。

方向梯度直方图特征提取的具体流程如下：

- 步骤 1：计算在 X 和 Y 方向上的 Sobel 导数；

我们借助函数 Sobel 来完成这项工作，具体为

```
gx = cv2.Sobel(img, cv2.CV_32F, 1, 0)
gy = cv2.Sobel(img, cv2.CV_32F, 0, 1)
```

- 步骤 2：计算梯度的幅度和方向；

使用函数 cartToPolar 完成梯度幅值和梯度方向的计算，具体为

```
mag, ang = cv2.cartToPolar(gx, gy)
```

- 步骤 3：将梯度的方向量化为 16 个等级，即将其原有值映射到区间[0,15]内；

通过数学运算的方式，可以完成将一个区间[0,$b$]的数值 $x$ 转换为区间[0,$d$]之间的整数 $y$，具体为

$$y = \text{取整}\ (\ d \times (\ x\ /\ b\ )\ )$$

这里，原始数据方向的范围是[0,2$\pi$]，要转换后的数据 bins 的范围是[0,15]，所以对应的公式是：

$$\text{bins} = \text{向下取整}\ (\ 16 \times (\ \text{ang}\ /\ 2\pi)\ )$$

具体实现代码为

```
binN = 16
bins = np.int32(binN*ang/(2*np.pi))
```

- 步骤 4：将图像划分为 4 个大小相等的子块；

每个从整幅包含 5000 个数字的大图中分离出来的一个独立的数字的大小是 20×20 像素大小。将其按照 10×10 个像素大小为单位进行划分，可以分为 4 个子块，如图 21-10 所示。

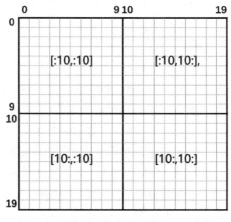

图 21-10　子块划分

需要注意的是，在 python 中需要引用[0,9]这个范围时，使用的是[:10]而不是[:9]。划分子块代码具体如下：

```
bin_cells = bins[:10,:10], bins[10:,:10], bins[:10,10:], bins[10:,10:]
mag_cells = mag[:10,:10], mag[10:,:10], mag[:10,10:], mag[10:,10:]
```

- 步骤 5：计算每个子块内，以幅度为权重的方向直方图；

本步骤中涉及直方图、权重直方图、直方图的像素级数等知识点。

例如，在图 21-11 中，有一组数据 a=[0,1,1,1,2,2,3,5]，其对应的直方图数组为 x1=[1 3 2 1 0 1]。

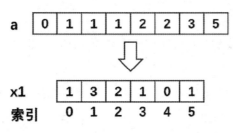

图 21-11　计算直方图

数组 x1 中，每个数值表示该数值对应索引值在数组 a 中出现的次数。例如，在数组 x1 中，

- 索引位置 0 上，数值 1，表示在数组 a 中，0 出现 1 次
- 索引位置 1 上，数值 3，表示在数组 a 中，1 出现 3 次
- 索引位置 2 上，数值 2，表示在数组 a 中，2 出现 2 次
- 索引位置 3 上，数值 1，表示在数组 a 中，3 出现 1 次
- 索引位置 4 上，数值 0，表示在数组 a 中，4 出现 0 次
- 索引位置 5 上，数值 1，表示在数组 a 中，5 出现 1 次

在 Python 中，可以通过函数 bincount 实现上述运算，具体为

```
import numpy as np
a=[0,1,1,1,2,2,3,5]
x1=np.bincount(a)
print(x1)
```

有时，在灰度直方图中，有的灰度级权重较高，有的灰度级权重较低。举例来说，有的灰度级出现 1 次，可以计算为 3 次；有的灰度级出现了，就当它没出现过，计算为 0 次。

例如，在图 21-12 中，以 b 为权重值，计算 a 中每个元素出现的次数，此时得到的结果即为 "以 b 为权重的 a 的直方图"。具体来说，数组 x2 中各个值的来源为

- 索引位置 0 上，数值 3，来源于：在数组 a 中，0 出现 1 次，其在 b 中的权重为 3，结果为 3；
- 索引位置 1 上，数值 0，来源于：在数组 a 中，1 出现 3 次，但是每个 1 在 b 中的权重值都是 0，结果为 0+0+0=0；
- 索引位置 2 上，数值 7，来源于：在数组 a 中，2 出现 2 次，要单独考虑每次出现时，其在 b 中对应的权重。第 1 次出现的 2，其权重为 4；第 2 次出现的 2，其权重为 3；结果为 4+3=7；
- 索引位置 3 上，数值 2，来源于：在数组 a 中，3 出现 1 次，其在 b 中的权重为 2，结果为 2；
- 索引位置 4 上，数值 0，来源于：表示在数组 a 中，4 出现 0 次，没有对应的权重值，结果为 0；
- 索引位置 5 上，数值 5，来源于：表示在数组 a 中，5 出现 1 次，其在 b 中的权重为 5，结果为 5；

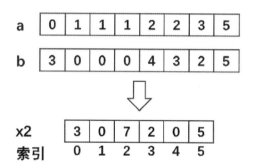

图 21-12　以数组 b 为权重的数组 a 的直方图 x2

上述操作可以通过函数 bincount 实现。将函数 bincout 中第 1 个参数设置为要计算直方图的数组 a，第 2 个参数设置为权重数组 b，就可以得到 "以数组 b 为权重的数组 a 的直方图"。具体代码如下：

```
import numpy as np
a=[0,1,1,1,2,2,3,5]
b=[0,0,1,1,1,0,1,5]
x2=np.bincount(a,b)
```

```
print(x2)
```

上述操作已经基本满足一般的要求了。但是，上述操作有一个问题，它仅仅会以数组 a 中出现的"最大值+1"作为直方图（数组 x2）的规模。例如，上述例题中，数组 a 中出现的最大值是 5，所以其直方图数组 x2 中，最大的索引就是 5，也就是说数组 x2 的规模是"5+1=6"，其中有 6 个元素。

实践中，直方图的规模往往是固定的，例如本例题中需要的规模是 16（步骤 3 中将梯度的方向量化为 16 个整数值），但是很有可能需要计算直方图的数据中最大值并不是 16。例如，上述例题中，使用数组 b 为权重，计算数组 a 的直方图，数组 a 的最大值是 5，所以得到直方图数组 x2 的规模是 6（5+1）。此时，如果想将数组 x2 规模设定为 16，需要单独指定 x2 的大小。一般来说，直接扩充直方图数组 x2 的大小规模就可以了，扩充后的数组（可以标记为 x3）如图 21-13 所示。作为直方图数组的 x3 中，在扩充后，新扩充的索引值 6 到索引值 15 都没有在数组 a 中出现过，所以，这些索引所对应的新扩充的值都是 0。

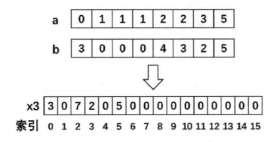

图 21-13　扩充直方图数组

有时，程序中的运算（例如函数运算等）会对参与运算的数据规模（尺寸大小）有特定要求，要求参与运算的数据必须具有指定大小。否则，可能造成无法运算，或者能参与运算但呈现错误结果的情况。将直方图扩充的目的，是为了保证直方图数组具有指定的大小，方便后续使用该直方图数组参与运算。避免因为直方图大小不满足条件，无法参与后续运算，或者出错等异常情况。扩充直方图，改变的是直方图的尺寸大小，但并不会改变其原有值大小。

函数 bincount 的第 3 个参数用于指定直方图数组的规模。例如，如下代码将直方图数组 x3 的规模设定为 16，得到的数组 x3 如图 21-13 所示。

```
import numpy as np
a=[0,1,1,1,2,2,3,5]
b=[3,0,0,0,4,3,2,5]
x3=np.bincount(a,b,16)
print(x3)
```

综上，要实现"计算每个子块内，以幅度为权重的方向直方图"，使用的代码为

```
hists = [np.bincount(b.ravel(), m.ravel(), binN) for b, m in zip(bin_cells,
mag_cells)]
```

其中函数 zip 在"15.2 多模板匹配"中有详细介绍，此处不再赘述。

- 步骤 6：将 4 个子块得到的方向直方图连接，获取 4×16=64 个值的特征向量；

具体实现代码为

```
hist = np.hstack(hists)     # 具有 64 个向量值
```

● 步骤 7：将该 64 个值的向量作为图像的特征向量。

如果使用函数实现，最后将获取的值使用 return 语句返回即可。具体实现代码为

```
return hist
```

综上，提取 HOG 特征的函数 hog 的完整代码如下：

```
def hog(img):
    gx = cv2.Sobel(img, cv2.CV_32F, 1, 0)
    gy = cv2.Sobel(img, cv2.CV_32F, 0, 1)
    mag, ang = cv2.cartToPolar(gx, gy)
    bins = np.int32(16*ang/(2*np.pi))
    bin_cells = bins[:10,:10], bins[10:,:10], bins[:10,10:], bins[10:,10:]
    mag_cells = mag[:10,:10], mag[10:,:10], mag[:10,10:], mag[10:,10:]
    hists = [np.bincount(b.ravel(), m.ravel(),16) for b, m in zip(bin_cells,
mag_cells)]
    hist = np.hstack(hists)
    return hist
```

上述过程就是将一幅对于计算机来说非常抽象的图像，转换成它好理解的数值的形式。

### 1.2 倾斜校正

当然，上述操作处理的是常规图像，能够取得比较好的效果。但是，我们使用的是从图像 digits.png 中提取出来的数字，这些数字有的倾斜很严重，在使用前最好将它们进行一次"倾斜校正"，如图 21-14 所示。

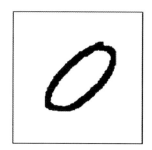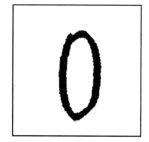

图 21-14　倾斜校正

倾斜校正需要使用的二阶矩（参考知识点"12.2.1 矩的计算：moments 函数"）和仿射（参考知识点"5.3 仿射"）的相关知识点，请参考对应的知识点，这里不再赘述。

具体实现代码如下：

```
def deskew(img):
    m = cv2.moments(img)
    if abs(m['mu02']) < 1e-2:
        return img.copy()
    skew = m['mu11']/m['mu02']
    s=20
    M = np.float32([[1, skew, -0.5*s*skew], [0, 1, 0]])
```

```
affine_flags = cv2.WARP_INVERSE_MAP|cv2.INTER_LINEAR
size=(20,20)    #每个数字的图像的尺寸
img = cv2.warpAffine(img,M,size,flags=affine_flags)
return img
```

### 1.3 训练数据特征提取与贴标签

上面介绍的是图像预处理、HOG 特征值提取等实现方式。具体实现时，需要完成的工作主要包含：

- 读取图像：读取样本图像。
- 切分数字：将整幅样本图像，切分为一个个独立的仅包含一个数字的图像。
- 倾斜校正：使用函数 deskew，将数字由倾斜状态调整为标准的状态。
- 特征提取：使用函数 hog 提取数字的 HOG 特征值。
- 特征值规范化：将特征值调整为 64 列的形式。
- 贴标签：为每一个数字特征（训练样本）关联它所对应的数值，作为它的标签。

具体实现如下：

```
img = cv2.imread('image/digits.png',0)                      #读取图像
train = [np.hsplit(row,100) for row in np.vsplit(img,50)]    #切分数字
deskewed = [list(map(deskew,row)) for row in train]          #倾斜校正
hogdata = [list(map(hog,row)) for row in deskewed]           #HOG 特征提取
trainData = np.float32(hogdata).reshape(-1,64)               #特征值规范化
responses = np.repeat(np.arange(10),500)[:,np.newaxis]       #贴标签
```

### 2. 待分类数据处理

待分类图像（需要识别数字的图像）如图 21-15 所示，我们需要将其进行规范化处理，以使其符合 SVM 系统中函数的参数格式要求。

图 21-15　待识别数字的图像

需要注意，为了取得更好的效果，要将测试图像处理为与训练样本图像格式一致（例如色彩一致，大小一致）后，再按照提取训练图像特征的方式提取特征值。

色彩一致，包括色彩空间一致、前景背景一致。例如，图像都是灰度图像，图像都是黑底白字等。大小一致是指图像的尺寸一致，如果不一致需要将其调整为一致，OpenCV 中可以使

用函数 resize 完成尺寸调整。

将待识别图像调整为与训练样本图像格式一致后，再采用与提取样本图像一致的方式，提取待识别图像的特征。

待测试图像的处理步骤主要包含：

- 读取图像：读取待测试图像。
- 调整大小：将待测试图像，调整为与样本图像一致大小。本例中，只有大小不一致，直接调整大小即可。如果还有其他格式不一致也要调整为一致，例如，比较典型的是白底黑字、黑底白字的不一致。
- 预处理（倾斜校正）：使用函数 deskew，对待测试图像进行倾斜校正。
- hog 特征提取：使用函数 hog 提取待测试图像的特征值。
- 特征值规范化：将特征值调整为 64 列的形式。

上述过程的具体实现代码为

```
test = cv2.imread('image/test0/9.bmp',0)          #读取图像
size=(20,20)                                       #调整大小
test = cv2.resize(test,size)                       #调整大小
deskewed = deskew(test)                            #预处理：倾斜校正
hogdata =hog(deskewed)                             #hog 特征提取
testData = np.float32(hogdata).reshape(-1,64)      #特征值规范化(64 列)
```

### 3. SVM 分类器

相比较前面的数据处理，使用 SVM 显得很简单。直接把上述处理好的数据作为参数调用现成的函数即可。整个过程包含生成模型、训练模型、预测结果三个步骤，具体如下：

```
svm = cv2.ml.SVM_create()
svm.train(trainData, cv2.ml.ROW_SAMPLE, responses)
result = svm.predict(testData)
```

当然，也可以对其参数进行更有针对性的设置，例如，通过 setKernel、setType、setC、setGamma 修改其对应的参数，具体如下：

```
svm = cv2.ml.SVM_creatc()
svm.train(trainData, cv2.ml.ROW_SAMPLE, responses)
svm.setKernel(cv2.ml.SVM_LINEAR)
svm.setType(cv2.ml.SVM_C_SVC)
svm.setC(2.67)
svm.setGamma(5.383)
result = svm.predict(testData)
```

### 4. 显示分类结果分类

完成预测后，将预测结果输出即可。具体实现代码为

```
print(result)
```

### 5. 具体实现

上述过程是使用 SVM 实现手写数字识别的具体过程，其主要流程如图 21-16 所示，主要包含：

- 训练图像处理：经过倾斜校正、HOG 特征提取获取训练图像的 HOG 特征。
- 训练图像标签获取：获取训练图像的标签。
- 待识别数字处理：对待识别图像进行倾斜校正、HOG 特征提取，获取其 HOG 特征。
- SVM 识别：经过初始化、训练模型、使用模型，完成数字图像的识别。

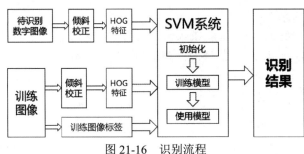

图 21-16　识别流程

程序的完整代码如下：

```
#=============导入库=================
import cv2
import numpy as np
#=============抗扭斜函数=================
def deskew(img):
    m = cv2.moments(img)
    if abs(m['mu02']) < 1e-2:
        return img.copy()
    skew = m['mu11']/m['mu02']
    s=20
    M = np.float32([[1, skew, -0.5*s*skew], [0, 1, 0]])
    affine_flags = cv2.WARP_INVERSE_MAP|cv2.INTER_LINEAR
    size=(20,20)    #每个数字的图像的尺寸
    img = cv2.warpAffine(img,M,size,flags=affine_flags)
    return img
#=============HOG 函数=================
def hog(img):
    gx = cv2.Sobel(img, cv2.CV_32F, 1, 0)
    gy = cv2.Sobel(img, cv2.CV_32F, 0, 1)
    mag, ang = cv2.cartToPolar(gx, gy)
    bins = np.int32(16*ang/(2*np.pi))
    bin_cells = bins[:10,:10], bins[10:,:10], bins[:10,10:], bins[10:,10:]
    mag_cells = mag[:10,:10], mag[10:,:10], mag[:10,10:], mag[10:,10:]
    hists = [np.bincount(b.ravel(), m.ravel(),16) for b, m in zip(bin_cells,
mag_cells)]
    hist = np.hstack(hists)
```

```
    return hist
#=============1 训练图像处理、贴标签=================
img = cv2.imread('image/digits.png',0)
train = [np.hsplit(row,100) for row in np.vsplit(img,50)]
deskewed = [list(map(deskew,row)) for row in train]
hogdata = [list(map(hog,row)) for row in deskewed]
binN=16
trainData = np.float32(hogdata).reshape(-1,16*4)
responses = np.repeat(np.arange(10),500)[:,np.newaxis]
#=============2 待识别图像处理=================
test =  cv2.imread('image/test0/2.bmp',0)
size=(20,20)
test = cv2.resize(test,size)
deskewed = deskew(test)
hogdata =hog(deskewed)
testData = np.float32(hogdata).reshape(-1,16*4)
#=============3 使用 SVM 系统=================
svm = cv2.ml.SVM_create()
svm.train(trainData, cv2.ml.ROW_SAMPLE, responses)
svm.setKernel(cv2.ml.SVM_LINEAR)
svm.setType(cv2.ml.SVM_C_SVC)
svm.setC(2.67)
svm.setGamma(5.383)
result = svm.predict(testData)
#=============4 输出结果=================
print(result)
```

需要注意，无论是 K 近邻算法还是 SVM 算法，我们介绍的都是一个基本的实现方式。在实践中，要想提高识别率，还有很多工作要做。例如，提高训练集的规模（让样本总量更大）；进一步处理细节，如通过 setType()函数设置类别，通过 setKernel()函数设置核类型，通过 setC()函数设置支持向量机的参数 C（惩罚系数，即对误差的宽容度，默认值为 0）等。

### 6. 运行结果

程序运行后，显示结果如下：

(0.0, array([[2.]], dtype=float32))

可以看到，该程序将输入图像识别为数字 2。

### 7. 参考知识

在官网上提供了另外一种解决方案。其将整幅图像拆解为一个个独立的数字后，对于每个数字，保留 250 个单元用于训练数据（作为训练集），其余 250 个数据保留用于测试 SVM 识别数字的准确性。测试结果显示，使用 SVM 识别数字的准确性约为 94%。

# 第 22 章

# K 均值聚类

当我们要预测的是一个离散值时，做的工作就是"分类"。例如，要预测一个孩子能否成为优秀的运动员，其实就是要将他分到"好苗子"（能成为优秀的运动员）或"普通孩子"（不能成为优秀运动员）的类别。当我们要预测的是一个连续值时，做的工作就是"回归"。例如，预测一个孩子将来成为运动员的指数，计算得到的是 0.99 或者 0.36 之类的数值。

机器学习模型还可以将数据集中的样本划分为若干个组，每个组被称为一个"簇（cluster）"。这些自动形成的簇，可能对应着不同的潜在概念，例如"篮球苗子"、"长跑苗子"、"足球苗子"。这种学习方式被称为"聚类（clusting）"，它的重要特点是在学习过程中不需要用标签对样本进行标注。也就是说，学习过程能够根据现有数据集自动完成分类（聚类）。

根据训练数据是否有标签，我们可以将学习划分为监督学习和无监督学习。前面介绍的 K 近邻、支持向量机都是监督学习，提供有标签的数据给算法学习，然后对数据分类。而聚类是无监督学习，直接对数据分类。在聚类完成分类后，我们可以根据分类结果中每一类的特征，分配给该类一个标签。也就是说，聚类算法，事先并不知道分类标签是什么。

举一个例子，有 100 粒豆子，如果已知其中 40 粒为绿豆，40 粒为大豆，根据上述标签，将剩下的 20 粒豆子划分为绿豆和大豆则是监督学习。针对上述问题可以使用 K 近邻算法，计算当前待分类豆子的大小（或者颜色），并找出距离其最近的 5 粒豆子的大小，判断这 5 粒豆子中哪种豆子最多，将当前豆子判定为数量最多的那一类豆子类别。总之，监督学习是在已经分类标签的情况下，将未知对象划分到某个标签所对应的类中。

同样，有 100 粒豆子，我们仅仅知道这些豆子是属于不同的品种，但并不知道具体的分类。此时，可以根据豆子的大小、颜色属性，或者根据大小和颜色等组合属性，将其划分为不同的类型，如分类为（大豆、小豆）类型，或者（红豆、绿豆、黄豆）类型等。在此过程中，我们没有使用已知标签，也同样完成了分类（分类后可以根据需要给每个类贴一个标签），此时的分类是一种无监督学习。

聚类是一种无监督学习，它能够将具有相似属性的对象划分到同一个集合（簇）中。聚类方法能够应用于所有对象，簇内的对象越相似，聚类算法的效果越好。

## 22.1 理论基础

本节首先用一个实例来介绍 K 均值聚类的基本原理，在此基础上介绍 K 均值聚类的基本步骤。

## 22.1.1　分豆子

假设有 6 粒豆子混在一起，我们可以在不知道这些豆子类别的情况下，将它们按照直径大小划分为两类。

经过测量，以 mm（毫米）为单位，这些豆子的直径大小分别为 1、2、3、10、20、30。下面将它们标记为 A、B、C、D、E、F，并进行分类操作。

**第 1 步**：随机选取两粒参考豆子。例如，随机将直径为 1mm 的豆 A 和直径为 2 mm 的豆子 B 作为分类参考豆子。

**第 2 步**：计算每粒豆子的直径与豆子 A 和豆子 B 的差值，将该差值作为不同对象之间的距离。距离哪个豆子更近，就将新豆子划分在哪个豆子所在的组。使用直径作为距离计算依据时，计算结果如表 22-1 所示。

表 22-1　每粒豆子与参考豆子的距离以及分组

| 豆子编号 | 直径（mm） | 与豆子 A 的距离（mm） | 与豆子 B 的距离（mm） | 分在何组 |
|---|---|---|---|---|
| C | 3 | \|3−1\| = 2 | \|3−2\| = 1 | B |
| D | 10 | \|10−1\| = 9 | \|10−2\| = 8 | B |
| E | 20 | \|20−1\| = 19 | \|20−2\| = 18 | B |
| F | 30 | \|30−1\| = 29 | \|30−2\| = 28 | B |

在本步骤结束时，6 粒豆子被划分为以下两组。

- 第 1 组（A 组）：只有豆子 A。
- 第 2 组（B 组）：豆子 B、C、D、E、F，共 5 粒豆子。

**第 3 步**：分别计算第 1 组豆子和第 2 组豆子的直径平均值。然后，将各个豆子按照与直径平均值的距离重新分组。

首先，计算上述各组的平均值：

- 第 1 组豆子（只有 A 粒）的平均值：AV31 = 1mm。
- 第 2 组豆子（B、C、D、E、F，共 5 粒）的平均值：AV32 = (2+3+10+20+30)/5 = 13mm。

得到上述平均值以后，对所有的豆子按照与 AV31、AV32 的距离，再次进行分组：

- 将距离平均值 AV31 较近的豆子所在的分组，标记为 AV31 组。
- 将距离平均值 AV32 较近的豆子所在的分组，标记为 AV32 组。

计算各粒豆子距离平均值 AV31 和 AV32 的距离，并确定分组，如表 22-2 所示。

表 22-2　每粒豆子与平均值 AV31 和 AV32 的距离以及新分组

| 豆子编号 | 直径（mm） | 与平均值 AV31 的距离（mm） | 与平均值 A3V2 的距离（mm） | 分在何组 |
|---|---|---|---|---|
| A | 1 | \|1−1\|=0 | \|1−13\| = 12 | AV31 |
| B | 2 | \|2−1\|=1 | \|2−13\|=11 | AV31 |
| C | 3 | \|3−1\| = 2 | \|3−13\| = 10 | AV31 |
| D | 10 | \|10−1\| = 9 | \|10−13\| = 3 | AV32 |
| E | 20 | \|20−1\| = 19 | \|20−13\| = 7 | AV32 |
| F | 30 | \|30−1\| = 29 | \|30−13\| = 17 | AV32 |

经过上述运算：

- 距离平均值 AV31 更近的豆子 A、B、C，被划分到 AV31 组。
- 距离平均值 AV32 更近的豆子 D、E、F，被划分到 AV32 组。

现在，6 粒豆子的分组情况为

- AV31 组：豆子 A、豆子 B、豆子 C。
- AV32 组：豆子 D、豆子 E、豆子 F。

**第 4 步**：重复第 3 步（计算每个分组均值，按照到均值的距离重新分组）。根据分组判断：

- 如果分组稳定未发生变化，即认为分组完成。
- 如果分组有变化，继续重复第 3 步（计算每个分组均值，重新分组）。

重新计算 AV31 组的平均值 AV41、AV32 组的平均值 AV42：

- 计算第 1 组豆子（A、B、C 三粒）的平均值 AV41 = (1+2+3) / 3 = 2mm。
- 计算第 2 组豆子（D、E、F 三粒）的平均值 AV42 = (10+20+30)/3 = 20mm。

得到上述平均值以后，对所有的豆子再次分组：

- 将距离平均值 AV41 较近的豆子所在的组，标记为 AV41 组。
- 将距离平均值 AV42 较近的豆子所在的组，标记为 AV42 组。

计算各粒豆子距离平均值 AV41 和 AV42 的距离，并确定分组，如表 22-3 所示。

表 22-3　每粒豆子与平均值 AV41 和 AV42 的距离以及新分组

| 豆子编号 | 直径（mm） | 与平均值 AV41 的距离（mm） | 与平均值 AV42 的距离（mm） | 分在何组 |
| --- | --- | --- | --- | --- |
| A | 1 | \|1-2\|=1 | \|1-20\|=19 | AV41 |
| B | 2 | \|2-2\|=0 | \|2-20\|=18 | AV41 |
| C | 3 | \|3-2\|=1 | \|3-20\|=17 | AV41 |
| D | 10 | \|10-2\|=8 | \|10-20\|=10 | AV41 |
| E | 20 | \|20-2\|=18 | \|20-20\|=0 | AV42 |
| F | 30 | \|30-2\|=28 | \|30-20\|=10 | AV42 |

经过上述运算：

- 距离平均值 AV41 更近的豆子 A、B、C、D，被划分到 AV41 组。
- 距离平均值 AV42 更近的豆子 E、F，被划分到 AV42 组。

现在，6 粒豆子的分组情况为

- AV41 组：豆子 A、豆子 B、豆子 C、豆子 D。
- AV42 组：豆子 E、豆子 F。

很遗憾，与上一次的分组相比，分组发生了变化，我们认为分组还没有完成，还需要继续进行下一轮分组，直到分组稳定为止。

**第 5 步**：继续迭代。重复第 3 步（计算每个分组均值，按照到均值的距离重新分组）。根据分组判断：

- 如果分组稳定未发生变化，即认为分组完成。
- 如果分组有变化，继续重复第 3 步（计算每个分组均值，重新分组）。

重新计算 AV41 组的平均值 AV51、AV42 组的平均值 AV52。

- 计算第 1 组豆子（A、B、C、D 共四粒）的平均值 AV51 = (1+2+3+10) /4 = 4mm。
- 计算第 2 组豆子（E、F 共两粒）的平均值 AV52 = (20+30)/2 = 25mm。

得到上述平均值以后，对所有的豆子再次分组：

- 将距离平均值 AV51 较近的豆子所在的组，标记为 AV51 组。
- 将距离平均值 AV52 较近的豆子所在的组，标记为 AV52 组。

计算各粒豆子距离平均值 AV51 和 AV52 的距离，并确定分组，如表 22-4 所示。

表 22-4　每粒豆子与平均值 AV51 和 AV52 的距离以及新分组

| 豆子编号 | 直径（mm） | 与平均值 AV51 的距离（mm） | 与平均值 AV52 的距离（mm） | 分在何组 |
|---|---|---|---|---|
| A | 1 | \|1-4\|=3 | \|1-25\|=24 | AV51 |
| B | 2 | \|2-4\|=2 | \|2-25\|=23 | AV51 |
| C | 3 | \|3-4\|=1 | \|3-25\|=22 | AV51 |
| D | 10 | \|10-4\|=6 | \|10-25\|=15 | AV51 |
| E | 20 | \|20-4\|=16 | \|20-25\|=5 | AV52 |
| F | 30 | \|30-4\|=26 | \|30-25\|=5 | AV52 |

经过上述运算：

- 距离平均值 AV51 更近的豆子 A、B、C、D，被划分到 AV51 组。
- 距离平均值 AV52 更近的豆子 E、F，被划分到 AV52 组。

现在，6 粒豆子的分组情况为

- AV51 组：豆子 A、豆子 B、豆子 C、豆子 D。
- AV52 组：豆子 E、豆子 F。

与上一次的分组相比，分组并未发生变化，我们认为分组工作已经完成了。

此时，我们可以将直径较小的那一组称为"小豆子"，直径较大的那一组称为"大豆子"。这里的"大豆子"、"小豆子"是我们根据分类结果创造出来的一个以前并不存在的"分类标签"。

上述过程的简略图如图 22-1 所示，从图中可以看到，重心会不断地移动，确保最后达到一个稳定的状态。

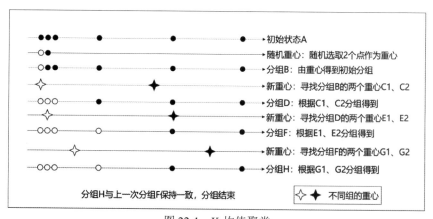

图 22-1　K 均值聚类

当然，本例的数据很快就实现了收敛（分组稳定，分组结束），在实际处理中可能需要进行多轮的迭代才能实现数据的收敛，分类才不再发生变化。也有可能，分组一直无法稳定，这时，就需要指定循环终止条件。例如，指定最大迭代次数 $N$，当经过 $N$ 次分类还没有达到稳定的分组时，就停止迭代，直接将当前结果作为分类结果。

### 22.1.2  K 均值聚类的基本步骤

K 均值聚类是一种将输入数据划分为 $k$ 个簇的简单的聚类算法，该算法不断提取当前分类的中心点（也称为质心或重心），并最终在分类稳定时完成聚类。从本质上说，K 均值聚类是一种迭代算法。

K 均值聚类算法的基本步骤如下：

- 步骤 1：随机选取 $k$ 个点作为分类的中心点。
- 步骤 2：将每个数据点放到距离它最近的中心点所在的类中。
- 步骤 3：重新计算各个分类的数据点的平均值，将该平均值作为新的分类中心点。
- 步骤 4：重复步骤 2 和步骤 3，直到分类稳定。

在步骤 1 中，可以是随机选取 $k$ 个点作为分类的中心点，也可以是随机生成 $k$ 个并不存在于原始数据中的数据点作为分类中心点。

在步骤 3 中，提到的"距离最近"，说明要进行某种形式的距离计算。在具体实现时，可以根据需要采用不同形式的距离度量方法。当然，不同的计算方法会对算法性能产生一定的影响。

## 22.2  K 均值聚类模块

OpenCV 提供了函数 cv2.kmeans() 来实现 K 均值聚类。该函数的语法格式为

```
retval, bestLabels, centers=cv2.kmeans(data, K, bestLabels, criteria, attempts, flags)
```

返回值的含义为

- retval：距离值（也称密度值或紧密度），返回每个点到相应中心点距离的平方和。
- bestLabels：各个数据点的最终分类标签（索引）。
- centers：每个分类的中心点数据。

其中各个参数的含义为

- data：输入的待处理数据集合，应该是 np.float32 类型，每个特征放在单独的一列中。
- K：要分出的簇的个数，即分类的数目，最常见的是 K=2，表示二分类。
- bestLabels：表示计算之后各个数据点的最终分类标签（索引）。实际调用时，参数 bestLabels 的值设置为 None 即可。
- criteria：算法迭代的终止条件。当达到最大循环次数或者指定的精度阈值时，算法停止继续分类迭代计算。该参数由 3 个子参数构成，分别为 type、max_iter 和 eps。

- type 表示终止的类型，可以是三种情况，分别为
  - cv2.TERM_CRITERIA_EPS：精度满足 eps 时，停止迭代。
  - cv2.TERM_CRITERIA_MAX_ITER：迭代次数超过阈值 max_iter 时，停止迭代。
  - cv2.TERM_CRITERIA_EPS + cv2.TERM_CRITERIA_MAX_ITER：上述两个条件中的任意一个满足时，停止迭代。
- max_iter：最大迭代次数。
- eps：精确度的阈值。

- attempts：在具体实现时，为了获得最佳分类效果，可能需要使用不同的初始分类值进行多次尝试。指定 attempts 的值，可以让算法使用不同的初始值进行多次（attempts 次）尝试。
- flags：表示选择初始中心点的方法，主要有以下三种。
  - cv2.KMEANS_RANDOM_CENTERS：随机选取中心点。
  - cv2.KMEANS_PP_CENTERS：基于中心化算法选取中心点。
  - cv2.KMEANS_USE_INITIAL_LABELS：使用用户输入的数据作为第一次分类中心点；如果算法需要尝试多次（attempts 值大于 1 时），后续尝试都是使用随机值或者半随机值作为第一次分类中心点。

## 22.3　单特征豆子分类

本节通过一个单特征的简单示例来说明如何使用 OpenCV 中提供的函数 cv2.kmeans()实现 K 均值聚类。这里的单特征指只有一个特征，例如半径。

【例 22.1】随机生成一组数据，使用函数 cv2.kmeans()按照数据的大小对其进行分类。

为了方便理解，假设有两种豆子，它们的半径不一样，一种半径在[0, 50]区间，另一种半径在[200, 250]区间。用随机数模拟两种豆子的半径，并使用函数 cv2.kmeans()对它们分类。

该程序的主要过程如下：

### 1. 数据准备

使用随机函数随机生成两组豆子的半径数据，并将它们转换为函数 cv2.kmeans()可以处理的格式。具体步骤如下：

**步骤 1**：生成 60 粒半径大小在[0,50]之间的 xiaoMI。

```
xiaoMI = np.random.randint(0,50,60)
```

**步骤 2**：生成 60 粒半径大小在[200,250]之间的 daMI。

```
daMI = np.random.randint(200,250,60)
```

**步骤 3**：将 xiaoMI 和 daMI 组合为 MI。

```
MI = np.hstack((xiaoMI,daMI))
```

**步骤 4**：打乱 MI 内数据的顺序。这样做是为了让数据看起来更杂乱，企图给 K 均值聚类算法增加分类的难度（其实不会）。

```
random.shuffle(MI)
```

**步骤 5**：使用 reshape 函数、np.float32 函数将模拟数据转换为 cv2.kmeans 所需的结构、类型。

```
MI = MI.reshape((120,1))
MI = np.float32(MI)
```

### 2. 使用 K 均值聚类模块

在使用 K 均值聚类模块前，要先设置好函数 cv2.kmeans() 的参数。

将参数 criteria 的值设置为

(cv2.TERM_CRITERIA_EPS + cv2.TERM_CRITERIA_MAX_ITER, 10, 1.0)

上述共有 3 个参数，这 3 个参数，让迭代在达到一定次数或者满足一定精度时终止迭代。

其中：

- 第 1 个参数指定了"精度"和"次数"二者之间为或者关系。
- 第 2 个参数指定了迭代终止条件为迭代次数达到 10 次。
- 第 3 个参数指定了迭代终止条件为精度 1.0。

具体实现如下：

```
criteria = (cv2.TERM_CRITERIA_EPS + cv2.TERM_CRITERIA_MAX_ITER, 10, 1.0)
flags = cv2.KMEANS_RANDOM_CENTERS
retval,bestLabels,centers = cv2.kmeans(MI,2,None,criteria,10,flags)
```

此时，已经完成了 K 均值聚类的分类结果。为了观察分类结果，还需要将其打印、可视化。

### 3. 打印的实现

通过 print 语句，可以将 K 均值聚类的结果输出。具体代码如下：

```
print(retval)            #每个点到中心的距离平方和
print(bestLabels)        #分类标签
print(centers)           #每个分类的中心点
```

### 4. 可视化的实现

根据 K 均值聚类的分类结果，将分类数据可视化。

**步骤 1**：提取分类数据。

根据函数 cv2.kmeans() 返回的标签（"0"和"1"），从原始数据集 MI 中分别提取出两组数据：

- 将标签 0 对应的数值提取出来，命名为 XM
- 将标签 1 对应的数值提取出来，命名为 YM

具体实现代码为

```
XM = MI[bestLabels==0]
YM = MI[bestLabels==1]
```

**步骤 2**：绘制分类数据。

使用的代码为

```
plt.plot(XM,'ro')        #r 表示红色，o 表示圆
plt.plot(YM,'bs')        #b 表示蓝色，s 表示正方形
```

**步骤 3**：绘制每类数据的中心点。

使用的代码为

```
plt.plot(centers[0],'bx')   #b 表示蓝色，X 表示星号
plt.plot(centers[1],'r*')   #r 表示红色，*表示星号
plt.show()
```

## 5. 完整实现

根据上述分析，编写代码如下：

```
# ==================0. 导入库====================
import numpy as np
import cv2
from matplotlib import pyplot as plt
import random
#====================1. 数据准备====================
xiaoMI = np.random.randint(0,50,60)
daMI = np.random.randint(200,250,60)
MI = np.hstack((xiaoMI,daMI))
random.shuffle(MI)
MI = MI.reshape((120,1))
MI = np.float32(MI)
#================ 2. 使用 K 均值聚类模块==============
criteria = (cv2.TERM_CRITERIA_EPS + cv2.TERM_CRITERIA_MAX_ITER, 10, 1.0)
flags = cv2.KMEANS_RANDOM_CENTERS
retval,bestLabels,centers = cv2.kmeans(MI,2,None,criteria,10,flags)
# ================3. 打印的实现====================
print('距离:',retval)              #每个点到中心的距离平方和
print('标签: \n',bestLabels)        #分类标签
print('中心点: \n',centers)          #每个分类的中心点
# ==============4. 可视化的实现====================
XM = MI[bestLabels==0]
YM = MI[bestLabels==1]
plt.plot(XM,'ro')        #r 表示红色，o 表示圆
plt.plot(YM,'bs')        #b 表示蓝色，s 表示正方形
plt.plot(centers[0],'g*')   #g 表示绿色，*表示星号
plt.plot(centers[1],'g*')   #g 表示绿色，*表示星号
plt.show()
```

## 6. 输出结果

运行程序，输出结果为

```
距离: 26953.916301747784
```

标签：

[[1]

[0]

……（说明：为节省篇幅此处省略 116 个标签）

[0]

[1]]

中心点：

[[224.31668 ]

[ 25.133335]]

输入的是随机数，所以每次的输出不会完全一致。但是，由于限定了生成随机数的范围，最后的结果一定在上述结果的附近范围内。

### 7. 可视化展示

程序运行结果如图 22-2 所示。

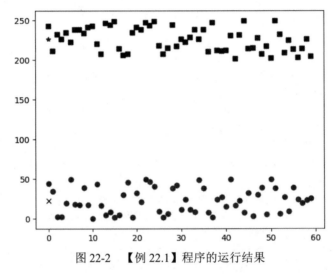

图 22-2 【例 22.1】程序的运行结果

在图 22-1 中，上面的蓝色小方块是标签为 "1" 的数据点 YM，下方的红色圆点是标签为 "0" 的数据点 XM。上方的 "*" 标记是标签为 "1" 的数据组的中心点，其值大概在 224 左右；下方的 "x" 标记是标签为 "0" 的数据组的中心点，其值大概在 25 左右。

尤其要注意，标签的分配是随机的。有时，会把标签 1 分配给较大的一组数；有时，会把标签 1 分配给较小的一组数。

本例题中，我们随机生成的数据是分类明显的两类数据，K 均值聚类较好地完成了分类任务。对于连续性的数据，K 均值聚类同样能够取得较好的分类结果。例如，可以将要分类的数据 MI 模拟在[0,50]范围内，观察分类效果。将 "1. 数据准备" 中的代码修改如下：

```
MI = np.random.randint(0,50,(120,1))
MI = np.float32(MI)
```

此时，分类效果如图 22-3 所示。

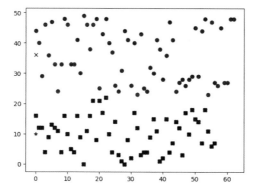

图 22-3　【例 22.1】程序修改原始数据的运行结果

# 22.4　米粒分类

本节我们讨论具有两个特征值时，如何使用 K 均值距离算法实现分类。

**【例 22.2】** 有一堆米粒，按照半径、重量对它们进行分类。

为了方便理解，假设有一堆米粒，它们的半径、重量集中在下列范围：

- 部分米粒的半径在[1, 20]范围内、重量在[100, 200]范围内；
- 部分米粒的半径在[40, 60]范围内、重量在[300, 500]范围内。

下面，通过 K 均值聚类将其划分开。

根据题目要求，使用随机数模拟米粒的半径和重量，并使用函数 cv2.kmeans()对它们进行分类，主要过程如下：

### 1. 数据准备

首先，准备用于分类的模拟数据，具体步骤如下：

**步骤 1：** 第 1 组数据准备。

生成一组数据，这组数据模拟一些米的半径和重量，其半径在[1,20]之间，重量在[100,200]之间。然后，使用函数 np.hstack 将它们拼接在一起。

```
xiaomiR = np.random.randint(1,20,(30,1))

xiaomiH = np.random.randint(100,200,(30,1))

xiaomi = np.hstack((xiaomiR,xiaomiH))
```

**步骤 2：** 第 2 组数据准备。

生成一组数据，这组数据模拟一些米的半径和重量，其半径在[40,60]之间，重量在[300,500]之间。然后，使用函数 np.hstack 将它们拼接在一起。

```
damiR = np.random.randint(40,60,(30,1))

damiH = np.random.randint(300,500,(30,1))

dami = np.hstack((damiR,damiH))
```

**步骤 3**：数据拼接。

使用函数 vstack，将上述步骤得到的 xiaomi 和 dami 组合在一起，具体为

```
MI = np.vstack((xiaomi,dami))
```

**步骤 4**：数据置乱。

使用函数 np.random.shuffle，将上述步骤得到的数据 MI 置乱，让数据看起来更随机一些。具体实现为

```
np.random.shuffle(MI)
```

**步骤 5**：数据类型转换。

将上述步骤得到的数据 MI 进行类型转换，具体实现为

```
MI = np.float32(MI)
```

上述步骤如图 22-4 所示。

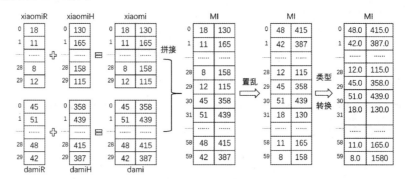

图 22-4　数据准备

### 2. 使用 K 均值聚类模块

设置好参数后，直接调用函数 cv2.kmeans 即可使用 K 均值聚类模块，具体实现为

```
criteria = (cv2.TERM_CRITERIA_EPS + cv2.TERM_CRITERIA_MAX_ITER, 10, 1.0)
ret,label,center=cv2.kmeans(MI,2,None,criteria,10,cv2.KMEANS_RANDOM_CENTERS)
```

### 3. 打印的实现

将函数 cv2.kmeans 得到的距离、标签、分类中心点打印，具体实现为

```
print("距离：",ret)
print("标签：\n",label)
print("分类中心点：\n",center)
```

### 4. 可视化的实现

根据 K 均值聚类的分类结果，将分类数据可视化。

**步骤 1**：提取分类数据。

根据函数 cv2.kmeans()返回的标签（"0"和"1"），从原始数据集 MI 中分别提取出两组数据：

- 将标签 0 对应的数值提取出来，命名为 XM。
- 将标签 1 对应的数值提取出来，命名为 YM。

具体实现代码为

```
XM = MI[label.ravel()==0]
YM = MI[label.ravel()==1]
```

**步骤 2:** 绘制分类数据。

使用函数 scatter 可以绘制散点图。该函数的基本格式为

$$plt.\ scatter(x,y,c,marker)$$

其中,

- x,y 表示数据源,是需要显示的数据。
- c 表示绘制图形的颜色。例如,"b" 表示蓝色、"g" 表示绿色、"r" 表示红色。
- marker 表示绘制图形的样式。例如,"o" 表示圆点、"s" 表示小正方形。

绘制原始数据,使用的代码具体为

```
plt.scatter(XM[:,0],XM[:,1],c = 'g', marker = 's')
plt.scatter(YM[:,0],YM[:,1],c = 'r', marker = 'o')
```

**步骤 3:** 绘制每类数据的中心点。

使用的代码为

```
plt.scatter(center[0,0],center[0,1],s = 200,c = 'b', marker = 's')
plt.scatter(center[1,0],center[1,1],s = 200,c = 'b', marker = 'o')
```

### 5. 完整实现

根据上述分析,编写代码如下:

```
# ===================0. 导入库=====================
import numpy as np
import cv2
from matplotlib import pyplot as plt
# ===============1. 数据准备===================
# xiaomi 数据
xiaomiR = np.random.randint(1,20,(30,1))
xiaomiH = np.random.randint(100,200,(30,1))
xiaomi = np.hstack((xiaomiR,xiaomiH))
# dami 数据
damiR = np.random.randint(40,60,(30,1))
damiH = np.random.randint(300,500,(30,1))
dami = np.hstack((damiR,damiH))
# 所有数据
MI = np.vstack((xiaomi,dami))
np.random.shuffle(MI)
MI = np.float32(MI)
# ==============2. 使用 K 均值聚类模块===============
criteria = (cv2.TERM_CRITERIA_EPS + cv2.TERM_CRITERIA_MAX_ITER, 10, 1.0)
ret,label,center=cv2.kmeans(MI,2,None,criteria,10,cv2.KMEANS_RANDOM_CENTERS)
# ==============3. 打印的实现===================
```

```
print("距离: ",ret)
print("标签: \n",label)
print("分类中心点: \n",center)
# ==============4. 可视化的实现====================
# 根据 kmeans 处理结果，将数据分类，分为 XM 和 YM 两大类
XM = MI[label.ravel()==0]
YM = MI[label.ravel()==1]
# 绘制分类结果数据
plt.scatter(XM[:,0],XM[:,1],c = 'g', marker = 's')
plt.scatter(YM[:,0],YM[:,1],c = 'r', marker = 'o')
# 绘制分类数据的中心点
plt.scatter(center[0,0],center[0,1],s = 200,c = 'b', marker = 's')
plt.scatter(center[1,0],center[1,1],s = 200,c = 'b', marker = 'o')
plt.show()
```

### 6. 输出结果

运行程序，输出结果为

距离: 127752.60242938995
标签:
```
[[0]
 [1]
```
......（说明：为节省篇幅此处省略 56 个标签）
```
 [1]
 [0]]
```
分类中心点:
```
[[  9.3       148.73334 ]
 [ 48.033337 387.46667 ]]
```
由于输入是随机数，每次的输出不会完全一致。

### 7. 可视化展示

运行上述程序，结果如图 22-5 所示。

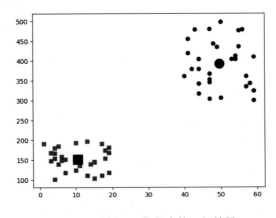

图 22-5　【例 22.2】程序的运行结果

在图 22-5 中，右上方红色小圆点是标签为"1"的数据 YM 的散点图；左下方绿色小方块是标签为"0"的数据 XM 的散点图。右上方稍大的蓝色圆点是标签"1"的数据组的中心点；左下方稍大的蓝色方块是标签为"0"的数据组的中心点。

当两个特征都是更为随机的值时，K 均值聚类同样会取得比较好的效果。将"1. 数据准备"中的源代码修改为

```
MI= np.random.randint(1,20,(60,2))
MI = np.float32(MI)
```

此时，分类效果如图 22-6 所示。

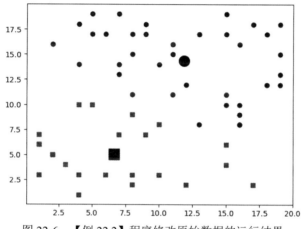

图 22-6　【例 22.2】程序修改原始数据的运行结果

### 8. 说明

需要说明的是，在现实中，重量、半径往往具有一定的相关性。在实践中，在使用特征前，往往需要对特征进行相关性的校验。对于具有较高相关性的一组特征，从中选择具有代表性的特征参与分类即可。例如当重量、半径相关性较高时，选择其中的一个特征用于分类即可。当然，必要时，也可以让具有较高相关性的特征通过计算得到新的特征（如密度等），将新特征作为分类所使用的特征。

## 22.5　灰度图像二值化

本节我们通过 OpenCV 实现一个图像处理的案例。

【例 22.3】使用函数 cv2.kmeans()将灰度图像处理为只有两个灰度级的二值图像。

根据题目要求，将灰度图像内的 256 个灰度级划分为两类。然后，用这两类像素点的中心点像素值，替代其对应类中的所有像素值。

例如，在图 22-7(a)是原始图像，其中像素点的像素值范围是[0,255]。将图 22-7(a)中像素点划分为两类后，其中心点值分别是 88 和 155。二值化时，将图 22-7(a)中像素点分别替换为各自所在类的中心点像素值。转换完成后，结果如图 22-7(b)所示。当前考虑的是灰度图像，处理 RGB 彩色时，将三个通道分别按照上述方式处理即可。

| 18 | 215 | 34 | 44 | 56 | 222 |
|---|---|---|---|---|---|
| 61 | 40 | 143 | 198 | 27 | 168 |
| 171 | 194 | 229 | 63 | 113 | 195 |
| 126 | 23 | 137 | 46 | 52 | 236 |
| 201 | 117 | 153 | 216 | 48 | 62 |
| 5 | 135 | 183 | 116 | 66 | 193 |

(a)

| 88 | 155 | 88 | 88 | 88 | 155 |
|---|---|---|---|---|---|
| 88 | 88 | 155 | 155 | 88 | 155 |
| 155 | 155 | 155 | 88 | 88 | 155 |
| 88 | 88 | 155 | 88 | 88 | 155 |
| 155 | 88 | 155 | 155 | 88 | 88 |
| 88 | 155 | 155 | 88 | 88 | 155 |

(b)

图 22-7　像素值二值化

根据分析，主要过程如下：

### 1. 图像预处理

读取图像，并将图像转换为函数 cv2.kmeans() 可以处理的形式。

在读取图像时，如果是 3 个通道的 RGB 图像，需要将图像的 RGB 值处理为一个具有 3 列的特征值。具体实现时，用函数 cv2.reshape() 完成对图像特征值结构的调整。为了满足函数 cv2.kmeans() 的要求，还需要将图像的数据类型转换为 numpy.float32 类型。

上述过程的实现代码为

```
img = cv2.imread('lenacolor.png')
data = img.reshape((-1,3))
data = np.float32(data)
```

### 2. 使用 K 均值聚类模块

设置参数 criteria 的值为 "(cv2.TERM_CRITERIA_EPS + cv2.TERM_CRITERIA_MAX_ITER, 10, 1.0)"，让函数 cv2.kmeans() 在达到一定精度或者达到一定迭代次数时，即停止迭代。

设置参数 K 的值为 2，将所有像素划分为两类。

上述过程的实现代码为

```
criteria = (cv2.TERM_CRITERIA_EPS + cv2.TERM_CRITERIA_MAX_ITER, 10, 1.0)
K =2
ret,label,center=cv2.kmeans(data,K,None,criteria,10,cv2.KMEANS_RANDOM_CENTERS)
```

### 3. 打印的实现

将函数 cv2.kmeans 得到的距离、标签、分类中心点打印，具体实现如下：

```
print("距离: ",ret)
print("标签: \n",label)
print("分类中心点: \n",center)
```

### 4. 像素值替换及结果展示

将像素点的值替换为当前分类的中心点的像素值，分别显示原始图像和二值化图像。

可以通过引用分类数组 B 的索引的方式，将数组 A 内的值，统一替换为数值 B 的值，实现将数组 A 二值化。

例如：想将数组 A=[3,6,1,6,9,0] 中的数值，划分为分类数组 B=[2,8] 内的两个值。更进一步来说，想将数字 A 内的数值分为两类：将其中小于 5 的像素点替换为数值 2（0 类，对应 B[0]）；大于等于 5 的像素点替换为数值 8（1 类，对应 B[1]）。其实现步骤如图 22-8 所示，具体如下：

- 步骤 1：分类。将数组 A 中的数值分类，并替换为分类标签。如果数组 A 中的原始值小于 5，就将该值替换为标签 0；如果原始值大于等于 5，则替换为标签 1，得到数组 A1；通常情况下，分类工作已经在 K 均值聚类模块完成，该步骤仅仅需要贴上已知标签即可。

- 步骤 2：映射。将数组 A1 中的标签值，映射为数组 B 的索引形式。即，将数组 A1 中的标签 0 映射为 B[0]；将标签 1 映射为 B[1]。通过上述映射，得到数组 A2；

- 步骤 3：取值。将数组 A2 中数组 B 的索引形式替换为其所对应的数值 B 中的值，得到二值化结果 A3。

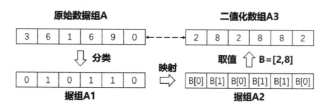

图 22-8　数值二值化

按照上述思路，即可实现二维数组的二值化操作，如图 22-9 所示。

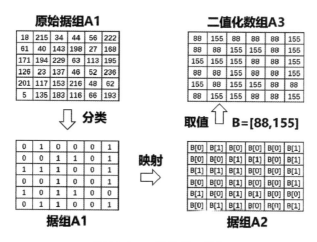

图 22-9　二维数组二值化

根据上述思路，根据 K 均值聚类得到的中心点，将原始图像映射为二值形式并显示，具体为

```
center = np.uint8(center)          #将 center 处理为正数
res1 = center[label.flatten()]     #完成数组的映射工作
res2 = res1.reshape((img.shape))   #将结果重构为原始图像尺寸大小
cv2.imshow("original",img)
cv2.imshow("result",res2)
cv2.waitKey()
```

```
cv2.destroyAllWindows()
```

### 5. 完整实现

根据上述分析，编写代码如下：

```
# ====================0. 导入库======================
import numpy as np
import cv2
# ===================1. 图像预处理======================
img = cv2.imread('lenacolor.png')
data = img.reshape((-1,3))
data = np.float32(data)
# =================2. 使用 K 均值聚类模块====================
criteria = (cv2.TERM_CRITERIA_EPS + cv2.TERM_CRITERIA_MAX_ITER, 10, 1.0)
K =2
ret,label,center=cv2.kmeans(data,K,None,criteria,10,cv2.KMEANS_RANDOM_CENTERS)
# ====================3. 打印的实现========================
print("距离: ",ret)
print("标签: \n",label)
print("分类中心点: \n",center)
# =================4. 像素值替换及结果展示====================
center = np.uint8(center)            #将 center 处理为正数
res1 = center[label.flatten()]       #完成数组的映射工作
res2 = res1.reshape((img.shape))     #将结果重构为原始图像尺寸大小
cv2.imshow("original",img)
cv2.imshow("result",res2)
cv2.waitKey()
cv2.destroyAllWindows()
```

### 6. 输出结果

运行程序，输出结果为

```
距离:  607346674.6767586
标签:
 [[1]
 [1]
 [1]
 ...
 [0]
 [0]
 [0]]
分类中心点:
 [[ 76.51532  46.32636 129.70634]
 [124.36588 133.63495 213.35373]]
```

### 7. 可视化展示

运行上述程序，结果如图 22-10 所示。其中，图 22-10(a)是原始图像，图 22-10(b)是二值化图像。调整程序中的 K 值，就能改变图像的灰度等级。例如，K=8，则可以让图像显示 8 个灰度级。

(a)　　　　　　　　　　　　　　　(b)

图 22-10　【例 22.3】程序的运行结果

# 第 23 章

# 人脸识别

人脸识别是指程序对输入的人脸图像进行判断，并识别出其对应的人的过程。人脸识别程序像我们人类一样，"看到"一张人脸后就能够分辨出这个人是家人、朋友还是明星。

当然，要实现人脸识别，首先要判断当前图像内是否出现了人脸，也即人脸检测。只有检测到图像中出现了人脸，才能据此判断出这个人到底是谁。

本章分别介绍人脸检测和人脸识别的基本原理，并分别给出了使用 OpenCV 实现它们的简单案例。

## 23.1　人脸检测

当我们预测的是离散值时，进行的是"分类"。例如，预测一个孩子能否成为一名优秀的运动员，其实就是看他是被划分为"好苗子"还是"普通孩子"的分类。对于只涉及两个类别的"二分类"任务，我们通常将其中一个类称为"正类"（正样本），另一个类称为"负类"（反类、负样本）。

例如，在人脸检测中，主要任务是构造能够区分包含人脸实例和不包含人脸实例的分类器。这些实例被称为"正类"（包含人脸图像）和"负类"（不包含人脸图像）。

本节介绍分类器的基本构造方法，以及如何调用 OpenCV 中训练好的分类器实现人脸检测。

### 23.1.1　基本原理

OpenCV 提供了三种不同的训练好的级联分类器，下面简单介绍其中涉及的一些概念。

#### 1. 级联分类器

通常情况下，分类器需要对图像的多个特征进行识别。例如，识别一个动物到底是狗（正类）还是其他动物（负类）时，如果我们直接根据多个条件进行判断，这样比较下来是非常烦琐的。但是，如果首先就判断它们有几条腿：

- 有"四条腿"的动物被判断为"可能为狗"，并对此范围内的对象继续进行分析和判断。
- 没有"四条腿"的动物直接被否决，即不可能为狗。

这样，仅仅比较腿的数目，根据这个特征就能排除样本集中大量的负类（例如鸡、鸭、鹅等不是狗的其他动物实例）。

级联分类器就是基于这种思路，将多个简单的分类器按照一定的顺序级联而成的。

级联分类器的基本原理如图 23-1 所示。

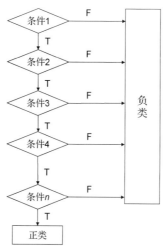

图 23-1　级联分类器示意图

级联分类器的优势是，在开始阶段仅进行非常简单的判断，就能够排除明显不符合要求的实例。在开始阶段被排除的负类，不再参与后续分类，这样能极大地提高后面分类的速度。这有点像我们经常收到的骗子短信，大多数人通常一眼就能识别出这些短信是骗人的，也不可能上当受骗。骗子们随机大量发送大多数人明显不会上当受骗的短信，这种做法虽然看起来非常愚蠢，但总还是有人会上当。这些短信，在最开始的阶段经过简单的筛选过滤就能够将完全不可能上当的人排除在外。不回复短信的人，是不可能上当的；而回复短信的人，才是目标人群。这样，骗子轻易地就识别并找到了目标人群，能够更专注地"服务"于他们的"最终目标人群"（不断地进行短信互动），从而有效地避免了与"非目标人群"（不回复短信的人群）发生进一步的接触而"浪费"时间和精力。此外，生活中还存在着大量的应用。例如，我们在拨打服务电话时，通常也是通过不断地拨不同的数字进行选择（普通话请按 1，英语请按 0；查询话费请按……），从而得到最终的服务。

OpenCV 提供了用于训练级联分类器的工具，也提供了训练好的用于人脸定位的级联分类器，都可以作为现成的资源使用。

### 2. Haar 级联分类器

OpenCV 提供了已经训练好的 Haar 级联分类器用于人脸定位。Haar 级联分类器的实现，经过了以下漫长的历史：

- 首先，有学者提出了使用 Haar 特征用于人脸检测，但是此时 Haar 特征的运算量超级大，这个方案并不实用。
- 接下来，有学者提出了简化 Haar 特征的方法，让使用 Haar 特征检测人脸的运算变得简单易行，同时提出了使用级联分类器提高分类效率。
- 后来，又有学者提出了用于改进 Haar 的类 Haar 方案，为人脸定义了更多特征，进一步提高了人脸检测的效率。

下面，用一个简单的例子来叙述上述方案。假设有两幅 4×4 大小的图像，如图 23-2 所示。

针对这两幅图像，我们可以通过简单的计算来判断它们在左右关系这个维度是否具有相关性。

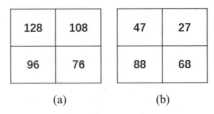

图 23-2　图像示例

用两幅图像左侧像素值之和减去右侧像素值之和：

- 针对图 23-2(a)，sum(左侧像素) − sum(右侧像素) = (128+96) − (108+76) = 40
- 针对图 23-2(b)，sum(左侧像素) − sum(右侧像素) = (47+88) − (27+68) = 40

这两幅图像中，"左侧像素值之和"减去"右侧像素值之和"都是 40。所以，可以认为在"左侧像素值之和"减去"右侧像素值之和"这个角度（左侧比右侧稍亮），这两幅图像具有一定的相关性。

进一步扩展，我们可以从更多的角度考虑图像的特征。学者 Papageorgiou 等人提出了如图 23-3 所示的 Haar 特征，这些特征包含垂直特征、水平特征和对角特征。他们利用这些特征分别实现了行人检测（"Pedestrian Detection Using Wavelet Templates"）和人脸检测（"A General Framework For Object Detection"）。

图 23-3　Haar 特征

Haar 特征反映的是图像的灰度变化，它将像素划分为模块后求差值。Haar 特征用黑白两种矩形框组合成特征模板，在特征模板内，用白色矩形像素块的像素和减去黑色矩形像素块的像素和，应用该差值来表示该模板的特征。经过上述处理后，人脸部的一些特征就可以使用矩形框的差值简单地表示了。比如，眼睛的颜色比脸颊的颜色要深，鼻梁两侧的颜色比鼻梁的颜色深，唇部的颜色比唇部周围的颜色深。

关于 Harr 特征中的矩形框，有如下 3 个变量。

- 矩形位置：矩形框要逐像素地划过（遍历）整个图像获取每个位置的差值。
- 矩形大小：矩形的大小可以根据需要做任意调整。
- 矩形类型：包含垂直、水平、对角等不同类型。

上述 3 个变量保证了能够细致全面地获取图像的特征信息。但是，变量的个数越多，特征的数量也会越多。例如，仅一个 24×24 大小的检测窗口内的特征数量就接近 20 万个。由于计算量过大，该方案并不实用，除非有人能够提出简化特征的方案。

后来，Viola 和 Jones 两位学者在论文"Rapid Object Detection Using A Boosted Cascade Of Simple Features"和"Robust Real-time Face Detection"中提出了使用积分图像快速计算 Haar 特征的方法。他们提出通过构造"积分图（Integral Image）"，让 Haar 特征能够通过查表法和有

限次简单运算快速获取，极大地减少了运算量。同时，在这两篇文章中，他们提出了通过构造级联分类器让不符合条件的背景图像（负样本）被快速地抛弃，从而能够将算力运用在可能包含人脸的对象上。

为了进一步提高效率，Lienhart 和 Maydt 两位学者，在论文 "An Extended Set Of Haar-Like Features For Rapid Object Detection" 中提出对 Haar 特征库进行扩展。他们将 Haar 特征进一步划分为如图 23-4 所示的 4 类：

- 4 个边特征。
- 8 个线特征。
- 2 个中心点特征。
- 1 个对角特征。

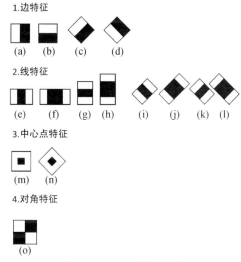

图 23-4　Haar 扩展特征

Lienhart 和 Maydt 两位学者认为在实际使用中，对角特征（见图 23-4(o)）和线特征中的 "e" 和 "g"（图 23-4(i)和图 23-4(j)）是相近的，因此通常情况下无须重复计算。同时，该论文还给出了计算 Haar 特征数的方法、快速计算方法，以及级联分类器的构造方法等内容。

OpenCV 在上述研究的基础上，实现了将 Haar 级联分类器用于人脸部特征的定位。我们可以直接调用 OpenCV 自带的 Haar 级联特征分类器来实现人脸定位。

除此以外，OpenCV 还提供了使用 Hog 特征和 LBP 算法的级联分类器。Hog 级联分类器主要用于行人检测，这里不再赘述。有关 LBP 算法的内容请参考 "23.3 LPBH 人脸识别" 一节。

## 23.1.2　级联分类器的使用

为了训练针对特定类型对象的级联分类器，OpenCV 提供了专门的软件工具。在 OpenCV 根目录下的 build 文件夹下，查找 build\x86\vc12\bin 目录（不同版本的 OpenCV，路径会略有差异），会找到 opencv_createsamples.exe 和 opencv_traincascade.exe，这两个.exe 文件可以用来训练级联分类器。

训练级联分类器很耗时，如果训练的数据量较大，可能需要好几天才能完成。在 OpenCV

中，有一些训练好的级联分类器供用户使用。这些分类器可以用来检测人脸、脸部特征（眼睛、鼻子）、人类和其他物体。这些级联分类器以 XML 文件的形式存放在 OpenCV 源文件的 data 目录下，加载不同级联分类器的 XML 文件就可以实现对不同对象的检测。

OpenCV 自带的级联分类器存储在 OpenCV 根文件夹的 data 文件夹下。该文件夹包含三个子文件夹：haarcascades、hogcascades、lbpcascades，里面分别存储的是 Harr 级联分类器、HOG 级联分类器、LBP 级联分类器。

其中，Harr 级联分类器多达 20 多种（随着版本更新还会继续增加），提供了对多种对象的检测功能。部分级联分类器如表 23-1 所示。

表 23-1　级联分类器

| XML 文件名 | 级联分类器类型 |
| --- | --- |
| harrcascade_eye.xml | 眼睛检测 |
| haarcascade_eye_tree_eyeglasses.xml | 眼镜检测 |
| haarcascade_mcs_nose.xml | 鼻子检测 |
| haarcascade_mcs_mouth.xml | 嘴巴检测 |
| harrcascade_smile.xml | 表情检测 |
| hogcascade_pedestrians.xml | 行人检测 |
| lbpcasecade_frontalface.xml | 正面人脸检测 |
| lbpcasecade_profileface.xml | 人脸检测 |
| lbpcascade_silverware.xml | 金属检测 |

加载级联分类器的语法格式为

```
<CascadeClassifier object> = cv2.CascadeClassifier( filename )
```

其中，filename 是分类器的路径和名称。

下面的代码是一个调用实例：

```
faceCascade = cv2.CascadeClassifier('haarcascade_frontalface_default.xml')
```

使用级联分类器时需要注意：如果是通过在 anaconda 中使用 pip 的方式安装的 OpenCV，则无法直接获取级联分类器的 XML 文件。可以通过以下两种方式获取需要的级联分类器 XML 文件：

- 完整安装 OpenCV 后，在其安装目录下的 data 文件夹内查找 XML 文件。
- 直接在网络上找到相应 XML 文件，下载并使用。

同样，如果使用 opencv_createsamples.exe 和 opencv_traincascade.exe，也需要采用上述方式获取 XML 文件。

### 23.1.3　函数介绍

在 OpenCV 中，人脸检测使用的是 cv2.CascadeClassifier.detectMultiScale()函数，它可以检测出图片中所有的人脸。该函数由分类器对象调用，其语法格式为

```
objects = cv2.CascadeClassifier.detectMultiScale( image[, scaleFactor[,
minNeighbors[, flags[, minSize[, maxSize]]]]] )
```

其中各个参数及返回值的含义为

- image：待检测图像，通常为灰度图像。
- scaleFactor：表示在前后两次相继的扫描中，搜索窗口的缩放比例。
- minNeighbors：表示构成检测目标的相邻矩形的最小个数。默认情况下，该值为 3，意味着有 3 个以上的检测标记存在时，才认为人脸存在。如果希望提高检测的准确率，可以将该值设置得更大，但同时可能会让一些人脸无法被检测到。
- flags：该参数通常被省略。在使用低版本 OpenCV（OpenCV 1.X 版本）时，它可能会被设置为 CV_HAAR_DO_CANNY_PRUNING，表示使用 Canny 边缘检测器来拒绝一些区域。
- minSize：目标的最小尺寸，小于这个尺寸的目标将被忽略。
- maxSize：目标的最大尺寸，大于这个尺寸的目标将被忽略。如果 maxSize 和 minSize 大小一致，就表示仅在一个尺度上查找目标。通常情况下，将该可选参数省略即可。
- objects：返回值，目标对象的矩形框向量组。该值是一组矩形信息，包含了每个检测到的人脸所对应矩形的（x 方向位置、y 方向位置、宽度、高度）信息。

## 23.1.4　案例介绍

本节通过一个实例来说明如何实现人脸检测。

【例 23.1】使用函数 cv2.CascadeClassifier.detectMultiScale()检测一幅图像内的人脸。

使用分类器检测人脸的过程如图 23-5 所示。

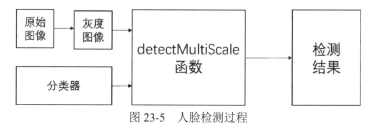

图 23-5　人脸检测过程

下面分步骤介绍人脸检测的具体流程：

### 1. 原始图像处理

原始图像是可能包含人脸的图像，首先读取原始图像，并将其处理为灰度图像，具体实现代码如下：

```
image = cv2.imread('dface3.jpg')
gray = cv2.cvtColor(image,cv2.COLOR_BGR2GRAY)
```

### 2. 加载分类器

获取 XML 文件，加载人脸检测器。这里需要注意路径问题，注意加载正确的文件名。本例中，XML 文件直接放在了当前文件夹下面，所以直接将文件名作为参数。具体代码为

```
faceCascade = cv2.CascadeClassifier('haarcascade_frontalface_default.xml')
```

### 3. 人脸检测

调用函数 detectMultiScale，实现人脸检测，具体程序为

```
faces = faceCascade.detectMultiScale(
    gray,
    scaleFactor = 1.1,
    minNeighbors = 5,
    minSize = (5,5))
```

上述代码中，没有指定 maxSize 的值，如果已知图像中人脸的大概尺寸大小，或者想找到某一个尺寸范围内的人脸，可以给 maxSize 设置一个值。当设定 maxSize 值后，只会找到小于等于该尺寸的人脸，大于该尺寸的人脸会被忽略掉。

### 4. 打印输出的实现

使用 print 语句，将函数 detectMultiScale 的返回值 faces 打印，即可得到检测到的人脸位置。具体代码如下：

```
print("发现{0}张人脸!".format(len(faces)))
print("其位置分别是：")
print(faces)
```

函数 detectMultiScale 的返回值 faces，是一组矩形信息，包含了每个检测到的人脸所对应的矩形（$x$ 方向位置、$y$ 方向位置、宽度、高度）。

### 5. 标注人脸及显示

将函数 detectMultiScale 的返回值 faces 中，表示每一张人脸使用矩形函数 cv2.rectangle。在图像内标注出来，并将整张图像显示。具体代码为

```
for(x,y,w,h) in faces:
  cv2.rectangle(image,(x,y),(x+w,y+h),(0,255,0),2)
cv2.imshow("dect",image)
cv2.waitKey(0)
cv2.destroyAllWindows()
```

### 6. 完整流程

上述流程是人脸检测的完整流程，完整的代码如下：

```
import cv2
# ===============1 原始图像处理==================
image = cv2.imread('dface3.jpg')
gray = cv2.cvtColor(image,cv2.COLOR_BGR2GRAY)
# ===============2 加载分类器====================
faceCascade = cv2.CascadeClassifier('haarcascade_frontalface_default.xml')
# ===============3 人脸检测======================
faces = faceCascade.detectMultiScale(
    gray,
```

```
     scaleFactor = 1.1,
     minNeighbors = 5,
     minSize = (5,5))
# ==============4 打印输出的实现====================
print("发现{0}张人脸!".format(len(faces)))
print("其位置分别是：")
print(faces)
# ================5 标注人脸及显示====================
for(x,y,w,h) in faces:
    cv2.rectangle(image,(x,y),(x+w,y+h),(255,255,255),2)    #为方便印刷，显示白色
cv2.imshow("dect",image)
cv2.waitKey(0)
cv2.destroyAllWindows()
```

## 7. 输出结果

运行程序，会显示检测到的人脸的数量及具体位置信息如下：

发现 5 张人脸！
其位置分别是：

```
[[290  14  74  74]
 [ 35  77  62  62]
 [565  64  64  64]
 [443  62  71  71]
 [127  58  65  65]]
```

## 8. 可视化输出

程序会输出图 23-6 所示的图像，图像内的 5 张人脸被 5 个矩形框标注。

图 23-6　人脸检测结果

## 23.2 人脸识别基础

本节分别介绍人脸识别的基本原理及在 OpenCV 实现的具体思路及方法。

### 23.2.1 人脸识别基本流程

人脸识别的第一步，就是要找到一个模型可以用简洁又具有差异性的方式准确反映出每个人脸的特征。然后，采用该方式提取训练集中每个人脸的特征，得到特征集。识别人脸时，先将当前待识别人脸采用与前述相同的方式提取特征，再从已有特征集中找出当前特征的邻近样本，从而得到当前人脸的标签。

具体示意如图 23-7 所示。其中：

- 图 23-7(a)是待识别人脸。
- 图 23-7(b)是已知人脸集合。
- 图 23-7(c)是图 23-7(a)的特征值。
- 图 23-7(d)是图 23-7(b)中各个人脸对应的特征值（特征集）。经过对比可知，图 23-7(a)中待识别人脸的特征值 88，与图 23-7(d)中的特征值 90 最为接近。据此，可以将待识别人脸 23-7(a)识别为特征值 90 对应的人脸"己"。
- 图 23-7(e)是返回值。即，图 23-7(a)识别的结果是人脸"己"。

为了方便理解，我们可以想象在对比时，有一个反向映射过程。例如：

- 图 23-7(f)是待识别人脸，由数值 88 反向映射得到。
- 图 23-7(g)是人脸集合，由图 23-7(d)中的特征值反向映射得到。

通过图 23-7(f)和图 23-7(g)，我们可以更直观地观察到，图 23-7(g)中第 2 行第 2 列是识别的对应结果。该识别结果，是根据图 23-7(c)和图 23-7(d)的对应关系确立的。

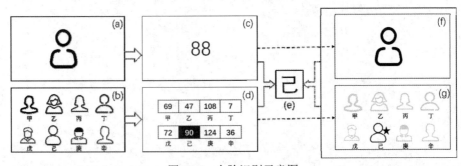

图 23-7  人脸识别示意图

当然，为了方便理解，这里的特征值只有一个值。在实践中，会根据实际情况，选取更具代表、更复杂的、更多的特征值用作比较判断的依据。将上述过程一般化，人脸识别流程示意图如图 23-8 所示。具体来说：

- 通过特征提取模块，分别完成对训练图像和待识别对象的特征提取。
- 将上述特征传递给识别模块。通常，将训练特征传递给训练模型，用来训练一个人脸识别模型，然后将待识别对象特征使用训练好的模型完成识别工作。

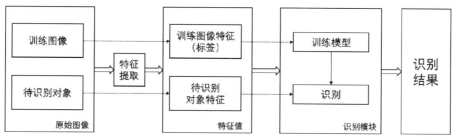

图 23-8　人脸识别流程示意图

## 23.2.2　OpenCV 人脸识别基础

在 OpenCV 中，可以将待识别对象、训练图像及对应标签，在不提取特征的情况下，直接传递给识别模块，识别模块通过生成实例模型、训练模型、完成识别等三个步骤实现人脸识别，输出识别结果。具体的人脸识别流程如图 23-9 所示。

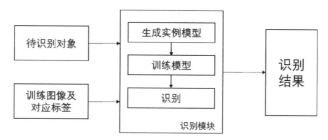

图 23-9　OpenCV 人脸识别流程示意图

在识别模块中：

- 生成实例模型时，使用特定的函数生成特征脸识别器实例模型。在 OpenCV 中，提供了三种用于识别人脸的方法，分别是 LBPH 方法（参见"23.3 LPBH 人脸识别"）、EigenFishfaces 方法（参见"23.4 EigenFaces 人脸识别"）、Fisherfaces 方法（参见"23.5 Fisherfaces 人脸识别"）。上述每种方法都提供了对应的函数来完成生成实例模型，后续小节中将进行详细的介绍。
- 训练模型时，应用函数 cv2.face_FaceRecognizer.train()完成模型的训练工作。
- 完成识别时，采用函数 cv2.face_FaceRecognizer.predict()完成人脸识别。

综上，具体实现人脸识别时，先生成一个实例模型，然后应用 cv2.face_FaceRecognizer.train() 函数完成训练模型，最后用 cv2.face_FaceRecognizer.predict()函数完成人脸识别。下面对训练模型、完成识别所使用的函数做一个简单的介绍。

### 1. 函数 cv2.face_FaceRecognizer.train()

函数 cv2.face_FaceRecognizer.train()用给定的数据和相关标签训练生成的实例模型。该函数的语法格式为

```
None = cv2.face_FaceRecognizer.train( src, labels )
```

其中各个参数的含义为

- src：训练图像，用来学习的人脸图像。
- labels：标签，人脸图像所对应的标签。

该函数没有返回值。

### 2. 函数 cv2.face_FaceRecognizer.predict()

函数 cv2.face_FaceRecognizer.predict()对一个待测人脸图像进行判断，寻找与当前图像距离最近的人脸图像。与哪个人脸图像最近，就将当前待测图像标注为其对应的标签。当然，如果待测图像与所有人脸图像的距离都大于特定的距离值（阈值），则认为没有找到对应的结果，即无法识别当前人脸。

函数 cv2.face_FaceRecognizer.predict()的语法格式为

```
label, confidence = cv2.face_FaceRecognizer.predict( src )
```

其中参数与返回值的含义为

- src：需要识别的人脸图像。
- label：返回的识别结果标签。
- confidence：返回的置信度评分。置信度评分用来衡量识别结果与原有模型之间的距离。

------

【提示】使用不同的算法进行人脸识别时，都会返回一个置信度评分 confidence。置信度评分用来衡量识别结果与原有模型之间的距离。一般情况下，0 表示完全匹配。

------

LBPH 方法和 EigenFishfaces 方法/Fisherfaces 方法的置信度评分值具有不同的含义。针对 LPBP 方法，小于 50 的值是可以接受的，但是高于 80 的值则认为识别结果与原有模型差别较大。而针对 EigenFishfaces 方法和 Fisherfaces 方法，他们的值通常在 0 到 20000 之间，如果低于 5000 就认为得到了相当可靠的识别结果。

------

在官网上，额外提醒我们要注意两点：

- 训练和预测必须在灰度图像上进行，可以使用函数 cv2.cvtColor 在色彩空间之间进行转换。
- 训练和测试图像的大小必须相等。必须确保输入数据具有正确的形状，否则将引发异常。此外，可以使用函数 cv2.resize 来调整图像大小。

## 23.3  LPBH 人脸识别

局部二值模式直方图（Local Binary Patterns Histogram，LBPH）所使用的模型基于局部二值模式（Local Binary Pattern，LBP）算法。LBP 最早是被作为一种有效的纹理描述算子提出的，由于在表述图像局部纹理特征上效果出众而得到广泛应用。

## 23.3.1　基本原理

LBP 算法的基本原理是，将像素点 A 的值与其最邻近的 8 个像素点的值逐一比较：

- 如果 A 的像素值大于等于其临近点的像素值，则得到 0。
- 如果 A 的像素值小于其临近点的像素值，则得到 1。

最后，将像素点 A 与其周围 8 个像素点比较所得到的 0、1 值连起来，得到一个 8 位的二进制序列，将该二进制序列转换为十进制数作为像素点 A 的 LBP 值。

下面以图 23-10(a)中 3×3 区域的中心点（像素值为 76 的点）为例，说明如何计算该点的 LBP 值。计算时，以其像素值 76 作为阈值，对其 8 邻域像素进行二值化处理，

- 将像素值大于等于 76 的像素点处理为 1。例如，其邻域中像素值为 128、251、99、213 的点，都被处理为 1，填入对应的像素点位置上。
- 将像素值小于 76 的像素点处理为 0。例如，其邻域中像素值为 36、9、11、48 的点，都被处理为 0，填入对应的像素点位置上。

根据上述计算，可以得到图 23-10(b)中所示的二值结果。

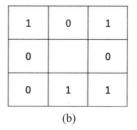

图 23-10　LBP 原理示意图

完成二值化以后，任意指定一个开始位置，将得到的二值结果进行序列化，组成一个 8 位的二进制数。例如，从当前像素点的正上方开始，以顺时针为序得到二进制序列"01011001"。

最后，将二进制序列"01011001"转换为所对应的十进制数"89"，作为当前中心点的像素值，如图 23-11 所示。

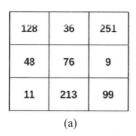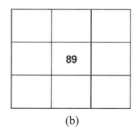

图 23-11　中心点的处理结果

对图像逐像素用以上方式进行处理，就得到 LBP 特征图像。

为了得到不同尺度下的纹理结构，还可以使用圆形邻域，将计算扩大到任意大小的邻域内。圆形邻域可以用(P, R)表示，其中 P 表示圆形邻域内参与运算的像素点个数，R 表示邻域的半径。

例如，在图 23-12 中就分别采用了不同的圆形邻域。

- 图 23-12(a)使用的是(4, 1)邻域，比较当前像素与邻域内 4 个像素点的像素值大小，使用的半径是 1。
- 图 23-12(b)使用的是(8, 2)邻域，比较当前像素与邻域内 8 个像素点的像素值大小，使用的半径是 2。在参与比较的 8 个邻域像素点中，部分邻域可能不会直接取实际存在的某个位置上的像素点，而是通过对附近若干个像素点进行计算，构造一个"虚拟"像素值来与当前像素点进行比较。

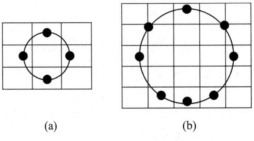

(a)　　　　　　　(b)

图 23-12　圆形邻域示意图

人脸的整体灰度由于受到光线的影响，经常会发生变化，但是人脸各部分之间的相对灰度会基本保持一致。LBP 的主要思想是以当前像素点与其邻域像素点的相对关系作为处理结果。正是因为这一点，在图像灰度整体发生变化（单调变化）时，从 LBP 算法中提取的特征能保持不变。简而言之，LBP 能够较好地体现一个点与周围点的关系。例如，在图 23-13 中，黑点表示 0，白点表示 1，不同的点情况对应着不同的特征。

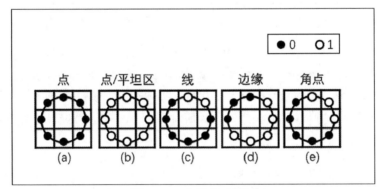

图 23-13　点关系示意图

由于 LBP 算法能够在图像灰度整体发生变化时提取稳定不变的一致特征，使得其在人脸识别中得到了广泛的应用。

使用 LBP 特征图像所构造的直方图被称为 LBPH，或称为 LBP 直方图。需要注意的是，通常情况下，需要将图像进行分区以取得更好的效果。例如，在图 23-14 中：

- 图 23-14(a)、图 23-14(b)是两幅不一样的图像。
- 图 23-14(c)、图 23-14(d)是图 23-14(a)、图 23-14(b)的直方图。从图中可以看到，虽然图 23-14(a)、图 23-14(b)存在着较大差异，但是二者的灰度直方图是一致的。也就是说，他们的体现在直方图中，都是由"18 个像素值为 0 的像素点、18 个像素值为 1 的像素点"构成的。从二者的直方图的角度来看，二者是一致的。

- 图 23-14(e)、图 23-14(f)是图 23-14(a)、图 23-14(b)分区后的的直方图。从图中可以看到，虽然图 23-14(a)、图 23-14(b)都是由 "18 个像素值为 0 的像素点、18 个像素值为 1 的像素点" 所构成。但是，如果将图像划分为 "3×3 像素大小" 的单元（cell）后，再观察二者的直方图，二者的差异得以体现。

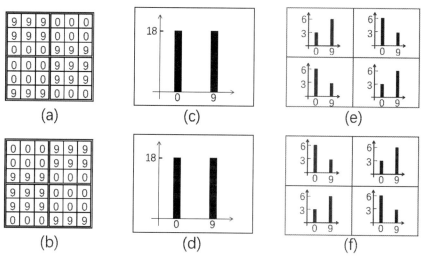

图 23-14　直方图分区与否的比较

在 LBPH 算法中，通常先通过 LBP 算法从图像中提取特征，得到 LBP 特征图像，再将该图像划分为指定大小的子块后，计算每个子块的直方图。最后，得到 LBPH 特征值。在 OpenCV 中，通常将 LBP 特征图划分为 8 行 8 列共 64 个单元后，分别计算每个单元直方图，最后将这些直方图连接作为最终的 LBPH 值。

从上面的分析可知，LBP 算子是灰度不变的，但却不是旋转不变的。当图像旋转后，会得到不同的 LBP 值。通过一定的处理，可以让 LBP 实现旋转不变性。例如，在图 23-15 中：

- 第 1 列的原始图像中，中心位置的像素点 76 周围像素点的值都是 "36、251、9、99、213、11、48、128" 这些值。但是，其周围像素点的分布是不一样的，可以理解从第 2 行开始的每幅图像都是通过对第 1 行的图像旋转得到的。
- 第 2 列 "LBP 值"，分别以中心像素点 76 作为阈值，得到的各个图像所对应的 LBP 值。
- 第 3 列 "顶端排序"，是从第 2 列 LBP 值的正上方开始，采用顺时针方向，将所有值连接得到的结果。此时，可以看到，虽然每一行图像的中心像素点 76 周围的像素点都是 "36、251、9、99、213、11、48、128" 这些像素点。但是，得到的从顶端开始排序的 LBP 值并不一致。也就是说，在图像发生旋转后，LBP 值也发生了变化。
- 第 4 列是将第 2 列 LBP 值按照从不同的开始位置构建的 8 个特征值中的最小值。也就是说，针对第 2 列的 LBP 值，分别从其 "正上方、右上角、正右方、右下角、正下方、左下角、正左方、左上角" 8 个位置作为起始位置，构建 8 个不同的 LBP 值，然后取所有这些值的最小值。例如，针对第 1 行的图像，从不同位置作为起始值，构建的 8 个特征值分别为 "01011001（正上方开始）、10110010（右上角开始）、01100101（正右方开始）、11001010（右下角开始）、10010101（正下方开始）、00101011（左下角开始）、01010110（正左方开始）、10101100（左上角开始）"，得到的最小值是 "00101011"。针对第 2 行到第 8 行图像，我们采用同样的操作，计算最小值。结果发现，他们的最小值是相同的，都是“00101011”。我们发现，无论图像如何旋转，都会得到同一个最小值。因此，如果将该值作为 LBP 特征值，则实现了旋转不变性。

| 原始图像 | LBP值 | 顶端排序 | 最小值 |
|---|---|---|---|
| 128 36 251<br>48 76 9<br>11 213 99 | 1 0 1<br>0   0<br>0 1 1 | 01011001 | 00101011 |
| 48 128 36<br>11 76 251<br>213 99 9 | 0 1 0<br>0   1<br>1 1 0 | 10101100 | 00101011 |
| 11 48 128<br>213 76 36<br>99 9 251 | 0 0 1<br>1   0<br>1 0 1 | 01010110 | 00101011 |
| 213 11 48<br>99 76 128<br>9 251 36 | 1 0 0<br>1   1<br>0 1 0 | 00101011 | 00101011 |
| 99 213 11<br>9 76 48<br>251 36 128 | 1 1 0<br>0   0<br>1 0 1 | 10010101 | 00101011 |
| 9 99 213<br>251 76 11<br>36 128 48 | 0 1 1<br>1   0<br>0 1 0 | 11001010 | 00101011 |
| 251 9 99<br>36 76 213<br>128 48 11 | 1 0 1<br>0   1<br>1 0 0 | 01100101 | 00101011 |
| 36 251 9<br>128 76 99<br>48 11 213 | 0 1 0<br>1   1<br>0 0 1 | 10110010 | 00101011 |

图 23-15　旋转不变性

从上面的介绍可以看到，LBP 特征与 Haar 特征很相似，都是图像的灰度变化特征。

## 23.3.2　函数介绍

在 OpenCV 中，可以用函数 cv2.face.LBPHFaceRecognizer_create()生成 LBPH 识别器实例模型，然后应用 cv2.face_FaceRecognizer.train()函数完成训练，最后用 cv2.face_FaceRecognizer.predict()函数完成人脸识别。

函数 cv2.face.LBPHFaceRecognizer_create()的语法格式为

```
retval = cv2.face.LBPHFaceRecognizer_create( [, radius[, neighbors[,
                                        grid_x[, grid_y[, threshold]]]]])
```

其中全部的参数都是可选的，含义如下：

- radius：半径值，默认值为 1。
- neighbors：邻域点的个数，默认采用 8 邻域，根据需要可以计算更多的邻域点。
- grid_x：将 LBP 特征图像划分为一个个单元（cell）时，在水平方向上的单元个数。该参数值默认为 8，即将 LBP 特征图像在行方向划分为 8 个单元。
- grid_y：将 LBP 特征图像划分为一个个单元时，在垂直方向上的单元个数。该参数值默认为 8，即将 LBP 特征图像在列方向上划分为 8 个单元。
- threshold：在预测时所使用的阈值。如果大于该阈值，就认为没有识别到任何目标对象。

【**提示**】在 OpenCV 中，LBPH 处理时，默认将 grid_x，grid_y 设置为 8。也就是说，在经过 LBP 处理得到 LBP 特征值图后，将其特征图像划分为 8×8 个子块（8 行 8 列，共 64 个子块），分别计算每个子块的直方图，得到最终的 LBPH。

该函数的参数 grid_x，grid_y 的值越大，划分的子块数量越多，所得特征向量的维数越高。当然，一般情况下，我们采用其默认值 8 即可。

### 23.3.3　案例介绍

当使用 LBPH 模块完成人脸识别时，其流程如图 23-16 所示。

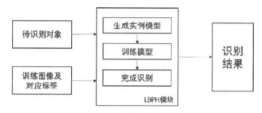

图 23-16　人脸识别流程

本节使用 OpenCV 的 LBPH 模块实现一个简单的人脸识别示例。

【**例 23.2**】完成一个简单的人脸识别程序。

本例中有两个人，每个人有两幅人脸图像，用于机器学习。然后，我们用程序识别第 5 幅人脸图像（为上述二人中一人的人脸），观察识别结果。

用于学习的 4 幅人脸图像如图 23-17 所示，从左到右图像的名称分别为 a1.png、a2.png、b1.png、b2.png。

a1.png　　　　a2.png　　　　b1.png　　　　b2.png

图 23-17　【例 23.2】用于学习的人脸图像

这 4 幅图像中，前两幅图像是同一个人，将其标签设定为 "0"；后两幅图像是同一个人，将其标签设定为 "1"。

用于识别的人脸图像如图 23-18 所示，该图像的名称为 a3.png。

a3.png

图 23-18　【例 23.2】待识别的人脸图像

根据题目的要求，编写代码如下：

```
import cv2
import numpy as np
# 读取训练图像
images=[]
images.append(cv2.imread("a1.png",cv2.IMREAD_GRAYSCALE))
images.append(cv2.imread("a2.png",cv2.IMREAD_GRAYSCALE))
images.append(cv2.imread("b1.png",cv2.IMREAD_GRAYSCALE))
images.append(cv2.imread("b2.png",cv2.IMREAD_GRAYSCALE))
# 给训练图像贴标签
labels=[0,0,1,1]
# 读取待识别图像
predict_image=cv2.imread("a3.png",cv2.IMREAD_GRAYSCALE)
# 识别
recognizer = cv2.face.LBPHFaceRecognizer_create()
recognizer.train(images, np.array(labels))
label,confidence= recognizer.predict(predict_image)
# 打印识别结果
print("对应的标签 label=",label)
print("置信度 confidence=",confidence)
```

运行上述程序，识别结果为

```
对应的标签 label= 0
置信度 confidence= 67.6856704732354
```

从输出结果可以看到，标签值为"0"，置信度值为 68。这说明图像 a3.png 被识别为标签 0 所对应的人脸图像，即认为当前待识别图像 a3.png 中的人与图像 a1.png、a2.png 中的是同一个人。

本例中，仅仅为了说明实现方法，忽略了输出效果。实践中，识别完成后，我们通常会把识别结果绘制在人脸上，并将其显示出来，以取得更好的交互效果。练习时，大家可以使用自己的相片、喜欢的明星像等更多的图片构成训练集（及测试图像）。识别结束后，将标签映射为对应的人名等更直观的信息，再使用函数 cv2.putText 将识别结果绘制在测试人像上，最后使用函数 cv2.imshow（或者 matplotlib.pyplot.imshow）将其显示出来，以取得更直观的学习效果。我们在下一个例题【例 23.3】中实现了上述操作。

---

【提示】当 opencv-python 和 opencv-contrib-python 存在不兼容等情况时，可能导致程序无法运行。此时需要将 opencv-python 和 opencv-contrib-python 卸载后，重新安装最新版本。分别执行以下语句：

pip uninstall opencv-python

pip uninstall opencv-contrib-python

pip install opencv-python

pip install opencv- contrib-python

---

# 23.4　EigenFaces 人脸识别

EigenFaces 通常也被称为特征脸，它使用主成分分析（Principal Component Analysis，PCA）方法将高维的人脸数据处理为低维数据后（降维），再进行数据分析和处理，获取识别结果。

## 23.4.1　基本原理

在现实世界中，很多信息的表示是有冗余的。例如，表 23-2 所列出的一组圆的参数中就存在冗余信息。

表 23-2　一组圆的参数

| 序号 | 半径 | 直径 | 周长 | 面积 |
|---|---|---|---|---|
| 1 | 3 | 6 | 19 | 28 |
| 2 | 1 | 2 | 6 | 3 |
| 3 | 2 | 4 | 13 | 13 |
| 4 | 7 | 14 | 44 | 154 |
| 5 | 1 | 2 | 6 | 3 |
| 6 | 5 | 10 | 31 | 79 |
| 7 | 1 | 2 | 6 | 3 |
| 8 | 6 | 12 | 38 | 113 |

在表 23-2 所示的参数中，各个参数之间存在着非常强的相关性：

- 直径 = 2×半径。
- 周长 = 2×π×半径。
- 面积 = π×半径×半径。

可以看到，直径、周长和面积都可以通过半径计算得到。

在进行数据分析时，如果我们希望更直观地看到这些参数的值，就需要获取所有字段的值。但是，在比较圆的面积大小时，仅使用半径就足够了，此时其他信息对于我们来说就是"冗余"的。

此时，我们可以理解"半径"就是表 23-2 所列数据中的"主成分"，我们将"半径"从上述数据中提取出来供后续分析使用，就实现了"降维"。

当然，上面例子的数据非常简单、易于理解，而在大多数情况下，我们要处理的数据是比较复杂的。很多时候，我们可能无法直接判断哪些数据是关键的"主成分"，所以就要通过 PCA 方法将复杂数据内的"主成分"分析出来。

EigenFaces 就是对原始数据使用 PCA 方法进行降维，获取其中的主成分信息，从而实现人脸识别的方法。

## 23.4.2　函数介绍

OpenCV 通过函数 cv2.face.EigenFaceRecognizer_create()生成 EigenFaces 特征脸识别器实例模型，然后应用函数 cv2.face_FaceRecognizer.train() 完成训练，最后用函数

cv2.face_FaceRecognizer.predict()完成人脸识别。

函数 cv2.face.EigenFaceRecognizer_create()的语法格式为

```
retval = cv2.face.EigenFaceRecognizer_create( [, num_components[, threshold]] )
```

其中的两个参数都是可选参数，含义如下：

- num_components：在 PCA 中要保留的分量个数。当然，该参数值通常要根据输入数据来具体确定，并没有一定之规。一般来说，80 个分量就足够了。
- threshold：进行人脸识别时所采用的阈值。

### 23.4.3 案例介绍

在使用 EigenFaces 模块完成人脸识别时，其流程如图 23-19 所示。

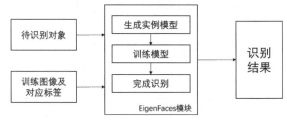

图 23-19　人脸识别流程

本节使用 OpenCV 的 EigenFaces 模块实现一个简单的人脸识别示例。

【例 23.3】使用 EigenFaces 模块完成一个简单的人脸识别程序。

本例中用于学习的 4 幅人脸图像如图 23-20 所示，从左到右图像的名称分别为 e01.png、e02.png、e11.png、e12.png。

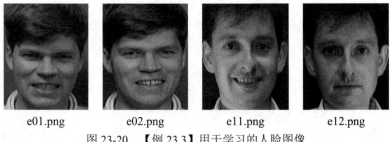

图 23-20　【例 23.3】用于学习的人脸图像

这 4 幅图像中，前两幅图像是同一个人，将其标签设定为 "0"；后两幅图像是同一个人，将其标签设定为 "1"。

在识别时，我们构架一个 name=["first","second"]用来与上述标签对应，作为在人像上的辅助说明文字。也就是说：

- 当识别结果为标签 0 所对应的人时，在人像上添加辅助文字 "first"（name[0]）；
- 当识别结果为标签 1 所对应的人时，在人像上添加辅助文字 "second"（name[1]）；

当然，这里人像较小，文字较简单，我们可以根据需要调整图像大小，让其显示更为复杂的提示信息。

待识别的人脸图像如图 23-21 所示，该图像的名称为 eTest.png。

eTest.png

图 23-21　【例 23.3】待识别的人脸图像

根据题目的要求，编写代码如下：

```
import cv2
import numpy as np
# 读取训练图像
images=[]
images.append(cv2.imread("e01.png",cv2.IMREAD_GRAYSCALE))
images.append(cv2.imread("e02.png",cv2.IMREAD_GRAYSCALE))
images.append(cv2.imread("e11.png",cv2.IMREAD_GRAYSCALE))
images.append(cv2.imread("e12.png",cv2.IMREAD_GRAYSCALE))
# 给训练图像贴标签
labels=[0,0,1,1]
# 读取待识别图像
predict_image=cv2.imread("eTest.png",cv2.IMREAD_GRAYSCALE)
# 识别
recognizer = cv2.face.EigenFaceRecognizer_create()
recognizer.train(images, np.array(labels))
label,confidence= recognizer.predict(predict_image)
# 打印识别结果
print("识别标签 label=",label)
print("置信度 confidence=",confidence)
# 可视化输出
name=["first","second"]
font=cv2.FONT_HERSHEY_SIMPLEX
cv2.putText(predict_image,name[label],(0,30), font, 0.8,(255,255,255),2)
cv2.imshow("result",predict_image)
cv2.waitKey()
cv2.destroyAllWindows()
```

运行上述程序，识别结果为

识别标签 label= 0
置信度 confidence- 1600.5481032349048

从输出结果可以看到，eTest.png 被识别为标签"0"所对应的人脸图像，即认为图像 eTest.png 与图像 e01.png、e02.png 中的人是同一个人。

同时，程序还会输出如图 23-22 所示的窗口，在窗口显示了当前待识别人脸对应着标签 "first" 所对应的第一个人（标签 0）。

图 23-22　【例 23.3】识别结果

# 23.5　Fisherfaces 人脸识别

PCA 方法是 EigenFaces 方法的核心，它找到了最大化数据总方差特征的线性组合。不可否认，EigenFaces 是一种非常有效的方法，但是它的缺点在于在操作过程中会损失许多特征信息。因此，在一些情况下，如果损失的信息正好是用于分类的关键信息，必然会导致无法完成分类。

Fisherfaces 采用 LDA（Linear Discriminant Analysis，线性判别分析）实现人脸识别。线性判别识别最早由 Fisher 在 1936 年提出，是一种经典的线性学习方法，也被称为"Fisher 判别分析法"。

## 23.5.1　基本原理

线性判别分析在对特征降维的同时考虑类别信息。其思路是：在低维表示下，相同的类应该紧密地聚集在一起；不同的类别应该尽可能地分散开，并且它们之间的距离尽可能地远。简单地说，线性判别分析就是要尽力满足以下两个要求：

- 类别间的差别尽可能地大。
- 类别内的差别尽可能地小。

做线性判别分析时，首先将训练样本集投影到一条直线 $A$ 上，让投影后的点满足：

- 同类间的点尽可能地靠近。
- 异类间的点尽可能地远离。

做完投影后，将待测样本投影到直线 $A$ 上，根据投影点的位置判定样本的类别，就完成了识别。

例如，图 23-23 所示的是一组训练样本集。现在需要找到一条直线，让所有的训练样本满足：同类间的距离最近，异类间的距离最远。

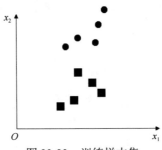

图 23-23　训练样本集

图 23-24(a)和图 23-24(b)中分别有两条不同的投影线 L1 和 L2，将图 23-23 中的样本分别投影到这两条线上，可以看到样本集在 L2 上的投影效果要好于在 L1 上的投影效果。

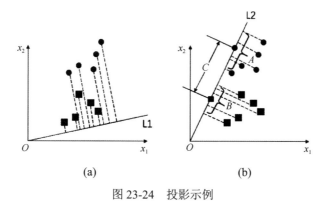

图 23-24　投影示例

线性判别分析就是要找到一条最优的投影线。以图 23-24 中右图投影为例，要满足：

- $A$、$B$ 组内的点之间尽可能地靠近
- $C$ 的两个端点之间的距离（类间距离）尽可能地远

找到一条这样的直线后，如果要判断某个待测样本的分组，可以直接将该样本点向投影线投影，然后根据投影点的位置来判断其所属类别。

例如，在图 23-25 中，三角形样本点 U 向投影线投影后，其投影点落在圆点的投影范围内，则认为待测样本点 U 属于圆点所在的分类。

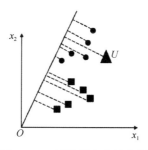

图 23-25　判断样本点的分类

## 23.5.2　函数介绍

在 OpenCV 中，通过函数 cv2.face.FisherFaceRecognizer_create()生成 Fisherfaces 识别器实例模型，然后应用函数 cv2.face_FaceRecognizer.train()完成训练，用函数 cv2.face_FaceRecognizer.predict()完成人脸识别。

函数 cv2.face.FisherFaceRecognizer_create()的语法格式为

```
retval = cv2.face.FisherFaceRecognizer_create( [,
                                num_components[, threshold]] )
```

其中的两个参数都是可选参数，它们的含义为

- num_components：使用 Fisherfaces 准则进行线性判别分析时保留的成分数量。可以采用

默认值 "0"，让函数自动设置合适的成分数量。

- threshold：进行识别时所用的阈值。如果最近的距离比设定的阈值 threshold 还要大，函数会返回 "–1"。

### 23.5.3 案例介绍

在使用 FisherFaces 模块完成人脸识别时，其流程如图 23-26 所示。

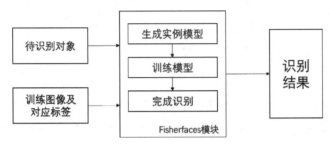

图 23-26　人脸识别流程

本节使用 OpenCV 的 FisherFaces 模块实现一个简单的人脸识别示例。

【例 23.4】使用 FisherFaces 完成一个简单的人脸识别程序。

本例中用于学习的 4 幅人脸图像如图 23-27 所示，它们的名称从左至右分别为 f01.png、f02.png、f11.png、f12.png。

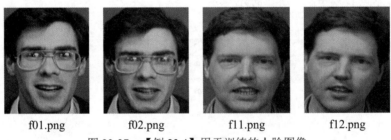

f01.png　　　　f02.png　　　　f11.png　　　　f12.png

图 23-27　【例 23.4】用于训练的人脸图像

这 4 幅图像中，前两幅图像是同一个人，将其标签设定为 "0"；后两幅图像是同一个人，将其标签设定为 "1"。

待识别的人脸图像如图 23-28 所示，该图像的名称为 fTest.png。

fTest.png

图 23-28　待识别人脸图像

根据题目的要求，编写代码如下：

```
import cv2
import numpy as np
# 读取训练图像
images=[]
images.append(cv2.imread("f01.png",cv2.IMREAD_GRAYSCALE))
images.append(cv2.imread("f02.png",cv2.IMREAD_GRAYSCALE))
images.append(cv2.imread("f11.png",cv2.IMREAD_GRAYSCALE))
images.append(cv2.imread("f12.png",cv2.IMREAD_GRAYSCALE))
# 给训练图像贴标签
labels=[0,0,1,1]
# 读取待识别图像
predict_image=cv2.imread("fTest.png",cv2.IMREAD_GRAYSCALE)
# 识别
recognizer = cv2.face.FisherFaceRecognizer_create()
recognizer.train(images, np.array(labels))
label,confidence= recognizer.predict(predict_image)
# 打印识别结果
print("识别标签 label=",label)
print("置信度 confidence=",confidence)
```

运行上述程序，识别结果为

识别标签 label= 0
置信度 confidence= 92.5647623298737

从输出结果可以看到，fTest.png 被识别为标签"0"所对应的人脸图像，即认为人脸图像 fTest.png 与图像 f01.png、f02.png 所表示的是同一个人。

# 23.6　人脸数据库

下面我们对几个常用的资源进行简单说明。

### 1. CAS-PEAL

CAS-PEAL（Chinese Academy of Sciences - Pose, Expression, Accessory, and Lighting）是中科院计算技术研究所在 2003 年完成的包含 1040 位志愿者（其中有 595 位男性和 445 位女性）的共 99 594 幅人脸图像的数据库。数据集的所有图像都是在专门的采集环境中采集的，涵盖了姿态、表情、饰物和光照 4 种主要变化条件，部分人脸图像具有背景、距离和时间跨度的变化。对每个人，在水平半圆形架子上设置了 9 部相机同时捕获其不同姿态的图像，还用了上下两个镜头（也即共 18 幅图像）。此外，这个数据库还考虑了 5 种表情、6 种附件（3 副眼镜、3 顶帽子）和 15 个照明方向。目前，CAS-PEAL 人脸图像数据库的标准训练、测试子库已经公开发布。相比其他公开发布的数据库，该数据库在人数、图像变化条件等各个方面具有较大的优势，它将对人脸识别算法的研究、评测产生等方面产生积极的影响。CAS-PEAL 作为以东方人为主的人脸图像数据库，为人脸识别算法在不同人种之间的比较提供了便利、有利于进一步推动人脸识别算法在国内的应用。

### 2. AT&T Facedatabase

即以前的 ORL 人脸数据集（The ORL Database of Faces）。ORL 是"Olivetti & Oracle Research Lab"的简称，该实验室后来被 AT&T 收购，更名为"AT&T Laboratories Cambridge"，2002 年 AT&T 宣布结束对该实验室的资助。目前该数据集由剑桥大学计算机实验室（Cambridge University Computer Laboratory）的数据技术组（The Digital Technology Group）负责维护。这个人脸数据集包含了 1992 年到 1994 年在实验室内拍摄的一些人脸图像。

该数据集包含 40 个人的 400 幅图像。这些图像具有不同的拍摄时间、不同的光线、不同的面部表情（睁开/闭眼、微笑/不微笑）和不同的面部细节（戴眼镜/不戴眼镜）。所有的图像都是在亮度均匀的背景下拍摄的，被拍摄对象处于直立状态，拍摄正脸（部分图像具有较小幅度的侧脸）。

数据集内所有的图像是以 PGM 格式存储的，都是尺寸为 92 × 112，包含 256 个灰度级的灰度图像。图像文件被放置在 40 个不同的目录内，目录名用 3 位数字的序号表示，例如"010"表示第 10 个目录（文件夹）。每个目录对应一个不同的人，里面有 10 幅被拍摄对象的不同图像，并用两位数字作为文件名，例如，05.pgm 表示第 5 幅人脸图像。

在搜索引擎内输入"AT&T Facedatabase"，可以方便地找到由剑桥大学维护的这个资源。

### 3. Yale Facedatabase A

该数据集也被称为 Yalefaces（耶鲁人脸数据库）。该数据库由 15 人（14 名男性、1 名女性）的人脸图像组成，每人都有 11 幅灰度图像。该数据集内的人脸图像在光线条件（中心光、左光、右光）、面部表情（高兴、正常、悲伤、困倦、惊讶、眨眼）和眼镜（戴眼镜/不戴眼镜）等方面都有变化。

### 4. Extended Yale Facedatabase B

扩展的耶鲁人脸数据库 B 包含 28 个人在 9 个姿势和 64 个照明条件下的 16 128 幅图像。

### 5. color FERET Database

FERET（Facial Recognition Technology）是由美国国防部资助的计划，该计划旨在开发用于人脸自动识别的新技术和算法。为了方便研究，FERET 计划在 1993 年至 1996 年期间收集了人脸图像，制作成数据库。该数据库用于开发、测试和评估人脸识别算法。

这个数据库包含 1564 组，共计 14 126 幅图像。所有这些图像，是由 1199 个不同的被拍摄对象及 365 组重复拍摄对象的图像构成的。其中的 365 组重复拍摄对象，是指被拍摄对象在已经完成第 1 组拍摄的情况下，在不同的时间又拍摄了第 2 组图像。

其中，部分被拍摄对象两次参与拍摄的时间间隔可能超过了两年，部分被拍摄对象多次参与拍摄。在不同时间拍摄重复的对象，使得研究人员能够首次研究人脸在经过一段时间后外观上所出现的变化。

该数据库是人脸识别领域应用最广泛的人脸数据库之一。

### 6. 人脸数据库整理网站

OpenCV 的官方文档（官网）推荐了在线数据集合，其中列举了非常多的人脸数据库。

# 附录 A
# 范例

从官网下载并安装 OpenCV 后，会得到一些有用的学习示例。这些示例通常位于"安装路径\sources\samples\python"下面，当然不同版本对应的路径可能略有差异。下面简单介绍其中几个示例。

### 示例文件 hist.py

该程序用来显示图像的直方图，并通过与用户交互来改变显示方式。运行该示例程序后，会显示 lena 图像，如图 A-1 所示。

图 A-1　lena 图像

同时，该程序会在控制台显示如下内容：

```
a - show histogram for color image in curve mode
b - show histogram in bin mode
c - show equalized histogram (always in bin mode)
d - show histogram for color image in curve mode
e - show histogram for a normalized image in curve mode
Esc - exit
```

上述内容表示，当用户在按下 A、B、C、D 或 E 键后可以显示当前图像的不同形式的直方图，并可以通过按下 ESC 键退出程序。

例如，当按下 A 键后，会显示如图 A-2 所示的直方图。

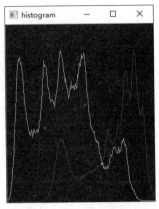

图 A-2　直方图

### 示例文件 inpaint.py

该程序能够实现让用户在图像内绘制内容的功能。运行该示例程序后，会显示如图 A-3 所示的图像。

图 A-3　初始图像

同时，该程序会在控制台显示如下内容：

```
SPACE - inpaint
r     - reset the inpainting mask
ESC   - exit
```

上述内容表示，可以通过空格键、r 键、ESC 键对当前程序进行控制。

例如，可以通过鼠标在图像内书写文字，如图 A-4 所示；可以按下 r 键重置图像，擦除写在图像上的内容；可以按下空格键复制当前图像窗口；可以按下 ESC 键退出当前程序。

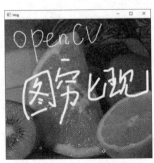

图 A-4　在图像内写字

### 示例文件 kmeans.py

该示例程序用于生成 K 聚类样本。运行该程序，出现如图 A-5 所示的 K 聚类样本。

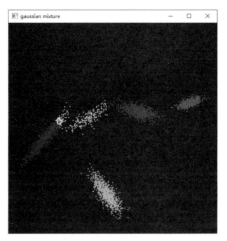

图 A-5 K 聚类样本

按下空格键，能够生成不同的聚类样本，如图 A-6 所示。

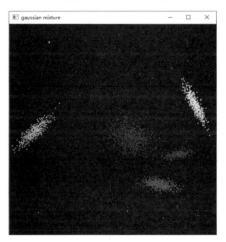

图 A-6 不同的聚类样本

除了上述示例，OpenCV 还提供了非常多的示例，这些示例对于学习 OpenCV 都非常有帮助。可以通过研读上述示例的源代码来学习面向 Python 语言的 OpenCV 库。

# 附录 B

# 练习题

## 一、填空题

1. OpenCV 提供了函数（　　）来读取图像，该函数支持各种静态图像格式。

2. 通常情况下，（　　）是指仅仅包含黑色和白色两种颜色的图像。

3. OpenCV 提供了函数（　　），用来保存图像。

4. 在 OpenCV 中，图像的翻转采用函数（　　）实现，该函数能够实现图像绕着水平方向（x 轴）翻转、绕着垂直方向（y 轴）翻转，或者两个方向同时翻转。

5. OpenCV 使用（　　）函数进行阈值化处理。

6.（　　）进行的操作是先将图像腐蚀，再对腐蚀的结果进行膨胀，它可以用于去噪、计数等。闭运算是先膨胀、后腐蚀的运算，它有助于关闭前景物体内部的小孔，或去除物体上的小黑点，还可以将不同的前景图像进行连接。

7. 某像素点 A，其像素值为 78，在其周围 8 个像素点中，自左上角顺时针方向，像素值分别为（97,95,94,90,101,91,66,93）。使用中值滤波处理后，像素点 A 的像素值为（　　）。

8. 腐蚀操作和膨胀操作是形态学运算的基础，将腐蚀和膨胀操作进行组合，就可以实现开运算、闭运算（关运算）、形态学梯度（Morphological Gradient）运算、礼帽运算（顶帽运算）、黑帽运算、击中击不中等多种不同形式的运算。OpenCV 提供了函数（　　）来实现上述形态学运算。

9. OpenCV 提供了函数（　　）来实现 Canny 边缘检测。

10. 函数（　　）能够绘制轮廓的矩形边界。

11. OpenCV 提供了函数 cv2.dft()和（　　）来实现傅里叶变换和逆傅里叶变换。

12. 在 OpenCV 内，模板匹配是使用函数（　　）实现的。

13. OpenCV 提供了函数（　　）用来绘制多边形。

14. 函数（　　）用于统计图像直方图信息。

15. 在 OpenCV 中，函数 cv2.boxFilter()实现（　　）滤波。

16. 在 OpenCV 中，可以使用函数 cv2.bitwise_xor()来实现按位（　　）运算。

17. 在 OpenCV 中，可以使用函数 cv2.watershed()实现（　　）算法。

18. 在 OpenCV 中，实现均值滤波的函数是（　　）。

19. OpenCV 提供了函数（　　）来实现自适应阈值处理。

20．针对 RGB 图像，可以分别拆分出其 R 通道、G 通道、B 通道，函数 cv2.split()能够拆分图像的通道。通道合并是通道拆分的逆过程，通过合并通道可以将三个通道的灰度图像构成一幅彩色图像。函数（　　）可以实现图像通道的合并。

## 二、选择题

1．在 RGB 色彩空间中，存在（　　）、G（green，绿色）通道和 B（blue，蓝色）通道，共三个通道。

　　A．W(white,白色)通道　　　　　　　　　B．B(black,黑色)通道

　　C．R(red,红色)通道　　　　　　　　　　D．A(alpha,透明度)通道

2．RGB 模式的彩色图像在读入 OpenCV 内进行处理时，会按照行方向依次读取该 RGB 图像的（　　）的像素点，并将像素点以行为单位存储在 ndarray 的列中。

　　A．G 通道、B 通道、R 通道　　　　　　　B．B 通道、G 通道、R 通道

　　C．R 通道、G 通道、B 通道　　　　　　　D．B 通道、R 通道、G 通道

3．在 OpenCV 中，使用函数（　　）实现对图像的缩放。

　　A．cv2.size()　　　　　　　　　　　　　　B．cv2.resize()

　　C．cv2.reshape()　　　　　　　　　　　　D．cv2.change()

4．可以采用仿射函数（　　）实现对图像的旋转。

　　A．cv2.warpAffine()　　　　　　　　　　B．cv2.flip()

　　C．cv2.rotate()　　　　　　　　　　　　D．cv2.resize()

5．函数 cv2.contourArea()用于计算轮廓的（　　）。

　　A．面积　　　　　　　　　　　　　　　　B．轴长

　　C．纵横比　　　　　　　　　　　　　　　D．周长

6．图像金字塔是由一幅图像的多个不同分辨率的子图所构成的图像集合。OpenCV 提供了函数（　　），用于实现图像高斯金字塔操作中的向下采样。

　　A．cv2.pyrDown()　　　　　　　　　　　B．cv2.morphologyEx()

　　C．cv2.pyrUp()　　　　　　　　　　　　D．cv2.imgDown()

7．凸包指的是完全包含原有轮廓，并且仅由轮廓上的点所构成的多边形。OpenCV 提供函数（　　）用于获取轮廓的凸包。

　　A．cv2.convexityDefects()　　　　　　　B．cv2.convexHull()

　　C．cv2.convexityHull ()　　　　　　　　D．cv2.convexDefects()

8．一个轮廓对应着一系列的点，这些点以某种方式表示图像中的一条曲线。在 OpenCV 中，可以使用函数（　　）绘制图像轮廓。

　　A．cv2.findContours()　　　　　　　　　B．cv2.paintContours()

　　C．cv2.drawContours()　　　　　　　　　D．cv2.writeContours()

9．我们希望通过对金字塔中的小图像进行向上采样以获取完整的大尺寸高分辨率图像，

这时就需要用到（　　）。

    A．高斯金字塔                 B．法拉第金字塔

    C．拉普拉斯金字塔            D．胡夫金字塔

10．OpenCV 提供了函数（　　），用于在指定的对象内查找最大值、最小值及其位置。

    A．cv2.minMaxLoc()          B．cv2.findLoc()

    C．cv2.locMinMax()          D．cv2.locFind()

11．LBP 算法中，将像素点 A 的值与其最邻近的 8 个像素点的值逐一比较，得到一串由（　　）构成的数值串，将该数值串进一步转换后作为点 A 的 LBP 值。

    A．0 和 1                    B．1 和-1

    C．字母                     D．0 和 255

12．如果从坐标系的角度理解，那么点(0,0)位于一幅图像的（　　）。

    A．左上角                   B．右上角

    C．左下角                   D．右下角

13．通常情况下，一幅 RGB 图像使用（　　）个字节来表示。

    A．1                        B．2

    C．3                        D．8

14．通常情况下，使用 1 个字节表示灰度图像，此时图像内包含 256 个灰度级，其值范围是（　　）。

    A．[0,1]                  B．[0,255]

    C．[0,256]               D．[1,255]

15．使用形态学（　　）操作，可以将一幅图像内的毛刺去除。

    A．腐蚀                    B．礼帽

    C．膨胀                    D．黑帽

16．在嵌入数字水印信息时，为了保证嵌入的隐蔽性，通常将载体图像的（　　）替换为数字水印信息。

    A．最低有效位平面            B．居于中间位置的位平面

    C．最高有效位平面            D．任意位平面

17．在 OpenCV 中，可以用函数（　　）来判断轮廓是否是凸形的。

    A．cv2.ContourConvex()      B．cv2.isContourConvex()

    C．cv2.isContour()          D．cv2.isConvex()

18．在 OpenCV 中，实现霍夫圆变换的是函数（　　）。

    A．cv2.HoughCircles()       B．cv2.HoughLines()

    C．cv2.HoughLine()         D．cv2.HoughLinesP()

19. 在 OpenCV 中，通过在函数 cv2.threshold()中对参数 type 的类型多传递一个参数（　　），即可实现 Otsu 方式的阈值分割。

　　A．cv2.THRESH_OTSU
　　B．cv2.THRESH_BINARY_INV
　　C．cv2.THRESH_BINARY
　　D．cv2.THRESH_TRUNC

20. 在 OpenCV 中，实现高斯滤波的函数是（　　）。

　　A．dst = cv2.blur()
　　B．cv2.bilateralFilter()
　　C．cv2.boxFilter()
　　D．cv2.GaussianBlur()

## 三、判断题

1．异或运算也叫半加运算，函数 cv2.bitwise_xor()是异或运算函数，可以使用该函数实现数字图像的加密功能。　　　　　　　　　　　　　　　　　　　　　　（　　）

2．OpenCV 中的很多函数都会指定一个掩膜，例如加法函数 cv2.add(参数 1，参数 2，掩膜)。其中，掩膜值为非空（不是 0），即可实现掩膜效果。　　　　　　　　（　　）

3．将一幅灰度图像内所有像素点上处于二进制位内最低位上的值进行组合，可以构成"最低有效位"位平面，该有效位平面在所有位平面中权重最大，与原始图像最接近。　（　　）

4．在 RGB 图像中，图像是由 R 通道、G 通道、B 通道三个通道构成的。在 OpenCV 中，通道是按照 R 通道→G 通道→B 通道的顺序存储的。　　　　　　　　　　　（　　）

5．使用函数 cv2.add()对像素值 a 和像素值 b 进行求和运算时，如果二者的和超过图像所能表示的最大值，则将该值处理为 0。　　　　　　　　　　　　　　　　　（　　）

6．直方图均衡化的主要目的是将原始图像的灰度级均匀地映射到整个灰度级范围内，得到一个灰度级分布均匀的图像。这种均衡化，既实现了灰度值统计上的概率均衡，也实现了人类视觉系统（Human Visual System，HVS）上的视觉均衡。　　　　　　　　（　　）

7．在图像处理过程中，傅里叶变换就是将图像分解为正弦分量和余弦分量两部分，即将图像从频率域（频域）转换到空间域（空域）。　　　　　　　　　　　　　　（　　）

8．K 均值聚类算法的第 1 步，可以是随机选取 k 个点作为分类的中心点，也可以是随机生成 k 个并不存在于原始数据中的数据点作为分类中心点。　　　　　　　　（　　）

9．双边滤波是综合考虑空间信息和色彩信息的滤波方式，在滤波过程中能够有效地保护图像内的边缘信息。　　　　　　　　　　　　　　　　　　　　　　　　　（　　）

10．OpenCV 提供了函数 cv2.drawText()用来在图形上绘制文字。　　　　　（　　）

## 四、读程序、写结果

1. 运行如下程序，写出程序运行结果。

```
import cv2
import numpy as np
a=np.random.randint(0,255,(3,3),dtype=np.uint8)
b=np.zeros((3,3),dtype=np.uint8)
c=cv2.bitwise_and(a,b)
print(c)
```

程序的输出结果为

---

2. 根据程序及已知条件，写出程序运行结果。

```
import cv2
import numpy as np
img=np.random.randint(0,256,size=[4,5],dtype=np.uint8)
t,rst=cv2.threshold(img,127,255,cv2.THRESH_BINARY)
print("img=\n",img)
print("t=",t)
print("rst=\n",rst)
```

运行程序，假设 img 结果如下：

```
img=
 [[184 204  23 247 118]
 [173 107 120  69 209]
 [231 218  42 211 108]
 [133 125  29 191 198]]
```

在上述情况下，变量 t 值、rst 值的输出结果为

---

3. 根据程序及已知条件，写出程序运行结果。

```
import cv2
import numpy as np
img=np.random.randint(0,256,size=[4,5],dtype=np.uint8)
rows,cols=img.shape
mapx = np.zeros(img.shape,np.float32)
mapy = np.zeros(img.shape,np.float32)
for i in range(rows):
    for j in range(cols):
        mapx.itemset((i,j),j)
        mapy.itemset((i,j),rows-1-i)
rst=cv2.remap(img,mapx,mapy,cv2.INTER_LINEAR)
print("img=\n",img)
print("mapx=\n",mapx)
print("mapy=\n",mapy)
print("rst=\n",rst)
```

运行程序，假设 img 结果如下：

```
img=
 [[119 246 183  18 135]
 [ 58 156 139 182 254]
 [ 45  61 211 214   5]
 [124 208 230 165 224]]
```

在上述情况下，变量 mapx、mapy、rst 输出结果为

4. 根据程序及已知条件，写出程序运行结果。

```
import cv2
import numpy as np
o=np.random.randint(0,255,(3,3),dtype=np.uint8)
r=cv2.medianBlur(o,3)
print("o=",o)
print("r[1,1]=",r[1,1])
```

运行程序，假设 o 结果如下：

```
o= [[ 74  89  40]
 [129  83 119]
 [174  36 126]]
```

在上述情况下，变量输出结果为

5. 根据程序及已知条件，写出程序运行结果。

```
import cv2
import numpy as np
img1=np.ones((4,4),dtype=np.uint8)*3
img2=np.ones((4,4),dtype=np.uint8)*5
m=np.zeros((4,4),dtype=np.uint8)
m[2:4,2:4]=1
img3=np.ones((4,4),dtype=np.uint8)*66
img3=cv2.add(img1,img2,mask=m)
print("求和后 img3=")
print(img3)
```

程序的输出结果为

6. 根据程序及已知条件，写出程序运行结果。

```
import cv2
import numpy as np
img=np.zeros((5,5),np.uint8)
img[1:4,1:4]=1
kernel = np.ones((3,1),np.uint8)
erosion = cv2.erode(img,kernel)
print("img=\n",img)
print("kernel=\n",kernel)
print("erosion=\n",erosion)
```

程序的输出结果为

### 五、算法简述题，请简述如下操作的基本原理

1. 中值滤波
2. 阈值处理
3. 膨胀操作
4. 卷积操作

5. 均值滤波
6. 拉普拉斯金字塔
7. 直方图均衡化
8. 交互式前景提取

9. K 近邻算法
10. 支持向量机
11. K 均值聚类
12. 人脸识别

### 六、程序设计题

1. 将一幅灰度图像进行位平面分解。

2. 将一幅灰度图像加密、解密。

3. 在一幅灰度图像内，嵌入一幅二值图像，并将其提取出来。

4. 使用函数 cv2.equalizeHist()实现直方图均衡化。

5. 对一幅图像进行高通滤波。

6. 使用 HoughLinesCircles 函数对一幅图像进行霍夫圆变换，观察检测效果。

7. 提取视频的 Canny 边缘检测结果。

8. 设计程序，双击鼠标后，以当前位置为顶点绘制大小、颜色随机的矩形。

9. 设计程序，使用 OpenCV 自带的函数完成对手写数字的识别。

10. 使用 SVM 实现一个手写数字识别系统。

11. 使用函数 cv2.kmeans()将灰度图像处理为只有两个灰度级的二值图像。

12. 使用 OpenCV 的 LBPH 模块实现一个简单的人脸识别程序。

# 附录 C

# 参考答案

## 一、填空题

| | | | |
|---|---|---|---|
| 1 | cv2.imread() | 11 | cv2.idft() |
| 2 | 二值图像 | 12 | cv2.matchTemplate() |
| 3 | cv2.imwrite() | 13 | cv2.polylines() |
| 4 | cv2.flip() | 14 | cv2.calcHist() |
| 5 | cv2.threshold() | 15 | 方框 |
| 6 | 开运算 | 16 | 异或 |
| 7 | 93 | 17 | 分水岭 |
| 8 | cv2.morphologyEx() | 18 | cv2.blur() |
| 9 | cv2.Canny() | 19 | cv2.adaptiveThreshold() |
| 10 | cv2.boundingRect() | 20 | cv2.merge() |

## 二、选择题

| 1 | 2 | 3 | 4 | 5 | 6 | 7 | 8 | 9 | 10 |
|---|---|---|---|---|---|---|---|---|---|
| C | B | B | A | A | A | B | C | C | A |

| 11 | 12 | 13 | 14 | 15 | 16 | 17 | 18 | 19 | 20 |
|---|---|---|---|---|---|---|---|---|---|
| A | A | C | B | A | A | B | A | A | D |

## 三、判断题

| 1 | 2 | 3 | 4 | 5 | 6 | 7 | 8 | 9 | 10 |
|---|---|---|---|---|---|---|---|---|---|
| √ | √ | × | × | × | √ | × | √ | √ | × |

## 四、读程序、写结果

| | | | |
|---|---|---|---|
| 1 | `[[0 0 0]`<br>`[0 0 0]`<br>`[0 0 0]]` | 4 | `r[1,1]= 89` |
| 2 | `t= 127.0`<br>`rst=`<br>`[[255 255   0 255   0]`<br>`[255   0   0   0 255]`<br>`[255 255   0 255   0]`<br>`[255   0   0 255 255]]` | 5 | 求和后 img3=<br>`[[0 0 0 0]`<br>`[0 0 0 0]`<br>`[0 0 8 8]`<br>`[0 0 8 8]]` |

| | | | |
|---|---|---|---|
| **3** | mapx=<br> [[0. 1. 2. 3. 4.]<br>  [0. 1. 2. 3. 4.]<br>  [0. 1. 2. 3. 4.]<br>  [0. 1. 2. 3. 4.]]<br>mapy=<br> [[3. 3. 3. 3. 3.]<br>  [2. 2. 2. 2. 2.]<br>  [1. 1. 1. 1. 1.]<br>  [0. 0. 0. 0. 0.]]<br>rst=<br> [[124 208 230 165 224]<br>  [ 45  61 211 214   5]<br>  [ 58 156 139 182 254]<br>  [119 246 183  18 135]] | **6** | img=<br> [[0 0 0 0 0]<br>  [0 1 1 1 0]<br>  [0 1 1 1 0]<br>  [0 1 1 1 0]<br>  [0 0 0 0 0]]<br>kernel=<br> [[1]<br>  [1]<br>  [1]]<br>erosion=<br> [[0 0 0 0 0]<br>  [0 0 0 0 0]<br>  [0 1 1 1 0]<br>  [0 0 0 0 0]<br>  [0 0 0 0 0]] |

## 五、算法简述题，请简述如下操作的基本原理。

1. 中值滤波（参考 7.4 节）。

2. 阈值处理（参考第 6 章）。

3. 膨胀操作（参考 8.2 节）。

4. 卷积操作（参考 9.1 节）。

5. 均值滤波（参考 7.1 节）。

6. 拉普拉斯金字塔（参考 11.5 节）。

7. 直方图均衡化（参考 13.3 节）。

8. 交互式前景提取（参考 17.2 节）。

9. K 近邻算法（参考第 20 章）。

10. 支持向量机（参考第 21 章）。

11. K 均值聚类（参考第 22 章）。

12. 人脸识别（参考 23.2 节）。

## 六、程序设计题

1. 将一幅灰度图像进行位平面分解（参考 3.6 节）。

2. 将一幅灰度图像加密、加密（参考 3.7 节）。

3．在一副灰度图像内，嵌入一幅二值图像，并将其提取出来。（参考 3.8 节）。

4．使用函数 cv2.equalizeHist()实现直方图均衡化。（参考例 13.11）。

5．对一幅图像进行高通滤波。（参考 14.4.2 节）。

6．使用 HoughLinesCircles 函数对一幅图像进行霍夫圆变换，观察检测效果。（参考例 16.3）。

7．提取视频的 Canny 边缘检测结果。（参考例 18.5）。

8．设计程序，双击鼠标后，以当前位置为顶点绘制大小、颜色随机的矩形。（参考例 19.10）。

9．设计程序，使用 OpenCV 自带的函数完成对手写数字的识别。（参考例 20.3）。

10．使用 SVM 实现一个手写数字识别系统。（参考例 21.2）。

11．使用函数 cv2.kmeans()将灰度图像处理为只有两个灰度级的二值图像。（参考例 22.3）。

12．使用 OpenCV 的 LBPH 模块实现一个简单的人脸识别程序。（参考例 23.2）。